Quantenmechanik zu Fuß 1

Jochen Pade

Quantenmechanik zu Fuß 1

Grundlagen

2. Auflage

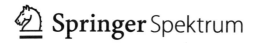 Springer Spektrum

Jochen Pade
Institut für Physik
Universität Oldenburg
Oldenburg, Deutschland

ISBN 978-3-662-67927-2   ISBN 978-3-662-67928-9 (eBook)
https://doi.org/10.1007/978-3-662-67928-9

Die Deutsche Nationalbibliothek verzeichnet diese Publikation in der Deutschen Nationalbibliografie;
detaillierte bibliografische Daten sind im Internet über https://portal.dnb.de abrufbar.

Planung/Lektorat: Gabriele Ruckelshausen
Springer Spektrum ist ein Imprint der eingetragenen Gesellschaft Springer-Verlag GmbH, DE und ist ein
Teil von Springer Nature.
Die Anschrift der Gesellschaft ist: Heidelberger Platz 3, 14197 Berlin, Germany

Vorwort zur 2. Auflage, Band 1

Die erste Ausgabe von „Physik für Fußgänger" wurde sehr gut angenommen. Gerne komme ich nun in dieser zweiten Auflage der Bitte nach, auch einige Grundzüge der relativistischen Quantenphysik aufzunehmen. Elemente der relativistischen Quantenmechanik finden sich in Band 1, solche der Quantenfeldtheorie in Band 2, und zwar jeweils im Anhang. Sie haben nicht den Anspruch, die Themen umfassend zu präsentieren, sondern stellen eher knappe Darstellungen einiger wesentlicher Ideen und Grundlagen dar. Der Vollständigkeit halber und um eine konsistente Notation zu gewährleisten werden außerdem relevante Themen wie spezielle Relativitätstheorie, klassische Feldtheorie und Elektrodynamik skizziert.

Einige der in den beiden Bänden behandelten Gebiete haben sich in den letzten Jahren enorm entwickelt (Quantencomputer und andere). Hier habe ich versucht, zu aktualisieren, soweit das in einem einführenden Lehrbuch notwendig und sinnvoll ist.

Kennzeichnend für die Bedeutung und Aktualität des Stoffes ist auch die Tatsache, dass in den Jahren nach dem Erscheinen der ersten deutschen Auflage (2012) zwei Physik-Nobelpreise für Themen vergeben wurden, die auch in diesem Buch eingehend behandelt werden, nämlich im Jahr 2015 „for the discovery of neutrino oscillations, which shows that neutrinos have mass" (hier behandelt im ersten Band) und 2022 „for experiments with entangled photons, establishing the violation of Bell inequalities and pioneering quantum information science" (hier behandelt im zweiten Band).

Einige kleinere Fehler der deutschen und der beiden englischen Ausgaben wurden behoben. Hier möchte ich für ihre Hinweise vor allem Marc Tornow (München) und Friedhelm Kuypers (Regensburg) danken.

Die beiden Bände dieses Buches bilden eine Einheit, was sich bisher in der Nummerierung der Kapitel niederschlug – Kap. 1–14 in Band 1 und Kap. 15–28 in Band 2. Diese Art der Nummerierung scheint aus verlagsinternen Gründen nicht mehr möglich zu sein. Die neue Nummerierung lautet Kap. 1 (1)–14 (1) in Band 1 und Kap. 1 (2)–14 (2) in Band 2.

Ich danke herzlich Heinz Helmers und Martin Holthaus, die mir auf die eine oder andere Weise bei der Erstellung dieser zweiten deutschen Auflage sehr geholfen haben.

Oldenburg, Deutschland   Jochen Pade
April 2023

Vorwort zur 1. Auflage, Band 1

Es gibt so viele Lehrbücher der Quantenmechanik (QM) – braucht es da wirklich noch ein weiteres?

Darüber kann man sicherlich verschiedener Auffassung sein. Immerhin ist aber die QM ein derart weites Feld, dass ein einziges Lehrbuch gar nicht alle Themen abdecken kann. Eine Stoffauswahl bzw. Schwerpunktsetzung ist per se notwendig, und überdies muss auch das physikalische und mathematische Vorwissen der Leserschaft gebührend berücksichtigt werden. Von daher gibt es zweifelsohne nicht nur einen gewissen Spielraum für, sondern auch einen Bedarf an recht verschiedenartigen Darstellungen.

„Quantenmechanik zu Fuß" besitzt eine thematische Mischung, die es von den anderen mir bekannten Einführungen in die QM unterscheidet. Es geht nicht nur um die begrifflichen und formalen Grundlagen der Quantenmechanik, sondern es werden auch von Beginn an ausführlich sowohl aktuelle Themen und moderne Anwendungen besprochen als auch Grundlagenprobleme bzw. erkenntnistheoretische Fragen diskutiert. Damit wendet sich das Buch vor allem an diejenigen, die nicht nur in angemessener Weise den Formalismus, sondern auch die anderen angesprochenen Aspekte der QM kennenlernen wollen. Dies ist besonders interessant für alle, die QM vermitteln wollen, ob an der Schule oder sonstwo. Denn gerade die aktuellen und erkenntnistheoretischen Themen sind in besonderem Maße geeignet, Interesse und Motivation aufzubauen.

Wie bei vielen Einführungen in die QM handelt es sich auch bei dieser um ein deutlich erweitertes Vorlesungsskript. Die Veranstaltung, die ich mehrere Jahre gehalten habe, wendet sich an Lehramtsstudierende im Hauptstudium bzw. in der Masterphase, wird aber auch von Studierenden anderer Studiengänge besucht. Der Kurs umfasst wöchentlich vier Stunden Vorlesung und zwei Stunden Übungen. Er läuft über ein Semester mit 14 Wochen, was sich in den 28 Kapiteln des Skripts widerspiegelt.

Wegen der üblichen Ursachen wie Feiertage, Krankheit usw. wird man nicht immer alle 28 Kapitel durchnehmen können. Andererseits fußen gerade die letzten Kapitel nicht alle aufeinander, so dass man je nach Geschmack eine Auswahl treffen kann, ohne den Zusammenhang zu zerreißen. Da es sich um ein erweitertes Vorlesungsskript handelt, bieten die einzelnen Kapitel des Buches natürlich mehr Material als in eine jeweils zweistündige Vorlesung passt. Der ‚Kernstoff' lässt sich aber in dieser Zeit gut darstellen; zudem können einzelne Themen noch in den Übungen bearbeitet werden.

Es gibt wie gesagt eine große Zahl ausgezeichneter Lehrbücher der Quantenmechanik; selbstverständlich habe ich beim Verfassen des Skripts einige zu Rate gezogen, mich von ihnen anregen lassen und gegebenenfalls Ideen, Aufgaben usw. übernommen, ohne das immer im einzelnen anzuführen. Diese Bücher sind im Literaturverzeichnis aufgeführt.

Die Studierenden haben vor dieser Veranstaltung unter anderem Atomphysik gehört; einschlägige Phänomene, Experimente und einfache Rechnungen sollten also bekannt sein. Dennoch verfügt erfahrungsgemäß der eine oder die andere zu Beginn der Veranstaltung nicht über genügend umfangsreiches und abrufbares Wissen. Dass dies weniger auf die physikalischen, sondern vor allen Dingen auf die mathematischen Kenntnisse zutrifft, hat sicherlich mehrere Gründe. Einer davon mag sein, dass für das Lehramtsstudium nicht nur die Fachkombination Physik/Mathematik zugelassen ist, sondern auch andere wie Physik/Sport, bei denen es naturgemäß schwerer ist, mathematisches Wissen zu erwerben und vor allem aktiv einzuüben.

Um das zu berücksichtigen, habe ich unter anderem einige Kapitel mit mathematischem Basiswissen in den Anhang gestellt, so dass die Studierenden gegebenenfalls individuelle Lücken beseitigen können. Außerdem ist das mathematische Niveau in den ersten Kapiteln recht niedrig und bleibt auch im weiteren Verlauf sehr überschaubar; es geht eben nicht um die Einübung besonders elaborierter formaler Methoden, sondern um eine kompakte und gut zugängliche Einführung in wesentliche Aspekte der QM.

Noch eine Bemerkung zum Titel ‚Quantenmechanik zu Fuß'. Er bedeutet nicht ‚QM light' in dem Sinn einer anstrengungsfreien Wissenübertragung à la Nürnberger Trichter. Nein, ‚zu Fuß' ist hier schon als selbständige und aktive Fortbewegung gemeint – Schritt für Schritt, nicht unbedingt schnell, ab und zu (bei sozusagen steileren Strecken) auch anstrengend (je nach Trainingsstand, der nebenbei gesagt im Weitergehen auch immer besser werden wird).

Es geht bildlich gesprochen darum, sich die Landschaft der Quantenmechanik zu erwandern, gegebenenfalls auf Umwegen seine Ortskenntnis zu verbessern und vielleicht sogar den eigenen Weg zu erkennen.

Im übrigen ist es nicht nur immer wieder erstaunlich, wie weit man mit etwas Durchhaltevermögen zu Fuß kommt, sondern auch, wie schnell es doch vorwärts geht – und wie nachhaltig es ist. ‚Nur wo du zu Fuß warst, bist du auch wirklich gewesen.' (Johann Wolfgang von Goethe)

Klaus Schlüpmann, Heinz Helmers, Edith Bakenhus sowie meine Söhne Jan Philipp und Jonas haben einzelne Kapitel kritisch durchgelesen; Sabrina Milke hat mich beim Verfertigen des Registers unterstützt. Ihnen und allen anderen, die mich auf die eine oder andere Weise unterstützt haben, danke ich sehr herzlich.

Einleitung

Die Quantenmechanik (QM) stellt wohl die am genauesten überprüfte physikalische Theorie dar; bis dato gibt es keinerlei Widerspruch zum Experiment; die Anwendungen der QM haben unsere Welt bis tief in unser Alltagsleben hinein verändert. Über das ‚Funktionieren' der QM gibt es also keinerlei Zweifel – sie ist überaus erfolgreich. Auf der formalen Ebene ist sie selbstverständlich widerspruchsfrei und eindeutig sowie (sicherlich auch nicht unwichtig) als Theorie auch ästhetisch befriedigend und überzeugend.

Strittig ist dagegen, was die QM ‚wirklich' bedeutet. Für was steht die Wellenfunktion, was ist die Rolle des Zufalls? Müssen wir tatsächlich klassisch vertraute Realitätsvorstellungen über Bord werfen? Grundlegende Fragen dieser Art sind trotz der fast hundertjährigen Geschichte der QM immer noch ungelöst und werden lebhaft und kontrovers diskutiert. Es existieren zwei konträre Einstellungen (nebst vielen Zwischenstadien): Die einen sehen die QM nur als (allerdings ausgezeichnet funktionierendes) Vorläuferstadium einer ‚wahren' Theorie, die anderen als gültige fundamentale Theorie.

Dieses Buch will in beide Seiten der QM einführen, die etablierte und die diskutierte; wir werden sowohl die begrifflichen und formalen Grundlagen erarbeiten als auch ‚Problemstellen' der QM erörtern. Darüber hinaus umfasst das Buch wesentliche anwendungsorientierte Themen, sowohl ‚moderne' zum Beispiel aus dem Bereich der Quanteninformation als auch ‚traditionelle' wie das Wasserstoff- oder das Heliumatom. Dabei beschränken wir uns auf den Bereich der nichtrelativistischen Physik, wenngleich auch viele der Ideen auf den relativistischen Fall erweitert werden können. Außerdem betrachten wir nur zeitunabhängige Wechselwirkungen.

Während häufig in einführenden Veranstaltungen über die QM die Einübung formaler Fertigkeiten sehr im Vordergrund steht (gemäß dem bekannten Slogan ‚shut up and calculate'), werden wir gemäß unserer Zielvorstellung auch der Diskussion von Grundlagenfragen angemessenen Raum geben. Diese spezielle Mischung von Grundlagendiskussion und moderner Praxis ist schon an sich sehr geeignet, Interesse wachzurufen und Motivation aufzubauen; dies wird noch verstärkt dadurch, dass wesentliche Grundideen an sehr einfachen Beispielsystemen diskutiert werden können. Nicht umsonst werden einige der in diesem Buch besprochenen Themen und Phänomene auch in verschiedenen Formen an der Schule behandelt.

Bei der Einführung in die QM lassen sich in mathematischer Hinsicht zwei Zugänge unterscheiden. Zum einen kann man über Differentialgleichungen gehen (also Analysis), zum anderen über Vektorräume (also Lineare Algebra), wobei die ‚fertige' QM natürlich von der Zugangsart unabhängig ist. Beide Zugänge (auch Schrödinger- und Heisenberg-Zugang genannt) besitzen ihre Vor- und Nachteile; sie werden in diesem Buch gleichberechtigt eingesetzt.

Der Fahrplan des Buches sieht wie folgt aus:

Die Grundlagen und Struktur der QM werden in Band 1 (Kap. 1 (1)–14 (1)) Schritt für Schritt erarbeitet, und zwar abwechselnd in einem analytischen (ungerade Kapitel) und algebraischen Strang (gerade Kapitel). Dadurch wird die frühe Festlegung auf eine der beiden Formulierungen vermieden; außerdem stützen sich die beiden Zugänge gegenseitig bei der Erarbeitung wichtiger Konzepte. Die Zusammenführung der beiden Wege beginnt in Kap. 12 (1). In Kap. 14 (1) werden die Überlegungen in Form von möglichst allgemein gehaltenen Postulaten der QM zusammengefasst.

Gerade im algebraischen Teil greifen wir recht früh aktuelle Probleme auf (wechselwirkungsfreie Quantenmessung, Neutrinoproblem, Quantenkryptographie), was möglich ist, da diese Probleme mit ganz schlichten mathematischen Mitteln bearbeitet werden können. Von daher ist diese Art des Zugangs auch zum Beispiel für die Schule von großem Interesse. Im analytischen Zugang verwenden wir als einfache physikalische Modellsysteme den unendlich hohen Potentialtopf und die freie Bewegung.

In Band 2 (Kap. 1 (2)–14 (2)) werden Anwendungen und Erweiterungen des bislang erarbeiteten Formalismus betrachtet. Die Erörterung konzeptueller Schwierigkeiten (Messproblem, Lokalität und Realität usw.) bildet dabei wie auch im ersten Teil einen roten Faden des Textes. Neben einigen eher traditionell orientierten Themen (Drehimpulse, einfache Potentiale, Störungstheorie, Symmetrien, identische Teilchen, Streuung) beginnen wir in Kap. 6 (2) mit der Diskussion, ob die QM eine lokal-realistische Theorie darstellt. In Kap. 8 (2) führen wir den Dichteoperator ein, um in Kap. 10 (2) das Phänomen der Dekohärenz und seine Bedeutung für den Messprozess diskutieren zu können. In Kap. 13 (2) greifen wir noch einmal die Realismusdebatte auf und gehen der Frage nach, inwieweit die QM als vollständige Theorie aufgefasst werden kann. Moderne Anwendungen aus dem Bereich der Quanteninformation finden sich in Kap. 12 (2).

Schließlich skizzieren wir in Kap. 14 (2) die gängigsten Interpretationen der QM. Wenn auch noch sehr kontrovers diskutiert wird, welche (wenn denn überhaupt) die ‚richtige' Interpretation ist, muss eine Einführung in die QM zuerst einmal den Stoff in einer kohärenten Darstellung präsentieren. In diesem Buch ist das die häufig so genannte ‚Standardinterpretation'.

Einige Worte zur Rolle der Mathematik.

Da die QM Objekte beschreibt, die wegen ihrer Kleinheit unserem Alltagsverständnis entzogen sind, ist sie nicht durchweg in Alltagsbegriffen formulierbar und muss von daher vergleichsweise abstrakt sein. Ein tieferes Verständnis der QM lässt sich nicht auf einem rein sprachlichen Niveau erreichen; wir brauchen durchaus auch mathematische Beschreibungen.[1] Natürlich kann man sich Analogien und vereinfachte Modelle bilden, aber das geht nur bis zu einem bestimmten Grad und sinnvoll auch nur dann, wenn man den mathematischen Apparat wenigstens in Grundzügen kennt.[2]

Es liegt an diesem Geflecht von Unanschaulichkeit und unerlässlicher Mathematisierung, dass die QM vielfach als ‚schwierig' gilt. Das stimmt aber nur bedingt. Sicher, es gibt hochformalisierte, anspruchsvolle Teilgebiete. Weite und interessante Bereiche jedoch werden von sehr einfachen Prinzipien geprägt, die mit simplen formalen Mitteln beschrieben werden können.

Dessen ungeachtet wird gerade von Anfängern die Bedeutung der Mathematik in der QM vielfach als entmutigend empfunden. Drei Maßnahmen sollen dazu dienen, diesem Eindruck zu entgegnen und ihn bestenfalls erst gar nicht aufkommen zu lassen.

Zum einen halten wir das mathematische Niveau so niedrig wie möglich und schließen uns der bei Physikern üblichen lockeren Herangehensweise an die Mathematik an. Insbesondere die ersten Kapitel bauen Schritt für Schritt auf, so dass anfänglich unterschiedliche Mathematikkenntnisse allmählich ausgeglichen werden können.

Außerdem verwenden wir vor allem in Band 1 sehr einfache Modellierungen, sozusagen Spielzeugmodelle, um die wesentlichen physikalischen Ideen diskutieren zu können, ohne in schwierige mathematische Fragen verwickelt zu werden. Natürlich sind diese Modelle nur sehr grobe Beschreibungen tatsächlicher physikalischer Sachverhalte. Dafür kommen sie aber mit vergleichsweise simpler Mathematik aus, brauchen keine Näherungsmethoden oder Numerik und ermöglichen doch wesentliche Einsichten in die Grundlagen der QM.[3] Erst in Band 2 kommen dann realistischere Modelle zum Einsatz, was sich gelegentlich in etwas höherem formalen Aufwand niederschlägt.

Die dritte Maßnahme beinhaltet Aufgaben und Hilfestellungen im Anhang. Zu fast jedem Kapitel findet sich eine Vielzahl von Aufgaben, zum Teil auch mit weiterführenden Themen. Sie sollen dazu einladen, sich den Stoff selbst erarbeiten, besser aneignen und deutlicher fassen zu können sowie natürlich die formalen Fertigkeiten zu trainieren.[4]

---

[1] Jedenfalls gilt das für Physikerinnen und Physiker. Um Laien ohne jede mathematische Vorbildung die QM nahezubringen, wird man natürlich mathematikfreie Annäherungen wählen (müssen).

[2] Ohne einschlägige formale Betrachtungen ist beispielsweise nicht zu erkennen, wie man die Ersetzung einer physikalischen Messgröße durch einen hermiteschen Operator motivieren soll.

[3] Wir könnten stattdessen natürlich auch aus dem großen Vorrat an historisch wichtigen Experimenten schöpfen. Sie sind aber im Allgemeinen mathematisch aufwendiger zu formulieren und führen im Rahmen unserer Überlegungen auch nicht zu anderen Folgerungen als die ‚Spielzeugmodelle', so dass wir der Übersichtlichkeit und Kürze halber uns auf diese beschränken.

[4] ‚Es ist eine große Stärkung beim Studieren, wenigstens für mich, alles was man liest so deutlich zu fassen, daß man eigene Anwendungen davon, oder gar Zusätze dazu machen kann. Man wird am Ende dann geneigt zu glauben man habe alles selbst erfinden können, und so was macht Mut.' Georg Christoph Lichtenberg: Sudelbücher Heft J (1855); Zweitausendeins, 1998.

Die Hilfestellungen im Anhang umfassen zum einen mehrere Kapitel mit mathematischem und physikalischem Basiswissen; sie ermöglichen es, eventuell brachliegende Kenntnisse wieder auffrischen zu können, ohne lange nachschlagen oder sich auf neue Notationen etc. einlassen zu müssen. Zum anderen finden sich hier detailliert ausgearbeitete Lösungen für viele Aufgaben.

Darüber hinaus enthält der sicherlich ungewöhnlich umfangreiche Anhang noch Kapitel, in denen Fragen und Themen erörtert werden, die zwar an sich sehr interessant sind, deren Behandlung oder Vertiefung aber den zeitlichen Rahmen einer Vorlesung sprengen würde.

Die Fußnoten mit zum Teil eher assoziativem Charakter kann man beim ersten Lesen überschlagen.

Noch eine Bemerkung zum Begriff ‚Teilchen‘. Seine Bedeutung ist in der Physik recht unscharf. Zum einen bezeichnet er ‚etwas Festes, nicht Wellenhaftes‘, zum anderen ‚etwas Kleines‘; die Spanne reicht vom Elementarteilchen als strukturlosem Baustein der Materie bis zum α-Teilchen, das seinerseits wieder aus ‚Teilchen‘ zusammengesetzt ist. In der QM, in der ja häufig erst einmal nicht feststeht, ob ein Objekt eher Teilchen- oder Wellencharakter aufweist, kann die unbedachte Verwendung des Begriffs für Verwirrung und Verständnisprobleme sorgen.

Von daher wurden schon vielfach eigene Bezeichnungen jenseits von Welle oder Teilchen vorgeschlagen wie quantales Teilchen, wavical, wavicle, Wellchen, Quantenobjekt, Quanton und andere mehr. Wir werden im folgenden so gut wie immer Quantenobjekt verwenden, es sei denn, es handelt sich um traditionell feststehende Begriffe wie z. B. ‚Identische Teilchen‘ oder ‚Elementarteilchen‘. Die möglichst konsequente Verwendung von Quantenobjekt statt Teilchen mag manchmal etwas pedantisch anmuten, trägt aber hoffentlich doch dazu bei, dass sich weniger falsche Bilder in den Köpfen festsetzen; wohl aus diesem Grund findet sich diese Bezeichnung übrigens auch in Schulbüchern.

Die QM ist eine grundlegende Theorie der Physik, die zu ungezählten Anwendungen geführt hat. Aber sie reicht auch weit in Bereiche wie Philosophie und Erkenntnistheorie und führt zum Nachdenken über ‚das, was die Welt im Innersten zusammenhält‘; kurz, sie ist auch ein intellektuelles Abenteuer. Das Faszinierende dabei: Je mehr man sich in die QM einarbeitet, desto eher erkennt man, wie einfach viele Leitideen sind.[5] Es wäre schön, wenn ‚Quantenmechanik zu Fuß‘ dabei helfen könnte, diese Wahrheit zu entdecken.

Schließen wir mit einer Bemerkung von Richard Feynman, die nicht nur für die Physik, sondern erst recht für die QM gilt: ‚Physics is like sex: sure, it may give some practical results, but that's not why we do it.‘

---

[5] ‚Je weniger wir über eine Sache wissen, desto komplizierter ist sie, und je mehr wir über sie wissen, desto einfacher ist sie. Das ist die einfache Wahrheit über alle Kompliziertheiten.‘ Egon Friedell, Kulturgeschichte der Neuzeit; Kulturgeschichte Ägyptens und des alten Orients, S. 1311, Zweitausendeins, 2009.

Überblick über Band I

In den folgenden 14 Kapiteln wollen wir die prinzipielle Struktur der Quantenmechanik herausarbeiten, und zwar anhand einiger weniger einfacher Modelle. Die Verwendung dieser simplen ‚Spielzeugsysteme' hat zwei Vorteile.

Zum einen lässt uns ihre Einfachheit die wesentlichen Mechanismen der QM erkennen, ohne dass wir uns in aufwendigen mathematischen Formulierungen verlieren. Diese Mechanismen, die wir in Kap. 14 (1) in Form von Postulaten zusammenfassen, lassen sich dennoch ganz allgemein formulieren.

Zum anderen können wir auf diese Weise die Überlegungen schnell voranbringen, so dass wir recht bald aktuelle Fragestellungen behandeln und verstehen können.

Inhaltsverzeichnis Band 1

Inhaltsverzeichnis Band 2

Hin zur Schrödinger-Gleichung

1

Wir konstruieren eine Gleichung, die für Materie im nichtrelativistischen Bereich gilt, aber auch Wellenlösungen zulässt. Dies ist die Schrödinger-Gleichung, die die Dynamik eines Quantensystems über die zeitliche Entwicklung der Wellenfunktion beschreibt.

Zum Ziel dieses Kapitels, der *Schrödinger-Gleichung* (SGl), führen viele verschiedene Wege; wir wählen hier einen traditionellen, bei dem Welleneigenschaften und der Zusammenhang von Energie und Impuls die bestimmenden Elemente sind. Ein anderer Zugang (Quantenhüpfen) findet sich im Anhang; er ist sicherlich unkonventioneller, aber andererseits treten bei ihm die bestimmenden physikalischen Prinzipien klarer zutage. Die beiden Vorgehensweisen führen natürlich zum selben Resultat.

Nach ein paar wenigen Worten über die Bildung neuer Theorien betrachten wir zunächst Lösungen der Wellengleichung. Es zeigt sich zwar, dass die Wellengleichung zur Beschreibung quantenmechanischer Phänomene ungeeignet ist, aber wir lernen auf diese Weise, wie man die ‚richtige‘ Gleichung konstruiert, in unserem Fall die Schrödinger-Gleichung. Wir beschränken uns dabei auf den Bereich genügend kleiner Geschwindigkeiten, so dass wir relativistische Effekte außer Acht lassen können.[1]

1.1   Wie findet man eine neue Theorie?

Die klassische Mechanik (KlM) kann eine ganze Reihe von Experimenten nicht erklären, etwa Interferenzen von Teilchen (Doppelspaltexperiment mit Elektronen) oder Quantisierungen (Stern-Gerlach-Versuch, atomare Energieniveaus). Eine neue

---

[1] Relativistische Effekte werden ausführlicher betrachtet in Anhang U, Band 1 (Relativistische Quantenmechanik), und Anhang W, Band 2 (Quantenfeldtheorie).

J. Pade, *Quantenmechanik zu Fuß 1*, https://doi.org/10.1007/978-3-662-67928-9_1

Theorie muss also her – aber wie konstruiert man sie, wie findet man die adäquaten neuen physikalischen Begriffe und den geeigneten mathematischen Formalismus?

Die Antwort lautet: Es gibt kein eindeutig vorgeschriebenes Rezept, keinen deduktiven oder induktiven Königsweg. Eine neue Theorie zu formulieren, erfordert Kreativität oder, eine Ebene schlichter formuliert, so etwas wie kluges ‚Raten'.[2] Natürlich existieren experimentelle und theoretische Rahmenbedingungen, die die Beliebigkeit des Ratens einschränken und bestimmte Richtungen vorgeben. Dessen ungeachtet muss jedoch immer etwas Neues gedacht werden, was in dem alten System nicht vorhanden ist – besser gesagt, nicht vorhanden sein kann und darf. So erforderte der Übergang von der Newtonschen zur relativistischen Dynamik als neues Element die Hypothese, dass die Lichtgeschwindigkeit in allen Inertialsystemen die gleiche Größe besitzt. Dieses Element gibt es in der alten Theorie nicht; im Gegenteil, es widerspricht ihr und kann folglich nicht aus ihr geschlossen werden.

Im Fall der Quantenmechanik (QM) kommt erschwerend hinzu, dass wir über keinerlei sinnliche Erfahrung in der mikroskopischen Welt verfügen,[3] die das eigentliche Regime der QM ist. Mehr als in anderen ‚anschaulichen' Gebieten der Physik[4] müssen wir uns auf physikalische oder formale Analogien[5] stützen, müssen wir den Modellen und mathematischen Überlegungen trauen, solange sie den Ausgang von Experimenten richtig beschreiben, auch wenn wir das mit unserer Alltagserfahrung nicht in Einklang bringen können. Das ist oft weder einfach noch vertraut[6] – und vor allem dann nicht, wenn es wie im Fall der QM nicht eindeutig klar ist, was manche Formulierungen ‚wirklich' bedeuten. Tatsächlich führt uns die QM an die Wurzeln unserer Welterkenntnis bzw. unseres Weltverständnisses; in Bezug auf manche Fragestellungen kann man sie als ‚experimentelle Philosophie' bezeichnen.

Kurz: Wir können die QM nicht aus der klassischen Mechanik oder einer anderen klassischen Theorie streng ableiten;[7] neue Formulierungen müssen gebildet werden

---

[2] Wie schwierig das sein kann, zeigt z. B. die Diskussion um die Quantengravitation. Seit Dutzenden von Jahren gibt es Versuche, die beiden grundlegenden Bereiche der Quantentheorie und der Allgemeinen Relativitätstheorie zusammenzuführen – bisher (Anfang 2023) ohne greifbare Ergebnisse.

[3] Die Evolution hat uns (mehr oder weniger) fit gemacht für die Anforderungen unserer Alltagswelt – und zu dieser Alltagswelt gehören nun einmal keine mikroskopischen Phänomene. Dieser Sachverhalt ist es unter anderem, der die Vermittlung der QM beträchtlich erschwert.

[4] Soweit denn z. B. Elektro- oder Thermodynamik anschaulich sind.

[5] Im Fall der QM wäre eine physikalische Analogie zum Beispiel der Übergang geometrische Optik ($\hat{=}$ klassischer Mechanik) $\Rightarrow$ Wellenoptik ($\hat{=}$ Quantenmechanik). Wenn man abstrakter vorgehen möchte, könnte man zum Beispiel die Poisson-Klammern der klassischen Mechanik durch Kommutatoren entsprechender Operatoren ersetzen – wobei an dieser Stelle freilich unklar bleibt, wieso man ohne weitere Informationen auf eine solche Idee kommen sollte.

[6] Dies gilt auch zum Beispiel für die Spezielle Relativitätstheorie, deren ‚Paradoxa' unserer Alltagserfahrung widersprechen.

[7] Das gilt übrigens für alle grundlegenden Theorien. Auch die Newtonsche Mechanik lässt sich nicht aus einer älteren Theorie streng folgern. Die Newtonschen Axiome sind im Rahmen der klassischen Mechanik Grundsätze, die nicht weiter herleitbar sind, sondern ohne Beweis postuliert werden.

und sich dann im Experiment bewähren. Mit all diesen angeführten Vorbehalten bzw. Vorbemerkungen wollen wir nun den Weg in die QM beginnen.[8]

1.2 Klassische Wellengleichung und Schrödinger-Gleichung

Dieser Zugang zur Schrödinger-Gleichung (SGl) stützt sich auf Analogien, wobei die mathematische Formulierung mithilfe von Differentialgleichungen (DGl)[9] eine zentrale Rolle spielt. Wir werden die De-Broglie-Beziehungen und den nichtrelativistischen Zusammenhang von Energie und Impuls nutzen und uns vor allem auf das physikalische Prinzip der *Linearität* stützen sowie auf die nichtrelativistische Beziehung zwischen Energie und Impuls, d. h.

$$E = \frac{p^2}{2m} \tag{1.1}$$

Mit den De-Broglie-Beziehungen[10]

$$E = \hbar\omega \quad \text{und} \quad p = \hbar k \tag{1.2}$$

kann Gl. (1.1) umgeschrieben werden als *Dispersionsrelation*[11]

$$\omega = \frac{\hbar^2}{2m} k^2 \tag{1.3}$$

Im Folgenden werden wir spezielle Lösungen von Differentialgleichungen untersuchen, nämlich ebene Wellen, und überprüfen, ob ihre Wellenzahl k und Frequenz ω die Dispersionsrelation (1.3) erfüllen.

Eine Bemerkung zu den Termen k und ω: Sie hängen mit der Wellenlänge λ und der Frequenz ν über $k = 2\pi/\lambda$ und $\omega = 2\pi\nu$ zusammen. In der QM (und in anderen Gebieten der Physik) hat man kaum jemals mit λ und ν zu tun, sondern fast ausschließlich mit k und ω. Das mag der Grund dafür sein, dass ω üblicherweise ‚Frequenz' genannt wird (und nicht Winkel- oder Kreisfrequenz).

---

[8] „Eine Reise von tausend Meilen beginnt mit dem ersten Schritt." (Lao Tzu)

[9] Einige Begriffe und Grundlagen zum Thema Differentialgleichungen finden sich im Anhang.

[10] Das Symbol h wurde 1900 von Planck als Hilfsvariable eingeführt (deswegen der Buchstabe h) im Zuge seiner Arbeit über das Spektrum des schwarzen Körpers. Die Abkürzung $\hbar$ für $\frac{h}{2\pi}$ wurde wahrscheinlich zuerst 1926 von P.A.M. Dirac eingeführt. In Termen von Frequenz ν/Wellenlänge λ lauten die De-Broglie-Relationen $E = h\nu$ und $p = \frac{h}{\lambda}$. Im Allgemeinen wird die symmetrische Form (1.2) bevorzugt.

[11] Der Term ‚Dispersionsrelation' bedeutet im Allgemeinen den Zusammenhang zwischen ω und k oder zwischen E und p (und wird deswegen auch Energie-Impuls-Relation genannt). Dispersion bezeichnet die Abhängigkeit der Ausbreitungsgeschwindigkeit einer Welle von ihrer Wellenlänge oder Frequenz, die im Allgemeinen bewirkt, dass ein aus Wellen verschiedener Wellenlängen zusammengesetztes Wellenpaket im Lauf der Zeit auseinanderläuft (dispergiert).

1.2.1   Von der Wellengleichung zur Dispersionsrelation

Das Doppelspaltexperiment und andere Experimente deuten wegen der Interferenz-erscheinungen darauf hin, dass das Elektron, vage gesprochen, ,irgendwie auch eine Art Welle' sein kann. Nun kennen wir aus Mechanik und Elektrodynamik zur Beschreibung aller möglichen Wellen (Schall, Elastizität, Licht usw.) die *Wellengleichung*

$$\frac{\partial^2 \Psi(\mathbf{r}, t)}{\partial t^2} = c^2 \left(\frac{\partial^2 \Psi(\mathbf{r}, t)}{\partial x^2} + \frac{\partial^2 \Psi(\mathbf{r}, t)}{\partial y^2} + \frac{\partial^2 \Psi(\mathbf{r}, t)}{\partial z^2} \right) = c^2 \nabla^2 \Psi(\mathbf{r}, t)$$

(1.4)

wobei in Ψ Amplitude und Phase der Schwingung stecken; c ist die als konstant angenommene Ausbreitungsgeschwindigkeit der Wellen.[12] Es erscheint naheliegend, erst einmal diese Gleichung daraufhin abzuklopfen, ob man mit ihrer Hilfe Phänomene wie die Teilchen-Interferenz usw. erklären kann. Um die Argumentation möglichst einfach zu halten, gehen wir im Folgenden von der eindimensionalen Gleichung aus:

$$\frac{\partial^2 \Psi(x, t)}{\partial t^2} = c^2 \frac{\partial^2}{\partial x^2} \Psi(x, t)$$

(1.5)

Die so erhaltenen Ergebnisse lassen sich ohne Weiteres auf das Dreidimensionale verallgemeinern.

Die Fragestellung, die wir im Folgenden untersuchen, lautet: Können wir mit der Wellengleichung das Verhalten von Elektronen beschreiben? Die Antwort wird ,nein' lauten; wir werden den Weg zu dieser Antwort genauer schildern, weil er trotz des negativen Ergebnisses doch zeigt, wie man die ,richtige' Gleichung erraten bzw. konstruieren kann, nämlich die Schrödinger-Gleichung.

Zuvor weisen wir aber auf eine wichtige Eigenschaft der Wellengleichung hin: Sie ist *linear* – die gesuchte Funktion Ψ tritt nur in der ersten Potenz auf und nicht mit anderen Exponenten wie Ψ^2 oder $\Psi^{1/2}$. Daraus folgt, dass mit zwei Lösungen Ψ_1 und Ψ_2 auch eine beliebige Linearkombination $\alpha\Psi_1 + \beta\Psi_2$ wieder eine Lösung darstellt. In Worten: Man kann Lösungen überlagern – es gilt das Superpositionsprinzip.

Separation der Variablen
Die Gl. (1.5) wird zum Beispiel von der Funktion

$$\Psi(x, t) = \Psi_0 e^{i(kx - \omega t)}$$

(1.6)

---

[12] Der *Laplace-Operator* $\frac{\partial^2}{\partial x^2} + \frac{\partial^2}{\partial y^2} + \frac{\partial^2}{\partial z^2}$ wird als ∇^2 geschrieben, da er die Divergenz ($\nabla\cdot$) des Gradienten ist, d. h. $\nabla(\nabla f) = \nabla^2 f$ (siehe Anhang D, Band 1).

mit der Wellenzahl k und der Frequenz ω gelöst. Wie findet man solche Lösungen? Ein wichtiger konstruktiver Ansatz ist die sogenannte *Separation der Variablen*, die man bei allen *linearen* partiellen DGl verwenden kann. Der Ansatz, aus naheliegenden Gründen auch Produktansatz genannt, lautet

$$\Psi(x, t) = f(t) \cdot g(x) \tag{1.7}$$

mit noch zu bestimmenden Funktionen $f(t)$ und $g(x)$. Einsetzen in (1.5) führt mit der üblichen Kurzschreibweise $\dot{f} \equiv \frac{df}{dt}$ und $g' \equiv \frac{dg}{dx}$ auf

$$\ddot{f}(t) \cdot g(x) = c^2 f(t) \cdot g''(x) \tag{1.8}$$

bzw. nach Division durch $f(t) \cdot g(x)$ auf

$$\frac{\ddot{f}(t)}{f(t)} = c^2 \frac{g''(x)}{g(x)} \tag{1.9}$$

An dieser Stelle kann man folgendermaßen argumentieren: x und t treten jeweils nur auf *einer* Seite der Gleichung auf (sie sind getrennt). Nun handelt es sich aber bei ihnen um *unabhängige* Variablen; man kann also beispielsweise x festhalten und t unabhängig von x variieren. Dann lässt sich in Gl. (1.9) die Gleichheit für alle x und t aber nur realisieren, wenn beide Seiten *konstant* sind. Um später Schreibarbeit zu sparen, bezeichnen wir diese Konstante nicht mit α, sondern mit α^2. Es folgt:

$$\frac{\ddot{f}(t)}{f(t)} = \alpha^2 \; ; \; \frac{g''(x)}{g(x)} = \frac{1}{c^2}\alpha^2 \; ; \; \alpha \in \mathbb{C} \tag{1.10}$$

Lösungen dieser DGl sind die Exponentialfunktionen

$$f(t) \sim e^{\pm \alpha t} \; ; \; g(x) \sim e^{\pm \frac{1}{c}\alpha x} \tag{1.11}$$

Der Wertebereich der bislang unbestimmten Konstanten α lässt sich durch die Forderung einschränken, dass physikalisch vernünftige Lösungen für alle Werte der Variablen *beschränkt* bleiben müssen.[13] Daraus folgt, dass α nicht reell sein darf, denn dann hätten wir unbeschränkte Lösungen, wenn t bzw. x gegen $+\infty$ oder $-\infty$ strebt. Genau das gleiche gilt auch, wenn α eine komplexe Zahl[14] mit nicht verschwindendem Realteil ist. Kurz – α muss *imaginär* sein:

$$\alpha \in \mathbb{I} \to \alpha = i\omega \; ; \; \omega \in \mathbb{R} \tag{1.12}$$

---

[13] Das ist einer der Vorteile der Physik gegenüber der Mathematik: Wir können gegebenenfalls mathematisch korrekte Lösungen durch physikalische Forderungen ausschließen (siehe auch Anhang E, Band 1).

[14] Einige Bemerkungen zum Thema ‚Komplexe Zahlen' finden sich im Anhang C, Band 1.

Da in (1.11) der Term $\frac{\alpha}{c}$ auftritt, führen wir zweckmäßigerweise folgende Abkürzung ein:

$$k = \frac{\omega}{c} \qquad (1.13)$$

Damit erhalten wir für die Funktionen f und g

$$f(t) \sim e^{\pm i\omega t} \; ; \; g(x) \sim e^{\pm ikx} \; ; \; \omega \in \mathbb{R} \qquad (1.14)$$

wobei wir, wenn nicht anders vermerkt, ohne Beschränkung der Allgemeinheit von $k > 0$, $\omega > 0$ ausgehen (allgemein folgt aus (1.9) $\omega^2 = c^2 k^2$). Alle Kombinationen der Funktionen f und g wie $e^{i\omega t} e^{-ikx}$, $e^{-i\omega t} e^{ikx}$ usw., jeweils multipliziert mit einer beliebigen Konstanten, sind also Lösungen der Wellengleichung.

Noch eine Bemerkung zu den Konstanten k und ω. Sie hängen mit der Wellenlänge λ und der Frequenz ν über $k = 2\pi/\lambda$ und $\omega = 2\pi\nu$ zusammen. In der QM (und anderen Gebieten der Physik) hat man es so gut wie nie mit λ und ν zu tun, sondern praktisch *ausschließlich* mit k und ω. Das mag der Grund dafür sein, dass man hier üblicherweise ω einfach Frequenz nennt (und nicht Kreisfrequenz).

Lösung der Wellengleichung; Dispersionsrelation

Wir fassen zusammen: Der Separationsansatz hat uns Lösungen der Wellengleichung geliefert. Ihre typischen Formen lauten für $k > 0$, $\omega > 0$:

$$\Psi_1(x,t) = \Psi_{01} e^{i\omega t} e^{ikx} \; ; \; \Psi_2(x,t) = \Psi_{02} e^{-i\omega t} e^{ikx}$$
$$\Psi_3(x,t) = \Psi_{03} e^{i\omega t} e^{-ikx} \; ; \; \Psi_4(x,t) = \Psi_{04} e^{-i\omega t} e^{-ikx} \qquad (1.15)$$

Die Konstanten Ψ_{0i} sind frei wählbar, da wegen der Linearität der Wellengleichung auch ein Vielfaches einer Lösung wiederum eine Lösung ist.

Welchen Sachverhalt stellen diese Lösungen dar? Nehmen wir z. B.

$$\Psi_2(x,t) = \Psi_{02} e^{-i\omega t} e^{ikx} = \Psi_{02} e^{i(kx-\omega t)} \qquad (1.16)$$

Dies ist wegen $k > 0$, $\omega > 0$ eine nach rechts laufende *ebene Welle* wie auch Ψ_2^* und Ψ_3 und Ψ_3^* (* bedeutet die komplexe Konjugation). Nach links laufende ebene Wellen werden hingegen durch Ψ_1 und Ψ_4 sowie ihre komplex Konjugierten beschrieben.[15] Eine anschauliche Begründung findet sich in den Aufgaben.

---

[15] Um festzustellen, ob die Welle nach links oder rechts läuft, kann man den Exponenten gleich null setzen. Sei $k > 0$ und $\omega > 0$; man erhält z. B. für Ψ_1 oder Ψ_4:

$$v = \frac{x}{t} = -\frac{\omega}{k} < 0$$

Wegen $v < 0$ handelt es sich um eine nach links laufende ebene Welle. Gilt dagegen z. B. $k < 0$ und $\omega > 0$, handelt es sich um eine nach rechts laufende ebene Welle.

Nun ist zwar eine ebene Welle durchaus ein übliches Konstrukt in der Physik,[16] aber die hier gefundenen können nicht das Verhalten von Elektronen beschreiben. Um das zu erkennen, benutzen wir die *De-Broglie-Beziehungen*

$$E = \hbar\omega \quad \text{und} \quad p = \hbar k \tag{1.17}$$

Aus Gl. (1.13) folgt:

$$\omega = kc \tag{1.18}$$

und daraus ergibt sich mit Gl. (1.17):

$$\frac{E}{\hbar} = c\frac{p}{\hbar} \quad \text{bzw.} \quad E = p \cdot c \tag{1.19}$$

Dieser Zusammenhang zwischen Energie und Impuls kann aber nicht für unser Elektron gelten. Wir haben uns ja auf den nichtrelativistischen Bereich beschränkt, wo gemäß $E = p^2/2m$ die Verdoppelung des Impulses einen Faktor 4 bei der Energie bringt, während sich nach Gl. (1.19) nur ein Faktor 2 ergibt. Abgesehen davon ist unklar, welcher Wert für die konstante Ausbreitungsgeschwindigkeit c der Wellen einzusetzen wäre.[17] Kurz, wir haben, wie man sagt, mit Gl. (1.18) die falsche *Dispersionsrelation* aufgestellt. Also ist die Wellengleichung ungeeignet zur Beschreibung von Elektronen; wir müssen einen anderen Zugang suchen.

Noch ein Wort zur Lösung der *dreidimensionalen* Wellengleichung (1.4): Die Lösungen sind ebene Wellen der Form

$$\Psi_i(\mathbf{r}, t) = \Psi_{0i}e^{i(\mathbf{kr}-\omega t)} \quad ; \quad \mathbf{k} = (k_x, k_y, k_z), k_i \in \mathbb{R} \tag{1.20}$$

mit $\mathbf{kr} = k_x x + k_y y + k_z z$ sowie $\omega^2 = c^2\mathbf{k}^2 = c^2|k|^2 = c^2 k^2$. Der *Wellenvektor* $\mathbf{k}$ gibt die Ausbreitungsrichtung der Welle an. Im Gegensatz zur eindimensionalen Welle haben die Komponenten von $\mathbf{k}$ üblicherweise beliebiges Vorzeichen, so dass das Doppelvorzeichen $\pm$ in (1.14) hier nicht auftaucht.

1.2.2 Von der Dispersionsrelation zur Schrödinger-Gleichung

Wir gehen jetzt den umgekehrten Weg: Wir starten mit der gewünschten Dispersionsrelation und versuchen, aus ihr eine Differentialgleichung herzuleiten,

---

[16] Eigentlich ist sie ja ‚unphysikalisch', weil sie unendlich ausgedehnt und im Mittel überall gleich groß ist, also weder in der Zeit noch im Ort lokalisierbar ist. Aber da die Wellengleichung linear ist, kann man ebene Wellen (= Teillösungen) überlagern, etwa in der Form $\int c(k)e^{i(kx-\omega t)}dk$. Diese *Wellenpakete* können dann durchaus lokalisiert sein. Dazu in Kap. 1 (2) exemplarisch mehr.

[17] Auch im relativistischen Bereich kann Gl. (1.19) nicht für ein Elektron gelten, da $E \sim p$ nur für Objekte mit Ruhemasse gleich null gilt.

wobei wir voraussetzen, dass ebene Wellen Lösungen sind und dass die DGl linear ist. Schematisch sieht das so aus:

$$\text{Wellengleichung} \underset{\text{ebene Wellen, linear}}{\Longrightarrow} \text{,falsche' Relation } E = cp$$

$$\text{Schrödinger-Gleichung} \underset{\text{ebene Wellen, linear}}{\Longleftarrow} \text{,richtige' Relation } E = \frac{p^2}{2m}$$

Die Energie eines klassischen kräftefreien Teilchens ist gegeben durch

$$E = \frac{p^2}{2m} \tag{1.21}$$

Mit den De-Broglie-Beziehungen erhält man die Dispersionsrelation

$$\omega = \frac{\hbar k^2}{2m} \tag{1.22}$$

Gesucht wird nun eine Gleichung, deren Lösungen ebene Wellen z. B. der Form $\Psi = \Psi_0 e^{i(kx-\omega t)}$ mit der Dispersionsrelation (1.22) sind. Um das zu erreichen, leiten wir die ebene Welle einmal nach der Zeit und zweimal nach dem Ort ab (wir benutzen die Abkürzungen $\partial_x := \frac{\partial}{\partial x}$, $\partial_{xx} = \partial_x^2 = \frac{\partial^2}{\partial x^2}$ usw.):

$$\begin{aligned} \partial_t \Psi &= -i\omega \Psi_0 e^{i(kx-\omega t)} \\ \partial_x^2 \Psi &= -k^2 \Psi_0 e^{i(kx-\omega t)} \end{aligned} \tag{1.23}$$

Wir setzen dies in Gl. (1.22) ein:

$$\begin{aligned} \omega &= \frac{1}{-i\Psi}\partial_t \Psi = \frac{\hbar}{2m}k^2 = \frac{\hbar}{2m}\left(-\frac{1}{\Psi}\partial_x^2 \Psi\right) \\ &\rightarrow i\partial_t \Psi = -\frac{\hbar}{2m}\partial_x^2 \Psi \end{aligned} \tag{1.24}$$

Üblicherweise multipliziert man noch mit $\hbar$ und erhält schließlich:

$$i\hbar\partial_t \Psi = -\frac{\hbar^2}{2m}\partial_x^2 \Psi \tag{1.25}$$

beziehungsweise im dreidimensionalen Fall

$$i\hbar\frac{\partial}{\partial t}\Psi = -\frac{\hbar^2}{2m}\nabla^2 \Psi \tag{1.26}$$

Die ist die *freie zeitabhängige Schrödinger-Gleichung*. Wie der Name sagt, gilt sie für ein freies, keiner Wechselwirkung unterworfenes Quantenobjekt.[18] Bei Bewegungen in einem Feld mit der potentiellen Energie V gilt (in Analogie zur klassischen Energie $E = \frac{p^2}{2m} + V$) die *(allgemeine) zeitabhängige Schrödinger-Gleichung*

$$i\hbar \frac{\partial}{\partial t} \Psi = -\frac{\hbar^2}{2m} \nabla^2 \Psi + V \Psi \qquad (1.27)$$

In aller Ausführlichkeit ausgeschrieben lautet sie:

$$i\hbar \frac{\partial}{\partial t} \Psi (\mathbf{r}, t) = -\frac{\hbar^2}{2m} \nabla^2 \Psi (\mathbf{r}, t) + V (\mathbf{r}, t) \Psi (\mathbf{r}, t) \qquad (1.28)$$

Dass man das *Potential*[19] V so und nicht anders in die Gleichung einführt, ist alles andere als selbstverständlich. Es ist vielmehr, wie auch die gesamte ‚Herleitung' von (1.28), ein gut geratener Versuch bzw. ein kühner Schritt, der sich bewähren muss, wie weiter oben beschrieben.

Wir bemerken, dass die SGl *linear* in ψ ist: Sind zwei Lösungen ψ_1 und ψ_2 gegeben, dann ist auch jede Linearkombination $\alpha_1 \psi_1 + \alpha_2 \psi_2$ mit $\alpha_i \in \mathbb{C}$ eine Lösung (siehe auch Aufgaben). Dies ist eine für die QM enorm wichtige Eigenschaft, wie wir im Weiteren immer wieder sehen werden.

Noch zwei Bemerkungen zu $\Psi (\mathbf{r}, t)$, der sogenannten *Wellenfunktion*,[20] auch Zustandsfunktion oder, vor allem in älteren Texten, Psi-Funktion (Ψ-Funktion) genannt. Zunächst etwas Technisches und fast Selbstverständliches. Als Argumente der Wellenfunktion werden in der Regel zwar nur $\mathbf{r}$ und t notiert; da diese beiden Größen die physikalischen Einheiten Meter und Sekunde besitzen (wir verwenden das internationale Einheitensystem SI), tauchen sie aber in der Wellenfunktion nicht alleine auf, sondern immer nur in Kombination mit Größen der inversen Maßeinheit. In Lösungen heißt es also immer $\mathbf{k}\mathbf{r}$ und ωt, wobei $\mathbf{k}$ die Einheit Meter^{-1} und ω die Einheit Sekunde^{-1} besitzt.

Die zweite Bemerkung ist inhaltlich und weit weniger selbstverständlich. Während die Lösung der Wellengleichung (1.5) eine unmittelbare physikalische und vor allem anschauliche Bedeutung hat, nämlich die Eigenschaften der betrachteten Welle zu beschreiben (Amplitude, Phase etc.), ist dies für die Wellenfunktion nicht der Fall. Der Betrag $|\Psi (\mathbf{r}, t)|$ gibt eine Amplitude an – aber eine Amplitude von

---

[18] Wir wiederholen eine Bemerkung aus der Einleitung: Der größeren Klarheit wegen werden wir für die QM im Folgenden statt ‚Teilchen' immer ‚Quantenobjekt' verwenden, es sei denn, es handelt sich um traditionell feststehende Formulierungen wie ‚identische Teilchen'.

[19] Obwohl es sich bei V um die potentielle Energie handelt, wird der Term üblicherweise *Potential* genannt. Die beiden Begriffe unterscheiden sich aber um einen Faktor (z. B. in der Elektrostatik die elektrische Ladung); man sollte sich dessen bewusst sein.

[20] Trotz ihres Namens ist die Wellenfunktion eine Lösung der Schrödinger-Gleichung, nicht der Wellengleichung.

was? Was ist es, was hier ‚wellt‘? Das wurde bei der Herleitung nie konkret gesagt; es war ja auch nirgends erforderlich. Tatsächlich ist es so, dass die Wellenfunktion keine unmittelbare physikalische anschauliche Bedeutung besitzt;[21] vielleicht lässt sie sich am besten als komplexwertiges Möglichkeitsfeld auffassen. Fakt ist, dass man aus der Wellenfunktion die relevanten physikalischen Daten herausziehen kann, und zwar mit einer zum Teil beeindruckenden Genauigkeit, ohne dass man eine anschauliche Vorstellung von ihr hat oder haben muss. Dieser Sachverhalt (man operiert mit etwas, von dem man nicht so richtig weiß, was es ist) sorgt besonders bei den ersten Kontakten mit der QM für ungute Gefühle, für Unsicherheiten, und wohl auch für lernpsychologische Probleme bzw. Lernschwierigkeiten. Aber es ist der Stand der Erkenntnis, dass die Wellenfunktion als eine zentrale Größe der QM keine unmittelbare anschauliche Bedeutung hat – so ist es nun mal.[22]

1.3   Aufgaben

1. Gegeben sei die relativistische Energie-Impuls-Beziehung

$$E^2 = m_0^2 c^4 + p^2 c^2 \qquad (1.29)$$

Zeigen Sie, dass im nichtrelativistischen Grenzfall $v \ll c$ bis auf eine positive Konstante annähernd gilt

$$E = \frac{p^2}{2m_0} \qquad (1.30)$$

2. Zeigen Sie, dass der Zusammenhang $E = p \cdot c$ (c ist die Lichtgeschwindigkeit) nur für Objekte mit verschwindender Ruhemasse gilt.
3. Ein (relativistisches) Objekt habe die Ruhemasse null. Zeigen Sie, dass dann die Dispersionsrelation $\omega^2 = c^2 \mathbf{k}^2$ lautet.
4. Sei $k < 0$, $\omega > 0$. Ist dann $e^{i(kx - \omega t)}$ eine nach rechts oder nach links laufende ebene Welle?

---

[21] Eines der großen Probleme bei der Vermittlung der QM z. B. in der Schule.

[22] Ungeachtet ihres etwas rätselhaften Charakters (oder gerade deswegen?) taucht die Wellenfunktion sogar in Krimis auf. Ein Beispiel: „Harry lächelte. ‚Gut. In der klassischen Physik kann ein Elektron auf eine ganz bestimmte Position festgelegt werden. Nicht so in der Quantenmechanik. Die Wellenfunktion definiert einen Bereich, sagen wir, von Wahrscheinlichkeit. Analog ließe sich vielleicht sagen, wenn in einem Teilsegment der Bevölkerung eine hoch ansteckende Krankheit auftaucht, schaltet sich sofort das Seuchenkontrollzentrum ein und versucht abzuschätzen, mit welcher Wahrscheinlichkeit sich diese Krankheit weiter ausbreitet. Die Wellenfunktion ist keine Größe an sich, ist für sich genommen gar nichts, sondern beschreibt nur die Wahrscheinlichkeit.‘ Harry rückte näher, als wollte er ein schlüpfriges Geheimnis preisgeben, und fuhr fort: ‚Was wir also haben, ist die Wahrscheinlichkeit, dass ein Elektron sich zu einem bestimmten Zeitpunkt an einem bestimmten Ort befindet. Nur wenn wir es messen, können wir sagen, wo es existiert und ob es existiert. Die Katze ist also – ‘‘‘ Martha Grimes: Inspektor Jury kommt auf den Hund, Goldmann Verlag (2007) S. 70.

5. Lösen Sie die dreidimensionale Wellengleichung

$$\frac{\partial^2 \Psi \, (\mathbf{r}, t)}{\partial t^2} = c^2 \nabla^2 \Psi \, (\mathbf{r}, t) \tag{1.31}$$

explizit mittels Trennung der Variablen.

6. Gegeben sei die dreidimensionale Wellengleichung für ein Vektorfeld $\mathbf{A} \, (\mathbf{r}, t)$

$$\frac{\partial^2 \mathbf{A} \, (\mathbf{r}, t)}{\partial t^2} = c^2 \nabla^2 \mathbf{A} \, (\mathbf{r}, t) \tag{1.32}$$

   (a) Wie lautet eine Lösung in Form einer ebenen Welle?
   (b) Welche Bedingung muss $\mathbf{A}_0$ erfüllen, wenn es sich um eine (a) longitudinale, (b) transversale Welle handelt?

7. Gegeben seien die SGl

$$i\hbar \frac{\partial}{\partial t} \Psi \, (\mathbf{r}, t) = -\frac{\hbar^2}{2m} \nabla^2 \Psi \, (\mathbf{r}, t) + V \, (\mathbf{r}, t) \, \Psi \, (\mathbf{r}, t) \tag{1.33}$$

sowie zwei Lösungen $\psi_1 \, (\mathbf{r}, t)$ und $\psi_2 \, (\mathbf{r}, t)$. Zeigen Sie explizit, dass jede Linearkombination dieser Lösungen wiederum eine Lösung darstellt.

8. Die Wellenfunktion eines Quantenobjekts der Masse m sei gegeben durch

$$\psi \, (x, t) = \psi_0 \exp \left(-\frac{x^2}{2b^2} - i \frac{\hbar}{2mb^2} t \right) \tag{1.34}$$

b ist eine feste Länge. Bestimmen Sie die potentielle Energie $V(x)$ des Quantenobjekts.

9. Gegeben seien die ebenen Wellen

$$\Phi_1 \, (x, t) = \Phi_{01} e^{\pm i (kx - \omega t)} \; ; \; \Phi_2 \, (x, t) = \Phi_{02} e^{\pm i (kx + \omega t)} \; ; \; k, \omega > 0 \; ; \; \Phi_{0i} \in \mathbb{R} \tag{1.35}$$

Begründen Sie anschaulich, dass es sich bei $\Phi_1 \, (x, t)$ um eine nach rechts und bei $\Phi_2 \, (x, t)$ um eine nach links laufende Welle handelt (Abb. 1.1).

Abb. 1.1 Nach rechts laufende ebene Welle $\cos \, (kx - \omega t)$ mit $k > 0$, $\omega > 0$. Blau für $t = 0$, rot für $t > 0$

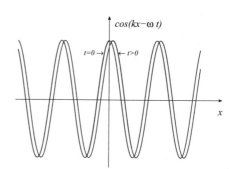

Polarisation

2

Der Übergang von der klassischen Mechanik in die Quantenmechanik am Beispiel der Polarisation führt direkt auf zwei zentrale quantenmechanische Begriffe, Vektorraum und Wahrscheinlichkeit. Wir treffen zum ersten Mal auf das Problem der Messung in der Quantenmechanik.

Der im letzten Kapitel gewählte Zugang zur Quantenmechanik (QM) basiert auf der Beschreibung der zeitlichen Entwicklung mittels einer Differentialgleichung. In diesem Kapitel wählen wir einen ganz anderen Einstieg. Es geht hier (vorerst) nicht um die Schrödinger-Gleichung oder eine andere Beschreibung des Verhaltens in Raum und Zeit; das Hauptgewicht liegt darauf, wie man (zunächst zeitunabhängig) *Zustände* definieren kann.

Auch hier starten wir von klassischen Formulierungen, die wir dann quantenmechanisch ‚aufmöbeln‘. Dazu zeigen wir zunächst, dass wir unter bestimmten Umständen elektromagnetische Wellen in einem zweidimensionalen *komplexen Vektorraum*[1] ansiedeln können. Wie aus der Optik bekannt, können wir die Intensitäten als Betragsquadrate der Amplituden formulieren. Nach dieser Wiederholung bekannter Zusammenhänge erweitern wir die Überlegung auf den quantenmechanischen Fall, und zwar durch eine Uminterpretation, die zwar nicht zwingend, aber doch sehr plausibel ist. Die Amplituden führen nun nicht auf Intensitäten, sondern auf *Wahrscheinlichkeiten*. An dieser Stelle werden wir zum ersten Mal sehen, dass der Begriff *Messung* in der QM nicht so trivial wie in der klassischen Mechanik ist.

---

[1] Falls der Begriff nicht (mehr) bekannt ist: In Anhang G (1) sind die wesentlichen Grundbegriffe zusammengestellt, außerdem kommen wir in Kap. 4 (1) darauf zurück. Hier genügt die Information, dass z. B. die Menge aller Vektoren $\begin{pmatrix} a_1 \\ a_2 \end{pmatrix}$ mit $a_i \in \mathbb{C}$ einen zweidimensionalen komplexen Vektorraum bildet. Eine wichtige Eigenschaft ist, dass jede Linearkombination zweier Vektoren wieder einen zulässigen Vektor in diesem Vektorraum darstellt.

© Der/die Herausgeber bzw. der/die Autor(en), exklusiv lizenziert an Springer-Verlag GmbH, DE, ein Teil von Springer Nature 2024
J. Pade, *Quantenmechanik zu Fuß 1*, https://doi.org/10.1007/978-3-662-67928-9_2

Wir stützen uns bei der folgenden Diskussion auf die *Polarisation* von Licht, die aus Vorlesungen und Praktika bekannt sein sollte.[2]

2.1   Licht als Welle

Wir leiten zuerst die ‚Minimalbeschreibung' einer klassischen elektromagnetischen Welle her, schauen anschließend, wie sich lineare und zirkulare Polarisation kenntlich machen, und sehen, dass wir das ganze Geschehen in einem zweidimensionalen komplexen Vektorraum formulieren können.

2.1.1   Typische Form einer elektromagnetischen Welle

Wir starten mit der Beschreibung einer ebenen elektromagnetischen Welle[3]

$$\mathbf{E}(\mathbf{r}, t) = \mathbf{E}_0 e^{i(\mathbf{kr} - \omega t)} \quad ; \quad \mathbf{B} = \frac{\mathbf{k} \times \mathbf{E}}{c} \tag{2.1}$$

mit $\mathbf{k} \cdot \mathbf{E}_0 = 0$ (Transversalität, folgt aus der ersten Maxwell-Gleichung; im ladungsfreien Raum gilt $\nabla \mathbf{E} = 0$), $\omega^2 = c^2 \mathbf{k}^2$ (Dispersionsrelation für Ruhemasse null) und natürlich $\mathbf{E}_0 \in \mathbb{C}^3$. Im Folgenden kommt es nur auf das elektrische Feld[4] $\mathbf{E}$ an; das magnetische Feld lässt sich nach Gl. (2.1) aus $\mathbf{E}$ eindeutig konstruieren.

Ganz allgemein gilt: Die Beschreibung einer ebenen Welle kann man durch eine geeignete Wahl des Koordinatensystems einfacher und durchsichtiger gestalten, ohne einen Deut an physikalischer Aussagekraft zu verlieren. Wir legen dazu die neue z-Achse in die Ausbreitungsrichtung der Welle, also die $\mathbf{k}$-Richtung – mit anderen Worten: $\mathbf{k} = (0, 0, k)$ – und erhalten

$$\mathbf{E}(\mathbf{r}, t) = \left(E_{0x}, E_{0y}, 0\right) e^{i(kz - \omega t)} \tag{2.2}$$

Die z-Komponente verschwindet wegen der Transversalität der Welle (siehe Aufgaben).

---

[2] Aus der Theorie des Elektromagnetismus wissen wir, dass Licht eine Transversalwelle ist, d. h., dass das elektrische Feld senkrecht zur Ausbreitungsrichtung schwingt. Die Polarisierung beschreibt die Ausrichtung dieser Schwingung.

Polarisierung wird oft als esoterisches und spezialisiertes Thema angesehen, evtl. weil wir nicht direkt sehen können, ob Licht polarisiert ist. Es ist jedoch ein allgegenwärtiges Phänomen in unserer Umwelt – natürliches Licht ist fast immer polarisiert, zumindest teilweise. Viele Tiere wie Bienen oder andere Insekten machen sich das zunutze; sie können Lichtpolarisation erkennen und analysieren. In unserem täglichen Leben wird Polarisierung z. B. in Polarisationsfiltern für Kameras oder einige Sonnenbrillen genutzt. Darüber hinaus sind auch die Grundlagen der formalen Behandlung der Polarisierung sehr einfach, wie wir weiter unten sehen werden.

[3] Wir bemerken, dass eine Lichtwelle nur näherungsweise durch eine ebene Welle beschrieben wird, da diese an allen Orten und für alle Zeiten dieselbe Größe bzw. Intensität besitzt. Die Näherung ist aber aus verschiedenen Gründen üblich.

[4] In diesem Zusammenhang auch *Lichtvektor* genannt.

Die Amplituden lassen sich ganz allgemein darstellen als

$$E_{0x} = e^{i\alpha} |E_{0x}| \quad ; \quad E_{0y} = e^{i\beta} |E_{0y}| \quad ; \quad \alpha, \beta \in \mathbb{R} \tag{2.3}$$

Damit folgt

$$\mathbf{E}(\mathbf{r}, t) = \left(|E_{0x}|, |E_{0y}| e^{i(\beta - \alpha)}, 0 \right) e^{i(kz - \omega t + \alpha)} \tag{2.4}$$

Wir können nun o.B.d.A. $\alpha = 0$ wählen, denn wie die letzte Gleichung zeigt, lässt sich α durch eine geeignete Wahl des Zeitnullpunkts kompensieren. Damit keine Verwechslung auftaucht, taufen wir noch β zu δ um. Damit folgt die typische Form einer elektromagnetischen Welle[5]

$$\mathbf{E}(\mathbf{r}, t) = \left(|E_{0x}|, |E_{0y}| e^{i\delta}, 0 \right) e^{i(kz - \omega t)} \tag{2.5}$$

2.1.2 Lineare und zirkulare Polarisation

Aus Gründen der Anschaulichkeit (wir wollen im Folgenden Grafiken zeichnen) betrachten wir in diesem Abschnitt nur den Realteil (der Imaginärteil würde es genau so gut tun), also

$$E_x(\mathbf{r}, t) = |E_{0x}| \cos(kz - \omega t) \quad ; \quad E_y(\mathbf{r}, t) = |E_{0y}| \cos(kz - \omega t + \delta) \tag{2.6}$$

$\delta \in \mathbb{R}$ kann alle möglichen Werte annehmen. Es lassen sich aber zwei grundlegende Fälle herauspicken, nämlich $\delta = 0$ (*lineare Polarisation*) und $\delta = \pm \pi/2$ (*elliptische bzw. zirkulare Polarisation*).

Lineare Polarisation
Wegen $\delta = 0$ gilt

$$E_x(\mathbf{r}, t) = |E_{0x}| \cos(kz - \omega t) \quad ; \quad E_y(\mathbf{r}, t) = |E_{0y}| \cos(kz - \omega t) \tag{2.7}$$

Daraus folgt sofort

$$E_y = \frac{|E_{0y}|}{|E_{0x}|} E_x \tag{2.8}$$

also eine Gerade, auf der der Lichtvektor hin und her schwingt – daher der Name *lineare* Polarisation, siehe Abb. (2.1).

---

[5] Die relative Phase könnte natürlich statt bei der y-Komponente genau so gut bei der x-Komponente aufgeführt werden.

Abb. 2.1 Lineare
Polarisation. Die z-Achse
zeigt aus der Papierebene
heraus

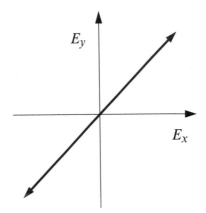

Grundtypen dieser Polarisation erhält man, wenn man eine Komponente gleich
null setzt:

horizontal polarisiert: $E_x\,(\mathbf{r}, t) = |E_{0x}|\cos(kz - \omega t)$; $E_y = |E_{0y}| = 0$
vertikal polarisiert: $E_x = |E_{0x}| = 0$; $E_y\,(\mathbf{r}, t) = |E_{0y}|\cos(kz - \omega t)$

$$(2.9)$$

Die Namen erklären sich selbst. Von daher (Vektorcharakter des elektrischen Feldes)
folgt leicht einsehbar: Jede linear polarisierte Welle lässt sich als Überlagerung von
horizontal und vertikal polarisierten Wellen schreiben.

Elliptische bzw. zirkulare Polarisation
In diesem Fall gilt $\delta = \pm\pi/2$ und das bedeutet

$$E_x\,(\mathbf{r}, t) = |E_{0x}|\cos(kz - \omega t)$$
$$E_y\,(\mathbf{r}, t) = |E_{0y}|\cos(kz - \omega t \pm \pi/2) = \mp|E_{0y}|\sin(kz - \omega t) \qquad (2.10)$$

Daraus folgt

$$\left(\frac{E_x}{|E_{0x}|}\right)^2 + \left(\frac{E_y}{|E_{0y}|}\right)^2 = 1 \qquad (2.11)$$

Die Spitze des Lichtvektors bewegt sich also auf einer Ellipse mit den Halbachsen
$|E_{0x}|$ und $|E_{0y}|$ – daher der Name *elliptische* Polarisation, siehe Abb. (2.2). Die
Drehrichtung lässt sich mit

$$\tan\vartheta = \frac{E_x}{E_y} = \mp\frac{|E_{0y}|}{|E_{0x}|}\tan(kz - \omega t) = \frac{|E_{0y}|}{|E_{0x}|}\tan(\pm\omega t \mp kz) \qquad (2.12)$$

feststellen (am einfachsten einzusehen, wenn man sich an einen festen Ort z setzt).

Abb. 2.2 Elliptische
Polarisation. Die z-Achse
zeigt aus der Papierebene
heraus

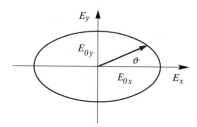

Speziell für $|E_{0x}| = |E_{0y}|$ wird aus der Ellipse ein Kreis (= ,Zirkel') und wir erhalten zirkular polarisiertes Licht, rechtszirkular polarisiertes Licht für das obere Vorzeichen, linkszirkular polarisiertes Licht für das untere Vorzeichen.[6]

2.1.3 Von der Polarisation zum Zustandsraum

Zusammengefasst haben wir in der komplexen Darstellung (zur Erinnerung: $e^{\pm i\pi/2} = \pm i$) für die linear (horizontal h/ vertikal v) und die zirkular (rechts r/ links l) polarisierten Wellen

$$\mathbf{E}_h = (|A_{0x}|, 0, 0)\, e^{i(kz-\omega t)}$$
$$\mathbf{E}_v = (0; |B_{0x}|, 0)\, e^{i(kz-\omega t)}$$
$$\mathbf{E}_r = (|C_{0x}|, i\,|C_{0x}|, 0)\, e^{i(kz-\omega t)} \qquad (2.13)$$
$$\mathbf{E}_l = (|C_{0x}|, -i\,|C_{0x}|, 0)\, e^{i(kz-\omega t)}$$

Bis hierhin haben wir nur aus früheren Semestern her bekannten Stoff wiederholt; jetzt kommt (möglicherweise) etwas Neues. Wir beginnen mit der Feststellung, dass die Darstellung (2.13) redundant ist und wir sie weiter reduzieren können.

Vereinfachung der Schreibweise

Um diese Vereinfachung zu erreichen, müssen wir unsere Welt einschränken: Sie soll ausschließlich aus den in (2.13) angegebenen Wellen bestehen. Insbesondere gibt es also z. B. keine andere Ausbreitungsrichtung und keine andere Wellenzahl k. Dann können wir wie folgt vereinfachen:

1. Der Faktor $e^{i(kz-\omega t)}$ tritt überall auf; deswegen vereinbaren wir, ihn nicht explizit zu notieren.
2. Die dritte Komponente ist immer gleich null; wir können sie also unterdrücken. Mit anderen Worten: Unsere kleine Welt ist *zweidimensional*.

---

[6] Besonders in der Optik werden zuweilen rechts- und linkszirkulare Polarisation genau anders um definiert.

3. Die bisher gewählte Schreibweise als Zeilenvektor erfolgt im Allgemeinen aus typographischer Bequemlichkeit; korrekter handelt es sich um einen Spaltenvektor.[7]

4. Die unbestimmten Größen $|A_{0x}|$ etc. wählen wir so, dass der jeweilige Vektor die Länge 1 hat, also einen Einheitsvektor darstellt. Einen allgemeinen Vektor können wir dann durch geeignete lineare Kombination dieser Einheitsvektoren aufbauen.

Zusammengefasst:

$$(|A_{0x}|, 0, 0)\, e^{i(kz-\omega t)} \xrightarrow{1.} (|A_{0x}|, 0, 0) \xrightarrow{2.}$$
$$\xrightarrow{2.} (|A_{0x}|, 0) \xrightarrow{3.} \begin{pmatrix} |A_{0x}| \\ 0 \end{pmatrix} \xrightarrow{4.} \begin{pmatrix} 1 \\ 0 \end{pmatrix} \tag{2.14}$$

und[8]

$$(|C_{0x}|, i\,|C_{0x}|, 0)\, e^{i(kz-\omega t)} \xrightarrow{1.} (|C_{0x}|, i\,|C_{0x}|, 0) \xrightarrow{2.}$$
$$\xrightarrow{2.} (|C_{0x}|, i\,|C_{0x}|) \xrightarrow{3.} \begin{pmatrix} |C_{0x}| \\ i\,|C_{0x}| \end{pmatrix} \xrightarrow{4.} \frac{1}{\sqrt{2}} \begin{pmatrix} 1 \\ i \end{pmatrix} \tag{2.15}$$

Kurz, wir gehen von einem dreidimensionalen zu einem zweidimensionalen *komplexen Vektorraum* über, den wir *Zustandsraum* nennen. In ihm schreiben sich die den Vektoren (2.13) entsprechenden Zustände als weder vom Ort noch von der Zeit abhängige *zweikomponentige Vektoren*. Um eine Kurzschreibweise wie $\mathbf{E}_h$ in (2.13) an der Hand zu haben, führen wir die Bezeichnungen $|h\rangle$, $|v\rangle$, $|r\rangle$ und $|l\rangle$ für Licht im horizontal, vertikal, rechtszirkular und linkszirkular polarisierten Zustand ein. Für diese Zustände haben wir also die *Darstellung* (durch das Symbol $\cong$ gekennzeichnet)

$$|h\rangle \cong \begin{pmatrix} 1 \\ 0 \end{pmatrix} \quad ; \quad |v\rangle \cong \begin{pmatrix} 0 \\ 1 \end{pmatrix}$$
$$|r\rangle \cong \frac{1}{\sqrt{2}} \begin{pmatrix} 1 \\ i \end{pmatrix} \quad ; \quad |l\rangle \cong \frac{1}{\sqrt{2}} \begin{pmatrix} 1 \\ -i \end{pmatrix} \tag{2.16}$$

Es sei noch einmal betont, dass diese Darstellung in unserer ‚kleinen Welt' der Darstellung in (2.13) vollkommen äquivalent ist.

---

[7] Wir wollen im Folgenden die Vektoren mit *Matrizen* multiplizieren. In der üblichen Schreibweise wirkt eine Matrix von *links* auf einen Vektor, der – den Regeln der Matrizenrechnung gemäß – ein Spaltenvektor sein muss. Siehe auch den Anhang zum Thema lineare Algebra.

[8] Die Länge des Vektors $\begin{pmatrix} 1 \\ i \end{pmatrix}$ beträgt $\sqrt{2}$; die Begründung tragen wir in Kap. 4 nach.

Noch eine Bemerkung zum Symbol $\cong$. Tatsächlich handelt es sich bei der Darstellung (2.16) um eine von unendlich vielen möglichen, die darauf beruht, dass wir in (2.13) die horizontale Richtung mit der x-Achse identifiziert haben. Das ist nicht selbstverständlich, die y-Achse kann bei entsprechender Orientierung dieselbe Rolle spielen. Allgemein kann man genauso gut von irgendeiner Darstellung

$$|h\rangle \cong \frac{1}{\sqrt{a^2+b^2}} \begin{pmatrix} a \\ b \end{pmatrix} \text{ und } |v\rangle \cong \frac{1}{\sqrt{c^2+d^2}} \begin{pmatrix} c \\ d \end{pmatrix} \text{ mit } a^*c + b^*d = 0 \text{ ausgehen. Von}$$

daher kennzeichnen wir spezielle Darstellungen durch das besondere Symbol $\cong$ und verwenden nicht einfach das Gleichheitszeichen.[9]

Es mag die Frage auftauchen, ob die Darstellung (2.16) nicht übersimplifiziert ist. In diesem Zusammenhang vielleicht noch einmal zur Erinnerung: Objekt der formalen Beschreibung in der Physik ist nicht *direkt* die Natur (wie sie auch immer geartet oder aufgefasst werden mag), sondern ein *Modell* eines Teils der Natur. Dies spiegelt sich auch in der viel zitierten ‚Exaktheit' der Naturwissenschaften wider. Exakt ist nicht die Beschreibung der Natur, sondern allenfalls die formale Behandlung des Modells.[10] Die Keplerschen Gesetze beispielsweise beschreiben die Verhältnisse im Sonnensystem bekanntlich nicht exakt: Die Planeten beeinflussen sich gegenseitig, sie sind keine Punktmassen, es gibt Monde und den Sonnenwind usw. Die Keplerschen Gesetze sind aber exakt im Rahmen des Modells ‚Punktmasse Erde bewegt sich um Punktmasse Sonne', und dieses Modell ist eben für viele Anwendungen zutreffend und genügend genau.[11]

Die modellhafte Beschreibung ist (in diesem Sinne) also nicht eindeutig vorgegeben, sondern hängt von der Fragestellung ab. Generell lautet die Regel: so einfach wie möglich, so aufwendig wie nötig[12]. Das ist einfach gesagt, aber natürlich ist nicht in allen Fällen von vornherein klar, was das im Einzelnen bedeutet. Tatsächlich ist es *die* Kunst in den Naturwissenschaften, möglichst aussagekräftige einfache

---

[9] Zur Kennzeichnung von Darstellungen sind verschiedene Symbole in Gebrauch; Fließbach verwendet beispielsweise :=. Im Übrigen markieren viele Autoren Darstellungen nicht durch ein besonderes Symbol, sondern schreiben schlicht =.

[10] Auch die allgemeine mathematische Modellierung verwendet Konzepte, die in der Wirklichkeit nur annähernd realisiert sind. Ein altehrwürdiges Beispiel ist die Euklidische Geometrie mit ihren Punkten und Geraden, die es streng genommen in unserer Umwelt nirgendwo gibt. Dennoch zweifelt niemand daran, dass die Euklidische Geometrie für praktische Rechnungen enorm nützlich ist. ‚Although this may be seen as a paradox, all exact science is dominated by the idea of approximation.' (Bertrand Russell).

[11] Die meisten theoretischen Ergebnisse beruhen auf Näherungsrechnungen oder numerischen Rechnungen, sind also nicht streng exakt. Das gilt naturgemäß erst recht für experimentelle Ergebnisse. Wenn es auch Hochpräzisionsmessungen mit winzigen relativen Fehlern von einem Milliardstel und weniger gibt, so bleibt doch festzuhalten, dass *jede* Messung ungenau ist. Man kann aber im Allgemeinen diese Ungenauigkeit ziemlich genau angeben, Stichwort Fehlerrechnung.

[12] Wenn mehrere Theorien den gleichen Sachverhalt beschreiben, ist die einfachste vorzuziehen (Sparsamkeitsprinzip in der Wissenschaft, auch Occam's razor, Ockhams Rasiermesser, genannt; ‚entia non sunt multiplicanda praeter necessitatem').

Modelle aus dem ‚Wust der Realität' herauszuschälen, weder übersimplifiziert noch überkompliziert.

Für die folgenden Betrachtungen genügt unsere besonders einfache, ‚holzschnittartige' Darstellung (2.16); wir brauchen keine Laufrichtung, keine ebene Welle, kein explizites Zeitverhalten und so weiter.

Zwei Basissysteme

Mit $|h\rangle$ und $|v\rangle$ sowie $|r\rangle$ und $|l\rangle$ haben wir zwei Pärchen von linear unabhängigen Vektoren, also zwei Basissysteme in unserem zweidimensionalen Vektorraum; diese lassen sich mit

$$|r\rangle = \frac{|h\rangle+i|v\rangle}{\sqrt{2}}$$
$$|l\rangle = \frac{|h\rangle-i|v\rangle}{\sqrt{2}} \tag{2.17}$$

und

$$|h\rangle = \frac{|r\rangle+|l\rangle}{\sqrt{2}}$$
$$|v\rangle = \frac{|r\rangle-|l\rangle}{i\sqrt{2}} \tag{2.18}$$

ineinander umrechnen, und zwar *darstellungsunabhängig* – deswegen schreiben wir auch $=$ und nicht $\cong$. Technisch gesehen handelt es sich hier um Basistransformationen; physikalisch-anschaulich bedeuten diese Gleichungen, dass wir linear polarisiertes Licht als Überlagerung von rechts- und linkszirkular polarisiertem Licht auffassen können – und umgekehrt gilt der Schluss natürlich auch.

Intensität und Betragsquadrat

Wenn wir rechtszirkular polarisiertes Licht durch einen Analysator schicken, beträgt danach die relative Intensität von horizontal und von vertikal polarisiertem Licht jeweils 1/2. Wo entdecken wir diesen Faktor 1/2 in der Gleichung $|r\rangle = \frac{|h\rangle+i|v\rangle}{\sqrt{2}}$? Offensichtlich erhalten wir (wie üblich) die Intensitäten durch Bildung des Betragsquadrates des jeweiligen Koeffizienten (Amplituden); $\frac{1}{2} = \left(\frac{1}{\sqrt{2}}\right)^2 = \left|\frac{i}{\sqrt{2}}\right|^2$.

Als Nächstes betrachten wir Licht, dessen Polarisationsebene um ϑ gedreht ist. Die Drehmatrix lautet bekanntlich $\begin{pmatrix} \cos\vartheta & -\sin\vartheta \\ \sin\vartheta & \cos\vartheta \end{pmatrix}$; sie führt den Ausgangszustand $|h\rangle \cong \begin{pmatrix} 1 \\ 0 \end{pmatrix}$ in den gedrehten Zustand $|\vartheta\rangle \cong \begin{pmatrix} \cos\vartheta \\ \sin\vartheta \end{pmatrix}$ über[13]; mithin haben

---

[13] Die aktive Drehung (Drehung des Vektors um ϑ gegen den Uhrzeigersinn) lautet $\begin{pmatrix} \cos\vartheta & -\sin\vartheta \\ \sin\vartheta & \cos\vartheta \end{pmatrix}$, die passive Drehung (Drehung des Koordinatensystems) dagegen $\begin{pmatrix} \cos\vartheta & \sin\vartheta \\ -\sin\vartheta & \cos\vartheta \end{pmatrix}$.

wir $|\vartheta\rangle = \cos\vartheta\,|h\rangle + \sin\vartheta\,|v\rangle$. Das Betragsquadrat des Koeffizienten von $|h\rangle$ beträgt $\cos^2\vartheta$, und dies ist nach dem *Gesetz von Malus*[14] die relative Intensität des horizontal polarisierten Lichts.

Wir haben also den bekannten Zusammenhang zwischen Intensität und Betragsquadrat: Für $|A\rangle = c_1\,|h\rangle + c_2\,|v\rangle$ ist die (relative) Intensität von z. B. $|h\rangle$ gegeben durch $|c_1|^2$; dabei muss natürlich gelten $|c_1|^2 + |c_2|^2 = 1$. In Worten: Der Zustand $|A\rangle$ muss *normiert* sein.

2.2 Licht als Photonen

Die bisherigen Überlegungen sind von der Intensität des Lichts unabhängig – sie gelten sowohl für einen Laserstrahl wie für eine trübe Funzel. Wenn wir aber die Intensität einer Lichtquelle genügend herunterdrehen können, kommen wir irgendwann in den Bereich, wo nur noch *einzelne Photonen*[15] unterwegs sind. Auch dann – und das ist der Knackpunkt – gehen wir davon aus, dass die obigen Formulierungen gelten. Dies ist der oben angesprochene Sprung von der klassischen Physik zur Quantenmechanik, der eben nicht streng logisch herleitbar ist, sondern eine zusätzliche Annahme benötigt. Hier sind es eigentlich zwei. Zum einen wird die Existenz von Photonen unterstellt; dies nehmen wir aber als experimentell gesichertes Fakt an. Zum zweiten ist es die Annahme, dass Gleichungen wie (2.17) und (2.18) ihren Sinn auch für einzelne Photonen behalten.

Diese Annahme ist, wie gesagt, nicht absolut zwingend, aber ohne unmittelbar erkennbare Alternative, da wir aus den obigen Überlegungen – Licht als Strom von Photonen vorausgesetzt – nirgends den Schluss ziehen können, dass sie unterhalb einer bestimmten Photonenanzahl nicht mehr stimmen. Ein zusätzliches Maß an Plausibilität kann man darin sehen, dass der Wellencharakter zum Beispiel bei (2.17) und (2.18) an keiner Stelle explizit eingeht. Und schließlich muss eine solche Annahme – Plausibilität hin und her – sich im Experiment bewähren, was sie natürlich tut bzw. schon längst getan hat.

---

[14] Vielleicht noch aus der Schule oder dem Praktikum des Grundstudiums bekannt?

[15] Einzelphotonenexperimente sind heute Standard. 1952 erklärte Schrödinger: „Wir experimentieren niemals nur mit einem Atom oder Teilchen. In Gedankenexperimenten nehmen wir manchmal an, dass wir das könnten; doch dies hat stets lächerliche Konsequenzen". Die Zeiten haben sich geändert: 2012 erhielten Serge Haroche (Frankreich) und David Wineland (USA) den Physik-Nobelpreis für „die Entwicklung von Methoden zur Messung und Manipulation einzelner Partikel, wobei deren quantenmechanische Natur dabei in einer Weise erhalten bleibt, die vorher unerreicht war".

Präzisionsexperimente mit einem einzelnen Teilchen sind z. B. die Basis des heutigen Zeitstandards, und moderne quantenmechanische Entwicklungen wie der Quantencomputer beruhen auf diesen „lächerlichen Konsequenzen".

Wir erinnern daran, dass Photonen (soweit wir wissen) unermesslich kleine Dimensionen haben und in diesem Sinne als Punktobjekte (oder Punktteilchen) bezeichnet werden können. Obwohl sie Licht einer bestimmten Wellenlänge darstellen, haben sie keine räumliche Ausdehnung in der Größenordnung der Wellenlänge des Lichts.

2.2.1 Einzelne Photonen und Polarisation

Polarisation ist also eine Eigenschaft *einzelner Photonen*; das ist das Neue und bei weitem nicht Selbstverständliche. Auch für einzelne Photonen gilt z. B.

$$|r\rangle = \frac{|h\rangle + i|v\rangle}{\sqrt{2}}$$
$$|l\rangle = \frac{|h\rangle - i|v\rangle}{\sqrt{2}} \tag{2.19}$$

Die Interpretation *muss* nun allerdings in mindestens einem Punkt ganz *anders* als im Fall des ‚klassischen' Lichts lauten, da sich ein Photon im Zustand $|r\rangle$ im Fall einer Messung bezüglich $|h\rangle$ oder $|v\rangle$ *nicht* in zwei entsprechend linear polarisierte Photonen aufteilt (wie würde sich dann die Energie $E = \hbar\omega$ aufteilen müssen?).[16] Wir müssen annehmen, dass wir aus den Gleichungen (2.19) die *Wahrscheinlichkeiten P* entnehmen können, ein Photon im Zustand $|r\rangle$ nach dem Durchgang durch z. B. einen Polfilter im Zustand $|h\rangle$ oder $|v\rangle$ zu finden, nämlich

$$P(H) = \left|1/\sqrt{2}\right|^2 = \frac{1}{2} \text{ und } P(V) = \left|i/\sqrt{2}\right|^2 = \frac{1}{2} \tag{2.20}$$

Man muss sich also davor hüten, die Formulierungen (2.19) fälschlicherweise so zu verstehen, dass ein $|r\rangle$-Photon jeweils ‚hälftig' ein horizontal und vertikal polarisiertes Gebilde sei. So ist es ganz und gar nicht. Vielmehr besagt (2.19), dass ein $|r\rangle$-Photon die zwei *Möglichkeiten* bietet, sich bei einer Messung als $|h\rangle$ oder als $|v\rangle$ zu ‚outen' – nur eine wird realisiert. Vor der Messung aber befindet sich das Photon in einem Überlagerungszustand der beiden Zustände. Das ist ein ganz allgemeiner Charakterzug quantenmechanischer Systeme: Zustände können superponiert werden.

Dieses Superpositionsprinzip gilt für *alle* von der QM beschriebenen Zustände bzw. Objekte, ob wir ihnen nun eher Teilchen- oder Wellencharakter zubilligen. Insbesondere im Makroskopischen würde die Überlagerung von Zuständen zu sehr ungewohnten Effekten führen – denken wir z. B. an ein System mit den beiden Zuständen |Kuh im Stall⟩ und |Kuh auf der Weide⟩ oder an das berühmte Beispiel der Schrödingerschen Katze, nämlich |Katze tot⟩ und |Katze lebendig⟩. Unsere unmittelbare Erfahrung kennt derartige superponierte Zustände nicht, und so geraten bestimmte quantenmechanische Phänomene mit dem ‚gesunden Menschenverstand' (was immer das auch genau sei) in Konflikt. Aber unser Sinnesapparat wurde, wie

---

[16] Im Vakuum sind Photonen unteilbar, und das gilt auch für die meisten Wechselwirkungen mit Materie. Man muss sich schon anstrengen, um Photonen ‚durchzuschneiden'. Dies gelingt z. B. bei Wechselwirkung mit bestimmten nichtlinearen Kristallen, wo aus einem Photon zwei energieärmere entstehen (parametrische Fluoreszenz, siehe Anhang). Polarisationsmessgeräte sind selbstverständlich so gefertigt, dass sie die Photonen ungeteilt lassen.

schon gesagt, von der Evolution eben am Makroskopischen[17] geschult und unser
Weltverständnis beruht auf entsprechenden Modellkonstruktionen. Niemand wird
ernsthaft behaupten, dass deswegen die ganze Natur nach diesen uns buchstäblich
in Fleisch und Blut übergegangenen ,Alltagsregeln' ablaufen müsse.

Wenn also von Paradoxa der QM die Rede ist, dann liegt das Paradoxe darin, dass
das Regelwerk der QM (das wir ja durchaus erkennen und formulieren können)
nach anderen als den uns vertrauten Regeln funktioniert. Aber es funktioniert,
und zwar überprüfbar, widerspruchsfrei, reproduzierbar, mit verblüffend hoher
Genauigkeit und so weiter – kurz, nach allen wissenschaftlichen Standards. Die
Quantenmechanik ist eine der, wenn nicht sogar die am besten überprüfte physikalische Grundlagentheorie. Ungeachtet dessen bleibt natürlich die Frage, wieso es
im Mikroskopischen zwar Überlagerungszustände gibt, im Makroskopischen aber
allem Anschein nach nicht. Dies ist ein zentrales Problem der QM, das wir im
Folgenden noch an mehreren Stellen aufgreifen werden.

2.2.2   Messung der Polarisation einzelner Photonen

Zurück zu unseren einzelnen Photonen. Wir erzeugen eines mit bestimmter Polarisation und schicken es durch einen üblichen Polarisationsfilter (Analysator),
der Photonen mit ,falscher' Polarisation absorbiert[18], oder durch einen Analysator
mit zwei Ausgängen wie z. B. einen doppelbrechenden Kristall oder einen Polarisationsstrahlteiler (polarizing beam splitter, PBS, Polwürfel), siehe Abb. (2.3).
Dabei soll zwischen Polarisationsrichtung und Analysatororientierung ein Winkel
φ liegen. Ob ein Photon den Analysator passiert oder nicht bzw. wo es den PBS
verlässt, kann vorher nur dann mit Bestimmtheit gesagt werden, wenn $\varphi = 0$
(das Photon passiert bzw. läuft nach rechts) bzw. $\varphi = \pi/2$ (das Photon wird

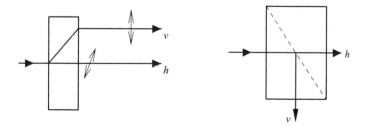

Abb. 2.3 Doppelbrechung (links) und Polarisationsstrahlteiler (rechts)

---

[17] Im Übrigen auch am ,Langsamen' – auch die Effekte der Relativitätstheorie entziehen sich
unserer Lebenserfahrung.

[18] Wir weisen darauf hin, dass es sich hier nicht um ein exotisches quantenmechanisches Verfahren
handelt – die Augen jeder Biene oder eine geeignete Sonnenbrille führen genau einen solchen
„Messvorgang" durch.

absorbiert bzw. läuft nach unten) ist[19]; in allen anderen Fällen können wir nur die *Wahrscheinlichkeit* $P(\varphi)$ angeben, dass das Photon den absorbierenden Analysator passiert bzw. den Polwürfel mit derselben Polarisation verlässt; sie beträgt $P(\varphi) = \cos^2 \varphi$.

Vor einer Messung liegt also, so kann man diesen Sachverhalt interpretieren, noch nicht objektiv fest, ob das Photon durchgelassen wird oder nicht. Das entscheidet sich erst durch den Prozess der Messung. Welche der beiden Möglichkeiten realisiert wird, kann man vor der Messung nicht sagen, wohl aber die jeweilige Wahrscheinlichkeit angeben. Allgemein gilt: Ist ein Zustand der Form $|z\rangle = c\,|x\rangle + d\,|y\rangle$ gegeben, stellt $P = |c|^2$ die Wahrscheinlichkeit dar, den Zustand $|x\rangle$ zu messen (bei normiertem Zustand $|z\rangle$, d.h. für $|c|^2 + |d|^2 = 1$). In symbolischer Kurzform

$$\text{Messwahrscheinlichkeit} = |\text{Koeffizient}|^2 \tag{2.21}$$

Dies ist ein ähnlicher Befund wie im Klassischen – mit dem ganz wesentlichen Unterschied, dass die Aussage dort für *Intensitäten*, hier aber für *Wahrscheinlichkeiten* gilt.

Wir halten fest: Während es bei einer klassischen Welle möglich ist, durch eine Messung genügend genau den Polarisationszustand zu messen, den die Welle vor der Messung besaß, ist dies für ein einzelnes Photon mit unbekanntem Ursprung *grundsätzlich unmöglich*. Quantenobjekte besitzen also nicht immer für alle physikalischen Größen einen definierten Wert – ein linear polarisiertes Photon ‚hat‘ zum Beispiel keine definierte zirkulare Polarisation. Schicken wir ein horizontal linear polarisiertes Photon durch einen um den Winkel φ verdrehten linearen Analysator, erhalten wir mit den Wahrscheinlichkeiten $\cos^2 \varphi$ und $\sin^2 \varphi$ horizontal und vertikal polarisiertes Licht, und zwar *prinzipiell*, ohne Wenn und Aber.

Ensemble

Wie können wir im Experiment nachprüfen, ob die von uns angegebenen Wahrscheinlichkeiten richtig sind? Offensichtlich nicht in *einem* experimentellen Durchgang. Denn wenn wir zum Beispiel ein zirkular polarisiertes Photon durch einen Polwürfel schicken, taucht es auf der anderen Seite entweder horizontal oder vertikal polarisiert auf, und wir haben keinerlei Information über die Wahrscheinlichkeiten. Wir müssen also mehrmals messen. Hier kommt der Begriff *Ensemble* ins Spiel. Darunter versteht man in der QM eine Menge (eigentlich) unendlich vieler identisch präparierter Kopien eines Systems.[20] Es handelt sich um eine fiktive Menge, die keine Entsprechung in der physikalischen Realität besitzt, sondern nur der begrifflichen Klärung dient. Das in Klammer gesetzte ‚eigentlich‘ bezieht sich

---

[19] Diese Fälle kann man z. B. durch Vorschalten eines weiteren Analysators herstellen, dessen Orientierung $\varphi + 0$ bzw. $\varphi + \pi/2$ beträgt.

[20] Die Systeme müssen sich nicht im gleichen Zustand befinden, nur der Präparationsprozess muss derselbe sein.

darauf, dass häufig (und im Hinblick auf die Praxis) auch N identische Kopien eines Systems Ensemble genannt werden, wenn N nur groß genug ist.

Die Ensemblevorstellung erlaubt, die Wahrscheinlichkeiten für das Auftreten bestimmter Messgrößen zu berechnen und damit vorherzusagen – sie sind schlicht gegeben durch den Bruchteil der Untermengen des Ensembles, die durch das Vorhandensein dieser Größen charakterisiert sind. Im oben genannten Beispiel sind das etwa $P(\varphi) = \cos^2 \varphi$ für das Passieren des Analysators bzw. eben $\sin^2 \varphi$ für das Nichtpassieren.

Wir betonen, dass der Gebrauch des Wortes Ensemble *nicht* impliziert, dass die fraglichen physikalischen Größen (hier z. B. die Polarisation) definierte Werte besitzen, die in einer uns unbekannten Weise unter den Mitgliedern des Ensembles verteilt sind. Im Beispiel besteht das Ensemble aus horizontal polarisierten Photonen, deren Polarisationseigenschaften bezüglich eines um φ verdrehten Analysators *nicht* definiert sind.

Faktisch kann man natürlich nur endlich viele Systeme messen; oft hat man sogar nur mit *einem* System zu tun (im Beispiel etwa ein Photon). Aber die Vorhersagen, die sich aus der Ensemblevorstellung ergeben, sind allgemein gültig und treffen natürlich auch (im Sinne von Wahrscheinlichkeiten) im Einzelfall zu.[21]

Wir können uns also vorstellen, dass wir N Systeme identisch präparieren und an ihnen die gleiche Größe messen; im konkreten Fall also die Häufigkeit der vertikal und horizontal polarisierten Photonen hinter dem Polwürfel.[22] Für $N \to \infty$ gehen die relativen Häufigkeiten der Messergebnisse in die Wahrscheinlichkeiten des Ensembles über, im obigen Beispiel eben $\cos^2 \varphi$ und $\sin^2 \varphi$.

Ensemble oder Einzelobjekt?

Wie wir sehen, ist die experimentelle Überprüfbarkeit der Theorie für ein einzelnes Quantenobjekt nicht möglich, sondern erfordert ein Ensemble. Von daher kann man argumentieren, dass der hier entwickelte Formalismus (ungeachtet unserer Herleitung) im Wesentlichen eine Rechenvorschrift ist, die nur für ein Ensemble gilt (sogenannte Ensemble-Interpretation). Eine andere Position geht dagegen davon aus, dass der Formalismus auch für ein individuelles Quantenobjekt gilt, wie wir es ja auch angenommen haben. Beide Auffassungen führen auf dieselben Resultate, gehen aber von verschiedenen Konzepten der ‚Wirklichkeit‘ aus.

Wir treffen hier zum ersten Mal auf einen für die QM typischen Sachverhalt: Der Formalismus und die messtechnische Überprüfung seiner Vorhersagen sind (wenn man einige Grundannahmen akzeptiert) unstrittig. Strittig ist, was die QM eigentlich ‚wirklich‘ bedeutet. Diese Diskussion ist so alt wie die QM selbst und auch heute

---

[21] So wie sich das Interferenzbild beim Doppelspaltversuch auch aus einzelnen Punkten aufbaut.

[22] Ein anderes Beispiel für ein Ensemble stellen etwa Elektronen dar, die durch einen Stern-Gerlach-Aufbau und einen Geschwindigkeitsfilter so präpariert sind, dass ihr Spin nach oben zeigt und ihre Geschwindigkeiten in einem bestimmten Bereich $(v - \Delta v, v + \Delta v)$ liegen; ein weiteres Beispiel bilden Wasserstoffatome, die sich in einem bestimmten angeregten Zustand befinden, wobei sich hier die Präparation auf die Energie bezieht, nicht aber z. B. auf den Drehimpulszustand.

noch sehr lebendig; es gibt ein Dutzend oder mehr verschiedene Erklärungsansätze (Interpretationen). Wir werden häufiger auf diese Fragen zu sprechen kommen und in Kap. 14 (2) noch einmal einen zusammenfassenden Überblick über die gängigsten Interpretationen geben.

Braucht man Wahrscheinlichkeiten?

Schließlich noch eine Bemerkung zum Begriff Wahrscheinlichkeit. Wahrscheinlichkeiten sind in der klassischen Physik Ausdruck dessen, dass wir über bestimmte Eigenschaften nicht genug Bescheid wissen oder wissen wollen, um sie explizit berechnen zu können; in der Kinetischen Gastheorie interessiert nicht das Verhalten eines einzelnen Moleküls; ein bekanntes Beispiel aus einem anderen Feld stellen Wählerumfragen vor einer Wahl dar. Analog könnte man hier daran denken, dass das Auftreten von Wahrscheinlichkeiten darauf hinweist, dass unter der von uns benutzten Formulierungsebene weitere, uns bisher *verborgene Variablen*[23] wirken, bei deren Kenntnis wir den ganzen Prozess ohne die Verwendung von Wahrscheinlichkeiten formulieren könnten. Das ist eine naheliegende Idee, die auch recht bald nach dem Entstehen der QM geäußert wurde. Es hat rund 40 Jahre gedauert, bis ein Kriterium gefunden wurde, diese Frage im Prinzip zu klären, und einige weitere Jahre, bis auf dieser Grundlage die Idee verborgener Variablen experimentell widerlegt werden konnte – zumindest gilt das für die wichtigsten Klassen verborgener Variablen. Mehr dazu in Kap. 6 (2) und 13 (2).

Nach heutigem Kenntnisstand kommen wir bei der QM nicht um den Begriff ‚Wahrscheinlichkeit' herum; er ist sozusagen ein Strukturelement der QM, das Zeichen dafür, dass es in der QM erstmal um Möglichkeiten geht, von denen dann eine (mit einer bestimmten Wahrscheinlichkeit) realisiert wird.

2.3   Aufgaben

1. In einem ladungsfreien Raum sei eine elektromagnetische Welle der Form $E(r, t) = E_0 e^{i(kr - \omega t)}$ gegeben (wir betrachten nur das elektrische Feld). Zeigen Sie, dass diese Welle transversal ist, dass also gilt $k \cdot E_0 = 0$ (Hinweis: Maxwell-Gleichung $\nabla E = 0$). Spezialisieren Sie auf $k = (0, 0, k)$.
2. Linearkombinationen
   (a) Formulieren Sie $|r\rangle$ als Linearkombination von $|h\rangle$ und $|v\rangle$. Dito für $|l\rangle$.
   (b) Formulieren Sie $|h\rangle$ als Linearkombination von $|r\rangle$ und $|l\rangle$. Dito für $|v\rangle$.
3. Eine Phasenverschiebung von 90° wird durch $e^{i\pi/2} = i$ beschrieben. Wie sieht das bei einer Phasenverschiebung von 180° aus?
4. Elliptische Polarisation: Gegeben sei ein Zustand $|z\rangle = \alpha |h\rangle + \beta |v\rangle$ mit $|\alpha|^2 + |\beta|^2 = 1$. Formulieren Sie $|z\rangle$ als Superposition von $|r\rangle$ und $|l\rangle$.

---

[23] Englisch *hidden variables*.

Mehr zur Schrödinger-Gleichung 3

Wir untersuchen zunächst allgemeine Eigenschaften der SGl. Unter anderem tritt auch hier der Begriff des Vektorraums auf – die Lösungen der SGl spannen einen solchen auf. In der SGl treten Operatoren auf; wir sehen, dass die Reihenfolge von Operatoren eine Rolle spielt, sofern sie nicht kommutieren.

Wir haben in Kap. 1 (1) die Schrödinger-Gleichung (SGl)

$$i\hbar \frac{\partial}{\partial t} \Psi(\mathbf{r}, t) = -\frac{\hbar^2}{2m} \nabla^2 \Psi(\mathbf{r}, t) + V(\mathbf{r}, t) \Psi(\mathbf{r}, t) \qquad (3.1)$$

eingeführt. Im Rahmen unserer Betrachtungen ist sie *die* Differentialgleichung (DGl) der Quantenmechanik (QM). Wegen dieser zentralen Stellung wollen wir uns im Folgenden anschauen, welche Eigenschaften die SGl hat und welche Konsequenzen aus diesen Eigenschaften folgen. Durch Abspalten der Zeit kann man aus (3.1) die *stationäre Schrödinger-Gleichung* gewinnen, die für uns das Arbeitspferd der QM darstellt. Schließlich folgen noch ein paar erste Bemerkungen zu Operatoren, die in der QM für Messgrößen stehen.

3.1   Eigenschaften der Schrödinger-Gleichung

Die SGl hat einige sofort ablesbare Eigenschaften, die wichtige physikalische Eigenschaften modellieren und entsprechende Folgen mit sich bringen. Zum Beispiel sieht man sofort, dass $\Psi(\mathbf{r}, t)$ komplex sein *muss*, wenn das Potential reell ist (auf diesen Fall werden wir uns beschränken; der Grund dafür wird nachgeliefert). Andere Eigenschaften sprechen wir hier nur vorläufig an; ausführlichere Behandlungen folgen in weiteren Kapiteln. Einige grundlegende Eigenschaften von DGl sind im Anhang zusammengestellt.

© Der/die Herausgeber bzw. der/die Autor(en), exklusiv lizenziert an
Springer-Verlag GmbH, DE, ein Teil von Springer Nature 2024
J. Pade, *Quantenmechanik zu Fuß 1*, https://doi.org/10.1007/978-3-662-67928-9_3

1. Die SGl ist in Ψ *linear* und homogen. Hat man also zwei Lösungen Ψ_1 und Ψ_2 gefunden, dann ist auch jede Linearkombination $c\Psi_1 + d\Psi_2$ Lösung (mit $c, d \in \mathbb{C}$). Das bedeutet, dass die Lösungen sich superponieren (= überlagern) lassen – es gilt das *Superpositionsprinzip*. Das aus der Beschreibung von Wellen bekannte Prinzip hat für die QM sehr weitreichende Konsequenzen; die für die für unser Alltagsverständnis so ‚bizarren' Eigenschaften der mikroskopischen Welt kann man größtenteils auf dieses scheinbar triviale Fakt zurückführen. Im Übrigen gilt wegen der Linearität, dass die Gesamtwellenfunktionen Ψ und $c\Psi$ physikalisch gleich sind oder, genauer gesagt, physikalisch gleich sein *müssen*, siehe Abb. 3.1.
   Die SGl als lineare Gleichung besitzt immer die Lösung $\Psi \equiv 0$; sie wird *triviale Lösung* genannt. Diese Lösung beschreibt keinen physikalischen Zustand, da man zum Beispiel beliebige Vielfache von ihr zu jedem anderen Zustand addieren kann, ohne dass sich physikalisch etwas ändert. Anders gesagt: Wenn sich herausstellt, dass der Zustand eines physikalischen Systems durch die triviale Lösung beschrieben wird, dann wissen wir, dass dieser Zustand nicht existiert.
2. Die SGl ist eine Differentialgleichung *erster Ordnung in der Zeit*. Daraus folgt: Gibt man die *Anfangsbedingung* $\Psi(\mathbf{r}, t = 0)$ vor, ist $\Psi(\mathbf{r}, t)$ für *alle* Zeiten (größer und kleiner null) festgelegt bzw. determiniert. Mit anderen Worten: In der zeitlichen Entwicklung von $\Psi(\mathbf{r}, t)$ gibt es keinerlei stochastische Elemente (Zufallselemente) – die Angabe von $\Psi(\mathbf{r}, t = 0)$ legt die Wellenfunktion eindeutig für die gesamte Vergangenheit und die gesamte Zukunft fest.
3. Die SGl ist eine Differentialgleichung *zweiter Ordnung im Ort*. Um einen konkreten vorgegebenen physikalischen Fall zu beschreiben, muss die Lösung also bestimmte *Randbedingungen* erfüllen.
4. Die SGl legt, wie wir im Folgenden sehen werden, zwar fest, welche Messergebnisse überhaupt möglich sind, nicht aber, welches Ergebnis bei einer konkreten Messung realisiert wird. Diese Information muss also von woanders herkommen.[1]

Abb. 3.1 Schematische Darstellung dreier physikalisch gleichwertiger Wellenfunktionen $\Psi(x)$, $\frac{1}{2}\Psi(x)$ und $-\Psi(x)$

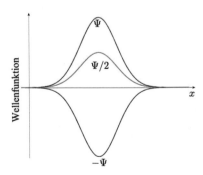

---

[1] Man kann den Unterschied zwischen KlM und QM plakativ so zusammenfassen: Die KlM beschreibt die zeitliche Entwicklung des *Faktischen*, die SGl beschreibt die zeitliche Entwicklung des *Möglichen*.

Das Superpositionsprinzip ist eine ganz grundlegende Eigenschaft von Elementen eines *Vektorraums* V. Tatsächlich lässt sich leicht zeigen, dass die Lösungen der SGl einen Vektorraum über den komplexen Zahlen aufspannen – siehe die Definition im Anhang. Insofern haben wir eine ähnliche Situation wie bei der Polarisation: Die Zustände eines Systems werden durch Elemente eines Vektorraums dargestellt, für die das Superpositionsprinzip gilt. Die Dimensionen der Räume mögen unterschiedlich sein – bei der Polarisation ist es 2, während wir die Dimension des Lösungsraums der SGl noch nicht kennen. Immerhin haben wir aber mit V eine Struktur gefunden, die den beiden Zugängen von Kap. 1 (1) und 2 (1) gleichermaßen zu eigen ist.

Anders sieht es mit dem Begriffspaar Determiniertheit – Wahrscheinlichkeit aus; in dieser Beziehung passen unsere beiden Zugänge in die QM (noch) nicht zusammen. Wahrscheinlichkeiten, die wir im algebraischen Zugang beim Übergang Klassik → QM einführen *mussten*, treten in der SGl nicht auf – im Gegenteil, sie ist eine deterministische Gleichung, deren Lösungen bei Angabe einer Anfangsbedingung eindeutig für alle Zeiten festgelegt sind. Das in der QM auftretende Zufallselement (z. B. im radioaktiven Zerfall) ist also *nicht* in der SGl verborgen.

Wie wir in den nächsten Kapiteln sehen werden, kommen Wahrscheinlichkeiten über die Wellenfunktion selbst ins Spiel. Wir betonen noch einmal, dass die Wellenfunktion als Lösung der SGl selbst *keine direkt anschauliche Bedeutung* hat. Insofern lässt sich die Frage danach, was Ψ ,eigentlich ist', nicht in Alltagsbegriffen beantworten; vielleicht ist die in Kap. 1 (1) angeführte Vorstellung von einem komplexwertigen Möglichkeitsfeld am geeignetsten.

3.2 Die zeitunabhängige Schrödinger-Gleichung

Die Lösungen der *freien* Schrödinger-Gleichung (Gl. (3.1) mit $V \equiv 0$) kennen wir aus Kap. 1 (1); es sind ebene Wellen mit der Dispersionsrelation $\hbar\omega = \hbar^2 k^2/2m$. Wie aber sehen Lösungen für nicht verschwindendes Potential V aus? Die Antwort auf diese Frage lautet: In diesem Fall gibt es so gut wie keine geschlossen bzw. explizit analytisch angebbaren Lösungen, vielmehr sind solche Lösungen nur für eine Handvoll spezieller Potentiale bekannt. Ansonsten muss man sich mit numerischen Resultaten oder Näherungen zufriedengeben.

Dennoch kann man sich den Umgang mit der SGl erleichtern, indem man die Variable t abspaltet; so kommt man zur sogenannten *stationären* Schrödinger-Gleichung, in der nur noch die Ortsvariablen auftauchen. Vorbedingung dafür ist allerdings, dass das Potential nicht von der Zeit abhängt:

$$V(\mathbf{r},t) = V(\mathbf{r}) \tag{3.2}$$

Natürlich gibt es auch physikalisch vernünftige Potentiale, die von der Zeit abhängen; wir werden uns allerdings auf zeitunabhängige Potentiale beschränken.

Die Methode der Wahl ist wieder die Separation der Variablen, und zwar mit folgendem Separationsansatz:

$$\Psi\,(\mathbf{r},t) = f\,(t)\cdot\varphi\,(\mathbf{r}) \tag{3.3}$$

Durch Einsetzen in die Schrödinger-Gleichung erhält man:

$$i\hbar\frac{\dot{f}}{f} = -\frac{\hbar^2}{2m}\frac{1}{\varphi}\nabla^2\varphi + V \tag{3.4}$$

Rechte und linke Seite müssen wiederum konstant sein (weil eben die unabhängigen Variablen Zeit und Ort separiert sind); es folgt

$$i\hbar\frac{\dot{f}}{f} = const. = E = \hbar\omega \tag{3.5}$$

Dabei sind E und ω eine hier noch unbestimmte Energie (dies folgt aus der physikalischen Einheit) bzw. Frequenz; das Vorzeichen (E und eben nicht $-E$) wird so gewählt, dass es mit der üblichen Definition der Energie übereinstimmt. Eine Lösung der letzten Gleichung ist

$$f(t) = e^{-i\,Et/\hbar} = e^{-i\omega t} \tag{3.6}$$

bzw.

$$\Psi\,(\mathbf{r},t) = e^{-i\omega t}\varphi\,(\mathbf{r}) \tag{3.7}$$

E muss eine reelle Zahl sein, denn sonst wären die Lösungen unphysikalisch, da sie in einer Zeitrichtung gegen unendlich laufen würden, also nicht beschränkt wären.

Einsetzen der Wellenfunktion (3.7) in die *zeitabhängige* Schrödinger-Gleichung

$$i\hbar\frac{\partial}{\partial t}\Psi\,(\mathbf{r},t) = -\frac{\hbar^2}{2m}\nabla^2\Psi\,(\mathbf{r},t) + V\,(\mathbf{r})\,\Psi\,(\mathbf{r},t) \tag{3.8}$$

führt auf die *zeitunabhängige (= stationäre)* Schrödinger-Gleichung:

$$E\varphi\,(\mathbf{r}) = -\frac{\hbar^2}{2m}\nabla^2\varphi\,(\mathbf{r}) + V\,(\mathbf{r})\,\varphi\,(\mathbf{r}) \tag{3.9}$$

Welche Werte E annehmen kann, ist an dieser Stelle noch nicht explizit festgelegt; wir greifen diese Frage wieder in Kap. 5 (1) auf.

In den beiden letzten Gleichungen tritt der Ausdruck $-\frac{\hbar^2}{2m}\nabla^2 + V\,(\mathbf{r})$ auf. Er wird *Hamilton-Operator H* genannt und ist ein zentraler Begriff in der QM:

$$H = -\frac{\hbar^2}{2m}\nabla^2 + V\,(\mathbf{r}) \tag{3.10}$$

Damit schreibt sich zum Beispiel die zeitabhängige SGl als

$$i\hbar \frac{\partial}{\partial t}\Psi = H\Psi \qquad (3.11)$$

Es sei angemerkt, dass der Ausdruck (3.10) nur *eine* mögliche, und zwar eine besonders einfache, Form des Hamilton-Operators darstellt. Andere Formulierungen, die zum Beispiel Vektorpotentiale enthalten oder relativistische Verhältnisse beschreiben, betrachten wir im Anhang.

Die oben betrachteten Eigenschaften der SGl gelten für *alle* SGl der Form (3.11), unabhängig von der speziellen Gestalt des Hamilton-Operators. Dies gilt auch für die Methode, die zeitunabhängige SGl aus der zeitabhängigen SGl herzuleiten, solange der ansonsten beliebige Operator H nicht von der Zeit abhängt. Der Separationsansatz $\psi(\mathbf{r},t) = e^{-i\omega t}\varphi(\mathbf{r})$ führt dann *immer* auf die stationäre SGl

$$H\varphi = E\varphi \qquad (3.12)$$

Das ist in einem gewissen Sinn QM in Kurzform.

3.3 Operatoren

Die stationäre SGl (3.12) stellt mathematisch nichts anderes als ein Eigenwertproblem dar. Solche Probleme sind vielleicht manchen noch aus Schulzeiten in folgender Form bekannt: Gegeben sei eine Matrix A; für welche Zahlen $\lambda \neq 0$ existieren dann Lösungen x der Gleichung $Ax = \lambda x$ (wobei x ein Vektor ist)? Die Antwort lautet, dass die erlaubten λ-Werte genau die Lösungen der *Säkulargleichung* $\det(A - \lambda) = 0$ sind.

In der SGl (3.12) taucht auf der linken Seite statt der Matrix A der Hamilton-Operator H auf. Das Konzept *Operator*[2] spielt in der QM eine ganz wesentliche Rolle. In den folgenden Kapiteln wird zu diesem Thema immer mal wieder etwas kommen; hier eine Art heuristische Einführung bzw. Motivation. Den Begriff Operator kann man am besten mit ‚Manipulation' oder ‚Werkzeug' veranschaulichen – einen Operator A auf eine Funktion anzuwenden, heißt, diese Funktion in einer vorgeschriebenen Weise zu manipulieren.

---

[2] Eine Abbildung zwischen zwei Vektorräumen (deren Elemente z.B. auch Funktionen sein können) nennt man üblicherweise *Operator*; eine Abbildung von einem Vektorraum auf seinen Skalarenkörper *Funktional*. Integraltransformationen wie z.B. die Fourier- oder die Laplace-Transformation können als Integraloperatoren aufgefasst werden. Im Sinn einer eindeutigen Sprachregelung legen wir den Unterschied zwischen Operator und Funktion so fest, dass Definitions- und Wertebereich von Operatoren Vektorräume sind, während sie bei Funktionen Zahlenmengen sind.

Zum Beispiel bedeutet der Operator $A = \frac{\partial}{\partial x}$ die Anweisung, eine Funktion partiell nach x zu differenzieren. Der Operator $B = \frac{\partial}{\partial x} x$ fordert dazu auf, eine Funktion mit x zu multiplizieren und dann zu differenzieren. Die einzelnen in einem Operator vorgeschrieben Aktionen werden von rechts nach links abgearbeitet; ABf bedeutet: wende erst B auf f an und danach A auf Bf. Wir nehmen im Folgenden immer an, dass die Funktionen die für den betrachteten Operator erforderlichen Eigenschaften besitzen; z. B. ist für $A = \frac{\partial}{\partial x}$ vorausgesetzt, dass die Funktionen nach x differenzierbar sind.

Das Eigenwertproblem lässt sich allgemein formulieren: Gegeben sei ein allgemeiner Operator A (das kann beispielsweise eine Matrix oder ein Differentialoperator sein). Wenn die Gleichung

$$Af = \alpha f \tag{3.13}$$

für bestimmte Zahlen $\alpha \in \mathbb{C}$ lösbar ist bzw. Lösungen f existieren, heißt α *Eigenwert* des Operators A und f zu α gehörende *Eigenfunktion*;[3] falls man betonen möchte, dass die Funktion f aus einem Vektorraum stammt, sagt man statt Eigenfunktion auch *Eigenvektor*. Die Menge aller Eigenwerte heißt *Spektrum*; das Spektrum kann endlich oder unendlich viele Elemente enthalten. Die Eigenwerte können abzählbar (*diskretes Spektrum*) oder überabzählbar (*kontinuierliches Spektrum*) sein; Spektren können auch sowohl diskrete als kontinuierliche Anteile enthalten.

Wenn zu einem Eigenwert zwei oder mehr (z. B. n) linear unabhängige Eigenfunktionen existieren, spricht man von *Entartung*. Der Eigenwert wird dann n-fach entartet genannt bzw. hat den *Entartungsgrad n*. Entartung ist die Folge einer dem Problem innewohnenden Symmetrie; sie kann im Prinzip durch Hinzufügen eines beliebig kleinen geeigneten ‚Störoperators' aufgehoben werden.

Zwei kleine Beispiel für Eigenwertprobleme:

(1) Gegeben sei der Operator $\frac{\partial}{\partial x}$. Das Eigenwertproblem lautet also

$$\frac{\partial}{\partial x} f(x) = \gamma f(x) \ ; \ \gamma \in \mathbb{C} \tag{3.14}$$

Offensichtlich können wir diese Gleichung für alle γ lösen; die Lösung lautet

$$f(x) = f_0 e^{\gamma x} \tag{3.15}$$

Das Spektrum ist also kontinuierlich und nichtentartet.

---

[3] Englisch *eigenvalue* und *eigenfunction*.

(2) Gegeben sei der Operator $\frac{\partial^2}{\partial x^2}$. Das Eigenwertproblem

$$\frac{\partial^2}{\partial x^2} f = \delta^2 f \; ; \; \delta \in \mathbb{C} \tag{3.16}$$

ist offensichtlich gegen den Austausch $x \rightarrow -x$ invariant; seine Lösungen lauten

$$f = f_{0+} e^{+\delta x} \text{ und } f = f_{0-} e^{-\delta x} \tag{3.17}$$

Es liegt also ein zweifach entartetes kontinuierliches Spektrum vor (für einen Wert von δ^2 existieren die zwei linear unabhängigen Eigenfunktionen $e^{+\delta x}$ und $e^{-\delta x}$).

Eine Einschränkung des Bereichs zulässiger Funktionen in diesen beiden kleinen Beispielen (z. B. aufgrund von Randbedingungen) kann zu einem diskreten Spektrum führen; siehe die Aufgaben. Ein (klassisches) Beispiel ist die Schwingung einer Geigensaite. Die Grundschwingungsmode hat die Wellenlänge $\lambda = 2L$, wobei L die Länge der Saite ist (d. h., die Ortsvariable x entlang der Saite ist beschränkt, $0 \leq x \leq L$). Andere erlaubte Lösungen sind Harmonische der Grundmode, d. h., ihre Frequenzen sind ganzzahlige Vielfache der Grundfrequenz. Die (abzählbaren) Eigenwerte ergeben ein diskretes Spektrum.

3.3.1 Klassische Zahlen, quantenmechanische Operatoren

Die Schrödinger-Gleichung (3.1) weist eine formale Ähnlichkeit mit dem Ausdruck für die klassische Energie

$$E = \frac{\mathbf{p}^2}{2m} + V \tag{3.18}$$

auf. Tatsächlich kann man aus der *Zahlen*gleichung (3.18) eine *Operator*gleichung machen und vice versa, wenn man identifiziert:[4]

$$x \leftrightarrow x \text{ bzw. } \mathbf{r} \leftrightarrow \mathbf{r}$$
$$p_x \leftrightarrow \frac{\hbar}{i} \frac{\partial}{\partial x} \text{ bzw. } \mathbf{p} \leftrightarrow \frac{\hbar}{i} \nabla \tag{3.19}$$
$$E \leftrightarrow i\hbar \frac{\partial}{\partial t}$$

---

[4] Diese kleine Tabelle wird zuweilen (eher scherzhaft) als ‚Wörterbuch der QM' bezeichnet.

Auf diese Weise entsteht aus (3.18) die Schrödinger-Gleichung (3.1) in der Darstellung als Operatorgleichung:

$$i\hbar\frac{\partial}{\partial t} = -\frac{\hbar^2}{2m}\nabla^2 + V(\mathbf{r}, t) = H \tag{3.20}$$

Man kann diese ‚Übersetzungen‘ klassischer in quantenmechanische Größen[5] auch wie folgt motivieren: Man nimmt eine ebene Welle:

$$f = e^{i(kx-\omega t)} \tag{3.21}$$

und leitet diese nach x ab:

$$\frac{\partial f}{\partial x} = ike^{i(kx-\omega t)} = ikf \tag{3.22}$$

Um den Impuls zu erhalten, erweitert man mit $\hbar/i$ und erhält mit $p = \hbar k$

$$\frac{\hbar}{i}\frac{\partial f}{\partial x} = \hbar kf = pf \text{ bzw. } \frac{\hbar}{i}\frac{\partial}{\partial x}f = pf \text{ bzw. } \left(\frac{\hbar}{i}\frac{\partial}{\partial x} - p\right)f = 0 \tag{3.23}$$

Die Klammer in der letzten Gleichung hängt nicht von der Wellenzahl k ab. Wegen ihrer Linearität gilt diese Gleichung auch für alle Funktionen, die wir durch Superposition ebener Wellen erzeugen können (also für alle ‚genügend vernünftigen‘ Funktionen), wenn wir unter p nicht den Impuls einer Einzelwelle, sondern den der gesamten neuen Funktion verstehen. Es liegt daher nahe, einen *Operator p* (*Impulsoperator*, meistens nur schlicht p genannt, zuweilen auch p_{op} oder $\hat{p}$) zu definieren:

$$p = \frac{\hbar}{i}\frac{\partial}{\partial x} \tag{3.24}$$

In diesem Zusammenhang wird x auch als *Ortsoperator* bezeichnet. Das erscheint an dieser Stelle vielleicht unnötig aufwendig, da die Anwendung des Ortsoperators schlicht die Multiplikation mit x bedeutet. Wir werden später aber andere Zusammenhänge kennenlernen, wo das nicht mehr der Fall ist. Hier können wir immerhin die Namensgebung durch die folgende Parallelität motivieren:

$$\text{Anwenden des } \genfrac{}{}{0pt}{}{\text{Impuls-}}{\text{Orts-}} \text{operators auf } e^{i(kx-\omega t)} \text{ ergibt } \genfrac{}{}{0pt}{}{pe^{i(kx-\omega t)}}{xe^{i(kx-\omega t)}} \tag{3.25}$$

---

[5] In diesem Zusammenhang eine Bemerkung: Es gibt die Bezeichnungen c-Zahl (**c**lassical) und q-Zahl (**q**uantum mechanical). Die Begriffe stammen aus der Frühzeit der Quantenmechanik, gehören aber noch heute zum Fachjargon (q-Zahl wird recht selten, c-Zahl etwas häufiger verwendet). Zum Beispiel ist in der klassischen Physik der Impuls p eine c-Zahl, als Operator in der QM eine q-Zahl.

Der Witz der Übersetzungen (3.19), etwas gehobener *Korrespondenzprinzip*[6] genannt: Auf diese Weise lassen sich klassische Ausdrücke in solche der QM übersetzen. Beispiele: Aus dem klassischen Ausdruck $E = \frac{p_x^2}{2m}$ wird in der Quantenmechanik $i\hbar \frac{\partial}{\partial t} = -\frac{\hbar^2}{2m} \frac{\partial^2}{\partial x^2}$, aus $E = \frac{\mathbf{p}^2}{2m}$ wird $i\hbar \frac{\partial}{\partial t} = -\frac{\hbar^2}{2m} \nabla^2$, der klassische Drehimpuls $\mathbf{l} = \mathbf{r} \times \mathbf{p}$ wird zum quantenmechanischen Drehimpulsoperator $\mathbf{l} = \frac{\hbar}{i} \mathbf{r} \times \nabla$, und aus der relativistischen Energie-Impuls-Beziehung $E^2 = m_0^2 c^4 + p^2 c^2$ entsteht $-\hbar^2 \frac{\partial^2}{\partial t^2} = m_0^2 c^4 - c^2 \hbar^2 \nabla^2$. Dies ist die sogenannte *Klein-Gordon-Gleichung*, die freie relativistische Quantenobjekte mit Spin null beschreibt.

3.3.2 Vertauschbarkeit von Operatoren, Kommutatoren

Bei diesem Vorgang des Übersetzens können allerdings Probleme auftauchen, wenn man Produkte von zwei oder mehr Größen übersetzt. Sie sind darin begründet, dass Zahlen vertauschen, Operatoren aber im Allgemeinen nicht.[7] Als ein Beispiel dazu betrachten wir den klassischen Ausdruck $x p_x$, der offensichtlich gleich $p_x x$ ist. Aber dies gilt nicht mehr für die quantenmechanische Ersetzung durch Operatoren

$$xp_x = x\frac{\hbar}{i}\frac{\partial}{\partial x} \neq p_x x = \frac{\hbar}{i}\frac{\partial}{\partial x}x = \frac{\hbar}{i}\left(1 + x\frac{\partial}{\partial x}\right) \tag{3.26}$$

Wer bei solchen Überlegungen unsicher ist, sollte die Operatorgleichungen in ‚richtige' Gleichungen umwandeln, indem man die Operatoren auf eine Funktion anwendet (die Funktion ist dabei nicht näher bestimmt, muss aber natürlich die erforderlichen technischen Bedingungen erfüllen). Dann gilt z. B. für den Operator $\frac{\partial}{\partial x}x$ nach der Produktregel

$$\frac{\partial}{\partial x}xf = f + x\frac{\partial f}{\partial x} = \frac{\partial}{\partial x}xf = \left(1 + x\frac{\partial}{\partial x}\right)f \tag{3.27}$$

oder kurz in Operatorschreibweise

$$\frac{\partial}{\partial x}x = 1 + x\frac{\partial}{\partial x} \tag{3.28}$$

und *nicht* 1.

---

[6] In der älteren Quantentheorie verstand man unter dem (Bohrschen) Korrespondenzprinzip die näherungsweise Übereinstimmung der quantenmechanischen Berechnungen mit den klassischen für große Quantenzahlen. In der modernen Quantenmechanik bezeichnet man mit Korrespondenz die Zuordnung klassischer Observabler zu entsprechenden Operatoren. Diese Zuordnung hat allerdings eher heuristischen Wert und muss immer verifiziert werden bzw. experimentell bestätigt werden. Ein konsequenteres Verfahren ist zum Beispiel die Einführung von Orts- und Impulsoperator über Symmetrietransformationen (siehe Kap. 7 (2)).

[7] Beispielsweise gilt bekanntlich für zwei quadratische Matrizen A und B (= auf Vektoren wirkende Operatoren) im Allgemeinen $AB \neq BA$.

Seinen Stellenwert in der QM erhält das Thema ‚Operatoren' unter anderem dadurch, dass in der QM *Messgrößen* (wie zum Beispiel der Impuls p_x) durch bestimmte *Operatoren* (wie zum Beispiel $-i\hbar\partial_x$) dargestellt werden. Wenn nun wie in Gl. (3.26) wegen $x\frac{\hbar}{i}\frac{\partial}{\partial x} \neq \frac{\hbar}{i}\frac{\partial}{\partial x}x$ die *Reihenfolge* von Operatoren eine Rolle spielt, dann gilt das auch für die Ermittlung der entsprechenden Messgrößen. Mit anderen Worten: Es macht einen Unterschied, ob wir erst den Ort x und dann den Impuls p_x messen oder umgekehrt.

Für die entsprechenden Operatoren gilt:

$$(xp_x - p_x x)\, f = \frac{\hbar}{i}\left(x\frac{\partial f}{\partial x} - x\frac{\partial f}{\partial x} - f\right) = i\hbar f \tag{3.29}$$

bzw.

$$xp_x - p_x x = i\hbar \tag{3.30}$$

Weil Differenzen dieser Art in der QM eine große Rolle spielen, gibt es für sie eine eigene Bezeichnung, nämlich eine eckige Klammer, die *Kommutator* genannt wird:

$$[x, p_x] = xp_x - p_x x = i\hbar \tag{3.31}$$

Für zwei Operatoren A und B ist der Kommutator[8] definiert als

$$[A, B] = AB - BA \tag{3.32}$$

Wenn er verschwindet, heißen A und B *kommutierende* (= vertauschende) Operatoren.[9]

---

[8] Der *Antikommutator* ist definiert als

$$\{A, B\} = AB + BA$$

(trotz der gleichen geschweiften Klammern natürlich etwas ganz anderes als die Poisson-Klammern der klassischen Mechanik).

[9] Es gibt hier einen interessanten Zusammenhang mit der KlM, den wir bereits kurz in einer Fußnote in Kap. 1 erwähnt haben. In der KlM ist die Poisson-Klammer für zwei Größen U und V definiert als

$$\{U, V\}_{Poisson} = \sum_i \left(\frac{\partial U}{\partial q_i}\frac{\partial V}{\partial p_i} - \frac{\partial U}{\partial p_i}\frac{\partial V}{\partial q_i}\right)$$

wobei die q_i und p_i die Orte und (verallgemeinerten) Impulse von n Teilchen sind, $i = 1, 2, \ldots, 3n$. Damit es keine Verwechslung mit dem Antikommutator gibt, haben wir einen (sonst unüblichen) Index $Poisson$ eingefügt. Wenn U und V als Operatoren der QM definiert sind, ergibt sich ihr Kommutator durch die Setzung $[U, V] = i\hbar\{U, V\}_{Poisson}$. Beispiel: In der KlM wählen wir $U = q_1 \equiv x$ und $V = p_1 \equiv p_x$. Dann folgt $\{q_1, p_1\}_{Poisson} = 1$ und wir erhalten in der QM das Resultat $[q_1, p_1] = [x, p_x] = i\hbar$. Dieses als *kanonische Quantisierung* bezeichnete Verfahren wird in den relativistischen Abschnitten im Anhang ausführlicher betrachtet.

Wir wiederholen die Bemerkung, dass es (sowohl bei Operatoren als auch bei Messungen) ganz entscheidend auf die *Reihenfolge* ankommt. Natürlich gibt es auch kommutierende Operatoren; zum Beispiel vertauscht p_x mit y und z und so weiter. Ort und Impuls kommutieren also genau dann nicht, wenn es um dieselbe Koordinate geht.

Noch kurz zurück zum Problem des Übersetzens von ‚nicht eindeutigen' Ausdrücken wie xp_x. Das Problem lässt sich dadurch beheben, dass man symmetrisiert. Den Grund werden wir in Kap. 13 (1) behandeln; hier soll die Aussage genügen, dass man auf diese Weise den richtigen quantenmechanischen Ausdruck und einen eindeutigen Ausdruck für Operatoren erhält. Beispiel:

$$A_{QM} = \frac{xp_x + p_x x}{2} = \frac{\hbar}{2i}\left(x\frac{\partial}{\partial x} + \frac{\partial}{\partial x}x\right) = \frac{\hbar}{2i}\left(1 + 2x\frac{\partial}{\partial x}\right) \tag{3.33}$$

Allerdings werden wir diesen Kunstgriff im Folgenden so gut wie nie verwenden müssen; in einem gewissen Sinn ist die QM sehr gutmütig.[10] Betrachten wir zum Beispiel den Drehimpuls $\mathbf{l} = \mathbf{r} \times \mathbf{p}$. Muss man ihn für die Übersetzung in die QM als $\mathbf{l} = \frac{\mathbf{r}\times\mathbf{p}}{2} - \frac{\mathbf{p}\times\mathbf{r}}{2}$ symmetrisieren? Die Antwort lautet ‚nein', denn es gilt

$$l_x = (\mathbf{r} \times \mathbf{p})_x = yp_z - zp_y = \frac{\hbar}{i}\left(y\frac{\partial}{\partial z} - z\frac{\partial}{\partial y}\right) \tag{3.34}$$

und wir sehen, dass Symmetrisierung nicht erforderlich ist, da Impuls- und Ortsoperator vertauschen, wenn sie zu verschiedenen Koordinaten gehören:

$$\partial_z f(y, z) = y\partial_z y f(y, z) \tag{3.35}$$

bzw.

$$[x, p_x] = i\hbar \;\;;\;\; [x, p_y] = [x, p_z] = 0 \;\;;\;\; \text{analog für } y, z \tag{3.36}$$

Tatsächlich kommt man für die ‚gängigen' Begriffsbildungen ohne Symmetrisierung aus.

Eines der wenigen Gegenbeispiele bildet der Radialimpuls $\mathbf{pr}/r$, der z. B. bei der Darstellung der kinetischen Energie in Kugelkoordinaten auftritt (siehe Aufgaben).

---

[10] Tatsächlich ist das auch nur gut so, da diese Symmetrisierung auch nicht ohne Probleme ist. Nehmen wir z. B. $x^2 p$ – lautet der symmetrisierte Ausdruck xpx, $\frac{1}{2}\left(x^2 p + px^2\right)$, $\frac{1}{3}\left(x^2 p + xpx + px^2\right)$, $\frac{1}{4}\left(x^2 p + 2xpx + px^2\right)$ oder noch ganz anders? Oder führt alles auf den gleichen quantenmechanischen Ausdruck (wie es bei diesem Beispiel tatsächlich der Fall ist)?

Ebenfalls symmetrisiert werden muss der *Lenzsche Vektor* Λ. Bewegt sich ein Teilchen in einem Potential $U = -\frac{\alpha}{r}$, dann ist der Vektor Λ mit

$$\Lambda = \frac{1}{m\alpha} (\mathbf{l} \times \mathbf{p}) + \frac{\mathbf{r}}{r} \tag{3.37}$$

eine Erhaltungsgröße; für die Übersetzung in die QM muss der Term $\mathbf{l} \times \mathbf{p}$ symmetrisiert werden. Zum Lenzschen Vektor siehe auch den Anhang.

3.4   Aufgaben

1. Zeigen Sie explizit, dass die Lösungen der SGl (3.1) einen Vektorraum aufspannen.
2. Berechnen Sie $\left[x, \frac{\partial^2}{\partial x^2} \right]$.
3. Gegeben sei die relativistische Energie-Impuls-Beziehung $E^2 = m_0^2 c^4 + c^2 p^2$. Konstruieren Sie aus dieser Dispersionsrelation eine Differentialgleichung.
4. Separation: Leiten Sie aus der dreidimensionalen zeitabhängigen SGl durch Separation der Variablen die zeitunabhängige SGl her.
5. Gegeben sei das Eigenwertproblem

$$\frac{\partial}{\partial x} f(x) = \gamma f(x) \ ; \ \gamma \in \mathbb{C} \tag{3.38}$$

   wobei die Funktionen die Randbedingungen $f(0) = 1$ und $f(1) = 2$ erfüllen müssen. Berechnen Sie Eigenfunktion und Eigenwert.
6. Gegeben sei das Eigenwertproblem

$$\frac{\partial^2}{\partial x^2} f = \delta^2 f \ ; \ \delta \in \mathbb{C} \tag{3.39}$$

   wobei die Funktionen die Randbedingungen $f(0) = f(L) = 0$ erfüllen müssen; $L \neq 0, \delta \neq 0$. Berechnen Sie Eigenfunktionen und Eigenwerte.
7. Gegeben sei die nichtlineare Differentialgleichung

$$y'(x) = \frac{dy(x)}{dx} = y^2(x) \tag{3.40}$$

   $y_1(x)$ und $y_2(x)$ sind zwei verschiedene nichttriviale Lösungen von (3.40), also $y_1 \neq const \cdot y_2$ und $y_1 y_2 \neq 0$.
   (a) Zeigen Sie, dass ein Vielfaches einer Lösung, also $f(x) = c y_1(x)$ mit $c \neq 0, c \neq 1$, keine Lösung von (3.40) ist.
   (b) Zeigen Sie, dass eine Linearkombination von zwei Lösungen, also $g(x) = a y_1(x) + b y_2(x)$ mit $ab \neq 0$, aber ansonsten beliebig, keine Lösung von (3.40) ist.
   (c) Bestimmen Sie die allgemeine Lösung von (3.40).

8. Radialimpuls
   (a) Zeigen Sie: Für den klassischen Impuls **p** gilt

$$\mathbf{p}^2 = (\mathbf{p}\hat{\mathbf{r}})^2 + (\mathbf{p} \times \hat{\mathbf{r}})^2 \qquad (3.41)$$

   (b) Leiten Sie den quantenmechanischen Ausdruck p_r für den klassischen Radialimpuls $\hat{\mathbf{r}}\mathbf{p}\ (= \mathbf{p}\hat{\mathbf{r}})$ her.
9. Zeigen Sie explizit, dass der klassische Ausdruck $\mathbf{l} = \mathbf{r} \times \mathbf{p}$ bei der Übersetzung in die QM nicht symmetrisiert werden muss.
10. Gegeben seien die Operatoren $A = x\frac{d}{dx}$, $B = \frac{d}{dx}x$ und $C = \frac{d}{dx}$.
    (a) Berechnen Sie $Af_i(x)$ für die Funktionen $f_1(x) = x^2$, $f_2(x) = e^{ikx}$ und $f_3(x) = \ln x$.
    (b) Berechnen Sic für beliebiges $f(x)$ den Ausdruck $A^2 f(x)$.
    (c) Berechnen Sie die Kommutatoren $[A, B]$ und $[B, C]$.
    (d) Berechnen Sie $e^{iC}x^2 - (x + i)^2$; zeigen Sie, dass gilt $e^{iC}e^{ikx} = e^{-k}e^{ikx}$.

Komplexe Vektorräume und Quantenmechanik

4

In unserem komplexen Vektorraum können wir ein Skalarprodukt definieren. Die Eigenschaften Orthogonalität und Vollständigkeit führen auf den wichtigen Begriff des vollständigen Orthonormalsystems. Der Messprozess lässt sich mithilfe geeigneter Projektionsoperatoren formulieren.

Wir haben bis jetzt ab und zu den Begriff Vektor- bzw. Zustandsraum benutzt. In diesem Kapitel werden wir uns mit dem Thema etwas näher befassen. Aus Gründen der Einfachheit werden wir uns dabei stark auf das Beispielsystem *Polarisation* stützen, wobei die grundlegenden Formulierungen natürlich von der konkreten Realisierung unabhängig sind und für alle zweidimensionalen Zustandsräume gelten (z. B. Polarisation, Elektronenspin, Doppelmuldenpotential, Ammoniakmolekül usw.). Mehr noch, die hier eingeführten Begriffe behalten auch in höherdimensionalen Zustandsräumen ihren Sinn, so dass wir vieles am Beispiel des schlichten zweidimensionalen Zustandsraum einführen und diskutieren können. Von der technischen Seite her betrachtet handelt es sich in diesem Kapitel nur um das Besprechen einiger Grundtatsachen für komplexe Vektorräume. Im Anhang sind die wesentlichen Definitionen zusammengestellt.[1]

Wir haben in Kap. 2 (1) die folgenden Polarisationszustände eingeführt, die auch für einzelne Photonen gelten:[2]

$$|h\rangle \cong \begin{pmatrix} 1 \\ 0 \end{pmatrix} \quad ; \quad |v\rangle \cong \begin{pmatrix} 0 \\ 1 \end{pmatrix}$$

$$|r\rangle \cong \tfrac{1}{\sqrt{2}} \begin{pmatrix} 1 \\ i \end{pmatrix} \quad ; \quad |l\rangle \cong \tfrac{1}{\sqrt{2}} \begin{pmatrix} 1 \\ -i \end{pmatrix}$$

(4.1)

---

[1] Wir behandeln diese Technikalitäten natürlich nicht als Selbstzweck, sondern weil sie von grundlegender Bedeutung für die physikalische Beschreibung im Rahmen der QM sind.

[2] Zur Schreibweise $\cong$ siehe Kap. 2.

J. Pade, *Quantenmechanik zu Fuß 1*, https://doi.org/10.1007/978-3-662-67928-9_4

Diese Vektoren sind ganz offensichtlich Elemente eines zweidimensionalen komplexen Vektorraums $\mathcal{V}$. Tatsächlich kann man sich überzeugen, dass alle Axiome eines Vektorraums erfüllt sind; vgl. Anhang G (1). Anschaulich besagen diese Axiome letztlich, dass man alle Operationen wie gewohnt ausführen kann – man kann Vektoren addieren und sie mit einer Zahl multiplizieren, wobei die vertrauten Regeln wie Distributivgesetz etc. gelten. Wir bemerken in diesem Zusammenhang, dass Produkte von Zahlen und Vektoren kommutieren, dass also $c \cdot |z\rangle = |z\rangle \cdot c$ gilt. Auch wenn die Schreibweise $|z\rangle \cdot c$ möglicherweise unvertraut ist, so ist sie dennoch vollkommen korrekt.

Besonders wichtig ist, dass die Elemente eines Vektorraums *superponierbar* sind – wenn $|x\rangle$ und $|y\rangle$ Elemente des Vektorraums sind, dann auch $\lambda |x\rangle + \mu |y\rangle$ mit $\lambda, \mu \in \mathbb{C}$. In unserem Polarisationsbeispiel bedeutet das, dass *jeder* Vektor (mit Ausnahme des Nullvektors) einen realisierbaren physikalischen Zustand darstellt.[3] Dieses Superpositionsprinzip[4] ist alles andere als selbstverständlich – denken wir nur beispielsweise an den Zustandsraum, der aus allen Stellungen besteht, die beim Schachspiel aus der Anfangsaufstellung heraus erreichbar sind. Hier gilt das Superpositionsprinzip nicht; ganz offensichtlich ist die Multiplikation eines Zustands mit einer Zahl oder die Addition bzw. Linearkombination von Zuständen schlicht nicht definiert. Ein anderes Beispiel liefert der Phasenraum der klassischen Mechanik, in dem Zustände durch Punkte beschrieben werden; eine Addition dieser Punkte bzw. Zustände ist nicht definiert.

Wir werden im Folgenden immer wieder auf die zentrale Bedeutung des Superpositionsprinzips in der Quantenmechanik (QM) stoßen.

4.1   Norm, Bracket-Notation

Der Anschauungsraum $\mathbb{R}^3$ hat die angenehme Eigenschaft, dass man die Länge eines Vektors und den Winkel zwischen zwei Vektoren berechnen kann, und zwar über das Skalarprodukt. Wir wollen diese Konzepte zumindest teilweise auch im komplexen Vektorraum etablieren.

Die Länge L eines Vektors $\begin{pmatrix} a \\ b \end{pmatrix}$ könnte nach vertrautem Rezept $L^2 = a^2 + b^2$ sein – ist es aber nicht, da der Vektorraum *komplex* ist. Sonst hätte ja der Vektor $\begin{pmatrix} 1 \\ i \end{pmatrix}$ wegen $1 + i^2 = 0$ die Länge null, was offensichtlich keinen Sinn ergibt.[5] Tatsächlich heißt die korrekte Vorschrift

---

[3] Wir werden später Vektorräume kennenlernen, bei denen das nicht mehr der Fall ist, Stichwort ‚identische Teilchen‘ bzw. ‚Superauswahlregeln‘.

[4] Wir bemerken, dass das Superpositionsprinzip drei Informationen enthält: (1) Die Multiplikation eines Zustands mit einem Skalar ist sinnvoll. (2) Die Addition zweier Zustände ist sinnvoll. (3) Jede Linearkombination zweier Zustände ist wieder Element des Vektorraums.

[5] Wir wissen ja, dass nur der Nullvektor die Länge null hat.

$$L^2 = |a|^2 + |b|^2 = aa^* + bb^* \tag{4.2}$$

Wenn wir die üblichen Regeln der Matrizenmultiplikation zugrunde legen, können wir dies auch schreiben als Produkt eines Zeilenvektors mit einem Spaltenvektor[6]

$$L^2 = \begin{pmatrix} a^* & b^* \end{pmatrix} \begin{pmatrix} a \\ b \end{pmatrix} \tag{4.3}$$

Der Raum der Zeilenvektoren heißt der zu V duale Raum. Man erhält den Vektor $\begin{pmatrix} a^* & b^* \end{pmatrix}$ aus dem entsprechenden Spaltenvektor durch komplexe Konjugation und Vertauschung der Rolle von Spalte und Zeile (= Transponieren, Symbol ^{T}). Dieser Prozess heißt *Adjungieren* und wird durch eine Art hochgestelltes Kreuz gekennzeichnet[7]

$$\begin{pmatrix} a^* & b^* \end{pmatrix} = \begin{pmatrix} a \\ b \end{pmatrix}^{*T} = \begin{pmatrix} a \\ b \end{pmatrix}^{\dagger} \tag{4.4}$$

Die Operation ist analog definiert für allgemeine $n \times m$-Matrizen: Adjungieren bedeutet immer ‚transponieren plus komplex konjugieren‘. Bemerkung: Adjungieren ist ein *sehr* wichtiger Begriff in der QM.

So wie wir die Elemente des Vektorraums mit der Kurzschreibweise $| \, \rangle$ bezeichnet haben, wählen wir für die Elemente des dualen Raumes die Schreibweise $\langle \, |$. Die Bezeichnung für diese beiden Vektoren lauten wie folgt:

$$| \, \rangle \;\; \text{heißt } ket \tag{4.5}$$

$$\langle \, | \;\; \text{heißt } bra$$

Das ist die sogenannte *Bracket-Notation* (vom englischen bracket = Klammer, bra-(c)-ket) oder auch *Dirac-Notation* nach P. A. M. Dirac, der diese Schreibweise eingeführt hat.[8] Zum Beispiel gilt

$$|h\rangle^{\dagger} = \langle h| \;\; \text{bzw.} \;\; \begin{pmatrix} 1 \\ 0 \end{pmatrix}^{\dagger} = \begin{pmatrix} 1 & 0 \end{pmatrix}$$

$$\langle r|^{\dagger} = |r\rangle \;\; \text{bzw.} \;\; \tfrac{1}{\sqrt{2}} \begin{pmatrix} 1 & -i \end{pmatrix}^{\dagger} = \tfrac{1}{\sqrt{2}} \begin{pmatrix} 1 \\ i \end{pmatrix} \tag{4.6}$$

---

[6] Zur Erinnerung: * bedeutet die komplexe Konjugation.

[7] Es sei darauf hingewiesen, dass es noch eine andere Art gibt, die Adjungierte zu definieren. Die hier betrachtete heißt hermitesch Adjungierte; sie tritt bei uns in nichtrelativistischen Betrachtungen auf. Im relativistischen Fall gibt es eine andere Art, die Dirac-Adjungierte genannt wird und anders definiert ist. Der Großteil des Buches ist nichtrelativistischen Überlegungen gewidmet; hier bedeutet entsprechend adjungiert immer hermitesch adjungiert.

[8] Bei der Bracketschreibweise sieht man nicht (wie übrigens auch bei den üblichen Vektorschreibweisen $\mathbf{v}$ oder $\vec{v}$), welche Dimension der entsprechende Vektorraum besitzt; falls erforderlich, muss diese Information separat gegeben werden.

Mit diesen Begriffen können wir nun die Länge L eines Vektors $|z\rangle$ definieren über $L^2 = \langle z|\, z\rangle$ (eigentlich müsste man $\langle z|\,|z\rangle$ schreiben, aber man spart sich den Doppelstrich). Statt Länge wird übrigens überwiegend der Begriff *Norm* benutzt; als Bezeichnungen gibt es $\|\ \|$ oder äquivalent $\|\ \|$. Zum Beispiel gilt für $|h\rangle$

$$\||h\rangle\|^2 = \langle h|\, h\rangle = \begin{pmatrix} 1 & 0 \end{pmatrix} \begin{pmatrix} 1 \\ 0 \end{pmatrix} = 1\cdot 1 + 0\cdot 0 = 1 \tag{4.7}$$

und entsprechend für $|r\rangle$

$$\||r\rangle\|^2 = \langle r|\, r\rangle = \frac{1}{2}\begin{pmatrix} 1 & -i \end{pmatrix}\begin{pmatrix} 1 \\ i \end{pmatrix} = \frac{1}{2}(1\cdot 1 - i\cdot i) = 1 \tag{4.8}$$

Beide Vektoren haben die Länge 1; man nennt solche Vektoren *Einheitsvektoren* oder sagt, sie seien *normiert*. Die Bildung $\langle z|\, z\rangle$ ist ein *Skalarprodukt* (auch inneres Produkt genannt); mehr dazu in Kap. 11 (1) und im Anhang. Hier nur noch die Bemerkung, dass wir statt $\cong$ in (4.7) und (4.8) das Gleichheitszeichen verwenden können, da Skalarprodukte *darstellungsunabhängig* sind.

Eine Anmerkung zur Nomenklatur: Ein komplexer Vektorraum, in dem ein Skalarprodukt definiert ist, wird *unitärer Raum* genannt.

4.2   Orthogonalität, Orthonormalität

Nachdem wir nun wissen, wie man die Länge eines Vektors berechnet, bleibt die Frage nach dem Winkel zwischen zwei Vektoren. Zunächst notieren wir, dass wir auch Skalarprodukte verschiedener Vektoren bilden können, zum Beispiel

$$\langle v|\, r\rangle = \frac{1}{\sqrt{2}}\begin{pmatrix} 0 & 1 \end{pmatrix}\begin{pmatrix} 1 \\ i \end{pmatrix} = \frac{i}{\sqrt{2}} \tag{4.9}$$

Bemerkung: Wie bei jedem Skalarprodukt handelt es sich auch bei $\langle a|\, b\rangle$ um eine (im Allgemeinen komplexe) *Zahl*. Für die Adjungierte eines Skalarprodukts gilt

$$(\langle v|\, r\rangle)^\dagger = \langle r|\, v\rangle = \frac{1}{\sqrt{2}}\begin{pmatrix} 1 & -i \end{pmatrix}\begin{pmatrix} 0 \\ 1 \end{pmatrix} = -\frac{i}{\sqrt{2}} \tag{4.10}$$

Beim Adjungieren wird also (1) aus einer Zahl ihr komplex Konjugiertes, $c^\dagger = c^*$ und (2) aus einem Ket ein Bra und umgekehrt sowie (3) die Reihenfolge der Ausdrücke umgekehrt. So gilt z. B. $\langle a|\, b\rangle^\dagger = \langle a|\, b\rangle^* = \langle b|\, a\rangle$.

Was die Frage nach dem Winkel angeht, so spielt im Weiteren nur ein besonderer Winkel eine Rolle, nämlich der rechte Winkel. Man sagt, zwei Vektoren sind zueinander *orthogonal*, wenn ihr Skalarprodukt verschwindet (diese Sprachregelung gilt auch für unanschauliche hochdimensionale komplexe Vektorräume). Ein Beispiel:

$$\langle v|\,h\rangle = \begin{pmatrix} 0 & 1 \end{pmatrix} \begin{pmatrix} 1 \\ 0 \end{pmatrix} = 0 \tag{4.11}$$

Also noch mal ganz allgemein und in Kurzform: $\langle a|\,b\rangle = 0 \leftrightarrow |a\rangle \perp |b\rangle$.

Bemerkung: Der Nullvektor ist zu sich selbst und zu allen anderen Vektoren orthogonal. Genauso wie die triviale Lösung der Schrödinger-Gleichung (SGl) beschreibt er keinen physikalischen Zustand und wird deswegen bei Orthogonalitätsbetrachtungen usw. in der Regel nicht betrachtet.

Eine besondere Rolle spielen Systeme von Vektoren, die alle normiert und paarweise zueinander orthogonal sind.[9] Ein solches System von Vektoren nennt man *Orthonormalsystem* (ONS). Zweidimensionale Beispiele stellen die Systeme $\{|h\rangle, |v\rangle\}$ und $\{|r\rangle, |l\rangle\}$ dar; ein Beispiel aus dem dreidimensionalen Anschauungsraum $\mathbb{R}^3$ sind die drei auf den Koordinatenachsen liegenden Einheitsvektoren. Allgemein gilt: $\{|\varphi_n\rangle, n = 1, 2, \ldots\}$ ist genau dann ein ONS, wenn gilt

$$\langle \varphi_i|\,\varphi_j\rangle = \delta_{ij} \tag{4.12}$$

wobei das *Kronecker-Symbol* wie üblich definiert ist als

$$\delta_{ij} = \begin{cases} 1 \\ 0 \end{cases} \text{für} \begin{matrix} i = j \\ i \neq j \end{matrix} \tag{4.13}$$

4.3 Vollständigkeit

Wir können einen beliebigen Vektor $|z\rangle$ aus unserem zweidimensionalen komplexen Vektorraum darstellen als

$$|z\rangle = a\,|h\rangle + b\,|v\rangle \tag{4.14}$$

wobei $|h\rangle$ und $|v\rangle$ orthonormal sind. Diese Eigenschaft führt wegen $\langle h|\,z\rangle = a\,\langle h|\,h\rangle + b\,\langle h|\,v\rangle = a \cdot 1 + b \cdot 0 = a$ ($\langle v|\,z\rangle$ analog) auf

$$\langle h|\,z\rangle = a \quad \text{und} \quad \langle v|\,z\rangle = b \tag{4.15}$$

Eingesetzt ergibt dies[10]

---

[9] In unserem momentan behandelten zweidimensionalen Vektorraum besteht so ein System natürlich aus genau zwei Vektoren; wie gerade gesagt, wird der Nullvektor von vornherein aus der Betrachtung ausgeschlossen.

[10] Wir wiederholen die Bemerkung, dass für Produkte von Zahlen und Vektoren $c \cdot |z\rangle = |z\rangle \cdot c$ gilt; deswegen können wir hier $\langle h|\,z\rangle\,|h\rangle$ als $|h\rangle\,\langle h|\,z\rangle = $ schreiben, da $\langle h|\,z\rangle$ ja eine Zahl ist.

$$|z\rangle = \langle h|\, z\rangle\, |h\rangle + \langle v|\, z\rangle\, |v\rangle =$$

$$= |h\rangle\, \langle h|\, z\rangle + |v\rangle\, \langle v|\, z\rangle = \tag{4.16}$$

$$= \{|h\rangle\, \langle h| + |v\rangle\, \langle v|\}\, |z\rangle$$

oder mit anderen Worten (Vergleich der linken und rechten Seite)[11]

$$|h\rangle\, \langle h| + |v\rangle\, \langle v| = 1 \tag{4.17}$$

Ein Ausdruck wie $|x\rangle\, \langle y|$ wird auch *dyadisches Produkt* genannt. Was kann man sich darunter vorstellen? Dazu gehen wir in die Darstellung mit Zeilen- und Spaltenvektoren. Mit

$$|h\rangle \cong \begin{pmatrix} 1 \\ 0 \end{pmatrix} \quad ; \quad \langle h| \cong \begin{pmatrix} 1 & 0 \end{pmatrix} \tag{4.18}$$

folgt nach den Regeln der Matrizenmultiplikation

$$|h\rangle\, \langle h| \cong \begin{pmatrix} 1 \\ 0 \end{pmatrix} \begin{pmatrix} 1 & 0 \end{pmatrix} = \begin{pmatrix} 1 & 0 \\ 0 & 0 \end{pmatrix} \tag{4.19}$$

Dyadische Produkte können mithin auf Zustände angewandt werden und ändern sie im Allgemeinen. Mit anderen Worten: Sie sind Operatoren, die wir hier als Matrizen darstellen können.

Mit

$$|v\rangle\, \langle v| \cong \begin{pmatrix} 0 \\ 1 \end{pmatrix} \begin{pmatrix} 0 & 1 \end{pmatrix} = \begin{pmatrix} 0 & 0 \\ 0 & 1 \end{pmatrix} \tag{4.20}$$

folgt

$$|h\rangle\, \langle h| + |v\rangle\, \langle v| \cong \begin{pmatrix} 1 & 0 \\ 0 & 1 \end{pmatrix} \quad \text{(Matrix-Eins)} \tag{4.21}$$

---

[11] Bei Gleichungen wie (4.17) handelt es sich bei der 1 auf der rechten Seite nicht unbedingt um die Zahl 1, sondern allgemein um etwas, das bei Multiplikation wie eine 1 wirkt, also einen *Einheitsoperator*; bei Vektoren ist das zum Beispiel die Einheitsmatrix. Die Notation 1 für den Einheitsoperator (die ja dazu führt, statt z. B. $\begin{pmatrix} 1 & 0 \\ 0 & 1 \end{pmatrix}$ schlicht 1 zu schreiben) ist natürlich recht lax; andererseits ist, wie gesagt, die Wirkung von Einheitsoperator und 1 identisch, so dass man die kleine Ungenauigkeit angesichts der Schreibökonomie generell in Kauf nimmt und eben gegebenenfalls ‚weiß‘, dass 1 den Einheitsoperator bezeichnet. Es gibt aber für ihn durchaus auch Kennzeichnungen wie $\mathbb{E}$, I_n (wobei n die Dimension angibt) oder Ähnliches. Eine analoge Bemerkung gilt für die Null. Im Übrigen erinnern wir uns daran, dass wir zum Beispiel bei Vektoren seit eh und je $\vec{a} = 0$ schreiben und nicht $\vec{a} = \vec{0}$.

Diese Gleichung bzw. Gl. (4.17) ist ein Kennzeichen dafür, dass das ONS $\{|h\rangle, |v\rangle\}$ *vollständig* ist, dass es also den ganzen Raum aufspannt. Bei $\{|h\rangle, |v\rangle\}$ handelt es sich mithin um ein *Vollständiges Orthonormalsystem* (VONS); ein weiteres stellt zum Beispiel $\{|r\rangle, |l\rangle\}$ dar (siehe Aufgaben). Die Begrifflichkeit überträgt sich ohne Weiteres auf n-dimensionale Vektorräume: Ein VONS besteht aus Zuständen $\{|\varphi_n\rangle, n = 1, 2, \ldots\}$, die normiert und paarweise orthogonal sind (Orthonormalität) und die den ganzen Raum aufspannen (Vollständigkeit)[12]

$$\langle\varphi_n| \varphi_m\rangle = \delta_{nm} \text{ (Orthonormalität)}$$

$$\sum_n |\varphi_n\rangle\langle\varphi_n| = 1 \text{ (Vollständigkeit)} \tag{4.22}$$

Mit den bisher erarbeiteten Mitteln lässt sich einfach berechnen, welche Anteile von zum Beispiel horizontal und vertikal polarisiertem Licht in rechtszirkular polarisiertem stecken. Wir können das natürlich bereits aus (4.1) direkt ablesen, aber es geht hier um das Aufstellen eines Verfahrens, das in beliebigen Räumen funktioniert. Im Grunde dreht es sich nur um Erweitern mit eins – aber eben mit der Eins in einer speziellen Schreibweise.

$$|r\rangle = 1 \cdot |r\rangle \stackrel{(4.17)}{=} (|h\rangle \langle h| + |v\rangle \langle v|) \cdot |r\rangle =$$

$$= |h\rangle \langle h| r\rangle + |v\rangle \langle v| r\rangle = \frac{1}{\sqrt{2}} |h\rangle + \frac{i}{\sqrt{2}} |v\rangle \tag{4.23}$$

wobei wir im letzten Schritt $\langle h| r\rangle = \frac{1}{\sqrt{2}}$ und $\langle v| r\rangle = \frac{i}{\sqrt{2}}$ eingesetzt haben.

Wir haben mit Gl. (4.23) den Zustand $|r\rangle$ in der Basis $\{|h\rangle, |v\rangle\}$ formuliert; von daher sind die Koeffizienten $1/\sqrt{2}$ und $i/\sqrt{2}$ nichts anderes als die Koordinaten von $|r\rangle$ bezüglich $|h\rangle$ und $|v\rangle$. Allerdings verwendet man den Begriff Koordinate in der QM relativ selten; stattdessen spricht man von *Projektion*,[13] was ja vielleicht auch anschaulicher ist. Die Projektion von $|r\rangle$ auf $|h\rangle$ ist zum Beispiel gegeben durch $\langle h| r\rangle$.

Für höhere Dimensionen gilt entsprechend: Gegeben sei ein Vektorraum $\mathcal{V}$ und ein VONS $\{|\varphi_n\rangle, n = 1, 2, \ldots\} \in \mathcal{V}$. Jeder Vektor $|\psi\rangle \in \mathcal{V}$ lässt sich darstellen als

$$|\psi\rangle = 1 \cdot |\psi\rangle = \sum_n |\varphi_n\rangle\langle\varphi_n |\psi\rangle = \sum_n c_n |\varphi_n\rangle \;; \; c_n = \langle\varphi_n |\psi\rangle \in \mathbb{C} \tag{4.24}$$

Die Koeffizienten (Koordinaten) c_n sind die Projektionen von $|\psi\rangle$ auf die Basisvektoren $|\varphi_n\rangle$.

---

[12] Für die Summation benutzen wir fast ausschließlich die abkürzende Schreibweise $\sum_n$ (statt z. B. $\sum_{n=1}^{\infty}$ oder $\sum_{n=1}^{N}$ usw.). In der Kurzschreibweise muss sich, falls erforderlich, der Wertevorrrat von n aus dem Kontext des zugrunde liegenden Problems ergeben.

[13] Zum Zusammenhang von Skalarprodukt und Projektion siehe Anhang.

4.4   Projektionsoperatoren, Messung

4.4.1   Projektionsoperatoren

Wie oben gesagt, wirken Ausdrücke wie $|h\rangle \langle h|$ oder $|\varphi_n\rangle\langle\varphi_n|$ auf Zustände, sind also *Operatoren*. Sie unterscheiden sich von denen, die wir im analytischen Zugang kennengelernt haben (z. B. die Ableitung $\frac{\partial}{\partial x}$), aber das ist eigentlich wenig überraschend, da wir im algebraischen Zugang ja auch ganz andere Zustände als im analytischen haben. Wir halten aber fest, dass wir bei beiden Zugängen ein gemeinsames Bild vorfinden: Die Zustände sind jeweils Elemente eines Vektorraums; Änderungen der Zustände werden durch Operatoren bewirkt.

Der Ausdruck $|h\rangle \langle h|$ stellt ein besonders einfaches Beispiel für einen *Projekons-operator* (oder Projektor) dar. Wenn P ein Projektionsoperator ist, gilt[14]

$$P^2 = P \tag{4.25}$$

Tatsächlich haben wir im konkreten Beispiel $P = |h\rangle \langle h|$ ja wegen der Normierung $\langle h\,|h\rangle = 1$

$$P^2 = |h\rangle \langle h\,|h\rangle \langle h| = |h\rangle \langle h| = P \tag{4.26}$$

Auch $|h\rangle \langle h| + |v\rangle \langle v|$ ist ein Projektionsoperator, und zwar wegen $|h\rangle \langle h| + |v\rangle \langle v| = 1$ die Projektion auf den Gesamtraum.

Die Eigenschaft $P^2 = P$ ist eigentlich sehr anschaulich: Wenn man mittels P eine Komponente aus einem Gesamtzustand herausgefiltert bzw. -projiziert hat, ändert eine weitere Projektion nichts an dieser Komponente. In der Matrixdarstellung (4.19) mit $P \cong \begin{pmatrix} 1 & 0 \\ 0 & 0 \end{pmatrix}$ sieht das so aus:

$$\begin{pmatrix} 1 & 0 \\ 0 & 0 \end{pmatrix}\begin{pmatrix} a \\ b \end{pmatrix} = \begin{pmatrix} a \\ 0 \end{pmatrix} \;;\; \begin{pmatrix} 1 & 0 \\ 0 & 0 \end{pmatrix}\begin{pmatrix} 1 & 0 \\ 0 & 0 \end{pmatrix}\begin{pmatrix} a \\ b \end{pmatrix} = \begin{pmatrix} a \\ 0 \end{pmatrix} \tag{4.27}$$

Projektionsoperatoren und Messung

Besondere Bedeutung gewinnen Projektionsoperatoren unter anderem dadurch, dass sie bei der Modellierung des Messprozesses auftreten. Um das zu sehen, starten wir mit einem einfachen Beispiel, nämlich einem rechtszirkular polarisierten Zustand, den wir mit Gl. (4.1) als Überlagerung von linear polarisierten Zuständen schreiben:

$$|r\rangle = \frac{|h\rangle + i\,|v\rangle}{\sqrt{2}} \tag{4.28}$$

---

[14] Wie wir in Kap. 13 (1) sehen werden, erfüllt ein Projektionsoperator in der QM noch eine weitere Bedingung (Selbstadjungiertheit).

Diesen Zustand $|r\rangle$ schicken wir durch einen Analysator, der linear polarisierte Zustände nachweisen kann, z. B. einen Polwürfel. *Vor* der Messung können wir nicht mit Sicherheit sagen, welchen der beiden linear polarisierten Zustände wir messen werden, sondern können gemäß den Überlegungen in Kap. 2 (1) nur die Wahrscheinlichkeiten angeben, einen der Zustände zu messen; in unserem Beispiel betragen sie $\left|\frac{1}{\sqrt{2}}\right|^2 = \frac{1}{2}$ und $\left|\frac{i}{\sqrt{2}}\right|^2 = \frac{1}{2}$. Wir erweitern die Überlegung auf den etwas allgemeineren Zustand

$$|z\rangle = a\,|h\rangle + b\,|v\rangle \quad ; \quad |a|^2 + |b|^2 = 1 \tag{4.29}$$

für den die Wahrscheinlichkeiten, den vertikal bzw. horizontal polarisierten Zustand zu erhalten, durch $|b|^2$ bzw. $|a|^2$ gegeben sind.

Nach der Messung haben wir einen anderen Zustand[15] als davor, nämlich entweder $|h\rangle$ oder $|v\rangle$. Da Zustände nur durch die Wirkung von Operatoren geändert werden können, müssen wir diesen Übergang durch einen Operator modellieren können. Diese Modellierung soll möglichst einfach und universal sein, damit wir von den konkreten experimentellen Einzelheiten unabhängig bleiben. Nehmen wir an, wir haben nach der Messung den Zustand $|h\rangle$ vorliegen. Dann können wir diesen Prozess durch die Anwendung von $|h\rangle\langle h|$ auf $|z\rangle$ darstellen, also die Projektion von $|z\rangle$ auf $|h\rangle$, was auf $|h\rangle\langle h\,|z\rangle = a\,|h\rangle$ führt (eine analoge Formulierung gilt für $|v\rangle$). Als Ergebnis der ‚Operation' erhalten wir also den gewünschten Zustand $|h\rangle$, aber eben mit einem Faktor a, dessen Betragsquadrat die Wahrscheinlichkeit angibt, bei einer Messung diesen Zustand zu erhalten.

Wir können den Messverlauf $|z\rangle \to |h\rangle$ also folgendermaßen modellieren:

$$\underset{\text{vor Messung}}{|z\rangle} = a\,|h\rangle + b\,|v\rangle \overset{\text{Projektion}}{\to} |h\rangle\langle h|\,(a\,|h\rangle + b\,|v\rangle) = a\,|h\rangle \overset{\text{Normierung}}{\to} \underset{\text{nach Messung}}{\frac{|a|}{a}\,|h\rangle}$$

$$\tag{4.30}$$

wobei wir das Endergebnis mit der Wahrscheinlichkeit $|a|^2$ erhalten. Gelegentlich wird davon ausgegangen, dass man den Normierungsfaktor nach der Messung gleich 1 setzen kann, formal also $\frac{|a|}{a} = 1$. Eine analoge Formulierung gilt, wie gesagt, für das Messresultat $|v\rangle$.

Erweiterung auf höhere Dimensionen

Die Verallgemeinerung auf Dimensionen $N > 2$ ist unkompliziert: Vor der Messung sei der Zustand eine Superposition verschiedener Zustände, also $|\psi\rangle = \sum c_n\,|\varphi_n\rangle$, wobei $\{|\varphi_n\rangle, n = 1, \ldots\}$ ein VONS darstellt. Nach der Messung haben wir nur einen der Zustände vorliegen, z. B. $|\varphi_i\rangle$. Den Messvorgang modellieren wir durch den Projektionsoperator $P_i = |\varphi_i\rangle\langle\varphi_i|$ und erhalten zunächst in einer leicht geänderten Notation

---

[15] Mit anderen Worten: Durch den Prozess der Messung ‚kollabiert' eine Überlagerung wie $|z\rangle = a\,|h\rangle + b\,|v\rangle$ z. B. in den Zustand $|h\rangle$.

$$|\psi\rangle_{\text{vor}} = \sum_n c_n \, |\varphi_n\rangle \rightarrow |\varphi_i\rangle\langle\varphi_i \, |\psi\rangle_{\text{vor}} = |\varphi_i\rangle\langle\varphi_i| \sum_n c_n \, |\varphi_n\rangle = c_i \, |\varphi_i\rangle \qquad (4.31)$$

Die Wahrscheinlichkeit, diesen Zustand zu messen, ist damit gegeben durch $|c_i|^2 = |\langle\varphi_i| \, \psi\rangle|^2$. Nach der Messung gehen wir wieder von einem normierten Zustand aus, nämlich

$$|\psi\rangle_{\text{nach, normiert}} = \frac{P_i \, |\psi\rangle}{|P_i \, |\psi\rangle|} = \frac{c_i \, |\varphi_i\rangle}{|c_i|} \qquad (4.32)$$

Wir wiederholen die Bemerkung, dass der Messvorgang selbst *nicht* modelliert wird, sondern nur die Situationen vorher und nachher. Die Situation ist beispielhaft in Abb. 4.1 skizziert.

Messproblem

Man kann natürlich an dieser Stelle fragen, welcher Mechanismus es ist, der aus der Superposition $\sum_n c_n \, |\varphi_n\rangle$ genau den Zustand $|\varphi_i\rangle$ und nicht einen anderen herauspickt. Auf die Frage gibt es bis heute keine zufriedenstellende Antwort. Tatsächlich handelt es sich hier um ein trotz des fortgeschrittenen Alters der QM noch offenes Problem, *Messproblem* genannt, sozusagen *das* konzeptuelle Problem der QM. Wir werden ihm in den folgenden Kapiteln immer wieder begegnen; auch die unterschiedlichen Interpretationen der QM, die wir im letzten Kapitel näher anschauen, stellen in gewisser Weise nicht anderes dar als verschiedene Arten, mit dem Messproblem umzugehen.

Wir halten fest, dass das Messproblem nicht mit der Erweiterung auf beliebige Dimensionen zu tun hat, sondern schon bei den einfachsten Systemen auftaucht. Ein bereits in Kap. 2 (1) behandeltes Beispiel ist ein rechtszirkular polarisiertes Photon, das wir auf lineare Polarisation untersuchen. Wenn wir

$$|r\rangle = \frac{|h\rangle + i \, |v\rangle}{\sqrt{2}} \qquad (4.33)$$

z. B. durch einen Polwürfel schicken, haben wir danach entweder ein horizontal oder ein vertikal linear polarisiertes Photon, jeweils mit Wahrscheinlichkeit $\frac{1}{2}$. Wir können vor der Messung nicht sagen, welche Polarisation wir erhalten werden.

Die Kernfrage ist, ob es *überhaupt* einen solchen Auswahlmechanismus gibt. Wir haben zwei Alternativen. Die erste: Ja, es gibt einen solchen Mechanismus,

Abb. 4.1 Beispielhafte bildliche Darstellung der Koeffizienten c_n in (4.31) und (4.32) vor (blau) und nach (rot) der Messung

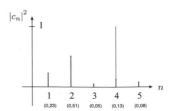

wenn wir auch ihn und die in ihm wirkenden Variablen (noch) nicht kennen, die verborgenen Variablen. Würden wir sie kennen, könnten wir die im Laufe der Messung erfolgte Auswahl ohne jede Verwendung von Wahrscheinlichkeiten beschreiben. Die andere Alternative: Nein, es gibt keinen solchen Mechanismus. Die im Lauf der Messung erfolgte Auswahl ist rein zufällig; man spricht vom *objektiven Zufall*.

Die Wahl der Alternative in dieser Frage muss experimentell entschieden werden. Wir haben schon in Kap. 2 (1) bemerkt, dass einschlägige Experimente in ihrer Summe gegen verborgene Variablen sprechen. Wir gehen deswegen im Weiteren von der Existenz des objektiven Zufalls aus, werden aber das Messproblem in weiteren Kapiteln immer wieder aufgreifen.

4.4.2 Messung und Eigenwerte

Um zu einer kompakteren Beschreibung der Messung zu kommen, überlegen wir Folgendes: Wir stellen uns hinter dem Polwürfel Detektoren vor, die mit einer Anzeige verbunden sind, so dass bei vertikaler Polarisation ein Zeiger auf ,−1‘, bei horizontaler auf ,1‘ zeigt (Abb. 4.2). Für den Zustand $|z\rangle = a\,|h\rangle + b\,|v\rangle$ wird also nach der Messung mit der Wahrscheinlichkeit $|b|^2$ bzw. $|a|^2$ der Wert ,−1‘ bzw. ,1‘ angezeigt.

Wir wollen nun die über ± 1 kodierte physikalische Messgröße ,horizontale/vertikale Polarisierung‘ mittels einer Linearkombination der Projektionsoperatoren $|h\rangle\langle h|$ und $|v\rangle\langle v|$ beschreiben. Die einfachste nichttriviale Kombination ist offensichtlich der Polarisationsoperator P_L

$$P_L = |h\rangle\langle h| - |v\rangle\langle v| \cong \begin{pmatrix} 1 & 0 \\ 0 & -1 \end{pmatrix} = \sigma_z \qquad (4.34)$$

wobei σ_z eine der drei *Pauli-Matrizen* ist (mehr zu den Pauli-Matrizen siehe Aufgaben). Wir bemerken, dass es sich bei den Pauli-Matrizen und damit bei P_L nicht um Projektionsoperatoren handelt; das P steht hier für ,Polarisation‘.

Die für die Messung relevanten Eigenschaften ergeben sich nun durch Betrachtung des *Eigenwertproblems* $P_L\,|z\rangle = \mu\,|z\rangle$ (womit wir das im analytischen Zugang in Kap. 3 (1) behandelte Eigenwertproblem nun auch hier im algebraischen Zugang

Abb. 4.2 Die lineare Polarisation eines Photons wird gemessen

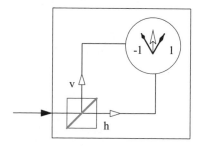

eingeführt haben). Denn wie man leicht nachrechnet (siehe Aufgaben), hat P_L die Eigenwerte $\mu = 1$ und $\mu = -1$ mit den Eigenvektoren $|z_1\rangle = |h\rangle$ und $|z_{-1}\rangle = |v\rangle$. Das bedeutet also, dass die Eigenvektoren die möglichen Zustände sowie die Eigenwerte die möglichen Zeigerstellungen (Messresultate) nach der Messung beschreiben – die Zeigerstellung 1 sagt uns beispielsweise, dass wir nach der Messung den Zustand $|h\rangle$ haben.

In ähnlicher Weise können wir uns einen Messapparat für zirkulare Polarisation vorstellen, bei dem die physikalische Messgröße ‚rechts-/linkszirkulare Polarisierung' über ± 1 kodiert ist. Dies beschreiben wir über

$$P_Z = |r\rangle \langle r| - |l\rangle \langle l| \cong \begin{pmatrix} 0 & -i \\ i & 0 \end{pmatrix} = \sigma_y \qquad (4.35)$$

Die Eigenwerte von P_Z sind wieder ± 1, wobei der Eigenwert 1 zum Eigenvektor $|r\rangle$ und der Eigenwert -1 zum Eigenvektor $|l\rangle$ gehört.

Als letzten Fall behandeln wir einen um $45°$ gedrehten Zustand linearer Polarisation. Für den gedrehten Zustand gilt (siehe Aufgaben)

$$|h'\rangle = \frac{|h\rangle + |v\rangle}{\sqrt{2}} \; ; \; |v'\rangle = \frac{-|h\rangle + |v\rangle}{\sqrt{2}} \qquad (4.36)$$

Den entsprechenden Messapparat beschreiben wir durch den Operator

$$P_{L'} = |h'\rangle \langle h'| - |v'\rangle \langle v'| \cong \begin{pmatrix} 0 & 1 \\ 1 & 0 \end{pmatrix} = \sigma_x \qquad (4.37)$$

Auch dieser Operator hat wieder die Eigenwerte ± 1. (Zur Bestimmung der Eigenwerte und -vektoren der drei Pauli-Matrizen siehe die Aufgaben.)

Wir lernen aus diesen drei Beispielen, dass die Information über mögliche Messergebnisse in den Eigenwerten von bestimmten Operatoren liegt. Dazu haben wir hier drei Beispiele konstruiert, die uns Aufschluss über bestimmte Polarisationszustände geben. Die Frage, wie wir diesen Befund erweitern und allgemein physikalische Messgrößen darstellen können, wird in den folgenden Kapiteln behandelt.

4.4.3 Zusammenfassung

Wir fassen am Beispiel $|z\rangle = a |h\rangle + b |v\rangle$ zusammen: *Vor* der Messung können wir nur sagen, dass mit Wahrscheinlichkeit $|a|^2 = |\langle h | z\rangle|^2$ der Zeiger auf Position ‚1' und mit $|b|^2$ auf Position ‚-1' stehen wird, also einer der Eigenwerte von $P_L = |h\rangle \langle h| - |v\rangle \langle v|$ mit der entsprechenden Wahrscheinlichkeit realisiert werden wird; *nach* der Messung ist einer der beiden Eigenwerte realisiert (der Zeiger steht auf einer der beiden möglichen Positionen) und das Photon befindet sich im entsprechenden Zustand (dem dazugehörigen normierten Eigenzustand von P_L), also $\frac{\langle h | z\rangle}{|\langle h | z\rangle|} |h\rangle$. Wie es zu dieser Auswahl kommt, können wir nicht beschreiben, sondern nur Wahrscheinlichkeiten für Ergebnisse angeben. Der Prozess ist irreversibel – die anfänglich bestehende Superposition gibt es nicht mehr und sie ist für ein einzelnes Photon auch aus den Messresultaten nicht ablesbar bzw. rekonstruierbar.[16] Dies geht höchstens mit einer Vielzahl von Messungen an einem Ensemble; aus den relativen Häufigkeiten der Zeigerstellungen ± 1 können wir auf die Größen $|a|^2$ und $|b|^2$ schließen.

4.5 Aufgaben

1. Finden Sie Beispiele für Zustandsräume, die
   (a) die Struktur eines Vektorraums besitzen,
   (b) nicht die Struktur eines Vektorraums besitzen.
2. Polarisation: Berechnen Sie die Länge des Vektors $\frac{1}{\sqrt{2}}\binom{1}{i}$.
3. Gegeben seien $\langle y| = i\left(1 \ -2\right)$ und $\langle z| = \left(2 \ i\right)$. Berechnen Sie $\langle y| z\rangle$.
4. Die Pauli-Matrizen lauten

$$\sigma_x = \begin{pmatrix} 0 & 1 \\ 1 & 0 \end{pmatrix} \ ; \ \sigma_y = \begin{pmatrix} 0 & -i \\ i & 0 \end{pmatrix} \ ; \ \sigma_z = \begin{pmatrix} 1 & 0 \\ 0 & -1 \end{pmatrix} \tag{4.38}$$

Statt $\sigma_x, \sigma_y, \sigma_z$ ist auch die Bezeichnung $\sigma_1, \sigma_2, \sigma_3$ üblich.
   (a) Zeigen Sie: $\sigma_i^2 = 1$, $i = x, y, z$.
   (b) Berechnen Sie den Kommutator $\left[\sigma_i, \sigma_j\right] = \sigma_i\sigma_j - \sigma_j\sigma_i$ und den Antikommutator $\left\{\sigma_i, \sigma_j\right\} = \sigma_i\sigma_j + \sigma_j\sigma$ ($i \neq j$).
   (c) Berechnen Sie für jede Pauli-Matrix die Eigenwerte und die Eigenvektoren.
5. Bestimmen Sie Eigenwerte und Eigenvektoren der Matrix

$$M = \begin{pmatrix} 1 & 4 \\ 2 & -1 \end{pmatrix} \tag{4.39}$$

Normieren Sie die Eigenvektoren. Sind sie orthogonal?
6. Gegeben sei das VONS $\{|a_1\rangle, |a_2\rangle\}$. Berechnen Sie die Eigenwerte und Eigenvektoren des Operators

$$M = |a_1\rangle \langle a_1| - |a_2\rangle \langle a_2| \tag{4.40}$$

7. Gegeben seien ein VONS $\{|\varphi_n\rangle\}$ und ein Zustand der Form $|\psi\rangle = \sum_n c_n |\varphi_n\rangle$, $c_n \in \mathbb{C}$. Bestimmen Sie die Koeffizienten c_n.

---

[16] Um es noch einmal deutlich zu machen: Wenn wir zum Beispiel einen beliebig polarisierten Zustand $|z\rangle = a|h\rangle + b|v\rangle$ messen, erhalten wir mit der Wahrscheinlichkeit $|a|^2$ ein horizontal linear polarisiertes Photon. Daraus können wir aber nicht zurückschließen, dass das Photon diesen Zustand schon vor der Messung hatte. Es macht in diesem Fall schlicht keinen Sinn, vor der Messung von einem definierten Wert ($+1$ oder -1) auszugehen.

8. Zeigen Sie in Bracketschreibweise: Das System $\{|r\rangle, |l\rangle\}$ stellt ein VONS dar. Benutzen Sie dabei, dass $\{|h\rangle, |v\rangle\}$ ein VONS darstellt.

9. Gegeben sei der Operator $|h\rangle \langle r|$.
    (a) Handelt es sich um einen Projektionsoperator?
    (b) Wie lautet der Operator in der Darstellung (4.1)?
    (c) Gegeben sei der Zustand $|z\rangle$ mit der Darstellung $|z\rangle \cong \begin{pmatrix} z_1 \\ z_2 \end{pmatrix}$. Wenden Sie den Operator $|h\rangle \langle r|$ auf diesen Zustand an (Berechnung mittels Darstellung).
    (d) Überprüfen Sie anhand der konkreten Darstellung, dass gilt

    $$(|h\rangle \langle r| z\rangle)^{\dagger} = \langle z| r\rangle \langle h| \qquad (4.41)$$

10. Für die Zustände $|h\rangle$ und $|v\rangle$ wählen wir folgende Darstellung:

    $$|h\rangle \cong \frac{1}{\sqrt{2}} \begin{pmatrix} i \\ 1 \end{pmatrix} \quad ; \quad |v\rangle \cong \frac{a}{\sqrt{2}\,|a|} \begin{pmatrix} 1 \\ i \end{pmatrix} \qquad (4.42)$$

    (a) Zeigen Sie, dass es sich bei den darstellenden Vektoren um ein VONS handelt.
    (b) Berechnen Sie $|r\rangle$ und $|l\rangle$ in dieser Darstellung. Spezialisieren Sie auf $a = 1, -1, i, -i$.

11. Zeigen Sie, dass die drei Vektoren

    $$\mathbf{a} = \frac{1}{\sqrt{2}} \begin{pmatrix} 1 \\ i \\ 0 \end{pmatrix} \quad ; \quad \mathbf{b} = \begin{pmatrix} 0 \\ 0 \\ 1 \end{pmatrix} \quad ; \quad \mathbf{c} = -\frac{1}{\sqrt{2}} \begin{pmatrix} 1 \\ -i \\ 0 \end{pmatrix} \qquad (4.43)$$

    ein VONS bilden. Dito für

    $$\mathbf{a} = \frac{1}{\sqrt{2}} \begin{pmatrix} 1 \\ 0 \\ -1 \end{pmatrix} \quad ; \quad \mathbf{b} = \frac{1}{2} \begin{pmatrix} 1 \\ \sqrt{2} \\ 1 \end{pmatrix} \quad ; \quad \mathbf{c} = \frac{1}{2} \begin{pmatrix} 1 \\ -\sqrt{2} \\ 1 \end{pmatrix} \qquad (4.44)$$

12. Ein dreidimensionales Problem: Gegeben seien das VONS $\{|u\rangle, |v\rangle, |w\rangle\}$ und der Operator[17]

    $$L = |v\rangle \langle u| + (|u\rangle + |w\rangle) \langle v| + |v\rangle \langle w| \qquad (4.45)$$

    (a) Berechnen Sie die Eigenwerte und -vektoren von L.
    (b) Zeigen Sie, dass die drei Eigenvektoren ein VONS bilden.

---

[17] Es handelt sich übrigens bei diesem Operator im Wesentlichen um die x-Komponente des Bahndrehimpulsoperators für Drehimpuls 1; siehe Kap. 2 (2).

Zwei einfache Lösungen der Schrödinger-Gleichung

5

Der unendlich hohe Potentialtopf ist der einfachste Modellfall für ein diskretes Energiespektrum. Wir sehen, dass die Eigenfunktionen ein vollständiges Orthonormalsystem bilden; außerdem lösen wir das Anfangswertproblem. Die freie Bewegung stellt den einfachsten Modellfall für ein kontinuierliches Spektrum dar. Auch hier behandeln wir das Anfangswertproblem und stellen einen ersten Kontakt (im analytischen Zugang) zur Wahrscheinlichkeitsinterpretation und zur Messung her.

In diesem Kapitel geht es um Lösungen der Schrödinger-Gleichung (SGl) für zwei einfache und doch sehr wichtige eindimensionale Systeme. Zuerst beschäftigen wir uns mit dem *unendlich hohen Potentialtopf* als Modellbeispiel für ein gebundenes System, anschließend mit der *kräftefreien unbegrenzten Bewegung* als Modellbeispiel für ein ungebundenes System. Dabei bedeutet ‚gebundene Bewegung‘ im Wesentlichen, dass das System in einem endlichen Gebiet eingesperrt ist, im Gegensatz zur unbegrenzten Bewegung.

Die beiden Beispiele dieses Kapitels sind nicht nur im Hinblick auf unseren momentanen Kenntnisstand von Interesse; sie liefern auch viele weiterführende Informationen. Andererseits sind sie mathematisch so einfach, dass sie in bestimmten Formen auch an der Schule behandelt werden. Unter anderem werden wir im Folgenden sehen, dass die markanten Unterschiede zwischen den beiden Lösungen ‚nur‘ auf die unterschiedlichen Randbedingungen zurückzuführen sind.[1]

5.1 Unendlich hoher Potentialtopf

Wir stellen uns einen Tischtennisball vor, der reibungs- und gravitationsfrei zwischen zwei festen, unendlich starren Wänden hin- und herfliegt. Wir können die beiden Wände durch unendlich hohe Potentialwände darstellen, etwa bei $x = 0$

---

[1] Siehe auch Aufgaben Kap. 3 (1).

Abb. 5.1 Unendlich hoher
Potentialtopf. In der
klassischen Mechanik (links)
sind alle Energien erlaubt, in
der Quantenmechanik
(rechts) nur diskrete Niveaus

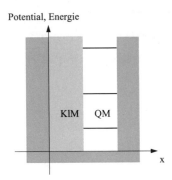

und $x = a$; für $0 < x < a$ ist die potentielle Energie null. Klassisch kann der Tischtennisball jede Geschwindigkeit bzw. kinetische Energie (potentielle gibt's ja nicht) besitzen, was sich in dem schematischen Bild (Abb. 5.1) so äußert, dass wir den Ball in jeder Höhe (die der kinetischen Energie entspricht, nicht dem Ort!) fliegen lassen können.

Im Gegensatz dazu, so wird sich im Folgenden herausstellen, kann der quantenmechanische Tischtennisball[2] nur bestimmte ‚Energie-Höhen' einnehmen – mit anderen Worten, seine Energie ist gequantelt. Dieses System, das den Prototyp eines gebundenen Problems in der Quantenmechanik (QM) darstellt, bezeichnet man als *unendlich hohen Potentialtopf*:

$$V = \begin{cases} 0 \text{ für } 0 < x < a \\ \quad \infty \text{ sonst} \end{cases} \tag{5.1}$$

5.1.1 Lösung der stationären Schrödinger-Gleichung, Energiequantisierung

Die stationäre SGl lautet für $0 < x < a$

$$E\varphi(x) = -\frac{\hbar^2}{2m}\varphi''(x) \tag{5.2}$$

Im unendlich hohen Potential und an dessen Rand verschwindet die Wellenfunktion identisch

$$\varphi(x) \equiv 0 \text{ für } x \leq 0 \text{ und } a \leq x \tag{5.3}$$

---

[2] Tatsächlich ist dieser Tischtennisball ein sehr spezielles Objekt, da er durch eine stehende Welle beschrieben wird.

Das Problem wird also durch die Gl. (5.2) mit den *Randbedingungen*[3]

$$\varphi(0) = 0 \; ; \; \varphi(a) = 0 \tag{5.4}$$

beschrieben.

Auflösen von (5.2) bringt

$$\varphi'' = -\frac{2mE}{\hbar^2}\varphi \tag{5.5}$$

was sich mit der Abkürzung

$$E = \frac{p^2}{2m} = \frac{\hbar^2}{2m}k^2 \tag{5.6}$$

schreiben lässt als

$$\varphi'' = -k^2\varphi \tag{5.7}$$

Dies ist die bekannte DGl für die harmonische Schwingung mit der Lösung

$$\varphi = Ae^{ikx} + Be^{-ikx} \; ; \; 0 < x < a \; ; \; (A, B) \neq (0, 0) \tag{5.8}$$

wobei wir o.B.d.A. $k > 0$ annehmen.[4] An dieser Stelle ist die Energie E (und damit auch k) noch nicht festgelegt; dies geschieht im folgenden Schritt.

Die Lösung (5.8) beinhaltet die drei freien Variablen A, B und k; zwei davon lassen sich über die Randbedingungen bestimmen.

$$0 = \varphi(0) = A + B$$
$$0 = \varphi(a) = Ae^{ika} + Be^{-ika} \tag{5.9}$$

Das ist ein homogenes Gleichungssystem für A und B: Es folgt

$$A = -B$$
$$0 = Ae^{ika} - Ae^{-ika} \tag{5.10}$$

---

[3] Eine saubere Begründung für diese Randbedingungen kommt in Kap. 1 (2). Fürs erste mag man in ‚anschaulicher' Analogie zur Wellenfunktion an ein Seil denken, das an beiden Enden eingespannt ist (wobei die Frage offen bleibt, was ein Seil mit dieser Situation zu tun hat), oder eine Stetigkeitsforderung für die Wellenfunktion am Rand für plausibel halten.

[4] Wir haben $k \neq 0$, da sich für $k = 0$ die triviale Lösung ergibt.

Für $A \neq 0$ ergibt sich:[5]

$$e^{ika} - e^{-ika} = 0 \tag{5.11}$$

Das bedeutet[6]

$$\sin ka = 0 \tag{5.12}$$

Nur unter dieser Bedingung hat also das System (5.9) eine nichttriviale (d. h. physikalische) Lösung. Gl. (5.12) kann nur für bestimmte k erfüllt werden, nämlich $ka = n\pi$; $n \in N$. Es existieren mithin nur diskrete Werte für k:

$$k = \left\{ \frac{\pi}{a}, \frac{2\pi}{a}, \frac{3\pi}{a}, \frac{4\pi}{a} \ldots \right\} = \{k_n\} \ ; \ k_n = \frac{n\pi}{a} \ ; \ n \in \mathbb{N} \tag{5.13}$$

Entsprechend gibt es abzählbar unendlich viele Lösungen (= Eigenfunktionen) der SGl; sie lauten

$$\varphi_n(x) = 2i A \sin k_n x \tag{5.14}$$

Wegen der Linearität der SGl kann man die Amplitude frei wählen; mit der Wahl[7]

$$2i A = \sqrt{\frac{2}{a}} \tag{5.15}$$

erhält man

$$\varphi_n(x) = \sqrt{\frac{2}{a}} \sin k_n x \tag{5.16}$$

Aufgrund der Beziehung $E = \frac{\hbar^2 k^2}{2m}$ kann die Energie ebenfalls nur diskrete Eigenwerte annehmen; sie lauten

$$E_n = \frac{\hbar^2}{2m} k_n^2 = \frac{\hbar^2}{2m} \frac{\pi^2}{a^2} n^2 \tag{5.17}$$

Da die SGl (5.2) nur für bestimmte Eigenfunktionen φ_n bzw. Energiewerte E_n lösbar ist, schreibt man das Eigenwertproblem auch oft von vornherein als

$$E_n \varphi_n(x) = -\frac{\hbar^2}{2m} \varphi_n''(x) \tag{5.18}$$

---

[5] Für $A = 0$ erhält man die triviale Lösung.

[6] Zur Erinnerung: $\sin x = \frac{e^{ix} - e^{-ix}}{2i}$.

[7] Diese spezielle Wahl wird weiter unten begründet.

Wir haben also ein *diskretes* Energiespektrum; dieser Fall tritt *immer* auf, wenn das Quantenobjekt gebunden bzw. lokalisiert ist.

Die Quantisierung der Energie bedeutet bekanntlich Folgendes: Wenn wir nachschauen, welche Energie ein Quantenobjekt im unendlich hohen Potential hat, sehen wir immer einen dieser Eigenwerte, nie aber irgendwelche Zwischenwerte. Anders ausgedrückt: Die möglichen (Energie-)Messwerte sind die Eigenwerte des (Energie-)Operators, also des Hamilton-Operators. Den gleichen Sachverhalt haben wir schon im algebraischen Zugang in Kap. 4 (1) angetroffen, wo wir gesehen haben, dass die möglichen Polarisationsmesswerte durch die Eigenwerte entsprechender Polarisationsoperatoren festgelegt sind. Tatsächlich handelt es sich hier um einen allgemeinen Befund in der QM: Physikalische Größen werden durch Operatoren dargestellt, und die Eigenwerte dieser Operatoren sind die im Experiment messbaren Größen.

Noch zwei Bemerkungen zu den Eigenfunktionen.

(1) Die Wahl der Amplitude in Gl. (5.16) schuldet sich der größtmöglichen Einfachheit; prinzipiell ist auch die Form

$$\varphi_n(x) = \sqrt{\frac{2}{a}} e^{i\delta_n} \sin k_n x \tag{5.19}$$

möglich, wobei $\delta_n \in \mathbb{R}$ eine Phasenverschiebung ist. Um uns nicht unnötig einzuschränken, gehen wir für die folgenden exemplarischen Überlegungen gegebenenfalls von den Eigenfunktionen in der komplexen Form (5.19) aus.

(2) Wenn wir den Zeitanteil mit berücksichtigen (s. u.), ist ein Zustand zu einer bestimmten Energie E_n gegeben durch $\varphi_n(x) e^{-i\omega_n t} \sim \sin k_n x \cdot e^{-i\omega_n t}$, also eine *stehende* Welle.

5.1.2 Lösung der zeitabhängigen Schrödinger-Gleichung

Wie sieht nun eine Gesamtlösung für die Wellenfunktion Ψ aus? Wir sind in Kap. 3 (1) gestartet vom Separationsansatz

$$\Psi(x,t) = \varphi(x) e^{-i\omega t} \text{ mit } E = \hbar\omega \tag{5.20}$$

Die Eigenfunktionen $\varphi_n(x)$ sind Lösungen der stationären SGl zu den Eigenwerten E_n bzw. ω_n; mithin ist *jede* der Funktionen $\varphi_n(x) e^{-i\omega_n t}$ eine partikuläre Lösung der zeitabhängigen SGl. Wegen der Linearität der SGl erhalten wir die allgemeine Lösung durch Überlagerung *aller* partikulären Lösungen; sie lautet folglich:[8]

---

[8] Wir erinnern daran, dass wir als Kurzschreibweise für die Summation $\sum_n$ vereinbart haben; der Wertevorrat von n muss aus dem Kontext hervorgehen. Hier wäre es $n = 1, \ldots \infty$ bzw. $\sum_{n=1}^{\infty}$.

$$\Psi(x, t) = \sum_n c_n \varphi_n(x) e^{-i\omega_n t} \tag{5.21}$$

mit

$$c_n \in \mathbb{C} \; ; \; \varphi_n(x) = \sqrt{\frac{2}{a}} e^{i\delta_n} \sin k_n x \; ; \; \omega_n = \frac{E_n}{\hbar} = \frac{\hbar k_n^2}{2m} \tag{5.22}$$

Damit haben wir die SGl in geschlossener Form integriert; das ist eines der wenigen Beispiele, bei denen das gelingt.[9]

Die Koeffizienten c_n in (5.22) sind durch die spezielle Wahl des Systems festgelegt. Verschwinden alle c_n bis auf eines, so hat man einen energetisch eindeutigen Zustand, andernfalls eine Überlagerung mehrerer Zustände. Mit den letzten Gleichungen ist das Problem ‚unendlich hoher Potentialtopf' vollständig bestimmt – wir kennen, und zwar in geschlossener Form, alle Eigenwerte, die dazu gehörenden Eigenfunktionen und somit die allgemeine Form der zeitabhängigen Lösung. An Gl. (5.21) sieht man explizit, dass die Lösungen $\Psi(x, t)$, wie in Kap. 3 (1) angesprochen, Elemente eines Vektorraums $\mathcal{V}$ sind: Zum Beispiel gilt mit

$$\Psi(x, t) = \sum_n c_n \varphi_n(x) e^{-i\omega_n t} \quad \text{und} \quad \Phi(x, t) = \sum_n d_n \varphi_n(x) e^{-i\omega_n t} \tag{5.23}$$

dass sich jede Linearkombination $\Theta = \alpha \Psi + \beta \Phi$ schreiben lässt als

$$\Theta(x, t) = \sum_n (\alpha c_n + \beta d_n) \varphi_n(x) e^{-i\omega_n t} = \sum_n b_n \varphi_n(x) e^{-i\omega_n t} \tag{5.24}$$

und folglich wieder eine Lösung darstellt.

Allerdings kann man doch noch einiges mehr lernen anhand dieses Beispiels. Das liegt an speziellen Eigenschaften der Eigenfunktionen, wobei – und das ist der Witz – diese Zusammenhänge ganz allgemein und nicht nur für den unendlich hohen Potentialtopf gelten. Dank dieser Eigenschaften ist dann auch die Einbindung des Anfangswertproblems bzw. der Nachweis, dass die Lösung der SGl determiniert ist, relativ einfach, wie wir gleich sehen werden.

5.1.3 Eigenschaften der Eigenfunktionen und Folgerungen

Eine wesentliche Eigenschaft der Eigenfunktionen (5.19) ist ihre sogenannte *Ortho-normalität*. Wie man zeigen kann,[10] sind die Funktionen *normiert*:

---

[9] Die Form (5.21) gilt so auch für andere Potentiale als den hier betrachteten unendlichen Potentialtopf, wobei natürlich dann die Eigenfunktionen anders als in (5.22) ausschauen.

[10] Siehe die Aufgaben für dieses Kapitel.

$$\int\limits_{0}^{a} \varphi_n^* (x) \, \varphi_n (x) \, dx = 1 \tag{5.25}$$

und *orthogonal*:

$$\int\limits_{0}^{a} \varphi_m^* (x) \, \varphi_n (x) \, dx = 0 \, ; \; m \neq n \tag{5.26}$$

In Kurzform: Sie sind *orthonormiert*[11]

$$\int\limits_{0}^{a} \varphi_m^* (x) \, \varphi_n (x) \, dx = \delta_{nm} \tag{5.27}$$

Wir integrieren dabei das Produkt $\varphi_m^* \varphi_n$ und nicht $\varphi_m \varphi_n$, damit der Ausdruck von der in Gl. (5.19) auftretenden Phase unabhängig ist. Da außerhalb des Intervalls $(0, a)$ die Wellenfunktionen verschwinden, können wir die Integration von $-\infty$ bis ∞ laufen lassen und erhalten so die allgemeine Formulierung:

$$\int\limits_{-\infty}^{\infty} \varphi_m^* (x) \, \varphi_n (x) \, dx = \delta_{nm} \tag{5.28}$$

Tatsächlich besitzen die Eigenfunktionen *aller* von uns betrachteten Hamilton-Operatoren diese wichtige Eigenschaft, sofern das Spektrum diskret ist. Dabei ist natürlich vorausgesetzt, dass die Integrale existieren, dass also die Funktionen *quadratintegrabel* sind.[12]

Wir haben den Begriff *orthonormal* bisher im Zusammenhang mit ‚üblichen‘ Vektoren benutzt, etwa in Kap. 4 (1) in der Form $\langle \varphi_i | \varphi_j \rangle = \delta_{ij}$. Dass nun *Funktionen* wie z. B. (5.21) orthonormal sein können, mag zuerst überraschen. Es erklärt sich aber dadurch, dass, wie gesagt, diese Funktionen *auch* Elemente des Vektorraums $\mathcal{V}$ der Lösungen der SGl sind und *als solche* (nämlich als *Vektoren*) zueinander orthogonal sein können. Tatsächlich ist die Bildung auf der linken Seite der Gl. (5.28) ein *Skalarprodukt*, wie in Kap. 11 (1) explizit gezeigt wird. Man muss also unterscheiden zwischen zwei Aspekten: $\varphi_n (x)$ ist zum einen eine Funktion von x und zum anderen (bzw. gleichzeitig) ein Element des Vektorraums $\mathcal{V}$ und kann als

---

[11] Damit begründet sich dann auch die in Gl. (5.15) bzw. (5.19) getroffene Wahl.

[12] Quadratintegrabel (oder quadratintegrierbar) über dem Intervall $[a, b]$ heißen solche Funktionen $f (x)$, für die gilt $\int\limits_{a}^{b} |f (x)|^2 \, dx < \infty$. Die Kurzbezeichnung lautet $f (x) \in L^2 [a, b]$; für $a = -\infty$ und $b = \infty$ ist auch $L^2 [\mathbb{R}]$ gebräuchlich.

Abb. 5.2 Beispielhafte
Darstellung zweier im Sinn
von (5.28) orthogonaler
Funktionen $f(x)$ und $g(x)$

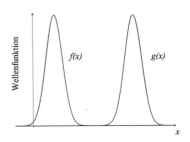

solches auch als *Vektor* aufgefasst werden.[13] Die Orthogonalität zweier Funktionen zueinander bedeutet also nicht, dass die Graphen dieser beiden Funktionen sich nur unter rechten Winkeln schneiden oder dergleichen, sondern dass sie als Elemente von $\mathcal{V}$ sich wie in (5.28) beschrieben verhalten.[14] Das kann dann zum Beispiel so wie in Abb. 5.2 aussehen.

Im Übrigen ist eine gerade Funktion immer orthogonal zu einer ungeraden (bei symmetrischen Integrationsgrenzen).

Neben ihrer Orthonormalität besitzen die Eigenfunktionen (5.19) noch die Eigenschaft der *Vollständigkeit*. Anschaulich bedeutet das, dass sich jede Lösung der SGl für den unendlich hohen Potentialtopf als Superposition der Eigenfunktionen formulieren lässt, wie wir es bereits in (5.21) notiert haben. Nun besitzen wir für die Orthonormalität im algebraischen bzw. analytischen Zugang mit

$$\langle \varphi_n \, | \varphi_m \rangle = \delta_{nm} \quad \text{bzw.} \quad \int_{-\infty}^{\infty} \varphi_m^*(x)\, \varphi_n(x)\, dx = \delta_{nm} \tag{5.29}$$

sehr ähnliche Formulierungen. Die Frage nach einem analogen Vergleich für die Vollständigkeit, die im algebraischen Zugang ja $\sum_n |\varphi_n\rangle\langle\varphi_n| = 1$ lautet, werden wir erst in Kap. 11 (1) wieder aufnehmen. Wir können aber hier jedenfalls festhalten, dass die Eigenfunktionen des unendlich hohen Potentialtopfs ein vollständiges Orthonormalsystem bilden, ein VONS.

5.1.4 Bestimmung der Koeffizienten c_n

Zurück zum konkreten Beispiel des unendlich hohen Potentialtopfs. Wir haben für die allgemeine Lösung der zeitabhängigen SGl (also die Gesamtwellenfunktion) den Ausdruck

$$\Psi(x, t) = \sum_n c_n \varphi_n(x)\, e^{-i\omega_n t} \tag{5.30}$$

---

[13] Diese Verwendung des Begriffs Vektor hat natürlich nichts mit Pfeilen oder mit der Definition über das Transformationsverhalten (polare und axiale Vektoren) zu tun.

[14] Daher auch die häufig unterschiedslose Verwendung der Begriffe Eigenfunktion und Eigenvektor.

gefunden. Die Eigenfunktionen und -werte sind durch das physikalische Problem bzw. das Potential fest vorgegeben; das konkrete Verhalten wird durch die Wahl der Koeffizienten c_n bestimmt: Wenn wir alle Koeffizienten kennen, haben wir das konkrete Zeitverhalten eindeutig bestimmt. Andererseits ist die zeitabhängige SGl eine DGl von 1. Ordnung in der Zeit; mithin genügt also die Angabe der Anfangsbedingung $\Psi(x, 0)$, um das Problem eindeutig zeitlich zu fixieren. Mit anderen Worten: Die Angabe der Anfangsbedingung $\Psi(x, 0)$ und die Kenntnis aller Koeffizienten c_n liefert dieselbe Information;[15] wir müssen also (a) $\Psi(x, 0)$ aus Kenntnis aller c_n und (b) aus Kenntnis der Anfangsbedingung $\Psi(x, 0)$ alle Koeffizienten c_n berechnen können.

In der ersten Richtung ist es trivial, $\Psi(x, 0) = \sum_n c_n \varphi_n(x)$. In der anderen Richtung nutzen wir die Orthonormalität der Eigenfunktionen (5.27); außerdem – technische Notiz – gehen wir immer davon aus, dass die betrachteten Funktionen so ‚gutartig‘ sind, dass alle Reihen konvergieren und dass wir Grenzprozesse beliebig vertauschen können, also Ableitungen, Integrale, unendliche Summen. Das muss man natürlich im Einzelfall explizit zeigen; wir sparen uns aber diese Arbeit bzw. überlassen sie anderen und übernehmen ihr Ergebnis. Einige Ausführungen dazu finden sich im Anhang.[16]

Wir starten von

$$\Psi(x, 0) = \sum_n c_n \varphi_n(x) \qquad (5.31)$$

Multiplikation der Gleichung von links mit $\varphi_m^*(x)$ und Integration ergibt

$$\int_0^a \varphi_m^*(x)\Psi(x, 0)\,dx = \int_0^a \sum_n c_n \varphi_m^*(x)\varphi_n(x)\,dx \qquad (5.32)$$

Vertauschen von Integration und Summation und Ausnutzen der Orthonormalität (5.27) der Eigenfunktionen führt auf

$$\sum_n c_n \int_0^a \varphi_m^*(x)\varphi_n(x)\,dx = \sum_n c_n \delta_{n,m} = c_m \qquad (5.33)$$

---

[15] Wer das zum ersten Mal hört, mag es vielleicht paradox finden, dass man *unendlich* viele komplexe Zahlen c_n aus der *einen* Vorgabe $\Psi(x, 0)$ berechnen können soll. Aber man gibt ja tatsächlich mit $\Psi(x, 0)$ *überabzählbar viele* Werte vor.

[16] ‚Physicists usually have a nonchalant attitude when the number of dimensions is extended to infinity. Optimism is the rule, and every infinite sequence is presumed to be convergent, unless proven guilty.‘ A. Peres, Quantum Theory, S. 79.

oder kurz

$$c_m = \int\limits_0^a \varphi_m^*(x)\,\Psi(x,0)\,dx \qquad (5.34)$$

Die Angabe der Anfangsbedingung erlaubt es also, eindeutig alle Koeffizienten aus der Anfangsbedingung zu berechnen; es folgt

$$\Psi(x,t) = \sum_n \left(\int\limits_0^a \varphi_n^*(x')\,\Psi(x',0)\,dx'\right)\varphi_n(x)\,e^{-i\omega_n t} \qquad (5.35)$$

als Ausdruck für die Lösung der zeitabhängigen SGl, an dem direkt abzulesen ist, dass die Angabe der Anfangsbedingung das Zeitverhalten für alle Zeiten eindeutig festlegt.

5.2   Freie Bewegung

Die kräftefreie unbegrenzte Bewegung bildet das zweite einfache Modellsystem. Auch sie wird durch die SGl

$$i\hbar\,\dot\Psi(x,t) = -\frac{\hbar^2}{2m}\,\Psi'' \qquad (5.36)$$

beschrieben,[17] aber hier gehen wir davon aus, dass es keine Grenzen gibt; das Quantenobjekt ist nicht lokalisiert und kann sich im ganzen Raum bewegen.

5.2.1 Allgemeine Lösung

Wie wir wissen, sind spezielle (partikuläre) Lösung des Problems ebene Wellen der Form

$$\Psi_{\text{speziell}}(x,t) = e^{i(kx-\omega t)} \qquad (5.37)$$

Da jedes $k \in \mathbb{R}$ erlaubt ist und damit auch jede Energie $E = \frac{\hbar^2 k^2}{2m}$, haben wir ein kontinuierliches Energiespektrum; dieser Fall tritt *immer* auf, wenn das Quantenobjekt nicht lokalisiert ist.

---

[17] Diese Gleichung ähnelt sehr der Wärmeleitungsgleichung $\dot f = \lambda\Delta f$ – abgesehen vom i in der SGl. Der ‚kleine Unterschied‘ macht bekanntlich ganze Welten aus.

Die allgemeine Lösung ist die Überlagerung der speziellen Lösungen, also[18]

$$\Psi(x, t) = \int\limits_{-\infty}^{\infty} c(k) \, e^{i(kx - \omega t)} dk \qquad (5.38)$$

Für $t = 0$ erhält man

$$\Psi(x, 0) = \int\limits_{-\infty}^{\infty} c(k) \, e^{ikx} dk \qquad (5.39)$$

Die Vorgabe dieser Anfangsbedingung determiniert auch hier die Bewegung, da die SGl eine DGl 1. Ordnung in der Zeit ist. Mithin muss es möglich sein, aus $\Psi(x, 0)$ eindeutig die Koeffizienten $c(k)$ zu berechnen. Dies geht tatsächlich; mittels Fourier-Transformation[19] erhalten wir nämlich sofort

$$c(k) = \frac{1}{2\pi} \int\limits_{-\infty}^{\infty} \Psi(x, 0) e^{-ikx} dx \qquad (5.40)$$

so dass wir im Prinzip die Lösung für jede vorgegebene Anfangsverteilung berechnen können. Wir haben also wiederum die SGl in geschlossener Form integriert. Die Lösung noch einmal in kompakter Form:

$$\Psi(x, t) = \frac{1}{2\pi} \int\limits_{-\infty}^{\infty} \left(\int\limits_{-\infty}^{\infty} \Psi(x', 0) e^{-ikx'} dx' \right) e^{i(kx - \omega t)} dk \quad \text{mit} \quad \omega = \frac{\hbar k^2}{2m} \qquad (5.41)$$

Auch in diesem Fall sehen wir sofort, dass die Wellenfunktion determiniert ist.

5.2.2 Beispiel Gauß-Verteilung

Ein konkretes Standardbeispiel geht aus von der Anfangsbedingung

$$\Psi(x, 0) = \frac{1}{\left(\pi b_0^2\right)^{\frac{1}{4}}} \exp\left(-\frac{x^2}{2 b_0^2}\right) e^{iKx} \qquad (5.42)$$

---

[18] Integral und nicht Summe, weil k ein kontinuierlicher ‚Index' ist. Die Integrationsvariable k nimmt hier natürlich auch negative Werte an.

[19] Einige Grundlagen der Fourier-Transformation finden sich in Anhang H (1).

wobei wir o.B.d.A. $K > 0$ annehmen.[20] Ohne den Faktor e^{iKx} bliebe der Schwerpunkt der Verteilung unbeweglich an ein und derselben Stelle. Wir konzentrieren uns bei der folgenden Betrachtung auf das Betragsquadrat der Wellenfunktionen; zu Anfang ist es gegeben durch

$$\rho(x, 0) = |\Psi(x, 0)|^2 = \frac{1}{\sqrt{\pi} b_0} \exp\left(-\frac{x^2}{b_0^2}\right) \tag{5.43}$$

Diese Funktion hat die Form einer Gaußschen Glockenkurve; das Maximum $\rho_{max} = (\sqrt{\pi} b_0)^{-1}$ liegt bei $x = 0$. Die Breite der Kurve ist gegeben durch $2b_0$; sie wird an den Stellen gemessen, wo die Funktion auf $\rho = \rho_{max}/e$ abgesunken ist.[21]

Man kann für dieses Beispiel $\Psi(x, t)$ exakt ausrechnen; die Rechnung ist aber länger und wird hier ausgelassen.[22] Man landet schließlich bei:

$$\rho(x, t) = |\Psi(x, t)|^2 = \frac{1}{\sqrt{\pi} b(t)} \exp\left(-\frac{\left(x - \frac{\hbar K}{m} t\right)^2}{b^2(t)}\right) \tag{5.44}$$

wobei $b(t)$ gegeben ist durch

$$b(t) = \sqrt{b_0^2 + \left(\frac{\hbar t}{b_0 m}\right)^2} \tag{5.45}$$

mit $b(0) = b_0$. Die Funktion $b(t)$ nimmt offensichtlich monoton mit t zu und strebt für große Zeiten gegen $\frac{\hbar t}{b_0 m}$.

Bei Gl. (5.44) handelt es sich wieder um eine Gaußsche Glockenkurve, und zwar mit einem Maximum bei $x = \frac{\hbar K}{m} t$ und der Breite $2b(t)$. Das heißt, dass die Glockenkurve mit wachsendem t immer breiter wird; gleichzeitig wandert das Maximum mit konstanter Geschwindigkeit $v = \frac{\hbar K}{m}$ nach rechts; seine Höhe beträgt $\rho_{max}(x, t) = (\sqrt{\pi} b(t))^{-1}$, nimmt also wegen der Monotonie von $b(t)$ laufend ab. Kurz: Die Verteilung $\rho(x, t)$ wird immer breiter und flacher – sie ‚zerläuft‘ oder wird ‚verschmierter‘ (Abb. 5.3).

Soweit der mathematische Befund. Die Frage bleibt allerdings, was dieses Auseinanderfließen physikalisch heißt. Eines ist klar: Es kann nicht bedeuten, dass das Objekt (Elektron etc.) selbst auseinanderläuft – ein Elektron ist im Rahmen unserer Überlegungen immer ein (unteilbares) Punktobjekt. Wie wir in Kap. 7 (1) eingehender besprechen werden und jetzt nur im Vorgriff erwähnen, läuft es im Wesentlichen darauf hinaus, dass $\rho(x, t)$ als *Wahrscheinlichkeitsdichte*

---

[20] Die recht spezielle Form der Koeffizienten rührt von der Normierung her.

[21] Gelegentlich wird auch diese Breite Halbwertsbreite genannt, obwohl die Funktion nicht auf $1/2$, sondern $1/e$ des Maximums abgefallen ist.

[22] Eine etwas ausführlichere Betrachtung findet sich in Anhang D (2) (Wellenpakete).

Abb. 5.3 Zerlaufen der Dichteverteilung (5.44). Beliebige Einheiten; Maximum bei $t = 0$ auf 1 normiert

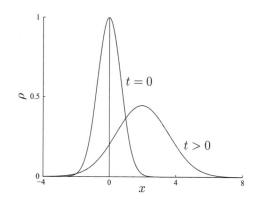

interpretiert wird, aus der sich mittels $\int_a^b \rho(x, t)$ die Wahrscheinlichkeit berechnen lässt, das Quantenobjekt im Intervall $[a, b]$ nachweisen zu können. Wenn wir also von einer auseinanderlaufenden Gauß Kurve reden, bedeutet das, dass die Wellenfunktion (und nicht das Quantenobjekt) auseinanderläuft, aus der sich die Aufenthaltswahrscheinlichkeit berechnet. Mit anderen Worten: Die Unsicherheit, mit der wir den Ort eines Quantenobjekts bestimmen können, $\Delta x \approx b(t)$, wird mit der Zeit immer größer. Mit dieser Interpretation von $\rho(x, t)$ haben wir den Begriff ‚Wahrscheinlichkeit' auch in den Zugang über die SGl eingeführt.

Dieses ganze Konzept kann freilich nur Sinn ergeben, wenn es sich (a) für mikroskopische Objekte sehr stark und (b) für makroskopische Objekte so gut wie gar nicht bemerkbar macht. Denn bei den uns umgebenden Alltagsdingen gibt es nichts, dessen Aufenthaltswahrscheinlichkeit zerfließen würde, wohl aber im Mikroskopischen. Um das zahlenmäßig abzuschätzen, fragen wir nach der Zeit t_{2b_0}, bei der sich die Breite einer Gaußschen Glockenkurve von anfangs b_0 verdoppelt hat, bei der also $b\left(t_{2b_0}\right) = 2b_0$ gilt. Es folgt:

$$\sqrt{b_0^2 + \left(\frac{\hbar t_{2b_0}}{b_0 m}\right)^2} = 2b_0 \text{ und damit } t_{2b_0} = \sqrt{3}\frac{m}{\hbar}b_0^2 \tag{5.46}$$

Wir berechnen die Verdopplungszeit t_{2b_0} für zwei Beispiele ($\hbar \approx 10^{-34}\,\text{kg m}^2/\text{s}$):

1. ‚Sandkorn': $m = 1\,\text{g}$, $b_0 = 1\,\text{mm}$:

$$t_{2b_0, Sandkorn} = 1{,}7 \cdot \frac{10^{-3}}{10^{-34}} 10^{-6}\,\text{s} \approx 10^{25}\,\text{s} \approx 3 \cdot 10^{17}\text{Jahre} \tag{5.47}$$

2. ‚Elektron', $m = 10^{-30}\,\text{kg}$, $b_0 = 10^{-10}\,\text{m}$:

$$t_{2b_0, Elektron} = 1{,}7 \cdot \frac{10^{-30}}{10^{-34}} 10^{-20}\,\text{s} \approx 1{,}7 \cdot 10^{-16}\,\text{s} \tag{5.48}$$

Wir sehen klar den Unterschied zwischen einem makro- und einem mikroskopischen Objekt. Noch eine Bemerkung: Es geht hier nur um Größenordnungen, nicht um ‚exakte' Rechnungen, und die Ergebnisse gelten selbstverständlich nur, wenn die Objekte in der Zeit t_{2b_0} vollkommen isoliert sind (also mit nichts im Universum wechselwirken).

5.3   Allgemeines Potential

Noch ein paar Worte zur Natur des Energiespektrums. Wir haben gefunden, dass das Energiespektrum für den unendlich hohen Potentialtopf diskret ist und für die unbegrenzte Bewegung kontinuierlich. Das bedeutet aber nicht, dass jedes System entweder ein diskretes *oder* ein kontinuierliches Energiespektrum hat. Denken wir zum Beispiel an das Wasserstoffatom. Wenn das Elektron sich in einem gebundenen Zustand befindet, besitzt es diskrete Energien. Wenn wir das Atom ionisieren, also das Elektron vom Kern so trennen, dass es sich frei und unbegrenzt bewegen kann, dann kann es sich mit *jeder* kinetischen Energie bewegen – das Energiespektrum in diesem Bereich ist also kontinuierlich. Die Verhältnisse sind in Abb. 5.4 schematisch gezeigt. Kurz, es gibt viele Systeme, deren Energiespektrum sowohl einen diskreten als auch einen kontinuierlichen Anteil besitzt.[23]

Wir werden die formale Behandlung dieser Frage später aufgreifen, wo wir dann auch sehen werden, dass kontinuierliche Systeme mathematisch diffiziler als diskrete sind. Um diese Probleme zu umgehen, kann man zu einem ‚Trick' greifen, mit dessen Hilfe man erreicht, dass das *gesamte* Spektrum diskret ist.

Wir skizzieren die Grundidee. Dazu gehen wir von einem beliebigen (genügend gutartigen) Potential $V(x)$ aus, das im Unendlichen verschwindet. Nun stellen wir uns vor, dass das betrachtete System *zusätzlich* in einem Potentialkasten mit unendlich hohen Potentialwänden auf allen Seiten steckt, siehe Abb. 5.5. Die Wände sollen dabei so weit entfernt sein, dass wir davon ausgehen können, dass ihre Existenz keinen messbaren Einfluss auf die Physik ‚vor Ort' hat; insbesondere ist an diesen Stellen das Potential vernachlässigbar klein. Die stationäre SGl

Abb. 5.4 Charakterisierung des Energiespektrums für beliebiges Potential, abhängig von der Lokalisierbarkeit des Quantenobjekts

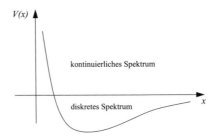

---

[23] Tatsächlich kann auch der Fall auftreten, dass diskretes und kontinuierliches Spektrum sich überlappen bzw. dass diskrete Niveaus im Kontinuum eingebettet sind, wie wir in Kap. 9 (2) bei der Diskussion des Heliumatoms sehen werden.

Abb. 5.5 Bei genügend
feiner Auflösung erweist sich
das scheinbare Kontinuum
der Energieeigenwerte als eng
beieinander liegende
Einzelniveaus

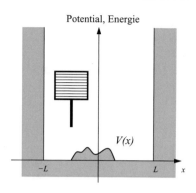

$E\varphi(x) = -\frac{\hbar^2}{2m}\varphi''(x) + V(x)\varphi(x)$ ist eine Differentialgleichung *zweiter* Ordnung
in x und besitzt demnach *zwei* linear unabhängige Fundamentallösungen $\varphi_1(kx)$
und $\varphi_2(kx)$ mit $k^2 = 2mE/\hbar^2$. Für das folgende Argument kommt es nicht
darauf an, wie diese Funktionen genau aussehen; es genügt, dass sie existieren.
Jede Lösung der stationären SGl zur Energie E lässt sich als Linearkombination
$\varphi(x) = A\varphi_1(kx) + B\varphi_2(kx)$ darstellen. Wenn wir uns nun bei $x = \pm L$ unendlich
hohe Potentialwände vorstellen, muss $\Phi(x)$ dort verschwinden; es folgt

$$A\varphi_1(-kL) + B\varphi_2(-kL) = 0$$
$$A\varphi_1(kL) + B\varphi_2(kL) = 0 \tag{5.49}$$

Das ist ein homogenes Gleichungssystem für die Größen A und B; damit es lösbar
ist,[24] muss gelten

$$\varphi_1(-kL)\varphi_2(kL) - \varphi_2(-kL)\varphi_1(kL) = 0 \tag{5.50}$$

Diese Gleichung kann nur für bestimmte Werte von kL erfüllt werden; bei gege-
benem L handelt es sich also um eine Bestimmungsgleichung für k mit abzählbar
unendlich vielen Lösungen k_n. Damit ist auch die Energie diskret.

Je größer L ist, desto enger liegen die Energieniveaus beieinander. Anschaulich
können wir uns das so klarmachen, dass für genügend große n der Einfluss des
Potentials $V(x)$ klein ist und die Energieniveaus annähernd gegeben sind durch

---

[24] Im Übrigen folgt aus (5.49) z. B.

$$B = -\frac{\varphi_1(kL)}{\varphi_2(kL)}A$$

und damit

$$\Phi(x) = A\left[\varphi_1(kx) - \frac{\varphi_1(kL)}{\varphi_2(kL)}\varphi_2(kx)\right]$$

so dass nur noch *eine* freie Konstante verbleibt (und die *muss* wegen der Linearität der SGl bleiben).

$$E_n \approx \frac{\hbar^2 k_n^2}{2m} = \frac{\hbar^2 \pi^2}{2m} \frac{n^2}{L^2} \tag{5.51}$$

Die Differenz dieser Energieniveaus lautet

$$E_n - E_{n-1} \approx \frac{\hbar^2 \pi^2}{2m} \frac{2n-1}{L^2} \tag{5.52}$$

und für genügend großes L lässt sich dieser Wert unter jeden messbaren Wert drücken. Mit anderen Worten: Wir haben in diesem Fall zwar diskrete Energie-eigenwerte, sie liegen aber so dicht, dass sie für uns ein (Quasi-)Kontinuum bilden, siehe Abb. 5.5.

Ein Zahlenbeispiel: Wenn die Potentialwände ein Lichtjahr voneinander entfernt sind, liegen die Differenzen zweier benachbarter Energieniveaus für ein Elektron in der Größenordnung von 10^{-50} eV (siehe Aufgaben).

Zum Schluss bemerken wir noch, dass ein anderer ‚Trick' zur Diskretisierung in der Einführung *periodischer Randbedingungen* der Form $\varphi(x + L) = \varphi(x)$ besteht. Auf diese Weise lassen sich unter anderem Festkörper modellieren, aber auch Bewegungen auf einem Zylinder oder einem Torus. Zwei Beispiele finden sich in den Aufgaben.

5.4   Aufgaben

1. Gegeben sei die freie stationäre SGl

$$E\Phi(x) = -\frac{\hbar^2}{2m}\Phi''(x) \tag{5.53}$$

   Formulieren Sie die entsprechende Gleichung für die Fourier-Transformierte von Φ.

2. Gegeben sei die stationäre SGl

$$E\Phi(x) = -\frac{\hbar^2}{2m}\Phi''(x) + V(x)\Phi(x) \tag{5.54}$$

   Formulieren Sie die entsprechende Gleichung für die Fourier-Transformierte von Φ.

3. Der Hamilton-Operator besitze diskrete und nichtentartete Eigenwerte $E_n, n = 1, 2, \ldots$. Wie lautet die allgemeine Lösung der zeitabhängigen SGl?

4. Unendlich hoher Potentialtopf: Zeigen Sie, dass die Eigenfunktionen in der Form $\varphi_n(x) = \sqrt{\frac{2}{a}} e^{i\delta_n} \sin(k_n x)$ ein orthonormales Funktionensystem dar-

stellen $(\int_0^a \varphi_m^*(x)\varphi_n(x) = \delta_{mn})$. Hinweis: Die Integrale lassen sich z. B. über

$\sin x \sin y = \frac{\cos(x-y)-\cos(x+y)}{2}$ oder durch Darstellung des Sinus durch e-Funktionen berechnen.

5. Unendlich hoher Potentialtopf: Formulieren Sie die allgemeine Lösung der zeitabhängigen SGl und zeigen Sie, dass die Vorgabe der Anfangsbedingung die Wellenfunktion determiniert. Konkretisieren Sie die Überlegungen anschließend auf die angegebenen speziellen Fälle ($C \in \mathbb{C}$ ist eine beliebige komplexe Konstante).

6. Gegeben sei die dreidimensionale stationäre SGl $E\psi(\mathbf{r}) = -\frac{\hbar^2}{2m}\Delta\psi(\mathbf{r})$. Welche Energieeigenwerte E sind erlaubt, wenn man folgende periodische Randbedingungen fordert: $\psi(x, y, z) = \psi(x + L_x, y, z) = \psi(x, y + L_y, z) = \psi(x, y, z + L_z)$.

7. Ein Elektron befindet sich zwischen den zwei Wänden eines unendlich hohen Potentialtopfs, die ein Lichtjahr auseinander stehen. Überschlagen Sie die Größenordnung der Abstände der Energieniveaus.

8. Finden Sie Beispiele für Funktionen, die
   (a) integrierbar, aber nicht quadratintegrierbar sind;
   (b) quadratintegrierbar, aber nicht integrierbar sind.

9. Gegeben sei die stationäre SGl

$$E\varphi(x) = -\frac{\hbar^2}{2m}\varphi''(x) + V(x)\varphi(x) \qquad (5.55)$$

Schreiben Sie die Gleichung für eine dimensionslose unabhängige Variable um.

10. Ein kleiner Ausblick in die Stringtheorie (kompaktifizierte oder aufgerollte Dimension):
    In den Stringtheorien geht man davon aus, dass die elementaren Bausteine nicht Punktobjekte, sondern eindimensionale energiegeladene Objekte (strings) sind – vergleichbar einem Objekt in einem eindimensionalen Potentialtopf. Strings haben eine Ausdehnung in Größenordnung der Planck-Länge und leben in höherdimensionalen Räumen (z. B. dim = 10 oder dim = 26), wobei bis auf vier alle anderen Dimensionen zusammengerollt (kompaktifiziert) sind – so ähnlich wie in unserem folgenden einfachen Beispiel.[25]

---

[25] Wenn ein Schriftsteller wie Terry Pratchett die Idee aufgerollter Dimensionen noch mit anderen physikalischen Paradigmen aufpeppt, liest sich das beispielsweise so: „Es war einfacher als alles andere, zu einem Experten für das Chaos zu werden. Hinzu kam, daß es reizvolle Muster auf T-Shirts bildete. Die Wissenschaftler lehnten es plötzlich ab, sich mit richtiger Wissenschaft zu befassen, wiesen statt dessen auf die Unmöglichkeit hin, alles zu wissen. Sie meinten, eigentlich gäbe es gar keine Realität, über die man mehr herausfinden könnte, und das mit der permanenten Unwirklichkeit sei sehr aufregend. Und wußten Sie, daß überall kleine Universen existieren, die wir nur nicht sehen können, weil sie in sich selbst gekrümmt sind? Übrigens, gefällt Ihnen dieses T-Shirt?" Terry Pratchett: ‚Total verhext', Goldmann 1994, S. 7.

Für die formale Behandlung legen wir die zweidimensionale SGl

$$-\frac{\hbar^2}{2m}\left(\frac{\partial^2\psi}{\partial x^2} + \frac{\partial^2\psi}{\partial y^2}\right) = E\psi \tag{5.56}$$

zugrunde. In x-Richtung haben wir einen unendlichen Potentialtopf

$$V = \begin{cases} 0 \text{ für } 0 < x < a \\ \infty \text{ sonst} \end{cases} \tag{5.57}$$

und für die y-Koordinate soll gelten

$$\psi(x, y) = \psi(x, y + 2\pi R) \tag{5.58}$$

Wir haben also eine Kombination zweier verschiedener Randbedingungen: In x-Richtung gilt $\psi(0, y) = \psi(a, y) = 0$, während in y-Richtung die periodische Randbedingung $\psi(x, y) = \psi(x, y + 2\pi R)$ vorliegt. Mit anderen Worten: Das Quantenobjekt ‚lebt' auf der Oberfläche eines Zylinders der Länge a mit Radius R. Aufgabenstellung: Berechnen Sie die möglichen Energieniveaus. Diskutieren Sie insbesondere die Verhältnisse für $R \ll a$ (Abb. 5.6).

11. Gegeben seien die freie eindimensionale SGl (5.36) und die Funktion $\Phi(x)$. Zeigen Sie, dass

$$\Psi(x, t) = A\frac{1}{\sqrt{t}}\int_{-\infty}^{\infty} e^{\frac{im}{2\hbar}\frac{(x-y)^2}{t}} \Phi(y)\, dy \tag{5.59}$$

eine Lösung ist (A ist eine Normierungskonstante).

Abb. 5.6 Die ‚Zylinderwelt' unseres Spielzeugstrings

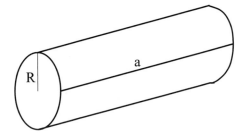

Wechselwirkungsfreie Quantenmessung

6

Wir lernen ein Beispiel dafür kennen, zu welchen für uns ungewohnten Effekten die Superposition führen kann und welche Eigentümlichkeiten mit dem quantenmechanischen Messprozess verbunden sein können. Neben der Anwendung des bisher erarbeiteten Formalismus kümmern wir uns darum, wie man eigentlich Zustände definieren kann. Außerdem lernen wir *unitäre* Operatoren kennen.

Selbstinterferenz, also die Interferenz eines Quantenobjekts mit sich selbst, ist ein faszinierendes Phänomen der Quantenmechanik (QM), das wir im Folgenden anhand der *wechselwirkungsfreien Quantenmessung* diskutieren wollen. Das Experiment beruht auf dem Prinzip des Mach-Zehnder-Interferometers (MZI). Es zeigt die Existenz quantenmechanischer Superpositionen ähnlich klar wie das bekannte Doppelspaltexperiment, ist aber im Vergleich zu diesem formal und experimentell weit ‚handlicher‘, so dass es vermehrt Einzug in Schulbücher gehalten hat. Gleichzeitig erlaubt es auch die Behandlung weitergehender Fragestellungen. Nicht umsonst treffen wir das MZI nicht nur in vielen modernen Grundlagenexperimenten, sondern auch zum Beispiel in der Quanteninformation, wo sich mithilfe des MZI und seiner Komponenten Grundfunktionen des Quantencomputers realisieren lassen; siehe die Schlussbemerkungen zu diesem Kapitel.

6.1 Experimentelle Befunde

6.1.1 Klassische Lichtstrahlen und Teilchen im Mach-Zehnder-Interferometer

Lichtstrahlen

Der Versuchsaufbau besteht aus einem Mach-Zehnder-Interferometer und zwei Photodetektoren, die ansprechen, wenn Licht auf sie fällt, Abb. 6.1. Kohärentes Licht tritt links unten in die Apparatur ein und wird durch einen *Strahlteiler*

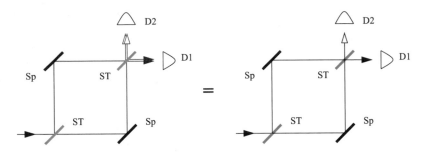

Abb. 6.1 MZI, prinzipieller Aufbau. ST = Strahlteiler, Sp = Spiegel, D = Detektor

(bzw. halbversilberten Spiegel) in zwei Teile aufgespalten.[1] Diese Strahlen fallen nach Reflexion an Spiegeln auf einen zweiten Strahlteiler, so dass insgesamt vier Teilstrahlen entstehen, von denen je zwei auf einen der beiden Detektoren treffen. Der experimentelle Befund lautet nun, dass bei dieser Versuchsanordnung der obere Detektor D_2 *nie* anspricht, der untere Detektor D_1 aber *immer*. Mit anderen Worten, die relative Intensität I an D_1 beträgt $I_1 = 1$, die an D_2 beträgt $I_2 = 0$. Dabei setzen wir insgesamt ideale Verhältnisse voraus: Die optischen Wege ‚oben' und ‚unten' sind genau gleich lang, es gibt keine Absorption an den Spiegeln, der Wirkungsgrad der Detektoren beträgt 100 % und so weiter.

Dieses unterschiedliche Verhalten der beiden Detektoren mag vielleicht überraschen, da der Versuchsaufbau auf den ersten Blick symmetrisch erscheint. Tatsächlich aber ist die Symmetrie gebrochen, solange das Licht nur in horizontaler, nicht aber auch in vertikaler Richtung (und gleicher Intensität) auf den ersten Strahlteiler fällt.

Dass die beiden Detektoren unterschiedlich reagieren, sieht man an folgender Überlegung: Der Anteil des unteren Teilstrahls, der nach dem zweiten Strahlteiler auf D_2 bzw. D_1 fällt, erfährt eine Reflexion (1× Spiegel) bzw. zwei Reflexionen (1× Spiegel, 1× Strahlteiler); der Anteil des oberen Teilstrahls, der nach dem zweiten Strahlteiler auf D_2 bzw. D_1 fällt, erfährt drei Reflexionen (1× Spiegel, 2× Strahlteiler) bzw. zwei Reflexionen (1× Spiegel, 1× Strahlteiler). Mit anderen Worten: In den Detektor D_1 fallen zwei phasengleiche Lichtstrahlen, die konstruktiv interferieren. In den Detektor D_2 dagegen gelangen zwei Teilstrahlen mit unterschiedlicher Vorgeschichte; wir werden gleich anschließend zeigen, dass es sich tatsächlich um destruktive Interferenz handelt.

Eine Variante des Versuchsaufbaus besteht darin, dass sich im oberen Strahlengang ein Hindernis befindet, das den oberen Teilstrahl auslöscht oder aus der

---

[1] Die beiden Teilstrahlen kann man im Prinzip sehr weit voneinander trennen. Dadurch lassen sich unter Umständen bei quantenmechanischen Anwendungen die nichtklassischen Effekte vielfach noch beeindruckender als beim Doppelspalt aufzeigen.

Abb. 6.2 MZI mit Hindernis
im oberen Strahlengang

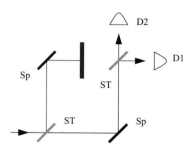

Tab. 6.1 Intensitäten an den beiden Detektoren

	Ohne Hindernis	Mit Hindernis
Welle	$I_1 = 1$; $I_2 = 0$	$I_1 = \frac{1}{4}$; $I_2 = \frac{1}{4}$
Teilchen	$I_1 = \frac{1}{2}$; $I_2 = \frac{1}{2}$	$I_1 = \frac{1}{4}$; $I_2 = \frac{1}{4}$

Apparatur herausstreut, Abb. 6.2. Da es nun nicht mehr zur Interferenz der oberen und unteren Teilstrahlen kommen kann, gilt für die Intensitäten an den Detektoren $I_1 = I_2 = 1/4$.

Teilchen im MZI

Wie sehen die Verhältnisse aus, wenn wir statt einer Lichtwelle *Teilchen* ($m \neq 0$) durch die Apparatur schicken? Natürlich müssen wir die Strahlteiler durch Geräte ersetzen, die die Teilchen mit Wahrscheinlichkeit 1/2 durchlassen oder reflektieren, aber ansonsten bleibt die Versuchsanordnung gleich. Wenn wir jetzt noch die Teilchenzahl pro Detektor als Intensität interpretieren, folgt unmittelbar, dass für den Fall ohne Hindernis gilt $I_1 = I_2 = 1/2$ und für den Fall mit Hindernis $I_1 = I_2 = 1/4$.

Vergleich Licht-Teilchen

Wenn ein Hindernis existiert, sind also die Intensitäten gegeben durch $I_1 = I_2 = 1/4$, unabhängig davon, ob es sich um Wellen oder Teilchen handelt. Für den Fall ohne Hindernis gibt es dagegen einen markanten Unterschied: Bei Wellen gilt $I_1 = 1$ und $I_2 = 0$, bei Teilchen $I_1 = I_2 = 1/2$. Wir können also folgern: Wenn wir einen Versuchsaufbau (im Sinne einer Blackbox-Anordnung) ohne Hindernis haben und $I_2 = 0$ messen, wissen wir, dass eine Welle durch die Apparatur gelaufen ist. Summarisch sind die bisher erzielten Ergebnisse in der Tab. 6.1 zusammengefasst.

6.1.2 Photonen im MZI

Ein-Photonen-Experimente (MZI ohne Hindernis)

Wir lassen in den Versuchsaufbau Licht eintreten und drehen (ähnlich wie bei der Polarisation) wieder die Intensität des einfallenden Lichts herunter. Da die Überlegungen, die wir bisher gemacht haben, sich nirgends auf die Intensität des einfallenden Lichts stützen, sollten sie auch für den Grenzfall verschwindender

Lichtintensität gelten – also für den Fall, dass sich nur ein Photon in der Apparatur befindet. Und tatsächlich lautet der experimentelle Befund: Auch wenn wir mit einzelnen Photonen operieren, spricht nur der Detektor D_1 an, während D_2 immer stumm bleibt.

Wir müssen also folgern, dass es sich bei einem einzelnen Photon um eine Welle handelt und nicht um ein Teilchen. Andererseits ist ein Photon nach allem, was man weiß, ein Punktobjekt. Unser Alltagsverständnis empfindet diesen Sachverhalt, dass etwas sowohl ein punktförmiges Objekt als auch Welle sein kann, als widersprüchlich. Aber unsere Erkenntnismöglichkeiten sind, wie schon gesagt, eben von der Evolution nicht an quantenmechanischen Gegebenheiten, sondern an unserer makrophysikalischen Umwelt geformt und geschult worden.

Darüber hinaus müssen wir aufgrund des Interferenzeffektes schließen, dass das Photon ‚irgendwie‘ mit sich selbst wechselwirkt. Wie das funktioniert, ist nicht anschaulich klar; jedenfalls nicht so, dass sich das Photon in zwei kleinere Bruchstücke aufteilt. Wir haben hier dieselbe Problematik wie beim Doppelspaltversuch – gibt es zwei Möglichkeiten, die ein quantenmechanisches System einnehmen kann, resultieren Interferenzphänomene, die kein klassisches Analogon besitzen (Selbstinterferenz).

Wie bereits gesagt, ist es vielleicht am besten, sich eine quantenmechanische Möglichkeit als Landschaft vorzustellen, in der sich das Quantenobjekt (Photon, Elektron, …) bewegt. Eine Superposition von Möglichkeiten bedeutet dann eine neue Landschaft mit neuen Wesensmerkmalen, in der sich das Objekt eben anders bewegt als in der Landschaft nur einer Möglichkeit.

Wechselwirkungsfreie Quantenmessung (MZI mit Hindernis)

Mit einem Hindernis gilt $I_1 = I_2 = 1/4$, und das bedeutet, dass in 25 % der Fälle der Detektor 2 anspricht. Daraus folgt wiederum, dass wir in diesen Fällen wissen, dass sich ein Hindernis in der Apparatur befindet, ohne dass das Photon direkt mit dem Hindernis wechselgewirkt hat (sonst wäre es ja aus der Apparatur verschwunden und könnte nicht im Detektor 2 nachgewiesen werden).[2] Diese Situation hat man mit dem Namen *wechselwirkungsfreie Quantenmessung* (interaction-free quantum measurement) belegt; zu dieser eigentlich falschen Wortwahl weiter unten noch einige Anmerkungen.

Man kann das Ganze etwas spektakulärer[3] formulieren, indem man als Hindernis eine Bombe[4] wählt, die so empfindlich eingestellt ist, dass ein einziges Photon

---

[2] Es gibt also offensichtlich physikalische Wirkungen, die durch *mögliche, aber nicht realisierte* Ereignisse beeinflusst werden, also Ereignisse, die passiert sein könnten, aber nicht passiert sind. Solche Ereignisse werden *kontrafaktisch* genannt (nicht den Tatsachen entsprechend).

[3] A.C. Elitzur, L. Vaidman: Quantum Mechanical Interaction-Free Measurements; Foundations of Physics 23, 987 (1993).

[4] Um die militaristische Note zu vermeiden, wird statt vom ‚Bombentest‘ in manchen Schulbüchern vom ‚Knallertest‘ geredet, was sich aber auch etwas drollig anhört.

genügt, um sie zur Explosion[5] zu bringen; es gilt also sozusagen, dass bloßes Sehen dieser Bombe explodieren lässt.[6] Genauer gesagt: Man hat ein abgedecktes (blackbox-artiges) MZI, bei dem nicht bekannt ist, ob es eine Bombe beherbergt oder nicht. Die Aufgabe besteht nun darin, diese Frage zu klären; sie ist mit Mitteln der klassischen Physik nicht zu lösen. Die Quantenmechanik hilft weiter: Zumindest eben in einem Viertel der Fälle wissen wir, dass sich eine Bombe in der Apparatur verbirgt, ohne dass sie uns um die Ohren fliegt. Tatsächlich kann man den ‚Wirkungsgrad‘ in einer etwas abgewandelten Apparatur bis praktisch 100 % erhöhen, wobei man den sogenannten Quanten-Zenon-Effekt ausnutzt. Mehr dazu im Anhang.

Auch hier haben wir wieder – als rein quantenmechanischen Effekt – die *Überlagerung von Möglichkeiten* (Selbstinterferenz), die dieses überraschende Ergebnis ermöglicht; es ist selbstverständlich nicht so, dass sich das Photon ‚aufteilt‘ und sozusagen probeweise zugleich beide Arme des Interferometers durchläuft – die Überlagerung der Möglichkeiten bietet einfach die oben angesprochene andere Landschaft, in der sich das Photon entsprechend anders ausbreiten kann. Diese Ausbreitung können wir am einfachsten durch Wahrscheinlichkeiten beschreiben – wenn wir ein Photon starten lassen, wird es mit Wahrscheinlichkeit 1/4 im Detektor 2 landen, und wir wissen dann, dass eine Bombe im Strahlengang steht. Wenn wir dagegen (wie auch immer) wissen, durch welchen Interferometerarm das Photon läuft (*Welcher-Weg-Information*), ändert sich die Möglichkeits- oder Wahrscheinlichkeitslandschaft drastisch: in 50 % der Fälle knallt es, in den anderen 50 % passiert nichts Aufregendes. Als ‚Merkregel‘ formuliert: Ist der Weg bekannt/unbekannt, werden Wahrscheinlichkeiten/Amplituden addiert.

$$\text{Weg ist}\ \begin{matrix}\text{bekannt}\\\text{unbekannt}\end{matrix}\ \rightarrow\ \text{addiere}\ \begin{matrix}\text{Wahrscheinlichkeiten}\\\text{Amplituden}\end{matrix} \tag{6.1}$$

Weitere Bemerkungen zu diesen Which-way-Experimenten (bzw. Delayed-Choice-Experimenten) finden sich im Anhang.

In diesem Zusammenhang fällt gelegentlich der Begriff *Welle-Teilchen-Dualismus*. Gemeint ist Folgendes: Je nach der experimentellen Situation reagiert ein Quantensystem gegebenenfalls eher mit teilchenhaften oder mit wellenhaften Zügen. Beispiel Elektronen im Doppelspalt: Bietet man Möglichkeiten zur Interferenz, zeigen die Elektronen ‚Wellencharakter‘; will man nachschauen, ob sie nicht doch Teilchen sind, z. B. durch Feststellen des Weges, zeigen sie ‚Teilchencharakter‘.

---

[5] ‚Ein physikalischer Versuch der knallt ist allemal mehr wert als ein stiller, man kann also den Himmel nicht genug bitten, daß wenn er einen etwas erfinden lassen will es etwas sein möge das knallt; es schallt in die Ewigkeit.‘ Georg Christoph Lichtenberg, Sudelbücher Heft F (1147).

[6] Diese Bemerkung scheint etwas übertrieben, aber tatsächlich können die Stäbchen des menschlichen Auges anscheinend schon auf ein einzelnes Photon reagieren; die für das Farbsehen zuständigen Zäpfchen brauchen eine rund 100-mal stärkere Anregung. Siehe z. B. Davide Castelvecchi, People can sense single photons, *Nature*, https://doi.org/10.1038/nature.2016.20282 (Jul 2016).

Dualismus bedeutet in diesem Zusammenhang, dass die Eigenschaften komplementär sind – entweder Teilchen oder Welle, man kann nie beides zugleich messen. Kurz und zugleich allgemein: Bei einer Frage nach einer bestimmten Eigenschaft eines Objekts erhalten wir unter Umständen eine Antwort, die eben diese Eigenschaft in den Vordergrund rückt und die andere (die komplementäre) unterdrückt.

Bei näherem Hinsehen scheint der Begriff Welle-Teilchen-Dualismus allerdings überflüssig zu sein oder sogar ein Verständnishindernis darzustellen, da er die verbreitete, aber dennoch irrige Vorstellung stützt, dass ein Quantenobjekt vor einer Messung je nach Gegebenheiten tatsächlich ein Teilchen oder tatsächlich eine Welle sei. Das ist eine Fehlinterpretation, die gerade beim Lernen der QM die Köpfe vernebeln kann. Tatsächlich haben Quantenobjekte im Allgemeinen vor einer Messung in der Regel *keine* definierten Eigenschaften. Von daher ist es verständlich und nachvollziehbar, wenn vielfach geraten wird, den Begriff Welle-Teilchen-Dualismus bzw. Komplementarität ganz wegzulassen; ein erkennbarer Verlust ergibt sich tatsächlich damit nicht.[7]

Ein Quantenobjekt ist eben einfach etwas, für das wir keine genauere Alltagsbezeichnung haben, und das je nachdem, wie wir es anschauen, uns eben eher wie ein Teilchen oder eine Welle vorkommt (was es aber beides nicht ist) – eben ein Quantenobjekt.[8] Man könnte es familiär Quob nennen, aber ob es dann vertrauter wird?

6.2   Formale Beschreibung, unitäre Operatoren

Im Sinne einer möglichst einfachen, holzschnittartigen Beschreibung der Zustände wählen wir als einziges Unterscheidungskriterium die Laufrichtung – entweder horizontal oder vertikal. Es gibt also für uns jetzt keine Polarisation, kein Strahlprofil, kein explizites Zeitverhalten und so weiter. Wir beschreiben die Verhältnisse ohne und mit Hindernis, wobei wir annehmen, dass wir zwei identische Strahlteiler haben.

---

[7] Richard P. Feynman, Physik-Nobelpreis 1965: ‚Newton thought that light was made up of particles, but then it was discovered that it behaves like a wave. Later, however (in the beginning of the twentieth century), it was found that light did indeed sometimes behave like a particle. Historically, the electron, for example, was thought to behave like a particle, and then it was found that in many respects it behaved like a wave. So it really behaves like neither. Now we have given up. We say: ‚It is like neither.‘

[8] Wir bemerken an dieser Stelle ganz allgemein, dass die Einstellung zu kurz greifen kann, wahrgenommene Dinge einfach als ‚existent‘ zu postulieren. Stattdessen sollte man zunächst die Wahrnehmung an sich betrachten und ihre Berechenbarkeit untersuchen. Dazu benötigen wir im Bereich der QM selbstverständlich erweiterte Methoden, weil wir dort ‚Wahrnehmungen‘ (Beobachtungen, Messungen) mit dem anschaulichen klassischen Instrumentarium nicht in den Griff bekommen – um die Informationen zu erhalten, um die es in der QM geht, müssen wir eben weitgehend formal denken bzw. vorgehen.

Abb. 6.3 Einteilung des
MZI in vier Gebiete

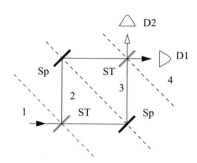

6.2.1 Erster Zugang

Wir teilen den Aufbau in vier Gebiete ein, wie aus der Abb. 6.3 ersichtlich. Mit
$|z_i\rangle$ bezeichnen wir den Zustand im jeweiligen Gebiet. Im Hinblick auf die gerade
erwähnte möglichst einfache Beschreibung stellen wir $|z_i\rangle$ als Überlagerung von
horizontaler $|H\rangle$ und vertikaler $|V\rangle$ Ausbreitung[9] dar, wobei diese Zustände ein
VONS in einem zweidimensionalen Vektorraum bilden. Man sieht, dass der Verlauf
in Gebiet 1 bzw. 2 horizontal bzw. horizontal und vertikal ist. Wir schreiben also
$|z_1\rangle = |H\rangle$ und $|z_2\rangle = c_1 |H\rangle + c_2 |V\rangle$. Zur Festlegung der Zahlen c_1 und c_2
berücksichtigen wir (a), dass die relative Phasenverschiebung $90° \hateq \frac{\pi}{2}$ beträgt (siehe
Anhang K, Band 1), entspricht also $e^{i\pi/2} = i$; und (b), dass die Intensität bei
einem *halbversilberten* Spiegel[10] für ‚horizontal' und ‚vertikal' gleich groß ist,
also $|c_1|^2 = |c_2|^2$. Damit folgt zunächst $|z_2\rangle = c\,[|H\rangle + i\,|V\rangle]$. Wir schieben die
Bestimmung der Konstanten c kurz auf und fassen zusammen:

$$|H\rangle \underset{\text{Strahlteiler}}{\longrightarrow} c\,[|H\rangle + i\,|V\rangle] \tag{6.2}$$

und analog

$$|V\rangle \underset{\text{Strahlteiler}}{\longrightarrow} c\,[|V\rangle + i\,|H\rangle] \tag{6.3}$$

Bei einem Spiegel haben wir einen Phasensprung von π bzw. $e^{i\pi} = -1$, mithin

$$|H\rangle \underset{\text{Spiegel}}{\longrightarrow} -|V\rangle \;\; ; \;\; |V\rangle \underset{\text{Spiegel}}{\longrightarrow} -|H\rangle \tag{6.4}$$

Insgesamt ergibt sich also

---

[9] Nicht mit den Polarisationszuständen $|h\rangle$ und $|v\rangle$ verwechseln.

[10] Zu unsymmetrischen Strahlteilern (Reflexionsgrad $\neq$ Transmissionsgrad) siehe die Aufgaben.

$$|z_1\rangle = |H\rangle$$
$$|z_2\rangle = c\,[\,|H\rangle + i\,|V\rangle\,]$$
$$|z_3\rangle = -c\,[\,|V\rangle + i\,|H\rangle\,] \tag{6.5}$$
$$|z_4\rangle = -c^2\,[\,|V\rangle + i\,|H\rangle\,] - ic^2\,[\,|H\rangle + i\,|V\rangle\,] = -2ic^2\,|H\rangle$$

Es folgt sofort, dass nur der Detektor 1 anspricht und Detektor 2 stumm bleibt, wie es ja auch experimentell beobachtet wird.

Die Konstante c können wir wie folgt festlegen: Wir nehmen an, dass die Apparatur verlustfrei arbeitet – was reinkommt, kommt auch raus. Dies äußert sich darin, dass die Normen gleich sind bzw. sein müssen: $\langle z_i|\,z_i\rangle = \langle z_j|\,z_j\rangle$. Die einfachste Wahl ist $-2ic^2 = 1$ bzw. $c = \pm e^{i\pi/4}/\sqrt{2}$. Wir wählen das obere Vorzeichen, also $c = \frac{1+i}{2}$.

Für den Fall mit Hindernis erhalten wir analog

$$|z_1\rangle = |H\rangle$$
$$|z_2\rangle = c\,[\,|H\rangle + i\,|V\rangle\,]$$
$$|z_3\rangle = -c\,|V\rangle \tag{6.6}$$
$$|z_4\rangle = -c^2\,[\,|V\rangle + i\,|H\rangle\,] = \tfrac{1}{2i}\,[\,|V\rangle + i\,|H\rangle\,]$$

so dass auch hier die von den beiden Detektoren registrierten Intensitäten richtig wiedergegeben werden. Wir bemerken, dass der Übergang $|z_2\rangle \rightarrow |z_3\rangle$ nicht normerhaltend ist: $\langle z_2|\,z_2\rangle = 2\,|c|^2 \neq \langle z_3|\,z_3\rangle = |c|^2$. Hierin macht sich die absorbierende Wirkung des Hindernisses bemerkbar.

6.2.2 Zweiter Zugang (Operatoren)

Wir haben das Experiment gerade mit ‚Zuständen und Pfeilen' beschrieben. Kompakter geht das mithilfe von Operatoren. Die Wirkung eines Strahlteilers können wir durch einen Operator T beschreiben, die der Spiegel ohne und mit Hindernis durch S und S'. Dann folgt ohne Hindernis

$$|z_1\rangle = \text{Anfangszustand}$$
$$|z_2\rangle = T\,|z_1\rangle$$
$$|z_3\rangle = S\,|z_2\rangle = ST\,|z_1\rangle \tag{6.7}$$
$$|z_4\rangle = T\,|z_3\rangle = TS\,|z_2\rangle = TST\,|z_1\rangle = \text{Endzustand}$$

und entsprechend mit Hindernis

$$|z_1\rangle = \text{Anfangszustand} \quad ; \quad |z_4\rangle = TS'T\,|z_1\rangle = \text{Endzustand} \tag{6.8}$$

Dabei werden die Operatoren der Reihe nach von rechts nach links abgearbeitet:
$TST\,|z_1\rangle = T\,(S\,(T\,|z_1\rangle))$.

Um die explizite Formulierung für T zu erhalten, betrachten wir die Wirkung dieses Operators auf die Basisvektoren. Nach den Gl. (6.2) und (6.3) gilt

$$T \,|H\rangle = \frac{1+i}{2} \,[|H\rangle + i\,|V\rangle] \quad ; \quad T\,|V\rangle = \frac{1+i}{2}\,[i\,|H\rangle + |V\rangle] \qquad (6.9)$$

Daraus folgt mit der Vollständigkeit $|H\rangle\langle H| + |V\rangle\langle V| = 1$:

$$T\,|H\rangle\langle H| + T\,|V\rangle\langle V| = T = \frac{1+i}{2}\,[|H\rangle + i\,|V\rangle]\,\langle H| + \frac{1+i}{2}\,[i\,|H\rangle + |V\rangle]\,\langle V|$$
$$(6.10)$$

oder kurz

$$T = \frac{1+i}{2}\,[1 + i\,|H\rangle\langle V| + i\,|V\rangle\langle H|] \qquad (6.11)$$

Analog lässt sich der ‚Spiegeloperator‘ (ohne Hindernis) herleiten als

$$S = -\,|H\rangle\langle V| - |V\rangle\langle H| \qquad (6.12)$$

und mit Hindernis als

$$S' = -\,|V\rangle\langle H| \qquad (6.13)$$

Wir lernen daraus, dass sich ganz allgemein Operatoren als Linearkombination der dyadischen Produkte der Basisvektoren darstellen lassen.

Wie man leicht nachrechnet, gilt mit (6.11), (6.12) und (6.13)

$$T S T = 1 \qquad (6.14)$$

und

$$T S' T = \frac{1}{2}\,[1 + i\,|H\rangle\langle V| - i\,|V\rangle\langle H|] \qquad (6.15)$$

so dass wir für den Anfangszustand $|z_1\rangle = |H\rangle$ ohne und mit Hindernis wieder wie oben die Endzustände $|z_4\rangle = |H\rangle$ und $|z_4\rangle = \frac{1}{2}\,[|H\rangle - i\,|V\rangle]$ erhalten. Zur expliziten Darstellung der Operatoren und ihrer Produkte als Matrizen siehe die Aufgaben.

Die Adjungierte des Operators T lautet

$$T^\dagger = \frac{1-i}{2}\,[1 - i\,|H\rangle\langle V| - i\,|V\rangle\langle H|] \qquad (6.16)$$

und daraus folgt

$$T^\dagger T = T T^\dagger = 1 \qquad (6.17)$$

Analoges gilt für S, nicht aber für S', da hier eine (irreversible) Absorption beschrieben wird:

$$S'^\dagger = -|H\rangle\langle V| \neq S' = -|V\rangle\langle H| \tag{6.18}$$

Tatsächlich teilen die Operatoren T und S eine wichtige Eigenschaft – sie sind nämlich *unitär*. In Verallgemeinerung von (6.17) heißt ganz allgemein ein Operator (bzw. eine Matrix) U unitär, wenn gilt

$$U^\dagger U = U U^\dagger = 1 \text{ bzw. } U^\dagger = U^{-1} \tag{6.19}$$

Der Name ‚unitär‘ rührt daher, dass bei einer solchen Transformation bestimmte Bildungen invariant sind, sie in gewisser Weise also ähnlich wie die Multiplikation mit 1 wirkt. Beispielsweise bleibt das Skalarprodukt und damit auch die Norm erhalten. Um das zu zeigen, starten wir mit zwei Zuständen $|\varphi\rangle$ und $|\psi\rangle$ und den unitär transformierten Zuständen $|\varphi'\rangle = U|\varphi\rangle$ und $|\psi'\rangle = U|\psi\rangle$. Erinnerung: Beim Adjungieren eines zusammengesetzten Ausdrucks wird die Reihenfolge umgedreht,[11] $(AB)^\dagger = B^\dagger A^\dagger$. Das bedeutet

$$\left(|\psi'\rangle\right)^\dagger = (U|\psi\rangle)^\dagger \rightarrow \langle\psi'| = \langle\psi|U^\dagger \tag{6.20}$$

Es folgt

$$\langle\psi'|\varphi'\rangle = \langle\psi|U^\dagger U|\varphi\rangle = \langle\psi|\varphi\rangle \tag{6.21}$$

also die Erhaltung des Skalarprodukts. Unter unitären Transformationen können wir uns letztlich immer Koordinaten- bzw. Basistransformationen vorstellen, auch wenn der entsprechende Raum aufwendiger als unser zweidimensionaler Vektorraum ist. Sie erhalten insbesondere Skalarprodukte, also auch Längen und Winkel, und sie sind reversibel (weil $U^{-1} = U^\dagger$ existiert) – irreversible Prozesse (wie z. B. Messungen) können mithin nicht durch unitäre Transformationen ausgedrückt werden.

6.3   Schlussbemerkungen

Wie zu Beginn dieses Kapitels kurz erwähnt, ist das MZI ein wesentliches Werkzeug für viele moderne Grundlagenversuche, sowohl theoretisch als auch experimentell.[12] Einige Anwendungen stellen wir hier kurz vor; ausführlichere Besprechungen

---

[11] Wer lineare Algebra gemacht hat, kennt das z. B. vom Transponieren oder Invertieren von Matrizen.

[12] Stellvertretend zwei neuere Veröffentlichungen: A. Barchielli, M. Gregoratti, Quantum optomechanical system in a Mach–Zehnder interferometer, *Phys. Rev. A* 104, 013713 (2021); N. Almeida et al., Mach–Zehnder interferometer with quantum beamsplitters, *J. Opt. Soc. Am. B* 36, 3357–3363 (2019).

finden sich aus Platzgründen im Anhang. Anschließend kümmern wir uns um die
Bedeutung des Wortes ‚wechselwirkungsfrei‘.

6.3.1 Erweiterungen

Aus einer ganzen Reihe von Anwendungen des MZI haben wir solche ausgewählt,
die mit den vorhandenen Mitteln gut verstehbar sind und nicht, wie zum Beispiel
der Aharonov-Bohm-Effekt, neue Begrifflichkeiten voraussetzen.

Quanten-Zenon-Effekt
Hier handelt es sich um eine Erweiterung des Experiments zum Bombentest, bei
dem der *Quanten-Zenon-Effekt* genutzt wird. Er besagt im Wesentlichen, dass
man unter geeigneten Umständen die Änderung eines Systems durch häufige
Messung verhindern kann (‚a watched pot never boils‘). Das Experiment nutzt einen
geänderten MZI-Aufbau und fußt auf der Beobachtung des Polarisationszustands
von Photonen. Im Prinzip lässt sich ein Wirkungsgrad von bis zu 100 % erreichen.
Mehr dazu in Anhang L (1).

Delayed-Choice-Experimente
Hier haben wir den bekannten MZI-Aufbau, wobei aber der zweite Strahlteiler ST_2
entfernt oder eingefügt werden kann, und zwar *nachdem* das Photon den ersten
Strahlteiler passiert hat (daher der Name ‚verzögerte Entscheidung bzw. Wahl‘).
Der Vorgang kann so schnell ausgeführt werden, dass eine ‚Benachrichtigung‘ des
Photons überlichtschnell erfolgen müsste (Abb. 6.4).

Das Photon muss also ‚entscheiden‘, ob es das MZI in einer kohärenten
Superposition durchläuft (ST_2 ist eingefügt; nur D_1 spricht an) oder ob es einen
der beiden Arme durchläuft (St_2 ist entfernt; der jeweilige Detektor spricht an).
Diese Entscheidung muss das Photon treffen, nachdem es den ersten Strahlteiler
(und möglicherweise auch die Spiegel) passiert hat und *bevor* wir entschieden
haben, ob ST_2 im Strahlengang steht oder nicht. Das würde bedeuten (zumindest
in einer klassischen Argumentation), dass das Photon schon beim Eintritt in ST_1
wissen musste, ob ST_2 verbleibt oder entfernt wird – es musste also über die

Abb. 6.4 Delayed-
Choice-Experiment. Der
zweite Strahlteiler kann
entfernt oder zugefügt werden

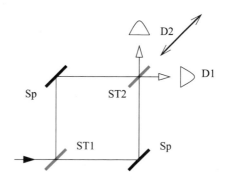

Zukunft Bescheid wissen. Bedeutet das, dass Delayed-Choice-Experimente die Rückwärtswirkung von Ereignissen belegen?[13]

Mit ähnlichen Aufbauten lassen sich *Quantenradierer* realisieren, mit denen man nachträglich Information über einen Versuchsablauf löschen („ausradieren‘) und so die Interferenzfähigkeit wieder herstellen kann. Mehr dazu in Anhang M (1).

Hadamard-Transformation

Die *Hadamard-Transformation* spielt eine wichtige Rolle in der Quanteninformation. Sie lässt sich über das MZI herleiten; ein anderer Weg, der auch der experimentellen Realisierung entspricht, führt über die Kombination Strahlteiler plus Phasenverschiebung. In Matrixform ist die Hadamard-Transformation H gegeben als

$$H = \frac{1}{\sqrt{2}} \begin{pmatrix} 1 & 1 \\ 1 & -1 \end{pmatrix} \tag{6.22}$$

Mehr dazu in Anhang P (2).

Hardys Experiment

Dieses Experiment kombiniert wechselwirkungsfreie Quantenmessung und Verschränkung. Bei diesem Begriff (den wir erst in Kap. 6 (2) kennenlernen werden) handelt es sich um eine weitere zentrale quantenmechanische Eigentümlichkeit ohne klassische Entsprechung. Das Experiment besteht im Wesentlichen aus zwei überlagerten MZI. Mehr dazu in Anhang J (2).

Vom MZI zum Quantencomputer

Das MZI mit zusätzlich eingefügten Phasenverschiebungen lässt sich als Netzwerk mit drei einfachen *quantenlogischen Gattern* schreiben, nämlich als Kombination zweier Hadamard-Gatter mit einem Phasenschieber. Darauf aufbauend lassen sich weitere Bausteine der Quanteninformation wie das CNOT-Gatter formulieren. Mehr dazu in Anhang Q (2).

6.3.2   Wie wechselwirkungsfrei ist die ‚wechselwirkungsfreie‘ Quantenmessung?

Zum Schluss noch ein paar Worte zum Adjektiv ‚wechselwirkungsfrei‘. Eigentlich müssten wir es immer in Anführungszeichen setzen. Denn im strengen Sinne kann man eben in diesem Experiment nicht von ‚wechselwirkungsfrei‘ sprechen;

---

[13] Experimente sind nicht auf kleine Entfernungen beschränkt. Siehe z. B. F. Vedovato et al., Extending Wheelers delayed-choice experiment to space, *ScienceAdvances* Vol. 3, Nr. 10, https://doi.org/10.1126/sciadv. 1701180 (Oktober 2017), wo von einem Delayed-Choice-Experiment mit einer Ausbreitungsdistanz von bis zu 3500 km berichtet wird.

natürlich gibt es auch hier einen Operator, der das Verhalten des Photons im Interferometer beschreibt – und dieser Operator sieht unterschiedlich aus, je nachdem ob eine Bombe platziert ist oder nicht. Als sachlich korrekter und insofern besserer Ausdruck wurde deswegen ‚Messung mit minimaler Wechselwirkung' vorgeschlagen.

Dies liegt daran, dass es eine grundsätzliche Grenze für die mögliche Empfindlichkeit des Zünders der Bombe gibt, und höchstens innerhalb dieser eingeschränkten Empfindlichkeit kann die Messung als wechselwirkungsfrei bezeichnet werden. Ursache für diese Einschränkung ist die *Unschärferelation* $\Delta x \Delta p \geq \hbar/2$. Sie erlaubt folgende Argumentation: Wenn man die Bombe (den Zünder) mit einer Ungenauigkeit Δx platziert, resultiert eine bestimmte Impulsunschärfe Δp (für $\Delta x \neq 0$ hätten wir $\Delta p = \infty$). Der Zünder darf nun, wenn die Bombe nicht ‚von alleine' hochgehen soll, nicht auf Impulsüberträge kleiner als Δp reagieren. Mit anderen Worten: Die Unschärferelation verlangt zwingend, dass die Bombe eine ‚Zündschwelle' hat. Mit solch einer Bombe kann man aber nicht von ‚wechselwirkungsfrei' sprechen; wie erwähnt, ist ein besserer Ausdruck *Messung mit minimaler Wechselwirkung*. Mit einem Impulsübertrag gibt es auch einen möglichen Energieübertrag. Dass der Energieübertrag wegen des Faktors $1/M$ bei makroskopischen Objekten sehr klein ist (und in der asymptotischen Näherung $M \rightarrow \infty$ verschwindet), ändert an diesem Sachverhalt nichts.

Fazit: Es gibt keine ‚wechselwirkungsfreie Quantenmessung' – höchstens eine ‚wechselwirkungsarme Messung' bzw. Messung mit minimaler Wechselwirkung. Es mag verwundern, dass der Term ‚wechselwirkungsfrei' sich in der Physik-Gemeinde so anstandslos etablieren konnte. Andererseits muss man freilich sagen, dass dieser Ausdruck sehr plakativ und wesentlich griffiger und werbewirksamer als die korrekteren Ausdrücke ist (so wie sich auch z. B. der Ausdruck ‚Ozonloch' statt des korrekteren ‚stratosphärische Region mit zu geringer Ozonkonzentration' durchgesetzt hat). Auch dies wieder ein Beispiel dafür, dass Physik nicht nur von ihrer Reinheit lebt, sondern auch von ihrer Wahrnehmung in der Gesellschaft.

6.4 Aufgaben

1. Zeigen Sie: Für alle $|z_i\rangle$ in (6.5) gilt $\||z_i\rangle\|^2 = 1$.
2. Gegeben sei ein MZI mit symmetrischen Strahlteilern. Berechnen Sie den Endzustand mit und ohne Hindernis, wenn der Anfangszustand gegeben ist als $\alpha |H\rangle + \beta |V\rangle$.
3. Sei gegeben ein Operator A mit

$$A |H\rangle = a |H\rangle \quad ; \quad A |V\rangle = b |V\rangle \qquad (6.23)$$

Stellen Sie A dar.
4. Welche Eigenwerte kann ein unitärer Operator haben?

5. Zirkular und linear polarisierte Zustände hängen zusammen über $|r\rangle = \frac{1}{\sqrt{2}}|h\rangle +$
$\frac{i}{\sqrt{2}}|v\rangle$ und $|l\rangle = \frac{1}{\sqrt{2}}|h\rangle - \frac{i}{\sqrt{2}}|v\rangle$. Zeigen Sie: Diese Basistransformation ist
unitär (bzw. die Transformationsmatrix ist unitär).

6. Stellen Sie die Operatoren T, S und S' aus Gl. (6.11), (6.12) und (6.13) und ihre
Kombinationen als Matrizen dar.

7. Gegeben sei der Operator

$$U = a\,|H\rangle\,\langle H| + b\,|H\rangle\,\langle V| + c\,|V\rangle\,\langle H| + d\,|V\rangle\,\langle V| \cong \begin{pmatrix} a & b \\ c & d \end{pmatrix} \qquad (6.24)$$

Wie müssen die Koeffizienten beschaffen sein, damit U ein unitärer Operator ist?
Anders gefragt: Wie sieht die allgemeine zweidimensionale unitäre Transformation aus?

8. Gegeben sei ein MZI ohne Hindernis und mit unsymmetrischen Strahlteilern
(Transmissionsgrad $\neq$ Reflexionsgrad). Welche Daten müssen diese Strahlteiler
haben, damit bei einem horizontal eintretenden Strahl der Detektor 1 immer, der
Detektor 2 nie anschlägt?

Aufenthaltswahrscheinlichkeit

Wir etablieren den Begriff Wahrscheinlichkeit auch im analytischen Zugang zur QM, und zwar in Form der Aufenthaltswahrscheinlichkeitsdichte und der Aufenthaltswahrscheinlichkeitsstromdichte (wahrscheinlich das längste Wort im ganzen Buch).

Wir haben im algebraischen Zugang zur Quantenmechanik (QM) schon recht früh den Begriff Wahrscheinlichkeit eingeführt. Nun wollen wir dieses Konzept auch im analytischen Zugang ausbauen, natürlich auch mit dem Ziel, beide Zugänge immer enger zu verknüpfen. Das Problem dabei: Im algebraischen Zugang ergeben sich Wahrscheinlichkeiten gewissermaßen natürlich (durch die plausible Umdefinition Intensität $\rightarrow$ Wahrscheinlichkeit). Die Schrödinger-Gleichung (SGl) jedoch ist deterministisch: Die Angabe eines Anfangszustands bestimmt die Zeitentwicklung eindeutig für alle Zeiten und bietet keinen Platz für Zufall.

Wahrscheinlichkeiten können also nicht durch die SGl selbst ins Spiel kommen, sondern nur über die Wellenfunktion $\Psi(x, t)$. Wie wir es schon in Kap. 5 (1) versuchsweise getan haben, lässt sich nämlich das Betragsquadrat von $\Psi(x, t)$ als *(Aufenthalts-)Wahrscheinlichkeitsdichte*[1] auffassen, die man üblicherweise mit dem Buchstaben ρ bezeichnet:

$$\rho(x, t) = \Psi^*(x, t)\, \Psi(x, t) = |\Psi(x, t)|^2 \tag{7.1}$$

Diese Interpretation von ρ als Wahrscheinlichkeitsdichte ist überhaupt nicht selbstverständlich, und es hat in der Frühzeit der QM auch etwas gedauert, bis von Max Born dieser Zusammenhang gefunden wurde. Es ist an dieser Stelle eine Setzung

---

[1] Aus der Wahrscheinlichkeitsdichte ρ ergibt sich durch Integration die Wahrscheinlichkeit w über $w = \int \rho\, dV$, ganz analog, wie sich über $m = \int \rho\, dV$ aus der Massendichte ρ die Masse m ergibt.

oder Vermutung, die sich bewähren und zu in sich kohärenten Ergebnissen und Folgerungen führen muss und natürlich auch tut.[2]

Wir werden dieses Konzept im Folgenden etwas ausarbeiten und seine Konsequenzen besprechen.

7.1   Aufenthaltswahrscheinlichkeit und Messung

7.1.1   Beispiel unendlich hoher Potentialtopf

Dieser Abschnitt dient vor allem einer kurzen Motivation.

Wir wollen die Wahrscheinlichkeit berechnen, ein Objekt mit definiertem Impuls im unendlich hohen Potentialtopf im Intervall $0 < x_1 < x_2 < a$ anzutreffen. Klassisch ist das recht einfach;[3] die Wahrscheinlichkeit ist offensichtlich gegeben durch

$$W_{x_1,x_2}^{kl} = \frac{x_2 - x_1}{a} \tag{7.2}$$

Für die quantenmechanische Betrachtung gehen wir von einem energetisch eindeutigen Zustand aus (siehe Kap. 5 (1)):

$$\Psi(x,t) = e^{-i E_n t/\hbar} \sqrt{\frac{2}{a}} \sin \frac{n\pi}{a} x \; ; \; E_n = \frac{\hbar^2}{2m} (\frac{n\pi}{a})^2 \; ; \; n = 1, 2, \ldots \tag{7.3}$$

Wir betrachten den Ausdruck

$$W_{x_1,x_2}^{qm} = \int_{x_1}^{x_2} \Psi^*(x,t)\,\Psi(x,t)\,dx \tag{7.4}$$

Wie schon in Kap. 5 (1) wählen wir als ersten Faktor unter dem Integral nicht $\Psi(x,t)$, sondern die konjugiert komplexe Wellenfunktion $\Psi^*(x,t)$; auf diese Weise erhält man wegen $\Psi^*(x,t)\,\Psi(x,t) \geq 0$ immer *positive* Ausdrücke für die Wahrscheinlichkeit, wie es ja auch sein muss. Etwas Rechnerei führt uns dann auf

$$W_{x_1,x_2}^{qm} = \frac{x_2 - x_1}{a} - \frac{\sin\left(n\pi \frac{x_2-x_1}{a}\right)\cos\left(n\pi \frac{x_2+x_1}{a}\right)}{n\pi} \tag{7.5}$$

---

[2] Besonders wenn man mit Laien über Wahrscheinlichkeiten in der QM spricht, sollte man sich immer vor Augen halten, dass es sich hier um ein begrifflich schwieriges Konzept handelt. Einerseits gibt es da die Wellenfunktion mit ihrer ganzen Unanschaulichkeit. Andererseits werden nun gerade aus dieser Größe, die nicht in vertrauten Begriffen fassbar ist, konkrete Wahrscheinlichkeiten konstruiert. Das Wieso und Warum ist auf keinen Fall intuitiv klar und in Alltagsbegriffen nicht überzeugend zu formulieren.

[3] Die Geschwindigkeit zwischen den Umkehrpunkten ist konstant.

Abb. 7.1 Aufenthaltswahr-scheinlichkeit (7.5) in Abhängigkeit von z für $x_2 = a\frac{1+z}{2}$ und $x_1 = a\frac{1-z}{2}$. Gezeigt werden die Verhältnisse für $n = 1$ (rot), $n = 10$ (grün) und $n = 1000$ (blau). Der letztere Fall ist graphisch nicht von der in (7.2) gegebenen klassischen Geraden $W_{x_1,x_2}^{kl} = z$ zu unterscheiden

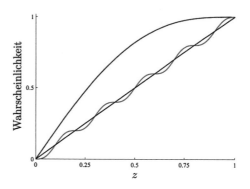

Der Vergleich von (7.2) und (7.5) legt nahe, W_{x_1,x_2}^{qm} als Wahrscheinlichkeit zu interpretieren, das Objekt im Intervall $[x_1, x_2]$ zu finden. Das hat zur Konsequenz, dass wir $\Psi^*(x,t)\,\Psi(x,t) = |\Psi|^2$ als Wahrscheinlichkeitsdichte auffassen können. Wir sehen (vgl. auch Abb. 7.1), dass die quantenmechanische Wahrscheinlichkeit mit steigendem n, also mit steigender Energie, der klassischen immer ähnlicher wird. Dieses Verhalten ist typisch für viele quantenmechanische Erscheinungen: Der Quantencharakter tritt umso deutlicher zutage, je kleiner die Energien sind (klein im Maßstab des jeweils betrachteten Systems).

7.1.2 Gebundene Systeme

Wir starten mit der zeitabhängigen SGl

$$i\hbar\dot{\Psi}(x,t) = H\Psi(x,t) \tag{7.6}$$

Mit dem Separationsansatz

$$\Psi(x,t) = e^{-i\frac{Et}{\hbar}}\varphi(x) \tag{7.7}$$

erhalten wir die zeitunabhängige SGl

$$H\varphi(x) = E\varphi(x) \tag{7.8}$$

Wir gehen für diesen Abschnitt davon aus, dass diese Gleichung nur diskrete und keine kontinuierlichen Eigenwerte besitzt, wie in Abschn. 5.3 ‚Allgemeines Potential‘ besprochen. Die Eigenwerte und Eigenfunktionen lauten $E_n = \hbar\omega_n$ und $\varphi_n(x)$ und die Gesamtlösung hat die Form

$$\Psi(x,t) = \sum_n c_n\varphi_n(x)\,e^{-i\frac{E_n t}{\hbar}} \quad ; \quad c_n \in \mathbb{C} \tag{7.9}$$

mit dem Anfangszustand

$$\Psi(x, 0) = \sum_n c_n \varphi_n(x) \qquad (7.10)$$

Wichtig ist die schon in Kap. 5 (1) angesprochene *Orthonormalität* der Eigenfunktionen (wie wir noch zeigen werden, handelt es sich dabei um eine ganz allgemeine Eigenschaft der Eigenfunktionen *aller* von uns betrachteten Hamilton-Operatoren):

$$\int_{-\infty}^{\infty} \varphi_n^*(x)\, \varphi_l(x)\, dx = \delta_{nl} \qquad (7.11)$$

Da die Gesamtwellenfunktion Ψ Lösung einer linearen DGl ist, ist auch ein Vielfaches von ihr wieder Lösung. Wir wählen dieses Vielfache so, dass Ψ *normiert* ist, dass also gilt

$$\int_{-\infty}^{\infty} |\Psi(x, t)|^2\, dx = \int_{-\infty}^{\infty} \rho(x, t)\, dx = 1 \qquad (7.12)$$

Kurz: Wir können Ψ immer als normiert auffassen.

Wir interpretieren nun $|\Psi(x, t)|^2$ als (Aufenthalts-)Wahrscheinlichkeitsdichte. Dann besagt die letzte Gleichung, dass sich das Quantenobjekt mit Wahrscheinlichkeit 1 (also mit Sicherheit) irgendwo im Raum aufhält, wie es ja auch sein muss. Die Wahrscheinlichkeit, das Objekt in einem Gebiet, etwa $a \leq x \leq b$, zur Zeit t zu lokalisieren, ist wie in Gl. (7.4) gegeben durch

$$W(a \leq x \leq b, t) = \int_a^b |\Psi(x, t)|^2\, dx \qquad (7.13)$$

Offensichtlich ist die Wahrscheinlichkeit immer positiv definit und die Gesamtwahrscheinlichkeit $\int_{-\infty}^{\infty} |\Psi(x, t)|^2\, dx$ gleich eins.[4] Damit haben wir der Wellenfunktion zwar keine unmittelbare, aber doch eine mittelbare anschauliche Bedeutung

---

[4] Dass wir dies tatsächlich als Wahrscheinlichkeit auffassen können, zeigt die allgemeine Definition: Ein Wahrscheinlichkeitsmaß μ auf $\mathbb{R}$ ist eine Abbildung μ von der Menge der Intervalle (die hier durch die Integrationsintervalle gegeben sind) in das Einheitsintervall $[0, 1]$, die folgende Bedingungen erfüllt: (1) $\mu(I) = 1 \geq 0$ für alle Intervalle I (positiv definit); (2) $\mu(\mathbb{R}) = 1$ (normiert); (3) $\mu(I_1 \cup I_2) = \mu(I_1) + \mu(I_2)$ für alle paarweise disjunkten Intervalle I_1 und I_2 (Additivitätsbedingung bzw. σ-Additivität).

gegeben[5] – ihr Betragsquadrat lässt sich als Aufenthalts-Wahrscheinlichkeitsdichte auffassen.[6]

Die Erweiterung dieser Überlegungen auf drei Dimensionen bietet keine Probleme.

Folgerungen

Welche Folgerungen kann man ziehen? Wir setzen die Gesamtwellenfunktion (7.9) in Gl. (7.12) ein und erhalten im ersten Schritt

$$1 \overset{!}{=} \int_{-\infty}^{\infty} \sum_n c_n^* \varphi_n^* (x) \, e^{i\omega_n t} \sum_l c_l \varphi_l (x) \, e^{-i\omega_l t} dx \qquad (7.14)$$

Unter der üblichen Voraussetzung, dass wir Summe und Integral vertauschen dürfen, und mit der Schreibweise der beiden Summen als Doppelsumme erhalten wir daraus

$$1 = \sum_{n,l} c_n^* e^{i\omega_n t} c_l e^{-i\omega_l t} \int_{-\infty}^{\infty} \varphi_n^* (x) \, \varphi_l (x) \, dx =$$
$$= \sum_{n,l} c_n^* c_l e^{i(\omega_n - \omega_l)t} \delta_{n,l} = \sum_n c_n^* c_n = \sum_n |c_n|^2 \qquad (7.15)$$

Mit anderen Worten: Dass Ψ normiert ist, ist gleichbedeutend mit

$$\sum_n |c_n|^2 = 1 \qquad (7.16)$$

Diese Gleichung gilt unabhängig von der Zeit, so dass wir uns für die weiteren Betrachtungen auf $t = 0$ beschränken können.

Mit (7.16) haben wir den gleichen Sachverhalt wie im algebraischen Zugang gefunden: Die Betragsquadrate der Koeffizienten geben Wahrscheinlichkeiten an, die entsprechenden Zustände bzw. Quantenzahlen zu finden. Wir illustrieren den Sachverhalt an zwei Punkten.

Mittelwert Wir stellen uns ein Ensemble gleich präparierter Systeme (7.10) vor, wobei die Messgröße die Energie sei.[7] Wenn wir N Ensemblemitglieder messen, erhalten wir r_n-mal den Zustand $\varphi_n (x)$ bzw. die Energie E_n, wobei natürlich gilt $N = \sum_n r_n$. Damit ergibt sich nach bekanntem Muster der *Mittelwert* der Energie

---

[5] Die Wellenfunktion selbst bleibt unanschaulich – eben ein komplexwertiges Möglichkeitsfeld, wie weiter oben schon angeführt.

[6] Da der Sachverhalt eindeutig ist, lässt man häufig das ‚Aufenthalts-' weg und begnügt sich mit dem kürzeren Wort ‚Wahrscheinlichkeitsdichte'. Wir werden das im Weiteren größtenteils auch so halten.

[7] Wer mag, kann als konkretes Beispiel an ein Quantenobjekt im unendlich hohen Potentialtopf denken.

als

$$E_{Mittelwert} = \sum_n h_n E_n \qquad (7.17)$$

mit den relativen Häufigkeiten $h_n = r_n/N$. Für $N \to \infty$ gehen die relativen Häufigkeiten h_n in die Wahrscheinlichkeiten $|c_n|^2$ über, den Zustand $\varphi_n(x)$ bzw. die Energie E_n zu messen, und wir erhalten den *Erwartungswert*

$$E_{Erwartungswert} = \sum_n |c_n|^2 E_n \qquad (7.18)$$

Mit diesen Begriffen sowie der Frage, wie man sie auf kontinuierliche Größen ausdehnen kann, werden wir uns in Kap. 9 (1) weiter beschäftigen.

Kollaps Den Begriff Wahrscheinlichkeit können wir auch auf einzelne Systeme anwenden, mit denen man in der Praxis ja überwiegend zu tun hat. So können wir *vor* einer Einzelmessung sagen, dass wir durch die Messung von (7.10) *einen* der Zustände φ_n erhalten werden, sagen wir $\varphi_j(x)$, und zwar mit der Wahrscheinlichkeit $w_j = |c_j|^2$. *Nach* einer Messung befindet sich das System in einem definierten Zustand, sagen wir $\varphi_l(x)$. Damit wissen wir direkt *nach* der Messung mit Sicherheit, in welchem Zustand das System ist:

$$c_n = 0 \text{ für } n \neq l \text{ direkt nach der Messung} \qquad (7.19)$$

bzw. explizit formuliert[8]

$$\Psi_{vor}(x, t) = \sum_n c_n \varphi_n(x)\, e^{-i\frac{E_n t}{\hbar}} \quad \underset{\text{Messung}}{\to} \quad \Psi_{nach}(x, t) = \frac{c_l}{|c_l|} \varphi_l(x)\, e^{-i\frac{E_l t}{\hbar}}$$

$$(7.20)$$

Die Messung hat das System also in einen eindeutigen Zustand gezwungen. Dieser Prozess der *Zustandsreduktion* ist uns aus dem algebraischen Zugang bekannt. Dass er nun auch hier auftritt, liegt *nicht* an der SGl. Es ist etwas Zusätzliches, nämlich unsere Deutung der Wellenfunktion als komplexwertiges Möglichkeitsfeld.

Es ergibt sich folgendes Bild: Die SGl beschreibt die ungestörte zeitliche Entwicklung eines quantenmechanischen Systems; diese Entwicklung wird durch den Messprozess unterbrochen, der die Wellenfunktion ändert; man spricht auch vom *Kollaps der Wellenfunktion*. Ist die Messung vorbei, unterliegt das System wieder der durch die SGl beschriebenen zeitlichen Entwicklung.[9]

Ähnlich wie im algebraischen Zugang ergeben sich Fragen zum Messprozess, zum Beispiel: Wenn der Messvorgang nicht in der SGl enthalten ist, heißt das dann,

---

[8] Der Zustand muss auch nach der Messung normiert sein, was sich im Faktor $\frac{c_l}{|c_l|}$ äußert.

[9] Wieder gilt: Der genaue Prozess der Messung selbst wird nicht beschrieben.

dass Messen ein nichtquantenmechanischer Vorgang wäre? Oder ist nur unsere Beschreibung über SGl plus Messprozess defizitär? Oder ist sie das Beste, was wir je erreichen können, weil die Natur in Wahrheit eben nicht so gestrickt ist, wie wir sie mit unseren Theorien beschreiben? Kurz: Was heißt eigentlich ‚Messen' in der Quantenmechanik?

7.1.3 Freie Systeme

Bei den freien Systemen (wir beschränken uns auf eine Dimension) hatten wir gesehen, dass eine Anfangssituation der Form

$$\rho(x, 0) = |\Psi(x, 0)|^2 = \frac{1}{\sqrt{\pi}b_0} \exp(-\frac{x^2}{b_0^2}) \qquad (7.21)$$

sich im Laufe der Zeit ändert zu

$$\rho(x, t) = |\Psi(x, t)|^2 = \frac{1}{\sqrt{\pi}b(t)} \exp(-\frac{\left(x - \frac{\hbar K}{m}t\right)^2}{b^2(t)}) \qquad (7.22)$$

wobei $b(t)$ gegeben ist durch

$$b(t) = \sqrt{b_0^2 + \left(\frac{\hbar t}{b_0 m}\right)^2} \qquad (7.23)$$

Wir wiederholen noch einmal folgende Bemerkung (vgl. Abschn. 5.2.2 (1)): Es wird hier das quantenhafte Verhalten *materieller Körper* ($m \neq 0$) modelliert, etwa von Elektronen. Das ‚Zerlaufen' von $\rho(x, t)$ bedeutet nicht, dass das Elektron selbst über den Raum immer mehr ‚verschmiert' wird (was dann folglich auch mit den Charakteristika des Elektrons wie Masse und Ladung geschehen müsste), einem Sirupberg ähnlich, der sich im Auseinanderlaufen abflacht. Was auseinanderläuft, ist die Wellenfunktion, aus der sich die Aufenthaltswahrscheinlichkeit berechnet, und nicht das Objekt selbst. Mit anderen Worten: Die Unsicherheit, mit der wir den Ort eines Quantenobjekts bestimmen können, wird mit der Zeit immer größer, $\Delta x \approx b(t)$.

Auch hier taucht die Frage auf: Was passiert bei einer Messung? Nehmen wir an, wir haben die ganze x-Achse mit Detektoren der Länge a belegt. Nun lassen wir ein freies Quantenobjekt loslaufen, wobei die Detektoren noch inaktiv sein sollen. Wir warten lange genug, bis wir sicher sind, dass $\Delta x \approx b(t) \gg a$ gilt. Dann messen wir, indem wir die Detektoren aktivieren – irgendeiner wird ansprechen. In diesem Moment ist die Ortsunsicherheit, die bis zur Messung stetig gewachsen ist, schlagartig auf a geschrumpft, wobei sich die Wellenfunktion entsprechend geändert hat.[10] Das

---

[10] Diesen Zustand können wir als Anfangszustand für eine neue Periode freier Ausbreitung auffassen, wobei wir dann diesen Messprozess als (*Zustands-*)*Präparation* bezeichnen.

heißt, dass wir wiederum auf den Zusammenhang von Messung und kollapsartiger Änderung der Wellenfunktion bzw. die Zustandsreduktion treffen.

Die Überlegungen zum Mittelwert, die wir oben für diskrete Messwerte skizziert haben, können wir nicht ohne Weiteres auf kontinuierliche Messwerte wie den Ort oder den Impuls anwenden. Wir werden dieses Thema in Kap. 9 (1) wieder aufgreifen und so allgemein formulieren, dass die Natur des Eigenwertspektrums keine Rolle mehr spielt.

7.2   Reelle Potentiale

Die Wahrscheinlichkeitsdichte ρ ist positiv definit; das folgt direkt aus der Definition (7.1). Die Wahrscheinlichkeit, das Quantenobjekt zur Zeit t im Intervall (x_1, x_2) zu lokalisieren, ist gegeben durch $W(x_1 < x < x_2; t) = \int_{x_1}^{x_2} \rho(x, t)\, dx$. Um ρ tatsächlich als Wahrscheinlichkeitsdichte interpretieren zu können, muss also gelten[11]

$$\int_{-\infty}^{\infty} \rho(x, t)\, dx \overset{!}{=} 1 \quad \forall\, t \tag{7.24}$$

In Worten: Das Quantenobjekt muss sich mit Sicherheit irgendwo im Raum befinden, und zwar *für alle Zeiten*. Es müssen also zwei Forderungen erfüllt sein:

1. Zum einen muss das Integral $\int_{-\infty}^{\infty} |\Psi(x, t)|^2\, dx$ existieren; wenn das erfüllt ist, können wir die Wellenfunktion zumindest für einen bestimmten Zeitpunkt t normieren, so dass für dieses t gilt $\int_{-\infty}^{\infty} |\Psi(x, t)|^2\, dx = 1$.

2. Zum anderen muss dann noch gezeigt werden, dass die Normierungskonstante sich nicht ändert, dass also $\int_{-\infty}^{\infty} |\Psi(x, t)|^2\, dx = 1$ für *alle Zeiten* gilt.

Können wir diese beiden Forderungen immer garantieren?

Zur ersten Forderung: Wegen der Interpretation von $|\Psi(x, t)|^2$ als Wahrscheinlichkeitsdichte muss $\Psi(x, t)$ quadratintegrierbar sein. Für ein endliches Intervall ist das sicher der Fall, wenn die Wellenfunktion genügend glatt bzw. ,gutartig' ist (also z. B. keine Singularitäten o. ä. aufweist), was wir im Weiteren immer annehmen. Damit auch das Integral von $-\infty$ bis ∞ existiert, muss gelten

---

[11] Wir gehen davon aus, dass weder Erzeugungs- noch Vernichtungsprozesse in der Bilanz auftauchen.

$$\Psi \underset{|x|\to\infty}{\sim} |x|^{\alpha} \quad ; \quad \alpha < -\frac{1}{2} \tag{7.25}$$

Man beschreibt dieses Verhalten oft durch die Formulierung, dass die Wellenfunktion im Unendlichen *genügend schnell* verschwinden muss.[12] Wir bemerken in diesem Zusammenhang, dass es durchaus mathematisch vernünftige Lösungen von Differentialgleichungen geben kann, die dennoch aus physikalischen Gründen ausgeschlossen werden müssen. Mehr dazu u. a. in einigen folgenden Kapiteln und im Anhang.

Zur zweiten Forderung:[13] Zu zeigen ist, dass für alle Zeiten $\int\limits_{-\infty}^{\infty} \rho\,(x,t)\,dx = 1$ gilt. Das bedeutet

$$\frac{d}{dt} \int\limits_{-\infty}^{\infty} \rho\,(x,t)\,dx \overset{!}{=} 0 \tag{7.26}$$

und daraus folgt[14]

$$0 \overset{!}{=} \int\limits_{-\infty}^{\infty} \frac{\partial}{\partial t} \Psi^* \Psi\,dx = \int\limits_{-\infty}^{\infty} \left(\dot{\Psi}^* \Psi + \Psi^* \dot{\Psi} \right) dx \tag{7.27}$$

Wir ersetzen die Zeitableitungen mithilfe der SGl

$$i\hbar \dot{\Psi} = -\frac{\hbar^2}{2m} \Psi'' + V \Psi \tag{7.28}$$

und erhalten, wobei wir ein *reelles Potential*[15] $V \in \mathbb{R}$ annehmen,

$$\begin{aligned} 0 &\overset{!}{=} \int\limits_{-\infty}^{\infty} \left[\left(\frac{\hbar}{2mi} \Psi^{*\prime\prime} - \frac{V}{i\hbar} \Psi^* \right) \Psi + \Psi^* \left(-\frac{\hbar}{2mi} \Psi'' + \frac{V}{i\hbar} \Psi \right) \right] dx \\ &= \frac{\hbar}{2mi} \int\limits_{-\infty}^{\infty} \left(\Psi^{*\prime\prime} \Psi - \Psi^* \Psi'' \right) dx \end{aligned} \tag{7.29}$$

Die zweifachen Ortsableitungen formen wir mit partieller Integration um; es folgt

---

[12] Im dreidimensionalen Fall lautet die Bedingung etwas anders. Dort ist wegen $\int dV = \int r^2 dr \sin\vartheta\, d\vartheta\, d\varphi$ erforderlich, dass die Wellenfunktion wie r^{α} mit $\alpha < -\frac{3}{2}$ verschwindet.

[13] Mit dem in späteren Kapiteln hergeleiteten erweiterten Begriffsapparat können wir den Beweis um einiges kürzer führen.

[14] Wir setzen wie immer Vertauschbarkeit von Differentiation und Integration voraus. Mehr dazu im Anhang.

[15] Hier darf das Potential ruhig von der Zeit t abhängen.

$$0 \overset{!}{=} \frac{\hbar}{2mi} \left[\left(\Psi^{*\prime} \Psi \right)_{-\infty}^{\infty} - \int_{-\infty}^{\infty} \Psi^{*\prime} \Psi' dx \right] - \frac{\hbar}{2mi} \left[\left(\Psi^{*} \Psi' \right)_{-\infty}^{\infty} - \int_{-\infty}^{\infty} \Psi^{*\prime} \Psi' dx \right]$$
(7.30)

Die Integrale heben sich gegenseitig auf und wir erhalten schließlich

$$\left(\Psi^{*\prime} \Psi - \Psi^{*} \Psi' \right) \big|_{-\infty}^{\infty} \overset{!}{=} 0$$
(7.31)

Die Bedingung ist aber mit (7.25) erfüllt, da wegen $\alpha < -\frac{1}{2}$ gilt $\Psi' \Psi \underset{|x| \to \infty}{\sim}$ $|x|^{2\alpha - 1} \to 0$.

Die Wahrscheinlichkeitsdarstellung ist also in sich stimmig, wenn die Wellenfunktion im Unendlichen genügend schnell verschwindet und wenn das Potential reell ist. Dies sind sehr wichtige Eigenschaften, von denen wir ab jetzt *immer* ausgehen.[16]

7.3 Wahrscheinlichkeitsstromdichte

Im Folgenden soll ein Ausdruck für die (Aufenthalts-)Wahrscheinlichkeitsstromdichte[17] hergeleitet werden; wir stützen uns dabei auf die *Kontinuitätsgleichung*[18]

$$\frac{\partial \rho}{\partial t} + \nabla \mathbf{j} = \mathbf{0}$$
(7.32)

Diese Gleichung stellt eine differentielle Formulierung eines globalen Erhaltungssatzes dar; sie ist nicht nur für die Massendichte gültig, sondern auch für alle Dichten (z. B. Ladungsdichte), für die integrale Erhaltungssätze gelten (z. B. Ladungserhaltung).

Insbesondere setzen wir also auch für die Wahrscheinlichkeitsdichte der Quantenmechanik die Gültigkeit der Kontinuitätsgleichung voraus. Damit lässt sich die Wahrscheinlichkeitsstromdichte **j** berechnen. Aus Gründen der einfacheren Darstellung betrachten wir erst das eindimensionale Problem und erweitern am Schluss auf drei Dimensionen.

Im Eindimensionalen lautet die Kontinuitätsgleichung

$$\dot{\rho}(x, t) + \frac{\partial}{\partial x} j(x, t) = 0$$
(7.33)

---

[16] Komplexe Potentiale verwendet man, wenn man z. B. Absorptionsprozesse beschreiben will. Man nennt diese Potentiale auch *optische Potentiale* (in Anlehnung an den komplexen optischen Brechungsindex, dessen Imaginärteil Absorption beschreibt). Ein Beispiel findet sich in den Aufgaben.

[17] Auch Wahrscheinlichkeitsdichtestrom genannt.

[18] Die Herleitung der Kontinuitätsgleichung findet sich in Anhang N (1).

Um den Zusammenhang zwischen j und Ψ herzuleiten, setzen wir $\rho = |\Psi|^2$ ein. Mit $\dot{\rho} = \dot{\Psi}^*\Psi + \Psi^*\dot{\Psi}$ und der SGl

$$\dot{\Psi} = -\frac{\hbar}{2mi}\Psi'' + \frac{V\Psi}{i\hbar} \tag{7.34}$$

schreibt sich die Kontinuitätsgleichung als

$$\left(\frac{\hbar}{2mi}\Psi^{*''} - \frac{V^*\Psi^*}{i\hbar}\right)\Psi + \Psi^*\left(-\frac{\hbar}{2mi}\Psi'' + \frac{V\Psi}{i\hbar}\right) + \frac{\partial}{\partial x}j = 0 \tag{7.35}$$

Wir nehmen wieder $V \in \mathbb{R}$ an; damit fallen die Potentialterme heraus. Es folgt

$$
\begin{aligned}
\frac{\partial}{\partial x}j &= \frac{\hbar}{2mi}\left(\Psi^*\Psi'' - \Psi^{*''}\Psi\right) = \\
&= \frac{\hbar}{2mi}(\Psi^*\Psi'' - \Psi^{*''}\Psi + \Psi^{*'}\Psi' - \Psi^{*'}\Psi') = \\
&= \frac{\hbar}{2mi}\left(\frac{\partial}{\partial x}\Psi^*\Psi' - \frac{\partial}{\partial x}\Psi^{*'}\Psi\right)
\end{aligned}
\tag{7.36}
$$

und daraus durch Integration[19]

$$j(x,t) = \frac{\hbar}{2mi}\left(\Psi^*\Psi' - \Psi^{*'}\Psi\right) \tag{7.37}$$

Damit haben wir einen Ausdruck für die Wahrscheinlichkeitsstromdichte gefunden. Wir wissen bereits, dass sie im Unendlichen – physikalisch vernünftig – verschwindet, siehe Gl. (7.31).

Die Erweiterung auf drei Dimensionen ergibt für die Wahrscheinlichkeitsstromdichte:

$$\mathbf{j}(\mathbf{r},t) = \frac{\hbar}{2mi}\left(\Psi^*\nabla\Psi - \Psi\nabla\Psi^*\right) \tag{7.38}$$

Als (unphysikalisches, aber vertrautes[20]) Beispiel betrachten wir eine ebene Welle

$$\Psi(\mathbf{r},t) = Ae^{i(\mathbf{kr}-\omega t)} \tag{7.39}$$

Mit

$$\nabla\Psi(\mathbf{r},t) = Ai\mathbf{k}e^{i(\mathbf{kr}-\omega t)} \tag{7.40}$$

---

[19] Eigentlich könnte rechts noch eine Integrationskonstante stehen; sie wird aber gleich null gesetzt wegen der Forderung $j = 0$ für $\Psi = 0$.

[20] Unphysikalisch, weil eben die unendlich ausgedehnte ebene Welle, deren Betrag überall eins ist, kein physikalisches Objekt darstellt. Dass wir in der QM mit ebenen Wellen rechnen können, liegt an der Linearität der QM, die es gestattet, aus ebenen Wellen Wellenpakete zusammenzusetzen, die physikalisch vernünftiges Verhalten zeigen.

folgt:

$$\mathbf{j}(\mathbf{r}, t) = \frac{\hbar}{2mi} \left(i\mathbf{k}AA^* + i\mathbf{k}AA^* \right) = \frac{\hbar\mathbf{k}}{m} |A|^2 \qquad (7.41)$$

Wegen $\rho = \Psi^*\Psi = |A|^2$ folgt:

$$\mathbf{j} = \frac{\hbar\mathbf{k}}{m}\rho = \frac{\mathbf{p}}{m}\rho := \mathbf{v}\rho \qquad (7.42)$$

also die ‚übliche' Beziehung, wobei mit $\mathbf{v}$ die Geschwindigkeit z. B. eines Maximums gemeint ist.[21]

Eine allgemeine Bemerkung zur eindimensionalen Wahrscheinlichkeitsstromdichte $j = \frac{\hbar}{2im} \left(\varphi^*\varphi' - \varphi^{*\prime}\varphi \right)$:

1. Für $\varphi(x) = Ae^{\alpha x}$ ($\alpha \in \mathbb{R}$, $A \in \mathbb{C}$) folgt

$$j = \frac{\hbar}{2im} \left(\alpha |A|^2 e^{2\alpha x} - \alpha |A|^2 e^{2\alpha x} \right) = 0 \qquad (7.43)$$

Bei reellen Exponenten verschwindet j. Anschaulich besagt dies jedoch nicht, dass nichts in das Gebiet hinein- und aus ihm hinausfließt, sondern, dass das, was reinfließt, auch wieder rausfließt.

2. Für $\varphi(x) = Ae^{i\gamma x}$ ($\gamma \in \mathbb{R}$, $A \in \mathbb{C}$) folgt

$$j = \frac{\hbar}{2im} \left(i\gamma |A|^2 + i\gamma |A|^2 \right) = \frac{\hbar}{m}\gamma |A|^2 \qquad (7.44)$$

Es gibt also einen ‚Netto'-Fluss, das heißt, es wird wirklich etwas transportiert.

7.4   Aufgaben

1. Zeigen Sie für $\rho = |\psi(x, t)|^2$:

$$\int\limits_{-\infty}^{\infty} \rho(x, t)\, dx = 1 \ \forall t \qquad (7.45)$$

Dabei soll gelten: (a) Das Potential ist reell; (b) $\Psi \underset{x \to \infty}{\sim} x^a$ mit $a < -\frac{1}{2}$.

---

[21] Im Übrigen ist ‚Geschwindigkeit' eines Quantenobjekts ein in der QM so gut wie nie verwendeter Begriff. Zentrale Größe ist der Impuls. Nur bei der an die KIM angelehnten Bohmschen Interpretation der QM (siehe Kap. 14 (2)) wird der Begriff noch einmal auftauchen.

2. Unendlich hoher Potentialtopf: Gegeben sei

   (a) $\Psi(x,t) = e^{-i\omega_n t}\sqrt{\frac{2}{a}}\sin\frac{n\pi}{a}x$

   (b) $\Psi(x,t) = c_n e^{-i\omega_n t}\sqrt{\frac{2}{a}}\sin\frac{n\pi}{a}x + c_m e^{-i\omega_m t}\sqrt{\frac{2}{a}}\sin\frac{m\pi}{a}x$

   Berechnen Sie für beide Fälle die Aufenthaltswahrscheinlichkeit

   $$W^{qm}_{x_1,x_2} = \int_{x_1}^{x_2}\Psi^*(x,t)\,\Psi(x,t)\,dx \qquad (7.46)$$

3. Gegeben sei die SGl $i\hbar\dot{\psi} = H\psi$ mit reellem Potential. Leiten Sie aus der Kontinuitätsgleichung konstruktiv ab (also nicht nur durch Einsetzen prüfen), dass gilt

   $$\mathbf{j} = \frac{\hbar}{2mi}\left(\psi^*\boldsymbol{\nabla}\psi - \psi\boldsymbol{\nabla}\psi^*\right) \qquad (7.47)$$

4. Berechnen Sie j (eindimensional) für $\psi = Ae^{\gamma x}$ und $\psi = Ae^{i\gamma x}$ mit $\gamma \in \mathbb{R}$ und $A \in \mathbb{C}$.

5. Berechnen Sie $\mathbf{j}(\mathbf{r},t)$ für $\Psi(\mathbf{r},t) = Ae^{i(\mathbf{kr}-\omega t)}$.

6. Gegeben sei eine Abänderung des unendlich hohen Potentialtopfs, nämlich das Potential

   $$V(x) = \begin{cases} iW & \text{für } 0 < x < a \\ \infty & \text{sonst} \end{cases} \quad ; \ W \in \mathbb{R} \qquad (7.48)$$

Berechnen Sie das Energiespektrum und zeigen Sie, dass nur für $W = 0$ die Norm der (zeitabhängigen) Gesamtwellenfunktion zeitunabhängig ist.

Neutrinooszillationen

8

Bisher war im algebraischen Zugang keine Rede von der zeitlichen Entwicklung eines Systems. Dieses Thema wollen wir nun anhand eines aktuellen Problems angehen. Außerdem lernen wir *hermitesche Operatoren* kennen und es geht noch einmal um das Problem der Messung.

8.1   Das Neutrinoproblem

Bekanntlich wurde ursprünglich das *Neutrino* ν von Wolfgang Pauli postuliert, um die Energieerhaltung beim Betazerfall zu ‚retten‘. Bei genauerem Hinschauen stellte sich dann später heraus, dass zu jedem der drei Elementarteilchen Elektron e, Myon μ und Tauon τ ein eigenes Neutrino existiert, also ν_e, ν_μ und ν_τ.[1] Die Ruhemasse aller drei Neutrinos musste verschwindend klein sein; man ging überwiegend davon aus, dass sie null sei.

Wir nehmen jetzt einen Szenenwechsel vor und betrachten die Sonne bzw. die von der Sonne ausgehende Strahlung. Unter dieser befinden sich auch die drei Neutrinoarten, und zwar in einem bestimmten Verhältnis, das man auf der Basis der geltenden Sonnenmodelle einigermaßen zuverlässig bestimmen kann. Messungen

---

[1] Wolfgang Pauli hatte 1930 zunächst den Namen ‚Neutron‘ gewählt. Die Bezeichnung ‚Neutrino‘ wurde etwas später von Enrico Fermi eingeführt. 1956 wurde zum ersten Mal das Elektron-Neutrino experimentell nachgewiesen, 1962 das Myon-Neutrino. Das Tauon selbst wurde 1975 beobachtet, das zugehörige Neutrino erst im Jahr 2000.

Es wird diskutiert, ob es noch andere Neutrinoarten gibt. Sogenannte *sterile Neutrinos* würden nur über die Gravitation und nicht – wie die anderen Neutrinos – über die schwache Wechselwirkung (daher das Adjektiv „steril") wechselwirken. Ob es diese vierte Neutrinoart gibt, war allerdings über ein Jahrzehnt umstritten. Mittlerweile deuten die Ergebnisse eines dreijähriges Experiment namens STEREO darauf hin, dass diese Teilchen nicht existieren. Siehe The STEREO Collaboration. STEREO neutrino spectrum of 235U fission rejects sterile neutrino hypothesis. *Nature* 613, 257–261 (2023), https://doi.org/10.1038/s41586-022-05568-2, und dort zitierte Literatur.

© Der/die Herausgeber bzw. der/die Autor(en), exklusiv lizenziert an
Springer-Verlag GmbH, DE, ein Teil von Springer Nature 2024
J. Pade, *Quantenmechanik zu Fuß 1*, https://doi.org/10.1007/978-3-662-67928-9_8

auf der Erde ergeben aber andere Werte für dieses Verhältnis. Die Frage war nun: Sind die Sonnenmodelle falsch oder stimmt etwas mit unserer Beschreibung der Neutrinos nicht?

Es gab gute Argumente dafür, die Sonnenmodelle als richtig anzusehen. Also musste sich etwas bei den Neutrinos ändern. Und zwar dieses: Wenn man annimmt, dass die Ruhemassen der Neutrinos eben nicht exakt null sind, können sich die drei Neutrinoarten im Lauf der Zeit ineinander verwandeln (*Neutrinooszillationen*), das heißt also auch auf dem Weg von der Sonne zur Erde. Und so ist es dann erklärlich, dass wir auf der Erde eine andere relative Häufigkeit der drei Neutrinos messen als von den Sonnenmodellen vorhergesagt.

8.2   Modellierung der Neutrinooszillationen

Wir wollen diesen Prozess nun hier beschreiben, und zwar möglichst einfach.[2] Da die Rechnungen für drei Neutrinos aufwendiger sind, beschränken wir uns, um das Prinzip klar zu machen, auf die einfachere Modellierung von nur zwei Neutrinos. Ein paar wenige Worte zum dreidimensionalen Fall finden sich am Ende des Kapitels.

Wir werden uns in diesem Kapitel ausnahmsweise auf das Feld relativistischer Phänomene wagen. Das können wir deswegen machen, weil uns die Aussage genügt, dass ein Hamilton-Operator und vor allem seine Energieeigenwerte für das physikalische Problem existieren, ohne dass wir uns um die konkrete Form oder irgendwelchen Einzelheiten der Wechselwirkung kümmern müssen.

8.2.1   Zustände

Am Anfang steht die Erzeugung von Neutrinos (beispielsweise in der Sonne oder in einem Beschleuniger), und zwar als Überlagerung von zwei Zuständen $|v_1\rangle$ und $|v_2\rangle$ mit *definierten unterschiedlichen Ruhemassen* m_{01} und m_{02}, Massenzustände genannt. Die Impulse sollen gleich sein, die Gesamtenergien E_1 und E_2 sind mithin unterschiedlich.[3] Ohne Beschränkung der Allgemeinheit setzen wir $\Delta m := m_{01} - m_{02} > 0$ und damit auch $\Delta E := E_1 - E_2 > 0$ bzw. $\Delta \omega = \omega_1 - \omega_2$ (mit $\omega = \hbar E$). Die Zustände sollen ein VONS bilden; $\langle v_i | v_j \rangle = \delta_{ij}$ und $|v_1\rangle \langle v_1| + |v_2\rangle \langle v_2| = 1$.[4]

---

[2] Die Bedeutung des Themas zeigt sich z. B. an der Verleihung des Nobelpreises für Physik 2015 gemeinsam an Takaaki Kajita (geb. 1959, japanischer Physiker) und Arthur B. McDonald (geb. 1943, kanadischer Physiker) „für die Entdeckung von Neutrinooszillationen, die zeigt, dass Neutrinos Masse haben".

[3] Zur Erinnerung: $E^2 = m_0^2 c^4 + p^2 c^2$.

[4] Der Hamilton-Operator für die freie Neutrino-Bewegung sei H; wir haben also $H|v_1\rangle = E_1 |v_1\rangle$; $H|v_2\rangle = E_2 |v_2\rangle$ mit $\Delta E = E_1 - E_2 > 0$.

Messbar sind nun nicht $|\nu_1\rangle$ und $|\nu_2\rangle$, sondern Superpositionen dieser Zustände, die wir in Anlehnung an die tatsächlichen Verhältnisse Elektron- und Myon-Neutrino nennen, $|\nu_e\rangle$ und $|\nu_\mu\rangle$ (auch Flavourzustände genannt). Es gilt

$$|\nu_e\rangle = \cos\vartheta\,|\nu_1\rangle + \sin\vartheta\,|\nu_2\rangle$$
$$|\nu_\mu\rangle = -\sin\vartheta\,|\nu_1\rangle + \cos\vartheta\,|\nu_2\rangle$$

$$(8.1)$$

Dabei ist ϑ ein (abstrakter) Winkel, Mischungswinkel genannt. Die Zustände $|\nu_e\rangle$ und $|\nu_\mu\rangle$ bilden ebenfalls ein VONS, so dass wir auch $|\nu_1\rangle$ und $|\nu_2\rangle$ als Superposition von $|\nu_e\rangle$ und $|\nu_\mu\rangle$ darstellen können; es gilt

$$|\nu_1\rangle = \cos\vartheta\,|\nu_e\rangle - \sin\vartheta\,|\nu_\mu\rangle$$
$$|\nu_2\rangle = \sin\vartheta\,|\nu_e\rangle + \cos\vartheta\,|\nu_\mu\rangle$$

$$(8.2)$$

Tatsächlich handelt es sich ja bei diesen Transformationen um nichts anderes als eine Drehung um den Winkel ϑ in einem zweidimensionalen Raum bzw. einen Basiswechsel, der durch die bekannte Transformation

$$\begin{pmatrix} \cos\vartheta & \pm\sin\vartheta \\ \mp\sin\vartheta & \cos\vartheta \end{pmatrix}$$

$$(8.3)$$

vermittelt wird. Sie stellt ein besonders einfaches Beispiel für eine unitäre Matrix dar.

8.2.2 Zeitentwicklung

Als Nächstes wollen wir die Zeitentwicklung der Zustände $|\nu_e\rangle$ und $|\nu_\mu\rangle$ untersuchen. Dazu benutzen wir den im analytischen Zugang gefundenen Sachverhalt, dass die Zeitentwicklung eines Zustands mit definierter Energie E durch den Faktor $e^{-iEt/\hbar}$ beschrieben wird. Zwar liegt diese Forderung auch hier nahe, aber es ist nicht selbstverständlich, dass sie tatsächlich erfüllt sein muss. Wir nehmen ihre Gültigkeit an (bzw. könnten sie an dieser Stelle auch axiomatisch fordern): Wenn zur Zeit null ein Anfangszustand $|z(t=0)\rangle = |z(0)\rangle$ mit der *definierten Energie* $E = \hbar\omega$ vorliegt, wird seine zeitliche Entwicklung durch

$$|z(t)\rangle = |z(0)\rangle\,e^{-iEt/\hbar}$$

$$(8.4)$$

beschrieben – ein sehr wichtiger und allgemein gültiger Sachverhalt der Quantenmechanik. Daraus folgt

$$i\hbar\frac{d}{dt}|z(t)\rangle = E\,|z(t)\rangle$$

$$(8.5)$$

Wenn wir annehmen, dass E Eigenwert eines Operators H ist, haben wir in gewisser Weise die freie Schrödinger-Gleichung (SGl) ‚wiedergefunden'.[5]

Wir sehen, dass die Zeitentwicklung (8.4) ein unitärer Prozess ist, der die Norm erhält:

$$\langle z(t)|\, z(t)\rangle = \langle z(0)|\, e^{i\omega t} e^{-i\omega t}\, |z(0)\rangle = \langle z(0)|\, z(0)\rangle \tag{8.6}$$

Sei nun der Anfangszustand $|\nu(0)\rangle$ durch ein Myon-Neutrino gegeben, $|\nu(0)\rangle = |\nu_\mu\rangle$. Dann folgt mit (8.1) für die Zeitentwicklung

$$|\nu(t)\rangle = -\sin\vartheta\, |\nu_1\rangle\, e^{-i\omega_1 t} + \cos\vartheta\, |\nu_2\rangle\, e^{-i\omega_2 t} \tag{8.7}$$

Es gilt offensichtlich $|\langle \nu_1\, |\nu\rangle|^2 = \left|-\sin\vartheta e^{-i\omega_1 t}\right|^2 = \sin^2\vartheta$; dies wäre die Wahrscheinlichkeit, bei einer Messung $|\nu_1\rangle$ zu erhalten. Da wir aber nur die Zustände $|\nu_e\rangle$ und $|\nu_\mu\rangle$ messen können, müssen wir die entsprechenden Anteile aus $|\nu(t)\rangle$ herausprojizieren, und zwar mit den Projektionsoperatoren $|\nu_e\rangle\langle\nu_e|$ und $|\nu_\mu\rangle\langle\nu_\mu|$. Mit Gl. (8.2) erhalten wir zum Beispiel $\langle\nu_e|\,\nu_1\rangle = \cos\vartheta$ und $\langle\nu_e|\,\nu_2\rangle = \sin\vartheta$, so dass für das Elektron-Neutrino folgt

$$|\nu_e\rangle\,\langle\nu_e\,|\nu(T)\rangle = \left[-\sin\vartheta\cos\vartheta e^{-i\omega_1 T} + \cos\vartheta\sin\vartheta e^{-i\omega_2 T}\right]|\nu_e\rangle \tag{8.8}$$

Man sieht, dass dieser Anteil beide Frequenzen ω_1 und ω_2 beinhaltet und somit ein ganz anderes Verhalten an den Tag legt als die Massenzustände. Die Wahrscheinlichkeit, $|\nu_e\rangle$ zu messen, erhalten wir durch die übliche Bildung des Betragsquadrates des Vorfaktors (siehe Aufgaben):

$$p_e\,(T) = \left|-\sin\vartheta\cos\vartheta e^{-i\omega_1 T} + \cos\vartheta\sin\vartheta e^{-i\omega_2 T}\right|^2 = \sin^2 2\vartheta \cdot \sin^2\left(\frac{\Delta\omega}{2}T\right)$$

$$\tag{8.9}$$

8.2.3 Zahlenwerte

An Gl. (8.9) sehen wir, dass die Wahrscheinlichkeit, das Neutrino im Zustand $|\nu_e\rangle$ anzutreffen, periodisch von der Zeit abhängt und zwar mit der Periode $\tau = \frac{2\pi}{\Delta\omega}$; das Neutrino pendelt zwischen den Zuständen $|\nu_e\rangle$ und $|\nu_\mu\rangle$, siehe Abb. 8.1. Das ist ganz ähnlich wie bei zwei gekoppelten Pendeln, bei denen im Schwebungsfall die Energie periodisch von einem in das andere Pendel fließt.

---

[5] Hier bezeichnet H einen (noch) unbekannten Operator und nicht den bekannten Operator $-\frac{\hbar^2}{2m}\nabla^2 + V$. Doppeldeutigkeiten dieser Art sind in der Quantenmechanik durchaus üblich. Den Grund dafür erfahren wir in späteren Kapiteln.

Abb. 8.1 $p_e(T)$ von Gl. (8.9) für $\vartheta = \pi/6$

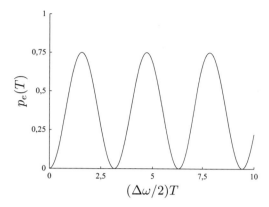

Um ein Gefühl für die Größenordnungen zu erhalten, machen wir eine Überschlagsrechnung. Wir können in guter Näherung davon ausgehen, dass sich die Neutrinos aufgrund ihrer geringen Masse annähernd mit Lichtgeschwindigkeit bewegen. Im Raum haben wir also eine Periode der Länge $L = c\tau = c\frac{2\pi}{\Delta\omega}$. Die Differenz $\Delta\omega$ nähern wir an mit (siehe Aufgaben)

$$\hbar\Delta\omega = \frac{c^4}{2pc}\left(m_1^2 - m_2^2\right) := \frac{c^4\Delta m^2}{2pc} \tag{8.10}$$

Damit folgt

$$L = c\frac{2\pi}{\Delta\omega} = \frac{4\pi\hbar}{c^2}\frac{p}{\Delta m^2} \tag{8.11}$$

Der Ausdruck ist am einfachsten im theoretischen Maßsystem auszuwerten, in dem $\hbar = c = 1$ gilt und die Energien und Massen in eV gemessen werden; siehe Anhang B (1).[6] Der Massenunterschied zwischen den Neutrinos[7] liege bei $\Delta m^2 \approx 10^{-3}\,\mathrm{eV}^2$, der Impuls bei $10\,\mathrm{GeV} = 10^{10}\,\mathrm{eV}$. Damit folgt

$$L\,\hat{=}\,4\pi\,\frac{10^{10}}{10^{-3}\,\mathrm{eV}} = 4\pi\,\frac{10^{19}}{\mathrm{MeV}} \tag{8.12}$$

und mit der Umrechnung für Längeneinheiten $\frac{1}{\mathrm{MeV}}\,\hat{=}\,0,1973\cdot10^{-12}\,\mathrm{m}$ ergibt sich schließlich

$$L = 4\pi\cdot10^{19}\cdot0,1973\cdot10^{-12}\,\mathrm{m} \approx 25000\,\mathrm{km} \tag{8.13}$$

---

[6] Zahlenbeispiele: Das Elektron hat in diesem Einheitensystem eine Ruhemasse von rund $0,5\,\mathrm{MeV}$. Der Großbeschleuniger LHC bringt die Protonen auf Energien von über $13\,\mathrm{TeV}$.

[7] Das ist natürlich eine entscheidende Größe – beträgt sie $10^{-6}\,\mathrm{eV}$ statt $10^{-3}\,\mathrm{eV}$, vergrößert sich die Länge entsprechend um einen Faktor 1000.

Natürlich darf man den Zahlenwert nicht zu ernst nehmen – wir haben nur zwei statt drei Neutrinos betrachtet, und alleine schon die Unsicherheit bezüglich der Massendifferenz lässt gewaltigen Spielraum. Wichtig ist vielmehr, dass wir zumindest qualitativ einen Effekt wie die Neutrinooszillation beschreiben können, und das mit einfachsten formalen Mitteln.

8.2.4 Dreidimensionale Neutrinooszillationen

Wir wollen noch eine ganz kurze Anmerkung zum dreidimensionalen Problem geben. Um die tatsächlichen Verhältnisse zu beschreiben, geht man von jeweils drei Flavour- und Massenzuständen aus:

$$\begin{pmatrix} \nu_e \\ \nu_\mu \\ \nu_\tau \end{pmatrix} = U \cdot \begin{pmatrix} \nu_1 \\ \nu_2 \\ \nu_3 \end{pmatrix} \tag{8.14}$$

Die Transformationsmatrix U schreibt sich mit den Mischungswinkeln θ_{ij} und den Abkürzungen $s_{ij} = \sin\theta_{ij}$ und $c_{ij} = \cos\theta_{ij}$ als

$$\begin{aligned} U = &\begin{pmatrix} 1 & 0 & 0 \\ 0 & c_{23} & s_{23} \\ 0 & -s_{23} & c_{23} \end{pmatrix} \cdot \begin{pmatrix} c_{13} & 0 & s_{13}e^{-i\delta} \\ 0 & 1 & 0 \\ -s_{13}e^{i\delta} & 0 & c_{13} \end{pmatrix} \cdot \\ &\cdot \begin{pmatrix} c_{12} & s_{12} & 0 \\ -s_{12} & c_{12} & 0 \\ 0 & 0 & 1 \end{pmatrix} \cdot \begin{pmatrix} e^{i\alpha_1/2} & 0 & 0 \\ 0 & e^{i\alpha_2/2} & 0 \\ 0 & 0 & 1 \end{pmatrix} \end{aligned} \tag{8.15}$$

Die drei ersten dieser vier unitären Matrizen beschreiben (von links nach rechts) den Wechsel $\nu_\mu \leftrightarrow \nu_\tau$, $\nu_e \leftrightarrow \nu_\tau$, $\nu_e \leftrightarrow \nu_\mu$; die Phasen δ (Dirac-Phase) und α_i (Majorana-Phase) werden aufgrund weiterführender Überlegungen eingeführt.[8] Die Matrix U ist als Produkt von unitären Matrizen selbst auch wieder unitär (siehe Aufgaben). Von Interesse sind darüber hinaus neben den absoluten Massen auch die Massendifferenzen[9] der drei Neutrinos; sie werden üblicherweise in der Form $\Delta m_{21}^2 = m_2^2 - m_1^2$ und $\Delta m_{23}^2 = m_3^2 - \frac{m_1^2 + m_2^2}{2}$ angegeben.

Die Messungen dieser Parameter sind natürlich äußerst delikat, und wichtige Fragen sind noch ungeklärt. Beispielhaft zeigen wir in der Tab. 8.1 aktuelle Werte

---

[8] Bei den ersten drei Matrizen handelt es sich (bis auf die Phasenverschiebung δ) um die Drehmatrizen $D_x(\theta_{23}) D_y(\theta_{13}) D_z(\theta_{12})$. Die erste Matrix beschreibt z. B. eine Drehung um den Winkel θ_{23} um die x-Achse.

[9] Sie werden in der Einheit eV^2 angegeben; siehe dazu Anhang B, Band 1.

Tab. 8.1 Werte der
Mischungswinkel und der
Massendifferenzen

$s_{12}^2 = 0{,}304/0{,}307$
$s_{23}^2 = 0{,}565/0{,}546$
$s_{13}^2 = 0{,}0224/0{,}022$
$\Delta m_{21}^2 = 7{,}427/7{,}53 \times 10^{-5}\,\mathrm{eV}^2$
$\Delta m_{23}^2 = 2{,}411/2{,}453 \times 10^{-3}\,\mathrm{eV}^2$

der Mischungswinkel und Massendifferenzen von zwei verschiedenen Quellen.[10] Wie man sieht, ist die Übereinstimmung noch nicht ganz zufriedenstellend.

Von besonders großem Interesse ist auch die Frage nach der absoluten Massenskala der Neutrinos. Dieses Thema wird erforscht, z. B. durch das Experiment KATRIN, das im Juni 2018 startete (KArlsruhe TRItium Neutrino, Karlsruhe, Germany). Mittlerweile wurde hier die Neutrinomasse mit bisher unerreichter Präzision eingegrenzt; als Obergrenze wird 0, 8 eV angegeben.[11]

Da aus verschiedenen Gründen erwartet wird, dass neue Erkenntnisse von Eigenschaften der Neutrinos unser Verständnis des Universums ändern können, ist das Gebiet auch weiterhin Gegenstand der laufenden Forschung.

8.3 Verallgemeinerungen

8.3.1 Hermitesche Operatoren

Wir wollen die anhand des Neutrinoproblems gewonnenen Erkenntnisse in diesem Abschnitt verallgemeinern. Zunächst erweitern wir die Formulierung (8.5) auf eine ‚richtige' SGl

$$i\hbar \frac{d}{dt} |\psi(t)\rangle = H |\psi(t)\rangle \qquad (8.16)$$

Die Motivation für diesen Schritt besteht außer der Analogie zur SGl im analytischen Zugang darin, dass wir auch im algebraischen Zugang eine lineare Differentialgleichung erster Ordnung in der Zeit haben wollen. Dabei ist klar, dass wir an dieser Stelle noch keine Information über den in (8.16) auftretenden Operator

---

[10] Die ersten Werte der Tab. 8.1 stammen von A. Cabrera et al., Synergies and prospects for early resolution of the neutrino mass ordering, *Scientific Reports* 12:5393 (2022), https://doi.org/10. 1038/s41598-022-09111-1. Dieser Artikel bietet auch einen Überblick über den aktuellen Stand der Neutrinofrage. Die zweiten Werte der Tabelle stammen von R.L. Workman et al. (Particle Data Group), *Prog. Theor. Exp. Phys.* 2022, 083C01 (2022), aufrufbar über https://pdg.lbl.gov/2022/ listings/particle_properties.html. Tatsächlich sind die Tabellen in den beiden Veröffentlichungen detaillierter; die Darstellung ist hier vereinfacht.

[11] The KATRIN Collaboration. Direct neutrino-mass measurement with sub-electronvolt sensitivity. *Nat. Phys.* 18, 160–166 (2022), https://doi.org/10.1038/s41567-021-01463-1.

H besitzen – weder, wie er intern aufgebaut ist (Ortsableitungen wie im Laplace-Operator können ja hier nicht auftreten) noch über den Zusammenhang mit dem im analytischen Zugang verwendeten Hamilton-Operator. Diese Punkte werden wir in den folgenden Kapiteln besprechen.

Hier wollen wir klären, welche Eigenschaft H besitzen muss, damit die Entwicklung von $|\psi\,(t)\rangle$ unitär ist, was ja bedeutet, dass das Skalarprodukt $\langle\psi\,(t)\,|\psi\,(t)\rangle$ für alle Zeiten konstant ist. Um das zu verwerten, schreiben wir (8.16) und die adjungierte Gleichung in Kurzform

$$i\hbar\,\big|\dot{\psi}(t)\big\rangle = H\,|\psi(t)\rangle \quad ; \quad -i\hbar\,\big\langle\dot{\psi}(t)\big| = \langle\psi(t)|\,H^{\dagger} \tag{8.17}$$

Wenn $\langle\psi\,(t)\,|\psi\,(t)\rangle$ nicht von der Zeit abhängt, folgt

$$i\hbar\frac{d}{dt}\,\langle\psi\,(t)\,|\psi\,(t)\rangle = i\hbar\,\big\langle\dot{\psi}\,(t)\,|\psi\,(t)\big\rangle + i\hbar\,\big\langle\psi\,(t)\,\big|\dot{\psi}\,(t)\big\rangle = 0 \tag{8.18}$$

Wir setzen (8.17) ein und erhalten

$$-\langle\psi(t)|\,H^{\dagger}\,|\psi\,(t)\rangle + \langle\psi\,(t)|\,H\,|\psi(t)\rangle = \langle\psi\,(t)|\,H - H^{\dagger}\,|\psi(t)\rangle = 0 \tag{8.19}$$

Da diese Gleichung für jedes $|\psi(t)\rangle$ gilt, folgt notwendigerweise $H^{\dagger} = H$.

Allgemein heißt ein Operator A *selbstadjungiert* oder *hermitesch*, wenn gilt $A = A^{\dagger}$. Die große Bedeutung hermitescher Operatoren in der QM liegt darin, dass mit ihnen physikalische Messgrößen dargestellt werden. Das liegt unter anderem daran, dass hermitesche Operatoren reelle Eigenwerte haben,[12] wie wir jetzt zeigen wollen. Sei also A ein hermitescher Operator, $A = A^{\dagger}$. Dann lautet das Eigenwertproblem und seine adjungierte Fassung

$$A\,|a_n\rangle = \lambda_n\,|a_n\rangle \quad \text{und} \quad \langle a_n|\,A^{\dagger} = \lambda_n^{*}\,\langle a_n| \tag{8.20}$$

Multiplikation der ersten Gleichung von links mit $\langle a_n|$ und der zweiten von rechts mit $|a_n\rangle$ führt wegen $A = A^{\dagger}$ auf

$$\langle a_n|\,A\,|a_n\rangle = \lambda_n\,\langle a_n\,|a_n\rangle \quad \text{und} \quad \langle a_n|\,A^{\dagger}\,|a_n\rangle = \langle a_n|\,A\,|a_n\rangle = \lambda_n^{*}\,\langle a_n|\,a_n\rangle \tag{8.21}$$

Der Vergleich zeigt $\lambda_n = \lambda_n^{*}$ oder eben $\lambda_n \in \mathbb{R}$. Weitere Eigenschaften hermitescher Operatoren werden wir in den folgenden Kapiteln besprechen.

In Kap. 4 (1) haben wir Projektionsoperatoren, in Kap. 6 (1) unitäre Operatoren kennengelernt; nun kommen noch hermitesche Operatoren dazu.[13] Erfreulicherwei-

---

[12] Da Messwerte reell sind, können wir sie folglich als Eigenwerte hermitescher Operatoren auffassen.

[13] Diese Eigenschaften verstehen sich nicht als ausschließliche: Ein unitärer Operator oder ein Projektionsoperator kann z. B. hermitesch sein.

se ist damit der Operatorenzoo[14] der QM komplett – wir werden *ausschließlich* (um genau zu sein, mit *einer* Ausnahme) mit diesen drei Arten von Operatoren (bzw. den entsprechenden Matrizen oder anderen Darstellungen) zu tun haben:

$$
\begin{aligned}
A &= A^{\dagger} && \text{hermitescher Operator} \\
AA^{\dagger} &= A^{\dagger}A = 1 && \text{unitärer Operator} \\
A^{2} &= A && \text{Projektionsoperator}
\end{aligned}
\tag{8.22}
$$

Die Namen übertragen sich auf die entsprechenden Matrizen bzw. Darstellungen. Wir skizzieren stichwortartig die Anwendungsbereiche der Operatoren: Physikalische Messgrößen stellen wir mit hermiteschen Operatoren dar; die ungestörte Zeitentwicklung eines Systems wird durch einen unitären Operator beschrieben; der Messprozess lässt sich mit Hilfe von Projektionsoperatoren modellieren.

8.3.2 Zeitentwicklung und Messung

Die Eigenwerte und Eigenvektoren von H in (8.16) bezeichnen wir mit E_n und $|\varphi_n\rangle$. Die allgemeine Lösung ist dann in Verallgemeinerung von (8.7) eine Überlagerung der Eigenvektoren der Form

$$
|\psi(t)\rangle = \sum_n c_n |\varphi_n\rangle e^{-iE_n t/\hbar}
\tag{8.23}
$$

wobei die Integrationskonstanten c_i durch die Anfangsbedingung festgelegt werden (siehe Aufgaben).

Eine Messung unterbricht die in (8.23) beschriebene Entwicklung von $|\psi(t)\rangle$. Nehmen wir an, wir wollen beispielsweise den Zustand $|\chi\rangle$ messen, dann können wir das durch die Projektion auf $|\chi\rangle$ beschreiben, also durch den der Gl. (8.8) entsprechenden Ausdruck $|\chi\rangle\langle\chi|\psi\rangle$, wobei $|\langle\chi|\psi\rangle|^2$ als Verallgemeinerung von (8.9) die Wahrscheinlichkeit angibt, mit der wir tatsächlich bei einer Messung $|\chi\rangle$ erhalten

$$
\begin{aligned}
|\langle\chi|\psi\rangle|^2 &= \sum_n c_n \langle\chi|\varphi_n\rangle e^{-iE_n t/\hbar} \sum_m c_m^* \langle\varphi_m|\chi\rangle e^{iE_m t/\hbar} = \\
&= \sum_{n,m} c_n c_m^* \langle\chi|\varphi_n\rangle\langle\varphi_m|\chi\rangle e^{-i(E_n - E_m)t/\hbar}
\end{aligned}
\tag{8.24}
$$

Nach der bzw. durch die Messung liegt dann statt des Zustands $|\psi\rangle$ der Zustand $|\chi\rangle$ vor.

Wir bemerken, dass all diese Überlegungen für Systeme beliebiger Dimension gelten.

---

[14] Angesichts der Artenarmut und der Gutmütigkeit dieser Operatoren könnte man auch von einer ‚Streichelwiese' sprechen.

8.4   Aufgaben

1. Sei $|v_1\rangle \langle v_1| + |v_2\rangle \langle v_2| = 1$. Zeigen Sie: $|v_e\rangle \langle v_e| + |v_\mu\rangle\langle v_\mu| = 1$.

2. Zeigen Sie: Die Matrizen $\begin{pmatrix} c & 0 & se^{-i\delta} \\ 0 & 1 & 0 \\ -se^{i\delta} & 0 & c \end{pmatrix}$ und $\begin{pmatrix} 1 & 0 & 0 \\ 0 & c & s \\ 0 & -s & c \end{pmatrix}$ mit $\delta \in \mathbb{R}$ sind
   unitär. Die Abkürzungen s und c stehen für $\sin\alpha$ und $\cos\alpha$.

3. Zeigen Sie: Das Produkt zweier unitärer Matrizen ist ebenfalls unitär.

4. Ist der Strahlteileroperator T aus Kap. 6 (1)

$$T = \frac{1+i}{2} [1 + i |H\rangle \langle V| + i |V\rangle \langle H|] \tag{8.25}$$

   hermitesch, unitär oder ein Projektionsoperator? $\{|H\rangle, |V\rangle\}$ ist ein VONS.

5. Gegeben sei $A = \begin{pmatrix} 1 & i \\ -i & 1 \end{pmatrix}$.

   (a) Zeigen Sie, dass A hermitesch, aber nicht unitär ist.
   (b) Berechnen Sie e^{cA}.

6. Gegeben seien die Operatoren[15]

$$L_1 = \frac{|v\rangle((\langle u|+\langle w|)+(|u\rangle+|w\rangle)\langle v|}{\sqrt{2}}$$
$$L_2 = \frac{-|v\rangle((\langle u|-\langle w|)+(|u\rangle-|w\rangle)\langle v|}{i\sqrt{2}} \tag{8.26}$$
$$L_3 = |u\rangle \langle u| - |w\rangle \langle w|$$

   (a) Handelt es sich um hermitesche, unitäre oder Projektionsoperatoren?
   (b) Berechnen Sie $[L_1, L_2]$.

7. Zeigen Sie: Die Zeitentwicklung

$$|v(t)\rangle = -\sin\vartheta \, |v_1\rangle \, e^{-i\omega_1 t} + \cos\vartheta \, |v_2\rangle \, e^{-i\omega_2 t} \tag{8.27}$$

   ist unitär.

8. Berechnen Sie explizit $\langle v_e |v(t)\rangle$ in Gl. (8.8) sowie $\langle v_\mu |v(t)\rangle$.

9. Berechnen Sie explizit p_e in Gl. (8.9); formulieren Sie auch p_μ.

10. Beweisen Sie Gl. (8.10) bzw. berechnen Sie einen Näherungsausdruck für ΔE für den Fall, dass die Ruhemassen sehr klein sind.

11. Gegeben sei der Zustand

$$|\psi(t)\rangle = \sum_n c_n |\varphi_n\rangle e^{-iE_n t/\hbar} \tag{8.28}$$

   mit der Anfangsbedingung $|\psi(0)\rangle$; $\{|\varphi_n\rangle\}$ ist ein VONS. Wie hängen die Konstanten c_n mit der Anfangsbedingung zusammen?

---

[15] Es handelt sich im Wesentlichen um die drei Komponenten des Bahndrehimpulsoperators für Drehimpuls 1; siehe Kap. 2 (2).

12. Gegeben seien zwei VONS $\{|\varphi_i\rangle\}$ und $\{|\psi_i\rangle\}$. Ein Quantensystem befindet sich in der Überlagerung $|z\rangle = \sum_i d_i |\psi_i\rangle$.
    (a) Berechnen Sie die Wahrscheinlichkeit p_k, das Quantensystem im Zustand $|\varphi_k\rangle$ zu messen.
    (b) Zeigen Sie: $\sum_k p_k = 1$.
13. Sei gegeben das Modellsystem

$$i\hbar \frac{d}{dt} |\psi(t)\rangle = H |\psi(t)\rangle \quad \text{mit} \quad H = 1 + A\sigma_y \; ; \; A > 0 \qquad (8.29)$$

wobei σ_y die y-Pauli-Matrix ist.
    (a) Berechnen Sie die Eigenwerte und Eigenvektoren von H.
    (b) Wie lautet der allgemeine Ausdruck $|\psi(t)\rangle$ für einen zeitabhängigen Zustand?
    (c) Wie lautet $|\psi(t)\rangle$ für den Anfangszustand $|\psi(t = 0)\rangle = \begin{pmatrix} 1 \\ 0 \end{pmatrix}$?
    (d) Mit welcher Wahrscheinlichkeit kann an dem Zustand aus Aufgabe (c) der Zustand $|\chi\rangle = \begin{pmatrix} 1 \\ 0 \end{pmatrix}$ gemessen werden (also wieder der Anfangszustand)?

Erwartungs-, Mittel-, Messwerte 9

Das Wahrscheinlichkeitskonzept wird weiter ausgebaut. Außerdem sehen wir uns hermitesche Operatoren näher an. Das Zeitverhalten von Mittelwerten führt auf den Begriff Erhaltungsgröße.

Wir führen hier die in Kap. 7 (1) begonnenen Überlegungen zur Berechnung des Mittelwertes von Messwerten fort und verallgemeinern den Formalismus, so dass er auch im kontinuierlichen Fall anwendbar ist. Die Formulierungen führen uns auch hier im analytischen Zugang auf hermitesche Operatoren, die in der Quantenmechanik (QM) eine ganz besondere Bedeutung besitzen. Des Weiteren beschäftigen wir uns mit *Erhaltungsgrößen* und stellen einen Kontakt mit der klassischen Mechanik her.

9.1 Mittel- und Erwartungswerte

9.1.1 Mittelwerte von klassischen Messungen

In der klassischen Physik geht man davon aus, dass es einen ‚wahren‘ Wert einer Messgröße gibt. Misst man diese Größe mehrfach, z. B. den Ort x, erhält man jedoch im Allgemeinen verschiedene Messwerte x_i, wobei jeder dieser Werte mit der Häufigkeit n_i auftritt. Ursache für die Abweichungen sind Unzulänglichkeiten der Messapparaturen (mal abgesehen vom eventuell mehr oder weniger vorhandenen Geschick des Experimentators). Bei l verschiedenen Messwerten ist die Gesamtzahl der Messungen gegeben als $N = \sum_{i=1}^{l} n_i$; der *Mittelwert* $\langle x \rangle$ ist bekanntlich definiert als[1]

$$\langle x \rangle = \frac{\sum_{i=1}^{l} n_i x_i}{\sum_{i=1}^{l} n_i} = \frac{\sum_{i=1}^{l} n_i x_i}{N} = \sum_{i=1}^{l} \tilde{n}_i x_i \text{ mit } \sum_{i=1}^{l} \tilde{n}_i = 1 \qquad (9.1)$$

---

[1] Statt $\langle x \rangle$ ist auch $\bar{x}$ üblich.

J. Pade, *Quantenmechanik zu Fuß 1*, https://doi.org/10.1007/978-3-662-67928-9_9

wobei die $\tilde{n}_i = n_i/N$ die relativen Häufigkeiten sind, die im Limes $l \to \infty$ in die Wahrscheinlichkeiten w_i übergehen (Gesetz der großen Zahlen). In diesem Limes geht auch der Mittelwert in den *Erwartungswert* bzw. ,wahren' Wert über

$$\langle x \rangle = \sum_i w_i x_i \text{ mit } \sum_i w_i = 1 \tag{9.2}$$

Dieses Mittelungskonzept lässt sich auch auf *kontinuierliche* Datenmengen anwenden. Wir führen dazu den aus der Schule bekannten Übergang[2] von einer Summe $\sum$ zum Integral $\int$ durch und erhalten mit der Wahrscheinlichkeitsdichte[3] $\rho(x)$

$$\langle x \rangle = \int \rho(x)\, x dx \text{ mit } \int \rho(x)\, dx = 1 \tag{9.3}$$

Diese letzte Gleichung verallgemeinern wir fürs Dreidimensionale

$$\langle x \rangle = \int \rho(\mathbf{x})\, x dV \text{ mit } \int \rho(x)\, dV = 1 \tag{9.4}$$

9.1.2   Erwartungswert des Ortes in der QM

Wir übertragen die Ideen auf die QM. $\Psi(\mathbf{r}, t)$ sei die Lösung der zeitabhängigen Schrödinger-Gleichung (SGl). Mit der Wahrscheinlichkeitsdichte

$$\rho = |\Psi(\mathbf{r}, t)|^2 \tag{9.5}$$

(zur Erinnerung: Ψ muss normiert sein) können wir, wie oben beschrieben, die Wahrscheinlichkeit W ermitteln, das Quantenobjekt in einem Raumgebiet G zu finden: $W(G) = \int_G \rho dV$. Wenn wir nun nach dem mittleren Ort fragen, können wir in Analogie zu (9.4) formulieren

$$\langle x \rangle = \int \Psi^*(\mathbf{r}, t)\, \Psi(\mathbf{r}, t)\, x\, dV \tag{9.6}$$

Zur Diskussion des Sachverhalts stellen wir uns ein Ensemble von N gleichartig präparierten Quantenobjekten vor, die wir alle zur Zeit $t = 0$ bei $x = 0$ loslaufen lassen (eindimensional, nach rechts laufend). Nach einer Zeit T messen wir am Ensemblemitglied i den Ort x_i. Dann ergibt sich der Mittelwert von x zu $\langle x \rangle = \sum_i x_i$ und dieser Wert stimmt mit dem durch Gl. (9.6) gegebenen umso besser überein, je größer N ist; im Limes $N \to \infty$ folgt (9.6) exakt.[4]

---

[2] Siehe auch Anhang T.1 (1) ,Diskret und kontinuierlich'.
[3] Für die spezielle Wahl $\rho(x) = \sum_i w_i \delta(x - x_i)$ erhalten wir aus Gl. (9.3) die Gl. (9.2). Zur Deltafunktion $\delta(x)$ siehe Anhang H, Band 1.

In drei Dimensionen folgt

$$\langle \mathbf{r} \rangle = \int \Psi^*\left(\mathbf{r}, t\right) \Psi\left(\mathbf{r}, t\right) \mathbf{r}\, dV \tag{9.7}$$

9.1.3 Erwartungswert des Impulses in der QM

Untersuchen wir nun den Impuls des Quantenobjekts (die folgende Rechnung ist eindimensional; die dreidimensionale Verallgemeinerung folgt anschließend). Wir nehmen an, dass der Erwartungswert $\langle p \rangle$ der Gleichung

$$\frac{d}{dt}\langle x \rangle = \frac{1}{m}\langle p \rangle \tag{9.8}$$

gehorcht. Dies ist an dieser Stelle eine *Annahme*,[5] die sich im Folgenden bewähren muss (d. h. vor allem, dass sie zu selbstkonsistenten Ergebnissen führen muss). Es folgt:

$$\langle p \rangle = m\frac{d}{dt}\langle x \rangle = m\frac{d}{dt}\int_{-\infty}^{\infty}\Psi^*\Psi x\, dx$$
$$= m\int_{-\infty}^{\infty}\left(\dot{\Psi}^*\Psi + \Psi^*\dot{\Psi}\right)x\, dx = m\int_{-\infty}^{\infty}\dot{\Psi}^*\Psi x\, dx + c.c. \tag{9.9}$$

c.c. bedeutet das komplex Konjugierte (complex conjugated) des vorangehenden Terms. Wir ersetzen mithilfe der SGl $i\hbar\dot{\Psi} = -\frac{\hbar^2}{2m}\Psi'' + V\Psi$ die Zeit- durch Ortsableitungen. Es folgt (beachte: $V \in \mathbb{R}$)

$$\langle p \rangle = \frac{\hbar}{2i}\int_{-\infty}^{\infty}\Psi^{*\prime\prime}\Psi x\, dx + c.c. \tag{9.10}$$

Mit partieller Integration erhält man daraus:

$$\langle p \rangle = \frac{\hbar}{2i}\left[\left(\Psi^{*\prime}\Psi x\right)_{-\infty}^{\infty} - \int_{-\infty}^{\infty}\Psi^{*\prime}\left(\Psi' x + \Psi\right)dx\right] + c.c. \tag{9.11}$$

Da die Wellenfunktion im Unendlichen genügend schnell verschwindet,[6] fällt der ausintegrierte Teil weg. Übrig bleibt:

---

[4] Genau genommen können wir natürlich nicht einen punktförmigen Ort x_i messen, sondern ein Intervall Δx_i, in dem sich das Quantenobjekt befindet. Mit der Idee, dass wir das Intervall beliebig klein machen können, können wir die obige Argumentation aber als Grenzfall akzeptieren. Mehr zu dieser Frage in Kap. 12 (1).

[5] Unproblematisch wäre $\left\langle\frac{d}{dt}x\right\rangle = \frac{1}{m}\langle p \rangle$.

[6] Zur Erinnerung: Dieses Verhalten ist notwendig für die Interpretation von $|\Psi|^2$ als Wahrscheinlichkeitsdichte. Siehe dazu Kap. 7 (1).

$$\langle p \rangle = \left\{ -\frac{\hbar}{2i} \int_{-\infty}^{\infty} \Psi^{*\prime} \Psi^{\prime} x dx - \frac{\hbar}{2i} \int_{-\infty}^{\infty} \Psi^{*\prime} \Psi dx \right\} + c.c. \tag{9.12}$$

Der erste Term hebt sich mit seinem komplex Konjugierten weg; damit folgt:

$$\langle p \rangle = -\frac{\hbar}{2i} \int_{-\infty}^{\infty} \Psi^{*\prime} \Psi dx + c.c.$$
$$= -\frac{\hbar}{2i} \int_{-\infty}^{\infty} \Psi^{*\prime} \Psi dx + \frac{\hbar}{2i} \int_{-\infty}^{\infty} \Psi^{*} \Psi^{\prime} dx \tag{9.13}$$

Mit einer weiteren partiellen Integration von $-\frac{\hbar}{2i} \int_{-\infty}^{\infty} \Psi^{*\prime} \Psi dx$ erhalten wir:

$$\langle p \rangle = \frac{\hbar}{2i} \int_{-\infty}^{\infty} \Psi^{*} \Psi^{\prime} dx - \frac{\hbar}{2i} \left\{ \Psi^{*} \Psi \big|_{-\infty}^{\infty} - \int_{-\infty}^{\infty} \Psi^{*} \Psi^{\prime} dx \right\} \tag{9.14}$$

Der ausintegrierte Term $\Psi^{*} \Psi \big|_{-\infty}^{\infty}$ verschwindet wieder. Als Ergebnis folgt

$$\langle p \rangle = \frac{\hbar}{i} \int_{-\infty}^{\infty} \Psi^{*} \Psi^{\prime} dx \tag{9.15}$$

oder, falls der andere Term in Gl. (9.13) partiell integriert wurde:

$$\langle p \rangle = -\frac{\hbar}{i} \int_{-\infty}^{\infty} \Psi^{*\prime} \Psi dx \tag{9.16}$$

Wie man leicht sehen kann, lassen sich diese Terme auch mithilfe des Impuls-operators schreiben. Denn mit $p = \frac{\hbar}{i} \frac{d}{dx}$ ergibt sich[7]

$$\langle p \rangle = \int_{-\infty}^{\infty} \Psi^{*} \left(\frac{\hbar}{i} \frac{d}{dx} \Psi \right) dx = \int_{-\infty}^{\infty} \left(\frac{\hbar}{i} \frac{d}{dx} \Psi \right)^{*} \Psi dx$$
$$= \int_{-\infty}^{\infty} \Psi^{*} (p\Psi) dx = \int_{-\infty}^{\infty} (p\Psi)^{*} \Psi dx \tag{9.17}$$

Dazu zwei Bemerkungen:

(1) Die Gleichheit $\int_{-\infty}^{\infty} \Psi^{*} (p\Psi) dx = \int_{-\infty}^{\infty} (p\Psi)^{*} \Psi dx$ spielt in etwas anderer Notation eine sehr wichtige Rolle in der QM: Sie gilt nicht nur für den Impuls, sondern entsprechend für *alle* physikalisch messbaren Größen. Wir kommen gleich weiter unten auf diesen Sachverhalt zurück.
(2) Die Gleichheit gilt nur, wenn die Wellenfunktion im Unendlichen genügend schnell verschwindet.

---

[7] Wie üblich benutzen wir für die physikalische Größe Impuls und den entsprechenden Operator dasselbe Symbol p. Was jeweils gemeint ist, erschließt sich aus dem Kontext.

Im dreidimensionalen Fall erhalten wir entsprechend:[8]

$$\langle \mathbf{p} \rangle = \int \Psi^* \left(\frac{\hbar}{i} \nabla \Psi \right) dV = \int \left(\frac{\hbar}{i} \nabla \Psi \right)^* \Psi dV$$
$$= \int \Psi^* (\mathbf{p}\Psi) dV = \int (\mathbf{p}\Psi)^* \Psi dV \tag{9.18}$$

In ähnlicher Weise kann man den Erwartungswert der Energie herleiten; es folgt

$$\langle E \rangle = \langle H \rangle = \int \Psi^* H \Psi dV = \int (H\Psi)^* \Psi dV \tag{9.19}$$

9.1.4 Allgemeine Definition des Erwartungswertes

Wir fassen die bisher gewonnenen Ergebnisse zusammen:

$$\langle \mathbf{r} \rangle = \int \Psi^* \mathbf{r} \Psi \, dV = \int (\mathbf{r}\Psi)^* \Psi \, dV$$
$$\langle \mathbf{p} \rangle = \int \Psi^* \mathbf{p}\Psi dV = \int (\mathbf{p}\Psi)^* \Psi dV \tag{9.20}$$
$$\langle H \rangle = \int \Psi^* H \Psi dV = \int (H\Psi)^* \Psi dV$$

Wir verallgemeinern auf einen beliebigen, eine Messgröße darstellenden[9] Operator A und definieren als Erwartungswert von A

$$\langle A \rangle = \int \Psi^* A \Psi dV \tag{9.21}$$

Dabei haben wir nicht analog zu den Größen (9.20) die Gleichheit mit $\int (A\Psi)^* \Psi dV$ gefordert; tatsächlich gilt sie auch nicht für beliebige Operatoren, sondern nur für eine bestimmte Klasse von Operatoren (hermitesche Operatoren); wir kommen auf diesen Punkt gleich anschließend zurück. Wir bemerken, dass wir mit der Gl. (9.21) ein weiteres Mittel an der Hand haben,[10] ganz allgemein Operatoren der QM mit Messergebnissen zu verknüpfen.[11]

---

[8] Wie in Kap. 4 erwähnt, verwenden wir bei der Summation die abkürzende Schreibweise $\sum_n$ statt $\sum_{n=1}^{\infty}$. Ähnlich kürzen wir auch bei der Integration ab: $\int \Psi dV$ ist *nicht* ein unbestimmtes Integral, sondern ein bestimmtes, das über den ganzen Definitionsbereich von Ψ durchgeführt wird: $\int \Psi dV \equiv \int_{\text{Definitionsbereich}} \Psi dV$. Das Integrationsgebiet wird nur in Ausnahmefällen explizit angegeben.

[9] Ein Beispiel ist der Drehimpuls $\mathbf{l} = \mathbf{r} \times \mathbf{p}$.

[10] Ein anderes haben wir ja schon weiter oben (z. B. in Kap. 4) besprochen, dass nämlich nur die Eigenwerte von Operatoren als Messwerte auftreten können.

[11] Man kann zeigen, dass diese Art der Mittelwertbildung unter ganz allgemeinen Voraussetzungen zwingend folgt (Theorem von Gleason, siehe Anhang T in Band 2).

Wir wollen zunächst die in Kap. 7 (1) gefundenen Ausdrücke wiedergewinnen. Dazu gehen wir aus von dem Eigenwertproblem

$$H\varphi_n(x) = E_n\varphi_n(x) \quad ; \quad \int \varphi_n^*(x)\,\varphi_m(x)\,dx = \delta_{nm} \tag{9.22}$$

Der Gesamtzustand sei

$$\Psi(x,t) = \sum_n c_n\varphi_n(x)\,e^{-iE_nt/\hbar} \tag{9.23}$$

Dann gilt

$$
\begin{aligned}
\langle H \rangle &= \int \Psi^* H \Psi\,dx = \int \sum_{n,m} c_n^*\varphi_n^*(x)\,e^{iE_nt/\hbar}\,H\,c_m\varphi_m(x)\,e^{-iE_mt/\hbar}dx = \\
&= \int \sum_{n,m} c_n^*\varphi_n^*(x)\,e^{iE_nt/\hbar}\,E_m c_m\varphi_m(x)\,e^{-iE_mt/\hbar}dx = \\
&= \sum_{n,m} c_n^* E_m c_m e^{i(E_n-E_m)t/\hbar}\int \varphi_n^*(x)\,\varphi_m(x)\,dx = \\
&= \sum_{n,m} c_n^* E_m c_m e^{i(E_n-E_m)t/\hbar}\delta_{nm} = \sum_n |c_n|^2\,E_n
\end{aligned}
\tag{9.24}
$$

Wir haben also den bekannten Ausdruck für den Erwartungswert wiedergefunden; die Definition (9.21) hat aber, wie gesagt, den Vorteil, dass sie auch problemlos auf kontinuierliche Messgrößen wie den Ort anwendbar ist (siehe Aufgaben).

Noch einige Bemerkungen:

1. Der Erwartungswert hängt vom Zustand ab. Falls erforderlich, kann man dies z. B. durch die Notation $\langle A \rangle_\Psi = \int \Psi^* A \Psi\,dV$ vermerken.
2. Im Allgemeinen wird der Erwartungswert zeitabhängig sein; dies wird jedoch häufig nicht explizit gekennzeichnet. Bei energetisch reinen Zuständen (proportional zu $e^{-i\omega t}$) hebt sich jedoch die Zeitabhängigkeit bei der Mittelung über z. B. x weg; damit sind in solchen Fällen die Ortserwartungswerte zeitunabhängig (siehe Aufgaben).
3. Noch einmal zur Begriffsklärung: Streng genommen gilt, dass der Mittelwert sich auf einen Datensatz aus der Vergangenheit bezieht, also auf eine tatsächlich durchgeführte Messung, und mit relativen Häufigkeiten formuliert wird, während der Erwartungswert als Spekulation auf die Zukunft mit Wahrscheinlichkeiten formuliert wird, also das theoretisch vorhergesagte Mittel ist. Allerdings werden in der QM wegen einer gewissen Nachlässigkeit der Physikerinnen und Physiker die Begriffe Erwartungs- und Mittelwert häufig synonym gebraucht und es wird auch schon für endlich viele Messungen statt ‚relativer Häufigkeit' oft der Begriff der Wahrscheinlichkeit w_i eingesetzt (so wie ja auch durchaus der Begriff Ensemble für eine endliche Menge identisch präparierter Systeme steht). Im Anhang findet sich ein kleines Beispiel, das den Unterschied zwischen Mittel- und Erwartungswert illustriert.

4. Wie am Beginn dieses Kapitels ausgeführt, messen wir bei der wiederholten Messung einer *klassischen* Größe in der Regel jedes Mal einen unterschiedlichen Wert; der Mittelwert all dieser Messwerte stimmt mit immer größerer Wiederholung immer besser mit dem wahren Wert überein. Wären die Messinstrumente *ideal*, würden wir allerdings jedes Mal denselben Wert erhalten.

Im Gegensatz dazu können in der QM auch mit idealen Messapparaten aufeinanderfolgende Messungen eines identischen Ensembles *unterschiedliche* Werte ergeben (eben unterschiedliche Eigenwerte der gemessenen physikalischen Größe).[12] Wir hatten bereits gesagt, dass wir im Einzelexperiment nur jeweils *einen Eigenwert* des Operators erhalten können, der der gemessenen physikalischen Größe entspricht. Welcher Eigenwert das sein wird, kann man (wenn der Zustand durch eine Superposition gegeben ist) vor dem Experiment nicht sagen. Mit anderen Worten: Quantenmechanische Größen haben in der Regel *keinen* ‚wahren' Wert.

Dass wir vom Erwartungs*wert* einer physikalischen Größe *A* sprechen, impliziert also nicht, dass *A* notwendigerweise diesen Wert *hat* in dem Sinn, wie klassische Größen einen ‚wahren' Wert besitzen. Von daher wäre es vorsichtiger und ‚wert'freier, statt vom Erwartungswert vom *erwarteten (Mess-)Ergebnis* zu sprechen; dieser Ausdruck findet sich allerdings nicht sehr häufig.

9.1.5 Varianz, Standardabweichung

Ein bequemes (und sicherlich noch aus dem Anfängerpraktikum bekanntes) Maß für die Abweichung einer klassischen Größe *A* vom Mittelwert ist die *mittlere quadratische Schwankung* oder *Varianz* $(\Delta A)^2$:

$$(\Delta A)^2 = \left\langle (A - \langle A \rangle)^2 \right\rangle = \left\langle A^2 \right\rangle - \langle A \rangle^2 \text{ bzw. } \Delta A = \sqrt{\langle A^2 \rangle - \langle A \rangle^2} \qquad (9.25)$$

Um die gleiche physikalische Einheit wie *A* zu erhalten, zieht man die Wurzel und erhält mit ΔA die *Standardabweichung* oder *Streuung*, auch *Dispersion* oder *Unschärfe* genannt. Eine kurze Motivation für die Form dieses Ausdrucks findet sich im Anhang O.

Wir übernehmen diesen Begriff auch für die QM. Da die Unschärfe ΔA i. Allg. vom Zustand Ψ des Systems abhängt, findet man auch die Schreibweise $\Delta_\Psi A$. Als Beispiel findet sich in den Aufgaben die Berechnung von Orts- und Impulsunschärfe beim unendlich hohen Potentialtopf.

---

[12] Schicken wir zum Beispiel ein horizontal linear polarisiertes Photon durch einen um den Winkel φ verdrehten linearen Analysator, erhalten wir, wie wir in Kap. 2 diskutiert haben, mit den Wahrscheinlichkeiten $\cos^2 \varphi$ und $\sin^2 \varphi$ verschiedene Messresultate (horizontale und vertikale Polarisation), und zwar *prinzipiell* und nicht bedingt durch Unzulänglichkeiten der Messapparatur.

Noch eine Bemerkung zur Bedeutung der Standardabweichung in der QM (vgl. auch oben die Bemerkung 4). In der klassischen Physik stellt die Standardabweichung ΔA ein Maß für die Streuung der Messwerte dar, die aufgrund instrumenteller Unzulänglichkeiten entsteht. In der QM ist die Bedeutung ganz anders; ΔA stammt nicht von instrumentellen Fehlern, sondern ist ein unvermeidbarer echter Quanteneffekt, da ja aufeinanderfolgende Messungen sogar für ideale Messapparate unterschiedliche Werte ergeben können.[13] Dann und nur dann, wenn $\Delta_\Psi A = 0$ gilt, befindet sich das Quantenobjekt in einem Eigenzustand des zu messenden Operators A bzw. haben alle Mitglieder eines Ensembles denselben Wert der Größe A. Eine Aufgabe illustriert diese Aussage am Beispiel der Energie im unendlich hohen Potentialtopf.

In diesem Sinn kann die quantenmechanische Streuung als Maß dafür gesehen werden, inwieweit ein System einen Wert für A ‚hat‘ ($\Delta A = 0$) oder nicht ‚hat‘ ($\Delta A > 0$). Wenn also im unendlich hohen Potentialtopf (Länge a) der Energieeigenzustand φ_n die Ortsunschärfe $\Delta x = \frac{a}{2}\sqrt{\frac{n^2\pi^2-6}{3n^2\pi^2}} \sim 0{,}3a$ aufweist (siehe Aufgaben), bedeutet das nicht, dass wir bei einer (Einzel-)Ortsmessung immer einen Messfehler dieser Größe machen, sondern vielmehr, dass das Quantenobjekt eben nicht einen Ort im klassischen Sinn besitzt – mit anderen Worten, das Konzept ‚genauer Ort‘ taugt nicht für dieses quantenmechanische Problem. Mehr zu dieser Frage in späteren Kapiteln.

9.2   Hermitesche Operatoren

Eine wesentliche Eigenschaft von Messergebnissen ist, dass sie *reell* sind. Wenn die Erwartungswerte Messgrößen darstellen, müssen auch sie reell sein; mithin muss

$$\langle A \rangle = \langle A \rangle^* \tag{9.26}$$

bzw.

$$\int \Psi^*\,(A\Psi)\,dV = \int (A\Psi)^*\,\Psi dV \tag{9.27}$$

gelten. Diese Eigenschaft findet sich bei allen Operatoren in der kleinen Tabelle in Gl. (9.20). Man kann für diese Operatoren sogar noch weitergehend zeigen, dass für zwei beliebige Funktionen[14] Ψ_1 und Ψ_2 gilt:

---

[13] So gesehen wäre möglicherweise in der QM ein anderer Ausdruck als die Standardabweichung geeigneter zur Angabe der Ungleichheit von Messresultaten; aber die mathematische Einfachheit dieses Ausdrucks hat zu seinem verbreiteten Gebrauch geführt.

[14] Beliebig natürlich nur insoweit, als diese beiden Funktionen die notwendigen technischen Voraussetzungen erfüllen und die Integrale existieren. Wir notieren uns, dass die Hermitezität von Operatoren von den Funktionen abhängen kann, auf die sie wirken. Das wird explizit bei den Aufgaben behandelt.

$$\int \Psi_1^* A \Psi_2 dV = \int (A\Psi_1)^* \Psi_2 dV \qquad (9.28)$$

Allgemein heißt ein Operator A, der Gl. (9.28) erfüllt, *hermitescher Operator*. Wir haben im algebraischen Zugang bereits hermitesche Operatoren (und ihre Darstellung als hermitesche Matrizen) kennengelernt, aber diese Operatoren scheinen mit (9.28) wenig zu tun haben. Dass es sich hier doch und dem ersten Anschein entgegen um dasselbe handelt, wird in Kap. 11 (1) unter dem Thema ‚Matrizenmechanik' gezeigt.

Erwartungswerte hermitescher Operatoren sind also reell. Das ist insofern sehr sinnvoll, als in der QM *alle* Messgrößen durch hermitesche Operatoren dargestellt werden. Darüber hinaus haben hermitesche Operatoren ganz allgemein weitere sehr praktische Eigenschaften; so besitzen sie ausschließlich *reelle Eigenwerte* (diese stellen die möglichen Messwerte dar), und ihre *Eigenfunktionen* sind im Fall eines nichtentarteten Spektrums *paarweise zueinander orthogonal* (wie wir es ja schon exemplarisch beim unendlich hohen Potentialtopf gesehen haben). Diese beiden Sachverhalte wollen wir nun zeigen.

9.2.1 Hermitesche Operatoren haben reelle Eigenwerte

Wir untersuchen die Eigenwertgleichung

$$A f_n = a_n f_n \; ; \; n = 1, 2, \ldots \qquad (9.29)$$

wobei der Operator A hermitesch sein soll:

$$\int f_m^* A f_n dV = \int (A f_m)^* f_n dV \qquad (9.30)$$

Wenn die Eigenwerte reell sind, gilt $a_n = a_n^*$. Dies wollen wir jetzt zeigen. Dazu bilden wir zunächst die beiden Gleichungen

$$A f_n = a_n f_n \; ; \; (A f_n)^* = a_n^* f_n^* \qquad (9.31)$$

Wir erweitern die linke Gleichung mit f_n^* und die rechte mit f_n:

$$f_n^* A f_n = f_n^* a_n f_n \; ; \; (A f_n)^* f_n = a_n^* f_n^* f_n \qquad (9.32)$$

Integration über den ganzen Raum bringt

$$\int f_n^* A f_n dV = a_n \int f_n^* f_n dV \; ; \; \int (A f_n)^* f_n dV = a_n^* \int f_n^* f_n dV \qquad (9.33)$$

Wegen der Hermitezität von A sind die linken Terme der beiden Gleichungen gleich. Also müssen auch die rechten Terme gleich sein:

$$a_n \int f_n^* f_n dV = a_n^* \int f_n^* f_n dV \leftrightarrow (a_n - a_n^*) \int f_n^* f_n dV = 0 \tag{9.34}$$

Wegen $\int f_n^* f_n dV = 1 \neq 0$ folgt

$$a_n = a_n^* \leftrightarrow a_n \in \mathbb{R} \tag{9.35}$$

Die Eigenwerte eines hermiteschen Operators sind also reell. Dies gilt, wie gesagt, auch für die Erwartungswerte. Wir bemerken noch einmal, dass das Ergebnis der Messung einer physikalischen Größe nur ein Eigenwert des entsprechenden Operators sein kann.

9.2.2 Eigenfunktionen zu verschiedenen Eigenwerten sind zueinander orthogonal

Gegeben seien ein hermitescher Operator A und die Eigenwertgleichung

$$A f_n = a_n f_n \tag{9.36}$$

Dabei sei das Spektrum nichtentartet. Dann gilt:

$$\int f_m^* f_n dV = 0 \text{ für } n \neq m \tag{9.37}$$

Um dies zu beweisen, beginnen wir mit

$$A f_n = a_n f_n \;\; ; \;\; (A f_m)^* = a_m f_m^* \tag{9.38}$$

a_m ist reell, wie wir gerade gezeigt haben. Wir erweitern

$$f_m^* A f_n = a_n f_m^* f_n \;\; ; \;\; (A f_m)^* f_n = a_m f_m^* f_n \tag{9.39}$$

und integrieren:

$$\int f_m^* A f_n dV = a_n \int f_m^* f_n dV \;\; ; \;\; \int (A f_m)^* f_n dV = a_m \int f_m^* f_n dV \tag{9.40}$$

Da A hermitesch ist, sind die linken Seiten gleich; es folgt:

$$(a_n - a_m) \int f_m^* f_n dV = 0 \tag{9.41}$$

Wegen $n \neq m$ (und weil es keine Entartung gibt) gilt $a_n \neq a_m$. Damit folgt die Behauptung:

$$\int f_m^* f_n dV = 0 \text{ für } n \neq m \tag{9.42}$$

Wir können diese Gleichung erweitern, indem wir den Fall $m = n$ einschließen. Da wir die Eigenfunktionen immer normieren, gilt

$$\int f_m^* f_n dV = \delta_{nm} \tag{9.43}$$

Mit anderen Worten: Hermitesche Operatoren haben immer reelle Eigenwerte und ihre Eigenfunktionen bilden ein Orthonormalsystem (ONS).

9.3 Zeitverhalten, Erhaltungsgrößen

Die Betrachtung des Zeitverhaltens von Erwartungswerten führt auf den Begriff *Erhaltungsgröße*; außerdem lässt sich ein Zusammenhang zur klassischen Mechanik herstellen.

9.3.1 Zeitverhalten von Erwartungswerten

Da die Wellenfunktion von der Zeit abhängt, wird im Allgemeinen auch der Erwartungswert einer physikalischen Größe

$$\langle A \rangle = \int \Psi\,(\mathbf{r},t)^* \, A \Psi(\mathbf{r},t) dV \tag{9.44}$$

von der Zeit abhängen.

Wir untersuchen die erste Zeitableitung von $\langle A \rangle$ und drücken die Ableitungen der Wellenfunktion durch die SGl $i\hbar \dot{\Psi} = H\Psi$ aus, wobei wir berücksichtigen, dass das Potential V in $H = -\frac{\hbar^2}{2m}\Delta + V$ reell ist. Dann folgt

$$
\begin{aligned}
i\hbar \tfrac{d}{dt} \langle A \rangle &= i\hbar \int \dot{\Psi}^* A\Psi dV + i\hbar \int \Psi^* \dot{A}\Psi dV + i\hbar \int \Psi^* A\dot{\Psi} dV = \\
&= -\int (H\Psi)^* A\Psi dV + i\hbar \int \Psi^* \dot{A}\Psi dV + \int \Psi^* AH\Psi dV = \\
&\underset{H \text{ hermitesch}}{=} -\int \Psi^* HA\Psi dV + i\hbar \int \Psi^* \dot{A}\Psi dV + \int \Psi^* AH\Psi dV = \\
&= \int \Psi^* (AH - HA)\,\Psi dV + i\hbar \left\langle \tfrac{\partial}{\partial t} A \right\rangle
\end{aligned}
\tag{9.45}
$$

Dabei haben wir an der bezeichneten Stelle die Hermitezität des Hamilton-Operators ausgenutzt:

$$\int \Psi_1^* H \Psi_2 dV = \int (H\Psi_1)^* \Psi_2 dV \ \text{ bzw.}$$

$$\int \Psi^* H A \Psi dV = \int (H\Psi)^* A \Psi dV \tag{9.46}$$

$(AH - HA)$ ist offensichtlich der Kommutator von A und H; damit folgt

$$i\hbar \frac{d}{dt} \langle A \rangle = \int \Psi^* [A, H] \Psi dV + i\hbar \left\langle \frac{\partial}{\partial t} A \right\rangle \tag{9.47}$$

oder in Kurzform

$$i\hbar \frac{d}{dt} \langle A \rangle = \langle [A, H] \rangle + i\hbar \left\langle \frac{\partial}{\partial t} A \right\rangle \tag{9.48}$$

So gut wie alle Operatoren, die wir im Folgenden betrachten, hängen nicht explizit von der Zeit ab;[15] in diesem Fall gilt also $\frac{\partial}{\partial t} A = 0$ und damit folgt

$$i\hbar \frac{d}{dt} \langle A \rangle = \langle [A, H] \rangle \,, \text{ wenn } A \text{ nicht explizit zeitabhängig ist} \tag{9.49}$$

Wir werden uns zwar im Weiteren nur mit zeitunabhängigen Hamilton-Operatoren befassen, weisen aber trotzdem darauf hin, dass die Argumentation, die zu Gl. (9.48) und (9.49) führt, gleichermaßen für zeitab- wie zeitunabhängige Hamilton-Operatoren gilt. Die entscheidende Eigenschaft ist die Hermitezität von H.

9.3.2 Erhaltungsgrößen

Wir nehmen einmal an, dass wir einen nicht explizit zeitabhängigen Operator A haben, der mit H kommutiert: $[A, H] = 0$. Dann folgt mit Gl. (9.49):

$$i\hbar \frac{d}{dt} \langle A \rangle = 0, \text{ wenn } \frac{\partial}{\partial t} A = 0 \text{ und } [A, H] = 0 \tag{9.50}$$

Mit anderen Worten: Der Erwartungswert $\langle A \rangle$ (und damit die entsprechende physikalische Größe) bleibt zeitlich konstant – man spricht in diesem Fall von einer *Erhaltungsgröße* oder einer *Konstanten der Bewegung*.[16] Erhaltungsgrößen spielen

---

[15] Beispiele sind der Impulsoperator $p = \frac{\hbar}{i} \vec{\nabla}$ oder der Hamilton-Operator, wenn das Potential nicht zeitabhängig ist.

[16] Oder gegebenenfalls auch von einer ‚guten Quantenzahl'.

in der Physik bekanntlich eine besondere Rolle; sie (bzw. die zugrunde liegenden Symmetrien) erlauben eine einfachere Beschreibung eines Systems.[17] Wenn wir uns also auf zeitunabhängige Operatoren beschränken, bedeuten die Aussagen ‚A kommutiert mit H' und ‚A ist eine Erhaltungsgröße' dasselbe. Damit haben wir ein probates Mittel an der Hand, einen gegebenen Operator daraufhin zu untersuchen, ob er eine Erhaltungsgröße darstellt.

9.3.3 Ehrenfestsches Theorem

Die Frage, ob Ort und Impuls Erhaltungsgrößen sind, führt zu einer Verbindung mit der klassischen Mechanik. Außerdem liefert sie eine nachträgliche Bestätigung (im Sinne einer selbstkonsistenten Betrachtung) von Gl. (9.8).

Das physikalische Problem sei dreidimensional. Wir beginnen mit der x-Komponente des Impulses; es gilt mit $H = H_0 + V = \frac{p^2}{2m} + V$

$$
\begin{aligned}
[p_x, H] &= p_x H - H p_x = p_x H_0 + p_x V - H_0 p_x - V p_x = \\
&= \frac{\hbar}{i} \frac{\partial}{\partial x} V - V \frac{\hbar}{i} \frac{\partial}{\partial x} = \frac{\hbar}{i} \frac{\partial V}{\partial x} + \frac{\hbar}{i} V \frac{\partial}{\partial x} - \frac{\hbar}{i} V \frac{\partial}{\partial x} = \frac{\hbar}{i} \frac{\partial V}{\partial x}
\end{aligned}
\tag{9.51}
$$

Damit ergibt sich für das Zeitverhalten:

$$
\frac{d}{dt} \langle p_x \rangle = - \left\langle \frac{\partial V}{\partial x} \right\rangle \quad \text{bzw.} \quad \frac{d}{dt} \langle \mathbf{p} \rangle = - \langle \boldsymbol{\nabla} V \rangle
\tag{9.52}
$$

Als Nächstes betrachten wir den Ort x. Es gilt

$$
\begin{aligned}
[x, H] &= x H - H x = x H_0 + x V - H_0 x - V x = \\
&= x \frac{p^2}{2m} - \frac{p^2}{2m} x = x \frac{p_x^2}{2m} - \frac{p_x^2}{2m} x = -\frac{\hbar^2}{2m} \left(x \frac{\partial^2}{\partial x^2} - \frac{\partial^2}{\partial x^2} x \right)
\end{aligned}
\tag{9.53}
$$

und daraus folgt

$$
[x, H] = \frac{\hbar^2}{m} \frac{\partial}{\partial x} \quad \text{bzw.} \quad [\mathbf{r}, H] = \frac{\hbar^2}{m} \boldsymbol{\nabla}
\tag{9.54}
$$

Mit $\mathbf{p} = \frac{\hbar}{i} \boldsymbol{\nabla}$ ergibt sich schließlich für das Zeitverhalten

$$
\frac{d}{dt} \langle \mathbf{r} \rangle = \frac{1}{m} \langle \mathbf{p} \rangle
\tag{9.55}
$$

---

[17] Das Thema wird in Kap. 7 (2) ,Symmetrien' noch näher betrachtet.

also wieder die weiter oben als Ausgangspunkt gesetzte Gl. (9.8) und damit eine Bestätigung dieses Ansatzes im Sinne einer selbstkonsistenten Betrachtung.

Wir fassen die Ergebnisse dieses Abschnitts zusammen. Für die Erwartungswerte von Ort und Impuls gilt:[18]

$$\frac{d}{dt}\langle \mathbf{r}\rangle = \frac{1}{m}\langle \mathbf{p}\rangle \quad \text{und} \quad \frac{d}{dt}\langle \mathbf{p}\rangle = -\langle \nabla V\rangle \tag{9.56}$$

Die Form der Gleichungen erinnert an die klassischen Hamilton-Gleichungen für ein Teilchen

$$\frac{d}{dt}\mathbf{r} = \frac{1}{m}\mathbf{p} \quad \text{und} \quad \frac{d}{dt}\mathbf{p} = -\nabla V \tag{9.57}$$

die sich in diesem einfachen Fall zur Newtonschen Bewegungsgleichung zusammenfassen lassen:

$$\frac{d\mathbf{p}}{dt} = m\frac{d^2\mathbf{r}}{dt^2} = -\nabla V = \mathbf{F} \tag{9.58}$$

Kurz: Die Erwartungswerte quantenmechanischer Größen gehorchen den klassischen Gleichungen; dies (und damit die Gl. (9.56)) wird ‚Ehrenfestsches Theorem' genannt.[19]

9.4   Aufgaben

1. Gegeben seien ein hermitescher Operator A und das Eigenwertproblem $A\varphi_n = a_n\varphi_n, n = 1, 2, \ldots$. Zeigen Sie:
   (a) Die Eigenwerte a_n sind reell.
   (b) Die Eigenfunktionen sind paarweise orthogonal. Dabei sei vorausgesetzt, dass die Eigenwerte nichtentartet sind.
2. Zeigen Sie: Der Erwartungswert eines hermiteschen Operators ist reell.
3. Zeigen Sie, dass

$$\int \Psi_1^* A\Psi_2 dV = \int (A\Psi_1)^* \Psi_2 dV \tag{9.59}$$

für die Operatoren $\mathbf{r}$, $\mathbf{p}$, H gilt. Beschränken Sie die Diskussion dabei auf den eindimensionalen Fall. Welche Bedingungen müssen die Wellenfunktionen erfüllen?

---

[18] Wir haben also $m\frac{d^2}{dt^2}\langle \mathbf{r}\rangle = -\langle \nabla V\rangle = \langle \mathbf{F(r)}\rangle$. Im Prinzip muss man noch zeigen $\langle \mathbf{F(r)}\rangle = \mathbf{F}(\langle \mathbf{r}\rangle)$ (oder man definiert die Kraft entsprechend).

[19] Es wird aber auch das allgemeine Gesetz (9.48) für die Zeitabhängigkeit von Mittelwerten ‚Ehrenfestsches Theorem' genannt.

4. Zeigen Sie: Für den unendlich hohen Potentialtopf (zwischen 0 und a) gilt $\langle x \rangle = \frac{a}{2}$.

5. Gegeben sei der unendlich hohe Potentialtopf, Ränder bei $x = 0$ und $x = a$. Wir betrachten den Zustand

$$\Psi(x, t) = \sqrt{\frac{2}{a}} \sin\left(\frac{n\pi}{a} x\right) e^{-i\omega_n t} \tag{9.60}$$

(a) Berechnen Sie die Streuung Δx.

(b) Berechnen Sie die Streuung Δp.

6. Im unendlich hohen Potentialtopf sei ein normierter Zustand gegeben durch

$$\Psi(x, t) = c_n \varphi_n(x) e^{-i\omega_n t} + c_m \varphi_m(x) e^{-i\omega_m t} \quad ; \quad c_n, c_m \in \mathbb{C} \quad ; \quad n \neq m \tag{9.61}$$

Berechnen Sie $\langle x \rangle$.

7. Gegeben sei ein unendlich hohes Kastenpotential, Potentialgrenzen bei $x = 0$ und $x = a$. Der Anfangswert der Wellenfunktion sei $\Psi(x, 0) = \Phi \in \mathbb{R}$ für $b - \varepsilon \leq x \leq b + \varepsilon$ und $\Psi(x, 0) = 0$ sonst (natürlich gilt $0 \leq b - \varepsilon$ und $b + \varepsilon \leq a$). Zur Erinnerung: Die Eigenfunktionen $\varphi_n(x) = \sqrt{\frac{2}{a}} \sin k_n x$ mit $k_n = \frac{n\pi}{a}$ bilden ein VONS.

(a) Normieren Sie den Anfangswert.

(b) Berechnen Sie $\Psi(x, t)$.

(c) Berechnen Sie die Wahrscheinlichkeit, mit der das System im Zustand n gemessen werden kann.

8. Zeigen Sie, dass für den Erwartungswert einer physikalischen Größe A gilt

$$i\hbar \frac{d}{dt} \langle A \rangle = \langle [A, H] \rangle + i\hbar \left\langle \frac{\partial}{\partial t} A \right\rangle \tag{9.62}$$

Zeigen Sie für zeitunabhängige Operatoren, dass der Erwartungswert der entsprechenden physikalischen Größe erhalten bleibt, wenn A mit H kommutiert.

9. Zeigen Sie:

$$\frac{d}{dt} \langle \mathbf{r} \rangle = \frac{1}{m} \langle \mathbf{p} \rangle \quad \text{und} \quad \frac{d}{dt} \langle \mathbf{p} \rangle = -\langle \nabla V \rangle \tag{9.63}$$

10. Unter welchen Bedingungen ist der Bahndrehimpuls $\mathbf{l} = \mathbf{r} \times \mathbf{p}$ eine Erhaltungsgröße?

11. Gegeben sei der Hamilton-Operator H mit diskretem und nichtentartetem Spektrum E_n und Eigenzuständen $\varphi_n(\mathbf{r})$. Zeigen Sie, dass die Energieunschärfe ΔH genau dann verschwindet, wenn das Quantenobjekt sich in einem Eigenzustand der Energie befindet.

Zwischenhalt: Quantenkryptographie

10

Wir vergleichen zunächst Formulierungen des analytischen und algebraischen Zugangs. Im zweiten Abschnitt sehen wir, dass die Eigenschaften der Messung in der QM ein im Prinzip absolut sicheres Verschlüsselungsverfahren erlauben.

10.1 Überblick

Dieses Kapitel fällt insofern aus dem Rahmen, als hier nicht wie bisher der Formalismus weiterentwickelt wird. Vielmehr soll es dazu dienen, das bisher Erarbeitete zu sammeln, zu vergleichen und so zu prüfen, wo offene formale und inhaltliche Fragen existieren. Im zweiten Teil des Kapitels beschäftigen wir uns mit der Quantenkryptographie; wir werden sehen, dass auch vermeintlich abstrakte bzw. theoretische Eigentümlichkeiten der Quantenmechanik (QM), wie sie beim Messprozess auftreten, unmittelbare praktische Anwendungen haben können.

10.2 Zusammenfassung und offene Fragen

Wir führen zunächst zusammen, was wir in den vergangenen Kapiteln an wesentlichen Begriffen und Strukturen der QM erarbeitet haben. Der Vergleich des analytischen und des algebraischen Zugangs (anZ und alZ) zeigt zum einen eine deutliche Parallelität, zum anderen aber auch, dass jeweils noch einige Bausteine fehlen. Um den Text lesbar zu halten, verzichten wir auf die detaillierten Angaben, in welchem Kapitel das betreffende Thema jeweils eingeführt bzw. erörtert wurde.

J. Pade, *Quantenmechanik zu Fuß 1*, https://doi.org/10.1007/978-3-662-67928-9_10

10.2.1 Zusammenfassung

Zustände

Wir sind ausgegangen von *Zuständen*, die wir im analytischen Zugang als orts-
und zeitabhängige Wellenfunktion $\psi\,(\mathbf{r}, t)$ und im algebraischen Zugang als ket
$|\psi\,(t)\rangle$ oder auch in der Darstellung als Spaltenvektor geschrieben haben. Es sei
noch einmal darauf hingewiesen, dass $|\psi\,(t)\rangle$ *nicht* vom Ort abhängt, sondern nur
von der Zeit. Die Zustände sind in beiden Fällen Elemente von Vektorräumen.

Zeitabhängige SGl, Hamilton-Operator

Das Zeitverhalten der Zustände wird durch die zeitabhängige SGl beschrieben; sie
lautet in den beiden Zugängen

$$i\hbar \tfrac{\partial}{\partial t}\psi\,(\mathbf{r}, t) = H\psi\,(\mathbf{r}, t)$$
$$i\hbar \tfrac{d}{dt}|\psi\,(t)\rangle = H\,|\psi\,(t)\rangle \tag{10.1}$$

Dabei steht H im analytischen Zugang für den Hamilton-Operator $-\frac{\hbar^2}{2m}\nabla^2 + V$,
während es sich im algebraischen Zugang um einen abstrakten Operator handelt,
über den wir bis jetzt so gut wie nichts wissen – abgesehen davon, dass er sich auch
als Matrix darstellen lässt.[1] In jedem Fall ist H ein hermitescher Operator, wobei
diese Eigenschaft im anZ über Integrale, im alZ über Skalarprodukte definiert ist

$$\int \psi^* H \varphi dV = \int (H\psi)^* \varphi dV$$
$$\langle \psi |\, H\, |\varphi\rangle = \langle \psi |\, H^\dagger\, |\varphi\rangle \tag{10.2}$$

Mittel- bzw. Erwartungswert

Wenn sich das System im Zustand $\psi\,(\mathbf{r}, t)$ befindet, dann können wir den Erwartungswert $\langle A \rangle$ eines Operators A (also den Erwartungswert der entsprechenden
physikalischen Größe) erhalten durch

$$\langle A \rangle = \int \psi^* H \psi dV \tag{10.3}$$

Eine entsprechende Formulierung für den algebraischen Zugang steht noch aus.

Wir bemerken, dass der Erwartungswert eines zeitunabhängigen Operators A
wegen $\psi = \psi\,(\mathbf{r}, t)$ im Allgemeinen von der Zeit abhängt. Eine Erhaltungsgröße
(sprich zeitunabhängig) ist er dann, wenn der Operator A mit H vertauscht, wenn
also gilt $[A, H] = 0$.

---

[1] Eine Bemerkung zur Schreibweise: Obwohl die Hamilton-Operatoren der beiden Zugänge in
Gl. (10.1) gänzlich unterschiedlich sind, ist es üblich, sie mit demselben Symbol H zu bezeichnen.
Ähnliches gilt für die Eigenfunktionen bzw. -vektoren.

Stationäre Schrödinger-Gleichung, Eigenwerte und -vektoren

Mit den Eigenwerten und Eigenvektoren von H lässt sich die zeitliche Entwicklung der Zustände strukturieren. Wir gehen von diskreten, nichtentarteten Spektren aus; die Eigenwerte seien E_n. Wir bezeichnen die analytischen Eigenvektoren (Eigenfunktionen) als $\varphi_n\,(\mathbf{r})$, die algebraischen als $|\varphi_n\rangle$. Sie ergeben sich als Lösung der Eigenwertprobleme (stationäre SGl)

$$H\varphi_n\,(\mathbf{r}) = E_n\varphi_n\,(\mathbf{r})$$
$$H\,|\varphi_n\rangle = E_n\,|\varphi_n\rangle \tag{10.4}$$

Wir bemerken, dass der Wertebereich von n endlich oder unendlich sein kann.

Da H in beiden Zugängen ein hermitescher Operator ist, bilden seine Eigenfunktionen $\{\varphi_n\,(\mathbf{r})\}$ bzw. $\{|\varphi_n\rangle\}$ ein Orthonormalsystem:

$$\int \varphi_m^*\,(\mathbf{r})\,\varphi_n\,(\mathbf{r})\,dV = \delta_{nm}$$
$$\langle\varphi_m\,|\varphi_n\rangle = \delta_{nm} \tag{10.5}$$

Im alZ hatten wir noch über $\sum_n |\varphi_n\rangle\langle\varphi_n| = 1$ die Vollständigkeit des ONS beschrieben; dies steht für den anZ noch aus.

Zeitabhängige Lösung

Mit den Eigenwerten und -vektoren schreibt sich die Lösung der zeitabhängigen Schrödinger Gleichung (SGl) als

$$\psi\,(\mathbf{r}, t) = \sum_n c_n\varphi_n\,(\mathbf{r})\,e^{-iE_n t/\hbar}$$
$$|\psi\,(t)\rangle = \sum_n c_n\,|\varphi_n\rangle e^{-iE_n t/\hbar} \tag{10.6}$$

Diese Zustände sind als Lösungen der deterministischen SGl (10.1) durch die Angabe einer Anfangsbedingung $\psi\,(\mathbf{r}, 0)$ bzw. $|\psi\,(0)\rangle$ eindeutig und für alle Zeiten festgelegt. Denn wegen (10.5) gilt

$$\int \varphi_m^*\,(\mathbf{r})\,\psi\,(\mathbf{r}, 0)\,dV = \sum_n c_n \int \varphi_m^*\,(\mathbf{r})\,\varphi_n\,(\mathbf{r})\,dV = \sum_n \delta_{nm}c_n = c_m$$
$$\langle\varphi_m\,|\psi\,(0)\rangle = \sum_n c_n \langle\varphi_m\,|\varphi_n\rangle = \sum_n \delta_{nm}c_n = c_m \tag{10.7}$$

oder kurz

$$c_n = \int \varphi_n^*\,(\mathbf{r})\,\psi\,(\mathbf{r}, 0)\,dV$$
$$c_n = \langle\varphi_n\,|\psi\,(0)\rangle \tag{10.8}$$

Bis hierhin sind die im anZ und alZ entwickelten Formalismen trotz einiger Unterschiede (Definition hermitescher Operator, Zustand, SGl als Differentialgleichung oder als Matrixgleichung) so ähnlich, dass es ganz offensichtlich eine enge Verbindung geben *muss*. Die Gl. (10.8) legen z. B. nahe, dass das Integral $\int \varphi_n^*(\mathbf{r})\, \psi(\mathbf{r}, 0)\, dV$ einem Skalarprodukt entspricht; wir greifen diesen Punkt im nächsten Kapitel wieder auf.

Messung, Wahrscheinlichkeiten

Der gerade noch einmal zusammengefasste Formalismus der QM ist streng deterministisch. Ein Zufallselement tritt erst auf, wenn wir durch eine Messung Informationen aus dem System ziehen. Wir haben in früheren Kapiteln gesehen, dass die in (10.6) auftretenden Koeffizienten in der Form $|c_n|^2$ die Wahrscheinlichkeiten angeben, das System im Zustand $\varphi_n(\mathbf{r})$ bzw. $|\varphi_n\rangle$ zu finden. Bei quantisierten Größen (wie der Energie oder der Zustandsart Elektron- oder Myon-Neutrino usw.) lässt sich immer nur *einer* der Werte des Spektrums messen. Andere Resultate sind nicht möglich.

Wir haben im alZ den Messprozess mithilfe von Projektionsoperatoren formuliert. Wenn wir zum Beispiel den Zustand $|\chi\rangle$ messen wollen, modellieren wir das durch Anwendung des Projektionsoperators $P_\chi = |\chi\rangle\langle\chi|$ auf den Zustand $|\psi\rangle$:

$$|\chi\rangle\langle\chi\,|\psi\rangle = c\,|\chi\rangle \tag{10.9}$$

Dabei gibt $|c|^2 = |\langle\chi\,|\psi\rangle|^2$ die Wahrscheinlichkeit an, tatsächlich bei der Messung von $|\psi\rangle$ den Zustand $|\chi\rangle$ zu erhalten. Im anZ haben wir bisher keine Projektionsoperatoren eingeführt; die Parallelität der im anZ und alZ entwickelten Beschreibungen legt aber nahe, dass es auch im anZ eine Entsprechung geben muss. Dies ist also noch nachzuholen.

Messung, Kollaps

Durch die Messung wird das System vom Zustand $|\psi\rangle$ in den Zustand $|\chi\rangle$ überführt ($c = \langle\chi\,|\psi\rangle \neq 0$ vorausgesetzt); in der Formulierung des alZ lässt sich das schreiben als

$$|\psi\rangle \underset{\text{mit Wahrscheinlichkeit } |c|^2}{\longrightarrow} \frac{P_\chi\,|\psi\rangle}{\big|P_\chi\,|\psi\rangle\big|} = \frac{\langle\chi\,|\psi\rangle}{|\langle\chi\,|\psi\rangle|}\,|\chi\rangle \tag{10.10}$$

Eine Überlagerung von Zuständen vor der Messung bricht also im Allgemeinen[2] durch diese zusammen und es resultiert *ein* Zustand. Dieses Verhalten haben wir mit den Begriffen Zustandsreduktion oder Kollaps des Zustands beschrieben. Wir gehen nach der Messung wieder von einem normierten Zustand aus; eine eventuell verbleibende globale Phase stört nicht weiter,[3] da Zustände physikalisch gleich

---

[2] Wenn also Anfangs- und Endzustand nicht parallel sind.

[3] Die QM ist eben in einem gewissen Sinn sehr gutmütig.

sind, wenn sie sich nur durch eine Phase unterscheiden (wir werden auf diesen Punkt noch in Kap. 14 (1) eingehen). Der Zustand nach der Messung kann als neuer Anfangszustand aufgefasst werden[4] (zur Zeit T lassen wir unsere Stoppuhr neu loslaufen), der sich unitär entwickelt bis zur nächsten Messung.

Wir bemerken noch einmal, dass der eigentliche Messprozess selbst nicht modelliert wird, sondern nur die Situation vor und nach der Messung.

10.2.2 Offene Fragen

Die gerade skizzierten Beschreibungen im anZ und alZ lassen einige Fragen offen, die wir jetzt kurz zusammenfassen; die Antworten werden in den folgenden Kapiteln geliefert. Es geht dabei sowohl um Fragen eher formaler als auch um solche eher inhaltlicher Natur (wobei diese Unterteilung nicht unbedingt trennscharf ist).

Formal

Wie schon gesagt, legt die große Ähnlichkeit der Ausdrücke (10.1) bis (10.8) nahe, dass es eine direkte Verbindung zwischen den beiden Zugängen bzw. Formulierungen gibt. Es muss also zum Beispiel geklärt werden, welcher Zusammenhang zwischen den Zustandsbeschreibungen als ket und als Wellenfunktion existiert; damit lässt sich dann auch der bislang nur im alZ formulierte Projektionsoperator für den anZ darstellen. Diese Verbindung muss dann auch die unterschiedlichen Formulierungen etwa in (10.8) erklären; dies gilt natürlich auch für die auf den ersten Blick überhaupt nicht übereinstimmenden Definitionen der Hamilton-Operatoren in den beiden Zugängen als $-\frac{\hbar^2}{2m}\nabla^2 + V$ und als Matrix.

Ein weiteres noch zu behandelndes Thema stellen entartete sowie kontinuierliche Spektren dar. Die Bearbeitung all dieser offenen Fragen findet sich vor allem in den nächsten zwei Kapiteln.

Inhaltlich

Die Messung, wie wir sie in Gl. (10.10) beschrieben haben, ist i. Allg. (das heißt, für $|c|^2 \neq 1$) nicht reversibel, ist also kein unitärer Prozess. Nimmt man die Gültigkeit des Projektionsprinzips zur Ermittlung der Messwahrscheinlichkeiten an, muss man erklären, wie es zu dieser Zustandsreduktion kommt, also dem Übergang von einer Superposition wie z. B. $|v(t)\rangle$ zu einem einzelnen Zustand wie $|v_e\rangle$. Akzeptiert ist mittlerweile, dass es sich bei diesem Kollaps des Zustands um einen nichtlokalen, also überlichtschnellen Effekt[5] handelt. Von den offenen Fragen können bestimmte

---

[4] In dem Fall spricht man dann von Zustandspräparation oder kurz Präparation.

[5] Was verständlich macht, dass Einstein ihn als ‚spukhafte Fernwirkung' abtat. Wie man zeigen kann, taugt der Effekt aber nicht zur überlichtschnellen Informationsverbreitung; die Gültigkeit der Relativitätstheorie bleibt unangetastet.

Ansätze einen Teil aufklären, ein anderer Teil ist aber noch unverstanden und auch heute noch Gegenstand der Diskussion; wir werden in späteren Kapiteln darauf zurückkommen.

Damit keine Missverständnisse aufkommen: Es handelt sich um ein Problem auf der Ebene der Interpretation der Quantenmechanik, also ihres *Verständnisses*. Auf der formalen Ebene, sozusagen handwerklich, funktioniert die Quantenmechanik ausgesprochen gut – sie ist gut *fapp*, wie es nach einer sprichwörtlich gewordenen Bezeichnung von John S. Bell heißt: ‚Ordinary quantum mechanics is just fine *f*or *a*ll *p*ractical *p*urposes‘.[6]

Die Bearbeitung der inhaltlichen Fragen wird im Wesentlichen wieder in Kap. 14 (1) aufgenommen. Zuvor wollen wir uns aber noch eine praktische Anwendung der QM anschauen – gewissermaßen ein Fapp-Fall.

10.3 Quantenkryptographie

Über die QM kursieren einige populäre Missverständnisse. Symptomatisch ist der ‚Quantensprung‘ – was in der QM die kleinste mögliche Änderung darstellt, hat sich in der Umgangssprache zu einer Metapher für einen Riesensprung, einen radikalen Wechsel gemausert.[7]

Zwei weitere falsche Vorstellungen lauten, dass die QM immer einen gewaltigen mathematischen Apparat erfordere[8] und dass abstrakte Eigentümlichkeiten der QM wie das Messproblem höchstens von theoretischem Interesse seien. Dass beide Behauptungen falsch sind, zeigt die *Quantenkryptographie*,[9] bei der man sich die Besonderheit des quantenmechanischen Messprozesses zunutze macht, und die man in ihrer einfachsten Formulierung *ohne jede Formel* beschreiben kann;[10] wir werden das im Folgenden durchexerzieren. Natürlich kann man den ganzen Sachverhalt auch viel formaler beschreiben, aber hier handelt es sich um eines der zugegeben sehr wenigen Beispiele, wo dies nicht unbedingt erforderlich ist.

Wesentliche quantenmechanische Prinzipien sind, dass es Superpositionen mehrerer Zustände gibt und dass wir bei einer Messung einer solchen Superposition nur

---

[6] In Erweiterung des Bellschen Bonmots kann man unter Fapp-Theorien solche Theorien verstehen, die man einerseits nicht so richtig begründen kann oder möchte, die aber andererseits hervorragend mit experimentellen Resultaten übereinstimmen und für alle praktischen Zwecke sehr nützlich sind. Dazu kann man die QM zählen, wenn man sie nur als Handwerkzeug betrachtet (bzw. sie vor allem über ihre Verwertbarkeit beurteilt) und über das, was sie bedeutet, keine Schlüsse macht, machen möchte oder machen kann.

[7] Dagegen verspricht der Filmtitel ‚Ein Quantum Trost‘ (Quantum of Solace) nicht einen ‚Quantensprung‘, sondern eher ein Minimum in Sachen Trost für James Bond – also ein Quentchen oder Quäntchen Trost, sozusagen Quantentrost.

[8] Dass das nicht stimmt, haben wir unter anderem im algebraischen Zugang gesehen, wo grundlegende Ideen mittels einfacher Vektorrechnung dargestellt werden können.

[9] Diese Bezeichnung ist zwar kurz und knackig, aber auch ein bisschen irreführend: Wie wir gleich sehen werden, wird mithilfe der QM nicht eine Nachricht verschlüsselt, sondern dafür gesorgt, dass der öffentlich übertragene Schlüssel nicht ausspioniert werden kann.

[10] Aus diesem Grund ist das Thema auch sehr schulgeeignet.

Wahrscheinlichkeiten angeben können, einen dieser Zustände als Messergebnis zu erhalten. Es sind diese Prinzipien, die die Quantenkryptographie ermöglichen, und zwar auch als praxistaugliches Verfahren.

10.3.1 Einführung

Geheimtexte und Verschlüsselungen waren bereits in vorchristlichen Kulturen üblich. Eines der bekanntesten alten Verschlüsselungsverfahren wird Cäsar zugeschrieben und heißt auch heute noch *Cäsar-Schlüssel*. Hier chiffriert man den Text, indem man jeden Buchstaben durch den zum Beispiel dritten nach ihm im Alphabet folgenden ersetzt. So wird aus ‚cold‘ das Wort ‚frog‘ und aus ‚bade‘ wird ‚edgh‘.

Diese Verschlüsselungstechnik zu knacken ist heutzutage natürlich ein Klacks, schon alleine dadurch, dass man mittlerweile recht genau für jede Sprache über die Häufigkeit der einzelnen Buchstaben Bescheid weiß. Die moderne Kryptologie hat viel elaboriertere Verfahren entwickelt. Einen großen Aufschwung erfuhr sie in beiden Weltkriegen, wo sie auch einen starken Impuls zur Entwicklung der ersten ‚Elektronenrechner‘ lieferte; der erste Computer, Colossus genannt, der Ende des 2. Weltkriegs gebaut wurde, diente zum Dechiffrieren.

Zur Nomenklatur: Chiffrieren bedeutet verschlüsseln und dechiffrieren entsprechend entschlüsseln. Auf Englisch heißt unverschlüsselter Text plain text, verschlüsselter Text ciphertext, der Schlüssel cipher oder key.

10.3.2 One-time-pad

Dieses Verschlüsselungsverfahren wurde 1917 entwickelt; als Autor wird meist Gilbert Vernam angegeben. 1949 wurde durch Claude Shannon seine *absolute Sicherheit* nachgewiesen. Bei diesem Verfahren ist bekannt, wie man ver- und entschlüsselt. Die Sicherheit beruht ausschließlich darauf, dass der *Schlüssel geheim* ist (und nur dann ist das Verfahren absolut sicher).

Das Verfahren funktioniert wie folgt. Zunächst wird das Alphabet (und einige wichtige Satzzeichen etc.) mit Zahlen codiert, beispielhaft etwa so:

A	B	C	D	E	...	X	Y	Z		,	.	?
00	01	02	03	04	...	23	24	25	26	27	28	29

also ein Vorrat von 30 Zeichen. Die Botschaft bestehe aus N Zeichen; der Schlüssel muss dann ebenfalls aus N Zeichen bestehen. Sie werden *zufällig* aus dem Vorrat gezogen. Gegenüber ‚normalem‘ Text hat das den Vorteil, dass jeder Buchstabe im Mittel gleich häufig auftritt und selbst dann, wenn Stücke aus dem Schlüssel bekannt sind, der Rest nicht rekonstruiert werden kann.

Für ein konkretes Beispiel wählen wir den Schlüssel 06/29/01/27/.... Verschlüsseln der Nachricht ‚BADE‘ geht dann so:

B	A	D	E		unverschlüsselter Text T
01	00	03	04		Text T, kodiert
06	29	01	27		Schlüssel S
07	29	04	01		V = (T + S) (mod30)
H	?	*E*	*B*		verschlüsselter Text V

und Entschlüsseln so:

H	?	E	B		verschlüsselter Text V
07	29	04	01		Text V, kodiert
06	29	01	27		Schlüssel S
01	00	03	04		T = (V − S) (mod30)
B	*A*	*D*	*E*		unverschlüsselter Text T

Einige Bemerkungen:

- Der chiffrierte Text V wird *öffentlich* übertragen; die Sicherheit hängt ausschließlich davon ab, dass der Schlüssel nur dem Sender und Empfänger bekannt ist.
- Das Verfahren ist absolut sicher, wenn jeder Schlüssel nur *ein Mal* verwendet wird. Daher stammt auch der Name: ‚pad' meint hier nicht Kissen, sondern Schreibblock. Man kann sich vorstellen, Sender und Empfänger haben jeweils einen identischen Schreibblock, wobei sich auf jedem Blatt ein Schlüssel findet. Nach dem Ver- und Entschlüsseln ist der Schlüssel verbraucht; das oberste Blatt des Schreibblocks wird abgerissen und weggeworfen; das nächste Blatt enthält den nächsten Schlüssel.
- In binärer Schreibweise ist das Verfahren im Prinzip gleich, aber an den Computer angepasster. Das kann dann beispielsweise so aussehen $(1 + 1 = 0)$:

Text T	0	1	1	0	1	0	0	1	0	1	1	1
Schlüssel S	1	0	1	0	0	1	0	0	0	1	1	0
T + S	1	1	0	0	1	1	0	1	0	0	0	1
S	1	0	1	0	0	1	0	0	0	1	1	0
⇒ T = T + S ± S	0	1	1	0	1	0	0	1	0	1	1	1

- Besonders in der englischsprachigen Literatur haben sich bestimmte Namen fest eingebürgert. Der Sender heißt ‚Alice', der Empfänger ‚Bob'. Als dritte Person werden wir im Weiteren noch einen Spion berücksichtigen. Was den Namen des Spions angeht, könnte man denken, dass es jetzt mit ‚C' wie ‚Charlotte' weitergehen sollte (und in französischen Texten findet man das durchaus); aber das englische ‚Eavesdropping' für ‚lauschen, spionieren' legt den Namen ‚Eve' näher, und so heißt es dann üblicherweise auch – zwar nicht alphabetisch, aber doch gendermäßig korrekt.

Das One-time-pad-Verfahren basiert also auf einem *öffentlichen* Austausch der verschlüsselten Nachricht, während der Schlüssel *geheim* übertragen werden muss. Das Problem der sicheren und geheimen Übergabe des Schlüssels zwischen Alice und Bob heißt *Schlüsselverteilung* (*key distribution*). Die große Schwierigkeit dabei: Wie kann man sicher sein, dass Eve den Schlüssel nicht insgeheim und ohne Spuren zu hinterlassen gelesen hat, etwa auf Papier oder auf CD, oder ihn abphotographiert hat? Es gibt in der Kryptographie eine Art Merksatz, der dieses klassische Dilemma ironisch so beschreibt: „Man kann vollkommen geheim kommunizieren, vorausgesetzt, man kann vollkommen geheim kommunizieren."

Hier kommt die Quantenmechanik auf den Plan, und zwar mit mehreren Verfahren. Allen gemeinsam ist, dass sie die Schlüsselübergabe mit quantenmechanischen Eigentümlichkeiten verknüpfen und dadurch sichern; genannt wird das *quantum key distribution*. Ein besonders einfaches Verfahren ist das sogenannte BB84-Protokoll (BB84 steht für Bennett und Brassard 1984).[11] Es beruht im Grunde auf einer Idee eines Doktoranden aus den 1960er-Jahren. Stephen Wiesner hatte sich damals eine Methode ausgedacht, Banknoten mithilfe polarisierter Photonen fälschungssicher zu machen (sozusagen ‚Quantengeld‘). Zwar ist die praktische Umsetzung dieser Idee auch heute noch nicht im Entferntesten möglich; dennoch ist es im Nachhinein nicht ohne Weiteres nachvollziehbar, dass Versuche Wiesners, diese Idee um 1970 herum zu publizieren, von den Gutachtern der Fachzeitschriften rigoros abgelehnt wurden. Wiesner musste mehr als zehn Jahre warten, bis er in der Fachliteratur seinen Vorschlag beschreiben konnte.[12] Wie auch immer – jedenfalls erkannte Charles Bennett, ein Bekannter von Wiesner, das kryptographische Potential dieser Idee und arbeitete sie zusammen mit Brassard dann zum sogenannten *BB84-Protokoll* aus.

10.3.3 BB84-Protokoll ohne Eve

Die Information soll im Folgenden mit polarisierten Photonen übertragen werden, wobei wir nur *lineare* Polarisation betrachten werden. Den horizontal und vertikal polarisierten Zustand bezeichnen wir wieder mit $|h\rangle$ und $|v\rangle$.

Es geht, wie gesagt, um die sichere und geheime Übermittlung des Schlüssels. Alice könnte nun einen Schlüssel senden, indem sie Bob eine Zufallsfolge von $|h\rangle$ und $|v\rangle$ schickt. Allerdings muss sie Bob die Orientierung des Polarisators mitteilen (z. B. per Telefon), und wenn Eve diese Mitteilung aufschnappt, kann sie gefahrlos lauschen, ohne dass Alice oder Bob etwas davon merken. Für ein Mehr an Sicherheit müssen wir die Quantenmechanik einsetzen, genauer gesagt, Superpositions- und Projektionsprinzip.

---

[11] Ein anderes Verfahren, das sogenannte E91-Protokoll (das ‚E‘ benennt Artur Ekert), arbeitet mit verschränkten Photonen.

[12] Man darf leider seiner Zeit nicht zu weit voraus sein; wer im 15. Jahrhundert blaue Pferde malte, erntete wohl auch (im besten Fall) nur Kopfschütteln. Das gilt auch in der Wissenschaft.

Alice wählt nämlich zufallsverteilt aus *zwei* Polarisationsrichtungen aus: horizontal/vertikal und schräg links/rechts, symbolisiert durch ⊞ und ⊠, wobei die Kreuze in den Quadraten die Polarisationsebenen kennzeichnen.[13] Die Zustände können wir darstellen als $|h\rangle$ und $|v\rangle$ sowie $|\diagdown\rangle$ und $|\diagup\rangle$ für die ‚schrägen‘ Messungen. Die Superposition äußert sich darin, dass die ‚schrägen‘ Zustände Linearkombinationen der ‚geraden‘ sind, $[|h\rangle \pm |v\rangle]/\sqrt{2}$. Misst man also mit einem ‚geraden‘ Polarisator einen ‚schrägen‘ Zustand, erhält man $|h\rangle$ und $|v\rangle$ jeweils mit der Wahrscheinlichkeit $\left(1/\sqrt{2}\right)^2 = 1/2$.

Um die Notation durchsichtig zu halten, ordnen wir den Zuständen Werte zu:

$1\widehat{=}\,|h\rangle$	$1\widehat{=}\,|\diagdown\rangle$
$0\widehat{=}\,|v\rangle$	$0\widehat{=}\,|\diagup\rangle$

Die genaue Wahl dieser Zuordnung spielt natürlich keine Rolle,[14] muss aber zwischen Alice und Bob abgesprochen sein. Ebenso ist die Orientierung der Polarisatoren (= Basen) *öffentlich* bekannt.

Das BB84-Protokoll funktioniert nun wie folgt:

1. Alice und Bob vereinbaren den Beginn der Schlüsselübertragung und einen Zeittakt, mit dem die Photonen geschickt werden, zum Beispiel jede Zehntelsekunde ein Photon.
2. Alice würfelt eine Basis aus, also ⊞ oder ⊠, sowie einen Wert, also 1 oder 0. Das so beschriebene Bit[15] wird als polarisiertes Photon zu Bob geschickt.
3. Bob weiß natürlich nicht, welche Basis und welchen Wert Alice gewählt hat. Er würfelt seinerseits eine Basis aus und misst in ihr das Photon. Dabei kann er (zufällig) mit Wahrscheinlichkeit 1/2 die gleiche Basis wie Alice erwischen – oder eben auch nicht. Im ersten Fall misst er *immer denselben Wert* wie Alice; das ist für das Funktionieren der Methode ganz wesentlich. Wenn die Basen nicht übereinstimmen, gibt es nur eine Wahrscheinlichkeit von 1/2, dass Bob den richtigen Wert misst. Bis hierhin sieht das Ganze dann zum Beispiel so aus:

A Basis	⊞	⊠	⊠	⊠	⊞	⊠	⊞	⊠	⊞	⊠
A Wert	1	0	0	1	1	0	0	1	0	1
B Basis	⊠	⊠	⊞	⊠	⊞	⊠	⊞	⊞	⊞	⊞
B mögliche Messungen	1 0	0	1 0	1	1	0	0	1 0	0	1 0
B tatsächliche Messung	1	0	1	1	1	0	0	0	0	1

---

[13] Die ⊠-Ebene ist natürlich die um 45° verdrehte ⊞-Ebene. Die ⊞-Zustände sind im Übrigen die Eigenvektoren von σ_z, die ⊠-Zustände bis auf ein Vorzeichen die von σ_x, vgl. Kap. 4 (1).

[14] Genauso wäre auch z. B. die Zuordnung $0\widehat{=}\,|h\rangle$ und $1\widehat{=}\,|v\rangle$ möglich.

[15] Unter einem *Bit* versteht man eine Größe, die nur zwei Werte annehmen kann. Hier sind das 0 und 1.

Beim ersten Photon hat Bob nicht die von Alice verwendete Basis erwischt. Sein Messung kann also 1 oder 0 ergeben; wir haben als konkretes Beispiel 1 gewählt.[16] Im Übrigen spielen, wie wir gleich sehen werden, die Ergebnisse mit verschiedener Basis von A und B für die Schlüsselübertragung keine Rolle.

4. Auf diese Weise wird die notwendige Anzahl von Photonen verschickt, wobei sich Alice und Bob die entsprechenden Einstellungen bzw. Werte notieren. Der Übertragungsvorgang ist dann beendet. Im nächsten Schritt folgt dann ein *öffentlicher* Austausch: Bob sagt Alice, welche Basis er bei jedem Photon benutzt hat, und Alice sagt Bob, ob es die richtige war. Wichtig ist dabei, dass der Wert (also 0 oder 1) aber *nicht öffentlich* bekanntgegeben wird. Alice und Bob entfernen dann alle Werte, bei denen die Polarisationsorientierungen nicht übereinstimmen. Dies gilt auch für alle Messungen bzw. Zeitpunkte, bei denen Alice entgegen der Absprache kein Photon geschickt hat oder Bob aus welchen Gründen auch immer keines detektiert hat, obwohl eines kommen sollte (dark counts). Da Alice und Bob bei gleicher Basis immer dieselben Werte erhalten haben, bleibt der in diesem lauscherfreien Szenario sonst niemand bekannte Schlüssel übrig, im Beispiel:

| Schlüssel | − | 0 | − | 1 | 1 | 0 | 0 | − | 0 | − | → 011000 |

Freilich ist die Welt nicht so einfach und Lauscher und Spione gibt es überall. Wie geht man mit diesem Problem um?

10.3.4 BB84-Protokoll mit Eve

Die Anordnung sieht nun so aus: Alice versendet im Zeittakt einzelne Photonen, Eve fängt (natürlich ohne dass Alice und Bob die Möglichkeit haben, dies durch alltägliche Mittel der Beobachtung wie Hinsehen etc. wahrzunehmen) jedes oder einen gewissen Anteil auf, etwa in einem PBS, und lässt es dann zu Bob weiterlaufen. Das schreibt sich leicht, aber tatsächlich ist es für Eve gar nicht so einfach, diese Situation zu realisieren. Eine der denkbaren Anwendungen sieht zum Beispiel das Senden von Schlüsseln von der Erde (Bergstationen) zu Satelliten vor. Wenn es sich dann wirklich um Ein-Photon-Prozesse handelt, ist es unmöglich für Eve, sich einfach unerkannt dazwischenzuschalten und diese einzelnen Photonen aufzufangen, ohne dass in diesem Fall die ganze Welt darüber erfährt bzw. zuschaut.

---

[16] Wir bemerken, dass Bob bei seinen Messungen mit ‚falscher' Analysatoreinstellung natürlich auch andere Werte erhalten kann, und zwar jeweils mit der gleichen Wahrscheinlichkeit. Bei der letzten Zeile in der obigen Tabelle handelt es sich um ein konkretes Beispiel von insgesamt 16; andere Möglichkeiten für Bobs tatsächliche Messung sind etwa | 0 | 0 | 0 | 1 | 1 | 0 | 0 | 1 | 0 | 0 | oder | 1 | 0 | 0 | 1 | 1 | 0 | 0 | 0 | 0 | 0 |.

Bei anderen Übertragungsarten (per Glasfaserkabel o. ä.) sind Spionagetechniken denkbar, aber jedenfalls alles andere als einfach zu realisieren.

Wir nehmen aber im Folgenden (im Sinne einer konservativen Abschätzung) an, dass Eve dieses Problem bewältigen kann. Dennoch kann sie nicht unerkannt lauschen; dafür sorgt die QM.

Das Argument läuft so: Da Eve nie weiß, welche Basis Alice eingestellt hat, muss sie ihre Basis, ebenso wie Bob, zufällig wählen; die Trefferquote liegt dabei bei 50 %. Mit der falschen Basis wird Eve in 50 % der Fälle nicht den von Alice gewählten Wert messen. Bob seinerseits misst, wenn er zufällig dieselbe Basis wie Eve gewählt hat, denselben Wert wie sie, andernfalls wieder zu jeweils 50 % den Wert 0 oder den Wert 1. Das kann dann z. B. so aussehen:

A Basis	⊞	⊠	⊠	⊠	⊞	⊠	⊞	⊠	⊞	⊠
A Wert	1	0	0	1	1	0	0	1	0	1
E Basis	⊠	⊞	⊞	⊠	⊞	⊞	⊠	⊠	⊞	⊞
E mögliche Messungen	1 / 0	1 / 0	1 / 0	1	1	1 / 0	1 / 0	1	0	1 / 0
E tatsächliche Messung	1	0	1	1	1	0	1	1	0	0
B Basis	⊠	⊠	⊞	⊠	⊞	⊠	⊞	⊞	⊞	⊞
B mögliche Messungen	1	1 / 0	1	1	1	1 / 0	1 / 0	1 / 0	0	0
B tatsächliche Messung	1	0	1	1	1	1	1	0	0	0

Alice und Bob vergleichen nun wieder für jedes Photon ihre Basis und behalten nur die Werte, bei denen die Basissysteme übereinstimmen. Es folgt:

Alice	–	0	–	1	1	0	0	–	0	–
Bob	–	0	–	1	1	1	1	–	0	–

Und hier sieht man den großen Vorteil der Quantenkryptographie: Dass Eve spioniert hat, macht sich in der Verschiedenheit der Schlüssel von Alice und Bob *prinzipiell bemerkbar*! Bei quantenmechanischen Verfahren der Schlüsselübertragung ist es für Eve so gut wie unmöglich, unerkannt zu bleiben. Um das zu erkennen, müssen Alice und Bob natürlich öffentlich Teile ihrer Schlüssel vergleichen und können nicht mehr den gesamten Schlüssel direkt verwenden. Da man aber gerade mit Photonen sehr einfach sehr große Informationsmengen übertragen kann, ist es nicht weiter gravierend, wenn Alice und Bob nach Absprache größere Teile ihrer Schlüssel ausscheiden. Die Grundzüge des Verfahrens finden sich im Anhang.

Wir wollen hier der Frage nachgehen, mit welchem Grad von Sicherheit Eve enttarnt werden kann. Um diesen Sachverhalt zu quantifizieren, nehmen wir an, dass Alice und Bob die gleiche Basis gewählt haben (die anderen Photonen werden ja eh ausgeschieden). Dann kann Eve zufällig (und zwar mit Wahrscheinlichkeit 1/2) dieselbe Basis gewählt haben, wobei der von Alice eingestellte Wert durchgereicht wird, oder die andere Basis, wobei dann vier verschiedene Fälle auftreten können. Im Einzelnen sieht das so aus:

Alice Basis	⊞	⊞	⊞	⊞	⊞
Alice Wert	1	1	1	1	1
Eve Basis	⊞	⊠	⊠	⊠	⊠
Eve Wert	1	1	1	0	0
Bob Basis	⊞	⊞	⊞	⊞	⊞
Bob Wert	1	1	0	1	0
Wahrscheinlichkeit	1/2	1/8	1/8	1/8	1/8

Nach dem Ausscheiden der Ergebnisse unterschiedlicher Einstellungen der Basis von Alice und Bob haben wir also folgenden Sachverhalt: (a) Eve hat 75 % Übereinstimmung mit den Werten von Alice und (b) bei einem Viertel der Fälle resultiert ein verschiedener Wert an der entsprechenden Position der Schlüssel von Alice und Bob. Pro Photon gibt es also eine Chance von $1 - 1/4$ für Eve, unentdeckt zu bleiben. Hat Eve insgesamt N Photonen des Schlüssels ausspioniert, beträgt die Chance ihrer Enttarnung $p_{enttarnung} = \left(1 - [1 - 1/4]^N\right)$. Bei einem sehr kurzen Schlüssel oder sehr wenigen Messungen kann Eve Glück haben und unerkannt bleiben (z. B. bei den ersten fünf Photonen im obigen Beispiel); aber schon bei einem mäßig langen Schlüssel ist die Enttarnung so gut wie sicher. Zahlenwerte:

N	10	10^2	10^3	10^4
$1 - p_{enttarnung}$	$10^{-1,25} = 0,056$	$10^{-12,5}$	10^{-125}	10^{-1249}

Damit verglichen ist die Chance, einen Sechser im Lotto zu landen, vergleichsweise groß; sie beträgt bekanntlich $1/\binom{49}{6} = 1/13983816 \approx 10^{-7,1}$. Schon für mäßig große N im Bereich 100 oder 1000 ist es also so gut wie ausgeschlossen, dass Eve unerkannt lauschen kann.

Wenn Eve jedes Photon ausspioniert, äußert sich das in einer durchschnittlichen Fehlerquote von 25 % beim Vergleich der Schlüssel von Alice und Bob; spioniert sie nur jedes zweite Photon aus, sind es 12,5 % usw. Wenn also Alice und Bob ihre Schlüssel vergleichen, sehen sie nicht nur, *ob* Eve spioniert hat, sondern können auch abschätzen, *wie viele* Photonen sie ,belauscht' hat. Allerdings können Fehler auch durch Rauschen und sonstige Prozesse entstehen, die z. B. unbeabsichtigt die Polarisation ändern. Durch Vergleich können also Alice und Bob ermitteln, welchen Anteil des Schlüssels Eve *maximal* kennt. Ist die Fehlerquote zu hoch – sagen wir zum Beispiel deutlich über 10 % – wird der Schlüssel verworfen und ein neuer Schlüssel übertragen.

Nun könnte man sich ja vorstellen, dass Eve die von Alice geschickten Photonen in aller Ruhe kopiert, das Original zu Bob weiterschickt und an den Kopien geeignete Messungen durchführt. Dass das nicht geht, stellt eine weitere Eigentümlichkeit der QM sicher. Das *No-Cloning-Theorem* der QM besagt nämlich, dass man nicht beliebige Zustände kopieren kann, sondern nur einen *schon bekannten* Zustand sowie die zu ihm orthogonalen Zustände. Wir werden diesen Sachverhalt in Kap. 12 (2) (Quanteninformation) besprechen. Im Kontext der momentanen Überlegungen greift das Theorem, da die zwei nicht zueinander orthogonalen Basensysteme ⊞ und ⊠ benutzt werden.

Bis hierhin geht der Beitrag der Quantenmechanik. Was nun folgt, sind klassische, also nicht quantenmechanische Verfahren; sie werden in Anhang P (1) skizziert.

Noch eine Bemerkung zum Schluss: Wir haben hier idealisierte Verhältnisse unterstellt – alle Nachweisgeräte arbeiten hundertprozentig, es gibt kein Rauschen, hinter dem Eve sich zu verstecken versuchen könnte, und so weiter. Die Frage ist also, ob das Verfahren auch alltagstauglich ist. Man kann das theoretisch untersuchen und auch bestätigen. Aber hier ist vielleicht interessanter, dass das Verfahren auch in der Praxis funktioniert.

Tatsächlich ist die Quantenschlüsselverteilung (QKD = quantum key distribution) heute eine der erfolgreichsten Anwendungen der Quanteninformation. Das hat sich schon recht schnell in der ‚Frühzeit‘ angedeutet. Unter anderem wurde am 21.4.2004 in Wien die weltweit erste quantenkryptographisch verschlüsselte Geldüberweisung getätigt. Die Photonen wurden dabei durch ein 1500 Meter langes Glasfaserkabel geführt, das das Wiener Rathaus mit der Bank verband. Weiterhin gab es schon 2002 ein ‚Outdoor-Experiment‘. Hier durchliefen die Photonen klare Bergluft, nämlich von der Bergstation der Karwendelbahn zur 23,4 Kilometer entfernten Max-Planck-Hütte auf der Zugspitze.[17] Aber auch in der belasteten Atmosphäre eines städtischen Gebietes (München) wurde das Verfahren erfolgreich getestet;[18] die Photonen legten eine freie Strecke von 500 Metern zurück. Dabei wurden rund 60 kbit/s übertragen, das System wurde 13 Stunden lang kontinuierlich und stabil betrieben. Eine wesentlich längere Übertragungsstrecke wurde schließlich 2007 erreicht, als es gelang, einen Quantenschlüssel über 144 km zu übertragen, nämlich zwischen La Palma und Teneriffa.[19] Die Signalübermittlung in Glasfasern über solche großen Strecken ist mit dem Problem der Dämpfung konfrontiert, die exponentiell mit der Entfernung zunimmt. Immerhin werden momentan in Glasfasern Strecken von 511 km erreicht.[20]

Angesichts der Dämpfungsprobleme für ausgesprochen große Entfernungen (z. B. für transatlantische Kommunikationsverbindungen) kam schon früh der

---

[17] *Nature* Vol 419 (2002) S. 450.

[18] Siehe die Seite ‚Experimental Quantum Physics‘, http://xqp.physik.uni-muenchen.de/.

[19] R. Ursin et al., Entanglement-based quantum communication over 144 km, *Nature Physics* 3 (2007) S. 481.

[20] Lim, C.CW., Wang, C. Long-distance quantum key distribution gets real. *Nat. Photon.* 15, 554–556 (2021). https://doi.org/10.1038/s41566-021-00848-1.

Gedanke auf, Satelliten für die Übermittlung von Quantenschlüsseln einzusetzen.[21] Neben zivilen Anwendungen gibt es natürlich auch im militärischen Bereich ein starkes Interesse an diesem Thema. Die erste Satellit-Boden-Schlüsselübertragung wurde 2017 mit dem chinesischen Satellit Micius erreicht.[22] Kurz danach wurde mithilfe dieses Satelliten die erste interkontinentale quantengesicherte Kommunikation realisiert.[23] In Europa wird im Rahmen einer Partnerschaft zwischen der ESA, der Europäischen Kommission und verschiedenen europäischen Raumfahrtunternehmen der Satellit Eagle-1 entwickelt, der als erstes weltraumgestütztes europäisches QKD-System eine dreijährige Validierung durchlaufen soll. Ziel ist laut ESA: „Der Satellit wird den Weg zu einem ultrasicheren Netzwerk ebnen, das die Verteilung von Quantenschlüsseln nutzt".[24]

[21] Ein Überblick findet sich in Dequal, D. et al., Feasibility of satellite-to-ground continuous-variable quantum key distribution, *npj Quantum Inf* 7, 3 (2021). https://doi.org/10.1038/s41534-020-00336-4.

[22] Liao, S.K. et al., Satellite-to-Ground Quantum Key Distribution, *Nature* 549, 43–47, https://doi.org/10.1038/nature23655 (Sep 2017); die Entfernung Satellit–Boden betrug bis zu 1.200 km.

[23] Liao, S.K. et al., Satellite-relayed intercontinental quantum network. *Phys. Rev. Lett.* 120, 030501 (2018).

[24] https://www.esa.int/Applications/Telecommunications_Integrated_Applications/Eagle-1 (abgerufen am 25.06.2024).

Abstrakte Schreibweise

11

Wir beginnen nun, den analytischen und den algebraischen Zugang zur QM zusammenzuführen. In diesem Kapitel betrachten wir zunächst den Vektorraum der Lösungen der SGl
genauer. Nach einem kurzen Ausflug in die Matrizenmechanik beschäftigen wir uns mit der
abstrakten Darstellung der QM, die mit den vertrauten Bras und Kets formuliert wird.

Im letzten Kapitel haben wir gesehen, dass analytischer und algebraischer Zugang
zu sehr ähnlichen Formulierungen führen. Diese Parallelität vertiefen wir im
Folgenden, indem wir zeigen, dass der Ausdruck $\int \Phi^* \Psi dV$ ein Skalarprodukt
ist. Mit ein paar weiteren Annahmen folgt, dass die Vektorräume sowohl des
algebraischen als auch des analytischen Zugangs (alZ und anZ) *Hilbert-Räume*
sind. Auf diesem Hintergrund können wir dann eine darstellungsunabhängige, also
abstrakte Schreibweise formulieren.

Alle Spektren, die wir in diesem Kapitel betrachten, seien diskret und nichtentartet.

11.1 Hilbert-Raum

11.1.1 Wellenfunktion und Koordinatenvektor

Wir haben in Kap. 10 (1) die Vermutung geäußert, dass $\int \Phi^* \Psi dV$ ein Skalarprodukt
darstellt. Wir wollen nun eine Motivation für diese Annahme liefern.

Wir starten mit einem Hamilton-Operator H (Energiespektrum diskret und
nichtentartet). Seine Eigenfunktionen $\varphi_n (\mathbf{r})$, also die Lösungen der stationären SGl,

$$H\varphi_n (\mathbf{r}) = E_n\varphi_n (\mathbf{r}) \; ; \; n = 1, 2, \ldots \tag{11.1}$$

bilden ein VONS; sie seien bekannt. Wegen der Vollständigkeit von $\{\varphi_n (\mathbf{r})\}$ können
wir jede Lösung $\psi (\mathbf{r},t)$ der zeitabhängigen Schrödinger-Gleichung (SGl) schreiben
als

$$\psi\left(\mathbf{r},t\right) = \sum_n c_n\varphi_n\left(\mathbf{r}\right)e^{-i\frac{E_n t}{\hbar}} \quad;\quad c_n \in \mathbb{C} \tag{11.2}$$

Um Schreibarbeit zu sparen, beschränken wir die folgenden Überlegungen auf den Anfangszustand (bzw. frieren die Zeit ein):

$$\psi\left(\mathbf{r},0\right) = \sum_n c_n\varphi_n\left(\mathbf{r}\right) \tag{11.3}$$

Die gesamte Zeitentwicklung lässt sich daraus über die Gl. (11.2) leicht ermitteln. Die Koeffizienten c_n sind wegen der Orthonormalität der Eigenfunktionen durch die Anfangsbedingung $\psi\left(\mathbf{r},0\right)$ eindeutig festgelegt:

$$c_n = \int \varphi_n^*\left(\mathbf{r}\right)\psi\left(\mathbf{r},0\right)dV \tag{11.4}$$

Wir können diesen Sachverhalt auch etwas anders auffassen. Dazu berücksichtigen wir, dass die Eigenfunktionen $\{\varphi_n\left(\mathbf{r}\right)\}$ eine orthonormale Basis des Vektorraums $\mathcal{V}$ der Lösungen der SGl darstellen – ganz analog zu den drei Einheitsvektoren $\mathbf{e}_x$, $\mathbf{e}_y$ und $\mathbf{e}_z$ im Anschauungsraum bzw. $\mathbb{R}^3$. In diesem Raum können wir einen allgemeinen Vektor $\mathbf{v}$ darstellen als $\mathbf{v} = v_x\mathbf{e}_x + v_y\mathbf{e}_y + v_z\mathbf{e}_z$, wobei die Komponenten bzw. Entwicklungskoeffizienten v_x, v_y, v_z üblicherweise *Koordinaten* genannt werden. Ob wir nun $\mathbf{v}$ oder v_x, v_y, v_z angeben, macht keinen Unterschied – wir können (wenn die Einheitsvektoren bekannt sind) aus $\mathbf{v}$ eindeutig v_x, v_y, v_z berechnen und umgekehrt.

Die in (11.3) und (11.4) beschriebene Situation ist ganz analog – nur haben wir eben statt des Vektors $\mathbf{v}$ die Funktion $\psi\left(\mathbf{r},0\right)$, statt der Einheitsvektoren $\mathbf{e}_i$ die Eigenfunktionen φ_n und statt der Entwicklungskoeffizienten v_x die Konstanten c_n. Beispielsweise lassen sich (wenn die φ_n bekannt sind) die c_n eindeutig bestimmen, wenn $\psi\left(\mathbf{r},0\right)$ gegeben ist, und umgekehrt. Wir können also die Entwicklungskoeffizienten c_n als Koordinaten bezeichnen und verfügen (immer noch bei bekannten φ_n) über dieselbe Information, ob wir nun $\psi\left(\mathbf{r},0\right)$ oder den Koordinatenvektor

$$\mathbf{c} = \begin{pmatrix} c_1 \\ c_2 \\ \vdots \end{pmatrix} \tag{11.5}$$

angeben.

Wir betrachten nun zwei Wellenfunktionen $\psi = \sum_i c_i\varphi_i$ und $\chi = \sum_j d_j\varphi_j$. Wegen der Orthonormalität der Eigenfunktionen gilt

$$\int \psi^*\chi\,dV = \sum_{ij} c_i^* d_j \int \varphi_i^*\varphi_j\,dV = \sum_{ij} c_i^* d_j \delta_{ij} = \sum_i c_i^* d_i \tag{11.6}$$

Genau dasselbe Ergebnis erhalten wir, wenn wir das Skalarprodukt der beiden Koordinatenvektoren $\mathbf{c}$ und $\mathbf{d}$ bilden. Es gilt

$$\mathbf{c}^\dagger \mathbf{d} = \begin{pmatrix} c_1^* & c_2^* & \dots \end{pmatrix} \cdot \begin{pmatrix} d_1 \\ d_2 \\ \vdots \end{pmatrix} = \sum_i c_i^* d_i \tag{11.7}$$

Der Vergleich von Gl. (11.6) und (11.7) zeigt, dass es sich offensichtlich bei dem Ausdruck $\int \psi^* \varphi \, dV$ um ein Skalarprodukt handelt.[1]

11.1.2 Skalarprodukt

Die formale Bestätigung, dass es sich bei $\int \psi^* \chi \, dV$ um ein Skalarprodukt handelt, finden wir in der Mathematik. Hier ist das Skalarprodukt allgemein definiert als ein Verfahren, das zwei Elementen x und y aus einem Vektorraum einen Skalar (x, y) zuordnet, wobei folgende Regeln gelten: (x, y) ist (1) positiv definit: $(x, x) \geq 0$ und $(x, x) = 0 \leftrightarrow x = 0$; (2) linear: $(x, \alpha y + \beta z) = \alpha\,(x, y) + \beta\,(x, z)$; (3) hermitesch oder konjugiert symmetrisch: $(x, y) = (y, x)^*$; (siehe auch den Anhang). *Jedes Verfahren, das diese Anforderungen erfüllt, ist ein Skalarprodukt (auch hermitesche Form genannt).*

Um nun $\int f^* g \, dV$ auf diese Eigenschaften abzuklopfen, wählen wir nicht die Schreibweise (f, g), sondern in Anlehnung an den algebraischen Zugang

$$\langle f \mid g \rangle := \int f^* g \, dV \tag{11.8}$$

Zwar ist an dieser Stelle nicht klar, wie ein Ket $|g\rangle$ und ein Bra $\langle f|$ definiert sind (wir greifen diese Frage im nächsten Kapitel auf), unbeschadet dessen können wir aber leicht zeigen, dass $\int f^* g \, dV$ ein Skalarprodukt darstellt – auch wenn der Ausdruck nicht danach ausgesehen haben mag, als wir ihn in Kap. 5 (1) das erste Mal hingeschrieben haben. Denn es ist direkt ersichtlich, dass $\int f^* g \, dV$ zwei Elementen eine Zahl zuordnet.[2] Weiters ist $\int f^* g \, dV$

1. positiv definit: $\langle f \mid f \rangle = \int f^* f \, dV \geq 0, \in \mathbb{R}$, wobei $\langle f \mid f \rangle = 0 \Leftrightarrow f \equiv 0$

---

[1] Wir sehen übrigens, dass das Skalarprodukt darstellungsunabhängig ist; die linken Seiten von (11.6) und (11.7) sind zwei unterschiedliche Darstellungen desselben Sachverhalts.

[2] Wir wiederholen die Bemerkung, dass in der Regel bei Integralen wie in (11.8) die Integrationsgrenzen nicht angegeben werden. Man geht stillschweigend davon aus, dass über das gesamte Definitionsgebiet integriert wird. Es handelt sich bei diesen Integralen also (entgegen dem ersten Anschein) um *bestimmte* Integrale – anders gesagt, um (eventuell zeitabhängige) Skalare.

2. linear:[3] $\langle f \mid \alpha g + \beta h \rangle = \int f^* (\alpha g + \beta h) \, dV = \alpha \int f^* g \, dV + \beta \int f^* h \, dV = \alpha \langle f \mid g \rangle + \beta \langle f \mid h \rangle$

3. hermitesch oder konjugiert symmetrisch: $\langle f \mid g \rangle = \int f^* g \, dV = \left(\int f g^* dV \right)^* = \langle g \mid f \rangle^*$

Wir können mit dem Skalarprodukt $\int f^* g \, dV$ demzufolge nicht nur wie gewohnt die Länge bzw. Norm von Wellenfunktionen über $||\varphi|| = \sqrt{\langle \varphi \mid \varphi \rangle} = \sqrt{\int \varphi^* \varphi \, dV}$ und die Orthogonalität zweier Wellenfunktionen (als Elemente des Vektorraums) über $\langle \varphi \mid \psi \rangle = \int \varphi^* \psi \, dV = 0$ definieren, sondern auch allgemeine Sätze über Skalarprodukte (wie z. B. Schwarzsche und Dreiecksungleichung) ohne Weiteres anwenden.

Die Lösungen der SGl spannen also einen komplexen Vektorraum auf, in dem ein Skalarprodukt definiert ist; solche Räume nennt man *unitäre Räume*, wie wir aus dem alZ bereits wissen (Kap. 4 (1)). An dieser Stelle lässt sich dann vielleicht auch noch einmal besser ‚nachempfinden‘, warum die der Gleichung $\int \varphi_m^* \varphi_n \, dV = \delta_{nm}$ gehorchenden Eigenfunktionen φ_m, φ_n als orthonormal bezeichnet werden. Denn zum einen kann man ein Element eines Vektorraums als Vektor bezeichnen; eine Eigenfunktion ist als Element eines Vektorraums eben auch ein Eigenvektor. Zum anderen bedeutet $\int \varphi_m^* \varphi_n \, dV = 0$ für $n \neq m$ im Sinne eines Skalarprodukts, dass die Eigenfunktionen (als Eigenvektoren) paarweise senkrecht aufeinander stehen,[4] also orthogonal sind, und $\int \varphi_n^* \varphi_n \, dV = 1$ bedeutet, dass sie Länge 1 haben, also normiert sind.

11.1.3 Hilbert-Raum

Unser unitärer Raum ist so, wie wir ihn konstruiert haben, *separabel*,[5] das heißt im Wesentlichen, dass es ein VONS von höchstens *abzählbar unendlicher Dimension* gibt. Jeder Vektor ψ lässt sich nach diesem VONS entwickeln (*Entwicklungssatz*)

$$\psi(\mathbf{r}, t) = \sum_n d_n(t) \varphi_n(\mathbf{r}) \text{ mit } d_n(t) = \int \varphi_n^*(\mathbf{r}) \psi(\mathbf{r}, t) \, dV \qquad (11.9)$$

---

[3] Genauer: Semilinearität in der ersten, Linearität in der zweiten Komponente (auch als antilinear oder konjugiert linear im ersten Argument und linear im zweiten Argument bezeichnet). Deswegen wird die Form auch nicht bilinear, sondern sesquilinear genannt. In der Mathematik ist das übrigens in der Regel genau andersherum definiert; die Form ist dort im zweiten Argument antilinear.

[4] Wie gesagt, das bedeutet nicht, dass etwa die Graphen der Funktionen senkrecht aufeinander stehen oder Ähnliches; die Aussage bezieht sich ausschließlich auf den (abstrakten) Winkel zwischen zwei Vektoren in $\mathcal{H}$.

[5] Der hier verwendete Begriff ‚separabel‘ hat mit der physikalischen Forderung nach ‚Separabilität‘ nichts gemein; jene bedeutet, dass zwei Systeme raum-zeitlich trennbar und nicht verschränkt sind.

Diese Summe und andere wie $|\psi(\mathbf{r}, t)|^2 = \sum_n |d_n(t)|^2$ müssen natürlich sinnvoll sein, d. h. gegen ein Element des Vektorraums konvergieren und nicht darüber hinaus führen. Deswegen fordern wir, dass der Vektorraum *vollständig* ist, das heißt, dass Folgen[6] einen Grenzwert besitzen, der selbst Element des Vektorraums ist.[7] Ein Raum mit all diesen Zutaten heißt (separabler)[8] *Hilbert-Raum* $\mathcal{H}$. Ein quantenmechanischer Zustand ist ein Element von $\mathcal{H}$ und kann somit, wie gerade schon gesagt, als Vektor bezeichnet werden, wenn es sich auch in der konkreten Darstellung um Funktionen handeln kann.

Wir sehen im Nachhinein, dass auch die im algebraischen Zugang betrachteten unitären Räume separable Hilbert-Räume sind. Der Witz der Geschichte ist nun, dass *alle* Hilbert-Räume gleicher Dimension *isomorph* sind, es also eine umkehrbar eindeutige (bijektive) Abbildung zwischen ihnen gibt. Deswegen spricht man auch oft nur von *dem* Hilbert-Raum $\mathcal{H}$ der Dimension N, für den es dann verschiedene Realisierungen bzw. Darstellungen gibt. Insbesondere sind dann z. B. der Raum der Lösungen (11.2) der SGl, wie er von $\{\varphi_n(\mathbf{r})\}$ aufgespannt wird, und der Raum der Koordinatenvektoren $\mathbf{c}$ isomorph, also nur verschiedene Darstellungen des gleichen Sachverhalts. Da taucht dann natürlich die Frage auf, ob es nicht eine *darstellungsunabhängige*, also *abstrakte Formulierung* dieses Sachverhalts gibt. Wir greifen diese Frage gleich anschließend wieder auf.

Wenn wir einmal von den Technikalitäten absehen (die uns auch nicht weiter groß beschäftigen werden), dann handelt es sich bei $\mathcal{H}$ im Grunde um ein sehr anschauliches Gebilde – man kann sich, wie wir weiter oben schon angedeutet haben, im Prinzip alles so vorstellen wie im $\mathbb{R}^3$, ungeachtet der gegebenenfalls viel höheren Dimension des Hilbert-Raumes und der Verwendung komplexer Zahlen. In beiden Räumen bilden paarweise orthogonale und normierte Vektoren, also Einheitsvektoren, eine Basis und spannen den ganzen Raum auf; ein beliebiger Vektor ist mithin darstellbar als Linearkombination von Basisvektoren. Ebenfalls haben wir in beiden Räumen ein inneres Produkt und damit automatisch eine Norm definiert. Wir können uns ein anschauliches Analogon für den zeitabhängigen (normierten) Zustandsvektor $\psi(\mathbf{r}, t) \in \mathcal{H}$ aus Gl. (11.9) vorstellen: Im $\mathbb{R}^3$ wäre das ein Vektor mit Länge 1, der sich im Lauf der Zeit bewegt. Ein Zustand mit scharfer Energie $\in \mathcal{H}$ entspräche einer Kreisbewegung im $\mathbb{R}^3$, weil die Zeitabhängigkeit in $\mathcal{H}$ durch $\exp(-i\omega t)$ gegeben ist.[9]

---

[6] Der terminus technicus lautet Cauchy-Folgen; siehe Anhang G (1).

[7] Die Forderung nach Vollständigkeit hat keine unmittelbare physikalische Bedeutung, tritt aber in vielen Beweisen von Sätzen über Hilbert-Räume auf.

[8] Es gibt auch nichtseparable Hilbert-Räume (sie treten z. B. bei der Quantisierung von Feldern auf); sie spielen aber bei ‚unserer' QM keine Rolle, weswegen hier im Allgemeinen unter Hilbert-Raum einfach ein separabler Hilbert-Raum verstanden wird.

[9] Wir bemerken, dass der Zugang zur QM über den Hilbert-Raum nicht der einzig mögliche ist. Man kann z. B. auch als Ausgangspunkt eine C^*-Algebra (siehe Anhang) betrachten bzw. den schon erwähnten Ersetzungsprozess $\{,\}_{Poisson} \rightarrow \frac{1}{i\hbar}[,]_{Kommutator}$ vornehmen. Diese Methode heißt *kanonische Quantisierung*, siehe Anhang T.3 (1) und Anhang W (2).

11.2   Matrizenmechanik

Wir haben gesehen, dass wir über dieselbe Information verfügen, wenn wir statt der Wellenfunktion ψ $(\mathbf{r},0)$ den Koordinatenvektor $\mathbf{c}$ angeben. Diese ‚Algebraisierung‘ wollen wir nun auch auf Eigenwertprobleme anwenden.

Tatsächlich gab es in der Anfangszeit der Quantenmechanik zwei konkurrierende Formulierungen: die *Matrizenmechanik* (mit dem Namen Heisenberg verbunden; entspricht im Wesentlichen unserem alZ) und die *Wellenmechanik* (mit dem Namen Schrödinger verbunden; entspricht im wesentlichen unserem anZ). Recht schnell war klar, dass es sich bei gleicher physikalischer Ausgangssituation hier nur um zwei verschiedene Beschreibungen ein und desselben Sachverhalts handelt, die man folglich auch eins-zu-eins ineinander umrechnen kann. Das lässt sich ganz ähnlich wie mit der oben kurz verwendeten Koordinatendarstellung relativ einfach zeigen.

Wir gehen von der Formulierung eines Eigenwertproblems in der Wellenmechanik aus, in der wir die Wellenfunktion Ψ (x) und einen Operator A mit diskretem und nichtentartetem Spektrum betrachten:

$$A\Psi(x) = a\Psi(x) \tag{11.10}$$

Dieses Problem lässt sich auch als *Matrixgleichung* schreiben (das heißt unter anderem auch: ohne Ortsabhängigkeit). Um dies zu zeigen, entwickeln wir in einem ersten Schritt die Wellenfunktion mithilfe der Eigenfunktionen $\{\varphi_i\}$ des Hamilton-Operators (oder eines anderen Basissystems in $\mathcal{H}$) als $\Psi = \sum_n c_n \varphi_n(x)$ und erhalten

$$A\sum_n c_n \varphi_n(x) = a\sum_n c_n \varphi_n(x) \tag{11.11}$$

Anschließend multiplizieren wir mit φ_m^* und bilden das Skalarprodukt:

$$\sum_n c_n \int \varphi_m^* A\varphi_n dV = \sum_n c_n \int \varphi_m^* \varphi_n dV = ac_m \tag{11.12}$$

Das Integral auf der linken Seite ergibt eine *Zahl*, die von n und m abhängt; wir nennen diese Zahl A_{mn}:

$$\sum_n c_n A_{mn} = ac_m \tag{11.13}$$

Der Ausdruck auf der linken Seite ist nichts anderes als das Produkt der Matrix $\{A_{mn}\} \equiv \mathbb{A}$ mit dem Spaltenvektor $\mathbf{c}$:

$$\mathbb{A}\mathbf{c} = a\mathbf{c} \tag{11.14}$$

Der Spaltenvektor $\mathbf{c}$ ist natürlich genau der oben eingeführte Koordinatenvektor. In dieser Weise können wir also die Quantenmechanik auch als Matrizenmechanik formulieren bzw. Operatoren als Matrizen *darstellen*. In der Praxis macht man das aber nicht generell, sondern nur in bestimmten Fällen, wo sich dieses Vorgehen besonders anbietet (z. B. in niederen Dimensionen).

11.3 Abstrakte Formulierung

Wir haben bisher verschiedene Formulierungen von Zuständen kennengelernt, die auf den ersten Blick recht wenig miteinander zu tun zu haben scheinen. Im analytischen Zugang sind wir von der Wellenfunktion $\psi(\mathbf{r})$ gestartet; stattdessen können wir aber auch den Koordinatenvektor $\mathbf{c}$ wählen. Dazuhin existieren noch andere Möglichkeiten, z. B. liefert die Fourier-Transformierte $\varphi(\mathbf{k}) = \int \psi(\mathbf{r}) e^{i\mathbf{k}\mathbf{r}} d^3r$ dieselbe Information wie die Wellenfunktion selbst. Im algebraischen Zugang haben wir mit Kets gearbeitet, für die verschiedene Darstellungen als Spaltenvektor möglich sind. Analoges gilt für verschiedene Formulierungen von Operatoren: Gerade haben wir gesehen, dass wir Operatoren des analytischen Zugangs auch als Matrizen schreiben können. Im algebraischen Zugang haben wir Operatoren über dyadische Produkte definiert oder aber als Matrizen dargestellt. Damit haben wir insgesamt recht unterschiedliche, aber äquivalente Arten zur Hand, denselben Sachverhalt zu beschreiben.

Die Tatsache, dass Hilbert-Räume gleicher Dimension isomorph sind, geht über die im letzten Kapitel festgestellte Parallelität der beiden Zugänge hinaus und zeigt, dass anZ und alZ tatsächlich nur verschiedene Ausformungen desselben Sachverhalts sind. Denn ob wir nun in einem Hilbert-Raum des einen oder des anderen Zugangs rechnen (und in welchem genau), ist insoweit unerheblich, als es zwischen allen Hilbert-Räumen gleicher Dimension eineindeutige Umrechnungen gibt. Wenn man einen Sachverhalt aber ganz verschieden darstellen kann, dann *muss* es einen darstellungsunabhängigen, also abstrakten Kern geben.[10]

Die Situation, dass wir ein und denselben (physikalischen) Sachverhalt in verschiedener Weise darstellen können, kennen wir in ähnlicher Form z. B. aus dem $\mathbb{R}^3$. Dort hat ein Vektor auch verschiedene Darstellungen (Komponenten), je nachdem wie wir unser Koordinatenkreuz in den Raum legen. Wir können diesen Vektor abstrakt, also koordinatenfrei angeben, indem wir ihn eben nicht als Spaltenvektor mit einzelnen Komponenten notieren, sondern ihn mit $\mathbf{a}$ oder $\vec{a}$ oder ähnlich bezeichnen. Das reicht ja für viele Formulierungen nicht nur aus (z. B. $\mathbf{l} = \mathbf{r} \times \mathbf{p}$), sondern erleichtert sie oder macht sie erst in kompakter Form möglich, denken wir z. B. an die Maxwell-Gleichungen. Für konkrete Berechnungen muss man sich hingegen häufig die Vektoren in irgendeiner Darstellung verschaffen.[11]

---

[10] Es kommt hier nur auf die Dimension des Zustandsraums an. Das physikalische System kann ganz unterschiedlich geartet sein. Der Elektronenspin mit seinen zwei Einstellmöglichkeiten, die Polarisation mit z. B. horizontal und vertikal linear polarisierten Zuständen, das MZI mit den Basiszuständen $|H\rangle$ und $|V\rangle$, das Ammoniakmolekül (NH_3; das N-Atom kann durch die H_3-Ebene tunneln und auf sie bezogen zwei Zustände einnehmen) sind einige Beispiele physikalisch verschiedener Systeme, die alle in einem zweidimensionalen Hilbert-Raum ‚leben‘.

In einer ähnlichen Situation sind wir hier, wo wir für Elemente aus dem Hilbert-Raum eine abstrakte Bezeichnung suchen. Die Notationen $\mathbf{a}$ oder $\vec{a}$ sind ‚verbraucht' und legen auch zu sehr einen Spaltenvektor nahe. Stattdessen hat man sich darauf geeinigt, einen abstrakten Vektor des Hilbert-Raumes als Ket $|\Psi\rangle$ zu schreiben. Im alZ haben wir genau aus diesem Grund schon von Anfang an Zustände durch Kets gekennzeichnet[12] (so findet das im Nachhinein seine Begründung).

Damit schreiben sich zum Beispiel Eigenwertgleichungen wie

$$A_{\text{Ort}}\Psi\,(x) = a\Psi\,(x) \quad ; \quad A_{\text{Matrix}}\mathbf{c} = a\mathbf{c} \tag{11.15}$$

in der abstrakten Formulierung als

$$A_{\text{abstrakt}}\,|\Psi\rangle = a\,|\Psi\rangle \tag{11.16}$$

Dazu einige Bemerkungen:

1. Es ist an dieser Stelle nicht bekannt, wie der Ket $|\Psi\rangle$ aussieht;[13] es handelt sich eben um eine *abstrakte Schreibweise*, vergleichbar der Kennzeichnung eines Vektors mit dem Symbol $\mathbf{a}$. Auch die Form des Operators A_{abstrakt} ist an dieser Stelle nicht bekannt; dies ist vergleichbar der Verwendung der abstrakten Bezeichnung $\mathbb{A}$ für eine allgemeine Matrix.[14]

2. Wir haben der besseren Unterscheidung wegen in (11.15) und (11.16) die Art des Operators durch einen Index gekennzeichnet. Es ist aber durchaus üblich,[15] für die Operatoren dasselbe Symbol in den verschiedenen konkreten und abstrakten Darstellungen zu wählen, hier also in allen drei Gleichungen einfach A zu schreiben, also

$$A\Psi\,(x) = a\Psi\,(x) \quad ; \quad A\mathbf{c} = a\mathbf{c} \quad ; \quad A\,|\Psi\rangle = a\,|\Psi\rangle \tag{11.17}$$

---

[11] Tatsächlich ist die Notation $\mathbf{a}$ sehr abstrakt – sie verrät weder etwas über die Dimension noch über die einzelnen Komponenten. Man weiß schlicht nicht mehr, als dass es sich eben um einen Vektor handelt. Dass diese Bezeichnung dennoch vielfach als wenig abstrakt wahrgenommen wird, liegt vermutlich daran, dass man sie spätestens bei Beginn des Physikstudiums kennengelernt hat und sie mittlerweile als vertraut empfindet.

[12] Deswegen haben wir auch das Symbol $\cong$ gewählt, um zwischen abstraktem Ket und seiner Darstellung als Spaltenvektor unterscheiden zu können.

[13] Es ist jedenfalls kein Spaltenvektor (auch wenn diese Vorstellung manchmal vielleicht hilfreich sein kann).

[14] Damit keine Missverständnisse auftreten: $\mathbf{a}$ ist abstrakter bzw. allgemeiner *Spaltenvektor*; $|\Psi\rangle$ dagegen ist ein *abstrakter Zustand*, der zwar gegebenenfalls als Spaltenvektor dargestellt werden kann, für den aber auch andere Darstellungen existieren. Ganz analog steht $\mathbb{A}$ für eine allgemeine Matrix und A_{abstrakt} für einen abstrakten Operator, der gegebenenfalls als Matrix dargestellt werden kann.

[15] Allerdings gibt es auch Bücher, die hier recht konsequent unterscheiden.

Streng genommen ist das natürlich falsch, weil A z. B. in den Termen $A\Psi\,(x)$ und $A\,|\Psi\rangle$ für vollkommen verschiedene mathematische Objekte steht. Dass durch diese ‚Lässigkeit' in der Schreibweise Mehrdeutigkeiten entstehen, mag ärgerlich erscheinen; sie ist aber weit verbreitet und kann, wenn man sich mal daran gewöhnt hat, sogar auch ziemlich praktisch sein. Natürlich muss gegebenenfalls aus dem Kontext klar werden, was genau gemeint ist.

Im alZ haben wir, um den Unterschied zwischen abstraktem Ket und seiner Darstellung als Spaltenvektor zu betonen, das Symbol $\cong$ benutzt. Wir werden das im Weiteren nicht mehr durchgängig machen und uns damit einer üblichen Praxis anschließen.

3. Wie der Zusammenhang zwischen $\Psi\,(x)$ und $|\Psi\rangle$ lautet, besprechen wir im nächsten Kapitel.

Der folgende Absatz ist reine Wiederholung der in den Kapiteln mit gerader Nummer (algebraischer Zugang) schon besprochenen Sachverhalte. Wir erinnern uns: Adjungieren (bei Spaltenvektoren) bedeutet komplex Konjugieren und Transponieren. Die Adjungierte[16] eines Kets ist ein *Bra:*

$$(|\Psi\rangle)^{\dagger} \equiv \langle\Psi| \tag{11.18}$$

(entsprechend ist die Adjungierte eines Spaltenvektors der Zeilenvektor mit komplex konjugierten Elementen). Die Adjungierte eines Operators A schreiben wir als $A^{\dagger}$. Da die Anwendung eines Operators A auf einen Ket $|\Psi\rangle$ wieder einen Ket ergibt, schreibt man auch

$$A\,|\Psi\rangle \equiv |A\Psi\rangle \tag{11.19}$$

Die Adjungierte einer Zahl ist ihr komplex Konjugiertes: $c^{\dagger} = c^{*}$. Insbesondere gilt für das Skalarprodukt $\langle\,f\,|\,g\rangle$:

$$\langle\,f\,|\,g\rangle^{\dagger} = \langle\,f\,|\,g\rangle^{*} = \langle\,g\,|\,f\rangle \tag{11.20}$$

Der Prozess des Adjungierens kehrt bei zusammengesetzten Ausdrücken die Reihenfolge der Bestandteile um. Einige Beispiele fürs Adjungieren:

$$(c\,|\Psi\rangle)^{\dagger} = c^{*}\,\langle\Psi| = \langle\Psi|\,c^{*}$$

$$(A\,|\Psi\rangle)^{\dagger} = |A\Psi\rangle^{\dagger} = \langle A\Psi| = \langle\Psi|\,A^{\dagger} \tag{11.21}$$

$$\langle\Phi\,|A|\,\Psi\rangle^{\dagger} = \langle\Psi\,|A^{\dagger}|\,\Phi\rangle$$

---

[16] Man beachte, dass ‚adjungiert' hier die hermitesche Adjungierte $a^{\dagger}$ bedeutet, wie immer in der nichtrelativistischen Quantenmechanik. In der relativistischen Quantenmechanik verwendet man stattdessen die Dirac-Adjungierte $a^{\dagger}\gamma_{0}$.

Ausdrücke der Form $\langle \varphi \,|A|\, \psi \rangle$ werden auch *Matrixelemente* genannt. Schließlich notieren wir noch einmal die einen hermiteschen Operator definierenden Gleichungen. In der Ortsdarstellung gilt

$$\int \Psi_1^* A \Psi_2 dV = \int (A\Psi_1)^* \, \Psi_2 dV \tag{11.22}$$

Dies schreibt sich mit $\int f^* g \, dV = \langle f \,|g \rangle$ in der Bracket-Notation als

$$\int \Psi_1^* A \Psi_2 dV = \langle \Psi_1 \,|A\Psi_2 \rangle = \langle \Psi_1 \,|A|\, \Psi_2 \rangle$$
$$\int (A\Psi_1)^* \, \Psi_2 dV = \langle A\Psi_1 \,|\Psi_2 \rangle = \langle \Psi_1 \,\big|A^\dagger\big|\, \Psi_2 \rangle \tag{11.23}$$

Vergleich der rechten Seiten zeigt das bekannte Resultat: Für einen hermiteschen Operator gilt $A = A^\dagger$ – er ist selbstadjungiert.[17]

Erfahrungsgemäß ist es recht schwer, sich etwas ganz Abstraktes vorzustellen (kleiner Scherz); deshalb hier noch einmal der Tipp, bei einem Ket notfalls etwa an einen Spaltenvektor, bei einem Bra an den entsprechenden Zeilenvektor und bei einem Operator an eine Matrix zu denken (und nicht zu vergessen, dass es sich dabei um eine *Hilfsvorstellung* handelt). Viele ‚Rechenregeln‘ und Aussagen sind dann ganz vertraut; etwa die, dass Operatoren im Allgemeinen nicht kommutieren – das tun Matrizen ja auch nicht.

Wenn auch der Zusammenhang von z. B. $\Psi(x)$ und $|\Psi\rangle$ noch erst geklärt werden muss, so können wir doch schon mit der abstrakten Schreibweise ein wenig ‚herumspielen‘. Zum Beispiel gilt für ein VONS $\{\varphi_n(x)\}$ der Entwicklungssatz

$$\Psi(x) = \sum_n c_n \varphi_n(x) \tag{11.24}$$

Mit

$$c_m = \int \varphi_m^*(x) \Psi(x) dx = \langle \varphi_m \,|\Psi \rangle \tag{11.25}$$

folgt wegen

$$\int \varphi_m^*(x) \varphi_n(x) dx = \delta_{nm} \tag{11.26}$$

die Gleichung

---

[17] Tatsächlich kann es einen Unterschied zwischen selbstadjungiert und hermitesch geben, siehe Kap. 13 (1) und Anhang I (1). Bei den von uns betrachteten Problemen wird sich dieser Unterschied aber nicht bemerkbar machen.

$$\langle \Psi \mid \Psi \rangle = \int \Psi^*(x)\Psi(x)dx \underset{(11.24)}{=} \int \textstyle\sum_{n,m} c_n^* c_m \varphi_n^*(x)\varphi_m(x)dx \underset{(11.26)}{=}$$

$$\underset{(11.26)}{=} \textstyle\sum_n c_n^* c_n \underset{(11.25)}{=} \textstyle\sum_n \langle \Psi \mid \varphi_n \rangle \langle \varphi_n \mid \Psi \rangle \qquad (11.27)$$

Wenn wir nun die rechte und linke Seite vergleichen, erhalten wir die Vollständigkeitsrelation in der abstrakten Schreibweise

$$\sum_n |\varphi_n\rangle\langle\varphi_n| = 1 \qquad (11.28)$$

also ein Ergebnis, das wir in dieser Formulierung aus dem alZ bereits kennen.

11.4 Konkret – abstrakt

Zum Schluss noch ein Wort zum Zusammenhang von abstrakter Formulierung und konkreten Darstellungen.

Im algebraischen Zugang ist die ‚De Abstraktion' eines Kets recht problemlos. Wir können (und haben es ja auch öfters getan) einem Ket eine Darstellung als Spaltenvektor zuordnen wie $|h\rangle \cong \begin{pmatrix} 1 \\ 0 \end{pmatrix}$. Da wir in diesem Zugang Operatoren als Summe über dyadische Produkte formulieren können, ist auch die konkrete Darstellung von Operatoren ohne Weiteres zu formulieren. Auf dieser Ebene gibt es also bei der algebraischen Formulierung keine Schwierigkeiten.

Ähnlich sieht es im analytischen Zugang aus, wenn wir ein diskretes Spektrum haben. Auch hier können wir, wie wir es gerade durchexerziert haben, Zustände und Operatoren, die von Ortsvariablen abhängen, durch Vektoren und Matrizen ersetzen bzw. darstellen.

Um diese Zusammenhänge exemplarisch zu illustrieren, starten wir mit einem Hamilton-Operator $H = -\frac{\hbar^2}{2m}\nabla^2 + V(\mathbf{r})$ mit diskretem und nichtentartetem Spektrum. Wir wollen für die stationäre SGl die Matrixdarstellung und die abstrakte Formulierung herleiten. (Analoge Überlegungen für die zeitabhängige SGl finden sich in den Aufgaben.)

Das Eigenwertproblem (stationäre SGl) lautet

$$H\psi(\mathbf{r}) = E\psi(\mathbf{r}) \qquad (11.29)$$

Die Eigenfunktionen $\varphi_n(\mathbf{r})$ und -werte E_n des Hamilton-Operators sind bekannt:

$$H\varphi_n(\mathbf{r}) = E_n\varphi_n(\mathbf{r}) \; ; \; n = 1, 2, \dots \qquad (11.30)$$

Jeder Zustand $\psi(\mathbf{r})$ lässt sich als Linearkombination der Eigenfunktionen (die ein VONS bilden) schreiben:

$$\psi(\mathbf{r}) = \sum_n c_n \varphi_n(\mathbf{r}) \; ; \; c_n = \int \varphi_n^*(\mathbf{r})\psi(\mathbf{r}) \, dV \qquad (11.31)$$

In der Matrixdarstellung stellen wir den Zustand durch den Spaltenvektor der Koeffizienten c_n dar:

$$\mathbf{c} = \begin{pmatrix} c_1 \\ c_2 \\ \vdots \end{pmatrix} \qquad (11.32)$$

Wir identifizieren also wie folgt:

$$\varphi_1\,(\mathbf{r}) \to \begin{pmatrix} 1 \\ 0 \\ \vdots \end{pmatrix} \; ; \; \varphi_2\,(\mathbf{r}) \to \begin{pmatrix} 0 \\ 1 \\ \vdots \end{pmatrix} \quad \text{usw.} \qquad (11.33)$$

Nun müssen wir noch H durch eine Matrix ersetzen. Dazu wiederholen wir die weiter oben durchgeführte Überlegung, indem wir (11.31) in (11.29) einsetzen, mit $\varphi_m^*\,(\mathbf{r})$ multiplizieren und integrieren:

$$\sum_n c_n \int \varphi_m^*\,(\mathbf{r})\,H\varphi_n\,(\mathbf{r})\;dV = E \sum_n c_n \int \varphi_m^*\,(\mathbf{r})\,\varphi_n\,(\mathbf{r})\;dV \qquad (11.34)$$

Auf der linken Seite berücksichtigen wir (11.30) und auf beiden Seiten die Orthonormalität der Eigenfunktionen. Es folgt

$$E_m c_m = E c_m \qquad (11.35)$$

Mit anderen Worten: Der Hamilton-Operator H wird durch eine Diagonalmatrix H_{Matrix} ersetzt:

$$H_{Matrix} = \begin{pmatrix} E_1 & 0 & \cdots \\ 0 & E_2 & \cdots \\ \vdots & \vdots & \ddots \end{pmatrix} \qquad (11.36)$$

und die stationäre SGl lautet in der Matrixdarstellung

$$H_{Matrix}\mathbf{c} = E\mathbf{c} \qquad (11.37)$$

Aus dieser Darstellung können wir (11.29) rekonstruieren – aber, wie gesagt, nur dann, wenn wir die Eigenfunktionen $\varphi_n\,(\mathbf{r})$ kennen, die ja in (11.37) nicht auftauchen.

Um nun zur abstrakten Darstellung zu gelangen, fassen wir den Vektor $\begin{pmatrix} 1 \\ 0 \\ \vdots \end{pmatrix}$ als

Darstellung des Kets $|\varphi_1\rangle$ auf; Entsprechendes gilt für die anderen Komponenten. Dann folgt

$$|\varphi_1\rangle\langle\varphi_1| \cong \begin{pmatrix} 1 \\ 0 \\ \vdots \end{pmatrix} (1\ 0\ \ldots) = \begin{pmatrix} 1\ 0\ \ldots \\ 0\ 0\ \ldots \\ \vdots\ \vdots\ \ddots \end{pmatrix} \tag{11.38}$$

und wir erhalten als abstrakte Darstellung des Hamilton-Operators[18]

$$H_{abstrakt} = \sum_n |\varphi_n\rangle\langle\varphi_n| E_n \tag{11.39}$$

In vielen theoretischen Betrachtungen wird diese Darstellung gewählt.

11.5 Aufgaben

1. Zeigen Sie, dass sich die Gleichung

$$\sum_i c_i A_{ji} = a c_j \tag{11.40}$$

in Matrixform schreiben lässt als

$$\mathbb{A}\mathbf{c} = a\mathbf{c} \tag{11.41}$$

mit der Matrix $\{A_{ji}\} \equiv \mathbb{A}$ und dem Spaltenvektor $\mathbf{c}$. Gilt die Gleichung auch für nichtquadratische Matrizen?
2. Bilden die im Intervall $[0, 1]$ stetigen Funktionen einer Variablen einen Hilbert-Raum?
3. Der Raum $l^{(2)}$ besteht aus allen Vektoren $|\varphi\rangle$ mit unendlich vielen Komponenten (Koordinaten) $c_1, c_2, \ldots$, so dass gilt

$$\||\varphi\rangle\|^2 = \sum_n |c_n|^2 < \infty \tag{11.42}$$

Zeigen Sie, dass auch die Linearkombination zweier Vektoren $|\varphi\rangle$ und $|\chi\rangle$ zu diesem Raum gehört und dass das Skalarprodukt $\langle\varphi\,|\chi\rangle$ definiert ist.

---

[18] Man nennt diese Form *Spektraldarstellung*; wir besprechen sie ausführlicher in Kap. 13 (1).

4. Gegeben seien der Operator A und die Gleichung

$$i \frac{d}{dt} |\psi\rangle = A |\psi\rangle \tag{11.43}$$

Welche Bedingung muss A erfüllen, damit die Norm von $|\psi\rangle$ erhalten bleibt?

5. Gegeben sei der abstrakte Operator A. Leiten Sie die Gleichung

$$i\hbar \frac{d}{dt} \langle A \rangle = \langle [A, H] \rangle + i\hbar \langle \dot{A} \rangle \tag{11.44}$$

im Bracketformalismus her.

6. Gegeben sei der Hamilton-Operator H mit diskretem und nichtentartetem Spektrum, und zwar (a) in der Formulierung mit Ortsvariablen und (b) als abstrakter Operator. Wie lautet in den beiden Fällen die Matrixdarstellung der zeitabhängigen SGl?

Kontinuierliche Spektren

12

In diesem Kapitel betrachten wir die bislang vernachlässigten kontinuierlichen Spektren. Anschließend zeigen wir den Zusammenhang zwischen $\psi(x)$ und $|\psi\rangle$ auf. Damit sind dann analytischer und algebraischer Zugang zur QM zusammengeführt.

Wir haben bisher kontinuierliche Spektren aus der Diskussion ausgeschlossen, unter anderem dadurch, dass wir uns das System in unendlich hohen Wänden eingesperrt vorgestellt haben[1] und somit z. B. das Energiespektrum diskretisiert haben. Dass wir uns dieser Beschränkung unterworfen haben, hat weniger physikalische, sondern fast ausschließlich mathematische Gründe.[2] Denn ein kontinuierliches Spektrum (z. B. der Energie bei einem freien Quantenobjekt) macht physikalisch durchaus Sinn; das Problem liegt im Wesentlichen darin, dass die zugehörigen Eigenfunktionen nicht quadratintegrabel sind und somit Skalarprodukte nicht vernünftig definiert werden können. Diese Hürde kann man, wie gleich gezeigt wird, durch Konstruktion von *Eigendifferentialen* umgehen bzw. entschärfen; man landet so

---

[1] Eine andere Möglichkeit ist die Einführung periodischer Randbedingungen.

[2] Möglicherweise existiert unterhalb der Planck-Skala ($\sim 10^{-35}$ m, $\sim 5 \cdot 10^{-44}$ s, siehe auch Anhang B (1)) weder Raum noch Zeit, so dass letztlich diese Größen ‚körnig‘ bzw. diskret wären. Experimentell sind diese Größenordnungen noch bei weitem nicht zugänglich (wenn überhaupt jemals); auch die zurzeit größte Maschine, der LHC in Genf, erreicht ‚nur‘ eine Ortsauflösung von $\sim 10^{-20}$ m. Die größte Zeitauflösung, die zurzeit (2023) erreichbar ist, liegt bei 10^{-19} s, siehe S. Grundmann et al., Zeptosecond birth time delay in molecular photoionization, *Science* Vol 370, Issue 6514, S. 339–341 (2020). Es gibt jedoch auch Vorschläge für indirekte Verfahren, siehe S.P. Kumar und M.B. Plenio, Quantum-optical tests of Planck-scale physics, *Phys. Rev.* A 97, 063855 (2018), https://doi.org/10.1103/PhysRevA.97.063855. Eine Zusammenfassung findet sich in V. Faraoni, ‚Three new roads to the Planck scale‘, *American Journal of Physics* 85, 865 (2017), https://doi.org/10.1119/1.4994804. Die Suche nach einer Theorie der Quantengravitation ist noch nicht abgeschlossen, aber es ist klar, dass sich entsprechende Effekte erst im Bereich der Planck-Skalen deutlich bemerkbar machen werden. Inwieweit dort die vertrauten Gesetze gelten, ist Gegenstand laufender Forschung, siehe z. B. G. Gubitosi, Lorentz invariance beyond the Planck scale, *Nat. Phys.* 18, 1264–1265 (2022), https://doi.org/10.1038/s41567-022-0.

159

bei *uneigentlichen Vektoren*. Anschließend gehen wir der Frage nach, wie ein Ket $|\Psi\rangle$ mit der entsprechenden Wellenfunktion $\Psi(\mathbf{r})$ zusammenhängt bzw. wie man abstrakte Gleichungen in die Orts- oder Impulsdarstellung überführt.

Zur Schreibweise: Diskrete Spektren werden häufig mit lateinischen Buchstaben notiert, kontinuierliche mit griechischen (Ausnahmen davon sind der Ort x und der Impuls k sowie die Energie E, die diskrete und/oder kontinuierliche Werte annehmen kann). Beispiel: Wenn das Spektrum eines Hamilton-Operators diskret bzw. kontinuierlich ist, schreiben wir

$$H\left|\varphi_l\right\rangle = E_l\left|\varphi_l\right\rangle \text{ bzw. } H\left|\varphi_\lambda\right\rangle = E_\lambda\left|\varphi_\lambda\right\rangle \tag{12.1}$$

oder auch

$$H\left|E_l\right\rangle = E_l\left|E_l\right\rangle \text{ bzw. } H\left|E_\lambda\right\rangle = E_\lambda\left|E_\lambda\right\rangle \tag{12.2}$$

Üblich ist auch eine ‚direkte' Bezeichnungsweise; ein Zustand zur Quantenzahl n bzw. λ (das System ‚hat' die Quantenzahl n bzw. λ) wird demnach geschrieben als:

$$\begin{aligned} |n\rangle &: \text{ diskrete Quantenzahl } n \\ |\lambda\rangle &: \text{ kontinuierliche Quantenzahl } \lambda \end{aligned} \tag{12.3}$$

12.1 Uneigentliche Vektoren

Ein einfaches Beispiel für den kontinuierlichen Fall ist die freie Bewegung, siehe Kap. 5 (1). Es gilt[3] $\varphi_k(x) = \frac{1}{\sqrt{2\pi}}e^{ikx}$ und mit unserer Schreibweise

$$\int \varphi_{k'}^*(x)\,\varphi_k(x)\,dx \equiv \langle\varphi_{k'}\,|\varphi_k\rangle \equiv \langle k'\,|k\rangle \tag{12.4}$$

für das Skalarprodukt folgt

$$\langle k'\,|k\rangle = \frac{1}{2\pi}\int\limits_{-\infty}^{\infty} e^{ix(k-k')}dx = \delta(k'-k) \tag{12.5}$$

Das Problem liegt nun darin, dass das physikalische Problem nicht sauber formuliert ist: Die Heisenbergsche Unschärferelation zeigt uns, dass ein Zustand mit scharfem Impuls eine unendlich große Ortsunschärfe aufweist, wie es an der Form e^{ikx} ja auch direkt ablesbar ist. Mathematisch äußert sich das darin, dass das Integral in (12.5) nicht ‚ordentlich' definiert ist – das Integral existiert nicht im üblichen

---

[3] Faktor $\frac{1}{\sqrt{2\pi}}$ wegen Normierung der Funktion.

Sinne, sondern ist ein Funktional, eben die Deltafunktion $\delta(k' - k)$.[4] Das bedeutet: Der Ket $|\varphi_k\rangle \equiv |k\rangle$ ist wohldefiniert, nicht aber der Bra $\langle\varphi_k| \equiv \langle k|$ – oder mit anderen Worten: Der Zustand $|\varphi_k\rangle$ ist nicht normierbar. Solche Zustandsvektoren nennt man üblicherweise *uneigentliche*[5] (also nicht quadratintegrable) Zustände, im Gegensatz zu den *eigentlichen*, die quadratintegrabel sind.[6]

Wir wollen das Problem an einem kleinen Beispiel illustrieren. Der Hilbert-Raum bestehe aus allen Funktionen von x, die im Intervall $-1 \le x \le 1$ definiert sind; das Skalarprodukt ist $\int_{-1}^{1} u^*(x)v(x)dx$. Das Problem: Der Ortsoperator x ist zwar selbstadjungiert, hat aber keine Eigenwerte (wir können also keinen Ortswert messen). Denn wenn wir die Eigenwertgleichung $x u_{x_0}(x) = x_0 u_{x_0}(x)$ lösen wollen, um den Eigenwert x_0 zu erhalten, finden wir $(x - x_0) u_{x_0}(x) = 0$, so dass für $x \ne x_0$ immer $u_{x_0}(x) = 0$ gilt (also die triviale Lösung). Auch die Wahl $u_{x_0}(x) = \delta(x - x_0)$ hilft nicht weiter, weil die Deltafunktion nicht quadratintegrabel ist und also nicht zum Hilbert-Raum gehört. Man kann, wie gesagt, diesen Sachverhalt auch so ausdrücken, dass derart ,punktgenaue' Messungen nicht mit der Unschärferelation kompatibel sind (und somit nur als idealisierte Formulierung verstanden werden können).

Wir betonen, dass die Probleme mit den kontinuierlichen Spektren für uns nicht primär in der Mathematik fußen (z. B. dadurch, dass wir mit solchen Eigenfunktionen die mathematische Struktur Hilbert-Raum verlassen), sondern darin, dass *unphysikalische Zustände* wie die Deltafunktion auftauchen, Zustände also, die physikalisch im Rahmen der QM nicht realisierbar sind.[7] Da diese unphysikalischen Zustände nicht quadratintegrierbar sind, kann das bisher erarbeitete Wahrscheinlichkeitskonzept der QM mit ihnen nicht ohne Weiteres funktionieren – das ist die wesentliche Schwierigkeit.

Die Grundidee, um das Problem in den Griff zu bekommen, besteht darin, die kontinuierliche Variable zu diskretisieren[8] und dann die Unterteilung gegen null gehen zu lassen. Wir führen die folgenden Betrachtungen für allgemeine uneigentliche Zustände $|\lambda\rangle$ durch, die die Gleichung

---

[4] Es ist klar, dass die Deltafunktion gar keine Funktion sein kann. Dass man sie dennoch so nennt, liegt an der bekannten gewissen Nachlässigkeit bzw. der lockeren mathematischen Herangehensweise der Physik. Mehr zur Deltafunktion im Anhang.

[5] Diese Zustände heißen auch *Diracsche* Zustände.

[6] Die strenge mathematische Theorie der kontinuierlichen Spektren ist etwas aufwendig (Stichworte z. B. *rigged Hilbert space* oder *Gel'fand Triple*). Wir begnügen uns hier mit einem weniger strengen und eher heuristischen Vorgehen.

[7] Das Elektron ist ein Punktobjekt, nicht aber seine Wellenfunktion – dies wäre ein Widerspruch zur Unschärferelation.

[8] Diskretisierungen kontinuierlicher Variablen gibt es auch in anderen Gebieten, z. B. bei den Gittereichtheorien oder bei der numerischen Behandlung von DGl. Einen diskretisierten Raum legen wir auch bei einer Herleitung/Motivation der SGl (Hüpfgleichung, siehe Anhang) zugrunde.

Abb. 12.1 Diskretisierung
der kontinuierlichen
Variablen λ

$$
(m-1)\Delta\lambda \qquad m\Delta\lambda \qquad (m+1)\Delta\lambda
$$

$$
\langle\lambda'\,|\lambda\rangle = \delta(\lambda' - \lambda) \tag{12.6}
$$

erfüllen (das ist der ‚Ersatz' der Orthonormal-Relation bei eigentlichen Vektoren).[9]

Wir teilen also, wie in Abb. 12.1 angedeutet, das Kontinuum in feste Intervalle der Größe $\Delta\lambda$ auf (wird hier nur eindimensional durchgeführt; geht analog im Dreidimensionalen).[10] $|\lambda\rangle$ lässt sich in einem solchen Intervall integrieren.

$$
|\lambda_m, \Delta\lambda\rangle := \frac{1}{\sqrt{\Delta\lambda}} \int\limits_{\lambda_m}^{\lambda_m+\Delta\lambda} |\lambda'\rangle \, d\lambda' \tag{12.7}
$$

wobei λ_m ein ganzzahliges Vielfaches der Rastergröße $\Delta\lambda$ ist, $\lambda_m = m\Delta\lambda$ mit $m \in \mathbb{Z}$. Den Ausdruck $|\lambda_m, \Delta\lambda\rangle$ bezeichnet man als *Eigendifferential*. Eigendifferentiale sind im Gegensatz zu kontinuierlichen Funktionen vollkommen ‚gutartig'; insbesondere existieren die zu ihnen gehörenden Bras und sie bilden ein *ONS*:

$$
\langle\lambda_n, \Delta\lambda\,|\lambda_m, \Delta\lambda\rangle = \frac{1}{\Delta\lambda} \int\limits_{\lambda_n}^{\lambda_n+\Delta\lambda} d\alpha \, \langle\alpha|\, \int\limits_{\lambda_m}^{\lambda_m+\Delta\lambda} d\beta \, |\beta\rangle =
$$

$$
= \frac{1}{\Delta\lambda} \int\limits_{\lambda_n}^{\lambda_n+\Delta\lambda} d\alpha \int\limits_{\lambda_m}^{\lambda_m+\Delta\lambda} d\beta \, \langle\alpha|\,\beta\rangle = \frac{1}{\Delta\lambda} \int\limits_{\lambda_n}^{\lambda_n+\Delta\lambda} d\alpha \int\limits_{\lambda_m}^{\lambda_m+\Delta\lambda} d\beta \, \delta(\alpha - \beta) =
$$

$$
= \frac{1}{\Delta\lambda} \int\limits_{\lambda_m}^{\lambda_m+\Delta\lambda} d\beta \, \delta_{\lambda_n \lambda_m} = \delta_{\lambda_n \lambda_m}
$$

$$
\tag{12.8}
$$

Da wir die ganze λ-Achse gerastert haben, sind die Zustände $|\lambda_m, \Delta\lambda\rangle$ vollständig; sie bilden mithin ein VONS. Aus den Eigendifferentialen lässt sich also ein Basissystem aufbauen, mit dessen Hilfe sich ein beliebiger Ket $|\Psi\rangle$ darstellen lässt als

$$
|\Psi\rangle = \sum_{\lambda_m} |\lambda_m, \Delta\lambda\rangle \langle\lambda_m, \Delta\lambda\,|\Psi\rangle \tag{12.9}
$$

---

[9] Wer mag, kann bei $|\varphi_\lambda\rangle \equiv |\lambda\rangle$ an $\frac{1}{\sqrt{2\pi}}e^{i\lambda x}$ denken – ist zwar nicht ganz richtig, aber vielleicht hilfreich und hier besser als die Hilfsvorstellung von einem Spaltenvektor.

[10] Wir bemerken, dass wir den Raum mit sich nicht überlappenden Intervallen $\Delta\lambda$ rastern.

Dies ist eine Approximation des kontinuierlichen Systems, die aber mit immer feinerer Unterteilung, also immer kleiner werdendem $\Delta\lambda$, immer besser wird.[11] Für genügend kleines $\Delta\lambda$ können wir das Eigendifferential (12.7) mithilfe des Mittelwertsatzes der Integralrechnung (siehe Anhang) annähern durch

$$|\lambda_m, \Delta\lambda\rangle \approx \frac{1}{\sqrt{\Delta\lambda}} |\lambda_\mu\rangle \Delta\lambda = \sqrt{\Delta\lambda} |\lambda_\mu\rangle \ ; \ m \leq \mu \leq m+1 \qquad (12.10)$$

und es folgt

$$|\Psi\rangle \approx \sum_{\lambda_\mu} |\lambda_\mu\rangle\langle\lambda_\mu |\Psi\rangle \Delta\lambda \qquad (12.11)$$

Wir lassen nun auch den Grenzfall[12] zu

$$|\Psi\rangle = \lim_{\Delta\lambda\to 0} \sum_{\lambda_\mu} |\lambda_\mu\rangle\langle\lambda_\mu |\Psi\rangle \Delta\lambda = \int |\lambda\rangle \langle\lambda |\Psi\rangle d\lambda \qquad (12.12)$$

bzw.

$$\int |\lambda\rangle \langle\lambda| \, d\lambda = 1 \qquad (12.13)$$

so dass wir Gesamtzustände auch nach uneigentlichen Vektoren entwickeln können. Wenn auch dieser Prozess hinsichtlich der Quadratintegrierbarkeit mathematisch nicht sauber definiert ist, lassen wir ihn doch in dem Sinn zu, dass Gl. (12.12) abkürzend (eben als (gedachter) Grenzprozess) für Gl. (12.9) steht.

Der Grund für dieses Vorgehen: Es ist eben u. U. viel einfacher, mit uneigentlichen Vektoren als mit eigentlichen zu rechnen. Es kann durchaus sehr zweckmäßig sein, ein Quantenobjekt durch ebene Wellen[13] e^{ikx} zu beschreiben, obwohl diese – unendlich ausgedehnt und überall betragsmäßig gleich groß – sicherlich keine physikalischen Objekte darstellen können. Entsprechendes gilt für die Deltafunktion. Man kann sich eine um einen Punkt konzentrierte Wellenfunktion vorstellen und sie im mathematischen Limes gegen eine Deltafunktion gehen lassen – aber es ist unmöglich, einen derartigen Zustand zu realisieren.

---

[11] Bemerkung zum Summationsindex: Der Wertevorrat von λ durchläuft alle ganzzahligen Vielfache der Rastergröße $\Delta\lambda$.

[12] Dies ist nichts anderes als der aus der Schule bekannte Übergang von einer Summe zum Integral: Man macht die Intervalleinteilung immer feiner (so dass Obersumme und Untersumme sich immer mehr annähern); für beliebig kleine (infinitesimale) Intervalleinteilung erhält man dann das Integral. Dieser Vorgang spiegelt sich im Integralzeichen $\int$ wieder – es handelt sich schlicht um ein stilisiertes ‚S‘ wie Summe.

[13] Wir wiederholen die Bemerkung, dass e^{ikx} ja eigentlich eine *Schwingung* ist. Man spricht in dem Zusammenhang aber immer von *Welle*, weil man den Faktor $e^{i\omega t}$ sozusagen im Kopf mitführt.

Kurz: Deltafunktionen und ebene Wellen sind gegebenenfalls zwar sehr praktische Hilfsmittel für mathematische Formulierungen, aber man darf nicht vergessen,
dass ein physikalischer Zustand immer nur durch eine quadratintegrierbare Wellenfunktion dargestellt wird.

Mit diesem Vorbehalt akzeptieren wir auch Entwicklungen nach uneigentlichen
Vektoren $|\varphi_\lambda\rangle \equiv |\lambda\rangle$. Man spricht in diesem Zusammenhang vom *erweiterten*
Hilbert-Raum (also der Menge der eigentlichen *und* uneigentlichen Zustandsvek-
toren). Im Allgemeinen wird auch der erweiterte Hilbert-Raum mit $\mathcal{H}$ bezeichnet.
Zusammengefasst bedeutet das, dass wir mit uneigentlichen Vektoren so rechnen
können wie mit eigentlichen; nur treten eben gegebenenfalls Funktionale wie
die Deltafunktion auf. Die Orthonormalität bei eigentlichen und uneigentlichen
Vektoren äußert sich in

$$\langle \varphi_n | \varphi_{n'} \rangle = \delta_{nn'} \text{ und } \langle \varphi_{\lambda'} | \varphi_\lambda \rangle = \delta\left(\lambda - \lambda'\right) \tag{12.14}$$

und die Vollständigkeit in[14]

$$\sum |\varphi_n\rangle\langle\varphi_n| = 1 \text{ und } \int |\varphi_\lambda\rangle\langle\varphi_\lambda|\, d\lambda = 1 \tag{12.15}$$

Der Entwicklungssatz heißt

$$|\Psi\rangle = \sum |\varphi_n\rangle\langle\varphi_n|\,\Psi\rangle \text{ und } |\Psi\rangle = \int |\varphi_\lambda\rangle\langle\varphi_\lambda|\,\Psi\rangle\, d\lambda \tag{12.16}$$

Man kann also die Aussagen für den diskreten auf den kontinuierlichen Fall
umschreiben, wenn man folgende Ersetzungen vornimmt:

$$n \to \lambda\,;\; \sum \to \int\,;\, \delta_{nn'} \to \delta(\lambda - \lambda') \tag{12.17}$$

Freilich kann man sich das Leben noch einfacher machen, indem man ein neues
Symbol[15] einführt, nämlich $\sum\!\!\!\!\!\!\int$. Der Entwicklungssatz schreibt sich dann

$$|\Psi\rangle = \sum\!\!\!\!\!\!\int |\alpha_j\rangle\langle\alpha_j|\,\Psi\rangle \tag{12.18}$$

mit

---

[14] Wir erinnern daran, dass das Inkrement in der Summe 1 beträgt (es gilt also $\Delta n = 1$) und dass
man damit die formale Ähnlichkeit zwischen Summe und Integral noch mehr hervorheben kann,
etwa in der Form $\sum |\varphi_n\rangle\langle\varphi_n|\,\Delta n = 1$.

[15] Es gibt auch andere Bezeichnungen; Schwabl verwendet z. B. das Symbol $\mathcal{S}$.

$$\sum_{j} |\alpha_j\rangle\langle\alpha_j| \Psi\rangle = \begin{cases} \sum_{j} \\ \int dj \\ \sum_{j} + \int dj \end{cases} \text{für} \begin{cases} \text{eigentliche} \\ \text{uneigentliche} \\ \text{eigentliche und uneigentliche} \end{cases} \text{Zustände}$$

$$(12.19)$$

und die Vollständigkeitsrelation heißt

$$\sum_{j} |\alpha_j\rangle\langle\alpha_j| \, dj = 1 \tag{12.20}$$

In ähnlicher Weise lässt sich die Orthonormalität mit folgendem neuen Symbol (*erweitertes* oder *verallgemeinertes Kronecker-Symbol*)

$$\delta(i, j) = \begin{cases} \delta_{ij} \text{ für } i, j = \text{diskret} \\ \delta(i - j) \text{ für } i, j = \text{kontinuierlich} \end{cases} \tag{12.21}$$

kompakter ausdrücken:

$$\langle\alpha_i | \alpha_j\rangle = \delta(i, j) \tag{12.22}$$

12.2 Orts- und Impulsdarstellung

Wir wollen nun die Frage angehen, wie man vom Ket $|\Psi\rangle$ zur Wellenfunktion $\Psi(x)$ kommt.

Zunächst eine Vorbemerkung. Warum und wie man in der QM uneigentliche Zustände akzeptieren kann, haben wir uns gerade klar gemacht. Dies erlaubt nun folgende Formulierung anhand des weiter oben betrachteten Beispiels der Ortsmessung: Ein Quantenobjekt sei an einem Punkt x im Raum;[16] bezüglich des Ortes befindet es sich also im (abstrakten, uneigentlichen) Zustand $|x\rangle$. Die Messung seines Ortes lässt sich mithilfe des Ortsoperators X symbolisieren und es gilt:

$$X|x\rangle = x|x\rangle \tag{12.23}$$

In Worten: Wenn wir den Zustand $|x\rangle$ messen (also den Ortsoperator X anwenden), erhalten wir als Messwert die Zahl x. Es handelt sich bei $|x\rangle$ um uneigentliche Vektoren mit

$$\langle x | x'\rangle = \delta(x - x') \text{ (ON)} \quad \text{und} \quad \int |x\rangle\langle x| dx = 1 \text{ (V)} \tag{12.24}$$

---

[16] Es ist klar, dass es sich um eine idealisierte Annahme handelt, die nicht mit der Unschärferelation kompatibel ist. Wir können sie aber im Sinne der gerade angestellten Überlegungen zum Eigendifferential treffen.

Nach dieser Vorbemerkung gehen wir nun in einen ‚anständigen' Hilbert-Raum, also einen Raum, der von einem VONS eigentlicher Vektoren $\{\varphi_n(x)\}$ aufgespannt wird. Eine Wellenfunktion $\Psi(x)$ lässt sich nach dem VONS entwickeln:

$$\Psi(x) = \sum_n c_n \varphi_n(x) \tag{12.25}$$

wobei für die Koeffizienten gilt:

$$c_n = \int \varphi_n^*(x)\,\Psi(x)\,dx \tag{12.26}$$

Wegen der Orthonormalität von $\{\varphi_n(x)\}$ gilt:

$$\int \Psi^*(x)\,\Psi(x)\,dx = \sum_n c_n^* c_n \tag{12.27}$$

Wir ersetzen die Koeffizienten mithilfe von Gl. (12.26) und erhalten:

$$\begin{aligned} \int \Psi^*(x)\,\Psi(x)\,dx &= \sum_n \int dx'\varphi_n^*\left(x'\right)\Psi\left(x'\right)\int dx\varphi_n(x)\,\Psi^*(x) = \\ &= \int dx' \int dx\Psi\left(x'\right)\Psi^*(x)\sum_n \varphi_n^*\left(x'\right)\varphi_n(x) \end{aligned} \tag{12.28}$$

Vergleich der rechten und linken Seite zeigt, dass gelten muss

$$\sum_n \varphi_n^*\left(x'\right)\varphi_n(x) = \delta\left(x' - x\right) \tag{12.29}$$

Wir bemerken, dass der Ausdruck auf der linken Seite kein Skalarprodukt ist. Wenn wir uns an unsere früher eingeführte Analogie ($\varphi \to$ Spaltenvektor) und $\left(\varphi^\dagger \to$ Zeilenvektor$\right)$ erinnern, müssen wir einen Ausdruck der Form $\sum |\varphi_n\rangle\langle\varphi_n|$ bilden. Tatsächlich haben wir im letzten Kapitel, ausgehend von $\langle\Psi|\,\Psi\rangle$, so einen Ausdruck schon einmal mit genau dem gleichen Vorgehen (nur eben im abstrakten Raum) hergeleitet,[17] nämlich die Vollständigkeitsrelation in der Schreibweise (siehe Gl. (12.15))

$$\sum_n |\varphi_n\rangle\langle\varphi_n| = 1 \tag{12.30}$$

Mit anderen Worten: Die Gl. (12.29) und (12.30) beschreiben denselben Sachverhalt (Vollständigkeit des Basissystems), nur eben in unterschiedlicher Schreibweise. Das

---

[17] Wir wiederholen diese Herleitung in Kurzform, indem wir die erste Zeile von Gl. (12.28) mit Brackets schreiben (zur Erinnerung: $\int f^* g\,dx = \langle f\,|g\rangle$):

$$\begin{aligned} \int \Psi^*(x)\,\Psi(x)\,dx &= \langle\Psi\,|\Psi\rangle = \sum_n \langle\varphi_n\,|\Psi\rangle\langle\Psi\,|\varphi_n\rangle = \\ &= \sum_n \langle\Psi\,|\varphi_n\rangle\langle\varphi_n\,|\Psi\rangle = \langle\Psi|\left(\sum_n |\varphi_n\rangle\langle\varphi_n|\right)|\Psi\rangle \end{aligned}$$

sehen wir deutlicher, wenn wir (12.30) mithilfe von Gl. (12.24) umformen:

$$\langle x| \left(\sum_n |\varphi_n\rangle\langle\varphi_n| \right) |x'\rangle = \sum_n \langle x| \varphi_n\rangle\langle\varphi_n |x'\rangle = \langle x| x'\rangle = \delta\left(x - x'\right) \qquad (12.31)$$

Der Vergleich dieser Gleichung mit (12.29) legt also folgende Identifizierung nahe:

$$\varphi_n\left(x\right) = \langle x| \varphi_n\rangle \qquad (12.32)$$

Man nennt $\varphi_n\left(x\right)$ die *Ortsdarstellung* des Kets $|\varphi_n\rangle$. Formal handelt es sich um ein Skalarprodukt zweier abstrakter Vektoren, dessen Ergebnis – wie immer – ein Skalar ist und auf das sich die (mittlerweile) bekannten Rechenregeln anwenden lassen. Zum Beispiel gilt

$$\langle\varphi_n| x\rangle = \langle x| \varphi_n\rangle^\dagger = \langle x| \varphi_n\rangle^* = \varphi_n^*\left(x\right) \qquad (12.33)$$

So weit, so gut; nun kann man mit dieser Notation ein bisschen herumspielen. Eine Frage wäre etwa: Wenn $\langle x| \varphi\rangle = \varphi\left(x\right)$ die Ortsdarstellung von $|\varphi\rangle$ ist, was ist dann die Ortsdarstellung von $|x'\rangle$? Dieser Zustand ist dadurch gekennzeichnet, dass er bei einer Ortsmessung das Ergebnis x' liefert – das Quantenobjekt ist bei x', und nur dort misst man es auch.[18] Tatsächlich haben wir mit Gl. (12.24) die Frage schon beantwortet: Die Ortsdarstellung von $|x'\rangle$ lautet $\langle x |x'\rangle = \delta\left(x - x'\right)$.

Eine andere Frage: Wir haben auch mit Zuständen gearbeitet, die nicht durch einen scharfen Ort, sondern einen scharfen Impuls (bzw. $k = p/\hbar$) charakterisiert werden. In der abstrakten Schreibweise ist das also der Ket $|k\rangle$; seine Ortsdarstellung kennen wir bereits – es ist eine ebene Welle[19] (Vorfaktor wegen Normierung)

$$\langle x| k\rangle = \frac{1}{\sqrt{2\pi}}e^{ikx} \qquad (12.34)$$

Damit folgt sofort auch per Adjungieren die *Impulsdarstellung* eines Zustands mit scharfem Ort:

$$\langle k| x\rangle = \frac{1}{\sqrt{2\pi}}e^{-ikx} \qquad (12.35)$$

und damit

$$\langle k |k'\rangle = \delta\left(k - k'\right) \ (ON) \text{ und } \int dk |k\rangle\langle k| = 1 \ (V) \qquad (12.36)$$

Kurz, auch die uneigentlichen Vektoren $|k\rangle$ bilden ein VONS.

---

[18] Wir bemerken noch einmal, dass es sich um eine idealisierte Formulierung handelt.

[19] Auch hier gilt das weiter oben über Schwingung und Welle Gesagte.

Damit können wir nun den Ket $|\Psi\rangle$ sowohl in Orts- als auch Impulsdarstellung schreiben, nämlich als[20]

$$\langle x\,|\Psi\rangle = \Psi(x) \text{ Ortsdarstellung}$$
$$\langle k\,|\Psi\rangle = \hat{\Psi}(k) \text{ Impulsdarstellung} \tag{12.37}$$

Wie hängen diese beiden Darstellungen zusammen? Wir erweitern mit 1 und erhalten

$$\langle x\,|\Psi\rangle = \langle x|\int dk\,|k\rangle\,\langle k\,|\Psi\rangle = \int dk\,\langle x\,|k\rangle\,\langle k\,|\Psi\rangle$$
$$\langle k\,|\Psi\rangle = \langle k|\int dx\,|x\rangle\,\langle x\,|\Psi\rangle = \int dx\,\langle k\,|x\rangle\,\langle x\,|\Psi\rangle \tag{12.38}$$

oder in der ‚üblichen' Schreibweise:

$$\Psi(x) = \tfrac{1}{\sqrt{2\pi}}\int dk\,e^{ikx}\hat{\Psi}(k)$$
$$\hat{\Psi}(k) = \tfrac{1}{\sqrt{2\pi}}\int dx\,e^{-ikx}\Psi(x) \tag{12.39}$$

Wir sehen, dass Orts- und Impulsdarstellung eines Kets *Fourier-Transfomierte* voneinander sind.[21]

Schließlich noch die Frage, wie sich Operatoren und Gleichungen in den beiden Darstellungen herleiten lassen. Wir betrachten dazu eine abstrakte Eigenwertgleichung der Form

$$A\,|\Psi\rangle = a\,|\Psi\rangle \tag{12.40}$$

und wollen sie in Ortsdarstellung schreiben. Dazu multiplizieren wir zunächst mit einem Bra $\langle x|$:

$$\langle x|\,A\,|\Psi\rangle = a\,\langle x\,|\Psi\rangle \tag{12.41}$$

und erweitern links mit der Identität:

$$\langle x|\,A\int dx'\,|x'\rangle\langle x'\,|\Psi\rangle = a\,\langle x\,|\Psi\rangle \rightarrow$$
$$\int dx'\,\langle x|\,A\,|x'\rangle\langle x'\,|\Psi\rangle = a\,\langle x\,|\Psi\rangle \tag{12.42}$$

---

[20] Weil es sich in beiden Darstellungen um denselben Ket $|\Psi\rangle$ handelt, wird gelegentlich für beide Darstellungen dasselbe Symbol verwendet, also $\Psi(x)$ und $\Psi(k)$, obwohl diese beiden Funktionen nicht gleich sind (als Abbildungen; d. h. in dem Sinn, dass man $\Psi(k)$ erhält, wenn man in $\Psi(x)$ einfach x durch k ersetzt). Was genau gemeint ist, muss sich aus dem Zusammenhang erschließen. Um Unklarheiten zu vermeiden, verwenden wir hier die Bezeichnung $\hat{\Psi}(k)$.

[21] Zur Fourier-Transformation siehe das entsprechende Kapitel im Anhang H.

Nun hängt es vom Matrixelement $\langle x | A | x' \rangle$ ab, wie es weiter geht. Eine wesentliche Vereinfachung der Gleichung erhält man nur, wenn gilt:

$$\langle x | A | x' \rangle = \delta(x - x') A(x) \tag{12.43}$$

Man sagt in diesem Fall, dass A in der Ortsdarstellung *diagonal* ist oder auch, dass der Operator A *lokal* ist.[22] Unter dieser Voraussetzung schreibt sich Gl. (12.42) offensichtlich als

$$\int dx' \delta(x - x') \langle x | A | x \rangle \langle x' | \Psi \rangle = A(x) x | \Psi \rangle = ax | \Psi \rangle \tag{12.44}$$

oder in der vertrauten Schreibweise mit Ortsvariablen

$$A\Psi(x) = a\Psi(x) \tag{12.45}$$

wobei für die Ortsdarstellung des Operators üblicherweise A statt $A(x)$ steht. Wir weisen noch einmal darauf hin, dass die Operatoren A in (12.40) und (12.45) nicht identisch sind. Man verwendet zwar in der Regel dasselbe Symbol, aber es handelt sich um ganz verschiedene mathematische Objekte.

Zum Schluss noch ein Beispiel: Wir wollen die Ortsdarstellung des Impulsoperators p_{op} herleiten (die wir natürlich schon kennen). Zur besseren Lesbarkeit bezeichnen wir kurzfristig den Operator mit dem Index op.

Dazu starten wir von der abstrakten Eigenwertgleichung

$$p_{op} | k \rangle = \hbar k | k \rangle \tag{12.46}$$

Über den Impulsoperator wissen wir für die folgende Überlegung außer dieser Eigenwertgleichung nichts. $| k \rangle$ ist der Zustand zu definiertem Impuls (man beachte $p = \hbar k$) und $\hbar k$ ist der Eigenwert bzw. Messwert. Multiplikation mit $\langle x |$ und Einfügen der Eins bringt:

$$\int \langle x | p_{op} | x' \rangle \langle x' | k \rangle \, dx' = \hbar k \int \langle x | x' \rangle \langle x' | k \rangle \, dx' = \hbar k \langle x | k \rangle = \frac{\hbar k}{\sqrt{2\pi}} e^{ikx} \tag{12.47}$$

Damit folgt:

$$\int \langle x | p_{op} | x' \rangle e^{ikx'} \, dx' = \hbar k \int \delta(x - x') e^{ikx'} \, dx' = \frac{\hbar}{i} \int \delta(x - x') \frac{\partial}{\partial x'} e^{ikx'} dx' \tag{12.48}$$

---

[22] Quasilokale Operatoren sind über die Ableitung der Deltafunktion definiert:

$$A(x, y) = a(x) \delta(x - y) \quad \text{lokaler Operator}$$
$$B(x, y) = b(x) \delta'(x - y) \quad \text{quasilokaler Operator}$$

Vergleich der linken und rechten Seite zeigt

$$\langle x | \, p_{op} \, | x' \rangle = \delta(x - x') \frac{\hbar}{i} \frac{\partial}{\partial x} \qquad (12.49)$$

Der Impulsoperator ist also in der Ortsdarstellung diagonal und hat die uns bekannte Form – wie es ja auch sein soll.

Ein Beispiel für einen in der Ortsdarstellung nicht diagonalen Operator (Projektionsoperator) findet sich in den Aufgaben, womit wir eine in früheren Kapiteln erwähnte Lücke gefüllt haben.

12.3   Fazit

Wir sind in Kap. 1 (1) und 2 (1) mit zwei auf den ersten Blick vollkommen verschiedenen Zustandsbeschreibungen gestartet, nämlich den ortsabhängigen Wellenfunktionen $\psi\,(\mathbf{r})$ (analytischer Zugang, ungerade Kapitel) auf der einen und den Kets $|\varphi\rangle$ (algebraischer Zugang, gerade Kapitel) bzw. ihrer Darstellung als Spaltenvektor auf der anderen Seite. Nach einem längeren Weg, der natürlich auch viel anderen Stoff umfasste (zum großen Teil war der Weg auch Ziel[23]), haben wir in diesem Kapitel die beiden Zugänge zusammengeführt und gesehen, dass es sich letztlich nur um verschiedene Formulierungen desselben Sachverhalts handelt. Auch andere Darstellungen sind möglich, wie in Abb. 12.2 angedeutet. Diesen Umstand können wir uns in Zukunft zunutze machen und zwischen den

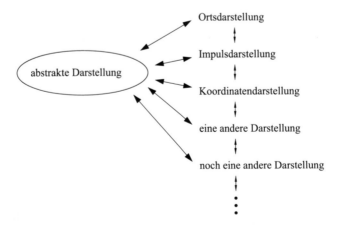

Abb. 12.2 Dieselbe physikalische Situation erlaubt verschiedene Darstellungen

---

[23] „Caminante no hay camino, se hace camino al andar...“ (Wanderer, es gibt keinen Weg, der Weg entsteht durch Gehen) Antonio Machado, spanischer Dichter.

Formulierungen hin und her wechseln, wie es uns gerade praktisch erscheint –
Wellen- oder Matrizenmechanik oder abstrakte Schreibweise.

Dabei ist natürlich klar, dass die Wellenmechanik verschiedene Eigenschaften
nicht beschreiben kann, z. B. den Spin (oder, über unseren Rahmen hinausgehend,
Strangeness, Charme usw.). Anders gesagt: Zu jeder ortsabhängigen Wellenfunktion
existiert ein Ket, aber die Umkehrung gilt nicht. Dies stellt nun aber kein Problem
mehr dar, da wir im vorliegenden Kapitel die Wellenmechanik ja zu einem
allgemeinen Formalismus erweitert haben.

12.4 Aufgaben

1. Gegeben sei ein Eigenzustand $|k\rangle$ des Impulsoperators. Wie lautet dieser Zustand
   in der Ortsdarstellung?
2. Zeigen Sie unter Verwendung von $\langle x|\,k\rangle = \frac{1}{\sqrt{2\pi}}e^{ikx}$, dass auch die uneigentli-
   chen Vektoren $|k\rangle$ ein VONS bilden.
3. Gegeben sei ein uneigentlicher Vektor $|\varphi_\lambda\rangle$. Wie lautet das zugehörige Eigendif-
   ferential $|\varphi_{\lambda,\Delta\lambda}\rangle$?
4. Gegeben sei der Zustand $|k\rangle$ mit dem scharfen Impulswert k; es gilt $\langle x|\,k\rangle =
   \frac{1}{\sqrt{2\pi}}e^{ikx}$.
   (a) Wie lautet das (abstrakte) Eigendifferential?
   (b) Wie lautet das Eigendifferential in der Ortsdarstellung?
   (c) Zeigen Sie, dass die Eigendifferentiale der Teilaufgabe (b) orthonormiert
       sind.
5. Gegeben sei die SGl in der abstrakten Formulierung

$$i\hbar\frac{d}{dt}\,|\psi\rangle = H\,|\psi\rangle \tag{12.50}$$

   (a) Formulieren Sie diese Gleichung in der Orts- und in der Impulsdarstellung.
   (b) Wie lässt sich das Matrixelement $\langle k|\,H\,|k'\rangle$ berechnen, wenn H in der
       Ortsdarstellung bekannt ist?
6. Wie sieht der Projektionsoperator in Ortsdarstellung aus?
7. Seien A und B selbstadjungierte Operatoren mit $[A, B] = i\hbar$ und sei $|a\rangle$ ein
   Eigenvektor von A zum Eigenwert a. Dann gilt

$$\langle a\,|[A, B]|\,a\rangle = \langle a\,|AB - BA|\,a\rangle = (a - a)\,\langle a\,|B|\,a\rangle = 0 \tag{12.51}$$

Andererseits gilt

$$\langle a\,|[A, B]|\,a\rangle = \langle a\,|i\hbar|\,a\rangle = i\hbar \neq 0 \tag{12.52}$$

Frage: Wo liegt der Fehler in der Betrachtung?

Operatoren

13

In diesem Kapitel stellen wir noch einmal grundlegende Eigenschaften der für die QM
wesentlichen Arten von Operatoren zusammen.

Wie wir gesehen haben, leben die Zustände der Quantenmechanik (QM) in einem
(erweiterten) Hilbert-Raum $\mathcal{H}$. Änderungen dieser Zustände werden durch Operatoren bewirkt; das kann zum Beispiel die zeitliche Entwicklung des Systems selbst
oder das Herausfiltern bestimmter Zustände aus einem Gesamtzustand sein. Wir
haben den Operatorenzoo der QM zwar schon kennengelernt (hermitesche, unitäre
und Projektionsoperatoren), angesichts der zentralen Bedeutung der Operatoren in
der QM wollen wir aber in diesem Kapitel noch einige Eigenschaften eingehender
besprechen, wobei wir die abstrakte Formulierung zugrunde legen.[1]

Die in diesem Buch betrachteten Operatoren sind mit einer Ausnahme durchweg
linear. Dabei heißt ein Operator A *linear*, wenn für zwei beliebige Zustände und
zwei beliebige Zahlen $\alpha, \beta \in \mathbb{C}$ gilt

$$A \left(\alpha \left| \varphi \right\rangle + \beta \left| \psi \right\rangle \right) = \alpha A \left| \varphi \right\rangle + \beta A \left| \psi \right\rangle \tag{13.1}$$

Für die Ausnahme, nämlich einen *antilinearen* Operator B, gilt

$$B \left(\alpha \left| \varphi \right\rangle + \beta \left| \psi \right\rangle \right) = \alpha^* B \left| \varphi \right\rangle + \beta^* B \left| \psi \right\rangle \tag{13.2}$$

Eine antilineare Abbildung ist zum Beispiel die komplexe Konjugation und damit
auch das Skalarprodukt, bezogen auf die erste Komponente, da ja gilt $\left\langle \lambda a \mid b \right\rangle = \lambda^* \left\langle a \mid b \right\rangle$. Auch der Operator der Zeitumkehr ist antilinear (siehe Kap. 7 (2)).

Ein Operator heißt *beschränkt*, wenn es eine von den Zuständen $\left| \varphi \right\rangle \in \mathcal{H}$
unabhängige Konstante C gibt, so dass für alle Zustände gilt

$$\left\| A \left| \varphi \right\rangle \right\| \leq C \left\| \left| \varphi \right\rangle \right\| \tag{13.3}$$

---

[1] Weiteres Material zu Operatoren findet sich in Anhang I (1).

Das *Definitionsgebiet* (oder kurz Gebiet) eines Operators A ist die Menge aller Vektoren $|\varphi\rangle \in \mathcal{H}$, so dass auch $A|\varphi\rangle$ in $\mathcal{H}$ liegt. Man kann zeigen, dass das Definitionsgebiet von A genau dann der ganze Hilbert-Raum ist, wenn A beschränkt ist.

Wenn zwei Operatoren A und B vertauschen, spricht man davon, dass sie *gleichzeitig* messbar sind. Dieser Begriff definiert sich aber nicht tatsächlich über eine Zeitbetrachtung, sondern ist eine Kurzform dafür, dass das Messresultat unabhängig von der Reihenfolge ist, in welcher wir A und B messen.

13.1 Hermitesche Operatoren, Observable

Wir können drei Ebenen unterscheiden: Da ist zunächst die physikalische Messgröße A_{phys}, die in der QM durch einen hermiteschen Operator $A_{op} = A_{op}^{\dagger}$ modelliert wird; dieser abstrakte Operator kann dann, wenn erforderlich, in konkreten Darstellungen A_{darst} formuliert werden. Zum Beispiel heißt der der physikalischen Messgröße Drehimpuls $\mathbf{l}_{phys}$ entsprechende Operator bekanntlich $\mathbf{l}_{op} = \mathbf{r} \times \mathbf{p}$ und dieser wird in der Ortsdarstellung zu $\mathbf{l}_{darst} = \frac{\hbar}{i}\mathbf{r} \times \nabla$. Häufig wird, wie gesagt, für alles die gleiche Bezeichnung verwendet (im Beispiel $\mathbf{l}$), da in der Regel aus dem Zusammenhang klar wird, was gemeint ist; wir handhaben das im Wesentlichen auch so.

Wir gehen von einem diskreten und nichtentarteten Spektrum aus; dann gilt die Eigenwertgleichung

$$A\left|\varphi_n\right\rangle = a_n\left|\varphi_n\right\rangle \; ; \; n = 1, 2, \dots \; ; \; A = A^{\dagger} \tag{13.4}$$

Das mögliche Resultat einer Messung der physikalischen Messgröße A ist einer der Eigenwerte des Operators A. Wegen der Bedeutung dieses Sachverhalts gibt es eine besondere Bezeichnung, nämlich die der *Observablen* (= beobachtbare, d. h. messbare Größe).[2] Wir verstehen darunter einen hermiteschen Operator, der für eine widerspruchsfrei messbare physikalische Größe steht. Einige Anmerkungen zum Begriff Observable finden sich in Anhang I (1).

Wir weisen darauf hin, dass wir die Bezeichnungen ‚selbstadjungiert‘ und ‚hermitesch‘ als Äquivalente gebrauchen, was für die von uns betrachteten Systeme auch immer zutrifft. Tatsächlich sind die beiden Begriffe aber unter bestimmten Voraussetzungen nicht deckungsgleich; in unendlich-dimensionalen Vektorräumen impliziert Hermitezität nicht unbedingt auch Selbstadjungiertheit. Auch dazu mehr im Anhang I (1).

---

[2] Der Begriff wird allerdings nicht überall gleich definiert und zuweilen auch eher vermieden. Der Grund für diese Ablehnung liegt zum Teil darin, dass die Bezeichnung Observable die Vorstellung nahelegt, dass ohne einen (womöglich auch noch menschlichen) Beobachter (= Observator) physikalische Größen keine Realität gewinnen können. Wir weisen explizit darauf hin, dass für uns der Begriff Observable diese Problematik nicht impliziert, sondern einfach ein terminus technicus im o. a. Sinn ist.

Noch zwei Bemerkungen:

1. Der Operator A heißt *antihermitesch*, wenn gilt $A^\dagger = -A$. Jeder Operator C lässt sich in einen hermiteschen und einen antihermiteschen Anteil zerlegen:[3]

$$C = C_{\text{hermitesch}} + C_{\text{antihermitesch}} = \frac{C + C^\dagger}{2} + \frac{C - C^\dagger}{2} \qquad (13.5)$$

2. Das Produkt eines Operators mit seinem adjungierten Operator ist ein hermitescher Operator: $\left(AA^\dagger\right)^\dagger = A^{\dagger\dagger}A^\dagger = AA^\dagger$. Darüber hinaus ist $AA^\dagger$ ein *positiver Operator*, das heißt, für alle $|\varphi\rangle$ gilt $\langle\varphi| AA^\dagger |\varphi\rangle \geq 0$. Dies folgt aus der Tatsache, dass $\langle\varphi| AA^\dagger |\varphi\rangle$ Betragsquadrat einer Norm ist, denn es gilt $\langle\varphi| AA^\dagger |\varphi\rangle = \left\| A^\dagger |\varphi\rangle \right\|^2$.[4]

Schließlich noch ein Wort zu der in Kap. 3 (1) angesprochenen Symmetrisierung. Beispielsweise gilt klassisch $xp_x = p_x x$, für die entsprechenden quantenmechanischen Größen aber $xp_x \neq p_x x$, weswegen wir die symmetrisierte Form $\frac{1}{2}(xp_x + p_x x)$ eingeführt haben. Hier können wir nun die Begründung nachliefern: Gegeben seien zwei hermitesche Operatoren A und B mit $[A, B] \neq 0$. Das Produkt AB ist nicht hermitesch (kann also keiner Messgröße entsprechen), denn $(AB)^\dagger = BA \neq AB$. Wir können uns aber einen hermiteschen Operator verschaffen, indem wir die symmetrisierte Form $C = \frac{1}{2}(AB + BA)$ bilden, denn es gilt $C^\dagger = \frac{1}{2}(AB + BA)^\dagger = C$. Nach den gerade angestellten Überlegungen ist aber nicht garantiert, dass dieser symmetrisierte Operator auch eine Observable ist.

13.1.1 Drei wichtige Eigenschaften hermitescher Operatoren

Im Folgenden wollen wir drei wichtige Eigenschaften hermitescher Operatoren im Bracketformalismus beweisen. Zwei davon kennen wir bereits, nämlich die, dass die Eigenwerte reell und die Eigenfunktionen paarweise orthogonal sind (wir haben vorausgesetzt, dass das Spektrum nichtentartet ist). Zusätzlich soll noch gezeigt werden, dass kommutierende hermitesche Operatoren ein gemeinsames VONS besitzen.

Reelle Eigenwerte

Da Messungen physikalischer Größen immer Messungen von reellen Zahlen (Längen oder Winkel bzw. Bogenmaße) bedeuten, fordern wir, dass die Eigenwerte

---

[3] So ähnlich, wie sich jede Funktion in einen spiegel- und punktsymmetrischen Anteil zerlegen lässt.

[4] Wir bemerken, dass die Bezeichnung ‚positiver Operator' zwar üblich ist, aber dennoch *nichtnegativ* oder *positiv-semidefinit* richtiger wäre. Man kann allerdings auch die Unterscheidung positiv (≥ 0) und streng positiv (> 0) treffen.

der modellierenden Operatoren ebenfalls reell sind. Dies ist bei hermiteschen Operatoren tatsächlich der Fall, wie wir jetzt (noch einmal) zeigen.

Der Operator A sei hermitesch, $A^\dagger = A$; seine Eigenwertgleichung laute

$$A \left| \varphi_n \right\rangle = a_n \left| \varphi_n \right\rangle \ ; n = 1, 2, \dots \tag{13.6}$$

mit Eigenvektoren $\left| \varphi_n \right\rangle$. Wir multiplizieren von links mit einem Bra:

$$\left\langle \varphi_n \left| A \right| \varphi_n \right\rangle = a_n \left\langle \varphi_n \left| \varphi_n \right\rangle = a_n \tag{13.7}$$

Nun gilt:

$$a_n^\dagger = a_n^* = \left\langle \varphi_n \left| A \right| \varphi_n \right\rangle^\dagger = \left\langle \varphi_n \left| A^\dagger \right| \varphi_n \right\rangle = \left\langle \varphi_n \left| A \right| \varphi_n \right\rangle = a_n \tag{13.8}$$

Also sind die Eigenwerte eines hermiteschen Operators reell.

Eigenvektoren sind orthogonal

Als Nächstes wollen wir zeigen, dass $\left\langle \varphi_m \left| \varphi_n \right\rangle = 0$ für $n \neq m$ gilt; Voraussetzung dabei ist, dass das Spektrum nichtentartet ist (entartete Spektren werden weiter unten besprochen). Wir starten mit

$$A \left| \varphi_n \right\rangle = a_n \left| \varphi_n \right\rangle \ \text{und} \ \left\langle \varphi_m \right| A = a_m \left\langle \varphi_m \right| \tag{13.9}$$

da A hermitesch ist und somit reelle Eigenwerte hat. Daraus folgt

$$\left\langle \varphi_m \left| A \right| \varphi_n \right\rangle = a_n \left\langle \varphi_m \left| \varphi_n \right\rangle \ \text{und} \ \left\langle \varphi_m \left| A \right| \varphi_n \right\rangle = a_m \left\langle \varphi_m \left| \varphi_n \right\rangle \tag{13.10}$$

Die Subtraktion der beiden Gleichungen führt auf

$$(a_m - a_n) \left\langle \varphi_m \left| \varphi_n \right\rangle = 0 \tag{13.11}$$

folglich muss (da wir Nichtentartung vorausgesetzt haben) für $n \neq m$ gelten: $\left\langle \varphi_m \left| \varphi_n \right\rangle = 0$. Wenn man noch die Normierung der Eigenfunktionen dazu nimmt, folgt wie erwartet:

$$\left\langle \varphi_m \left| \varphi_n \right\rangle = \delta_{nm} \tag{13.12}$$

Wir können also immer davon ausgehen, dass die Eigenfunktionen eines hermiteschen Operators (nichtentartet) ein Orthonormalsystem bilden.

Kommutierende hermitesche Operatoren haben gemeinsames VONS

Gegeben seien zwei hermitesche Operatoren A und B (mit nichtentarteten Spektren). Sie kommutieren genau dann, wenn sie ein gemeinsames VONS von Eigenvektoren haben. Um die Behauptung zu beweisen, sind also zwei Beweisschritte notwendig: Schritt 1: $[A, B] = 0 \rightarrow$ gemeinsames System; Schritt 2: gemeinsames System $\rightarrow [A, B] = 0$.

Schritt 1. Wir starten mit

$$A \left|\varphi_i\right\rangle = a_i \left|\varphi_i\right\rangle \tag{13.13}$$

wobei $\{\left|\varphi_i\right\rangle\}$ ein VONS ist. Damit folgt

$$B A \left|\varphi_i\right\rangle = \left\{ \begin{array}{l} B a_i \left|\varphi_i\right\rangle = a_i B \left|\varphi_i\right\rangle \\ A B \left|\varphi_i\right\rangle \;, \text{da } [A, B] = 0 \end{array} \right. \tag{13.14}$$

zusammengefasst also

$$A B \left|\varphi_i\right\rangle = a_i B \left|\varphi_i\right\rangle \tag{13.15}$$

Der Vergleich dieser Gleichung mit (13.13) zeigt (weil in beiden Fällen derselbe Eigenwert a_i auftaucht), dass $B \left|\varphi_i\right\rangle$ ein Vielfaches der Eigenfunktion $\left|\varphi_i\right\rangle$ sein muss

$$B \left|\varphi_i\right\rangle \sim \left|\varphi_i\right\rangle \tag{13.16}$$

Wir nennen die Proportionalitätskonstante b_i; damit folgt:

$$B \left|\varphi_i\right\rangle = b_i \left|\varphi_i\right\rangle \tag{13.17}$$

d. h., auch der Operator B besitzt das VONS $\{\varphi_i\}$. Da man die Rollen von A und B bei dieser Argumentation vertauschen kann, folgt, dass beide Operatoren genau das gleiche VONS besitzen. Damit ist Schritt 1 des Beweises fertig.

Schritt 2: Unter der Voraussetzung, dass ein gemeinsames VONS existiert, soll gezeigt werden, dass der Kommutator $[A, B]$ verschwindet. Voraussetzung ist also:

$$A \left|\varphi_i\right\rangle = a_i \left|\varphi_i\right\rangle \text{ sowie } B \left|\varphi_i\right\rangle = b_i \left|\varphi_i\right\rangle \tag{13.18}$$

Daraus folgt

$$B A \left|\varphi_i\right\rangle = a_i B \left|\varphi_i\right\rangle = a_i b_i \left|\varphi_i\right\rangle \text{ sowie } A B \left|\varphi_i\right\rangle = b_i A \left|\varphi_i\right\rangle = b_i a_i \left|\varphi_i\right\rangle \tag{13.19}$$

Da die rechten Seiten dieser beiden Gleichungen gleich sind, sind es auch die linken. Also gilt

$$(A B - B A) \left|\varphi_i\right\rangle = [A, B] \left|\varphi_i\right\rangle = 0 \tag{13.20}$$

Damit ist aber vorderhand noch nicht gesagt, dass der Kommutator verschwindet, sondern nur, dass seine Anwendung auf einen *Eigenvektor* null ergibt. Andererseits wissen wir aber, dass das System $\{\varphi_i\}$ vollständig ist, d. h., dass sich *jeder* Vektor darstellen lässt als

$$|\Psi\rangle = \sum_i d_i \, |\varphi_i\rangle \tag{13.21}$$

Damit gilt für jeden beliebigen Vektor $|\Psi\rangle$

$$[A, B]\,|\Psi\rangle = \sum_i d_i \, [A, B]\,|\varphi_i\rangle = 0 \tag{13.22}$$

und damit stimmt die Aussage $[A, B] = 0$ im *ganzen* Hilbert-Raum.

Kommutierende Observable haben also ein gemeinsames System von Eigenvektoren. Noch ein Hinweis: Zeitunabhängige Observable, die mit dem Hamilton-Operator kommutieren, sind Erhaltungsgrößen, vgl. Kap. 9 (1).

13.1.2 Unschärferelationen

Für zwei hermitesche Operatoren
Wir haben die Standardabweichung bzw. Unschärfe in Kap. 9 (1) definiert über

$$\Delta A = \sqrt{\langle A^2\rangle - \langle A\rangle^2} \tag{13.23}$$

Davon ausgehend kann man für hermitesche Operatoren A und B auf verschiedene Weise die Unschärferelation herleiten. Dies wird im Anhang durchgeführt; wir übernehmen hier nur das Ergebnis:

$$\Delta A \cdot \Delta B \geq \frac{1}{2}\,|\langle [A, B]\rangle| \tag{13.24}$$

Diese allgemeine Unschärferelation für zwei hermitesche Operatoren ist besonders populär für das Paar x und p_x. Wegen $[x, p_x] = i\hbar$ folgt

$$\Delta x \cdot \Delta p_x \geq \frac{\hbar}{2} \tag{13.25}$$

Dies ist in Abb. 13.1 skizziert.[5]

Wann gilt und was bedeutet die Unschärferelation?
Wir betonen, dass die Herleitung der Unschärferelation von idealen (fehlerfreien) Messinstrumenten ausgeht; tatsächlich sind die experimentellen Fehler der Messgeräte in realen Experimenten üblicherweise viel größer als die Quantenunschärfen.

---

[5] Man kann zeigen, dass die Verletzung der Unschärferelation dazu führt, dass auch der zweite Hauptsatz der Thermodynamik verletzt werden kann; siehe Esther Hänggi & Stephanie Wehner, ‚A violation of the uncertainty principle implies a violation of the second law of thermodynamics‘, *Nature Communications 4*, Article number 1670 (2013), https://doi.org/10.1038/ncomms2665.

Abb. 13.1 Schematische
Darstellungen verschiedener
Realisierungen der
Unschärferelation (13.25). Es
ist wie mit einem
Luftballon – drückt man in
der einen Richtung, weicht er
in der anderen aus

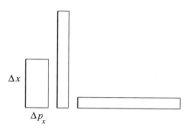

Es handelt sich bei der Unschärferelation also *nicht* um eine Aussage über die Genauigkeit der Messinstrumente, sondern um die Beschreibung eines reinen Quanteneffektes.

Bereits in Kap. 9 (1) haben wir gesehen, dass es sich bei Größen wie Δx um *zustandsabhängige* Mittelungsprozesse handelt. Wenn man das nicht beachtet, kann man alles Mögliche und Unmögliche folgern; dies gilt natürlich auch für die Unschärferelation. Die Schreibweise $(\Delta x)_\psi$ oder $\Delta_\psi x$ ist weniger verbreitet, würde aber Missverständnisse dieser Art erschweren.

Darüber hinaus macht die Unschärferelation (13.24) nur für diejenigen Zustände Sinn, die im Definitionsgebiet von A und B sowie in denen der bei der Herleitung auftretenden Produkte der Operatoren liegen. Für alle anderen Zustände ist die Unschärferelation bedeutungslos. Zum Beispiel gibt es Funktionen, die zwar im Hilbert-Raum der quadratintegrablen Funktionen, aber außerhalb der Definitionsgebiete der (unbeschränkten) Operatoren x und p liegen. Für diese Funktionen kann man keine Ungleichung (13.25) aufstellen. Beispiele finden sich in den Aufgaben und im Anhang. Operatorengleichungen und generell Aussagen über Operatoren gelten in der Regel eben nicht allgemein, sondern nur für Zustände, die im Definitionsgebiet der Operatoren liegen.[6]

Bei der Frage nach der Bedeutung der Unschärferelation (13.24) treffen wir auf einen für die QM typischen Sachverhalt: Die theoretischen Formulierungen und Ableitungen sind vergleichsweise ‚straightforward' und unstrittig; Probleme tauchen erst auf, wenn man fragt, was das ‚wirklich' bedeutet. Wir illustrieren den Sachverhalt einmal beispielhaft an zwei Positionen, die wir in Kap. 2 (1) schon kurz gestreift haben.

1. Die erste Position geht davon aus, dass die Relation (13.24) nur für ein *Ensemble* gilt. Es geht mithin um die statistische Verteilung in den Messresultaten, wenn man sowohl A als auch B an einer großen Anzahl identisch präparierter Systeme misst (also an einem System entweder A oder B). Für $[A, B] \neq 0$ sind die Messungen zwar inkompatibel, aber da sie an *verschiedenen* Systemen bzw. Ensemblemitgliedern ausgeführt werden, können sich diese Messungen in keiner Weise stören. In diesem Fall hat also die Unschärferelation nichts zu tun mit der Möglichkeit, gleichzeitige Messungen zweier Größen durchzuführen;

---

[6] Es geht sozusagen nicht nur um den Kamm, sondern auch um die Haare, die er kämmt.

man kann sie allenfalls als grundlegende Begrenzung deuten, einen Zustand
(bzw. das entsprechende Ensemble) möglichst genau zu präparieren. Auch die
Standardabweichung ΔA ist in diesem Fall ein unproblematischer Begriff.

2. Die zweite Position geht davon aus, dass die Relation (13.24) für *einzelne* Ereignisse gilt. Naturgemäß kann ΔA dann nichts mit einer statistischen Streuung
wie im gerade genannten Fall der Ensemblevorstellung zu tun haben. Wie wir
gesehen haben und noch weiter ausarbeiten werden, ist eine zentrale Position
dieser Sichtweise der QM die, dass es für einen typischen Quantenzustand nicht
sinnvoll ist, davon zu reden, dass A *überhaupt* einen Wert hat (und nicht die
Position, dass eine Größe A einen Wert besitzt, den wir nicht kennen). Unter
dieser Annahme lässt sich, wie wir in Kap. 9 (1) gesehen haben, ΔA als ein
numerisches Maß für das Ausmaß interpretieren, in welchem die Eigenschaft
A *nicht* von dem System besessen wird, da ja z. B. $\Delta_\psi A = 0$ bedeutet, dass $|\psi\rangle$
ein Eigenzustand von A ist. Entsprechendes gilt für $\Delta_\psi B$. Die Unschärferelation
ist dann eine Aussage darüber, inwieweit ein System die Eigenschaften A und B
gleichzeitig besitzen bzw. nicht besitzen kann.

Neben diesen beiden Positionen bzw. Interpretationen der QM gibt es einige
weitere, wie wir noch sehen werden.[7] Welche die ‚richtige‘ ist, lässt sich heutzutage
(noch) nicht sagen. Wir können an dieser Stelle nur festhalten, dass der Formalismus
der QM zwar eindeutig ist, aber seine Interpretation alles andere als unstrittig. In
Kap. 14 (1) und vor allem in Kap. 13 (2) und 14 (2) werden wir diese Fragen wieder
aufgreifen.

Unschärferelation für Zeit und Energie

In die Unschärferelation (13.24) können wir für A oder B nicht die Zeit einsetzen,
da sie in der QM kein Operator, sondern ein schlichter *Parameter* ist (man sieht
das etwa auch daran, dass man nicht sagen kann ‚ein Quantenobjekt hat eine
definierte Zeit‘). Dennoch kann man eine Aussage formulieren, die Zeit und Energie
verknüpft. Dazu betrachten wir einen nicht explizit zeitabhängigen hermiteschen
Operator A; nach Abschn. 9.3 (1) gilt für den Mittelwert

$$i\hbar \frac{d}{dt} \langle A \rangle = \langle [A, H] \rangle \tag{13.26}$$

Zusammen mit der Unschärferelation folgt daraus

---

[7] Ganz abgesehen von der literarischen Verarbeitung, wie zum Beispiel bei David Foster Wallace,
Unendlicher Spaß, Kiepenheuer & Witsch 2009: S. 1193–4: „Der Geist sagt, auch ein Feld-Wald-
und-Wiesen-Geist könne sich mit Quantengeschwindigkeit bewegen und jederzeit überall sein und
in sinfonischer Summe die Gedanken der Lebenden hören … Der Geist sagt: Es ist eigentlich egal,
ob Gately weiß, was der Begriff *Quanten* bedeutet. Er sagt: Im Großen und Ganzen existieren …
Geister in einer ganz anderen heisenbergschen Dimension der Kursänderungen und Zeitverläufe.“

$$\Delta A \cdot \Delta H \geq \frac{1}{2} |\langle [A, H] \rangle| = \frac{\hbar}{2} \left| \frac{d}{dt} \langle A \rangle \right| \tag{13.27}$$

Wir definieren eine Zeit $\Delta\tau$ durch

$$\Delta\tau = \frac{\Delta A}{|\langle [A, H] \rangle|} = \frac{\Delta A}{\left| \frac{d}{dt} \langle A \rangle \right|} \tag{13.28}$$

Dies ist ein Maß dafür, in welcher Zeit sich der Wert von A um ΔA ändert. Beispielsweise haben wir bei einer Erhaltungsgröße $\frac{d}{dt} \langle A \rangle$, mithin $\Delta\tau = \infty$. Mit diesen Bezeichnungen erhalten wir

$$\Delta H \cdot \Delta\tau \geq \frac{\hbar}{2} \tag{13.29}$$

was oft als

$$\Delta E \cdot \Delta t \gtrsim \frac{h}{2} \tag{13.30}$$

geschrieben wird und interpretiert werden kann als Zusammenhang zwischen Energieänderung und Lebensdauer.

13.1.3 Entartete Spektren

Wir haben uns bisher im Wesentlichen auf Observable mit nichtentarteten Spektren beschränkt; im diskreten Fall ist die Eigenwertgleichung gegeben durch

$$A |\varphi_n\rangle = a_n |\varphi_n\rangle \, , n = 1, 2, \ldots \tag{13.31}$$

Weil A eine Observable ist, bildet die Menge der Eigenvektoren $\{|\varphi_n\rangle\}$ eine Basis von $\mathcal{H}$, nach der wir jeden Zustand entwickeln können

$$|\psi\rangle = \sum_n c_n |\varphi_n\rangle \tag{13.32}$$

Wir können den Sachverhalt auch so ausdrücken, dass jeder Eigenvektor einen *eindimensionalen Unterraum* aufspannt.

Gehen wir nun über zum Fall eines *entarteten diskreten Spektrums*. Die Eigenwertgleichung lautet

$$A |\varphi_{n,r}\rangle = a_n |\varphi_{n,r}\rangle \, , n = 1, 2, \ldots \, ; \quad r = 1, 2, \ldots, g_n \tag{13.33}$$

Dabei ist g_n der *Entartungsgrad* des Eigenwertes a_n; für $g_n = 1$ ist a_n nichtentartet. Die $|\varphi_{n,r}\rangle$ sind g_n linear unabhängige Eigenvektoren (für vorgegebenes

n); sie spannen den Unterraum (Eigenraum) $\mathcal{H}_n$ der Dimension g_n zum Eigenwert a_n auf. Dabei sind die Eigenvektoren $\left|\varphi_{n,r}\right\rangle$ zu gleichem Index n nicht notwendig orthogonal zueinander (als normiert können wir sie allerdings immer voraussetzen); mit den üblichen Orthogonalisierungsverfahren kann man sich aber aus ihnen ein orthogonales System konstruieren. Die Unterräume zu *verschiedenem* Index n sind zueinander orthogonal, $\mathcal{H}_n \perp \mathcal{H}_m$ für $n \neq m$.[8]

Die Entwicklung eines Zustands lautet schließlich

$$|\psi\rangle = \sum_n \sum_{r=1}^{g_n} c_{n,r} \left|\varphi_{n,r}\right\rangle, n = 1, 2, \ldots \quad ; \quad r = 1, 2, \ldots, g_n \qquad (13.34)$$

Im Fall eines kontinuierlichen Spektrums erhalten wir die entsprechenden Aussagen und Formulierungen, indem wir den üblichen Ersetzungsprozess vornehmen: diskreter Index $\rightarrow$ kontinuierliche Variable; Summation $\rightarrow$ Integration; Kronecker-Symbol $\rightarrow$ Deltafunktion, vergleiche Kap. 12 (1).

13.2   Unitäre Operatoren

Bevor wir die Definition eines unitären Operators wiederholen, betrachten wir die Definition eines inversen Operators. Gegeben sei also ein Operator A mit $Af = g$. Die Umkehrung dieser Abbildung soll existieren: $f = A^{-1}g$. Dann heißt A^{-1} der zu A inverse Operator. Es gilt: $AA^{-1} = A^{-1}A$. Ein *unitärer Operator* U ist definiert über[9]

$$U^\dagger = U^{-1} \longleftrightarrow U^\dagger U = U U^\dagger = 1 \qquad (13.35)$$

Für die Eigenwerte eines unitären Operators gilt mit $U|u\rangle = u|u\rangle$ und $\langle u| U^\dagger = u^* \langle u|$ die Gleichung $|u|^2 = 1$; die Eigenwerte eines unitären Operators liegen also auf dem Einheitskreis.

13.2.1   Unitäre Transformationen

Mit unitären Operatoren lassen sich *unitäre Transformationen* für Zustände und Operatoren definieren; übliche Schreibweisen sind

---

[8] Zwei Unterräume $\mathcal{H}_n$ und $\mathcal{H}_m$ heißen zueinander orthogonal, wenn jeder Vektor aus $\mathcal{H}_n$ orthogonal zu jedem Vektor aus $\mathcal{H}_m$ ist.

[9] Genau genommen gehört noch die zweite Forderung $U\alpha |\varphi\rangle = \alpha U |\varphi\rangle$ dazu. Für *antiunitäre* Operatoren T gilt zwar ebenfalls $TT^\dagger = T^\dagger T = 1$, aber im Gegensatz zu den unitären Operatoren $T\alpha |\varphi\rangle = \alpha^* T |\varphi\rangle$. Antilineare Operatoren tauchen, von der komplexen Konjugation abgesehen, allerdings in der QM nur im Zusammenhang mit der Zeitumkehr auf (siehe Kap. 7 (2)). Deswegen bezeichnet die Forderung $U U^\dagger = U^\dagger U = 1$ so gut wie immer unitäre Operatoren.

$$U \left| \Psi \right\rangle = \left| \Psi' \right\rangle \text{ und } U A U^{\dagger} = A' \tag{13.36}$$

Das Interessante an unitären Transformationen ist, dass sie wichtige Eigenschaften bzw. Größen unverändert lassen, nämlich die Länge von Vektoren und die ‚Winkel' zwischen ihnen und damit auch Skalarprodukte sowie Matrixelemente und Eigenwerte (siehe Aufgaben). Insofern ist eine unitäre Transformation ein Analogon zur Rotation bei der elementaren Vektorrechnung; wir können sie uns als Übergang von einem zum anderen Basis- bzw. Koordinatensystem veranschaulichen. Nehmen wir an, dass $\{ \left| \varphi_n \right\rangle \}$ und $\{ \left| \psi_n \right\rangle \}$ zwei VONS sind. Dann gilt

$$\left| \psi_n \right\rangle = \sum_m \left| \varphi_m \right\rangle \left\langle \varphi_m \mid \psi_n \right\rangle = \sum_m U_{mn} \left| \varphi_m \right\rangle \tag{13.37}$$

und es folgt

$$\delta_{n'n} = \left\langle \psi_{n'} \mid \psi_n \right\rangle = \sum_{m'm} U^*_{m'n'} \left\langle \varphi_{m'} \mid \varphi_m \right\rangle U_{mn} = \sum_m U^*_{mn'} U_{mn} = \left(U^{\dagger} U \right)_{n'n} \tag{13.38}$$

und das ist ja nur eine andere Schreibweise für $U^{\dagger} U = 1$.

13.2.2 Funktionen von Operatoren, Zeitentwicklungsoperator

Ist ein allgemeiner Operator A gegeben, dann kann man auch Potenzen von A definieren oder weitere Ausdrücke wie z. B. Potenzreihen der Form

$$\sum_{n=0}^{\infty} a_n A^n \tag{13.39}$$

bilden, wie wir es ja in früheren Kapiteln bereits mehrfach getan haben. Ein Beispiel stellt $\sum_{n=0}^{\infty} a_n \frac{d^n}{dx^n}$ dar.

Natürlich bleibt generell bei Ausdrücken dieser Art die Frage, ob so eine Reihe überhaupt konvergiert (d. h., ob sie sinnvoll ist); die Antwort hängt von den Koeffizienten a_n ab und davon, auf welche Funktionen wir den Operator anwenden.

Wir wollen ein Beispiel näher anschauen. Gegeben sei ein zeitunabhängiger Hamilton-Operator H mit

$$i \hbar \frac{d}{dt} \left| \Psi(t) \right\rangle = H \left| \Psi(t) \right\rangle \tag{13.40}$$

Gezeigt werden soll, dass der Zeitentwicklungsoperator

$$U(t) = \sum_{n=0}^{\infty} \left(-i \frac{t}{\hbar} \right)^n \frac{H^n}{n!} \equiv e^{-i \frac{Ht}{\hbar}} \tag{13.41}$$

unitär ist und den Anfangszustand $|\Psi(0)\rangle$ in den Zustand $|\Psi(t)\rangle$ transformiert.[10] Wir gehen dazu davon aus, dass der Zustandsvektor in eine Potenzreihe um $t = 0$ entwickelt werden kann:

$$|\Psi(t)\rangle = |\Psi(0)\rangle + \frac{t}{1!}\left(\frac{d}{dt}|\Psi(t)\rangle\right)_{t=0} + \frac{t^2}{2!}\left(\frac{d^2}{dt^2}|\Psi(t)\rangle\right)_{t=0} + \ldots =$$
$$= \sum_n \frac{t^n}{n!}\left(\frac{d^n}{dt^n}|\Psi(t)\rangle\right)_{t=0} \tag{13.42}$$

Die Zeitableitungen lassen sich mithilfe der SGl als Potenzen von H ausdrücken:[11]

$$i\hbar\frac{d}{dt}|\Psi(t)\rangle = H|\Psi(t)\rangle$$

$$(i\hbar\frac{d}{dt})^2|\Psi(t)\rangle = i\hbar\frac{d}{dt}H|\Psi(t)\rangle = H^2|\Psi(t)\rangle \ldots \tag{13.43}$$

$$(i\hbar\frac{d}{dt})^n|\Psi(t)\rangle = i\hbar\frac{d}{dt}H^{n-1}|\Psi(t)\rangle = H^n|\Psi(t)\rangle$$

Wir ersetzen damit die Zeitableitungen in Gl. (13.42) und erhalten

$$|\Psi(t)\rangle = \sum_n \frac{t^n}{n!}\left(\frac{d^n}{dt^n}|\Psi(t)\rangle\right)_{t=0} = \sum_{n=0}^{\infty}\left(-i\frac{t}{\hbar}\right)^n\frac{H^n}{n!}|\Psi(0)\rangle \tag{13.44}$$

Damit haben wir auf der rechten Seite einen Operator, der auf den Anfangszustand $|\Psi(0)\rangle$ wirkt:

$$U(t) = \sum_{n=0}^{\infty}\left(-i\frac{t}{\hbar}\right)^n\frac{H^n}{n!} = e^{-i\frac{Ht}{\hbar}} \tag{13.45}$$

und können die Zeitentwicklung also kompakt schreiben als

$$|\Psi(t)\rangle = U(t)|\Psi(0)\rangle \tag{13.46}$$

bzw. allgemeiner $|\Psi(t_2)\rangle = U(t_2 - t_1)|\Psi(t_1)\rangle$.

Wir bemerken, dass Gl. (13.46) und (13.45) der SGl in der Form (13.40) äquivalent sind. Letztlich ist es nur eine Frage des persönlichen Geschmacks oder der Gewöhnung, welche der beiden Formulierungen man verwendet. Jedenfalls erkennen wir in Gl. (13.46) ganz klar den deterministischen Charakter der SGl: Die Angabe einer Anfangsbedingung legt die Lösung für alle Zeiten eindeutig fest, wie wir es beispielhaft schon in Kap. 5 (1) hergeleitet haben.

---

[10] Da er den Zustand $|\Psi\rangle$ sozusagen durch die Zeit treibt, heißt er auch *Propagator* (lat. propagare = vorwärtstreiben).

[11] Man beachte, dass H bei uns nicht von der Zeit abhängt und wir deswegen diese einfachen Formulierungen erhalten. Propagatoren für zeitabhängige Hamilton-Operatoren lassen sich auch aufstellen, aber das ist etwas aufwendiger.

Schließlich müssen wir noch zeigen, dass der Zeitentwicklungsoperator U unitär ist. Wir erweitern den Beweis noch, indem wir zeigen, dass allgemein gilt:

$$\text{Sei } \hat{U} = e^{iA} \text{ mit } A = A^{\dagger}; \text{ dann folgt } \hat{U}^{-1} = \hat{U}^{\dagger}. \tag{13.47}$$

Für den Beweis benutzen wir die Potenzreihe der Exponentialfunktion:

$$
\begin{aligned}
\hat{U}^{\dagger} = \left(e^{iA}\right)^{\dagger} &= \sum \left(\tfrac{i^n}{n!} A^n\right)^{\dagger} = \sum \tfrac{(-i)^n}{n!} (A^n)^{\dagger} = \\
&= \sum \tfrac{(-i)^n}{n!} (A^{\dagger})^n = \sum \tfrac{(-i)^n}{n!} A^n = e^{-iA} = U^{-1}
\end{aligned}
\tag{13.48}
$$

Damit folgt $\hat{U}^{\dagger}\hat{U} = e^{iA}e^{-iA} = 1$; der Operator ist also unitär bzw. $U^{-1} = e^{-iA}$. Die allgemeine Formulierung dieses Sachverhalts findet sich im Theorem von Stone, siehe Anhang.

Wir erwähnen schließlich noch im Vorbeigehen, dass sich der Propagator auch als Integraloperator schreiben lässt, was in manchen Zusammenhängen vorteilhaft ist. Auch dazu mehr in Anhang I (1).

13.3 Projektionsoperatoren

Ausdrücke der Form $P = |\varphi_1\rangle\langle\varphi_1|$ sind die einfachsten *Projektionsoperatoren*. Wendet man sie auf einen Vektor an, projizieren sie ihn (wie der Name sagt) auf einen Unterraum (im Beispiel auf den durch $|\varphi_1\rangle$ aufgespannten).

Allgemein sind *idempotente* Operatoren definiert über

$$P^2 = P \tag{13.49}$$

Wenn P zusätzlich hermitesch ist, spricht man von einem Projektionsoperator. In einem Hilbert-Raum der Dimension N kann man zum Beispiel den Projektionsoperator

$$P = \sum_{n \leq N'} |\varphi_n\rangle\langle\varphi_n| \tag{13.50}$$

definieren, wobei $\{\varphi_n\}$ ein ON-System mit Dimension $N' \leq N$ ist. Dass es sich tatsächlich um einen Projektionsoperator handelt, sieht man an

$$P^2 = \sum_n |\varphi_n\rangle\langle\varphi_n| \sum_m |\varphi_m\rangle\langle\varphi_m| = \sum_n \sum_m |\varphi_n\rangle \delta_{mn} \langle\varphi_m| = \sum_n |\varphi_n\rangle\langle\varphi_n| = P \tag{13.51}$$

Die Eigenwertgleichung für einen Projektionsoperator P lautet

$$P |p\rangle = p |p\rangle \tag{13.52}$$

mit den Eigenvektoren $|p\rangle$ und den Eigenwerten p.[12] Multiplikation mit P bringt

$$P^2 |p\rangle = P p |p\rangle = p P |p\rangle = p^2 |p\rangle \tag{13.53}$$

Andererseits folgt wegen $P^2 = P$

$$P^2 |p\rangle = P |p\rangle = p |p\rangle \tag{13.54}$$

und damit

$$p^2 = p \text{ bzw. } p = 0 \text{ und } 1 \tag{13.55}$$

Einen spezieller Projektionsoperator, nämlich eine Projektion ,auf alles', liefert uns bekanntlich die Vollständigkeitsrelation eines VONS:

$$P_{\text{auf alles}} = \sum_n |\varphi_n\rangle\langle\varphi_n| = 1 \tag{13.56}$$

In Worten: Dieser Projektionsoperator projiziert auf den ganzen Raum.[13] Die Vollständigkeitsrelation ist, wie wir gesehen haben, häufig bei Umrechnungen ein sehr brauchbares Werkzeug, dabei aber doch sehr einfach zu handhaben – denn man setzt ja letztlich nur die Eins ein (und so nennt man den Vorgang übrigens auch). Ein einfaches Beispiel:

$$|\Psi\rangle = 1 \cdot |\Psi\rangle = \sum_n |\varphi_n\rangle\langle\varphi_n |\Psi\rangle = \sum_n |\varphi_n\rangle c_n \tag{13.57}$$

Dabei ist $c_n = \langle\varphi_n |\Psi\rangle$ die Projektion von Ψ auf φ_n.

Bemerkung: Zwei Projektionsoperatoren heißen (zueinander) orthogonal, wenn gilt $P_1 P_2 = 0$ (das gilt dann auch für die entsprechenden Unterräume).

13.3.1 Spektraldarstellung

Nehmen wir an, dass in einem Hilbert-Raum $\mathcal{H}$ die Eigenfunktionen eines Operators A ein VONS $\{|a_n\rangle, n = 1, 2, \ldots\}$ bilden. Dann können wir den Operator mithilfe der durch die Eigenfunktionen gebildeten Projektionsoperatoren $P_n = |a_n\rangle\langle a_n|$ ausdrücken. Denn mit

---

[12] Die Bezeichnung p hat an dieser Stelle natürlich nichts mit dem Impuls zu tun, sondern mit p wie *P*rojektion.

[13] Damit es keine Unklarheiten gibt, wiederholen wir die Bemerkung, dass die letzte Gleichung eine *Operatorgleichung* ist – es handelt sich schlicht um zwei verschiedene Darstellungen des Eins-Operators.

$$A \, |a_n\rangle = a_n \, |a_n\rangle \tag{13.58}$$

und

$$\sum_n |a_n\rangle \langle a_n| = \sum_n P_n = 1 \tag{13.59}$$

folgt

$$A \, |a_n\rangle \langle a_n| = a_n \, |a_n\rangle \langle a_n| \leftrightarrow \sum_n A \, |a_n\rangle \langle a_n| = \sum_n a_n \, |a_n\rangle \langle a_n| \tag{13.60}$$

und damit also

$$A = \sum_n a_n \, |a_n\rangle \langle a_n| = \sum_n a_n P_n \tag{13.61}$$

Man nennt dies die *Spektraldarstellung* eines Operators.[14] Die Spektraldarstellung für den entarteten Fall wird in den Aufgaben behandelt.

Auch ein Operator C, dessen Eigenfunktionen nicht $|a_n\rangle$ sind, lässt sich ähnlich ausdrücken. Es gilt

$$C = \sum_n |a_n\rangle \langle a_n| \, C \sum_m |a_m\rangle \langle a_m| = \sum_{n,m} c_{nm} \, |a_n\rangle \langle a_m| \tag{13.62}$$

mit $c_{nm} = \langle a_n| \, C \, |a_m\rangle$.

13.3.2 Projektion und Eigenschaft

Mithilfe von Projektoren lässt sich eine Verbindung zum Begriff ‚Eigenschaft‘ eines Systems herstellen. Wir gehen wieder von einem Operator A mit dem VONS $\{|a_n\rangle, n = 1, 2, \ldots\}$ und nichtentartetem Spektrum sowie den Projektionsoperatoren $P_n = |a_n\rangle \langle a_n|$ aus. Für diese Operatoren gilt die Eigenwertgleichung

$$P_n \, |a_m\rangle = |a_n\rangle \langle a_n \, |a_m\rangle = \delta_{nm} \cdot |a_m\rangle \tag{13.63}$$

Das heißt, dass $|a_n\rangle$ ein Eigenvektor von P_n mit Eigenwert 1 ist; alle anderen Zustände $|a_m\rangle$ mit $n \neq m$ sind Eigenvektoren von P_n zum Eigenwert 0. Anschaulich projiziert P_n also auf einen *eindimensionalen* Unterraum von $\mathcal{H}$.

Wir betrachten nun ein System im normierten Zustand $|\psi\rangle = \sum_n c_n |a_n\rangle$ und den Projektionsoperator $P_k = |a_k\rangle \langle a_k|$. Es gilt

$$P_k \, |\psi\rangle = \sum_n c_n P_k \, |a_n\rangle = \sum_n c_n \, |a_k\rangle \langle a_k \, |a_n\rangle = c_k \, |a_k\rangle \tag{13.64}$$

---

[14] Beispielhaft haben wir sie bereits in einer Aufgabe zu Kap. 11 (1) gefunden.

Das bedeutet, dass der Zustand $|\psi\rangle$ genau dann ein Eigenzustand von P_k zum Eigenwert 1 ist, wenn gilt $c_n = \delta_{kn}$ ($c_k = 1$ wegen der Normierung des Zustands) und zum Eigenwert 0, wenn gilt $c_k = 0$:

$$P_k |\psi\rangle = 1 \cdot |\psi\rangle \Leftrightarrow |\psi\rangle = c_k |a_k\rangle \; ; \; c_k = 1$$
$$P_k |\psi\rangle = 0 \cdot |\psi\rangle \Leftrightarrow |\psi\rangle = \sum_n c_n |a_n\rangle \; ; \; c_k = 0$$
(13.65)

Wir können also Folgendes sagen: $P_k = 1$ bedeutet ‚wenn das System im Zustand $|\psi\rangle$ ist und A gemessen wird, ist das Ergebnis a_k' oder (in einer etwas unbekümmerteren Formulierung) ‚A besitzt den Wert a_k' oder auch ‚das System besitzt die Eigenschaft a_k'. In diesem Sinn können wir also Projektionsoperatoren verstehen als Darstellung von Ja-nein-Observablen, d. h. als Antwort auf die Frage, ob der Wert einer physikalischen Größe A gegeben ist durch a_k (1, ja, das QM-System besitzt die Eigenschaft a_k) oder nicht (0, nein, das QM-System besitzt nicht die Eigenschaft a_k).[15]

Denn wenn ein Zustand eine Eigenschaft a_k hat (in dem Sinn, dass er sie schon vor der Messung hatte und die Messung uns diesen bislang unbekannten Wert bekannt macht, z. B. horizontal linear polarisiert), dann ist $P_k = 1$ und alle anderen Projektionen ergeben null, $P_{n \neq k} = 0$.[16]

13.3.3 Messung

Wir haben den Messprozess bereits in früheren Kapiteln mithilfe von Projektionsoperatoren formuliert – eine Messung entspricht der Projektion eines Zustands auf einen bestimmten Unterraum, der je nachdem ein- oder mehrdimensional sein kann. Auch das ‚Anfertigen' eines Anfangszustands zur Zeit $t = 0$ kann man als Messung auffassen, denn auch hier wird eine Zustandsüberlagerung auf einen bestimmten Unterraum projiziert. Man nennt das i. Allg. nur nicht Messung, sondern *Präparation* eines Zustands.[17] Wir wollen in diesem Abschnitt noch einmal die wesentlichen Ausdrücke für den Fall der Entartung aufschreiben.

Wir starten also zur Anfangszeit mit einem Zustand, der sich bis zur Messzeit nach Maßgabe der Schrödinger-Gleichung zeitlich unitär entwickelt. Wir nehmen an, dass es sich bei diesem Zustand um eine Überlagerung von Basiszuständen handelt, wie sie der Entwicklungssatz beschreibt. Unmittelbar vor der Messung können wir z. B. schreiben

---

[15] Damit haben wir eine Verbindung zur Logik (über $1\hat{=}$ wahr und $0\hat{=}$ falsch). In der klassischen Physik sind solche Aussagen (die Größe A hat den Wert a_k) entweder wahr oder falsch; in der QM bzw. Quantenlogik kann die Situation komplexer sein.

[16] Mehr zu diesem Thema in Kap. 13 (2).

[17] Einige Ausführungen zu Begriffen, die im Zusammenhang mit ‚Messung' auftauchen, finden sich im Anhang.

$$|\Psi\rangle = \sum_n \sum_{r=1}^{g_n} c_{n,r} \left|\varphi_{n,r}\right\rangle \qquad (13.66)$$

wobei gilt

$$\left\langle \varphi_{m,s} \left| \varphi_{n,r} \right\rangle = \delta_{m,n}\delta_{r,s} \right. \qquad (13.67)$$

Durch die Messung ändert sich der Zustandsvektor; wir erhalten, wenn wir den Zustand m messen (ohne bzw. mit Entartung; Wurzelausdruck wegen Normierung):

$$|\Psi\rangle \xrightarrow{\text{Messung}} \frac{c_m \left|\varphi_m\right\rangle}{|c_m|} \quad \text{bzw.} \quad |\Psi\rangle \xrightarrow{\text{Messung}} \frac{1}{\sqrt{\sum_{r=1}^{g_n} |c_{m,r}|^2}} \sum_{r=1}^{g_m} c_{m,r} \left|\varphi_{m,r}\right\rangle \qquad (13.68)$$

(Reduktion des Wellenpaketes, Kollaps der Wellenfunktion). Der Vektor $\sum_{r-1}^{g_n} c_{m,r} \left|\varphi_{m,r}\right\rangle$ ist nun aber nichts anderes als die Projektion von $|\Psi\rangle$ auf den zu m gehörenden Unterraum; der Projektionsoperator lautet

$$P_m = \left|\varphi_m\right\rangle\!\left\langle\varphi_m\right| \quad \text{bzw.} \quad P_m = \sum_{r=1}^{g_m} \left|\varphi_{m,r}\right\rangle\!\left\langle\varphi_{m,r}\right| \qquad (13.69)$$

so dass wir Gl. (13.68) kompakt (also unabhängig von der Frage, ob Entartung vorliegt oder nicht) schreiben können als

$$|\Psi\rangle \xrightarrow{\text{Messung}} \frac{P_m |\Psi\rangle}{\sqrt{\langle\Psi| P_m |\Psi\rangle}} = \frac{P_m |\Psi\rangle}{\sqrt{\langle P_m\rangle}} \qquad (13.70)$$

Messung kann man also in diesem Sinn als Projektion auf einen entsprechenden Unterraum verstehen.[18]

13.4 Systematik der Operatoren

Der besseren Übersicht halber wollen wir noch kurz den ‚Stammbaum' der hier verwendeten Operatoren besprechen (siehe Abb. 13.2; ein ähnlicher Stammbaum für Matrizen findet sich im Anhang). Sie sind durchweg linear (bis auf die erwähnte Ausnahme der komplexen Konjugation und der Zeitumkehr) und *normal*. Dabei heißt ein Operator A normal, wenn $AA^\dagger = A^\dagger A$ gilt. Wie man sich leicht

---

[18] Wir benutzen hier, dass alle Zustände $e^{i\alpha} |\Psi\rangle$ für beliebiges reelles a physikalisch gleichwertig sind; siehe dazu auch Kap. 14 (1).

Abb. 13.2 Stammbaum
linearer Operatoren

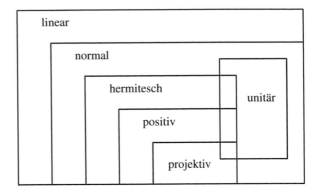

überzeugen kann, sind die für die QM wichtigen Operatoren (hermitesche, positive, projektive, unitäre) sämtlich normal:

$$A \text{ hermitesch: } A = A^{\dagger} \rightarrow AA^{\dagger} = A^{\dagger}A$$
$$U \text{ unitär: } U^{-1} = U^{\dagger} \rightarrow UU^{\dagger} = 1 = U^{\dagger}U \tag{13.71}$$

Das Interessante an normalen Operatoren ist unter anderem, dass sie diagonalisiert werden können. Tatsächlich gilt allgemeiner: Ein Operator kann genau dann durch eine unitäre Transformation diagonalisiert werden, wenn er normal ist.[19] Nichtnormale Operatoren können gegebenenfalls auch diagonalisiert werden – aber eben nicht durch eine unitäre (also längenerhaltende) Transformation. Ein Beispiel findet sich in den Aufgaben.

Wegen der Diagonalisierbarkeit der in der QM auftretenden Operatoren bzw. Matrizen kann man immer direkt nach Eigenfunktionen entwickeln, ohne sich um Jordansche Normalformen oder dergleichen kümmern zu müssen. Das trägt zum gutmütigen Charakter der QM entscheidend bei.

13.5   Aufgaben

1. Seien A ein linearer und B ein antilinearer Operator, $|\varphi\rangle$ ein Zustand. Berechnen Sie bzw. vereinfachen Sie $A(i|\varphi\rangle)$ und $B(i|\varphi\rangle)$.
2. Zeigen Sie, dass die komplexe Konjugation $\mathcal{K}$ ein antilinearer Operator ist.
3. Zeigen Sie: Der Kommutator $C = [A, B]$ zweier hermitescher Operatoren A und B ist antihermitesch.
4. Für die hermiteschen Operatoren A und B gelte $[A, B] \neq 0$. Betrachten Sie den Operator $Q = c[A, B]$. Für welche c ist Q ein hermitescher Operator?
5. Gegeben sei der Operator $Q = AB$, wobei A und B hermitesche Matrizen sind. Unter welcher Bedingung ist Q ein hermitescher Operator?

---

[19] Beweis in Anhang I (1).

6. Zeigen Sie in Bracket-Darstellung:
   (a) Hermitesche Operatoren haben reelle Eigenwerte.
   (b) Die Eigenfunktionen hermitescher Operatoren stehen paarweise senkrecht aufeinander. (Voraussetzung: Das Spektrum ist nichtentartet.)
7. Zeigen Sie: Der Mittelwert eines hermiteschen Operators A ist reell, der Mittelwert eines antihermiteschen Operators B ist imaginär.
8. Wie lautet der quantenmechanische Operator für den klassischen Term $\mathbf{p} \times \mathbf{l}$?
9. Berechnen Sie den Mittelwert von σ_z für den normierten Zustand $\begin{pmatrix} a \\ b \end{pmatrix}$.
10. Gegeben sei der zeitunabhängige Hamilton-Operator H. Wie lautet der zugehörige Zeitentwicklungsoperator $U(t)$?
11. Sei U der Operator $U = e^{iA}$, wobei A ein hermitescher Operator ist. Zeigen Sie: U ist unitär.
12. Welche Eigenwerte kann ein unitärer Operator haben?
13. Zeigen Sie: Der Zeitentwicklungsoperator $e^{-i\frac{Ht}{\hbar}}$ ist unitär.
14. Zeigen Sie: Skalarprodukte, Matrixelemente, Eigenwerte und Erwartungswerte sind gegenüber unitären Transformationen invariant.
15. P_1 und P_2 seien Projektionsoperatoren. Unter welcher Voraussetzung sind auch $P = P_1 + P_2$ und $P = P_1 P_2$ Projektionsoperatoren?
16. Formulieren Sie die Matrixdarstellung des Operators $P = |e_1\rangle \langle e_1|$ im $\mathbb{R}^3$.
17. Wie ist ganz allgemein ein Projektionsoperator definiert?
18. Gegeben sei das VONS $\{|\varphi_n\rangle\}$. Für welche c_n ist der Operator $A = \sum c_n |\varphi_n\rangle \langle \varphi_n|$ ein Projektionsoperator?
19. Welche Eigenwerte kann ein Projektionsoperator haben?
20. In einem Hilbert-Raum der Dimension N sei das VONS $\{|\varphi_n\rangle\}$ gegeben. Betrachten Sie den Operator

$$P = \sum_{n \leq N'} |\varphi_n\rangle \langle \varphi_n| \tag{13.72}$$

mit $N' \leq N$. Zeigen Sie, dass P ein Projektionsoperator ist.
21. Gegeben sei der Operator A mit entartetem Spektrum

$$A |\varphi_{n,r}\rangle = a_n |\varphi_{n,r}\rangle \; ; \; r = 1, \ldots g_n \tag{13.73}$$

   (a) Wie lautet der Projektionsoperator auf die mit n indizierten Zustände?
   (b) Wie lautet die Spektraldarstellung von A?
22. Gegeben seien die Operatoren $A = |\varphi\rangle \langle \varphi|$ und $B = |\psi\rangle \langle \psi|$. Es gilt $\langle \varphi | \psi \rangle = \alpha \in \mathbb{C}, \alpha \neq 0$. Für welche α ist der Operator $C = AB$ ein Projektionsoperator?
23. Gegeben sei der Operator $Q = B^\dagger B$, wobei B ein unitärer Operator sei. Wie lässt sich Q einfacher schreiben?
24. Gegeben sei der Operator $Q = B^\dagger B$, wobei B kein unitärer Operator sei. Zeigen Sie, dass die Eigenwerte von Q reell sind und dass sie nicht negativ sind.

25. Gegeben sei der Operator $A = \beta \, |\varphi\rangle \, \langle\psi|$. Es gilt $\langle\psi| \, \varphi\rangle = \alpha \neq 0$; α und β sind komplexe Konstanten. Die Zustände $|\varphi\rangle$ und $|\psi\rangle$ sind normiert. Welche Bedingungen müssen $|\varphi\rangle$, $|\psi\rangle$, α und β erfüllen, damit A ein hermitescher, unitärer, projektiver Operator ist?

26. Gegeben ein VONS $\{|\varphi_n\rangle\}$ und ein Operator

$$A = \sum_{n,m} c_{nm} \, |\varphi_n\rangle\langle\varphi_m| \quad ; \; c_{nm} \in \mathbb{C} \tag{13.74}$$

Wie müssen die Koeffizienten c_{nm} beschaffen sein, damit A ein hermitescher, unitärer, projektiver Operator ist?

27. Ein VONS $\{|\varphi_n\rangle, n = 1, 2, \dots, N\}$ spanne einen Vektorraum $\mathcal{V}$ auf.

   (a) Zeigen Sie: Jeder in $\mathcal{V}$ wirkende Operator A lässt sich darstellen als

$$A = \sum_{n,m} c_{nm} \, |\varphi_n\rangle\langle\varphi_m| \tag{13.75}$$

   (b) Sei speziell $N = 3$. Außerdem ist bekannt:

$$A \, |\varphi_1\rangle = - \, |\varphi_2\rangle \;\; ; \;\; A \, |\varphi_2\rangle = - \, |\varphi_3\rangle \;\; ; \;\; A \, |\varphi_3\rangle = - \, |\varphi_1\rangle + |\varphi_2\rangle \tag{13.76}$$

   Wie lautet der Operator A (= bestimme die Koeffizienten c_{nm} bzw. formulieren Sie A als Linearkombination von Produkten $|\varphi_i\rangle\langle\varphi_j|$)?

28. Wie lautet die verallgemeinerte Heisenbergsche Unschärferelation jeweils für die Operatorpaare (x, l_x), (x, l_y), (x, l_z)?

29. Für die Pauli-Matrizen kann man die Unschärferelation

$$\Delta\sigma_x \Delta\sigma_y \geq |\langle\sigma_z\rangle| \tag{13.77}$$

aufstellen. Für welche normierten Zustände $\psi = \begin{pmatrix} a \\ b \end{pmatrix}$ wird die rechte Seite minimal/maximal?

30. Wie lautet die verallgemeinerte Unschärferelation für H und $\mathbf{p}$?

31. Wie hängt der Ortsoperator in der Heisenberg-Darstellung[20] x_H

$$x_H = e^{i\frac{tH}{\hbar}} x e^{-i\frac{tH}{\hbar}} \tag{13.78}$$

explizit von der Zeit ab? Das Potential soll konstant sein, $\frac{dV}{dx} = 0$. Hinweis: Benutzen Sie entweder die Gleichung

$$e^{iA} B e^{-iA} = B + i \, [A, B] + \frac{i^2}{2!} \, [A, [A, B]] + \frac{i^3}{3!} \, [A, [A, [A, B]]] + \dots \tag{13.79}$$

---

[20] Siehe auch Anhang Q (1) ‚Schrödinger-, Heisenberg- und Wechselwirkungsbild'.

oder

$$i\hbar \frac{d}{dt} x_H = [x_H, H] \tag{13.80}$$

(oder aus Übungsgründen beides).

32. Ein Hamilton-Operator H hänge von einem Parameter q ab, $H = H(q)$. Außerdem sei $E(q)$ ein nichtentarteter Eigenwert und $|\varphi(q)\rangle$ der dazu gehörende Eigenvektor:

$$H(q) |\varphi(q)\rangle = E(q) |\varphi(q)\rangle \tag{13.81}$$

Beweisen Sie:

$$\frac{\partial E(q)}{\partial q} = \langle \varphi(q)| \frac{\partial H(q)}{\partial q} |\varphi(q)\rangle \tag{13.82}$$

(Diese Gleichung wird auch Theorem von Feynman-Hellmann genannt.)

33. Sei $\{|n\rangle\}$ ein VONS. Jede Lösung der SGl lässt sich als

$$|\psi\rangle = \sum_l a_l |l\rangle \tag{13.83}$$

darstellen und jeder Operator A als

$$A - \sum_{mn} c_{mn} |n\rangle \langle m| \tag{13.84}$$

Fragestellung: Kann unter diesen Voraussetzungen der nichthermitesche Operator A einen reellen Erwartungswert (für beliebige Zustände $|\psi\rangle$) besitzen?

34. Wir betrachten den schon in den Aufgaben zu Kap. 8 (1) eingeführten Hamilton-Operator $H = 1 + a\sigma_y$.

   (a) Was ist das erwartete Resultat der Messung der x-Komponente des Spins im Zustand $|\psi_t\rangle$ mit $|\psi_0\rangle = \begin{pmatrix} 1 \\ 0 \end{pmatrix}$?

   (b) Was ist die Unschärfe ΔS_x in diesem Zustand?

   (c) Berechnen Sie den Kommutator $[S_x, S_y]$ und formulieren Sie die Unschärferelation für die Observablen S_x und S_y für beliebige Zeit t.

35. Wenn ein Eigenwertproblem der Form $A |a_m\rangle = a_m |a_m\rangle$ vorliegt ($|a_m\rangle$ bildet ein VONS), können wir eine Funktion des Operators A über

$$F(A) |a_m\rangle := F(a_m) |a_m\rangle \tag{13.85}$$

definieren.

(a) Zeigen Sie:

$$F(A) = \sum_m F(a_m) P_m \tag{13.86}$$

mit $P_m = |a_m\rangle \langle a_m|$

(b) Zeigen Sie: Wenn $F(a)$ für alle Eigenwerte a_m reell ist, dann ist $F(A)$ selbstadjungiert.

36. Welche Bedingungen müssen die Elemente einer zweidimensionalen normalen Matrix erfüllen?

37. Gegeben sei die Matrix

$$A = \begin{pmatrix} 0 & \gamma^2 \\ 1 & 0 \end{pmatrix} \; ; \; \gamma \neq 0 \tag{13.87}$$

(a) Ist A normal?

(b) Zeigen Sie, dass A für fast alle γ diagonalisierbar, aber nicht unitär diagonalisierbar ist.

38. Bei der Herleitung der Unschärferelation müssen die Funktionen im Definitionsbereich der Operatoren und der beteiligten Operatorprodukte liegen. Wenn sie das nicht tun, erhalten wir auch keine sinnvollen Aussagen. Als Beispiel betrachten wir die Funktion

$$f(x) = \frac{\sin x^2}{x} \tag{13.88}$$

(a) Ist $f(x)$ quadratintegrierbar?

(b) Gehört $f(x)$ zum Definitionsgebiet des Operators x?

(c) Lässt sich für $f(x)$ eine Unschärferelation sinnvoll aufstellen?

(d) Gelten ähnliche Aussagen auch für die Funktion $g(x) = \frac{\sin x}{x}$?

39. Gegeben seien zwei Operatoren A und B, die mit ihrem Kommutator vertauschen, $[A, [A, B]] = [B, [A, B]] = 0$. Zeigen Sie:

$$\left[B, A^n \right] = n \left[B, A \right] A^{n-1} \tag{13.89}$$

40. Zeigen Sie, dass der Impulsoperator in der Ortsdarstellung gegeben ist durch $p = \frac{\hbar}{i} \frac{d}{dx}$. Benutzen Sie dazu nur den Kommutator $[x, p] = i\hbar$ und leiten Sie mithilfe der vorangehenden Aufgabe her, dass gilt

$$[p, f(x)] = \frac{\hbar}{i} \frac{df(x)}{dx} \tag{13.90}$$

41. Gegeben seien zwei Operatoren A und B, die mit ihrem Kommutator vertauschen, $[A, [A, B]] = [B, [A, B]] = 0$. Zeigen Sie, dass gilt

$$e^{A+B} = e^A e^B e^{-\frac{1}{2}[A,B]} \tag{13.91}$$

Dies ist ein Spezialfall der *Baker-Campbell-Hausdorff-Formel* (-Relation, -Theorem); der allgemeine Fall behandelt e^{A+B} für zwei Operatoren, die nicht mit ihrem Kommutator vertauschen müssen (dabei wird z. B. Gl. (13.79) verwendet). Die Namensgeber haben übrigens ihre Arbeiten um 1900 veröffentlicht, also lange vor der Geburt der QM.

(a) Beweisen Sie zunächst die Gleichung

$$\left[B, e^{xA} \right] = e^{xA} [B, A] x \tag{13.92}$$

(b) Definieren Sie

$$G(x) = e^{xA} e^{xB} \tag{13.93}$$

und zeigen Sie, dass gilt

$$\frac{dG}{dx} = (A + B + [A, B] x) G \tag{13.94}$$

Integrieren Sie diese Gleichung.

Postulate der Quantenmechanik **14**

Wir sammeln in diesem Kapitel die bisher angestellten Überlegungen, soweit sie die Struktur der QM betreffen, und formulieren die grundlegenden Regeln der QM. Sie bilden den allgemeinen Rahmen für die weiteren Betrachtungen.

In den bisherigen Kapiteln haben wir häufiger einzelne Strukturelemente der Quantenmechanik (QM) angesprochen, die wir nun zusammenfassen und systematisch darstellen wollen, und zwar in der Form von *Postulaten* oder *Regeln*. Diese Regeln bilden das Verhalten von physikalischen Systemen ab, oder, genauer gesagt, unsere Methode, dieses Verhalten zu beschreiben.[1] Tatsächlich sind es im Grunde genommen ja nur drei Fragen, auf die die physikalische Beschreibung eines Systems Antworten liefern muss:

1. Wie können wir den Zustand des Systems zu einem bestimmten Zeitpunkt beschreiben?
2. Welche Größen des Systems sind messbar und wie können wir Messergebnisse berechnen?
3. Wie ergibt sich der Zustand des Systems zur Zeit t aus seinem Anfangszustand zur Zeit t_0?

Die Antworten auf diese Fragen fallen natürlich je nach Gebiet (klassische Mechanik, QM, Hydrodynamik, Quantenelektrodynamik . . .) unterschiedlich aus. Wir

---

[1] ,Der menschliche Geist setzt vermöge seiner Natur leichthin in den Dingen eine größere Ordnung und Gleichförmigkeit voraus, als er darin findet'. Francis Bacon (1561–1626), englischer Philosoph und Staatsmann, Neues Organon.

,Regen, Schnee, Winde folgen so aufeinander, daß wir kein gewisses Gesetz unter ihrer Folge gewahr werden können, Gesetze sind aber wieder nur von uns erdacht, um uns den Begriff einer Sache zu erleichtern, so wie wir uns Geschlechter erschaffen.' Georg Christoph Lichtenberg: Sudelbücher Heft A (192); Zweitausendeins, 1998

© Der/die Herausgeber bzw. der/die Autor(en), exklusiv lizenziert an
Springer-Verlag GmbH, DE, ein Teil von Springer Nature 2024
J. Pade, *Quantenmechanik zu Fuß 1*, https://doi.org/10.1007/978-3-662-67928-9_14

werden sie im Folgenden für die QM in die Form von Postulaten kleiden, wobei das Wort ‚Postulat' in diesem Zusammenhang soviel wie These, Prinzip oder Regel bedeutet, die nicht bewiesen, aber durchaus glaubhaft und einsichtig ist. Wir streben also nicht ein absolut strenges Axiomensystem (im Sinne eines Minimalsatzes von Aussagen) an. Es geht vielmehr darum, ein funktionierendes und praktisches Regelwerk aufzustellen (auch ‚quasi-axiomatisch' genannt), bei dem der Praktikabilität zuliebe auch in Kauf genommen wird, dass sich womöglich ein Postulat aus anderen herleiten lässt.[2] Im Übrigen ist das von uns aufgestellte Regelwerk nur eines von vielen möglichen; andere Formulierungen der Postulate finden sich im Anhang.[3]

Bei Einführungen in die QM stehen die Postulate häufig ziemlich am Anfang, sozusagen als Basis für die weitere Entfaltung der Quantenmechanik. Das hat den unmittelbaren Vorteil der begrifflichen Klarheit, weil z. B. Anleihen aus der KlM (Korrespondenzprinzip usw.) nicht benötigt werden. Andererseits fallen diese Postulate für den ‚Uneingeweihten' irgendwie vom Himmel – ohne Hintergrundinformationen ist wohl nur schwer zu verstehen, wie man gerade auf solche Formulierungen kommt.[4]

Wir sind in den ersten Kapiteln zweigleisig gefahren. Im analytischen Zugang haben wir mit der Dynamik begonnen (SGl, 3. Frage) und haben anschließend die Fragen 1 und 2 aufgegriffen. Im algebraischen Zugang dagegen haben wir versucht, anhand einfacher physikalischer Systeme die Postulate in der angegebenen Reihenfolge plausibel zu machen bzw. ihre Aussagen vorzuformen.

Schließlich noch die Bemerkung, dass die Postulate zwar keine neuen Verständnisschwierigkeiten aufwerfen, aber doch wohl den Blick auf offene Probleme schärfen. Fragen dieser Art haben wir in den vergangenen Kapiteln bereits mehrfach angesprochen; wir fassen sie zum Schluss dieses Kapitels noch einmal zusammen.

14.1 Postulate

Die Nummerierung der Postulate bezieht sich auf die Nummer der entsprechenden Frage.

---

[2] Darüber hinaus lässt sich natürlich heute nicht mit Sicherheit ausschließen, dass die im Folgenden aufgestellten Regeln irgendwann geändert werden (müssen).

[3] Tatsächlich herrscht über die prinzipiellen Sachverhalte keine durchgehende Einigkeit. So nehmen manche der im Anhang aufgeführten Autoren die Ununterscheidbarkeit von identischen Quantenobjekten als Postulat der QM auf, andere hingegen nicht.

[4] Der (quasi-)axiomatische Zugang hat den großen Vorteil, dass er ohne falsche Analogien auskommt und keine falschen Bilder in die Köpfe setzt. Deswegen wurde er auch schon als Vermittlungsweg für die QM in der Schule vorgeschlagen. Machbar ist das in einer (allerdings entsprechend angepassten) Form über den algebraischen Zugang. Mit Ausnahme von Postulat 3 lassen die Postulate sich herleiten oder wenigstens motivieren, wenn man sich im Wesentlichen auf den zweidimensionalen Fall beschränkt. Alleine schon deswegen ist der algebraische Zugang von didaktischem Interesse.

14.1.1 Zustände, Zustandsraum (Frage 1)

Wir haben gesehen, dass sich sowohl die Lösungen der SGl als auch die Vektoren z. B. der Polarisation linear kombinieren lassen und die Axiome eines Vektorraums erfüllen. Das erste Postulat fasst diesen Sachverhalt zusammen.

Postulat 1 Der Zustand eines quantenmechanischen Systems zu einem bestimmten Zeitpunkt wird vollständig durch die Angabe seines *Zustandsvektors* (Kets) $|\varphi\rangle$ definiert. Der Zustandsvektor ist ein Element des *Hilbert-Raumes* $\mathcal{H}$, der auch *Zustandsraum* genannt wird.
   Bemerkungen:

1. Im Unterschied z. B. zur KlM beschreibt die QM Zustände durch Elemente eines *Vektorraums*, also Vektoren. Der abstrakte Zustandsvektor (Ket) $|\varphi\rangle$ ist die mathematische Darstellung des von uns erfassten physikalischen Zustands des Systems.
2. Weil $\mathcal{H}$ ein Vektorraum ist, gilt das *Superpositionsprinzip*, das charakteristisch für die Linearität der Theorie ist. Als ein beherrschendes Prinzip der QM ist es verantwortlich für die für unser Alltagsverständnis so fremden Phänomene der QM.
3. Wegen der Linearität der Theorie können wir immer davon ausgehen, dass die Zustandsvektoren *normiert* sind. Wenn das nicht der Fall sein sollte, muss gegebenenfalls ‚nachnormiert' werden, also durch die Norm dividiert werden.
4. Im Vorgriff konstatieren wir, dass neben Eigenwerten nur Beträge von Skalarprodukten wie $|\langle\varphi|\,\psi\rangle|$ messrelevant sind. Damit sind die sich nur durch eine Phase unterscheidenden Zustände $|\varphi\rangle$ und $|\varphi'\rangle = e^{i\alpha}\,|\varphi\rangle$ mit $\alpha \in \mathbb{R}$ physikalisch gleichwertig (was wir schon beim unendlich hohen Potentialtopf benutzt haben). Streng genommen wird mithin ein (normierter) physikalischer Zustand nicht durch einen Vektor, sondern einen *Strahl* aus $\mathcal{H}$ dargestellt, also die Menge $\{e^{i\alpha}\,|\varphi\rangle, \alpha \in \mathbb{R}\}$. Man bezeichnet diesen Sachverhalt als Unabhängigkeit der Physik von der *globalen Phase*. Die Änderung von *relativen Phasen* führt natürlich zu verschiedenen Zuständen; $c_1\,|\varphi\rangle + c_2\,|\psi\rangle$ und $c_1 e^{i\alpha}\,|\varphi\rangle + c_2\,|\psi\rangle$ sind für $\alpha \neq 2m\pi$ physikalisch verschieden.
   Wie sich zeigen wird, ist allerdings (glücklicherweise) der Unterschied zwischen Strahl und Vektor im Folgenden nur an einer Stelle von wirklicher Bedeutung, nämlich bei den Betrachtungen zur Symmetrie bei Zeitumkehr (siehe Kap. 7 (2)). Bis auf diese Ausnahme können wir im Weiteren mit Zustandsvektoren arbeiten (und von Strahlen absehen).
5. Bei den bisher betrachteten Beispielen stellt jeder Vektor aus $\mathcal{H}$ einen *physikalisch realisierbaren* Zustand dar. Dies muss nicht für alle Situationen der Fall sein, wie wir später bei der Behandlung identischer Teilchen noch sehen werden; zum Beispiel gibt es keine Superpositionszustände von Fermionen und Bosonen. Die Nichtexistenz solcher Zustände spiegelt sich in *Superauswahlregeln* wieder.
6. Es ist noch umstritten, was der Zustandsvektor ‚wirklich' bedeutet. Die Meinung, der Zustandsvektor beschreibe die physikalische Realität eines *individuellen*

quantenmechanischen Systems, wird zwar von vielen geteilt (und ist auch die auf diesen Seiten vertretene Position), ist aber bei weitem nicht die einzige. Mehr dazu bei den Überlegungen zur Interpretation der QM in Kap. 14 (2). Im Übrigen sei noch einmal darauf hingewiesen, dass der Zustandsvektor keine direkte anschauliche (Alltags-)Bedeutung hat.

14.1.2 Wahrscheinlichkeitsamplituden, Wahrscheinlichkeiten (Frage 2)

Wir haben exemplarisch z. B. anhand der Polarisation gezeigt, dass das Betragsquadrat einer Amplitude die Wahrscheinlichkeit angibt, das System im betreffenden Zustand zu finden. Dieser Sachverhalt wird in Postulat 2.1 verallgemeinert.

Postulat 2.1 Wenn ein System durch den Vektor $|\varphi\rangle$ beschrieben wird und $|\psi\rangle$ einen anderen Zustand darstellt, dann existiert eine *Wahrscheinlichkeitsamplitude* dafür, das System im Zustand $|\psi\rangle$ zu finden, die durch das Skalarprodukt $\langle\psi\,|\varphi\rangle$ in $\mathcal{H}$ gegeben ist. Die *Wahrscheinlichkeit* dafür, das System im Zustand $|\psi\rangle$ zu finden, ist das Betragsquadrat $|\langle\psi\,|\varphi\rangle|^2$ der Wahrscheinlichkeitsamplitude.

Bemerkungen:

1. Die Vektoren müssen normiert sein, damit das Wahrscheinlichkeitskonzept stimmig ist.
2. Der Term $|\langle\psi\,|\varphi\rangle|^2$ lässt sich mithilfe des Projektionsoperators $P_\psi = |\psi\rangle\langle\psi|$ auch schreiben als $\langle\varphi|\,P_\psi\,|\varphi\rangle$.
3. Die Wahrscheinlichkeitsaussagen dieses Postulats stellen eine unmittelbare Verbindung zu dem Begriff ‚Erwartungs- bzw. Mittelwert' dar.
4. Wahrscheinlichkeiten sind üblicherweise ein Zeichen dafür, dass die notwendige Informationen nicht vollständig vorliegt. Von daher kam früh die Idee auf, dass die QM keine vollständige Theorie ist und durch (uns noch) verborgene Variablen ergänzt werden muss; dies ist aber nach heutiger Erkenntnis nicht der Fall, zumindest nicht in dem Sinn, dass die verborgenen Variablen einfache und aus der klassischen Physik vertraute Eigenschaften hätten. Wir werden diese Frage in späteren Kapiteln wieder aufgreifen.
5. Das Postulat wird auch *Bornsche Regel* genannt.

14.1.3 Physikalische Größen und hermitesche Operatoren (Frage 2)

Wir haben gesehen, dass eine messbare physikalische Größe wie der Impuls durch einen hermiteschen Operator dargestellt wird. Das nächste Postulat verallgemeinert diesen Zusammenhang.

Postulat 2.2 Jede messbare *physikalische Größe* wird durch einen in $\mathcal{H}$ wirkenden *hermiteschen Operator* A beschrieben; dieser Operator ist eine Observable.[5] Wird eine physikalische Größe gemessen, kann das Ergebnis nur einer der Eigenwerte der zugehörigen Observablen A sein.

Bemerkungen:

1. Die QM beschreibt physikalische Größen durch *Operatoren* (im Unterschied zur klassischen Mechanik).
2. Diese Operatoren sind *Observable*, also hermitesche Operatoren, die für eine widerspruchsfrei messbare physikalische Größe stehen.[6] Damit tragen wir der Tatsache Rechnung, dass nicht jeder selbstadjungierte Operator (mit vernünftigen Eigenfunktionen) eine physikalische Observable darstellt.[7] Mehr zu diesem Thema in Anhang I (1).
3. Weil es sich um einen hermiteschen Operator handelt, liefert eine Messung stets einen *reellen* Wert.
4. Nicht alle physikalisch messbaren Größen sind mit nichttrivialen Operatoren verknüpft; Masse und Ladung beispielsweise sind und bleiben schlichte Zahlen.

14.1.4 Messung und Zustandsreduktion (Frage 2)

Wenn wir ein rechtszirkular polarisiertes Photon $|r\rangle = (|h\rangle + i\,|v\rangle)/\sqrt{2}$ auf einen Polwürfel schicken, erhalten wir mit Wahrscheinlichkeit $1/2$ ein horizontal oder ein vertikal linear polarisiertes Photon, also $|h\rangle$ oder $|v\rangle$. Das nächste Postulat verallgemeinert und formalisiert diesen Sachverhalt.

Postulat 2.3 Die Messung von A an einem System, das ursprünglich im Zustand $|\varphi\rangle$ war, habe den Wert a_n ergeben. Dann befindet sich das System unmittelbar nach der Messung in der auf eins normierten Projektion von $|\psi\rangle$ auf dem zu a_n gehörenden Eigenraum (siehe Kap. 13 (1))[8]

$$|\varphi\rangle \rightarrow |\psi\rangle = \frac{P_n\,|\varphi\rangle}{\sqrt{\langle\varphi|\,P_n\,|\varphi\rangle}} \tag{14.1}$$

---

[5] Wir erinnern daran, dass wir unter einer Observablen einen hermiteschen Operator verstehen, der eine widerspruchsfrei messbare Größe darstellt.

[6] Wir bemerken noch einmal, dass das Wort Observable nicht die Existenz eines (menschlichen) Beobachters impliziert.

[7] Im Übrigen erscheint die praktische Umsetzung beliebiger möglicher Operatoren als recht schwierig; dies ist allerdings für uns keine starke Einschränkung, da wir im Wesentlichen nur die einschlägigen Operatoren wie Ort, Drehimpuls etc. oder Kombinationen von ihnen benötigen.

[8] Eine eventuell verbleibende Phase spielt keine physikalische Rolle; vgl. die Bemerkung bei Postulat 1 über Zustand und Strahl.

Der Zustand $|\psi\rangle$ ist normiert:

$$\| P_n |\varphi\rangle \|^2 = \langle\varphi| P_n^{\dagger} P_n |\varphi\rangle = \langle\varphi| P_n |\varphi\rangle \qquad (14.2)$$

Bemerkungen:

1. Das Postulat setzt eine *ideale Messung* voraus, das heißt u. a., dass weitere Messungen an dem Quantenobjekt möglich sein müssen.[9] Direkt nach der Messung ist der Zustand des Systems immer ein Eigenvektor von A zum Eigenwert a_n; eine unmittelbar folgende zweite Messung muss natürlich dasselbe Ergebnis liefern.[10] Man nennt den Übergang von einer Superposition zu einem einzelnen Zustand *Zustandsreduktion* oder *Kollaps der Wellenfunktion*. Es handelt sich um eine *irreversible* Entwicklung, die eine Richtung in der Zeit auszeichnet.[11]
2. Der diesem Postulat zugrunde liegende Standpunkt kümmert sich nicht um Einzelheiten des Messprozesses, sondern geht vielmehr vom Messapparat als einer Art Blackbox aus. Eine genauere Analyse des Messprozesses, die auch Wechselwirkungen des Quantensystems mit dem Messapparat und der Umwelt umfasst, zeigt, dass man das Postulat 2.3 als Folge der Postulate 2.1 und 2.2 auffassen kann. Dennoch ist dieses Projektionspostulat fapp, also ein brauchbares ‚Arbeitsmittel' für alle üblichen Anwendungen der QM. Wir werden die Frage in Kap. 10 (2) (Dekohärenz) und Kap. 14 (2) (Interpretationen) wieder aufgreifen.
3. Messung in der QM ist offensichtlich etwas ganz anderes als in der klassischen Physik. Klassisch wird ein (einziger) schon vor der Messung existierender (präexistenter) Wert einer physikalischen Größe gemessen. In der QM ist das nur der Fall, wenn sich das System anfangs in einem Eigenzustand der gemessenen Observablen befindet; ansonsten existiert kein eindeutiger Messwert vor der Messung.[12] Dieser Sachverhalt wird auch *Eigenvektor-Eigenwert-Regel* genannt: Ein Zustand besitzt den Wert a einer durch den Operator A dargestellten Eigenschaft genau dann, wenn der Zustand ein Eigenvektor von A zum Eigenwert a ist.[13] In diesem Fall können wir sagen, dass das System die Eigenschaft a besitzt. (Zu vorsichtigeren Formulierungen dieses Zusammenhangs siehe Kap. 13 (1)).
4. Die Streuung der Messresultate wird manchmal dem zugeschrieben, dass die Messung die Messgröße (z. B. den Spin) unkontrollierbar stören soll. Aber das ist aus Sicht des Postulats 2.3 falsch. Denn wenn sich das System vor der Messung

---

[9] Die einzige Änderung am gemessenen System ist der Kollaps der Wellenfunktion; insbesondere bleibt das Spektrum unverändert. Man spricht in dem Zusammenhang auch von ‚rückstoßfrei'. Siehe auch den Anhang, wo sich einige Ausführungen zu Begriffen im Bereich ‚Messung' finden.

[10] Damit lässt sich der Effekt realisieren, dass man eine Änderung des Zustands dadurch verhindert, dass man ihn immer wieder misst; das zugehörige Schlagwort ist ‚Quanten-Zenon-Effekt'; der Inhalt ist griffig formuliert in dem Satz ‚a watched pot never boils'. Mehr dazu im Anhang.

[11] Das trifft nur dann nicht zu, wenn der Anfangszustand schon ein Eigenzustand des Operators ist.

[12] Siehe auch die entsprechenden Bemerkungen in Kap. 13 (1) (Projektionsoperatoren).

[13] Insofern handelt es sich hier um eine Übersetzungsregel, die zwischen physikalischen Größen und mathematischen Objekten vermittelt.

in einem Eigenzustand der Messgröße befindet, wird es durch die Messung nicht gestört. Befindet es sich aber nicht in einem Eigenzustand, existiert der Messwert als solcher gar nicht vor der Messung – und was nicht existiert, das kann man auch nicht stören.[14]

5. Für entartete und kontinuierliche Fälle muss Gl. (14.1) entsprechend abgeändert werden.
6. Das Postulat wird auch Projektionspostulat, Neumannsches Projektionspostulat, Postulat von Neumann-Lüders o. ä. genannt.

14.1.5 Zeitliche Entwicklung (Frage 3)

Bis hierhin war die Diskussion auf einen festen Zeitpunkt beschränkt – jetzt lassen wir die Zeit loslaufen. Wir erinnern daran, dass wir uns auf zeitunabhängige Wechselwirkungen beschränkt haben.

Postulat 3 Die zeitliche Entwicklung des Zustandsvektors $|\psi(t)\rangle$ eines *isolierten* Quantensystems wird durch die Gleichung (Entwicklungsgleichung, *Schrödinger-Gleichung*)

$$i\hbar \frac{d}{dt} |\psi(t)\rangle = H |\psi(t)\rangle \tag{14.3}$$

beschrieben. Der der Gesamtenergie des Systems zugeordnete hermitesche Operator H heißt *Hamilton-Operator*.[15]

Bemerkungen:

1. Wir betrachten isolierte Systeme, die also nicht mit der Umgebung wechselwirken. Ihre Realisierung ist allerdings alles andere als trivial, was einen der Hemmschuhe für eine zügige Weiterentwicklung von Quantencomputern darstellt. Wenn es dagegen eine Ankopplung an (beobachtete oder nicht beobachtete) Freiheitsgrade der Umgebung gibt, spricht man von einem offenen Quantensystem. Mehr dazu in Kap. 10 (2) (Dekohärenz) und in Anhang S (1).
2. Das Postulat sagt nichts über die spezielle Form des Hamilton-Operators aus. Dieser wird durch das physikalische Problem und die Genauigkeit, mit der man

---

[14] Diese Bemerkung ist natürlich etwas verkürzt und flapsig formuliert. Der Punkt ist, dass der Wert einer Variablen im Allgemeinen durch die Messung bestimmt wird. Vor der Messung existiert der Wert nicht und kann daher nicht gestört werden, denn Störung bedeutet, einen *bestehenden* Wert in einen anderen zu ändern. Mehr zu diesem Thema z. B. in Kap. 6 (2).

[15] Wir bemerken, dass Gl. (14.3) auch für zeitabhängige $H(t)$ gilt. Da wir uns aber im gesamten Buch auf die Betrachtung zeitunabhängiger H beschränken, formulieren wir dieses Postulat auch nur für diesen Fall.

es beschreiben möchte, bestimmt. Weitere Überlegungen dazu finden sich unten im Abschnitt ‚Schlussbemerkungen'.

3. Wesentliche Eigenschaften der SGl hatten wir früher schon festgestellt: Sie ist unter anderem (a) komplex, (b) linear, (c) von erster Ordnung in der Zeit. Stochastische Anteile treten nicht auf; die SGl ist deterministisch. Stationäre Zustände (Eigenzustände zur Energie E) besitzen das Zeitverhalten $|\varphi(t)\rangle = e^{-i\frac{tE}{\hbar}} |\varphi(0)\rangle$.

4. Da H hermitesch ist, ist die Zeitentwicklung unitär und somit *reversibel* und normerhaltend:

$$\frac{d}{dt} \langle \psi(t) | \psi(t)\rangle = \langle \dot{\psi}(t) | \psi(t)\rangle + \langle \psi(t) | \dot{\psi}(t)\rangle = 0 \tag{14.4}$$

Im Gegensatz dazu ist der Messprozess nach Postulat 2.3 im Allgemeinen nicht unitär und irreversibel; die Norm bleibt nicht erhalten, sondern man muss das Messergebnis neu normieren. Damit die SGl $i\hbar |\dot{\psi}(t)\rangle = H |\psi(t)\rangle$ z. B. zwischen zwei Messungen gilt, muss das System isoliert sein. Bei der Messung dagegen ist das System nicht isoliert.

Die Zeitentwicklung können wir auch mithilfe des Propagators anstatt der differentiellen Form (14.3) formulieren und damit das Postulat 3 in anderer Form ausdrücken.

Postulat 3' Der Zustandsvektor zur Anfangszeit $|\varphi(t_0)\rangle$ wird durch einen *unitären Operator* $U(t, t_0)$, genannt *Zeitentwicklungsoperator* oder *Propagator*, in den Zustand $|\varphi(t)\rangle$ zur Zeit t überführt:

$$|\varphi(t)\rangle = U(t, t_0) |\varphi(t_0)\rangle \tag{14.5}$$

Bemerkungen:

1. Die Unitarität sichert die Normerhaltung.
2. Für zeitunabhängiges H kann der Propagator dargestellt werden als $U = e^{-i\frac{Ht}{\hbar}}$.[16]
3. Die Reversibilität der Zeitentwicklung sieht man mit dem Propagator besonders einfach, denn es gilt ja $|\varphi(t_0)\rangle = U^{-1}(t, t_0) |\varphi(t)\rangle$.
4. Postulat 3 und 3' sind für unsere Betrachtungen äquivalent. Streng genommen gibt es allerdings einen Unterschied, da U auch dann beschränkt ist, wenn H nicht beschränkt ist. In dieser Hinsicht erscheint also der Propagator U grundlegender als der Hamilton-Operator H.

---

[16] Zur Formulierung des Propagators als Integraloperator siehe Anhang; ein Beispiel für die freie Bewegung findet sich in Kap. 5 (1), Aufgabe 11.

Wir wollen an dieser Stelle noch einmal auf einen wesentlichen Unterschied zwischen KlM und QM hinweisen: Während die KlM die zeitliche Entwicklung des *Faktischen* beschreibt, beschreibt die QM (bzw. die SGl) die zeitliche Entwicklung des *Möglichen*. Anders gesagt: Die Möglichkeitsstruktur unseres Universums ist nicht fixiert, sondern eine sich dynamisch entwickelnde Struktur.

14.2 Einige offene Probleme

Wie in der Einleitung dieses Kapitels gesagt, fassen wir hier noch einmal Verständnisprobleme zusammen, die sich im Wesentlichen um den Begriff der Messung ranken, einem in der klassischen Physik vollkommen unauffälligen Begriff.[17] Dagegen scheint Messung in der QM eine ganz besondere Rolle zu spielen. Das wurde schon in der Frühzeit der QM klar, und auch heute noch ist das Problem im Kern nicht gelöst, sondern Gegenstand aktueller Diskussionen.

Man kann natürlich allen Problemen aus dem Weg gehen, indem man sich auf den *instrumentalistischen* oder *pragmatischen* Standpunkt stellt, dass wir in einer klassischen Welt leben und dass die Postulate schlicht rechnerische Hilfsmittel oder Handlungsanweisungen sind, die hervorragend funktionieren, ohne den Anspruch zu haben, die Wirklichkeit abzubilden. Niels Bohr hat das so formuliert: ‚There is no quantum world. There is only an abstract physical description. It is wrong to think that the task of physics is to find out how nature is. Physics concerns what we can say about nature.‘ Bei dieser Einstellung (auch *Minimalinterpretation* genannt) braucht man sich natürlich nicht weiter um die im Folgenden aufgeführten Probleme zu kümmern, geschweige denn versuchen, sie zu lösen.

Allerdings wird es von vielen als unbefriedigend empfunden, dass die fundamentale Beschreibung der Welt eine Handvoll nicht weiter hinterfragbarer Regeln sein soll. Der *realistische* Standpunkt geht davon aus, dass die Quantensysteme der Theorie in irgendeiner Weise reale Entsprechungen haben. Die Postulate zusammen mit dieser Einstellung werden von vielen Autoren als *Standardinterpretation* (oder *Standarddarstellung*) bezeichnet.

---

[17] In der KlM sind die Eigenschaften eines Systems immer wohldefiniert (wobei wir durchweg von einem nicht pathologischen Phasenraum ausgehen) und können als Funktionen der Phasenraumvariablen (sprich Punkten im Phasenraum) dargestellt werden und haben somit letztlich immer auch eine direkte dreidimensionale räumliche Bedeutung. In der QM sind Eigenschaften nicht immer wohldefiniert; wir können sie also mathematisch nicht als Funktionen von Punktmengen darstellen. Kleine Tabelle:

	KlM	QM
Zustandsraum	Phasenraum (Punktmenge)	Hilbert-Raum
Zustände	Punkte	Vektoren
Eigenschaften	Funktionen von Punkten	Eigenwerte von Operatoren

Unabhängig von der Frage pragmatisch/realistisch spielen die problematischen Konzepte eine fundamentale Rolle bei der Formulierung der QM (bzw. ihrer Postulate) und verdienen deshalb sicherlich ein vertieftes Verständnis oder doch zumindest ein vertieftes Problembewusstsein. Deswegen wollen wir die wesentlichen Fragestellungen im Folgenden noch einmal kurz ansprechen.[18]

Um keine Missverständnisse aufkommen zu lassen, wiederholen wir eine Bemerkung: Auf der formalen Ebene – sozusagen handwerklich – funktioniert die QM tadellos und mit zum Teil beeindruckend genauen Resultaten. Tatsächlich ist die QM eine der am sorgfältigsten überprüften und am besten abgesicherten physikalischen Theorien überhaupt; sie konnte bisher experimentell nicht falsifiziert werden.

Das Problem ist also eines auf der Ebene des *Verständnisses* der Quantenmechanik. Was heißt, was bedeutet das alles? Legen wir die o. a. Postulate zugrunde, ergeben sich mehrere offene und miteinander verknüpfte Fragen zum Messprozess, die wir hier kurz schildern und in Kap. 10 (2) (Dekohärenz) und Kap. 14 (2) (Interpretationen) wieder aufgreifen werden.[19]

1. **Stellenwert der Messung**: Es wird vielleicht Zeit, erst einmal den Begriff Messung zu präzisieren. Unter Messung verstehen wir, an einem System eine irreversible Operation durchzuführen, die den Zustand einer (oder mehrerer) physikalischen Größen ermittelt, und zwar als speicherbare Zahl. Weitere Ausführungen zum Begriff Messung (bzw. zu verschiedenen Begriffen wie Messung, Präparation, Test, Maximaltest usw.) finden sich im Anhang.

Der besondere Stellenwert der Messung hat nichts damit zu tun, ob man pragmatisch davon ausgeht, dass Werte einer physikalischen Größe nur als Resultat einer Messung eine Bedeutung haben, oder ob man davon ausgeht, dass die Postulate auch für individuelle Systeme gelten (realistische Position). Was diesen Zusammenhang zwischen Messung und den Werten physikalischer Größen angeht, muss der pragmatisch Orientierte erklären, warum das Konzept ‚Messung‘ in der QM so eine grundlegende Rolle spielt;[20] aber auch der realistisch Orientierte weist der Messung eine prominente Rolle zu, da sie den Übergang vom Möglichen zum Tatsächlichen bewirkt.

Es bleibt also zu untersuchen, wann eine *Wechselwirkung* zwischen zwei Systemen *A* und *B* die *Messung* einer physikalischen Größe von *A* durch *B* darstellt

---

[18] „But our present (quantum-mechanical) formalism is not purely epistemological; it is a peculiar mixture describing in part realities of Nature, in part incomplete human information about Nature – all scrambled up by Heisenberg and Bohr into an omelette that nobody has seen how to unscramble. Yet we think that the unscrambling is a prerequisite for any further advance in basic physical theory. For, if we cannot separate the subjective and objective aspects of the formalism, we cannot know what we are talking about; it is just that simple." E.T. Jaynes in: *Complexity, Entropy and the Physics of Information* (ed. Zurek, W.H.) 381 (Addison-Wesley, 1990).

[19] Es sei schon jetzt gesagt, dass es nicht auf alle Fragen Antworten gibt, jedenfalls keine eindeutigen.

[20] Dies gilt insbesondere in der traditionellen Sicht, nach der der Messapparat als klassisches System zu betrachten ist.

und, damit zusammenhängend, ob und wie man die Messung quantenmechanisch beschreiben kann, also unter Einschluss des Messapparates.

2. **Wahrscheinlichkeit**: Dieser Begriff findet über das Postulat 2.1 Eingang in die Theorie. Vor der Messung kann man i. Allg. nur eine Wahrscheinlichkeit dafür angeben, dass sich ein bestimmtes Messresultat einstellen wird; dies gilt auch bei maximaler Information über das System. Durch die Messung wird eine und nur eine der vorhandenen Möglichkeiten realisiert. Das bedeutet mit anderen Worten, dass eine Observable *vor* einer Messung im Allgemeinen gar keinen bestimmten Wert hat. Entsprechend bedeutet Messung nicht, den Wert einer Observablen zu ermitteln, den sie hat, sondern die Messung selbst schafft erst diesen Wert – die Messung bestimmt die Wirklichkeit und nicht umgekehrt.

Wie schon in Kap. 2 (1) und später noch einige Male ausgeführt, bedeutet das Auftreten von Wahrscheinlichkeiten in der klassischen Physik, dass wir für bestimmte Eigenschaften nicht über genügend Information verfügen, um sie explizit berechnen zu können. In der QM liegt der Fall anders; hier stellt der Begriff ,Wahrscheinlichkeit' förmlich ein Strukturelement der QM dar und steht für das Fakt, dass es in der QM um Möglichkeiten geht, von denen dann eine durch den Messprozess realisiert wird. Die Annahme, dass unter der von uns benutzten Formulierungsebene weitere, uns bisher verborgene Variablen wirken, bei deren Kenntnis wir ohne die Verwendung von Wahrscheinlichkeiten auskämen, konnte (zumindest in ihrer lokalen bzw. nichtkontextuellen, also intuitiv plausiblen Form) experimentell widerlegt werden (siehe Kap. 6 (2) und 13 (2)).

3. **Kollaps**: Wie kann man diese im Postulat 2.3 beschriebene Zustandsänderung von einer Superposition zu einem Einzelzustand erklären? Was ist der Mechanismus, was der Zeitrahmen? Ist es ein fundamentaler Effekt oder eher eine pragmatische Näherung für die Beschreibung von Quantensystem und Messapparat, die im Prinzip aus dem bestehenden Formalismus hergeleitet werden kann? Das wäre natürlich besonders wichtig, wenn man der ,Messung' keine grundlegende Bedeutung zumessen will, sondern sie als eine unter vielen Wechselwirkungen auffassen möchte.

Es handelt sich dabei nicht um einen exotisch-konstruierten Effekt: Denken wir z. B. an das schon öfter bemühte rechtszirkular polarisierte Photon, das wir durch einen linearen Analysator schicken und danach im Zustand der horizontal linearen Polarisation finden. Durch diesen Prozess der Messung ist also die Überlagerung $\frac{|h\rangle + i|v\rangle}{\sqrt{2}}$ z. B. in den Zustand $|h\rangle$ kollabiert.

Natürlich hängt eine Antwort auf die Frage auch davon ab, was wir eigentlich unter ,Zustand' verstehen.[21] Geht es dabei eine direkte Beschreibung des

---

[21] ,Zustand' kann zum Beispiel bezeichnen: – ein *individuelles* Quantensystem A, – unsere *Kenntnis* der Eigenschaften des Systems A, – das Resultat einer *Messung*, die am System A durchgeführt wird oder werden könnte, – ein *Ensemble* E (real oder hypothetisch) von identisch präparierten Kopien eines Systems, – unsere *Kenntnis* der Eigenschaften des Ensembles E, – die Resultate *wiederholter Messungen*, die am Ensemble E gemacht werden oder werden könnten.

Systems oder nur um unsere Kenntnis des Systems? Im letzteren Fall wäre der Kollaps nur eine Veränderung unserer Kenntnis durch das Hinzufügen weiterer Information. Andernfalls müsste es eine Möglichkeit geben, die Zustandsreduktion in direkten physikalischen Ausdrücken zu formulieren.

Wie wir später anhand der Diskussion um verschränkte Systeme noch sehen werden, handelt es sich jedenfalls beim Kollaps dieser Zustände um einen nichtlokalen (also überlichtschnellen) Effekt.

4. **Zwei Zeitentwicklungen**: Durch die Messung (Beobachtung) kollabiert die Wellenfunktion; diese Zustandsänderung ist diskontinuierlich, irreversibel, prinzipiell nicht deterministisch und steht damit im Kontrast zur kontinuierlichen, reversiblen Zeitentwicklung der SGl. Es handelt sich also um zwei ganz verschiedene Vorgänge bzw. Dynamiken. Das wirft u. a. folgende Fragen auf: Gelten in der QM tatsächlich andere Regeln für beobachtete als für unbeobachtete Systeme? Wenn ja, warum? Was ist ein Beobachter, muss es ein Mensch sein? Ist der Beobachter auch den Gesetzen der QM unterworfen? Wenn ja, wie kommt es dann zu irreversiblen Entwicklungen, die der SGl widersprechen? Auf einige dieser Fragen werden wir im Folgenden Antworten finden, vor allem in Kap. 10 (2).

5. **Grenze zwischen KlM und QM**: Wenn das Messen nicht in der SGl enthalten ist, heißt das dann, dass Messen ein nichtquantenmechanischer Vorgang ist, dass also der Messapparat nicht den Regeln der QM unterworfen ist? Wenn das der Fall ist – welche Regeln sind es dann?

Es ist eine gängige Vorstellung, dass der Messapparat klassischen Regeln gehorcht. Demnach gäbe es zwei Bereiche, QM und klassischer Bereich. Wo aber liegt dann der Schnitt (auch *Heisenbergscher Schnitt* genannt) zwischen QM und klassischer Mechanik, was fängt wo an, was hört wo auf? Ab welcher Größe, welchen Teilchenzahlen ist ein System nicht mehr quantenmechanisch, sondern der klassischen Mechanik unterworfen?

Natürlich liegt die Idee nahe, mit kleinen quantenmechanischen Systemen zu beginnen und immer größere Systeme zu untersuchen, um zu sehen, ob, und wenn ja, wie, sie immer ‚klassischer' werden. Das scheitert aber daran, dass die Beschreibung größerer quantenmechanischer Systeme mit zunehmender Zahl der Freiheitsgrade enorm schnell kompliziert wird, so dass klare Zusammenhänge zwischen KlM und QM schwierig zu erhellen sind.

Im Prinzip lassen sich drei Möglichkeiten denken: (1) die KlM umfasst die QM; (2) die KlM und QM stehen gleichberechtigt nebeneinander; (3) die QM umfasst die KlM, siehe Abb. 14.1. Die Mehrheit der physikalischen Gemeinde favorisiert die dritte Möglichkeit, dass also die KlM auf der QM fußt. Aber auch hier muss geklärt werden, wo der Schnitt liegt (wenn es ihn denn gibt). Zusätzlich ist noch zu fragen: wenn QM die Basistheorie ist, warum sehen wir dann im Makroskopischen nie spezielle Quanteneffekte wie Superposition von Zuständen?

Betrachten wir das Problem noch einmal von einer etwas anderen Seite. Der Messapparat besteht ja auch aus Atomen, ist also auch ein Quantensystem. Tatsächlich kann er ja auch nur auf diese Weise mit dem zu messenden

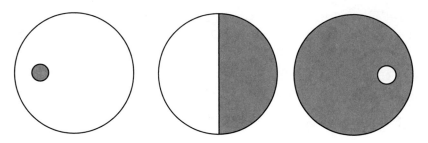

Abb. 14.1 Schematische Darstellung möglicher Grenzen QM – KlM. Weiß: klassische Mechanik, schwarz: Quantenmechanik

Quantenobjekt wechselwirken. Andererseits muss der Messapparat wie ein klassisches System reagieren, wenn er schließlich ein Ergebnis liefert. Quantensystem *und* klassisches System – das sind zwei Forderungen an den Messapparat, die nur schwer vereinbar erscheinen.

Besonders deutlich treten diese Abgrenzungsprobleme in der Quantenkosmologie auf, die versucht, das gesamte Universum als ein *einziges* Quantensystem zu beschreiben. Wenn man davon ausgeht, dass das Universum isoliert ist und (als riesiges Quantensystem) durch *eine* einzige SGl beschrieben wird (die ja deterministisch ist), stellt sich natürlich die Frage, wie Messung ein von außen an einem Quantensystem durchgeführter Prozess sein kann.

Wie auch immer: In der Praxis hat sich die Unterscheidung zwischen quantenmechanischem System und klassischen Messapparat sehr bewährt (fapp). Wer ausschließlich ergebnisorientiert arbeitet, mag sich mit dem Argument zufrieden geben, die Wellenfunktion sei keine Beschreibung realer Objekte, sondern nur ein Hilfsmittel, mit dem man die relevanten Messergebnisse erhalten kann.[22]

---

[22] Die Diskussion über die Natur der Wellenfunktion ist kein Thema aus dem Elfenbeinturm, sondern Gegenstand laufender Forschung. Zum Beispiel gibt es, wie oben gesagt, die Ansicht, dass die Wellenfunktion das Teilwissen widerspiegelt, das ein Beobachter über das System hat. Aber eine solche Ansicht ist falsch, wenn man einem kürzlich veröffentlichten Theorem folgt, das Folgendes besagt: Wenn der Quantenzustand nur eine Information über den realen physikalischen Zustand eines Systems darstellt, dann kann man experimentelle Vorhersagen erhalten, die denen der Quantentheorie widersprechen. Dieses Theorem hängt jedoch von der entscheidenden Annahme ab, dass Quantensystemen ein objektiver physikalischer Zustand zugrunde liegt – eine Annahme, die umstritten ist. Siehe z. B. Matthew F. Pusey et al., ‚On the reality of the quantum state‘, *Nature Physics 8*, 475–478 (2012) oder S. Mansfield, ‚Reality of the quantum state: Towards a stronger ψ-ontology theorem‘, *Phys. Rev. A 94*, 042124 (2016).

Abgesehen davon stellen wir fest, dass die Wellenfunktion sich zwar dem Alltagsverständnis entzieht, sie aber messbar ist. Bisher wurde die experimentelle Bestimmung von Wellenfunktionen (d. h. Betrag und Phase oder Real- und Imaginärteil) mittels bestimmter indirekter Verfahren (sog. tomographische Verfahren) bewerkstelligt. Es wurde jedoch ein Verfahren zur *direkten* Messung von Wellenfunktionen vorgestellt. Darin wird eine spezielle Technik verwendet, die als *schwache Messung* bezeichnet wird. Siehe Jeff S. Lundeen et al., ‚Direct Measurement of the Wave Function‘, *Nature 474*, 188–191 (2011). Wir bemerken, dass diese Messungen an einem Ensemble durchgeführt werden; es ist unmöglich, die völlig unbekannte Wellenfunktion eines

Wir wiederholen die Bemerkung, dass wir diese Fragen in späteren Kapiteln wieder aufgreifen; insbesondere die Theorie der Dekohärenz (Kap. 10 (2)) wird die meisten Probleme entschärfen.

14.3 Schlussbemerkungen

14.3.1 Postulate als Rahmen der QM

Wir haben die Postulate aus Überlegungen über einfache Beispielsysteme heraus-destilliert. Das ist deswegen möglich, weil die Postulate eben nicht abhängig vom konkreten System sind, sondern so etwas wie den allgemeinen Rahmen bzw. die allgemeinen Spielregeln der QM darstellen. Mit anderen Worten: Die Postulate gelten für alle (im Bereich unserer Überlegungen) möglichen Systeme, einfache und komplizierte.

Von daher ist klar, dass die Postulate nicht als Handlungsanweisung für die praktische Bearbeitung bzw. Berechnung eines physikalischen Problems fungieren können. Man muss dazu vielmehr für das betrachtete System den Zustandsraum $\mathcal{H}$ und den Hamilton-Operator H festlegen, wobei natürlich eingeht, was man überhaupt als System auswählt, wie man dieses physikalisch modelliert, welche Genauigkeit angestrebt wird und so weiter.

So haben wir zum Beispiel bei der Neutrinooszillation kurzerhand das System in einem zweidimensionalen Raum beschrieben. Das ist natürlich eine sehr grobe Modellierung, die aber für den angestrebten Zweck vollkommen ausreicht. Im analytischen Zugang haben wir den Hamilton-Operator mithilfe des Korrespondenzprinzips[23] gewonnen, also durch die Ersetzung der in der Energie auftauchenden klassischen Größen $(\mathbf{r}, \mathbf{p})$ durch $\left(\mathbf{r}, \frac{\hbar}{i}\nabla\right)$. Damit können wir ein nichtrelativistisches Quantenobjekt in einem skalaren Potential darstellen; Vektorpotentiale, Wechselwirkungen zwischen mehreren Quantenobjekten, relativistische Effekte wie der Spin usw. werden dagegen nicht berücksichtigt. Wir können unsere einfache Modellierung sozusagen als Beginn einer ‚Modellierungshierarchie' sehen; in Kap. 3 (2) greifen wir diesen Punkt noch einmal kurz auf.

Kurz, die Auswahl von Hilbert-Raum und Hamilton-Operator bedeutet immer, dass man mit gewissen Modellierungen und Näherungen[24] arbeitet. Die Postulate dagegen gelten streng. Die Abb. 14.2 stellt die Verhältnisse schematisch dar.

---

einzelnen Systems zu bestimmen. Für andere experimentelle Methoden siehe z. B. G. C Knee, ‚Towards optimal experimental tests on the reality of the quantum state', *New Journal of Physics* 19, 023004, https://doi.org/10.1088/1367-2630/aa54ab (2017).

[23] Wir wiederholen die Bemerkung, dass dieses Prinzip eher heuristischen Wert besitzt. Ein überzeugenderes Verfahren ist zum Beispiel die Einführung von Orts- und Impulsoperator über Symmetrietransformationen (siehe Kap. 7 (2) und Anhang).

[24] ‚Although this may be seen as a paradox, all exact science is dominated by the idea of approximation.' (Bertrand Russell)

Abb. 14.2 Die Postulate als Rahmen für die quantenmechanische Beschreibung physikalischer Systeme

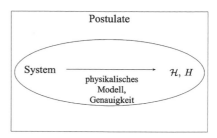

14.3.2 Ausblick

Die Postulate in der Form, wie wir sie vorgestellt haben, bilden die Grundlage der QM, aber es gibt einige Erweiterungen, von denen wir in weiteren Kapiteln folgende drei kennenlernen werden:

1. Wir werden den Zustandsbegriff erweitern und auch Zustände betrachten, die nicht mehr als Vektoren aus einem (erweiterten) Hilbert-Raum darstellbar sind (sogenannte gemischte Zustände, Stichwort Dichteoperator, Kap. 8 (2)).
2. Die bisher betrachteten Systeme sind isoliert, koppeln also nicht an eine wie auch immer geartete Umwelt. Wir werden im Folgenden auch Systeme betrachten, die aus verschiedenen miteinander wechselwirkenden Untersystemen zusammengesetzt sind (Stichwort offene Systeme, Kap. 10 (2)).
3. Wir werden versuchen, durch eine Erweiterung auf offene Systeme die separate Rolle der Messung (also das Projektionspostulat 2.3) auf die anderen Postulate zurückzuführen (Stichwort Dekohärenz, Kap. 10 (2)).

Zuvor wollen wir aber in den nächsten Kapiteln versuchen, den vorgegebenen konzeptionellen Rahmen mit einigen Vertiefungen und praktischen Anwendungen auszufüllen.

14.4 Aufgaben

1. Seien eine Observable A und ein Zustand $|\varphi\rangle$ gegeben. Zeigen Sie mithilfe von Postulat 2.1 und 2.2, dass das erwartete Ergebnis einer Messung von A gegeben ist durch $\langle A \rangle = \langle\varphi| A |\varphi\rangle$. Um die Diskussion zu vereinfachen, betrachten wir eine Observable A, deren Eigenwerte diskret und nichtentartet sind und deren Eigenvektoren ein VONS bilden: $A |n\rangle = a_n |n\rangle$.
2. Zeigen Sie, dass der Operator $s_x + s_z$ zwar hermitesch ist, aber keine physikalisch messbare Größe darstellt. (Nicht jeder hermitesche Operator steht für eine physikalische Messgröße.) Dabei hängen die Spinmatrizen s_i mit den Pauli-Matrizen σ_i zusammen über $s_i = \frac{\hbar}{2}\sigma_i$.

3. (Ein Beispiel zu Projektionen, Wahrscheinlichkeiten und Erwartungswerten) Der Drehimpulsoperator $\mathbf{L}$ für Drehimpuls 1 kann im Vektorraum $\mathbb{C}^3$ durch die folgenden Matrizen dargestellt werden (siehe Kap. 2 (2)):

$$L_x = \frac{\hbar}{\sqrt{2}} \begin{pmatrix} 0 & 1 & 0 \\ 1 & 0 & 1 \\ 0 & 1 & 0 \end{pmatrix} \; ; \; L_y = \frac{\hbar}{\sqrt{2}} \begin{pmatrix} 0 & -i & 0 \\ i & 0 & -i \\ 0 & i & 0 \end{pmatrix} \; ; \; L_z = \hbar \begin{pmatrix} 1 & 0 & 0 \\ 0 & 0 & 0 \\ 0 & 0 & -1 \end{pmatrix}$$

$$(14.6)$$

(a) Welche Messergebnisse kann es bei einer Messung L_i ($i = x, y, z$) geben?

(b) Wie lauten die entsprechenden Eigenvektoren für L_z?

(c) Mit welchen Wahrscheinlichkeiten misst man am Zustand

$$|\psi\rangle = \begin{pmatrix} 1 \\ i \\ -2 \end{pmatrix} \qquad (14.7)$$

die Ergebnisse $+\hbar, 0, -\hbar$?

4. Gegeben sei ein Zustand

$$|\psi\rangle_v = \frac{|x_1\rangle\, e^{-i\omega t} + |x_2\rangle\, e^{-2i\omega t}}{\sqrt{2}} \qquad (14.8)$$

wobei die Zustände $|x_i\rangle$ normiert und zueinander orthogonal sind. Wir messen die x_1-Komponente von $|\psi\rangle_v$; nach der Messung haben wir also

$$|\psi\rangle_n = |x_1\rangle\, e^{-i\omega t} \qquad (14.9)$$

Veranschaulichen Sie diese Zustandsreduktion durch Betrachtung der Änderung des Real- oder des Imaginärteils von $|\psi\rangle$.

Anhang A:
Abkürzungen und Notationen

Der besseren Übersicht wegen stellen wir hier einige Abkürzungen und Notationen zusammen.

Abkürzungen

alZ	algebraischer Zugang
anZ	analytischer Zugang
DGl	Differentialgleichung
D-Gl	Dirac-Gleichung
KlM	klassische Mechanik
MZI	Mach-Zehnder-Interferometer
QC	Quantencomputer
QM	Quantenmechanik
QZE	Quanten-Zenon-Effekt
SGl	Schrödinger-Gleichung
VONS	vollständiges Orthonormalsystem
VSKO	vollständiger Satz kommutierender Observabler

Operatoren

Zur Bezeichnung des Operators, der einer physikalischen Größe A zugeordnet ist, gibt es mehrere Schreibweisen, unter anderem: (1) A, also das Symbol selbst, (2) $\hat{A}$, Schreibweise mit Dach, $\hat{x}$, $\hat{p}$ (3) $\mathcal{A}$, kalligraphische Schreibweise, (4) A_{op}, Schreibweise mit Index. Es muss jeweils aus dem Kontext klar werden, was gemeint ist.

Für spezielle Größen wie den Ort x findet man auch die Großschreibung X für den Operator.

J. Pade, *Quantenmechanik zu Fuß 1*, https://doi.org/10.1007/978-3-662-67928-9

Mehrteilchenzustände
Bei zwei Quantenobjekten legt, wenn sonst weiters nichts vermerkt ist, die Position
die Objektnummer fest.

$$|nm\rangle = |n_1 m_2\rangle \tag{A.1}$$

Dabei können n und m für jeweils eine einzige oder mehrere Quantenzahlen stehen.
   Bei mehr als zwei Quantenobjekten (Objekt 1 mit Quantenzahlen α_1, Objekt 2
mit Quantenzahlen α_2) benutzen wir in der Regel folgende Schreibweise:

$$|1:\alpha_1, 2:\alpha_2, \ldots, n:\alpha_n\rangle \tag{A.2}$$

Sie ist durchsichtiger als die äquivalente Schreibweise

$$\left|\varphi_{\alpha_1}^{(1)} \varphi_{\alpha_2}^{(2)} \ldots \varphi_{\alpha_n}^{(n)}\right\rangle \tag{A.3}$$

Vertauschen der Quantenzahlen (z. B. von Objekt 1 und 2) sieht dann so aus:

$$|1:\alpha_2, 2:\alpha_1, \ldots, n:\alpha_n\rangle \tag{A.4}$$

statt

$$\left|\varphi_{\alpha_2}^{(1)} \varphi_{\alpha_1}^{(2)} \ldots \varphi_{\alpha_n}^{(n)}\right\rangle \tag{A.5}$$

Hamilton-Operator und Hadamard-Transformation
Den Hamilton-Operator schreiben wir als H. Bei Fragen der Quanteninformation,
besonders in Kap. 13 (2), steht H für die Hadamard-Transformation.

Störungsrechnung
Zur Bezeichnung von Hamilton-Operatoren und Zuständen bei der Störungs-
rechnung verwenden wir einen hochgestellten eingeklammerten Index, der die
Störungsordnung angibt:

$$H^{(0)} \; ; \; \left|\varphi^{(1)}\right\rangle \quad \text{usw.} \tag{A.6}$$

Ausspuren
Der reduzierte Dichteoperator, der durch Ausspuren aller Freiheitsgrade $\neq k$
entsteht, wird mit hochgestelltem eingeklammerten Index bezeichnet, also

$$\rho^{(k)} \tag{A.7}$$

Vektorräume

Einen Vektorraum bezeichnen wir mit $\mathcal{V}$, einen Hilbert-Raum mit $\mathcal{H}$.

Ausgehend von der Schreibweise $\mathbb{R}^3$ bzw. $\mathbb{C}^3$ für den dreidimensionalen reellen bzw. komplexen Raum wählen wir, falls erforderlich, zur genaueren Kennzeichnung von Hilbert-Räumen folgende Schreibweise:

$$\mathcal{H}^d_{n(m)} \quad \text{mit} \quad \begin{aligned} d &= \text{Dimension} \\ n &= \text{Nummer des entsprechenden Quantenobjekts} \\ m &= \text{Anzahl der Quantenobjekte} \end{aligned} \qquad (A.8)$$

Die im Zusammenhang mit der Feldtheorie auftretende Hamilton-Dichte wird ebenfalls mit $\mathcal{H}$ bezeichnet.

Anhang B:
Einheiten und Konstanten

B.1 Einheitensysteme

Einheiten sind nichts genuin Natürliches (auch wenn einige so heißen), sondern von Menschen gemacht und deshalb in gewissem Sinne beliebig. Je nach Anwendungs- bzw. Größenbereich gibt es verschiedene Wahlen, die in sich selbstverständlich genau fixiert sind.

Generell bezeichnet man als *natürliche Einheitensysteme* solche, in denen einige grundlegende Naturkonstanten gleich 1 und dimensionslos gesetzt sind. Wie wir gerade schon gesagt haben, ist das Wort ‚natürlich‘ dabei als Namensteil und nicht als beschreibendes Adjektiv zu verstehen. Wir betrachten folgende natürliche Einheiten: Plancksche Einheiten, Einheitensystem der Hochenergiephysik (theoretische Einheiten), Einheitensystem der Atomphysik (atomare Einheiten).

B.1.1 Plancksche Einheiten

Hier werden die Lichtgeschwindigkeit c, die Planck-Konstante (Wirkungsquantum) $\hbar$, die Gravitationskonstante G sowie die Boltzmann-Konstante k_B und die elektrische Feldkonstante (bzw. ihr 4π-Faches) $4\pi\varepsilon_0$ gleich 1 gesetzt. Der Zusammenhang mit den SI-Größen findet sich in der folgenden Tabelle:

Größe	Formel	Zahlenwert (SI)
Masse	$m_P = \sqrt{\frac{c\hbar}{G}}$	$2{,}177 \cdot 10^{-8}\,\text{kg}$
Länge	$l_P = \sqrt{\frac{G\hbar}{c^3}}$	$1{,}616 \cdot 10^{-35}\,\text{m}$
Zeit	$t_P = \frac{l_P}{c}$	$5{,}391 \cdot 10^{-44}\,\text{s}$
Temperatur	$T_P = \frac{m_P c^2}{k_B}$	$1{,}417 \cdot 10^{32}\,\text{K}$
Ladung	$q_P = \sqrt{4\pi\varepsilon_0 c\hbar}$	$1{,}876 \cdot 10^{-18}\,C$

© Der/die Herausgeber bzw. der/die Autor(en), exklusiv lizenziert an Springer-Verlag GmbH, DE, ein Teil von Springer Nature 2024
J. Pade, *Quantenmechanik zu Fuß 1*, https://doi.org/10.1007/978-3-662-67928-9

Die Planck-Skala markiert vermutlich eine Grenze für die Anwendbarkeit der bekannten Gesetze der Physik. Distanzen, die wesentlich kleiner sind als die Planck-Länge, können nicht sinnvoll betrachtet werden. Ähnliches gilt für Vorgänge, die kürzer als die Planck-Zeit sind. Wegen $l_P = ct_P$ müsste ein solcher Vorgang in einem Objekt stattfinden, das kleiner als die Planck-Länge wäre. Zum Vergleich: Der Großbeschleuniger LHC kommt auf eine Ortsauflösung von 10^{-19} m; die erreichbaren Energien liegen in der Größenordnung von $E_{LHC} = 10$ TeV.

B.1.2 Theoretische Einheiten (Einheiten der Hochenergiephysik)

Hier werden c und $\hbar$ gleich 1 gesetzt, die anderen Konstanten werden belassen. Die Einheit der Energie wird durch die Wahl für c und $\hbar$ nicht festgelegt; üblicherweise wird sie in eV ausgedrückt (bzw. MeV, GeV usw.). Energie und Masse haben dann dieselbe Einheit; dies gilt auch für Raum und Zeit.

Phys. Größe	Einheit	Formel	Zahlenwert (SI)
Energie	eV		$1,602 \cdot 10^{-19}$ J
Länge	$\frac{1}{\text{eV}}$	$\frac{c\hbar}{\text{eV}}$	$1,973 \cdot 10^{-7}$ m
Zeit	$\frac{1}{\text{eV}}$	$\frac{\hbar}{\text{eV}}$	$6,582 \cdot 10^{-16}$ s
Masse	eV	$\frac{\text{eV}}{c^2}$	$1,783 \cdot 10^{-36}$ kg
Temperatur	eV	$\frac{\text{eV}}{k_B}$	$1,160 \cdot 10^4$ K
Ladung		$q_{he} = \frac{|e|}{\sqrt{\varepsilon_0 \hbar c}} = \sqrt{4\pi\alpha}$	$0,30282\ldots$

In SI-Einheiten gilt $c\hbar = 3,1616 \cdot 10^{-26}$ Jm $= 0,1973$ GeV fm. Wegen $c\hbar = 1$ in den theoretischen Einheiten (TE) ergibt sich die Faustformel

$$1 \text{ fm } (SI) \hat{=} \frac{5}{\text{GeV}} \ (TE) \tag{B.1}$$

B.1.3 Atomare Einheiten

In atomaren Einheiten ist $e = m_e = \hbar = 1$. Diese Einheiten, die auf Eigenschaften des Elektrons bzw. des Wasserstoffatoms bezogen sind, werden hauptsächlich in der Atom- und Molekülphysik benutzt. Alle Größen sind als Vielfache der Basiseinheiten formal dimensionslos; falls sie in SI-Einheiten nicht dimensionslos sind, werden sie im Allgemeinen durch das formale ‚Einheitenzeichen' $a.u.$ gekennzeichnet (die Punkte sind Teil des Einheitenzeichens).

Phys. Größe	Atomare Einheit	Zahlenwert (SI)
Länge	Bohrscher Radius $a_0 = \frac{\hbar}{mc\alpha}$	$5{,}292 \cdot 10^{-11}$ m
Masse	Masse des Elektrons m_e	$9{,}109 \cdot 10^{-31}$ kg
Ladung	Elementarladung e	$1{,}602 \cdot 10^{-19}$ C
Energie	Hartree-Energie E_h, H	$4{,}360 \cdot 10^{-18}$ J
Drehimpuls	Plancksche Konstante $\hbar$	$1{,}055 \cdot 10^{-34}$ Js
Zeiteinheit	Atomic time unit, Quotient $1 a.t.u. = \frac{\hbar}{E_h}$	$2{,}419 \cdot 10^{-17}$ s

Die Hartree-Energie ist das Doppelte des Ionisationspotentials des Wasserstoffatoms.

B.1.4 Energieeinheiten

Energie ist ein zentraler Begriff der Physik; dies äußert sich unter anderem auch in der Vielzahl der verwendeten Einheiten. Die gängigsten sind in der folgenden Tabelle zusammengefasst.

Einheit	Umrechnungsfaktor	Kommentar
eV	1	
Joule	$1{,}602 \cdot 10^{-19}$ J	
Kilowattstunde	$4{,}451 \cdot 10^{-26}$ kWh	
Kalorie	$3{,}827 \cdot 10^{-20}$ cal	
Wellenlänge in Nanometer	$1239{,}85$ nm	von $E = hc/\lambda$
Frequenz in Hertz	$2{,}41797 \cdot 10^{14}$ Hz	von $E = hc/\lambda$
Wellenzahl	$8065{,}48$ cm^{-1}	von $E = hc\tilde{\nu}$
Temperatur	$11.604{,}5$ K	von $E = kT$
Rydberg	$0{,}07350$ Ry	Ionisationspot. des H-Atoms
Hartree	$0{,}03675$ H	
Energieäquivalente Masse E/c^2	$1{,}783 \cdot 10^{-36}$ kg	

B.1.5 Abgeleitete SI-Einheiten

1 N (Newton) $= 1 \, \text{kg} \, \text{m} \, \text{s}^{-2}$; 1 W (Watt) $= 1 \, \text{J} \, \text{s}^{-1}$; 1 C (Coulomb) $= 1 \, \text{A} \, \text{s}$

1 F (Farad) $= 1 \, \text{A} \, \text{s} \, \text{V}^{-1}$; 1 T (Tesla) $= 1 \, \text{V} \, \text{s} \, \text{m}^{-2}$; 1 Wb (Weber) $= 1 \, \text{V} \, \text{s}$

B.2   Einige Konstanten

Größe	Symbol	Wert	Einheit
Lichtgeschwindigkeit im Vakuum	c	299.792.458 (exakt)	ms^{-1}
Magnetische Feldkonstante	μ_0	$4\pi \cdot 10^{-7}$ (exakt)	TmA^{-1}
Elektrische Feldkonstante	ε_0	$8{,}85419 \cdot 10^{-12}$	Fm^{-1}
Plancksches Wirkungsquantum	h	$6{,}62618 \cdot 10^{-34}$	Js
(Reduziertes) Plancksches Wirkungsquantum	$\hbar$	$1{,}05459 \cdot 10^{-34}$	Js
Elementarladung	e	$1{,}60219 \cdot 10^{-19}$	C
Newtonsche Gravitationskonstante	G	$6{,}672 \cdot 10^{-11}$	$\mathrm{m^3 kg^{-1} s^{-2}}$
Boltzmann-Konstante	k_B	$1{,}381 \cdot 10^{-23}$	JK^{-1}
Ruhemasse des Elektrons	m_e	$9{,}10953 \cdot 10^{-31}$	kg
Ruhemasse des Protons	m_p	$1{,}67265 \cdot 10^{-27}$	kg
Feinstrukturkonstante	α	$1/137{,}036 \approx 0{,}7297$	
Rydberg-Konstante	R	$2{,}17991 \cdot 10^{-18}$	J
Bohrscher Radius	a_0	$5{,}29177 \cdot 10^{-11}$	m
Magnetisches Flussquantum	F_0	$2{,}068 \cdot 10^{-15}$	Wb
Stefan-Boltzmann-Konstante	s	$5{,}671 \cdot 10^{-8}$	$\mathrm{Wm^{-2}K^{-4}}$
Magnetisches Moment des Elektrons	m_e	$9{,}28483 \cdot 10^{-24}$	JT^{-1}
Magnetisches Moment des Protons	m_p	$1{,}41062 \cdot 10^{-26}$	JT^{-1}

Einige wichtige Konstanten in eV

$$h = 4{,}1357 \cdot 10^{-16}\,\mathrm{eVs} \;\;;\;\; \hbar = 6{,}5821 \cdot 10^{-16}\,\mathrm{eVs}$$

$$m_e c^2 = 0{,}511\,\mathrm{MeV} \;\;;\; m_e c^2 \alpha^2 = 2 \cdot 13{,}6\,\mathrm{eV} \;\;;\; m_e c^2 \alpha^4 = 1{,}45 \cdot 10^{-3}\,\mathrm{eV}$$

Groß und klein

$$\text{Größe Weltall } 10^{28}\,\mathrm{m} \;\;;\; \text{Durchmesser Atomkern } 10^{-15}\,\mathrm{m}$$

$$\text{Planck-Länge } 10^{-35}\,\mathrm{m} \;\;;\; \text{Größe Weltall/Planck-Länge } 10^{63}$$

B.3   Dimensionsanalyse

Ein Vorteil der Physik gegenüber der Mathematik liegt in der Existenz physikalischer Einheiten. Man kann also Vermutungen, Ergebnisse etc. durch Einheitenüberprüfung einem Schnelltest unterziehen. Kann z. B. der Ausdruck $T = 2\pi\sqrt{l \cdot g}$ stimmen? Nein, die Einheit links ist s, während rechts m/s steht. Dieses Prinzip kann man konstruktiv nutzen (sogenannte Dimensionsanalyse, Buckinghamsches π-Theorem). Als Beispiel noch einmal das Fadenpendel. Die Systemdaten sind

Masse, Länge der Schnur und die Erdbeschleunigung. Eine Zeit (Schwingungszeit) lässt sich nur durch die Kombination $\sqrt{l/g}$ erzeugen. Also *muss* gelten $T \sim \sqrt{l/g}$.

Außerdem zeigen uns die physikalischen Einheiten, dass ein Ausdruck wie e^{ir} (solange r die Dimension m besitzt) nicht richtig sein kann; alleine aus Dimensionsgründen muss es e^{ikr} heißen, wobei k die Dimension m^{-1} hat.

B.4 Zehnerpotenzen und Abkürzungen

dezi	-1	Deka	1
zenti	-2	Hekto	2
milli	-3	Kilo	3
mikro	-6	Mega	6
nano	-9	Giga	9
pico	-12	Tera	12
femto	-15	Peta	15
atto	-18	Exa	18
zepto	-21	Zetta	21
yocto	-24	Yotta	24

B.5 Das griechische Alphabet

Name	Klein	Groß	Name	Klein	Groß
Alpha	α	A	Ny	ν	N
Beta	β	B	Xi	ξ	Ξ
Gamma	γ	Γ	Omikron	O	o
Delta	δ	Δ	Pi	π	Π
Epsilon	ε, ϵ	E	Rho	ρ	P
Zeta	ζ	Z	Sigma	$\sigma, \varsigma (\text{Auslaut})$	Σ
Eta	η	H	Tau	τ	T
Theta	ϑ, θ	Θ	Ypsilon	υ	Y
Iota	ι	I	Phi	φ, ϕ	Φ
Kappa	κ	K	Chi	χ	X
Lambda	λ	Λ	Psi	ψ	Ψ
My	μ	M	Omega	ω	Ω

Anhang C: Komplexe Zahlen

C.1 Rechnen mit komplexen Zahlen

Eine komplexe Zahl z lautet in der *algebraischen Darstellung*

$$z = a + ib \tag{C.1}$$

wobei $a \in \mathbb{R}$ der Realteil und $b \in \mathbb{R}$ der Imaginärteil von z ist; $a = \text{Re}\,(z)$ und $b = \text{Im}\,(z)$. Die Zahl i ist die imaginäre Einheit, definiert über $i^2 = -1$, für die die ganz ‚normalen' Rechenregeln gelten, z. B. $ib = bi$. Die *konjugiert komplexe* Zahl z^* ist definiert als[1]

$$z^* = a - ib \tag{C.2}$$

Eine reelle Zahl u lässt sich also charakterisieren durch $u = u^*$, eine imaginäre Zahl v durch $v = -v^*$.

Addition, Subtraktion und Multiplikation zweier komplexer Zahlen $z_k = a_k + ib_k$ gehen nach vertrauten Regeln:

$$z_1 \pm z_2 = a_1 \pm a_2 + i\,(b_1 \pm b_2)$$
$$z_1 \cdot z_2 = a_1 a_2 - b_1 b_2 + i\,(a_1 b_2 + a_2 b_1) \tag{C.3}$$

und speziell für $c \in \mathbb{R}$ gilt

$$c \cdot z_2 = ca_2 + icb_2 \tag{C.4}$$

---

[1] Die Schreibweise $\bar{z}$ ist ebenfalls üblich.

© Der/die Herausgeber bzw. der/die Autor(en), exklusiv lizenziert an
Springer-Verlag GmbH, DE, ein Teil von Springer Nature 2024
J. Pade, *Quantenmechanik zu Fuß 1*, https://doi.org/10.1007/978-3-662-67928-9

Abb. C.1 Algebraische
Darstellung in der Gaußschen
Zahlenebene

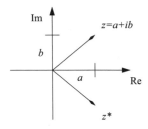

Für die Division verwendet man die konjugiert komplexe Zahl:

$$\frac{z_1}{z_2} = \frac{z_1}{z_2}\frac{z_2^*}{z_2^*} = \frac{a_1 a_2 + b_1 b_2 + i\,(-a_1 b_2 + a_2 b_1)}{a_2^2 + b_2^2} \tag{C.5}$$

Komplexe Zahlen lassen sich sehr anschaulich in der *Gaußschen Zahlenebene* darstellen. Beispielsweise sieht man, dass die konjugiert komplexe Zahl z^* die an der reellen Achse gespiegelte Zahl z ist (Abb. C.1).

In vielen Fällen (und das gilt fast durchweg in der QM) ist die algebraische Form (C.1) nicht besonders geeignet. Um zu einer anderen Darstellung zu gelangen, verwendet man Polarkoordinaten in der Gaußschen Zahlenebene; eine komplexe Zahl z wird dann durch die Länge des Radiusvektors und den von ihm mit der positiven reellen Achse eingeschlossenen Winkel φ bestimmt (Abb. C.2). Die Länge des Radiusvektors einer komplexen Zahl $z = a + ib$ heißt *Betrag*[2] $|z|$:

$$|z| = \sqrt{a^2 + b^2} \geq 0 \tag{C.6}$$

Es gilt

$$z \cdot z^* = |z|^2 \; ; \; |z_1 \cdot z_2| = |z_1| \cdot |z_2| \tag{C.7}$$

Mit $|z|$ und φ haben wir also zunächst die Darstellung[3]

$$z = |z|\,(\cos\varphi + i\,\sin\varphi) \tag{C.8}$$

Ganz offensichtlich (und ganz anschaulich) ändert sich die komplexe Zahl nicht, wenn man zu φ ein Vielfaches von 2π addiert, $\varphi \rightarrow \varphi + 2m\pi$ mit $m \in \mathbb{Z}$. Im Intervall $-\pi < \varphi \leq \pi$ spricht man vom *Hauptwert* des Winkels, aber es sind natürlich alle Winkel erlaubt. Die Vieldeutigkeit des Winkels ist typisch für komplexe Zahlen (bei reellen gibt es so etwas bekanntlich nicht) und wird zum Beispiel in der Funktionentheorie und anderen Gebieten konstruktiv genutzt.

---

[2] Auch *Modul* oder *Absolutbetrag* genannt
[3] Auch *trigonometrische Form* der komplexen Zahl genannt.

Abb. C.2 Polardarstellung in
der Gaußschen Zahlenebene

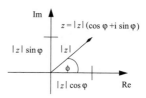

Mithilfe der grundlegenden Gleichung[4]

$$e^{ix} = \cos x + i \sin x \tag{C.9}$$

erhalten wir schließlich die *Exponentialdarstellung* einer komplexen Zahl z

$$z = |z|\, e^{i\varphi} \tag{C.10}$$

Wie man den Betrag einer komplexen Zahl $z = a + ib$ bestimmt, wissen wir. Mit dem Winkel φ, *Phase* oder *Argument* genannt, ist es etwas aufwendiger. Die Gl. (C.8) legt den Zusammenhang $\varphi = \arctan \frac{b}{a}$ nahe (und so wird es durchaus auch in Formelsammlungen etc. angegeben). Das kann aber so nicht immer stimmen, denn sonst hätten z. B. $z_1 = 3 + 4i$ und $z_2 = -3 - 4i$ dieselbe Phase, was offensichtlich falsch ist. Den richtigen Zusammenhang kann man verschieden formulieren; eine Möglichkeit ist[5]

$$\varphi = \arctan \frac{b}{a} + \frac{|b|}{b}\frac{1-\frac{|a|}{a}}{2}\pi \;\; ; \; a, b \neq 0$$
$$\varphi = \frac{1-\frac{|a|}{a}}{2}\pi \;\text{ für } a \neq 0, b = 0 \text{ und } \varphi = \frac{|b|}{b}\frac{\pi}{2} \text{ für } a = 0, b \neq 0 \tag{C.11}$$

wobei man zur Phase im Bedarfsfall natürlich noch geeignet $2m\pi$ dazuaddieren kann. Die einzige Zahl ohne definierte Phase ist die komplexe Zahl 0. Sie hat den Betrag 0, während ihre Phase unbestimmt ist.

Es sei hier noch auf einige Zusammenhänge hingewiesen, deren Verwendung zuweilen ganz praktisch ist. Wie man aus Gl. (C.9) abliest, gilt nämlich

$$i = e^{i\pi/2} \;\; ; \;\; -1 = e^{i\pi} \;\; ; \;\; 1 = e^{2i\pi} \tag{C.12}$$

wobei zu den Exponenten natürlich noch $2m\pi$ addiert werden kann. Ein Faktor i kann mit Gl. (C.12) als eine Phase (bzw. Phasenverschiebung) von $\pi/2$ bzw. $90\,°$ interpretiert werden; für -1 haben wir entsprechend π bzw. $180\,°$.

---

[4] The Feynman Lectures on Physics, 5. Auflage, 1970, Vol I, S. 22–10: ‚We summarize with this, the most remarkable formula in mathematics: $e^{i\theta} = \cos\theta + i\sin\theta$. This is our jewel.‘
[5] Für positiven Realteil heißt es also $\varphi = \arctan \frac{b}{a}$, für negativen Realteil muss man je nach Vorzeichen des Imaginärteils π addieren oder subtrahieren.

Die Vieldeutigkeit der Phase können wir zum Beispiel beim Wurzelziehen konstruktiv einsetzen. Wir demonstrieren das an einem konkreten Beispiel: Gesucht sind alle Zahlen z, für die gilt

$$z^3 = 7 \tag{C.13}$$

Betragsbildung auf beiden Seiten dieser Gleichung führt auf $|z|^3 = 7$ mit der Lösung $|z| = 7^{1/3}$. Wir können also schreiben $z = |z|\,e^{i\varphi} = 7^{1/3}e^{i\varphi}$ und erhalten damit

$$e^{3i\varphi} = 1 \tag{C.14}$$

Für die rechte Seite notieren wir alle Möglichkeiten, die im Komplexen für die 1 existieren, nämlich

$$1 = e^{2im\pi} \quad ; \quad m \in \mathbb{Z} \tag{C.15}$$

Es folgt:

$$e^{3i\varphi} = e^{2im\pi} \quad ; \quad m \in \mathbb{Z} \tag{C.16}$$

woraus sich ergibt

$$\varphi = 0, \pm\frac{2}{3}\pi, \pm\frac{4}{3}\pi, \pm\frac{6}{3}\pi, \ldots \tag{C.17}$$

bzw. kürzer

$$\varphi = \frac{2}{3}m\pi \bmod (2\pi) \quad ; \quad m \in \mathbb{Z} \tag{C.18}$$

Beschränkt man sich auf die Hauptwerte, erhält man die drei Lösungen

$$\varphi = 0, \pm\frac{2}{3}\pi \quad \text{bzw.} \quad z_1 = 7^{1/3}, \; z_{2,3} = 7^{1/3}e^{\pm i2\pi/3} \tag{C.19}$$

In der Gaußschen Zahlenebene lässt sich das recht anschaulich verstehen: Die dritte bzw. n-te Wurzel zu ziehen bedeutet für die Phase, den Vollkreis durch 3 bzw. n zu teilen. Im Beispiel ‚dritte Wurzel' erhält man so die Winkel 0^{circ} und $\pm 120\,°$ (bzw. $0\,°$, $120\,°$, $240\,°$). Es sei in dem Zusammenhang an den *Hauptsatz (Fundamentalsatz) der Algebra* erinnert, nach dem im Komplexen *jedes* Polynom n-ter Ordnung n Nullstellen besitzt (Abb. C.3).

Abb. C.3 Dritte Wurzel
aus 1

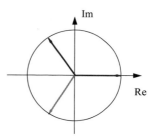

Schließlich noch die Bemerkung, dass das Zahlensystem mit den komplexen Zahlen abgeschlossen ist – keine Rechenoperation führt aus ihm hinaus.[6] Ausdrücke wie i^i oder $(a + ib)^{(c+id)}$ sind vielleicht unvertraut, aber sinnvoll und im Rahmen der komplexen Zahlen berechenbar.

C.2 Sind komplexe Zahlen unanschaulicher als reelle Zahlen?

Der Widerstand gegen komplexe Zahlen[7] wird oft damit begründet, dass komplexe Zahlen so unanschaulich seien. Das ist schwer nachzuvollziehen, wenn man an die doch wirklich anschauliche Darstellung in der Gaußschen Ebene denkt. Vermutlich speist sich diese Aussage aber weniger aus den Fakten an sich, sondern eher aus den Namen ‚komplex‘ und ‚imaginär‘, die ja nahelegen, es handele sich um etwas Schwieriges (komplex) und Unanschauliches, eigentlich gar nicht Existierendes (imaginär).

Als das Kind mit diesen Namen getauft wurde, vor einigen hundert Jahren, war es vielleicht sogar klug, diese Bezeichnungen zu wählen, um der Auseinandersetzung mit den ewig Gestrigen aus dem Wege zu gehen, denken wir nur an die Frage, ob die Erde die Sonne umkreist. Heute wissen wir, dass die Sonne nicht um die Erde läuft, und sagen dennoch, ‚Die Sonne geht auf‘, im Wissen, dass es sich um eine überkommene Sprachregelung handelt (die ja auch ihre eigene Schönheit besitzt), die wir deswegen aber noch lange nicht wörtlich nehmen. Und genauso, wie die Sonne in Wirklichkeit nicht aufgeht, sind die komplexen Zahlen weder schwierig noch unanschaulich. Wer einen Punkt auf der Zahlengerade anschaulich findet, der muss auch einen Punkt in der Gaußschen Zahlenebene anschaulich finden.

Das eigentliche Problem liegt wahrscheinlich ganz woanders; wir nehmen es aber nicht mehr wahr, vielleicht, weil wir uns daran gewöhnt haben. Es handelt sich darum, dass wir uns keinen *Punkt im mathematischen Sinn* vorstellen können,

---

[6] Dagegen führt zum Beispiel die Subtraktion aus den natürlichen Zahlen oder die Division aus den ganzen Zahlen hinaus.

[7] Übrigens sind komplexe Zahlen kein neumodischer Kram, sondern werden seit mehr als 400 Jahren verwendet. Mit imaginären Zahlen gerechnet hat anscheinend zum ersten Mal der norditalienische Mathematiker Rafael Bombelli (1526–1572) in seinem Werk *L'Algebra*.

also ein Gebilde mit Dimension null. Denn eine Zahl (auf einer Zahlengeraden) entspricht einem Punkt. Und in so einem Punkt kann eine für uns unfassbare Informationsmenge verborgen sein, und zwar schon in einer *rationalen* Zahl (also einem Bruch), ganz zu schweigen von einer irrationalen Zahl.[8] Das soll die kleine folgenden Abschweifung zeigen.

Nehmen wir an, wir wollen den Inhalt aller Bücher aller Bibliotheken dieser Welt möglichst platzsparend speichern. Dazu kodieren wir erst einmal alle verwendeten Buchstaben, Satzzeichen, chinesische Schriftzeichen, Hieroglyphen, Keilschrift – eben einfach alles. Wenn wir davon ausgehen, dass die Anzahl aller weltweit existierenden Schrift- und Satzzeichen unter einer Million liegt, können wir jedes Schriftzeichen mit einer sechsstelligen Zahl dezimal[9] (Ziffern 0–9) kodieren. Und nun übertragen wir ein Buch nach dem anderen in unseren neuen Code, indem wir einfach die entsprechenden Ziffern für die Schriftzeichen einsetzen; die Codierungen für die einzelnen Bücher fügen wir einfach aneinander. Wenn wir fertig sind, haben wir eine sehr lange Zahl $\mathcal{N}$ vor uns[10]; wenn wir sie auf die ‚übliche' Weise aufschreiben wollen, brauchen wir mehr oder weniger sechsmal so viel Platz wie für die Originale.

Ein platzsparenderes Verfahren wäre das folgende: Man schreibt eine Null und einen Punkt vor $\mathcal{N}$, hat damit eine Zahl zwischen 0 und 1, nämlich $\mathcal{M} = 0.\mathcal{N}$, und markiert diese exakt – sagen wir auf einem Lineal – wenn man es denn wirklich machen könnte. Wesentlich ist an dieser Stelle, dass wir in einer rationalen Zahl (also einem Bruch!) zwischen 0 und 1 den Inhalt *aller* Bibliotheken dieser Welt speichern können. Und es gibt natürlich noch mehr: In einer Umgebung von $\mathcal{M}$ gibt es zum Beispiel eine Zahl, in der jedes ‚i' durch ein ‚o' ausgetauscht ist; eine andere, in der jedes Buch bis auf die ersten tausend rückwärts kodiert ist; eine weitere, in der alle Bücher auftauchen, die es weltweit je gab. Das gilt mit einer ähnlichen

---

[8] Kleine natürliche Zahlen können wir *als Menge* direkt erfassen, aber auf Anhieb zwischen 39, 40 und 41 zu unterscheiden, überfordert schon die meisten von uns (bei Entenmüttern ist diese Zählgrenze anscheinend bei sechs oder sieben Küken erreicht). Große Zahlen übersteigen unser Vorstellungsvermögen komplett (daher die häufige Verwechslung von Million, Milliarde und Billion, zu der natürlich der verschiedenen Gebrauch im Deutschen und Englischen seinen Teil beiträgt). Auch Brüche sind schwierig, selbst ganz einfache (‚Gib mir mal die kleinere Hälfte').

[9] Binär oder hexadezimal ginge natürlich auch, ändert aber nichts am wesentlichen Argument.

[10] Für eine grobe Abschätzung der Größenordnung nehmen wir an, dass eine Zeile 70 Zeichen umfasst und eine Seite 50 Zeilen. Ein Buch mit 300 Seiten enthält also ungefähr eine Million Schrift- und Satzzeichen. In einer Bibliothek mit 10 Mio. Büchern müssen wir demnach rund 10^{13} Schriftzeichen kodieren und erhalten damit eine Zahl mit rund $6 \cdot 10^{13}$ Ziffern.

Nehmen wir an, dass es im Weltdurchschnitt pro 40.000 Einwohner eine solche Bibliothek gibt. Dann haben wir bei einer unterstellten Weltbevölkerung von 8 Mrd. annähernd 200.000 Bibliotheken weltweit. (Natürlich ist das mit Sicherheit eine viel zu optimistische Abschätzung, nicht nur angesichts der Situation in den Entwicklungsländern. Aber es geht hier nur um grobe Größenordnungen.)

Dies würde eine ‚Literaturzahl' $\mathcal{N} = 1,2 \cdot 10^{19}$ – also irgendetwas um die 10^{19} herum – ergeben (wobei natürlich viele Bücher mehrfach auftreten). Zum Vergleich die Loschmidt-Konstante N_L, die die Anzahl der Moleküle pro Volumeneinheit eines idealen Gases unter Normalbedingungen angibt: $N_L = 2,7 \cdot 10^{19}$ cm^3.

Kodierung analog für Musik. Gibt es dann irgendwo eine Zahl, in der alle Werke auftauchen, die Mozart geschrieben hätte, wenn er zehn, zwanzig, dreißig Jahre länger gelebt hätte? Gibt es eine Zahl, die alle Bücher umfasst, die bis heute nicht geschrieben worden sind und eine, die alles umfasst, was nie geschrieben werden wird?

Da sage man noch, in den Zahlen läge keine Poesie! Und in einer irrationalen Zahl, die unendlich viele Nachkommastellen ohne Periode besitzt, kann natürlich noch beliebig mehr (tatsächlich: unvorstellbar mehr) an Information gespeichert werden.

Das eigentliche Problem liegt also darin, dass wir uns zwar kleine Flecken, nicht aber einen mathematischen Punkt vorstellen können. Angesichts dessen ist es nicht so recht verständlich, wieso es so viel schwerer sein soll, sich einen Punkt nicht auf einer Geraden, sondern auf einer Fläche vorzustellen. Komplexe Zahlen sind nicht ‚schwieriger‘ oder ‚unanschaulicher‘ als reelle Zahlen – eher im Gegenteil, weil Operationen wie Wurzelziehen in der Gaußschen Zahlenebene eine anschauliche Bedeutung gewinnen.

C.3   Aufgaben

1. Gegeben seien $z_1 = 3 - i$, $z_2 = 3 + i$, $z_3 = 1 - 3i$, $z_4 = 1 + 3i$. Skizzieren Sie die Punkte in der Gaußschen Zahlenebene und berechnen Sie ihre Beträge.
2. Gegeben sind $z_1 = 3 - 4i$ und $z_2 = -1 + 2i$. Berechnen Sie $|z_1|$, $|z_2|$, $z_1 \pm z_2$, $z_1 \cdot z_2$, $\frac{z_1}{z_2}$, $\frac{1}{z_1}$.
3. Gegeben sei

$$z = \frac{3 - 4i}{6 + i\sqrt{2}} \cdot (8 - 7i) + 6i \qquad \text{(C.20)}$$

   Wie lautet z^*?
4. Stellen Sie folgende komplexe Zahlen in der Form $\rho e^{i\varphi}$ dar:

$$3 + 4i \; ; \; 3 - 4i \; ; \; -3 + 4i \; ; \; -3 - 4i \qquad \text{(C.21)}$$

5. Gegeben sei $z = \frac{-1 \pm i\sqrt{3}}{2}$. Stellen Sie die Zahlen in der Gaußschen Zahlenebene dar. Berechnen Sie z^3.
6. Wie lautet die Polardarstellung von $z = \frac{1 \pm i\sqrt{3}}{2}$ und $z = \frac{-1 \pm i\sqrt{3}}{2}$?
7. Zeigen Sie: Alle komplexen Zahlen der Form $e^{i\varphi}$ liegen auf dem Einheitskreis um den Ursprung.
8. Zeigen Sie: Die Multiplikation einer komplexen Zahl mit i bedeutet die Rotation dieser Zahl um $\frac{\pi}{2}$ bzw. 90°.
9. Zeigen Sie: $e^{i\varphi} = \cos\varphi + i\sin\varphi$ mithilfe der jeweiligen Potenzreihen.
10. Zeigen Sie: $e^{i\varphi} = \cos\varphi + i\sin\varphi$ mithilfe der jeweiligen Ableitungen.

11. Zeigen Sie:

$$\cos x = \frac{e^{ix} + e^{-ix}}{2} \quad ; \quad \sin x = \frac{e^{ix} - e^{-ix}}{2i} \tag{C.22}$$

12. Gegeben sei eine Funktion

$$f = (a + ib)e^{ikx} - (a - ib)e^{-ikx} \tag{C.23}$$

Diese Funktion kann in die Form gebracht werden

$$f = A \sin B \tag{C.24}$$

Bestimmen Sie die Größen A und B.

13. Zeigen Sie ausschließlich unter Benutzung von $e^{ix} = \cos x + i \sin x$, dass gilt

$$\sin 2x = 2 \sin x \cdot \cos x \quad ; \quad \cos 2x = \cos^2 x - \sin^2 x \tag{C.25}$$

14. Bestimmen Sie unter Benutzung von $e^{ix} = \cos x + i \sin x$ die Koeffizienten a und b in der Gleichung

$$\cos^3 \varphi = a \cos \varphi + b \cos 3\varphi \tag{C.26}$$

15. Zeigen Sie:

$$\sin^2 x = \frac{1}{2}(1 - \cos 2x) \quad ; \quad \cos^2 x = \frac{1}{2}(1 + \cos 2x) \tag{C.27}$$

16. Zeigen Sie:

$$\sin 3x = 3 \sin x - 4 \sin^3 x \quad ; \quad \cos 3x = 4 \cos^3 x - 3 \cos x \tag{C.28}$$

17. Gilt die Gleichung

$$(\cos x + i \sin x)^n = \cos nx + i \sin nx? \tag{C.29}$$

18. Es gilt

$$e^{ix} = A \cos x + B \sin x \tag{C.30}$$

wobei die Größen A und B noch zu bestimmen sind (Spielregel: Wir kennen nur die letzte Gleichung und wissen an dieser Stelle nicht, dass tatsächlich gilt $e^{ix} = \cos x + i \sin x$). Zeigen Sie zunächst, dass gilt $A = 1$. Zeigen Sie anschließend, dass gelten muss $B = \pm i$. Benutzen Sie dazu die komplexe Konjugation. Wie könnte man das Vorzeichen von B eindeutig festlegen?

19. Berechnen Sie $e^{i\frac{\pi}{2}m}$ für $m \in \mathbb{Z}$.
20. Gegeben sei

$$z^8 = 16 \;\; ; \;\; z^3 = -8 \tag{C.31}$$

Berechnen Sie alle Lösungen z.
21. Berechnen Sie i^i und $(a + ib)^{(c+id)}$.
Lösung: Mit $i = e^{i\left(\frac{\pi}{2}+2\pi m\right)}$; $m = 0, \pm 1, \pm 2, \dots$ folgt

$$i^i = \left(e^{i\left(\frac{\pi}{2}+2\pi m\right)}\right)^i = e^{-\left(\frac{\pi}{2}+2\pi m\right)} \;\; ; \;\; m = 0, \pm 1, \pm 2, \dots \tag{C.32}$$

Anhang D:
Aus der Analysis 1

Im Folgenden sind einige allgemeine grundlegende Zusammenhänge aus der Analysis zusammengestellt.

D.1 Eine reelle unabhängige Variable

D.1.1 Taylor-Entwicklung

Wenn eine Funktion genügend oft differenzierbar ist, können wir sie als *Taylor-Reihe*[1] schreiben, das heißt, die Funktion an einem Punkt $a + x$ ausdrücken als Summe über Funktion und Ableitungen an dem benachbarten Punkt a:

$$f(a + x) =$$

$$= f(a) + \frac{x}{1!} f^{(1)}(a) + \frac{x^2}{2!} f^{(2)}(a) + \ldots + \frac{x^n}{n!} f^{(N)}(a) + \frac{x^N}{(N+1)!} f^{(N+1)}(a + \lambda x) =$$

$$= \sum_{n=0}^{N} \frac{x^n}{n!} f^{(n)}(a) + R_N \tag{D.1}$$

Der Term R_N wird Restterm oder Restglied genannt; es ist $0 < \lambda < 1$.

Unter geeigneten Voraussetzungen verschwindet der Restterm für $n \to \infty$ und die Summe konvergiert, so dass wir schreiben können

$$f(a + x) = \sum_{n=0}^{\infty} \frac{x^n}{n!} f^{(n)}(a) \tag{D.2}$$

Wir haben damit die Funktion als *Potenzreihe* $\sum_{k=0}^{\infty} c_k x^k$ dargestellt ($c_k = f^{(n)}(a)/n!$).

---

[1] Brook Taylor, britischer Mathematiker, 1685–1731.

© Der/die Herausgeber bzw. der/die Autor(en), exklusiv lizenziert an
Springer-Verlag GmbH, DE, ein Teil von Springer Nature 2024
J. Pade, *Quantenmechanik zu Fuß 1*, https://doi.org/10.1007/978-3-662-67928-9

Im Allgemeinen konvergiert eine Potenzreihe nicht für alle x, sondern nur für $|x| < \rho$. Dieser *Konvergenzradius* ρ lässt sich über

$$\rho = \lim_{n \to \infty} \left| \frac{c_n}{c_{n+1}} \right| \quad ; \quad \rho = \lim_{n \to \infty} \frac{1}{\sqrt{|c_n|}} \tag{D.3}$$

bestimmen, falls die Grenzwerte existieren. Für $x = \rho$ und $x = -\rho$ kann die Potenzreihe divergieren oder konvergieren.

Die drei ‚wichtigsten' Funktionen e^x, $\cos x$ und $\sin x$ besitzen Potenzreihen mit unendlichem Konvergenzradius, sind also besonders gutartig:

$$e^x = \sum_{n=0}^{\infty} \frac{x^n}{n!} \quad ; \quad \cos x = \sum_{n=0}^{\infty} (-1)^n \frac{x^{2n}}{(2n)!} \quad ; \quad \sin x = \sum_{n=0}^{\infty} (-1)^n \frac{x^{2n+1}}{(2n+1)!}$$

$$\tag{D.4}$$

Mit anderen Worten: Man kann etwa im Exponenten der e-Funktion für x ‚alles Mögliche' einsetzen, und dieser Ausdruck ist dann immer über die Potenzreihe definiert, solange x^n existiert. Zum Beispiel ist $e^{\mathbf{M}}$ für eine quadratische Matrix $\mathbf{M}$ definiert als $e^{\mathbf{M}} = \sum_{n=0}^{\infty} \frac{\mathbf{M}^n}{n!}$, während die Exponentialfunktion einer nichtquadratischen Matrix nicht definiert ist.

Beispiele für Potenzreihen mit endlichem Konvergenzradius ($\rho = 1$) stellen $(1 + x)^{\alpha}$ sowie $\ln(1 + x)$ und $\arctan x$ dar:

$$(1 + x)^{\alpha} = 1 + \frac{\alpha}{1!}x + \frac{\alpha(\alpha - 1)}{2!}x^2 + \ldots = \sum_{n=0}^{\infty} \binom{\alpha}{n} x^n \quad ; \quad \begin{array}{l} |x| \le 1 \text{ für } \alpha > 0 \\ |x| < 1 \text{ für } \alpha < 0 \end{array}$$

$$\tag{D.5}$$

sowie

$$\ln(1 + x) = x - \frac{x^2}{2} + \frac{x^3}{3} - \ldots = \sum_{n=1}^{\infty} (-1)^{n+1} \frac{x^n}{n} \quad ; \quad -1 < x \le 1 \tag{D.6}$$

und

$$\arctan x = x - \frac{x^3}{3} + \frac{x^5}{5} - \ldots = \sum_{n=0}^{\infty} (-1)^n \frac{x^{2n+1}}{2n + 1} \quad ; \quad -1 < x < 1 \tag{D.7}$$

Man kann über die Potenzreihen auch sehr praktikable Näherungen für Funktionen finden, wenn die x-Werte genügend klein sind, zum Beispiel

$$e^x \approx 1 + x \quad ; \quad \cos x \approx 1 - \frac{x^2}{2} \quad ; \quad \sin x \approx x - \frac{x^3}{6}$$
$$(1 + x)^{\alpha} \approx 1 + \alpha x \quad ; \quad \ln(1 + x) \approx x - \frac{x^2}{2} \quad ; \quad \arctan x \approx x - \frac{x^3}{3} \tag{D.8}$$

Für genügend kleine x genügt oft der erste Term. Beispielsweise gilt $\sin x \approx x$ im Intervall $|x| < 0,077$ (das entspricht einem Winkel von $4,4°$) mit einer Genauigkeit von kleiner gleich einem Promille.

D.1.2 Regel von L'Hôpital

Es geht um unbestimmte Ausdrücke wie $\frac{0}{0}$ oder $\frac{\infty}{\infty}$. Wenn wir zum Beispiel haben $\lim_{x \to x_0} f(x) = 0$ und $\lim_{x \to x_0} g(x) = 0$, dann ist der Ausdruck $\lim_{x \to x_0} \frac{f(x)}{g(x)}$ von dieser Form. Die *Regel von L'Hôpital*[2] besagt, dass unter dieser Voraussetzung gilt

$$\lim_{x \to x_0} \frac{f(x)}{g(x)} = \lim_{x \to x_0} \frac{f'(x)}{g'(x)} \tag{D.9}$$

Man kann das leicht beweisen, indem man für die Funktionen ihre Taylor-Entwicklungen um x_0 einsetzt. Falls die rechte Seite der Gleichung wieder einen unbestimmten Ausdruck ergibt, wendet man die Regel erneut an. Beispiel:

$$\lim_{x \to 0} \frac{\sin x}{x} = \lim_{x \to 0} \frac{\cos x}{1} = 1 \; ; \; \lim_{x \to 0} \frac{e^x - 1 - x}{x^2} = \lim_{x \to 0} \frac{e^x - 1}{2x} = \lim_{x \to 0} \frac{e^x}{2} = \frac{1}{2} \tag{D.10}$$

Bei unbestimmten Ausdrücken anderen Typs formt man entsprechend um. Wir skizzieren das nur symbolisch:

$$0 \cdot \infty = 0 \cdot \frac{1}{0} \text{ oder } \frac{1}{\infty} \cdot \infty \; ; \; \infty - \infty = \infty \left(1 - \frac{\infty}{\infty} \right) \tag{D.11}$$

Beispiel:

$$\lim_{x \to 0} x \ln x = \lim_{x \to 0} \frac{\ln x}{1/x} = \lim_{x \to 0} \frac{1/x}{-1/x^2} = - \lim_{x \to 0} x = 0 \tag{D.12}$$

Bei Ausdrücken der Form $0°$ oder ähnlich logarithmiert man; Beispiel:

$$\lim_{x \to 0} x^x = \lim_{x \to 0} e^{x \ln x} = \lim_{x \to 0} e^{-x} = 1 \tag{D.13}$$

---

[2] Guillaume François Antoine, Marquis de L'Hôpital (auch L'Hospital geschrieben), französischer Mathematiker, 1661–1704.

Abb. D.1 Zum
Mittelwertsatz der
Integralrechnung

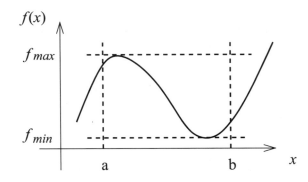

D.1.3 Mittelwertsatz der Integralrechnung

Gegeben sei das bestimmte Integral

$$I = \int_a^b f(x)dx \tag{D.14}$$

wobei die Funktion $f(x)$ genügend ‚gutartig' sein soll. Dann gilt

$$I = \int_a^b f(x)dx = f(\xi)(b-a) \quad \text{mit } \xi \in [a, b] \tag{D.15}$$

Über ξ ist nur bekannt, dass es im Intervall $[a, b]$ liegt; wo genau, sagt der Satz nicht aus.

Zur Begründung: Seien $f_{\min}$ und $f_{\max}$ der minimale und der maximale Wert von $f(x)$ im Intervall. Dann gilt (siehe Abb. D.1)

$$f_{\min} \cdot (b-a) \leq I \leq f_{\max} \cdot (b-a) \tag{D.16}$$

Der genaue Wert von I muss also für irgendeinen Zwischenwert $f_{\min} \leq f(\xi) \leq f_{\max}$ erreicht werden, also für $a \leq \xi \leq b$.

D.2 Mehrere reelle unabhängige Variablen

D.2.1 Differentiation

Die *partielle Ableitung* einer Funktion mehrerer unabhängiger Variablen $f(x_1, x_2, \ldots)$ nach z. B. x_1 ist definiert als

$$\frac{\partial f(x_1, x_2, \ldots)}{\partial x_1} = \lim_{\varepsilon \to 0} \frac{f(x_1 + \varepsilon, x_2, \ldots) - f(x_1, x_2, \ldots)}{\varepsilon} \tag{D.17}$$

Wie man aus dieser Definition abliest, spielen die Variablen $x_2, x_3, \ldots$ die Rolle von Konstanten.

Die Verwendung des Symbols ∂ hat sich eingebürgert, um von vornherein klar zu machen, dass es sich um eine partielle Ableitung handelt. Außer $\frac{\partial}{\partial x}$ gibt es auch Schreibweisen wie ∂_x oder ähnliche; statt $\frac{\partial f}{\partial x}$ kann man kürzer auch f_x oder $f_{|x}$ schreiben.

Der Term $\frac{\partial f(x_1, x_2, \ldots)}{\partial x_1}$ gibt also die Änderung der Funktion an, wenn x_1 variiert wird und alle anderen unabhängigen Variablen festgehalten werden. Variiert man alle Variablen gleichzeitig, erhält man die Gesamtänderung der Funktion; dies kann man mit der *totalen Ableitung* (vollständige Ableitung, totales Differential, vollständiges Differential) ausdrücken:

$$df(x_1, x_2, \ldots) = \frac{\partial f(x_1, x_2, \ldots)}{\partial x_1} dx_1 + \frac{\partial f(x_1, x_2, \ldots)}{\partial x_2} dx_2 + \ldots \qquad \text{(D.18)}$$

Höhere Ableitungen sind entsprechend definiert, zum Beispiel bedeutet

$$\frac{\partial^2 f(x_1, x_2, \ldots)}{\partial x_i \, \partial x_j} \equiv \partial_{x_i} \partial_{x_j} f(x_1, x_2, \ldots) \qquad \text{(D.19)}$$

dass man zuerst die Funktion nach x_j ableitet und dieses Ergebnis dann nach x_i (Abarbeiten der einzelnen Schritte von rechts nach links). Die Reihenfolge der Ableitungen spielt genau dann keine Rolle, wenn die ersten und zweiten partiellen Ableitungen von f stetig sind; in diesem Fall gilt $\partial_{x_i} \partial_{x_j} f(x_1, x_2, \ldots) = \partial_{x_j} \partial_{x_i} f(x_1, x_2, \ldots)$. Wir nehmen immer an, dass alle Funktionen genügend glatt sind und somit diese Bedingung erfüllen, so dass wir nie auf die Reihenfolge der Ableitungen achten müssen. Ein Gegenbeispiel findet sich in den Aufgaben.

Im Übrigen gehen wir in der QM generell davon aus, dass wir Grenzprozesse (Differentiation, Integration, Summation) vertauschen können. Als konkretes Beispiel schauen wir uns die Gleichung

$$\frac{d}{dt} \int\limits_{-\infty}^{\infty} \rho(x, t)\, dx = \int\limits_{-\infty}^{\infty} \frac{\partial}{\partial t} \rho(x, t)\, dx \qquad \text{(D.20)}$$

an, die wir in Kap. 7 (1) benutzt haben (Zeitinvarianz der Gesamtaufenthaltswahrscheinlichkeit). Wir können hier die Differentiation unter das Integral ziehen, wenn gilt: ρ ist stetig bzgl. x und nach t differenzierbar, $\partial \rho / \partial t$ ist stetig bzgl. x.

Ähnliche Betrachtungen müssten dann bei anderen Vertauschungen angestellt werden; wir sparen uns das aber und gehen von der Gutmütigkeit der QM aus (bzw. davon, dass andere die notwendigen Beweise schon längst geführt haben).

D.2.2 Taylor-Reihe

Für eine Funktion mehrerer Variablen lautet die Taylor-Reihe

$$f(x_1 + a_1, \dots, x_n + a_n) = \sum_{j=0}^{\infty} \frac{1}{j!} \left[\sum_{k=1}^{n} a_k \frac{\partial}{\partial x_k} \right]^j f(x_1, \dots, x_n) \qquad \text{(D.21)}$$

oder in kompakter Form (zu ∇ siehe unten)

$$f(\mathbf{r} + \mathbf{a}) = \sum_{j=0}^{\infty} \frac{1}{j!} (\mathbf{a} \cdot \nabla)^j f(\mathbf{r}) \qquad \text{(D.22)}$$

Die ersten Terme der Entwicklung lauten

$$f(\mathbf{r} + \mathbf{a}) = f(\mathbf{r}) + (\mathbf{a} \cdot \nabla) f(\mathbf{r}) + \frac{1}{2} (\mathbf{a} \cdot \nabla)(\mathbf{a} \cdot \nabla) f(\mathbf{r}) + \dots \qquad \text{(D.23)}$$

D.2.3 Vektoralgebra

Bei näherer Betrachtung des totalen Differentials (D.18) sieht man, dass sich die rechte Seite als Skalarprodukt ausdrücken lässt:[3]

$$df = \frac{\partial f}{\partial x_1} dx_1 + \frac{\partial f}{\partial x_2} dx_2 + \dots = \left(\frac{\partial f}{\partial x_1}, \frac{\partial f}{\partial x_2}, \dots \right) \cdot (dx_1, dx_2, \dots) \qquad \text{(D.24)}$$

Der zweite Vektor lässt sich schreiben als $d\mathbf{r} = (dx_1, dx_2, \dots)$. Für den ersten Vektor hat sich die Schreibweise eingebürgert

$$\left(\frac{\partial f}{\partial x_1}, \frac{\partial f}{\partial x_2}, \dots \right) = \nabla f \qquad \text{(D.25)}$$

wobei der Nablaoperator ein formaler Vektor mit den Komponenten

$$\nabla = \left(\frac{\partial}{\partial x_1}, \frac{\partial}{\partial x_2}, \dots \right) \qquad \text{(D.26)}$$

ist.[4]

---

[3] Dass wir den Zeilenvektor $(dx_1, dx_2, \dots)$ und nicht den entsprechenden Spaltenvektor schreiben, hat nur typographische Gründe.

[4] Bei dem Symbol ∇ handelt es sich nicht um einen hebräischen Buchstaben, sondern um ein auf die Spitze gestelltes Delta. Dieses Zeichen erhielt im 19. Jahrhundert den Namen Nabla, weil es an eine antike Harfe (hebräisch nével, griechisch nábla) erinnert. Das ‚D‘ (wie Delta) im hebräischen Alphabet ist das ‚Daleth‘ ⁊, das ‚N‘ (wie Nabla) das ‚Nun‘ ⅃.

Als Vektoroperator kann man den Nablaoperator auf skalare Funktionen $f(x_1, x_2, \ldots)$ und auf Vektorfunktionen $\mathbf{F}(x_1, x_2, \ldots)$ anwenden. Die Anwendung auf f wird als *Gradient* bezeichnet und auch *grad f* geschrieben:

$$\nabla f = \left(\frac{\partial f}{\partial x_1}, \frac{\partial f}{\partial x_2}, \ldots \right) = grad\ f \tag{D.27}$$

Die Anwendung auf $\mathbf{F}$ wird als *Divergenz* bezeichnet und auch *div* $\mathbf{F}$ geschrieben:

$$\nabla \mathbf{F} = \frac{\partial F_1}{\partial x_1} + \frac{\partial F_2}{\partial x_2} + \ldots = div\ \mathbf{F} \tag{D.28}$$

In drei Dimensionen kann man außerdem noch das Vektorprodukt von ∇ mit einer Vektorfunktion bilden, das *Rotation* genannt wird:

$$\nabla \times \mathbf{F} = \left(\frac{\partial F_3}{\partial x_2} - \frac{\partial F_2}{\partial x_3}, \frac{\partial F_1}{\partial x_3} - \frac{\partial F_3}{\partial x_1}, \frac{\partial F_2}{\partial x_1} - \frac{\partial F_1}{\partial x_2} \right) = rot\ \mathbf{F} \tag{D.29}$$

Wir halten den unterschiedlichen Charakter der Anwendungen fest:

$$\begin{aligned} \text{Gradient:} &\quad \nabla \text{ Skalar } \rightarrow \text{ Vektor} \\ \text{Divergenz:} &\quad \nabla \text{ Vektor } \rightarrow \text{ Skalar} \\ \text{Rotation:} &\quad \nabla \times \text{ Vektor } \rightarrow \text{ Vektor} \end{aligned} \tag{D.30}$$

Die beiden Schreibweisen mit ∇ und mit $grad - div - rot$ sind gleichberechtigt; eine jede hat Vor- und Nachteile.

Mehrfachanwendungen

Mehrfachanwendungen des Nablaoperators sind bei geeigneter Kombination definiert:

∇f:	$\nabla(\nabla f) = div\ grad\ f = \nabla^2 f$	$\nabla \times (\nabla f) = rot\ grad\ f = 0$
$\nabla \mathbf{F}$:	$\nabla(\nabla \mathbf{F}) = grad\ div\ \mathbf{F}$	$\nabla \times (\nabla \mathbf{F})$ nicht definiert
$\nabla \times \mathbf{F}$:	$\nabla(\nabla \times \mathbf{F}) = div\ rot\ \mathbf{F} = 0$	$\nabla \times (\nabla \times \mathbf{F}) = rot\ rot\ \mathbf{F} =$ $= \nabla(\nabla \mathbf{F}) - \nabla^2 \mathbf{F} = grad\ div\ \mathbf{F} - \nabla^2 \mathbf{F}$

Dabei ist ∇^2 der Laplace-Operator, $\nabla^2 = \frac{\partial^2}{\partial x_1^2} + \frac{\partial^2}{\partial x_2^2} + \frac{\partial^2}{\partial x_3^2}$.

Integralsätze

Der Vollständigkeit halber noch kurz die drei wesentlichen Integralsätze.

Das Integral über eine Kurve C über ein Gradientenfeld hängt nur von den Endpunkten ab:

$$\int_{\mathbf{r}_1,C}^{\mathbf{r}_2} \nabla f(\mathbf{r})\, d\mathbf{r} = f(\mathbf{r}_2) - f(\mathbf{r}_1) \tag{D.31}$$

Gegeben sei ein Volumen V, das von einer Oberfläche S umschlossen wird. Die Orientierung der Oberfläche sei so, dass die Normalen nach außen zeigen. Dann gilt der Integralsatz von Gauß (oder Gauß-Ostrogradski)

$$\int_V \nabla F(\mathbf{r})\, dV = \oint_S F(\mathbf{r})\, d\mathbf{S} \tag{D.32}$$

Gegeben sei eine orientierte Fläche S, die von einer Kurve C umschlossen wird (der Umlaufsinn wird so gewählt, dass er mit der Flächennormalen eine Rechtsschraube bildet). Dann gilt der Integralsatz von Stokes

$$\int_S \nabla \times F(\mathbf{r})\, d\mathbf{S} = \oint_C F(\mathbf{r})\, d\mathbf{r} \tag{D.33}$$

D.3   Koordinatensysteme

D.3.1   Polarkoordinaten

Die Polarkoordinaten (r, φ) hängen mit den kartesischen Koordinaten (x, y) zusammen über

$$\begin{aligned} x &= r \cos \varphi \\ y &= r \sin \varphi \end{aligned} \quad 0 \le r \;;\; 0 \le \varphi \le 2\pi \tag{D.34}$$

Dabei gibt r den Abstand vom Ursprung an (Abb. D.2).

Abb. D.2 Polarkoordinaten

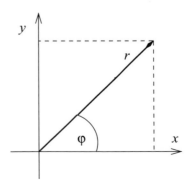

Als kleine Anwendung leiten wir die Transformationsgleichungen für eine aktive Drehung her. Wenn wir einen durch (r, φ) beschriebenen Punkt um den Winkel ψ drehen, lauten die neuen Koordinaten

$$
\begin{aligned}
x &= r \cos \varphi \\
y &= r \sin \varphi
\end{aligned}
\quad \rightarrow \quad
\begin{aligned}
x' &= r \cos (\varphi + \psi) \\
y' &= r \sin (\varphi + \psi)
\end{aligned}
\tag{D.35}
$$

Mit den Additionstheoremen der Winkelfunktionen[5] folgt

$$
\begin{aligned}
x' &= r \cos \varphi \cos \psi - r \sin \varphi \sin \psi = x \cos \psi - y \sin \psi \\
y' &= r \sin \varphi \cos \psi + r \cos \varphi \sin \psi = y \cos \psi + x \sin \psi
\end{aligned}
\tag{D.36}
$$

oder in kompakter Form

$$
\begin{pmatrix} x' \\ y' \end{pmatrix} = \begin{pmatrix} \cos \psi & -\sin \psi \\ \sin \psi & \cos \psi \end{pmatrix} \begin{pmatrix} x \\ y \end{pmatrix}
\tag{D.37}
$$

als Darstellung einer aktiven Drehung um den Winkel ψ.

D.3.2 Zylinderkoordinaten

Die Zylinderkoordinaten (ρ, φ, z) werden zwar im Text nicht verwendet, wir führen sie aber der Vollständigkeit halber an. Sie hängen mit den kartesischen Koordinaten (x, y, z) zusammen über

$$
\begin{aligned}
x &= \rho \cos \varphi \\
y &= \rho \sin \varphi \quad 0 \le \rho \; ; \; 0 \le \varphi \le 2\pi \\
z &= z
\end{aligned}
\tag{D.38}
$$

Dabei gibt ρ den Abstand von der z-Achse an (Abb. D.3).

Abb. D.3 Zylinderkoordinaten

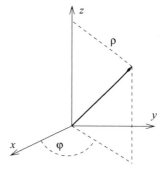

---

[5] $\sin(\alpha + \beta) = \sin \alpha \cos \beta + \cos \alpha \sin \beta$, $\cos(\alpha + \beta) = \cos \alpha \cos \beta - \sin \alpha \sin \beta$

Die Umrechnung zwischen den beiden Koordinatensystemen geschieht zum Beispiel über

$$\frac{\partial}{\partial \rho} = \frac{\partial x}{\partial \rho}\frac{\partial}{\partial x} + \frac{\partial y}{\partial \rho}\frac{\partial}{\partial y} = \cos\varphi\frac{\partial}{\partial x} + \sin\varphi\frac{\partial}{\partial y} \qquad \text{(D.39)}$$

und analog für die anderen Variablen.

Für die Einheitsvektoren ergibt sich

$$\mathbf{e}_\rho = \begin{pmatrix} \cos\varphi \\ \sin\varphi \\ 0 \end{pmatrix} \; ; \; \mathbf{e}_\varphi = \begin{pmatrix} -\sin\varphi \\ \cos\varphi \\ 0 \end{pmatrix} \; ; \; \mathbf{e}_z = \begin{pmatrix} 0 \\ 0 \\ 1 \end{pmatrix} \qquad \text{(D.40)}$$

D.3.3 Kugelkoordinaten

Die Kugelkoordinaten[6] (r, ϑ, φ) hängen mit den kartesischen Koordinaten (x, y, z) zusammen über

$$\begin{aligned} x &= r\cos\varphi\sin\vartheta \\ y &= r\sin\varphi\sin\vartheta \quad 0 \le r \; ; \; 0 \le \vartheta \le \pi \; ; \; 0 \le \varphi \le 2\pi \\ z &= r\cos\vartheta \end{aligned} \qquad \text{(D.41)}$$

Dabei gibt r den Abstand vom Ursprung an (Abb. D.4). Die Umkehrung ist gegeben durch

$$\begin{aligned} r &= \sqrt{x^2 + y^2 + z^2} \\ \vartheta &= \arccos\frac{z}{\sqrt{x^2+y^2+z^2}} \\ \varphi &= \arctan\frac{x}{y} \end{aligned} \qquad \text{(D.42)}$$

Abb. D.4 Kugelkoordinaten

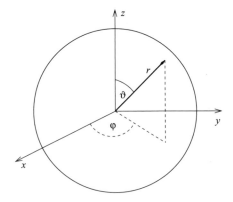

---

[6] Auch sphärische Polarkoordinaten genannt.

Die Umrechnung zwischen den beiden Koordinatensystemen geschieht zum Beispiel über

$$\frac{\partial}{\partial r} = \frac{\partial x}{\partial r}\frac{\partial}{\partial x} + \frac{\partial y}{\partial r}\frac{\partial}{\partial y} + \frac{\partial z}{\partial r}\frac{\partial}{\partial z} = \cos\varphi\sin\vartheta\,\frac{\partial}{\partial x} + \sin\varphi\sin\vartheta\,\frac{\partial}{\partial y} + \cos\vartheta\,\frac{\partial}{\partial z}$$

$$\text{(D.43)}$$

und analog für die anderen Variablen. Der Bequemlichkeit halber geben wir die Umrechnungsmatrix an:

$$\begin{aligned}
\frac{\partial r}{\partial x} &= \sin\vartheta\cos\varphi & \frac{\partial r}{\partial y} &= \sin\vartheta\sin\varphi & \frac{\partial r}{\partial z} &= \cos\vartheta \\
\frac{\partial\vartheta}{\partial x} &= \frac{\cos\vartheta\cos\varphi}{r} & \frac{\partial\vartheta}{\partial y} &= \frac{\cos\vartheta\sin\varphi}{r} & \frac{\partial\vartheta}{\partial z} &= -\frac{\sin\vartheta}{r} \\
\frac{\partial\varphi}{\partial x} &= -\frac{\sin\varphi}{r\sin\vartheta} & \frac{\partial\varphi}{\partial y} &= \frac{\cos\varphi}{r\sin\vartheta} & \frac{\partial\varphi}{\partial z} &= 0
\end{aligned} \qquad \text{(D.44)}$$

Für die Einheitsvektoren ergibt sich

$$\mathbf{e}_r = \begin{pmatrix} \cos\varphi\sin\vartheta \\ \sin\varphi\sin\vartheta \\ \cos\vartheta \end{pmatrix} \;;\; \mathbf{e}_\vartheta = \begin{pmatrix} \cos\varphi\cos\vartheta \\ \sin\varphi\cos\vartheta \\ -\sin\vartheta \end{pmatrix} \;;\; \mathbf{e}_\varphi = \begin{pmatrix} -\sin\varphi \\ \cos\varphi \\ 0 \end{pmatrix} \qquad \text{(D.45)}$$

Die Komponenten eines Vektors $\mathbf{A}$, der in kartesischen Koordinaten als $\mathbf{A} = A_x\mathbf{e}_x + A_y\mathbf{e}_y + A_z\mathbf{e}_z$ geschrieben werden kann, lautet entsprechend

$$\mathbf{A} = A_r\mathbf{e}_r + A_\vartheta\mathbf{e}_\vartheta + A_\varphi\mathbf{e}_\varphi \qquad \text{(D.46)}$$

mit

$$A_r = \mathbf{A}\cdot\mathbf{e}_r = A_x\cos\varphi\sin\vartheta + A_y\sin\varphi\sin\vartheta + A_z\cos\vartheta \qquad \text{(D.47)}$$

und entsprechend für die anderen Komponenten.

Volumen- und Oberflächenelement

In kartesischen Koordinaten lautet das Volumenelement

$$dV = dx\,dy\,dz \qquad \text{(D.48)}$$

In Zylinderkoordinaten erhalten wir

$$dV = d\rho\,\rho d\varphi\,dz = \rho\,d\rho\,d\varphi\,dz \qquad \text{(D.49)}$$

Abb. D.5 Volumenelement
in Kugelkoordinaten

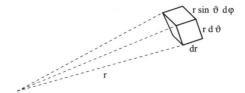

und in Kugelkoordinaten (Abb. D.5)

$$dV = dr \, r d\vartheta \, r \sin \vartheta d\varphi = r^2 \sin \vartheta \, dr \, d\vartheta \, d\varphi \qquad \text{(D.50)}$$

Insbesondere gilt für radialsymmetrische Funktionen $f(r)$

$$\int f(r) dV = \int_0^\infty dr \int_0^\pi d\vartheta \int_0^{2\pi} d\varphi \, r^2 \sin \vartheta \, f(r) = 4\pi \int_0^\infty dr \, r^2 f(r) \qquad \text{(D.51)}$$

Für ein Oberflächenelement in Kugelkoordinaten folgt mit (D.50)

$$df = r^2 \sin \vartheta \, d\vartheta \, d\varphi \qquad \text{(D.52)}$$

und den Raumwinkel $d\Omega$ können wir daraus über $df = r^2 d\Omega$ bestimmen als

$$d\Omega = \sin \vartheta \, d\vartheta \, d\varphi \qquad \text{(D.53)}$$

Gradient und Laplace-Operator in Kugelkoordinaten

Gradient Der Gradient einer Funktion $f(\mathbf{r})$ lässt sich in kartesischen Koordinaten
schreiben als

$$\nabla f(\mathbf{r}) = \frac{\partial f}{\partial x}\mathbf{e}_x + \frac{\partial f}{\partial y}\mathbf{e}_y + \frac{\partial f}{\partial z}\mathbf{e}_z \qquad \text{(D.54)}$$

Mit den oben angeführten Umrechnungen erhalten wir in Kugelkoordinaten

$$\nabla f(\mathbf{r}) = \frac{\partial f}{\partial r}\mathbf{e}_r + \frac{1}{r}\frac{\partial f}{\partial \vartheta}\mathbf{e}_\vartheta + \frac{1}{r \sin \vartheta}\frac{\partial f}{\partial \varphi}\mathbf{e}_\varphi \qquad \text{(D.55)}$$

Insbesondere gilt für eine nur von r abhängige Funktion $g(r)$

$$\nabla g(r) = \frac{dg(r)}{dr}\mathbf{e}_r = \frac{dg(r)}{dr}\frac{\mathbf{r}}{r} \qquad \text{(D.56)}$$

Laplace-Operator Der Laplace-Operator lautet in kartesischen Koordinaten[7]

$$\mathbf{\nabla}^2 = \frac{\partial^2}{\partial x^2} + \frac{\partial^2}{\partial y^2} + \frac{\partial^2}{\partial z^2} \tag{D.57}$$

Mit den Transformationen (D.43) lässt er sich in Kugelkoordinaten umrechnen:

$$\mathbf{\nabla}^2 = \frac{\partial^2}{\partial r^2} + \frac{2}{r}\frac{\partial}{\partial r} + \frac{1}{r^2}\left[\frac{1}{\sin\vartheta}\frac{\partial}{\partial\vartheta}\left(\sin\vartheta\frac{\partial}{\partial\vartheta}\right) + \frac{1}{\sin^2\vartheta}\frac{\partial^2}{\partial\varphi^2}\right] \tag{D.58}$$

Kompakter schreiben lässt sich dieser Ausdruck mithilfe des Drehimpulsoperators **l**. Wegen $l_x = \frac{\hbar}{i}\left(y\frac{\partial}{\partial z} - z\frac{\partial}{\partial y}\right)$ usw. folgt in Kugelkoordinaten

$$l_x = \frac{\hbar}{i}\left(-\sin\varphi\frac{\partial}{\partial\vartheta} - \cot\vartheta\cos\varphi\frac{\partial}{\partial\varphi}\right)$$
$$l_y = \frac{\hbar}{i}\left(\cos\varphi\frac{\partial}{\partial\vartheta} - \cot\vartheta\sin\varphi\frac{\partial}{\partial\varphi}\right) \tag{D.59}$$
$$l_z = \frac{\hbar}{i}\frac{\partial}{\partial\varphi}$$

und damit

$$\mathbf{l}^2 = -\hbar^2\left[\frac{1}{\sin\vartheta}\frac{\partial}{\partial\vartheta}\left(\sin\vartheta\frac{\partial}{\partial\vartheta}\right) + \frac{1}{\sin^2\vartheta}\frac{\partial^2}{\partial\varphi^2}\right] \tag{D.60}$$

Damit lässt sich der Laplace-Operator schreiben als

$$\mathbf{\nabla}^2 = \frac{\partial^2}{\partial r^2} + \frac{2}{r}\frac{\partial}{\partial r} - \frac{\mathbf{l}^2}{\hbar^2 r^2} \tag{D.61}$$

Für die Summe der ersten beiden Terme sind auch andere Schreibweisen geläufig

$$\frac{\partial^2}{\partial r^2} + \frac{2}{r}\frac{\partial}{\partial r} = \frac{1}{r^2}\frac{\partial}{\partial r}r^2\frac{\partial}{\partial r} = \frac{1}{r}\frac{\partial^2}{\partial r^2}r \tag{D.62}$$

Man kann auch den Radialimpuls p_r einführen. Er ist definiert als

$$p_r = \frac{\hbar}{i}\frac{1}{r}\frac{\partial}{\partial r}r = \frac{\hbar}{i}\left(\frac{\partial}{\partial r} + \frac{1}{r}\right) \tag{D.63}$$

---

[7] Beim Auftreten verschiedener Koordinatensätze ist es üblich, die Deltaoperatoren entsprechend zu indizieren:

$$\Delta_\mathbf{r} = \frac{\partial^2}{\partial x^2} + \frac{\partial^2}{\partial y^2} + \frac{\partial^2}{\partial z^2} \;\; ; \;\; \Delta_{\mathbf{r}'} = \frac{\partial^2}{\partial x'^2} + \frac{\partial^2}{\partial y'^2} + \frac{\partial^2}{\partial z'^2}$$

und es gilt

$$\nabla^2 = -\frac{p_r^2}{\hbar^2} - \frac{\mathbf{l}^2}{\hbar^2 r^2} \tag{D.64}$$

sowie

$$[r, p_r] = i\hbar \tag{D.65}$$

D.4   Aufgaben

1. Berechnen Sie folgende Grenzwerte

$$\lim_{x \to \infty} x^n e^{-x} \; ; \; \lim_{x \to \infty} x^{-n} \ln x \; ; \; \lim_{x \to 0} \frac{\sin x}{x} \; ; \; \lim_{x \to 0} \frac{\sin kx - kx}{kx \, (1 - \cos kx)}$$

$$\tag{D.66}$$

2. Gegeben seien eine Funktion $h(x)$ und eine Funktion $g(x^2)$. Wie lauten die Ableitungen der folgenden Funktionen:

$$f(x) = \frac{1}{h(x)} \; ; \; f(x) = h^2(x) \; ; \; f(x) = e^{h(x)} \; ; \; f(x) = x \cdot g\left(x^2\right) \; ;$$

$$f(x) = e^{g(x^2)}$$

$$\tag{D.67}$$

3. Berechnen Sie die Taylor-Reihe um $x = 0$ für die Funktionen ($a \in \mathbb{R}$)

$$(1 + x)^a \; ; \; \ln(1 + x) \; ; \; \arctan x \tag{D.68}$$

4. Gegeben sei der Operator $e^{\frac{d}{dx}}$. Berechnen Sie $e^{\frac{d}{dx}} e^x$.
5. Bilden Sie die ersten partiellen Ableitungen nach x, y, z von

$$r \; ; \; \frac{1}{r} \; ; \; r^a; \; \mathbf{r} \; ; \; \hat{\mathbf{r}} \tag{D.69}$$

Dabei gilt $\mathbf{r} = (x, y, z), r = |\mathbf{r}|$; $\hat{\mathbf{r}}$ ist der Einheitsvektor in $\mathbf{r}$-Richtung.
6. Zeigen Sie:

$$\frac{\partial^2}{\partial r^2} + \frac{2}{r} \frac{\partial}{\partial r} = \frac{1}{r^2} \frac{\partial}{\partial r} r^2 \frac{\partial}{\partial r} = \frac{1}{r} \frac{\partial^2}{\partial r^2} r \tag{D.70}$$

7. Gegeben sei eine Funktion $g(r)$, die nur vom Betrag r abhängt; für sie gelte $\nabla^2 g(r) = 0$. Berechnen Sie $g(r)$ unter Benutzung der letzten Aufgabe.

8. Gegeben seien eine skalare Funktion $f(\mathbf{r})$ und eine Vektorfunktion $\mathbf{F}(\mathbf{r})$. Welche Bildungen sind sinnvoll?

$$grad\, f \;;\; div\, f \;;\; rot\, f \;;\; grad\, \mathbf{F} \;;\; div\, \mathbf{F} \;;\; rot\, \mathbf{F} \;;\; \nabla f \;;\; \nabla \mathbf{F} \;;\; \nabla \times \mathbf{F}$$
$$(D.71)$$

Schreiben Sie diese Ausdrücke mithilfe des Nablaoperators ∇.

9. Berechnen Sie ∇r^α und $\nabla^2 x r^\alpha$ sowie $\nabla \hat{r}$.

10. Gegeben sei die ebene Welle $\mathbf{F}(\mathbf{r}, t) = \mathbf{A} e^{i(\mathbf{kr} - \omega t)}$. $\mathbf{A}$ und $\mathbf{k}$ sind konstante Vektoren.

    (a) Berechnen Sie die erste Zeitableitung sowie die Divergenz und die Rotation von $\mathbf{F}(\mathbf{r}, t)$.

    (b) Sei $div \mathbf{F}(\mathbf{r}, t) = 0$. Was bedeutet das physikalisch?

    (c) Berechnen Sie $(\mathbf{k} \cdot \nabla)\mathbf{F}$ und $\mathbf{k}(\nabla \cdot \mathbf{F})$

11. Beweisen Sie:

$$div\, grad\, f = \nabla^2 f \;;\; \nabla(\nabla f) = \nabla^2 f$$

$$rot\, grad\, f = 0 \;;\; \nabla \times \nabla f = 0$$

$$div\, rot\, \mathbf{F} = 0 \;;\; \nabla(\nabla \times \mathbf{F}) = 0$$

$$rot\, rot\, \mathbf{F} = grad\, div\, \mathbf{F} - \nabla^2 \mathbf{F} \;;\; \nabla \times (\nabla \times \mathbf{F}) = \nabla(\nabla \mathbf{F}) - \nabla^2 \mathbf{F}$$
$$(D.72)$$

Dabei sei vorausgesetzt, dass die partiellen Ableitungen vertauschen, $\frac{\partial^2 f}{\partial x_i \partial x_j} = \frac{\partial^2 f}{\partial x_j \partial x_i}$.

12. Gegeben sei eine homogen geladene nichtleitende Kugel mit Radius R; die Gesamtladung sei Q. Berechnen Sie mithilfe des Gaußschen Satzes das elektrische Feld $\mathbf{E}$. Wie lautet das Potential Φ?

13. Gegeben seien zwei Massenpunkte mit den Kugelkoordinaten $(r, \vartheta_1, \varphi_1)$ und $(r, \vartheta_2, \varphi_2)$. Berechnen Sie ihren Abstand d

    (a) für $\vartheta_1 = \vartheta_2$ und $\varphi_1 \neq \varphi_2$,

    (b) für $\vartheta_1 \neq \vartheta_2$ und $\varphi_1 = \varphi_2$.

    In einem der Ergebnisse treten ϑ und φ auf, im anderen nur ϑ. Anschauliche Erklärung? Überprüfen Sie (a) für die Spezialfälle $(\varphi_1, \varphi_2) = (0, \pi)$ und $(0, \pi/2)$ und (b) für $(\vartheta_1, \vartheta_2) = (0, \pi)$ und $(0, \pi/2)$.

    Hinweis: Es gilt $\cos(a - b) = \cos a \cos b + \sin a \sin b$ und $1 - \cos a = 2 \sin^2 \frac{a}{2}$. Und außerdem natürlich Pythagoras.

14. Zeigen Sie: Für die Funktion

$$f(x, y) = \frac{x^3 y - x y^3}{x^2 + y^2} \qquad (D.73)$$

sind die Ableitungen $\frac{\partial}{\partial x}$ und $\frac{\partial}{\partial y}$ im Nullpunkt nicht vertauschbar, $\frac{\partial}{\partial x} \frac{\partial f}{\partial y} \neq \frac{\partial}{\partial y} \frac{\partial f}{\partial x}$.

Lösung: Außerhalb des Nullpunkts ist $f(x, y)$ beliebig oft stetig differenzierbar; dort sind also die Ableitungen immer vertauschbar. Problematisch ist nur der Nullpunkt. Zunächst bilden wir die ersten Ableitungen:

$$\frac{\partial f}{\partial x} = y \frac{x^4 + 4x^2 y^2 - y^4}{\left(x^2 + y^2\right)^2} \quad ; \quad \frac{\partial f}{\partial y} = -x \frac{y^4 + 4y^2 x^2 - x^4}{\left(y^2 + x^2\right)^2} \qquad (D.74)$$

Beide Ableitungen sind mit dem Wert 0 im Nullpunkt stetig ergänzbar. Die gemischte Ableitung $\frac{\partial}{\partial y} \frac{\partial f}{\partial x}$ ist aber nicht stetig im Nullpunkt. Dies äußert sich folglich darin, dass die gemischten Ableitungen ungleich sind. Tatsächlich gilt

$$\frac{\partial}{\partial y} \frac{\partial f(x, y)}{\partial x}\bigg|_{x=0, y=0} = \frac{\partial}{\partial y} y \frac{0 - y^4}{\left(0 + y^2\right)^2}\bigg|_{y=0} = -\frac{\partial}{\partial y} y\bigg|_{y=0} = -1 \qquad (D.75)$$

und

$$\frac{\partial}{\partial x} \frac{\partial f(x, y)}{\partial y}\bigg|_{x=0, y=0} = -\frac{\partial}{\partial x} x \frac{0 - x^4}{\left(x^2 + 0\right)^2}\bigg|_{x=0} = \frac{\partial}{\partial x} x\bigg|_{y=0} = 1 \qquad (D.76)$$

Wir können uns das auch einmal in Polarkoordinaten anschauen, um eine anschauliche Vorstellung zu gewinnen. Die zweite Ableitung

$$\frac{\partial}{\partial y} \frac{\partial f(x, y)}{\partial x} = \frac{x^6 + 9x^4 y^2 - 9x^2 y^4 - y^6}{\left(x^2 + y^2\right)^3} \qquad (D.77)$$

lautet (nach etwas Rechnerei) in Polarkoordinaten

$$\partial_y \partial_x f = 2 \sin 2\varphi \sin 4\varphi + \cos 2\varphi \cos 4\varphi \qquad (D.78)$$

Wir sehen, dass das Ergebnis unabhängig von r ist und nur vom Winkel φ abhängt. In $r = 0$ ist diese Ableitung also nicht definiert. Es folgt beispielsweise

$$\partial_y \partial_x f = 1 \text{ für } \varphi = 0 \quad ; \quad 1 \partial_y \partial_x f = -1 \text{ für } \varphi = \pi/2 \qquad (D.79)$$

also dasselbe Ergebnis wie oben.

Anhang E:
Aus der Analysis 2

E.1 Differentialgleichungen: Allgemeines

Ein großer Teil der Physik ist mithilfe von Differentialgleichungen (DGl) formuliert – klassische und Quantenmechanik, Hydro- und Elektrodynamik, String-
und allgemeine Relativitätstheorie und so weiter. Auch in anderen Gebieten treten
DGl auf: Klima- und Meeresforschung, Biologie (Populationsdynamik), Chemie
(Reaktionskinetik), Ökonomie (Wachstumsprozesse) und vieles mehr. Kurz: DGl
sind ein sehr wichtiges Mittel der mathematischen Beschreibung unserer Umwelt.

Leider existiert keine allgemeine Methode zur Lösung von DGl. Tatsächlich sind
sogar Fragen nach der bloßen Existenz von Lösungen bestimmter DGl bis heute
nicht beantwortbar, z. B. bei der Navier-Stokes-Gleichung der Hydrodynamik.

Wir besprechen im Folgenden ganz kurz einige Grundlagen.

DGl sind Gleichungen, die eine Funktion f mit ihren Ableitungen ∂f verknüpfen. Hängt die Funktion von einer einzigen Variablen ab, liegt eine *gewöhnliche
DGl* vor; bei mehreren unabhängigen Variablen (und wenn partielle Ableitungen
nach mehr als einer Variablen auftreten) spricht man von einer *partiellen DGl*.

Die höchste auftretende Ableitung von f bestimmt die *Ordnung* der DGl, die
höchste auftretende Potenz von f und ihren Ableitungen den *Grad*. Die *Integration
der DGl* ist ein anderer Ausdruck für die Bestimmung der Lösung. Die *allgemeine
Lösung* einer DGl n-ter Ordnung besitzt n freie Parameter (*Integrationskonstante*),
die bei einer *partikulären* oder *speziellen Lösung* durch n Bedingungen festgelegt
werden. Diese Bedingungen können Anfangs- und/oder Randbedingungen sein. Von
einer *Anfangsbedingung* spricht man, wenn eine der Variablen die Zeit ist. Wenn
die DGl bezüglich der Zeit von der Ordnung m ist, legt die Angabe von m (geeignet
gewählten) Anfangsbedingungen die zeitliche Entwicklung der Lösung eindeutig
fest (deterministische Entwicklung). Die *Randbedingungen* beziehen sich auf die
Ränder ∂G eines Gebietes G, in dem die Lösung der DGl betrachtet wird.

Abb. E.1 Stammbaum von
DGl-Lösungen

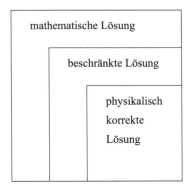

Tritt in jedem Term der DGl die gesuchte Funktion auf, spricht man von einer *homogenen* DGl, ansonsten heißt die DGl *inhomogen*.

Im Text haben wir es (fast) ausschließlich mit *linearen DGl* zu tun, bei denen die Funktion f und ihre Ableitungen ausschließlich linear (also mit Potenz 1 bzw. Grad 1) vorkommen. Die grundlegende Eigenschaft von linearen DGl ist die, dass Linearkombinationen von Lösungen wieder Lösungen darstellen. Im Wesentlichen bedeutet das, dass die Lösungen einen Vektorraum aufspannen. Dieses Fakt (bzw. die zugrunde liegende Linearität der SGl) ist zentral für die QM.

Bevor wir uns die im Rahmen der QM wesentlichen DGl kurz anschauen, noch eine allgemeine Bemerkung. In der Physik haben wir gegenüber der Mathematik den Vorteil, dass wir aufgrund allgemeiner Überlegungen bestimmte mathematisch vollkommen korrekte Lösungen aussortieren können. Zum Beispiel fordern wir, dass physikalisch relevante Lösungen im Definitionsgebiet beschränkt bleiben; unbeschränkte Lösungen können wir also weglassen. Aber auch beschränkte Lösungen erfüllen nicht immer die Anforderungen. Nehmen wir beispielsweise an, dass eine DGl eine von rechts nach links sowie eine von links nach rechts laufende Welle als Lösung hat; wenn dann aus physikalischen Gründen klar ist, dass es zum Beispiel nur die von rechts nach links laufende Welle geben kann, müssen wir die andere Welle, obwohl mathematisch vollkommen zulässig, ausscheiden. Abb. E.1 symbolisiert die Sachlage.

E.2   Gewöhnliche Differentialgleichungen

Etwas überspitzt formuliert, benötigen wir von den gewöhnlichen DGl nur zwei Vertreter. Wir formulieren sie für die unabhängige Variable t; natürlich gilt alles analog für die unabhängige Variable x.

Die erste DGl ist die allgemeine lineare DGl 1. Ordnung (tritt auf bei radioaktivem Zerfall, Absorption etc.), also

$$\dot{f}(t) = g(t)f(t) \tag{E.1}$$

mit einer vorgegebenen Funktion $g(t)$. Die Lösung lautet

$$f(t) = Ce^{\int g(t)dt} \tag{E.2}$$

wobei C die freie Integrationskonstante ist ($n = 1$).

Die zweite besonders wichtige (nicht nur für die QM) DGl ist die DGl 2-Ordnung

$$\ddot{f}(t) = z^2 f(t) \; ; \; z \in \mathbb{C} \tag{E.3}$$

mit der allgemeinen Lösung

$$f(t) = c_1 e^{zt} + c_2 e^{-zt} \tag{E.4}$$

Die Integrationskonstanten c_1 und c_2 können durch Anfangsbedingungen z. B. der Form

$$f(0) = f_0 \; ; \; \dot{f}(0) = \dot{f}_0 \tag{E.5}$$

festgelegt werden; es folgt

$$f(t) = \frac{zf_0 + \dot{f}_0}{2z} e^{zt} + \frac{zf_0 - \dot{f}_0}{2z} e^{-zt} \tag{E.6}$$

Von grundlegender Bedeutung sind die Fälle $z \in \mathbb{R}$ und $z \in \mathbb{I}$, die üblicherweise geschrieben werden als

$$\ddot{f}(t) = \omega^2 f(t) \text{ und } \ddot{f}(t) = -\omega^2 f(t) \; ; \; \omega \in \mathbb{R} \tag{E.7}$$

mit den Lösungen

$$f(t) = c_1 e^{\omega t} + c_2 e^{-\omega t} \text{ und } f(t) = c_1 e^{i\omega t} + c_2 e^{-i\omega t} \tag{E.8}$$

Die erste Gleichung beschreibt exponentielles Verhalten, die zweite eine harmonische Schwingung. Für x statt t lautet die Schreibweise[1]

---

[1] Zur besseren Unterscheidbarkeit wird oft κ (exponentielles Verhalten) und k (Schwingungsverhalten) geschrieben:

$$g''(x) = \kappa^2 g(x) \text{ und } g''(x) = -k^2 g(x) \; ; \; \kappa, k \in \mathbb{R}$$

mit den Lösungen

$$g(x) = c_1 e^{\kappa x} + c_2 e^{-\kappa x} \text{ und } g(x) = c_1 e^{ikx} + c_2 e^{-ikx}$$

$$g''(x) = k^2 g(x) \text{ und } g''(x) = -k^2 g(x) \ ; \ k \in \mathbb{R} \qquad (E.9)$$

mit den Lösungen

$$g(x) = c_1 e^{kx} + c_2 e^{-kx} \text{ und } g(x) = c_1 e^{ikx} + c_2 e^{-ikx} \qquad (E.10)$$

E.3   Partielle Differentialgleichungen

Abgesehen von der in Kap. 7 (1) benutzten Kontinuitätsgleichung

$$\frac{\partial \rho}{\partial t} + \nabla j = 0 \qquad (E.11)$$

(Herleitung im Anhang) sind die uns im Rahmen der QM interessierenden partiellen DGl von zweiter Ordnung in den Ortsvariablen. Äußeres Kennzeichen ist das Auftreten des Laplace-Operators $\nabla^2 = \partial_x^2 + \partial_y^2 + \partial_z^2$. Ein weiteres Merkmal dieser DGl ist ihre Linearität. Der Vollständigkeit halber führen wir auch einige DGl an, die im Text nicht weiters benutzt werden. Alle auftretenden Funktionen sind Funktionen von $\mathbf{r}$.

Die homogene Laplace-Gleichung

$$\nabla^2 \varphi = 0 \qquad (E.12)$$

ist ein Spezialfall der inhomogenen Poisson-Gleichung

$$\nabla^2 \varphi = f \qquad (E.13)$$

Für $f = -\frac{1}{\varepsilon_0}\rho$ ist das die Bestimmungsgleichung eines Potentials φ bei gegebener Ladungsdichte ρ in der Elektrostatik.

In der Elektrodynamik wird diese Gleichung ersetzt durch die Potentialgleichung

$$\left(\nabla^2 - \frac{1}{c^2} \frac{\partial^2}{\partial t^2} \right) \varphi = \Box \varphi = -\frac{1}{\varepsilon_0} \rho \qquad (E.14)$$

wobei wir den D'Alembert-Operator (auch Quabla genannt) $\Box = \nabla^2 - \frac{1}{c^2}\frac{\partial^2}{\partial t^2}$ verwendet haben.[2] Analoge Gleichungen erhalten wir für das Vektorpotential $\mathbf{A}$ und die Stromdichte $\mathbf{j}$ durch die Ersetzung $\varphi, \rho \rightarrow A_i, j_i/c^2$ mit $i = 1, 2, 3$ oder kürzer: $\varphi, \rho \rightarrow \mathbf{A}, \mathbf{j}/c^2$.

---

[2] Der D'Alembert-Operator wird von manchen Autoren auch mit anderem Vorzeichen definiert als $\Box = \frac{1}{c^2}\frac{\partial^2}{\partial t^2} - \Delta$.

Für $\rho = 0$ folgt die homogene Wellengleichung

$$\frac{1}{c^2}\frac{\partial^2}{\partial t^2}\varphi = \nabla^2\varphi \qquad (E.15)$$

Die bisher betrachteten DGl zweiter Ordnung in den Ortskoordinaten sind von nullter oder zweiter Ordnung in der Zeit, benötigen also keine oder zwei Anfangsbedingungen. Mit einer Anfangsbedingung kommen aus die Wärmeleitungsgleichung

$$\frac{\partial}{\partial t}T = \lambda\nabla^2 T \qquad (E.16)$$

und die zeitabhängige SGl

$$i\hbar\frac{\partial}{\partial t}\psi = H\psi = \left(-\frac{\hbar^2}{2m}\nabla^2 + V\right)\psi \qquad (E.17)$$

Wir bemerken die große Ähnlichkeit dieser beiden Gleichungen – der wesentliche Unterschied besteht ‚nur' im Auftreten des Faktors i in der SGl.[3] Beide Gleichungen sind in dem Sinne deterministisch, dass die Angabe der Anfangsbedingung $T(\mathbf{r}, 0)$ bzw. $\psi(\mathbf{r}, 0)$ die Lösungen $T(\mathbf{r}, t)$ bzw. $\psi(\mathbf{r}, t)$ eindeutig für alle Zeiten festlegt.

Durch den Separationsansatz

$$\psi(\mathbf{r}, t) = \varphi(\mathbf{r})\,e^{-i\frac{ET}{\hbar}} \qquad (E.18)$$

erhalten wir aus (E.17) die stationäre SGl

$$E\varphi = H\varphi = \left(-\frac{\hbar^2}{2m}\nabla^2 + V\right)\varphi \qquad (E.19)$$

Diese Gleichung stellt ein Eigenwertproblem dar. Im Allgemeinen existieren nur für bestimmte Werte von E Lösungen. Diese Werte E heißen *Eigenwerte*, die dazugehörigen Lösungen *Eigenfunktionen* oder *Eigenvektoren*. Die Menge aller Eigenwerte heißt *Spektrum*; das Spektrum kann endlich oder unendlich viele Elemente enthalten. Die Eigenwerte können abzählbar (*diskretes Spektrum*) oder überabzählbar (*kontinuierliches Spektrum*) sein. Spektren können sowohl diskrete als auch kontinuierliche Anteile enthalten; diese beiden Anteile können sich auch überlappen.

Wenn es zu einem Eigenwert mehrere verschiedene Eigenfunktionen gibt, heißt der Eigenwert *entartet*. Der einfachste Fall des Eigenwertproblems (E.19) ist ein

---

[3] Wie schon im Text bemerkt, liegen aufgrund des ‚kleinen Unterschieds' i Welten zwischen den Lösungen der Wärmeleitungs- und der Schrödinger-Gleichung.

nichtentartetes diskretes Spektrum; in diesem Fall gilt

$$H\varphi_n = E_n\varphi_n \; ; \; n = 1, 2, \ldots \tag{E.20}$$

Bei Entartung haben wir

$$H\varphi_{n,r} = E_n\varphi_{n,r} \; ; \; n = 1, 2, \ldots \; ; \; r = 1, 2, \ldots, g_n \tag{E.21}$$

wobei g_n der Entartungsgrad von E_n ist.

Geschlossene analytische Lösungen der stationären SGl existieren nur für eine Handvoll von Potentialen. Insbesondere besitzt das freie dreidimensionale Problem

$$E\varphi\,(\mathbf{r}) = -\frac{\hbar^2}{2m}\nabla^2\varphi\,(\mathbf{r}) \tag{E.22}$$

die Lösungen

$$\varphi\,(\mathbf{r}) = \sum_{l,m}[a_l\,j_l\,(kr) + b_l n_l\,(kr)]\,Y_l^m\,(\vartheta,\varphi) \; ; \; k^2 = \frac{2m}{\hbar^2}E \tag{E.23}$$

Die $j_l\,(kr)$ und $n_l\,(kr)$ sind sphärische Bessel-Funktionen, die $Y_l^m\,(\vartheta,\varphi)$ Kugelfunktionen. Zu diesen Funktionen und anderen analytischen Lösungen der SGl siehe die entsprechenden Kapitel im Anhang.

E.4   Aufgaben

1. Gegeben sei das Eigenwertproblem

$$\frac{d^2}{dx^2}f(x) = -k^2 f(x) \; ; \; k > 0 \; ; \; 0 \leq x \leq a \tag{E.24}$$

   mit der Randbedingung

$$f(0) = f(a) = 0 \tag{E.25}$$

   Berechnen Sie die erlaubten Werte für k und die zugehörigen Eigenfunktionen.
2. Gegeben seien die Differentialgleichungen

$$f''(x) + k^2 f(x) = 0 \; \text{und} \; f''(x) - k^2 f(x) = 0 \tag{E.26}$$

   mit $k \in \mathbb{R}$. Wie lauten die allgemeinen Lösungen dieser Gleichungen?

3. Gegeben sei die Differentialgleichung

$$y^{(n)} = \frac{d^n}{dx^n} y(x) = y(x) \tag{E.27}$$

Wie lautet die allgemeine Lösung?
4. Zeigen Sie, dass Linearkombinationen von Lösungen der SGl (zeitabhängig und stationär) wieder Lösungen darstellen.
5. Gegeben sei die Wellengleichung

$$\partial_t^2 f(\mathbf{r}, t) = c^2 \nabla^2 f(\mathbf{r}, t) \tag{E.28}$$

Die Anfangsbedingungen $f(\mathbf{r}, 0)$ und $\dot{f}(\mathbf{r}, 0)$ sind bekannt. Formulieren Sie die allgemeine Lösung.
6. Die Wärmeleitungsgleichung

$$\partial_t T(\mathbf{r}, t) = D \nabla^2 T(\mathbf{r}, t) \tag{E.29}$$

wird durch

$$T(\mathbf{r}, t) = e^{t D \nabla^2} T(\mathbf{r}, 0) \tag{E.30}$$

gelöst. Berechnen Sie die Lösung $T(\mathbf{r}, t)$ für die Anfangsbedingung $T(\mathbf{r}, 0) = T_0 + T_1 \cos(\mathbf{kr})$. Diskutieren Sie das Ergebnis; ist es physikalisch plausibel? Lösung: Wir zeigen zunächst, dass die Gl. (E.30) die Wärmeleitungsgleichung erfüllt. Es ist

$$\partial_t T(\mathbf{r}, t) = \partial_t e^{t D \nabla^2} T(\mathbf{r}, 0) = D \nabla^2 e^{t D \nabla^2} T(\mathbf{r}, 0) = D \nabla^2 T(\mathbf{r}, t) \tag{E.31}$$

Als Nächstes berechnen wir $e^{t D \nabla^2} (T_0 + T_1 \cos(\mathbf{kr}))$. Es gilt

$$e^{t D \nabla^2} (T_0 + T_1 \cos(\mathbf{kr})) = \sum_{n=0}^{\infty} \frac{t^n D^n \nabla^{2n}}{n!} (T_0 + T_1 \cos(\mathbf{kr})) =$$
$$= T_0 + T_1 \sum_{n=0}^{\infty} \frac{t^n D^n \nabla^{2n}}{n!} \cos(\mathbf{kr}) \tag{E.32}$$

Wegen $\nabla^2 \cos(\mathbf{kr}) = -\mathbf{k}^2 \cos(\mathbf{kr})$ folgt

$$T(\mathbf{r}, t) = e^{t D \nabla^2} (T_0 + T_1 \cos(\mathbf{kr})) =$$
$$= T_0 + T_1 \sum_{n=0}^{\infty} \frac{t^n D^n (-\mathbf{k}^2)^n}{n!} \cos(\mathbf{kr}) = T_0 + T_1 \cos(\mathbf{kr}) e^{-D \mathbf{k}^2 t} \tag{E.33}$$

Die Anfangsbedingung ist eine Grundtemperatur T_0 mit einer aufgeprägten Variation $\sim T_1$, die sich mit zunehmender Zeit gemäß $T_1 e^{-D \mathbf{k}^2 t}$ immer mehr abflacht und ausgleicht.

7. Zeigen Sie, dass

$$F(x,t) = \frac{1}{(at)^{1/2}} e^{-b\frac{x^2}{t}} \tag{E.34}$$

Lösung der eindimensionalen Wärmeleitungsgleichung ist. Bestimmen Sie die Konstanten a und b. Wie könnte eine ähnliche Lösung der SGl lauten?

8. Bekanntlich gilt

$$\nabla_r^2 \frac{1}{|\mathbf{r} - \mathbf{r}'|} = -4\pi \delta(\mathbf{r} - \mathbf{r}') \tag{E.35}$$

Leiten Sie daraus zusammen mit

$$\nabla^2 \Phi = -\frac{1}{\varepsilon_0} \rho(\mathbf{r}) \tag{E.36}$$

die Gleichung

$$\Phi(\mathbf{r}) = \frac{1}{4\pi\varepsilon_0} \int \frac{\rho(\mathbf{r}')}{|\mathbf{r} - \mathbf{r}'|} d^3 r' \tag{E.37}$$

her. Durch (E.36) ist Φ bis auf einen additiven Term F mit $\nabla^2 F = 0$ festgelegt; diesen Term betrachten wir hier nicht weiters. Zur Schreibweise wiederholen wir eine Bemerkung aus dem vorangehenden Kapitel: Wenn mehrere Koordinatensätze auftreten, ist bei der Schreibweise ∇^2 nicht klar, nach welchen Koordinaten differenziert werden soll. Man schreibt dann häufig die entsprechenden Koordinaten als Index: ∇_r^2 bedeutet entsprechend die Ableitung nach den Komponenten von $\mathbf{r}$.

   Lösung: Im Folgenden kommt es wesentlich auf den Unterschied von $\mathbf{r}$ und $\mathbf{r}'$ an. Wir haben

$$\nabla_r^2 \frac{1}{|\mathbf{r}-\mathbf{r}'|} = -4\pi\delta(\mathbf{r}-\mathbf{r}') \rightarrow \nabla_r^2 \frac{\rho(\mathbf{r}')}{|\mathbf{r}-\mathbf{r}'|} = -4\pi\delta(\mathbf{r}-\mathbf{r}')\rho(\mathbf{r}') \rightarrow$$

$$\rightarrow \nabla_r^2 \int \frac{\rho(\mathbf{r}')}{|\mathbf{r}-\mathbf{r}'|} d\mathbf{r}' = -4\pi \int \delta(\mathbf{r}-\mathbf{r}')\rho(\mathbf{r}')d\mathbf{r}' = -4\pi\rho(\mathbf{r}) = 4\pi\varepsilon_0 \nabla_r^2 \Phi \tag{E.38}$$

Das gewünschte Ergebnis folgt durch Vergleich der linken und der rechten Seite der letzten Zeile.

9. Gegeben sei eine Funktion $g(r)$; für sie gelte $\nabla^2 g(r) = 0$. Berechnen Sie $g(r)$.

10. Lösen Sie die Gleichung

$$\left(\frac{d^2}{dr^2} + \frac{2}{r}\frac{d}{dr} + 1 - \frac{l(l+1)}{r^2} \right) f_l(r) = 0 \tag{E.39}$$

mittels Potenzreihenansatz. Geben Sie die reguläre und die irreguläre Lösung für $l = 0$ explizit an.

Anhang F:
Aus der linearen Algebra 1

F.1   Vektoren (reell, dreidimensional)

Wir betrachten in diesem Abschnitt ‚physikalische' Vektoren, also Tripel von (reellen) Messgrößen, die auf ein Koordinatensystem bezogen sind und sich bei einer Änderung des Koordinatensystems (z. B. Drehung) entsprechend ändern. Diese Vektoren schreiben wir als Zeilenvektoren; die Unterscheidung Spalten- und Zeilenvektor führen wir erst bei der Matrizenrechnung ein. Die Kennzeichnung geschieht im Druck häufig durch Fettdruck $\mathbf{r}$, handschriftlich durch einen Pfeil $\vec{r}$. Prototyp eines ‚physikalischen' Vektors ist der Ortsvektor

$$\mathbf{r} = (x, y, z) \tag{F.1}$$

Ein allgemeiner Vektor ist gegeben durch

$$\mathbf{v} = \left(v_x, v_y, v_z\right) \quad \text{oder} \quad \mathbf{v} = (v_1, v_2, v_3) \tag{F.2}$$

oder ähnliche Schreibweisen. Der Betrag (die Länge) diese Vektors ist gegeben durch

$$|\mathbf{v}| = v = \sqrt{v_x^2 + v_y^2 + v_z^2} \tag{F.3}$$

Wenn $|\mathbf{v}| = 1$ gilt, heißt der Vektor *normiert*. Der Raum, den die Menge aller dieser Vektoren aufspannt, wird mit $\mathbb{R}^3$ bezeichnet ($\mathbb{R}$ für reell, 3 bezeichnet die Dimension).

© Der/die Herausgeber bzw. der/die Autor(en), exklusiv lizenziert an
Springer-Verlag GmbH, DE, ein Teil von Springer Nature 2024
J. Pade, *Quantenmechanik zu Fuß 1*, https://doi.org/10.1007/978-3-662-67928-9

F.1.1 Basis, lineare Unabhängigkeit

Mithilfe der kartesischen Einheitsvektoren

$$\mathbf{e}_x = (1, 0, 0) \quad ; \quad \mathbf{e}_y = (0, 1, 0) \quad ; \quad \mathbf{e}_z = (0, 0, 1) \tag{F.4}$$

lässt sich jeder Vektor $\mathbf{v}$ schreiben als

$$\mathbf{v} = a\mathbf{e}_x + b\mathbf{e}_y + c\mathbf{e}_z \tag{F.5}$$

Die Terme a, b, c heißen Komponenten oder Koordinaten. Einheitsvektoren werden häufig mit Dach geschrieben: $\mathbf{e}_x \equiv \hat{\mathbf{x}}$ usw.

Diese Einheitsvektoren haben wichtige Eigenschaften, sie sind nämlich *linear unabhängig* und sie sind *vollständig*. Dabei ist eine Menge von Vektoren $\{\mathbf{v}_1, \mathbf{v}_2, \ldots\}$ linear unabhängig, wenn die Gleichung

$$\lambda_1\mathbf{v}_1 + \lambda_2\mathbf{v}_2 + \ldots = 0 \tag{F.6}$$

nur für $\lambda_1 = \lambda_2 = \ldots = 0$ erfüllt werden kann. Die Vollständigkeit des Systems $\{\mathbf{e}_x, \mathbf{e}_y, \mathbf{e}_z\}$ besagt, dass jeder Vektor (F.2) in der Form (F.5) dargestellt werden kann. Mit anderen Worten: Die kartesischen Einheitsvektoren (F.4) bilden eine *Basis* von $\mathbb{R}^3$.

F.1.2 Skalar- und Vektorprodukt

Das Skalarprodukt (das innere Produkt) zweier Vektoren $\mathbf{v} = (v_1, v_2, v_3)$ und $\mathbf{w} = (w_1, w_2, w_3)$ ist eine Zahl und definiert als[1]

$$\mathbf{v}\mathbf{w} = v_1w_1 + v_2w_2 + v_3w_3 \tag{F.7}$$

Eine andere Darstellung ist

$$\mathbf{v}\mathbf{w} = vw \cos\varphi \tag{F.8}$$

wobei φ der Winkel zwischen den beiden Vektoren ist (Zwischenwinkel). Dieser Zusammenhang zeigt sofort, dass zwei Vektoren genau dann aufeinander senkrecht stehen (orthogonal zueinander sind), wenn gilt $\mathbf{v}\mathbf{w} = 0$. Tatsächlich hängt das Skalarprodukt eng mit dem Begriff Projektion zusammen. Die senkrechte Projektion von $\mathbf{w}$ auf $\mathbf{v}$ (also der zu $\mathbf{v}$ parallele Anteil von $\mathbf{w}$) hat offensichtlich die Länge $w \cos\varphi$; der zu $\mathbf{v}$ parallele Vektoranteil von $\mathbf{w}$ ist mithin gegeben durch

---

[1] Die Definition des Skalarprodukts für komplexe Vektoren findet sich im Abschn. F.2.1.

Abb. F.1 Projektion von **w** auf **v**

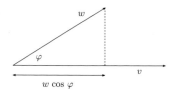

$\mathbf{w}' = w\cos\varphi \cdot \hat{\mathbf{v}} = \frac{\mathbf{vw}}{\mathbf{vv}} \cdot \mathbf{v}$ und für das Skalarprodukt folgt $\mathbf{vw} = \mathbf{vw}'$. Die Argumentation läuft natürlich auch mit vertauschten Rollen von **v** und **w** (Abb. F.1).

Das Vektorprodukt (das Kreuzprodukt, das äußere Produkt) zweier dreidimensionaler Vektoren ist definiert als

$$\mathbf{v} \times \mathbf{w} = (v_2 w_3 - v_3 w_2, \, v_3 w_1 - v_1 w_3, \, v_1 w_2 - v_2 w_1) \tag{F.9}$$

Eine andere Formulierung benutzt das Levi-Cività-Symbol ε_{ijk} (auch Epsilontensor oder total antisymmetrischer Tensor 3. Stufe genannt). Es gilt

$$\varepsilon_{ijk} = \begin{cases} 1 & ijk \text{ eine gerade Permutation von 123 ist} \\ -1 & \text{wenn } ijk \text{ eine ungerade Permutation von 123 ist} \\ 0 & \text{sonst} \end{cases} \tag{F.10}$$

Das Vektorprodukt schreibt sich dann als[2]

$$(\mathbf{v} \times \mathbf{w})_j = \sum_{k,m=1}^{3} \varepsilon_{jkm} v_k w_m \tag{F.11}$$

Der Betrag des Vektorprodukts ist gegeben durch

$$|\mathbf{v} \times \mathbf{w}| = vw\sin\varphi \tag{F.12}$$

Wie man sieht, verschwindet das Kreuzprodukt für $\varphi = 0$, wenn also die beiden Vektoren kollinear sind.

F.1.3 Polare und axiale Vektoren

Man kann Vektoren danach unterscheiden, wie sie auf die Transformation der Raumkoordinaten $(x, y, z) \to (-x, -y, -z)$ bzw. $\mathbf{r} \to -\mathbf{r}$ reagieren (Paritätstransformation).

---

[2] Mit der Einsteinschen Summenkonvention (über doppelt auftretende Indizes wird summiert, ohne dass dies explizit notiert wird), schreibt sich das $(\mathbf{v} \times \mathbf{w})_j = \varepsilon_{jkm} v_k w_m$. Wir werden diese Notation allerdings nur in den Anhängen T (1) und U (1) sowie W (2) verwenden.

Ein *polarer Vektor* transformiert sich wie der Ortsvektor, zum Beispiel der Impuls (anschaulich wegen $\mathbf{p} = \dot{\mathbf{r}}$):

$$\mathbf{p} \to -\mathbf{p} \tag{F.13}$$

Ein *axialer Vektor* (= *Pseudovektor*) wie der Drehimpuls transformiert sich gemäß

$$\mathbf{l} \to \mathbf{l} \tag{F.14}$$

Denn: $\mathbf{l} = \mathbf{r} \times \mathbf{p} \to \mathbf{l} = (-\mathbf{r}) \times (-\mathbf{p}) = \mathbf{r} \times \mathbf{p}$. Ganz allgemein gilt, dass das Produkt zweier polarer Vektoren ein Pseudovektor ist.

Diese Begriffsbildung erlaubt im Übrigen auch die Unterscheidung zwischen *Skalaren* wie $\mathbf{r} \cdot \mathbf{p}$, die sich unter der Transformation $\mathbf{r} \to -\mathbf{r}$ nicht ändern, und *Pseudoskalaren*, die dabei ihr Vorzeichen ändern. Alle Skalarprodukte eines axialen und eines polaren Vektors sind Pseudoskalare; ein Beispiel bildet $\mathbf{l} \cdot \mathbf{p}$.

Die Unterscheidung zwischen polaren und axialen Vektoren spielt eine Rolle bei Untersuchungen zur Paritätsverletzung, wie sie beim Betazerfall bzw. allgemein bei der schwachen Wechselwirkung auftritt.

F.2 Matrizenrechnung

Man kann einen Vektor dadurch ändern, dass man ihn mit einer Zahl (einem Skalar) multipliziert (Längenänderung des Vektors, keine Richtungsänderung). Für andere Umformungen wie Drehungen eines Vektors benötigt man *Matrizen*.

Matrizen haben Zeilen und Spalten; folglich müssen wir nun auch zwischen Spalten- und Zeilenvektoren unterscheiden. Deswegen werden wir in diesem Abschnitt Vektoren nicht mehr durch Fettdruck auszeichnen, sondern als Spalten- und Zeilenvektor ausschreiben. Des Weiteren beschränken wir uns nicht mehr auf reelle Zahlen, sondern verwenden ganz allgemein komplexe Zahlen zu. Außerdem betrachten wir beliebige Dimensionen; insofern sind die auftretenden Vektoren also nicht mehr die ‚physikalischen‘ Vektoren des letzten Abschnitts, sondern generelle Vektoren im Verständnis der linearen Algebra.

Matrizen kann man als rechteckige Anordnungen von Zahlen mit m Zeilen und n Spalten darstellen

$$A = \begin{pmatrix} a_{11} & a_{12} & \dots & a_{1n} \\ a_{21} & a_{22} & \dots & a_{2n} \\ \vdots & \vdots & \ddots & \vdots \\ a_{m1} & a_{m2} & \dots & a_{mn} \end{pmatrix} = (a_{mn}) \tag{F.15}$$

Man spricht von einer $m \times n$-Matrix. Die Menge aller $m \times n$-Matrizen bezeichnet man mit $K^{m \times n}$ oder $M(m \times n, K)$, wobei K der zugrunde liegende Zahlenkörper ist. Wir beschränken uns im Weiteren auf komplexe Matrizen $K = \mathbb{C}$ (bzw. gegebenenfalls auf den Unterfall reeller Matrizen $K = \mathbb{R}$).

Bei der Multiplikation einer Matrix mit einem Skalar c (Skalarmultiplikation) werden alle Elemente mit c multipliziert; die Addition zweier Matrizen (die natürlich von der gleichen Art sein müssen) erfolgt gliedweise:

$$cA = \begin{pmatrix} ca_{11} & ca_{12} & \dots & ca_{1n} \\ ca_{21} & ca_{22} & \dots & ca_{2n} \\ \vdots & \vdots & \ddots & \vdots \\ ca_{m1} & ca_{m2} & \dots & ca_{mn} \end{pmatrix} = (ca_{mn}) \tag{F.16}$$

und

$$(a_{mn}) + (b_{mn}) = (a_{mn} + b_{mn}) \tag{F.17}$$

Damit zwei Matrizen A und B miteinander multipliziert werden können (Matrizenmultiplikation), muss die Spaltenanzahl von A gleich der Zeilenanzahl von B sein. Wenn A eine $k \times m$-Matrix und B eine $m \times n$-Matrix ist, dann ist $A \cdot B$ eine $k \times n$-Matrix. Die Berechnung erfolgt nach der Regel ‚Zeile mal Spalte‘:

$$A \cdot B = (c_{kn}) \quad ; \quad c_{ij=} \sum_{l=1}^{m} a_{il} b_{lj} \tag{F.18}$$

Einige Beispiele. Zunächst das Produkt einer 2×3- mit einer 3×2-Matrix:

$$\begin{pmatrix} 1 & 2 & 3 \\ a & b & c \end{pmatrix} \begin{pmatrix} 4 & 7 \\ 5 & 8 \\ 6 & 9 \end{pmatrix} = \begin{pmatrix} 1 \cdot 4 + 2 \cdot 5 + 3 \cdot 6 & 1 \cdot 7 + 2 \cdot 8 + 3 \cdot 9 \\ a \cdot 4 + b \cdot 5 + c \cdot 6 & a \cdot 7 + b \cdot 8 + c \cdot 9 \end{pmatrix} \tag{F.19}$$

Spaltenvektoren können als $n \times 1$-Matrizen aufgefasst werden, Zeilenvektoren als $1 \times n$-Matrizen:

$$\begin{pmatrix} 1 & 2 \\ 3 & 4 \end{pmatrix} \begin{pmatrix} a \\ b \end{pmatrix} = \begin{pmatrix} a + 2b \\ 3a + 4b \end{pmatrix} \tag{F.20}$$

$$\begin{pmatrix} a & b \end{pmatrix} \begin{pmatrix} 1 & 2 \\ 3 & 4 \end{pmatrix} = \begin{pmatrix} a + 3b & 2a + 4b \end{pmatrix} \tag{F.21}$$

Das Produkt eines Zeilen- mit einem Spaltenvektor ist eine Zahl, das Produkt eines Spalten- mit einem Zeilenvektor eine Matrix (dyadisches Produkt):

$$\begin{pmatrix} c & d \end{pmatrix} \begin{pmatrix} a \\ b \end{pmatrix} = ca + db \tag{F.22}$$

$$\binom{a}{b}(c \ d) = \binom{ac \ ad}{bc \ bd} \tag{F.23}$$

Mehrfache Produkte sind gegebenenfalls auch erklärt:

$$(c \ d)\begin{pmatrix} 1 \ 2 \\ 3 \ 4 \end{pmatrix}\binom{a}{b} = (c \ d)\binom{a+2b}{3a+4b} = c\,(a+2b)+d\,(3a+4b) \tag{F.24}$$

Auch wenn das Produkt AB existiert, ist das Produkt BA nicht automatisch definiert (siehe Aufgaben). Dies gilt aber immer für quadratische, also $n \times n$-Matrizen. Allerdings ist in diesem Fall das Produkt im Allgemeinen nicht kommutativ, so dass wir $AB \neq BA$ haben. Beispiel:

$$\begin{pmatrix} 1 \ 2 \\ 3 \ 4 \end{pmatrix}\begin{pmatrix} 0 \ 1 \\ 1 \ 0 \end{pmatrix} = \begin{pmatrix} 2 \ 1 \\ 4 \ 3 \end{pmatrix} \ ; \ \begin{pmatrix} 0 \ 1 \\ 1 \ 0 \end{pmatrix}\begin{pmatrix} 1 \ 2 \\ 3 \ 4 \end{pmatrix} = \begin{pmatrix} 3 \ 4 \\ 1 \ 2 \end{pmatrix} \tag{F.25}$$

Für die weiteren Betrachtungen dieses Abschnitts beschränken wir uns auf quadratische Matrizen.

Die *Einheitsmatrix* ist die Matrix, die auf der Hauptdiagonalen nur 1 und sonst nur 0 als Einträge besitzt. Sie wird mit E, E_n, $\mathbb{I}$, Id, $\mathbf{1}$ oder ähnlich bezeichnet, häufig auch einfach mit 1. Die Nullmatrix hat entsprechend ihrem Namen nur die Null als Einträge; sie wird in der Regel mit 0 bezeichnet.

Für eine quadratische Matrix A ist jede Potenz A^n mit $n \in \mathbb{N}$ definiert (A^0 ist die $n \times n$-Einheitsmatrix). Aus diesem Grund können wir auch Matrizen in Polynome oder Potenzreihen einsetzen, z. B. in Exponentialfunktionen. Hier gilt

$$e^A = \sum_{n=0}^{\infty} \frac{1}{n!} A^n \tag{F.26}$$

Die Potenz A^m einer quadratischen Matrix A kann die Nullmatrix ergeben (im Gegensatz z. B. zu komplexen Zahlen z; z^n ist immer ungleich null für $z \neq 0$). In diesem Fall heißt die Matrix nilpotent vom Nilpotenzgrad (Nilpotenzindex) m. Einfachstes Beispiel ist die Matrix A vom Nilpotenzgrad 2:

$$A = \begin{pmatrix} 0 \ 1 \\ 0 \ 0 \end{pmatrix} \ ; \ A^2 = \begin{pmatrix} 0 \ 0 \\ 0 \ 0 \end{pmatrix} \tag{F.27}$$

Jeder quadratischen Matrix A sind zwei skalare Kenngrößen zugeordnet, die Spur $Sp(A) = SpA$ und die Determinante $\det A$. Die Spur einer quadratischen Matrix ist definiert als die Summe aller Diagonalelemente:

$$Sp\,(A) = Sp\,(a_{nn}) = \sum_{j=1}^{n} a_{jj} \tag{F.28}$$

Statt Sp für das deutsche Spur findet man auch Tr oder tr für *trace* (englisch für Spur). Es gilt $Sp(AB) = Sp(BA)$, auch wenn die Matrizen A und B nicht kommutieren. Daraus folgt, dass die Spur zyklisch invariant ist, dass also gilt $Sp(ABC) = Sp(BCA) = Sp(CAB)$.

Die Determinante einer quadratischen Matrix (eine alternierende Multilinearform) ist ebenfalls eine Zahl ($\in K$). Für eine 2×2-Matrix ist sie gegeben als

$$\det \begin{pmatrix} a & b \\ c & d \end{pmatrix} = \begin{vmatrix} a & b \\ c & d \end{vmatrix} = ad - bc \tag{F.29}$$

Determinanten von Matrizen höherer Dimension lassen sich mithilfe des Laplaceschen Entwicklungssatzes berechnen; zwei äquivalente Formulierungen lauten

$$\begin{aligned} \det A = \sum_{j=1}^{n} (-1)^{i+j}\, a_{ij} \cdot \det A_{ij} \quad \text{Entwicklung nach der } i\text{-ten Zeile} \\ \det A = \sum_{i=1}^{n} (-1)^{i+j}\, a_{ij} \cdot \det A_{ij} \quad \text{Entwicklung nach der } j\text{-ten Spalte} \end{aligned} \tag{F.30}$$

wobei A_{ij} die $(n-1) \times (n-1)$-Matrix bezeichnet, die aus A durch Streichen der i-ten Zeile und j-ten Spalte entsteht. Ein Beispiel findet sich in den Aufgaben.

Determinanten sind genau dann null, wenn Zeilen (oder Spalten) linear abhängig sind; dies gilt natürlich insbesondere, wenn zwei Zeilen (oder zwei Spalten) gleich sind.

Die Determinante von Matrizenprodukten lässt sich auf die einzelnen Determinanten zurückführen:

$$\det (A \cdot B) = \det A \cdot \det B \tag{F.31}$$

Schließlich führen wir noch einen Zusammenhang zwischen Spur und Determinante an: Es gilt

$$\det e^A = e^{Sp(A)} \tag{F.32}$$

F.2.1 Spezielle Matrizen

Ab jetzt benutzen wir die Bracketschreibweise: $|a\rangle$ bezeichnet einen Spaltenvektor, $\langle b|$ einen Zeilenvektor.

Die Bedeutung von Matrizen in der Mathematik und der mathematischen Physik spiegelt sich unter anderem daran wider, dass es eine ganze Reihe spezieller Matrizen gibt. Bevor wir näher darauf eingehen, wollen wir noch die wichtigen Operationen des Transponierens und Adjungierens definieren.

Die zu einer gegebenen Matrix A *transponierte Matrix* A^T erhält man durch Vertauschen der Rollen von Zeilen und Spalten:

$$A = \begin{pmatrix} a_{11} & \dots & a_{1n} \\ \vdots & \ddots & \vdots \\ a_{m1} & \dots & a_{mn} \end{pmatrix} \ ; \ A^T = \begin{pmatrix} a_{11} & \dots & a_{m1} \\ \vdots & \ddots & \vdots \\ a_{1n} & \dots & a_{mn} \end{pmatrix} \tag{F.33}$$

Führt man gleichzeitig noch eine komplexe Konjugation aller Matrixelemente durch, erhält man die *adjungierte Matrix* $A^\dagger$:

$$A = \begin{pmatrix} a_{11} & \dots & a_{1n} \\ \vdots & \ddots & \vdots \\ a_{m1} & \dots & a_{mn} \end{pmatrix} \ ; \ A^\dagger = \begin{pmatrix} a_{11}^* & \dots & a_{m1}^* \\ \vdots & \ddots & \vdots \\ a_{1n}^* & \dots & a_{mn}^* \end{pmatrix} \tag{F.34}$$

Für die Determinanten gilt

$$\det A^T = \det A \ ; \ \det A^\dagger = \det A^* \tag{F.35}$$

Die Adjungierte eines Spaltenvektors ist also ein Zeilenvektor mit komplex konjugierten Einträgen und umgekehrt.

$$\begin{pmatrix} a_1 \\ a_2 \\ \vdots \end{pmatrix}^\dagger = \begin{pmatrix} a_1^* & a_2^* & \dots \end{pmatrix} \ ; \ \begin{pmatrix} a_1 & a_2 & \dots \end{pmatrix}^\dagger = \begin{pmatrix} a_1^* \\ a_2^* \\ \vdots \end{pmatrix} \tag{F.36}$$

oder kurz

$$|a\rangle^\dagger = \langle a| \ ; \ \langle a|^\dagger = |a\rangle \tag{F.37}$$

Das Produkt eines Zeilen- mit einem Spaltenvektor (also das Skalarprodukt) schreibt sich[3]

$$\langle a| \, b\rangle = \begin{pmatrix} a_1^* & a_2^* & \dots \end{pmatrix} \begin{pmatrix} b_1 \\ b_2 \\ \vdots \end{pmatrix} = a_1^* b_1 + a_2^* b_2 + \dots \tag{F.38}$$

Dieser Ausdruck verallgemeinert die Formulierung des letzten Abschnitts für reelle Vektoren.

---

[3] Man schreibt also nicht $\langle a| \, |b\rangle$, sondern spart sich mit $\langle a| \, b\rangle$ in diesem und ähnlichen Ausdrücken einen senkrechten Strich.

Abb. F.2 Stammbaum
quadratischer Matrizen

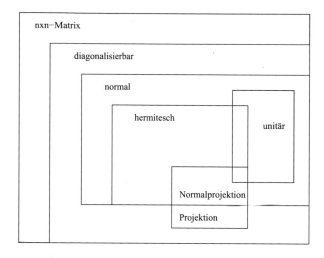

Dagegen ist das dyadische Produkt $|a\rangle\,\langle b|$ eine Matrix:

$$|a\rangle\,\langle b| = \begin{pmatrix} a_1 \\ a_2 \\ \vdots \end{pmatrix} \left(b_1^*\ b_2^* \ldots \right) = \begin{pmatrix} a_1 b_1^* & a_1 b_2^* \ldots \\ a_2 b_1^* & a_2 b_2^* \ldots \\ \vdots & \vdots & \vdots \end{pmatrix} \tag{F.39}$$

Für den Rest des Abschnitts beschränken wir uns auf quadratische Matrizen. Wir führen listenartig einige wichtige Matrizentypen an; die graphische Darstellung findet sich in Abb. (F.2).

Wenn die Determinante einer Matrix A ungleich null ist, wird A *regulär* genannt. In diesem Fall existiert eine weitere Matrix A^{-1}, so dass gilt[4] $AA^{-1} = A^{-1}A = E$. Die Matrix A^{-1} heißt die zu A *inverse Matrix* (das Inverse). Matrizen mit verschwindender Determinante heißen singulär.

Von einer *diagonalisierbaren* Matrix A spricht man, wenn es eine reguläre Matrix B gibt, so dass $D = BAB^{-1}$ eine Diagonalmatrix ist. Ein Unterfall der diagonalisierbaren Matrizen sind *normale* Matrizen, die mit ihrer Adjungierten kommutieren: $AA^\dagger = A^\dagger A$.

Ganz wesentlich für die physikalische Beschreibung sind zwei Matrizentypen mit besonderer Symmetrie. Eine Matrix heißt *symmetrisch*, wenn gilt $A = A^T$, und heißt *hermitesch*, wenn gilt $A = A^\dagger$.

Eine reelle Matrix A heißt *orthogonal*, wenn gilt $A^{-1} = A^T$ bzw. $AA^T = E$. Diese Matrizen stellen zum Beispiel Drehungen im n-dimensionalen Raum dar. Eine komplexe Matrix heißt *unitär*, wenn gilt $A^{-1} = A^\dagger$ bzw. $AA^\dagger = E$. Man kann sie sich vorstellen als Drehung im n-dimensionalen komplexen Raum.

---

[4] In endlich-dimensionalen Räumen ist das Linksinverse gleich dem Rechtsinversen. Für dim $= \infty$ muss das nicht mehr stimmen.

Für eine *Projektionsmatrix* (oder auch *Projektion*) gilt $A^2 = A$. Man bezeichnet solche Matrizen als *idempotent*. Ist die Projektion auch hermitesch, spricht man von einer *hermiteschen Projektion* (auch Normalprojektion, Orthogonalprojektion oder Projektor).

Unitäre und hermitesche (normale) Matrizen hängen auf verschiedene Weise zusammen. Zum Beispiel kann eine normale Matrix A *unitär diagonalisiert* werden; es gibt also unitäre Matrizen U, so dass $U A U^{-1}$ diagonal ist (zum Beweis siehe Aufgaben). Tatsächlich gilt: A kann genau dann unitär diagonalisiert werden, wenn A normal ist. Dieses ‚genau dann' gilt nur für unitäre Diagonalisierung – nichtunitäre Diagonalisierbarkeit kann auch für nichtnormale Operatoren gegeben sein (siehe Aufgaben).

Hermitesche und unitäre Matrizen sowie hermitesche Projektionen (die alle normale Matrizen, also diagonalisierbar sind) und die Verallgemeinerungen auf entsprechende Operatoren spielen in der QM eine besondere Rolle.

Des Weiteren treten in der QM auch Matrizen mit abzählbar unendlich vielen Spalten oder Zeilen auf. Um sie miteinander multiplizieren zu können, muss man zusätzliche Bedingungen an ihre Komponenten stellen, da die auftretenden Summen unendliche Reihen sind und nicht konvergieren müssen. Genauer werden solche Fragestellungen z. B. in der Funktionalanalysis behandelt.

F.2.2 Eigenwertproblem

Wenn A eine $n \times n$-Matrix ist und v ein n-dimensionaler Vektor, dann ist das Eigenwertproblem von der Form[5]

$$Av = \lambda v \qquad (F.40)$$

wobei λ eine (im Allgemeinen komplexe) Zahl ist. Gesucht werden also Vektoren, die von A auf das λ-Fache ihrer selbst abgebildet werden. Diese Vektoren heißen *Eigenvektoren*, die dazugehörenden Zahlen λ *Eigenwerte*. Die Eigenvektoren geben die Richtungen an, in der A wie eine Multiplikation mit λ (also einer Zahl) wirkt; in anderen Richtungen ist Av nicht mehr proportional zu v.

Berechnen wir zunächst die Eigenwerte. Wir schreiben Gl. (F.40) um[6]

$$(\lambda E - A)\, v = 0 \qquad (F.41)$$

Damit dieses System nicht nur die triviale Lösung $v = 0$ besitzt, muss sein

$$\det (\lambda E - A) = 0 \qquad (F.42)$$

---

[5] In diesem Abschnitt verzichten wir auf Bra-Ket-Notation, da nur Spaltenvektoren (bezeichnet mit v) und keine Zeilenvektoren vorkommen.

[6] Vielfach wird auch einfach nur $(\lambda - A)\, v = 0$ geschrieben.

Wenn wir diese Determinante nach den Regeln der Kunst ausschreiben, sehen wir, dass sie für eine $n \times n$-Matrix ein Polynom vom Grad n für λ darstellt. Dieses Polynom $p_n(\lambda)$ heißt *charakteristisches Polynom* von A

$$p_n(\lambda) = \det(\lambda E - A) \tag{F.43}$$

Die Bestimmung der Eigenwerte ist also äquivalent zur Bestimmung der Nullstellen von $p_n(\lambda)$. Der Fundamentalsatz der Algebra (siehe auch Anhang B (1) ‚Komplexe Zahlen') besagt, dass jedes Polynom n-ten Grades n Nullstellen (die i. Allg. komplex sind) besitzt. Damit kann das Polynom in der Linearfaktorenzerlegung

$$p_n(\lambda) = (\lambda - \lambda_1)(\lambda - \lambda_2)\ldots(\lambda - \lambda_n) \tag{F.44}$$

dargestellt werden. Mehrfache Nullstellen treten in dieser Zerlegung entsprechend ihrer Vielfachheit mehrfach auf. Die Menge aller Eigenwerte heißt *Spektrum*. Ein Beispiel findet sich in den Aufgaben.

Wir merken noch an, dass Spur und Determinante der Matrix A mit ihren Eigenwerten direkt zusammenhängen; es gilt nämlich

$$Sp(A) = \sum_j \lambda_j \; ; \; \det(A) = \prod_j \lambda_j \tag{F.45}$$

Nachdem wir nun die Eigenwerte kennen, müssen wir noch die Eigenvektoren berechnen. Dazu werden die Eigenwerte in Gl. (F.40) eingesetzt, wobei man üblicherweise gleich durchindiziert:

$$A v_i = \lambda_i v_i \; ; \; i = 1, \ldots, n \tag{F.46}$$

Dieses lineare Gleichungssystem wird nun mit den üblichen Standardtechniken gelöst. Beispiel

$$A = \begin{pmatrix} 0 & 1 \\ 1 & 0 \end{pmatrix} \; ; \; \lambda_1 = 1 \; ; \; \lambda_2 = -1 \tag{F.47}$$

Ausgeschrieben ergibt sich zum Beispiel für den Eigenwert λ_1

$$\begin{pmatrix} 0 & 1 \\ 1 & 0 \end{pmatrix} \begin{pmatrix} v_{1,1} \\ v_{1,2} \end{pmatrix} = \begin{pmatrix} v_{1,1} \\ v_{1,2} \end{pmatrix} \tag{F.48}$$

bzw.

$$\begin{aligned} v_{1,2} &= v_{1,1} \\ v_{1,1} &= v_{1,2} \end{aligned} \tag{F.49}$$

Es folgt

$$v_1 = \begin{pmatrix} 1 \\ 1 \end{pmatrix} v_{1,1} \text{ und analog } v_2 = \begin{pmatrix} 1 \\ -1 \end{pmatrix} v_{2,1} \qquad \text{(F.50)}$$

wobei $v_{1,1}$ und $v_{2,1}$ beliebige komplexe Zahlen sind. *Alle* Vektoren v_1 dieser Form lösen die Eigenwertgleichung (F.48). Mit anderen Worten, diese Vektoren spannen einen eindimensionalen Unterraum auf, der *Eigenraum* zum Eigenwert λ_1 genannt wird (der Nullvektor gilt nicht als Eigenvektor, ist aber Element des Eigenraums). Dass man dennoch von *dem* Eigenvektor (und nicht *einem* Eigenvektor) spricht, liegt daran, dass man sich in der Regel auf den *normierten* Vektor bezieht; im Beispiel sind das

$$v_1 = \frac{1}{\sqrt{2}} \begin{pmatrix} 1 \\ 1 \end{pmatrix} \text{ und } v_2 = \frac{1}{\sqrt{2}} \begin{pmatrix} 1 \\ -1 \end{pmatrix} \qquad \text{(F.51)}$$

Beim Auftreten mehrfacher Eigenwerte kann die Situation komplizierter werden; man spricht in diesem Fall von *Entartung*. Der Einfachheit halber beschränken wir uns auf den für die QM relevanten Fall normaler Matrizen. Tritt ein Eigenwert λ d-fach auf, heißt er d-fach entartet (bzw. vom Entartungsgrad d). In diesem Fall besitzt der Eigenraum von λ die Dimension d.

F.2.3   Noch eine Bemerkung zu hermiteschen Matrizen

Messgrößen werden in der QM durch hermitesche Matrizen (bzw. allgemeiner Operatoren) dargestellt. Insbesondere in Kap. 13 (1) werden die Eigenschaften dieser Operatoren besprochen. Unter anderem zeigt sich, dass die Eigenwerte reell sind, dass Eigenvektoren zu verschiedenen Eigenwerten zueinander senkrecht stehen und dass zwei kommutierende hermitesche Operatoren ein gemeinsames VONS besitzen.

Für eine hermitesche (bzw. allgemeiner normale) Matrix A kann man immer eine unitäre Matrix finden, so dass der Operator $U^{-1}AU$ diagonal ist, also $U^{-1}AU = D$ gilt. Als Spalten von U kann man die Eigenvektoren wählen; die Diagonalelemente von D sind die Eigenwerte, die so häufig auftreten, wie ihr Entartungsgrad angibt.[7] Die explizite Rechnung findet sich in den Aufgaben. Im Übrigen ist die Spektraldarstellung in Kap. 13 (1) nur eine andere Formulierung dieses Sachverhalts.

Damit folgt dann auch der Satz, dass kommutierende hermitesche Operatoren gleichzeitig diagonalisiert werden können (sie besitzen ja auch ein gemeinsames VONS). Wegen der Diagonalisierbarkeit der in der QM auftretenden Operatoren bzw. Matrizen kann man immer direkt nach Eigenfunktionen entwickeln, ohne dass man sich um Jordansche Normalformen oder dergleichen kümmern muss.

---

[7] Die geometrische Vielfachheit der Eigenwerte ist gleich der algebraischen.

F.3   Aufgaben

1. Es sei $x = (4, -2, 5)$. Bestimmen Sie a, b, c, d so, dass die drei Vektoren x, $y = (-1, a, b)$ und $z = (-1, c, d)$ paarweise zueinander orthogonal sind.

2. x und y seien dreidimensionale Vektoren. Zeigen Sie, dass x und $x \times y$ sowie y und $x \times y$ zueinander orthogonal sind.

3. Gegeben seien die Vektoren

$$\mathbf{a} = \begin{pmatrix} 1 \\ 2 \\ 3 \end{pmatrix} \; ; \; \mathbf{b} = \begin{pmatrix} 3 \\ 2 \\ 1 \end{pmatrix} \; ; \; \mathbf{c} = \begin{pmatrix} 0 \\ A \\ B \end{pmatrix} \tag{F.52}$$

Berechnen Sie das Skalarprodukt $\mathbf{a} \cdot \mathbf{b}$, das Vektorprodukt $\mathbf{a} \times \mathbf{b}$ und das dyadische Produkt $\mathbf{ab}$. Für welche A, B sind die drei Vektoren $\mathbf{a}$, $\mathbf{b}$, $\mathbf{c}$ linear unabhängig?

4. Gegeben sei die Coriolis-Kraft $\mathbf{F}_C = 2m\,(\mathbf{v} \times \boldsymbol{\omega})$. In welche Himmelsrichtung wirkt sie bei einem frei fallenden Körper?

   Lösung: Die Erdrotation verläuft gegen den Uhrzeigersinn (von oben auf den Nordpol geschaut), d. h. mathematisch positiv, also $\boldsymbol{\omega} = (0, 0, \omega)$ mit $\omega > 0$. Die Geschwindigkeit eines auf die Erdoberfläche fallenden Körpers, der der Einfachheit halber entlang der x-Achse fällt (also auf den Äquator), sei $\mathbf{v} = (v, 0, 0)$ mit $v < 0$ (für > 0 fliegt der Körper von der Erdoberfläche weg). Daraus folgt $\mathbf{F} = 2m\,(\mathbf{v} \times \boldsymbol{\omega}) = 2m\,(0, -v\omega, 0)$. Wegen $v < 0$ ist der Term $-v\omega$ positiv und es resultiert eine Ablenkung nach positiven Werten von y, also nach Osten.

5. Gegeben sei die Matrix M

$$M = \begin{pmatrix} 0 & 1 \\ 1 & 0 \end{pmatrix} \tag{F.53}$$

   Berechnen Sie (a) e^M, (b) e^{iM}, (c) $\cos M$ und $\sin M$.

6. Gegeben seien $A = \begin{pmatrix} 1 & 0 & 2 \\ 0 & -2i & 1 \end{pmatrix}$ und $B = \begin{pmatrix} 1 & 0 \\ 5i & 2 \\ -i & 1 \end{pmatrix}$. Berechnen Sie, soweit definiert, A^2, AB, BA, B^2, $(AB)^2$.

7. Sei

$$A = \begin{pmatrix} 1 & 0 & 2i \\ 3 & -2i & -2 \end{pmatrix} \tag{F.54}$$

   gegeben. Berechnen Sie A^T und $A^\dagger$.

Lösung:

$$A^T = \begin{pmatrix} 1 & 3 \\ 0 & -2i \\ 2i & -2 \end{pmatrix} \;;\; A^\dagger = \begin{pmatrix} 1 & 3 \\ 0 & 2i \\ -2i & -2 \end{pmatrix} \tag{F.55}$$

8. Gegeben ist $A = \begin{pmatrix} 1 & 2 \\ -2 & -1 \end{pmatrix}$. Ist A normal? Dieselbe Frage für $B = \begin{pmatrix} 1 & 2 \\ 3 & 4 \end{pmatrix}$.

Lösung: Mit $A = \begin{pmatrix} 1 & 2 \\ -2 & -1 \end{pmatrix}^\dagger$ folgt

$$\begin{pmatrix} 1 & 2 \\ -2 & -1 \end{pmatrix}\begin{pmatrix} 1 & -2 \\ 2 & -1 \end{pmatrix} = \begin{pmatrix} 5 & -4 \\ -4 & 5 \end{pmatrix} \;;\; \begin{pmatrix} 1 & -2 \\ 2 & -1 \end{pmatrix}\begin{pmatrix} 1 & 2 \\ -2 & -1 \end{pmatrix} = \begin{pmatrix} 5 & 4 \\ 4 & 5 \end{pmatrix} \tag{F.56}$$

A ist also nicht normal.

9. Zeigen Sie: Die Matrix

$$A = \begin{pmatrix} 0 & 1 \\ a & 0 \end{pmatrix} \;;\; a \in \mathbb{R} \tag{F.57}$$

ist diagonalisierbar, aber für $a \neq 1$ nicht normal.

Lösung: Zur Feststellung der Normalität berechnen wir

$$AA^\dagger = \begin{pmatrix} 0 & 1 \\ a & 0 \end{pmatrix}\begin{pmatrix} 0 & a \\ 1 & 0 \end{pmatrix} = \begin{pmatrix} 1 & 0 \\ 0 & a^2 \end{pmatrix} \;;\; A^\dagger A = \begin{pmatrix} 0 & a \\ 1 & 0 \end{pmatrix}\begin{pmatrix} 0 & 1 \\ a & 0 \end{pmatrix} = \begin{pmatrix} a^2 & 0 \\ 0 & 1 \end{pmatrix} \tag{F.58}$$

Die Matrix ist also für $a \neq 1$ nicht normal.

Zur Transformation auf Diagonalgestalt stellen wir zunächst fest, dass A die Eigenwerte $\lambda_1 = \sqrt{a}$ und $\lambda_2 = -\sqrt{a}$ sowie die Eigenvektoren $v_1 = c_1 \begin{pmatrix} 1 \\ \sqrt{a} \end{pmatrix}$ und $v_2 = c_2 \begin{pmatrix} 1 \\ -\sqrt{a} \end{pmatrix}$ besitzt. Wir können also als Transformationsmatrix T ansetzen

$$T = \begin{pmatrix} 1 & 1 \\ \sqrt{a} & -\sqrt{a} \end{pmatrix} \text{ und daraus } T^{-1} = \frac{1}{2\sqrt{a}}\begin{pmatrix} \sqrt{a} & 1 \\ \sqrt{a} & -1 \end{pmatrix} \tag{F.59}$$

Die Probe ergibt

$$T^{-1}AT = \frac{1}{2\sqrt{a}}\begin{pmatrix} \sqrt{a} & 1 \\ \sqrt{a} & -1 \end{pmatrix}\begin{pmatrix} 0 & 1 \\ a & 0 \end{pmatrix}\begin{pmatrix} 1 & 1 \\ \sqrt{a} & -\sqrt{a} \end{pmatrix} = \begin{pmatrix} \sqrt{a} & 0 \\ 0 & -\sqrt{a} \end{pmatrix} \tag{F.60}$$

Im Übrigen gilt wegen

$$T^\dagger = \begin{pmatrix} 1 & \sqrt{a} \\ 1 & -\sqrt{a} \end{pmatrix} \tag{F.61}$$

$T^{-1} \neq T^\dagger$, die Transformation ist also nicht unitär (wie es bei normalen Matrizen der Fall ist).

10. Zeigen Sie: Eine hermitesche Matrix A kann unitär diagonalisiert werden – mit anderen Worten, es gibt eine unitäre Matrix U, so dass gilt $U^{-1}AU = D$.
Lösung: Das (nichtentartete) Eigenwertproblem laute $Av_n = c_n v_n$. Wenn wir die Komponenten des Vektors v_n mit $v_{n|m}$ bezeichnen, können wir das mit $A = (a_{ij})$ schreiben als

$$Av_n = c_n v_n \quad \text{bzw.} \quad \sum_j a_{lj} v_{n|j} = c_n v_{n|l} \tag{F.62}$$

Als transformierende unitäre Matrix wählen wir U mit den Komponenten

$$u_{kj} = v_{j|k} \tag{F.63}$$

Die Spalten dieser Matrix sind also die Eigenvektoren.
Wir müssen überprüfen, ob

$$U^{-1}AU = D \quad \text{bzw.} \quad AU = UD \tag{F.64}$$

ist, wobei D eine Diagonalmatrix ist mit den Elementen $d_{ij} = d_{jj}\delta_{ij}$ ist. Nun gilt

$$(AU)_{ij} = \sum_k a_{ik} u_{kj} = \sum_k a_{ik} v_{j|k} = c_j v_{j|i} \tag{F.65}$$

und

$$(UD)_{ij} = \sum_k u_{ik} d_{kj} = \sum_k u_{ik} d_{jj}\delta_{kj} = u_{ij} d_{jj} = d_{jj} v_{j|i} \tag{F.66}$$

und offensichtlich sind die beiden letzten Ergebnisse identisch für die Wahl $d_{jj} = c_j$.

Um zu zeigen, dass U unitär ist, nutzen wir aus, dass die Spalten von U die Eigenvektoren sind, die zueinander orthogonal sind und als normiert vorausgesetzt werden können. Damit folgt

$$\left(U^\dagger U\right)_{ij} = \sum_k u_{ki}^* u_{kj} = \sum_k v_{i|k}^* v_{j|k} = \delta_{ij} \tag{F.67}$$

und

$$\left(UU^\dagger\right)_{ij} = \sum_k u_{ik}u^*_{jk} = \sum_k v^*_{k|i}v_{k|j} = \delta_{ij} \tag{F.68}$$

Für Entartung ist der Beweis etwas umfangreicher, aber analog.

11. Hermitesche Matrizen sind unitär diagonalisierbar. Beweisen Sie mithilfe dieses Sachverhalts, dass auch normale Matrizen unitär diagonalisierbar sind.

    Lösung: Ein Operator A heißt normal, wenn gilt $\left[A, A^\dagger\right] = 0$. Wir machen uns klar, dass die beiden Operatoren $B = A + A^\dagger$ und $C = i\left(A - A^\dagger\right)$ hermitesch sind; sie kommutieren und können deshalb gleichzeitig mittels einer unitären Transformation diagonalisiert werden. Das können wir schreiben als

    $$\begin{aligned} UBU^{-1} &= UAU^{-1} + UA^\dagger U^{-1} = D \\ UCU^{-1} &= iUAU^{-1} - iUA^\dagger U^{-1} = D' \end{aligned} \tag{F.69}$$

    wobei D und D' Diagonalmatrizen sind. Daraus folgt wegen

    $$2UAU^{-1} = D - iD' \tag{F.70}$$

    die Behauptung.

12. Berechnen Sie die Determinante von $A = \begin{pmatrix} 1\,2\,3 \\ 4\,5\,6 \\ 7\,8\,9 \end{pmatrix}$.

    Lösung: Aus Übungsgründen berechnen wir die Determinante zweimal. Die obere Rechnung ist eine Entwicklung nach der ersten Zeile, die untere nach der zweiten Spalte. Die Ergebnisse sind natürlich identisch.

$$\det\begin{pmatrix} 1\,2\,3 \\ 4\,5\,6 \\ 7\,8\,9 \end{pmatrix} = \begin{cases} 1 \cdot \det\begin{pmatrix} 5\,6 \\ 8\,9 \end{pmatrix} - 2 \cdot \det\begin{pmatrix} 4\,6 \\ 7\,9 \end{pmatrix} + 3 \cdot \det\begin{pmatrix} 4\,5 \\ 7\,8 \end{pmatrix} \\ -2 \cdot \det\begin{pmatrix} 4\,6 \\ 7\,9 \end{pmatrix} + 5 \cdot \det\begin{pmatrix} 1\,3 \\ 7\,9 \end{pmatrix} - 8 \cdot \det\begin{pmatrix} 1\,3 \\ 4\,6 \end{pmatrix} \end{cases}$$

$$= \begin{cases} 45 - 48 - 2\,(36 - 42) + 3\,(32 - 35) \\ -2\,(36 - 42) + 5\,(9 - 21) - 8\,(6 - 12) \end{cases} = 0 \tag{F.71}$$

13. Berechnen Sie die Eigenwerte und die Linearfaktorenzerlegung für die Matrix

$$A = \begin{pmatrix} i\sqrt{3} & 0 & 0 \\ 0 & 1 & 2 \\ 0 & -2 & -1 \end{pmatrix} \tag{F.72}$$

sowie Spur und Determinante.

Lösung: Es ist

$$p_3(\lambda) = \det(\lambda E - A) = \begin{vmatrix} \lambda - i\sqrt{3} & 0 & 0 \\ 0 & \lambda - 1 & -2 \\ 0 & 2 & \lambda + 1 \end{vmatrix} = \left(\lambda - i\sqrt{3}\right)\left(\lambda^2 + 3\right)$$

(F.73)

Damit ergeben sich als Nullstellen von $p(\lambda)$

$$\lambda_1 = i\sqrt{3} \; ; \; \lambda_2 = i\sqrt{3} \; ; \; \lambda_3 = -i\sqrt{3} \tag{F.74}$$

und die Linearfaktorenzerlegung des charakteristischen Polynoms lautet $\left(\lambda - i\sqrt{3}\right)^2 \left(\lambda + i\sqrt{3}\right)$; wir haben also die doppelte Nullstelle $i\sqrt{3}$ und die einfache Nullstelle $-i\sqrt{3}$.

Für Spur und Determinante gilt

$$Sp(A) = i\sqrt{3} + 1 - 1 = i\sqrt{3} \; ; \; \sum_j \lambda_j = \lambda_1 = i\sqrt{3} + i\sqrt{3} - i\sqrt{3} = i\sqrt{3}$$

(F.75)

und

$$\det(A) = i\sqrt{3}(-1 + 4) = 3i\sqrt{3} \; ; \; \prod_j \lambda_j = \lambda_1 = i\sqrt{3} \cdot i\sqrt{3} \cdot \left(-i\sqrt{3}\right) = 3i\sqrt{3}$$

(F.76)

14. Gegeben sei das Eigenwertproblem

$$M\upsilon = \lambda\upsilon \tag{F.77}$$

mit der Matrix

$$M = \begin{pmatrix} 0 & -2i \\ 2i & 3 \end{pmatrix} \tag{F.78}$$

Bestimmen Sie die Eigenwerte und die zugehörigen normierten Eigenvektoren. Stehen die beiden Eigenvektoren senkrecht aufeinander?

Lösung: Die Eigenwerte bestimmen sich über die Säkulargleichung

$$\det \begin{pmatrix} -\lambda & -2i \\ 2i & 3 - \lambda \end{pmatrix} = 0 \rightarrow \lambda(\lambda - 3) - 4 = 0 \rightarrow \lambda_1 = 4 \; ; \; \lambda_2 = -1 \tag{F.79}$$

Die Eigenvektoren $v_j = \begin{pmatrix} a_j \\ b_j \end{pmatrix}$ berechnen sich über

$$\begin{pmatrix} 0 & -2i \\ 2i & 3 \end{pmatrix} \begin{pmatrix} a_j \\ b_j \end{pmatrix} = \lambda_j \begin{pmatrix} a_j \\ b_j \end{pmatrix} \tag{F.80}$$

(unnormiert) zu

$$v_1 = a_1 \begin{pmatrix} 1 \\ 2i \end{pmatrix} \; ; \; v_2 = a_2 \begin{pmatrix} 1 \\ -\frac{i}{2} \end{pmatrix} \tag{F.81}$$

und normiert zu

$$v_1 = \frac{1}{\sqrt{5}} \begin{pmatrix} 1 \\ 2i \end{pmatrix} \; ; \; v_2 = \frac{2}{\sqrt{5}} \begin{pmatrix} 1 \\ -\frac{i}{2} \end{pmatrix} \tag{F.82}$$

Für das Skalarprodukt gilt

$$v_1^\dagger v_2 = \frac{2}{5} \begin{pmatrix} 1 & -2i \end{pmatrix} \begin{pmatrix} 1 \\ -\frac{i}{2} \end{pmatrix} = 0 \tag{F.83}$$

Die Eigenvektoren sind also zueinander orthogonal – das müssen sie aber auch sein, denn offensichtlich ist M eine hermitesche Matrix.

Anhang G:
Aus der linearen Algebra 2

QM spielt sich in komplexen Vektorräumen mit Skalarprodukt ab. Im folgenden Abschnitt werden dafür einige Grundlagen zusammengestellt.

G.1 Gruppen

Gruppen sind wichtige Strukturen nicht nur in der linearen Algebra, sondern treten auch an vielen Stellen in der mathematischen Physik auf. Sie bestehen aus einer Menge von Elementen (endlich oder unendlich viele), die mit einer Rechenvorschrift verknüpft werden können. Für die Verknüpfung benutzt man in der Regel die Schreibweisen $+$, $*$ oder $\times$; die Schreibweisen bedeuten aber nicht unbedingt die ‚normale' Addition oder Multiplikation.

Gegeben sei also eine nichtleere Menge von Elementen G und eine zweistellige Verknüpfung $*$, wobei die Verknüpfung zweier Elemente der Menge wieder ein Element von G ist (Abgeschlossenheit). Dann heißt das Paar $(G, *)$ Gruppe, wenn erfüllt ist

- $a * (b * c) = (a * b) * c$ – die Verknüpfung ist *assoziativ*.
- Es gibt ein *neutrales Element* mit $a * e = e * a = a$.
- Es gibt zu jedem $a \in G$ ein *inverses Element* $a^{-1} \in G$ mit $a * a^{-1} = a^{-1} * a = e$.
- Wenn außerdem noch gilt $a * b = b * a$, heißt die Gruppe *abelsch* oder *kommutativ*.

Wenn es sich bei der Verknüpfung um die Addition/die Multiplikation handelt, heißt die Gruppe additiv/multiplikativ; das neutrale Element ist dann die Null (Nullelement)/die Eins (Einselement) und das inverse Element ist $-a/a^{-1}$.

Beispiele für abelsche Gruppen sind die reellen Zahlen mit der Addition als Verknüpfung und der Null als neutralem Element, oder mit der Multiplikation und der Eins als neutralem Element, wobei hier die Null ausgeschieden werden muss, da sie kein Inverses besitzt. Ein Beispiel für eine nichtabelsche Gruppe sind die invertierbaren $n \times n$-Matrizen mit der Multiplikation als Verknüpfung.

Wegen der sehr allgemeinen Definition von Gruppen kann ‚alles Mögliche' eine Gruppe darstellen; bekannte Beispiele aus der Physik sind Symmetrietransformationen bzw. Drehungen und Spiegelungen oder auch die Lorentz-Transformationen. Wir führen im Folgenden einige Bezeichnungen explizit an.

Zunächst ein Beispiel einer diskreten Gruppe (abzählbar viele Elemente): Die Paritätsoperation $\mathcal{P}$ besitzt die Eigenwerte ± 1 (wegen $\mathcal{P}^2 = 1$). Die $\mathcal{P}$ entsprechende Gruppe ist die multiplikative Gruppe mit zwei Elementen 1 und -1, die Gruppe Z_2.

Kontinuierliche Gruppen besitzen überabzählbar viele Elemente. Ein Beispiel stellt die allgemeine lineare Gruppe (general linear group) $GL(n, K)$ dar. Sie ist die Gruppe aller invertierbaren $n \times n$-Matrizen mit Elementen aus dem Körper K (bei uns entweder $\mathbb{R}$ oder $\mathbb{C}$; wenn klar ist, welche Menge gemeint ist, lässt man K auch weg). Schränkt man diese Menge auf die Matrizen mit Determinante 1 ein, erhält man die spezielle lineare Gruppe $SL(n)$.

Spezialfälle von $GL(n)$ sind die unitäre Gruppe $U(n)$ und die orthogonale Gruppe $O(n)$, also die Gruppen der unitären und orthogonalen $n \times n$-Matrizen. Beschränkt man sich auf Matrizen mit Determinante 1, erhält man die spezielle unitäre Gruppe $SU(n)$ und die spezielle orthogonale Gruppe $SO(n)$. Um ein konkretes Beispiel zu nennen: $SO(3)$ ist die die Gruppe aller Drehungen im Dreidimensionalen um eine durch $(0, 0, 0)$ verlaufende Achse.

Die Gruppe $GL(n, K)$ und ihre Unterfälle sind anschaulich Gruppen, die ein Kontinuum bilden, was man an den (älteren) Bezeichnungen kontinuierliche oder stetige Gruppe ablesen kann. Heutzutage werden sie aber üblicherweise Lie-Gruppen genannt.

G.2   Vektorraum

Man kann sich vorstellen, dass der Begriff Vektorraum seinen eigentlichen Ursprung bei den ‚Pfeilen' bzw. den Vektoren der Physik hat. Nun befolgen aber auch Mengen ganz anderer Objekte dieselben Rechenregeln, besitzen also denselben Aufbau. Aus diesem Grund abstrahiert man von den ‚Pfeilen' und definiert die Struktur an sich.

Eine nichtleere Menge $\mathcal{V}$ heißt Vektorraum über einem Körper K (bei uns fast ausschließlich $\mathbb{C}$), wenn auf $\mathcal{V}$ eine Addition und eine Multiplikation mit Zahlen aus K erklärt ist,[1] so dass die üblichen Rechenregeln der Vektorrechnung gelten. Diese lauten:

Mit u und v gehört auch $u + v$ zum Vektorraum. Außerdem enthält $\mathcal{V}$ ein ausgezeichnetes Element 0 und es gilt[2]:

---

[1] Beachte: Damit wird postuliert, dass man zwei Zustände addieren und einen Zustand mit einer Zahl multiplizieren kann. Das ist eine starke Forderung, die bei vielen Zustandsräumen nicht erfüllt ist. Ein Beispiel: der Zustandsraum aller möglichen Stellungen auf dem Schachbrett.

[2] Es handelt sich also um eine additive abelsche Gruppe.

- $u + v = v + u$ Kommutativität der Addition
- $u + (v + w) = (u + v) + w$ Assoziativität der Addition
- $u + 0 = u$ Existenz des Nullelements
- $u + x = v$ besitzt stets genau eine Lösung x

Mit $u \in \mathcal{V}$, $\alpha \in \mathbb{C}$ gehört auch $\alpha \cdot u$ zum Vektorraum und es gilt:

- $(\alpha + \beta) \cdot u = \alpha \cdot u + \beta \cdot u$ Distributivität
- $\alpha \cdot (u + v) = \alpha \cdot u + \alpha \cdot v$ Distributivität
- $(\alpha \cdot \beta) \cdot u = (\alpha\beta) \cdot u$ Assoziativität der Multiplikation
- $1 \cdot u = u$ Existenz des Einselements

Elemente von $\mathcal{V}$ werden *Vektoren* genannt, die Elemente des Zahlenkörpers K *Skalare*.

Von den vielen Beispielen für Vektorräume erwähnen wir den Raum der $n \times n$-Matrizen, den Raum der Polynome vom Grad n, den Raum der im Intervall $0 \leq x \leq 1$ stetigen Funktionen, den Raum der Lösungen einer linearen DGl wie der Wellengleichung oder der Schrödinger-Gleichung, der Raum der Folgen $x = (x_0, x_1, x_2, \ldots)$. Dabei handelt es sich bei Addition und Multiplikation um die üblichen Operationen.

Wir weisen noch einmal darauf hin, dass in diesem Zusammenhang (sozusagen im algebraischen Sinn) alle möglichen Objekte Vektoren genannt werden können, sofern sie eben Elemente eines Vektorraums sind – Funktionen, Polynome, Matrizen usw., und eben auch die Lösungen der SGl. Dies nicht, weil sie wie ein Spaltenvektor aufgebaut wären, sondern weil sie Elemente eines Vektorraums sind. Es ist sicher gut, wenn man zwischen den Bedeutungen ‚physikalischer‘ und ‚algebraischer‘ Vektor unterscheiden kann.

G.3 Skalarprodukt

Auch bei den Begriffen Skalarprodukt (Winkel), Norm (Länge) und Metrik (Abstand) kann man sich vorstellen, dass sie im Zusammenhang der ‚Pfeile‘ entstanden sind; im Zusammenhang mit dem Abstraktionsprozess beim Vektorraum wurde auch hier von den konkreten Ausgangsobjekten abstrahiert und die Struktur aufgestellt und unter anderem natürlich auch auf komplexe Zahlen bzw. Vektoren erweitert.

Ein Skalarprodukt (oder inneres Produkt), das wir hier als (x, y) schreiben, ordnet zwei Elementen $x, y \in \mathcal{V}$ einen Skalar zu. Es müssen folgende Forderungen erfüllt sein: Das Skalarprodukt ist

1. positiv definit

$$(x, x) \geq 0 \quad ; \quad (x, x) = 0 \leftrightarrow x = 0$$

2. linear (genauer: Semilinearität in der ersten, Linearität in der 2. Komponente (Sesquilinearität))[3]

$$(x, \alpha y + \beta z) = \alpha (x, y) + \beta (x, z) \qquad (G.1)$$

3. hermitesch oder konjugiert symmetrisch

$$(x, y) = (y, x)^* \qquad (G.2)$$

Wegen der letzten Gleichung gilt immer $(x, x) \in \mathbb{R}$. Ganz offensichtlich stellt der Ausdruck $\int f^* g \, dV$ ein Skalarprodukt[4] dar, $(f, g) = \int f^* g \, dV$ bzw. in der von uns bevorzugten Schreibweise $\langle f \, | g \rangle$.[5]

Es findet sich auch die Bezeichnung: *antilinear* im ersten Argument, linear im zweiten Argument. In der Mathematik ist das übrigens in der Regel genau andersherum definiert – dort wird i. Allg. das *zweite* Element komplex konjugiert, nicht wie hier das erste.

G.4   Norm

Die Norm bedeutet anschaulich einfach die Länge eines Vektors (als Element eines Vektorraums). Die Eigenschaften einer (allgemeinen) Norm, hier geschrieben als $\| \ \|$ (es gibt auch die Schreibweise $| \ |$), lauten

1. $\|x\| \geq 0$; $\|x\| = 0 \leftrightarrow x = 0$
2. $\|\alpha x\| = |\alpha| \cdot \|x\|$
3. $\|x + y\| \leq \|x\| + \|y\|$ (Dreiecksungleichung)

Offensichtlich ist der Ausdruck $\sqrt{\int f^* f \, dV}$ eine Norm.

G.5   Metrik

Wenn wir auch diesen Begriff bei unserer Betrachtung der QM nicht benötigen, fügen wir ihn doch der Vollständigkeit halber an: Ein Abstandsbegriff (= Metrik)

---

[3] Eine Sesquilinearform ist eine Funktion, die zwei Vektoren eine Zahl zuordnet und linear in einem sowie semilinear im anderen Argument ist. Eine Sesquilinearform mit hermitescher Symmetrie heißt hermitesche Form.

[4] In der Mathematik wird i. Allg. das *zweite* Element komplex konjugiert, nicht wie hier das erste.

[5] Die Erkenntnis, dass $\int f^* g \, dV$ ein Skalarprodukt darstellt, ist anscheinend erst rund 100 Jahre alt. Wem das also nicht gleich unmittelbar klar war, kann sich damit trösten, dass der Sachverhalt beim ersten Sehen offensichtlich tatsächlich nicht jedem direkt ins Auge springt.

lässt sich über $d(x, y) = \|x - y\|$ festlegen. Eine allgemeine Metrik muss dabei erfüllen:

1. $d(x, y) \in \mathbb{R}, 0 \le d(x, y) < \infty$
2. $d(x, y) = 0 \leftrightarrow x = y$
3. $d(x, y) \le d(x, z) + d(z, y)$ (Dreiecksungleichung)
4. $d(x, y) = d(y, x)$

G.6   Schwarzsche Ungleichung

Die Schwarzsche Ungleichung[6] stellt einen wichtigen Zusammenhang zwischen dem Skalarprodukt und der Norm zweier Vektoren her. Für die vertrauten ‚Pfeilvektoren' ist das Skalarprodukt anschaulich das Produkt der Länge des ersten Vektors mit der Länge der senkrechten Projektion des zweiten Vektors auf den ersten Vektor (siehe Anhang F (1), Lineare Algebra 1). Von daher ist klar, dass diese Größe kleiner als das (oder bei parallelen Vektoren gleich dem) Produkt der Längen der beiden Vektoren ist. Die Schwarzsche Ungleichung verallgemeinert diesen Zusammenhang. Sie lautet:

$$|(x, y)| \le \|x\| \cdot \|y\| \tag{G.3}$$

Beweis: Die Ungleichung ist erfüllt, wenn $x = 0$ oder $y = 0$ gilt. Andernfalls folgt mit $\alpha = \|y\|^2 \in \mathbb{R}$ und $\beta = -(y, x)$:

$$0 \le (\alpha x + \beta y, \alpha x + \beta y) = \alpha^2 \|x\|^2 + \alpha\beta(x, y) + \alpha\beta^*(y, x) + \beta\beta^* \|y\|^2 =$$

$$= \alpha^2 \|x\|^2 - \|y\|^2 |(x, y)|^2 - \|y\|^2 |(x, y)|^2 + |(x, y)|^2 \|y\|^2 =$$

$$= \|y\|^4 \|x\|^2 - \|y\|^2 |(x, y)|^2 \tag{G.4}$$

Daraus folgt wegen $\|y\| \ne 0$ die Ungleichung $|(x, y)|^2 \le \|x\|^2 \|y\|^2$.

G.7   Orthogonalität

Wir schreiben die Schwarzsche Ungleichung für $\|x\|, \|y\| \ne 0$ in der Form

$$\frac{|(x, y)|}{\|x\| \cdot \|y\|} \le 1 \tag{G.5}$$

---

[6] Bekannt auch als Cauchy-Schwarz-Ungleichung oder Cauchy-Bunjakowski-Schwarz-Ungleichung. Zitat Wikipedia Dezember 2010: „Benannt ist die Ungleichung nach Augustin Louis Cauchy, Wiktor Jakowlewitsch Bunjakowski und Hermann Amandus Schwarz. Bei Cauchy findet sich die Summenform der Ungleichung in seiner Analyse algébrique (1821). Die Integralform der Ungleichung wurde historisch erstmals 1859 von Bunjakowski in einer Arbeit über Ungleichungen zwischen Integralen veröffentlicht; Schwarz veröffentlichte seine Arbeit erst 50 Jahre später."
Woran man mal wieder sieht, wie nachlässig und ungerecht die Geschichte sein kann.

Wir setzen nun für den Augenblick einen reellen Vektorraum voraus und übernehmen das einzig interessierende Teilergebnis für den komplexen Fall. x und y seien
also Elemente eines reellen Vektorraums. Dann können wir die letzte Gleichung
schreiben als

$$-1 \leq \frac{(x, y)}{||x|| \cdot ||y||} \leq 1 \tag{G.6}$$

Damit lässt sich ein abstrakter Winkel $\alpha_{x,y}$ (bis auf Vielfache von 2π) zwischen x
und y (als Elementen des Vektorraums, nicht als Funktionen des Ortes!) definieren,
nämlich über

$$\frac{(x, y)}{||x|| \cdot ||y||} = \cos \alpha_{x,y} \tag{G.7}$$

Insbesondere stehen x und y senkrecht aufeinander (= sind zueinander orthogonal),
wenn gilt $(x, y) = 0$. Wir übertragen dieses Ergebnis auf komplexe Vektorräume
(tatsächlich ist auch nur dieses Ergebnis bzw. dieser Winkel von Interesse). Mit
anderen Worten: Zwei Wellenfunktionen $\Phi \neq 0$ und $\Psi \neq 0$ sind zueinander genau
dann orthogonal, wenn gilt

$$(\Phi, \Psi) = 0 \ \leftrightarrow \ \Phi \perp \Psi \tag{G.8}$$

Wie man sieht, ist der zu sich selbst und zu allen anderen Vektoren orthogonal.

G.8 Hilbert-Raum

Hilbert-Räume sind spezielle Vektorräume, die ein hohes Maß an Struktur aufwei-
sen und dadurch sehr angenehme Eigenschaften für alle möglichen Berechnungen
haben. Wir haben sie in Kap. 11 (1) eingeführt und fassen hier noch einmal
wesentliche Eigenschaften zusammen.

Allgemein heißt ein Vektorraum mit Skalarprodukt *Skalarproduktraum* oder
Prä-Hilbert-Raum, wobei man zwischen dem *Euklidischen* (reeller Fall) und dem
unitären (komplexer Fall) Vektorraum unterscheidet. Ein vollständiger Prä-Hilbert-
Raum wird *Hilbert-Raum* $\mathcal{H}$ genannt.[7]

Vollständig heißt ein Raum, wenn jede Cauchy-Folge[8] von Elementen dieses
Raumes konvergiert. So ist zum Beispiel der Raum der rationalen Zahlen (also
der Brüche) nicht vollständig, weil Folgen rationaler Zahlen gegen reelle Zahlen

---

[7] Räume mit $\langle \varphi | \ \varphi \rangle < 0$ werden ‚Pseudo-Hilbert-Räume' genannt.

[8] Eine Folge $\{a_n\}$ heißt Cauchy-Folge, wenn zu jedem $\epsilon > 0$ ein $N(\epsilon) \in \mathbb{N}$ existiert, so dass
$\forall \, n, m > N(\epsilon)$ die Ungleichung $||a_n - a_m|| < \epsilon$ gilt. Beachten Sie, dass in dieser Definition kein
Grenzwert auftaucht.

konvergieren können, wie die Folge $\left(1 + \frac{1}{n}\right)^n$ zeigt. Hier haben wir für jedes endliche n eine rationale Zahl, während die Folge gegen die reelle (transzendente) Zahl e konvergiert.

In Hilbert-Räumen gilt die Parallelogrammregel (Beweis in den Aufgaben)

$$\|x + y\|^2 + \|x - y\|^2 = 2\left(\|x\|^2 + \|y\|^2\right) \tag{G.9}$$

In Hilbert-Räumen können wir eine *Orthonormalbasis* bilden. Das ist eine Menge von normierten Vektoren $\{v_n \in \mathcal{H}\}$, die paarweise zueinander orthogonal sind und deren lineare Hülle (also die Menge aller ihrer Linearkombinationen) den ganzen Hilbert-Raum aufspannt (Vollständigkeit). Wegen dieser Eigenschaften heißt so eine Basis auch Vollständiges OrthoNormalSystem, kurz *VONS*.

Die Hilbert-Räume, die wir betrachten, sind *separabel*,[9] besitzen also ein VONS höchstens abzählbar unendlicher Dimension.

Weiters gibt es nach einem Theorem auf jedem Hilbert-Raum endliche Mengen von selbstadjungierten Operatoren, die paarweise kommutieren und deren gemeinsame Eigenvektoren eine Basis des Hilbert-Raumes ohne Entartung bilden. Diese Menge wird VSKO (Vollständiges System Kommutierender Observabler) genannt; ein Beispiel findet sich in Kap. 3 (2) (Wasserstoffatom).

Im Fall der Hilbert-Räume gilt das Wort: ‚Wenn man einen kennt, kennt man alle.‘ Genauer: Alle Hilbert-Räume, die separabel sind und gleiche Dimension haben (endlich oder unendlich), sind *isomorph* (also geometrisch identisch; es gibt eineindeutige längenerhaltende Abbildungen zwischen diesen Räumen). Von daher spricht man oft auch von *dem* Hilbert-Raum der Dimension n oder ∞.

Es gibt ganz verschiedene Realisierungen von $\mathcal{H}$; wir wollen zwei davon kurz vorstellen.

Der Prototyp aller Hilbert-Räume der Dimension ∞ ist der Folgenraum $l^{(2)}$. Er besteht aus allen unendlichen Folgen komplexer Zahlen $x = (x_1, x_2, x_3, \ldots)$ mit dem inneren Produkt $(x, y) = \sum_n x_n^* y_n$ und der Eigenschaft, dass die Summe der Betragsquadrate endlich ist: $(x, x) = \sum_n |x_n|^2 < \infty$. Dieser Raum wurde 1912 von David Hilbert eingeführt, nach dem diese Räume benannt sind.[10] Wir bemerken, dass die Räume $l^{(p)}$ für $p \neq 2$ keine Hilbert-Räume sind, siehe Aufgaben.

Ein weiterer für die QM wesentlicher Raum ist $L^{(2)}(a, b)$, der Raum der im Intervall (a, b) quadratintegrierbaren Funktionen (wir beschränken die Diskussion hier auf eine Dimension). Das innere Produkt ist definiert als $\int_a^b f^*(x)\, g(x)\, dx$ und für die Norm muss gelten $\|f\| = \left(\int_a^b |f(x)|^2\, dx\right)^{1/2} < \infty$. Gehen die Grenzen des Integrals gegen unendlich, schreibt man $L^{(2)}(-\infty, \infty)$ oder auch $L^{(2)}(\mathbb{R})$. Eine

---

[9] Nichtseparable Hilbert-Räume treten z. B. bei der Quantisierung von Feldern auf.

[10] Die axiomatische Definition des Hilbert-Raumes wurde erst 1927 von J. von Neumann gegeben, und zwar im Zusammenhang mit der mathematischen Behandlung der QM.

Erweiterung stellen die $L^{(p)}$-Räume dar mit der Norm $\| f \| = \left(\int_a^b |f(x)|^p \, dx \right)^{1/p}$; sie sind allerdings für $p \neq 2$ keine Hilbert-Räume (siehe Aufgaben).

Hilbert-Räume treten in vielen verschiedenen Gebieten von Mathematik und Physik auf, etwa in der Spektraltheorie gewöhnlicher DGl, der Theorie partieller DGl, der Ergodentheorie, der Fourieranalyse, der QM und anderen mehr. In der Fourieranalyse kann man z. B. 2π-periodische Funktionen $f(x)$ entwickeln nach (siehe Anhang)

$$f(x) = \sum_{n=-\infty}^{\infty} f_n e^{inx} \; ; \; f_n = \frac{1}{2\pi} \int_{-\pi}^{\pi} f(x) e^{-inx} dx \qquad \text{(G.10)}$$

Man kann zeigen, dass die Funktionen e^{inx} eine orthogonale Basis im Raum L^2 bilden, so dass also die Fourier-Entwicklung für alle Funktionen aus diesem Raum gilt. Andere bekannte Entwicklungen benutzen als VONS Wavelets oder die Kugelfunktionen (Multipolentwicklung).

G.9 C^*-Algebra

In Fußnoten haben wir darauf hingewiesen, dass man einen (recht abstrakten) Einstieg in die QM auch über eine C^*-Algebra formulieren kann. Genauer gesagt, handelt es sich darum, dass die Observablen der klassischen Mechanik (z. B. Polynome der Phasenraumvariablen) und der QM eine solche Struktur besitzen, natürlich in verschiedenen Ausprägungen. Der Vollständigkeit halber und als ein Beispiel für weitergehende Formulierungen wollen wir hier kurz die wesentlichen Definitionen zusammentragen.

Wir starten mit einem komplexen Vektorraum $\mathcal{V}$, in dem wie oben für $x, y \in \mathcal{V}$ und $\lambda \in \mathbb{C}$ die Verknüpfungen $+$ und $\cdot$ definiert sind. Wenn wir für $x, y \in \mathcal{V}$ zusätzlich eine Multiplikation $x \circ y$ definieren, die assoziativ und distributiv ist sowie ein Einselement besitzt, haben wir eine *komplexe Algebra* $\mathcal{A}$. Es gilt also

$$\begin{aligned} (x \circ y) \circ z = x \circ (y \circ z) \; ; \; (x + y) \circ z = x \circ z + y \circ z \\ \lambda (x \circ y) = (\lambda x) \circ y \; ; \; 1 \circ x = x \circ 1 = 1 \end{aligned} \qquad \text{(G.11)}$$

Eine *normierte Algebra* ist eine Algebra, in der für $x \in \mathcal{V}$ eine Norm $\|x\|$ definiert ist. Eine **-Algebra* (gesprochen Stern-Algebra) ist eine Algebra mit einer *Involution* genannten Abbildung * mit

$$(x^*)^* = x \; ; \; (\lambda x)^* = \bar{\lambda} x^* \; ; \; (x \circ y)^* = y^* \circ x^* \qquad \text{(G.12)}$$

Hier haben wir die komplexe Konjugation mit $\bar{\lambda}$ bezeichnet, um sie besser von der *-Abbildung unterscheiden zu können.

Eine *Banach-Algebra* ist eine normierte *-Algebra mit der Bedingung $\|x\| = \|x^*\|$, und eine *C*-Algebra* (gesprochen C-Stern-Algebra) ist schließlich eine Banach-Algebra, in der die sogenannte C^*-Bedingung $\|x^* \circ x\| = \|x\|^2$ gilt.

Ein Beispiel für eine C^*-Algebra bilden komplexe quadratische $n \times n$-Matrizen mit einer entsprechend definierten Norm. Die *-Abbildung ist in diesem Fall das Adjungieren. Anders formuliert: Die C^*-Algebra kann man auffassen als eine Abstraktion der beschränkten linearen Operatoren auf Hilbert-Räumen.

G.10 Aufgaben

1. Vektorraum; die +-Verknüpfung sei die übliche Addition, der zugrunde liegende Körper sei $\mathbb{R}$.
   Welche der folgenden Mengen bildet einen Vektorraum? Die Menge der
   (a) natürlichen Zahlen,
   (b) rationalen Zahlen,
   (c) auf dem Intervall $(-1,1)$ stetigen Funktionen,
   (d) 4×4-Matrizen?
2. Bilden die auf dem Intervall $(0, 2\pi)$ periodischen Funktionen einen Vektorraum?
3. Leiten Sie aus der Cauchy-Schwarzschen Ungleichung $|\mathbf{ab}| \leq |\mathbf{a}|\,|\mathbf{b}|$ ab, dass gilt $\mathbf{ab} = |\mathbf{a}|\,|\mathbf{b}| \cos \varphi$.
4. Zeigen Sie, dass das Skalarprodukt zweier Zustände $|x\rangle$ und $|y\rangle$ darstellungsunabhängig ist.
   Lösung: Anschaulich ist die Behauptung klar, da es sich beim Skalarprodukt um eine Projektion eines Zustands auf den anderen handelt. Um das aber auch formal zu zeigen, gehen wir von zwei Basissystemen $\{|\varphi_l\rangle, l = 1, 2, \ldots\}$ und $\{|\psi_l\rangle, l = 1, 2, \ldots\}$ aus, die wir o.B.d.A. als VONS ansetzen. Die Transformation zwischen den beiden Basen lautet

$$|\psi_l\rangle = \sum_j \gamma_{lj} |\varphi_j\rangle \qquad (G.13)$$

Da es sich um zwei VONS handelt, gilt

$$\delta_{nn'} = \langle \psi_{n'} | \psi_n \rangle = \sum_{j'j} \gamma^*_{n'j'} \langle \varphi_{j'} | \gamma_{nj} | \varphi_j \rangle = \sum_j \gamma^*_{nj} \gamma_{nj} \qquad (G.14)$$

Die Entwicklung der Zustände nach den beiden VONS lautet

$$\begin{aligned} |x\rangle = \sum_l c_{xl} |\varphi_l\rangle = \sum_l d_{xl} |\psi_l\rangle \\ |y\rangle = \sum_l c_{yl} |\varphi_l\rangle = \sum_l d_{yl} |\psi_l\rangle \end{aligned} \qquad (G.15)$$

Die Zustandsentwicklungen nach $\{|\varphi_l\rangle\}$ und $\{|\psi_l\rangle\}$ hängen wegen (G.13) zusammen über

$$|x\rangle = \sum_m c_{xm} |\varphi_m\rangle = \sum_n d_{xn} |\psi_n\rangle = \sum_{nm} d_{xn} \gamma_{nm} |\varphi_m\rangle \qquad (G.16)$$

und analog für $|y\rangle$, woraus folgt

$$c_{xm} = \sum_n d_{xn}\gamma_{nm} \; ; \; c_{ym} = \sum_n d_{yn}\gamma_{nm} \tag{G.17}$$

Für das Skalarprodukt ergibt sich in der Basis $\{|\varphi_l\rangle\}$

$$\langle x| \, y\rangle = \sum_{mm'} c^*_{xm'} \langle \varphi_m | c_{ym} | \varphi_m\rangle = \sum_{mm'} c^*_{xm'} c_{ym} \delta_{m'm} = \sum_m c^*_{xm} c_{ym} \tag{G.18}$$

und in der Basis $\{|\psi_l\rangle\}$ entsprechend

$$\langle x| \, y\rangle = \sum_m d^*_{xm} d_{ym} \tag{G.19}$$

Wir müssen also die Gleichheit $\sum_m c^*_{xm} c_{ym} = \sum_m d^*_{xm} d_{ym}$ zeigen. Dies gelingt mit Gl. (G.17) und (G.14):

$$\sum_m c^*_{xm} c_{ym} = \sum_m \sum_{n'} d^*_{xn'} \gamma^*_{n'm} \sum_n d_{yn} \gamma_{nm} =$$
$$= \sum_{n'n} d^*_{xn'} d_{yn} \sum_n \gamma^*_{n'm} \gamma_{nm} = \sum_{n'n} d^*_{xn'} d_{yn} \delta_{n'n} = \sum_n d^*_{xn} d_{yn} \tag{G.20}$$

5. Beweisen Sie die in einem Hilbert-Raum geltende Parallelogrammregel

$$\|x + y\|^2 + \|x - y\|^2 = 2\left(\|x\|^2 + \|y\|^2\right) \tag{G.21}$$

Lösung: Wir rechnen das schlicht aus. Es gilt

$$\|x + y\|^2 + \|x - y\|^2 = (x + y, x + y)^2 + (x - y, x - y)^2 =$$
$$= (x, x)^2 + (x, y) + (y, x) + (y, y)^2 + (x, x)^2 - (x, y) - (y, x) + (y, y)^2 =$$
$$= 2\left(\|x\|^2 + \|y\|^2\right) \tag{G.22}$$

6. Zeigen Sie: l^p mit $p \neq 2$ ist kein Hilbert-Raum.
   Lösung: In einem l^p-Raum ist die Norm von $x = (x_1, x_2.x_3, \ldots)$ definiert als

$$\|x\| = \left(\sum_n |x_n|^p\right)^{1/p} \tag{G.23}$$

Wir weisen nach, dass diese Norm die Parallelogrammregel nicht erfüllt, die ja in einem Hilbert-Raum gilt. Für den Beweis brauchen wir ein einziges Gegenbeispiel; als das wählen wir $x = (1, 1, 0, 0, \ldots)$ und $y = (1, -1, 0, 0, \ldots)$. Dann folgt

$$\|x + y\| = \|x - y\| = 2 \quad \text{und} \quad \|x\| = \|y\| = 2^{1/p} \tag{G.24}$$

Offensichtlich ist die Parallelogrammregel also nur für $p = 2$ erfüllt. Damit ist die Behauptung bewiesen.

Anhang H:
Fourier-Transformation und Deltafunktion

H.1 Fourier-Transformation

Mit der Fourier-Reihe lassen sich periodische Funktionen darstellen und analysieren; für nichtperiodische Funktionen benutzt man die *Fourier-Transformation*.

Definition: Sei eine Funktion $f(x)$ gegeben und gelte

$$f(x) = \frac{1}{\sqrt{2\pi}} \int\limits_{-\infty}^{+\infty} \hat{f}(k)\, e^{ikx}\, dk \tag{H.1}$$

Dann lassen sich die Funktionen $\hat{f}(k)$ berechnen über

$$\hat{f}(k) = \frac{1}{\sqrt{2\pi}} \int\limits_{-\infty}^{+\infty} f(x)\, e^{-ikx}\, dx \tag{H.2}$$

Zur Sprachweise: Man nennt $f(x)$ auch Funktion im *Ortsraum*, $\hat{f}(k)$ Funktion im *Impulsraum* (wegen $p = \hbar k$).[1]

---

[1] Eine andere gebräuchliche Schreibweise bzw. Definition der Fourier-Transformation benutzt eine asymmetrische Normierung:

$$f(x) = \int\limits_{-\infty}^{+\infty} \hat{f}(k)\, e^{ikx}\, dk \ ; \ \hat{f}(k) = \frac{1}{2\pi} \int\limits_{-\infty}^{+\infty} f(x)\, e^{-ikx}\, dx \tag{H.3}$$

© Der/die Herausgeber bzw. der/die Autor(en), exklusiv lizenziert an
Springer-Verlag GmbH, DE, ein Teil von Springer Nature 2024
J. Pade, *Quantenmechanik zu Fuß 1*, https://doi.org/10.1007/978-3-662-67928-9

In drei Dimensionen lauten die Transformationen[2]

$$f(\mathbf{r}) = \frac{1}{(2\pi)^{3/2}} \int\limits_{-\infty}^{+\infty} \hat{f}(\mathbf{k}) \, e^{i\mathbf{k}\mathbf{r}} dk_x dk_y dk_z = \frac{1}{(2\pi)^{3/2}} \int\limits_{-\infty}^{+\infty} \hat{f}(\mathbf{k}) \, e^{i\mathbf{k}\mathbf{r}} d^3 k \qquad (H.4)$$

und

$$\hat{f}(\mathbf{k}) = \frac{1}{(2\pi)^{3/2}} \int\limits_{-\infty}^{+\infty} f(\mathbf{r}) \, e^{-i\mathbf{k}\mathbf{r}} dx dy dz \qquad (H.5)$$

mit $\mathbf{r} = (x, y, z)$ und $\mathbf{k} = (k_x, k_y, k_z)$.

Anschaulich ergibt sich, dass eine breite Ortsverteilung $f(x)$ eine schmale Impulsverteilung $\hat{f}(k)$ bedingt und umgekehrt, siehe Aufgaben. Man sieht das auch sehr deutlich an dem Extremfall der Funktion $f(x) = f_0 e^{ikx}$. Hier ist k (und damit auch p) eine genau definierte reelle Zahl. Also ist $\Delta p = 0$; damit muss cum grano salis die Ortsunschärfe unendlich sein, $\Delta x = \infty$. Tatsächlich ist ja auch $f(x) = f_0 e^{ikx}$ über den ganzen Raum ‚verschmiert'; $|f(x)| = |f_0|$ für alle x. Die nächste Frage ist die nach einem Objekt im Ortsraum mit Ortsunschärfe null und unendlich großer Impulsunschärfe; wie sich gleich herausstellen wird, ist das die sogenannte Deltafunktion.

Die Fourier-Transformation ist eine *lineare* Operation; die beteiligten Funktionen $f(x)$ und $\hat{f}(k)$ sind im Allgemeinen komplex. Für reelle $f(x)$ gilt $\hat{f}(k) = \hat{f}^*(-k)$. Die Fourier-Transformierte von $f'(x)$ ist $ik\hat{f}(k)$, und eine verschobene Funktion $g(x) = f(x - a)$ hat die Fourier-Transformierte $\hat{g}(k) = e^{-ika}\hat{f}(k)$ (Beweis dieser Eigenschaften in den Aufgaben).

Schließlich erwähnen wir noch den Faltungssatz. Unter einer Faltung der Funktionen f und g versteht man eine Operation, die zu diesen zwei Funktionen eine dritte liefert:

$$\int\limits_{-\infty}^{+\infty} f(x - y) \, g(y) \, dy = h(x) \qquad (H.6)$$

Eine solche Faltung entspricht dem Produkt der Fourier-Transformierten

$$\hat{h}(k) = \frac{1}{\sqrt{2\pi}} \hat{f}(k) \, \hat{g}(k) \qquad (H.7)$$

Beweis in den Aufgaben.

---

[2] Neben $dk_x dk_y dk_z$ und $d^3 k$ gibt es noch weitere Schreibweisen für Volumenelemente; siehe Anhang Analysis.

H.2   Die Deltafunktion

Die *Deltafunktion* (auch Diracsche Deltafunktion oder Dirac-Funktion nach ihrem ‚Erfinder‘ Dirac genannt; kurz: δ-Funktion) ist ein wichtiges Hilfsmittel bei der mathematischen Formulierung nicht nur der Quantenmechanik.

H.2.1   Formale Herleitung

Wir starten von den Gleichungen für die Fourier-Transformation

$$f(x) = \frac{1}{\sqrt{2\pi}} \int\limits_{-\infty}^{\infty} dk\, \hat{f}(k)\, e^{ikx}$$
$$\hat{f}(k) = \frac{1}{\sqrt{2\pi}} \int\limits_{-\infty}^{\infty} dx'\, f(x')\, e^{-ikx'} \tag{H.8}$$

Diese (in der Physik gern verwendete, aber in der Mathematik dem Vernehmen nach weniger gern gesehene) Schreibweise des Integrals (Stellung von dk, dx) versteht sich so, dass die Integration über k auf alles wirkt, was rechts davon steht, bis ein Additionszeichen, eine Klammer oder ein Gleichheitszeichen kommt. Es handelt sich dabei um eine übliche Schreibweise, die z. B. erlaubt, Mehrfachintegrale konziser zu schreiben und deswegen in diesem Zusammenhang häufig verwendet wird. Durch Einsetzen von $\hat{f}(k)$ auf der rechten Seite der ersten Gleichung folgt:

$$f(x) = \frac{1}{2\pi} \int\limits_{-\infty}^{\infty} dk \int\limits_{-\infty}^{\infty} dx'\, f(x')\, e^{-ikx'} e^{ikx} \tag{H.9}$$

Wir nehmen (wie immer) an, dass wir die Integrationen vertauschen dürfen; dies ergibt:

$$f(x) = \frac{1}{2\pi} \int\limits_{-\infty}^{\infty} dx' \int\limits_{-\infty}^{\infty} dk\, f(x')\, e^{-ikx'} e^{ikx} \tag{H.10}$$

$f(x')$ hängt nicht von k ab und lässt sich vorziehen.

$$f(x) = \int\limits_{-\infty}^{\infty} dx' f(x')\, \frac{1}{2\pi} \int\limits_{-\infty}^{\infty} dk\, e^{ik(x-x')} \tag{H.11}$$

Die weiteren Überlegungen beruhen nun darauf, dass die Funktion f auf der linken Seite als $f(x)$ und auf der rechten Seite unter dem Integral als $f(x')$ auftaucht. Der Ausdruck

$$\frac{1}{2\pi} \int\limits_{-\infty}^{\infty} dk\, e^{ik(x-x')} \tag{H.12}$$

hängt nur noch von x und x' ab (k ist Integrationsvariable). Man nennt ihn Delta‚funktion' (δ-Funktion):

$$\delta\left(x - x'\right) = \frac{1}{2\pi} \int\limits_{-\infty}^{\infty} dk\, e^{ik(x-x')} \tag{H.13}$$

Gl. (H.11) lässt sich dann schreiben als:

$$f\left(x\right) = \int\limits_{-\infty}^{\infty} dx'\, f\left(x'\right) \delta\left(x - x'\right) \tag{H.14}$$

Die Wirkung der δ-Funktion besteht also offensichtlich darin, dass sie die Funktion $f(x)$ aus dem Integral herausprojiziert, und zwar für den Wert, an dem das Argument der δ-Funktion verschwindet.

H.2.2 Anschauliche Herleitung der Deltafunktion

Anschaulich lässt sich die δ-Funktion deuten als eine unendlich hohe und unendlich dünne Nadel am Ort $x - x' = 0$; dies zeigt die folgende Herleitung (Abb. H.1).

Nehmen wir an, wir haben auf der x-Achse ein Intervall $(x'-\varepsilon, x'+\varepsilon)$, außerdem eine Rechteckfunktion

$$H\left(x\right) = \begin{cases} \frac{1}{2\varepsilon} & \text{für } x' - \varepsilon < x < x' + \varepsilon \\ 0 & \text{sonst} \end{cases} \tag{H.15}$$

mit der Fläche 1 sowie eine beliebige Funktion $f\left(x\right)$. Für das Integral über das Produkt der beiden Funktionen folgt zunächst

Abb. H.1 Zur Herleitung der Deltafunktion

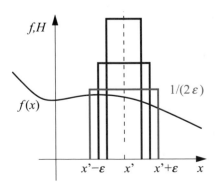

$$\int\limits_{-\infty}^{\infty} f(x)\, H(x)\, dx = \int\limits_{x'-\varepsilon}^{x'+\varepsilon} f(x)\, H(x)\, dx = \frac{1}{2\varepsilon} \int\limits_{x'-\varepsilon}^{x'+\varepsilon} f(x)\, dx \qquad \text{(H.16)}$$

Das letzte Integral formen wir mit dem Mittelwertsatz der Integralrechnung um (siehe Anhang D (1), Analysis 1), nach dem es einen Wert ξ gibt (welcher Wert das ist, wird in dem Satz nicht gesagt), so dass gilt

$$\int_{a}^{b} g(x)\, dx = (b-a)\, g(\xi) \quad \text{mit } a \le \xi \le b \qquad \text{(H.17)}$$

Damit erhalten wir:

$$\int\limits_{-\infty}^{\infty} f(x)\, H(x)\, dx = \frac{1}{2\varepsilon} \int\limits_{x'-\varepsilon}^{x'+\varepsilon} f(x)\, dx = f(\xi) \;;\; x'-\varepsilon \le \xi \le x'+\varepsilon \qquad \text{(H.18)}$$

Nun lassen wir das Intervall gegen x' schrumpfen ($\varepsilon \to 0$), wobei die Höhe der Rechteckfunktion dann wegen der Konstanz der Fläche der Rechteckfunktion gegen unendlich läuft; diese Funktion wird also immer schmaler und höher. Im Grenzwert erhalten wir:

$$\int\limits_{-\infty}^{\infty} f(x')\, \delta(x-x')\, dx' = f(x) \qquad \text{(H.19)}$$

Diese Herleitung über die Rechteckfunktion ist nicht die einzig mögliche; es gibt beliebig viele andere. Gemeinsam ist ihnen, dass sie von einer ‚richtigen‘ Funktion ausgehen, deren Grenzwert (Breite gegen null, Höhe gegen unendlich, Fläche bleibt konstant 1) dann die Deltafunktion darstellt. Man nennt diese Funktionen *Darstellungen* der Deltafunktion, wobei man immer im Kopf hat, dass der Grenzwert (irgendwann im Laufe der Rechnung) durchzuführen ist. Eine kleine Auswahl darstellender Funktionen:

$$\delta\varepsilon(x) = \frac{1}{2\varepsilon} \text{ für } -\varepsilon < x < \varepsilon \text{ (Rechteckfunktion)}$$

$$\delta_\varepsilon(x) = \frac{1}{\varepsilon\sqrt{\pi}} e^{-x^2/\varepsilon^2} \text{ (Gaußsche Glockenkurve)}$$

$$\delta_\varepsilon(x) = \frac{\varepsilon}{\pi x^2} \sin^2\left(\frac{x}{\varepsilon}\right)$$

$$\delta_\varepsilon(x) = \frac{1}{\pi} \frac{\varepsilon}{x^2+\varepsilon^2}$$

$$\delta_\varepsilon(x) = \frac{1}{2\pi} \int\limits_{-\infty}^{\infty} dk\, e^{ikx} e^{-\varepsilon|k|}$$

$$\text{(H.20)}$$

Wie gesagt, muss dabei irgendwann der Grenzübergang $\varepsilon \rightarrow 0$ durchgeführt werden. Weil man das weiß, unterschlägt man z. B. üblicherweise den konvergenzerzeugenden Faktor $e^{-\varepsilon|k|}$ in der letzten Gleichung. Alternativ kann man schreiben

$$\delta(x) = \lim_{\varepsilon \to 0} \frac{1}{\varepsilon\sqrt{\pi}} e^{-x^2/\varepsilon^2} \tag{H.21}$$

und entsprechend für die anderen Darstellungen.

Mithilfe der darstellenden Funktionen kann man bestimmte Eigenschaften der Deltafunktion relativ leicht beschreiben – man muss sich dazu zweckmäßigerweise eine geeignete darstellende Funktion heraussuchen.

H.2.3 Beispiele, Eigenschaften, Anwendungen

Beispiele Das Argument der δ-Funktion im Integral

$$\int_{-\infty}^{\infty} dy \left(y^2 + 4\right) \delta(y - 1) = 1 + 4 = 5 \tag{H.22}$$

verschwindet für $y = 1$; folglich hat das Integral den Wert 5.

Im nächsten Beispiel verschwindet das Argument der δ-Funktion für $z = -1$:

$$\int_{-\infty}^{\infty} dz\, e^{-\gamma z^3} \delta(z + 1) = e^{-\gamma(-1)^3} = e^{\gamma} \tag{H.23}$$

Eigenschaften Zum Namen der Deltafunktion: Ein Blick auf Gl. (H.13) verrät, dass die δ-Funktion gar keine Funktion sein kann – sonst müsste ja das Integral konvergieren, was es offensichtlich nicht tut. δ ist vielmehr eine Abbildung, die einer Funktion eine Zahl zuordnet, also ein *Funktional* (*Distribution*). Dass man nicht korrekt ‚Deltafunktional' sagt, sondern Deltafunktion, liegt an der Schludrigkeit der Physiker. Genau deswegen, weil sie eben keine Funktion ist, sondern nur so heißt, hat die δ-Funktion neben einigen vertrauten auch einige für Funktionen unübliche Eigenschaften.

Man kann die Deltafunktion als Ableitung der Heaviside-Funktion $\Theta(x)$ (oder Sprung- oder Theta-Funktion) auffassen:

$$\int_{-\infty}^{x} \delta\left(x'\right) dx' = \begin{cases} 0 \\ 1 \end{cases} \text{für } \begin{matrix} x < 0 \\ x > 0 \end{matrix} = \Theta(x) \ ; \ \Theta'(x) = \delta(x) \tag{H.24}$$

Die Heaviside-Funktion ist punktsymmetrisch, die δ-Funktion symmetrisch, $\delta(x) = \delta(-x)$. Ableitungen der δ-Funktion kann man über partielle Integration definieren; es gilt

$$\int_{-\infty}^{\infty} f(x')\, \delta^{(n)}(x - x')\, dx' = (-1)^n\, f^{(n)}(x) \tag{H.25}$$

Eine wichtige Eigenschaft ist (siehe Aufgaben)

$$\delta(ax) = \frac{1}{|a|}\delta(x) \tag{H.26}$$

woraus für $a = -1$ die Symmetrie $\delta(-x) = \delta(x)$ folgt. Verallgemeinert man auf eine Funktion $g(x)$, die nur einfache Nullstellen x_n besitzt, gilt (siehe Aufgaben):

$$\delta(g(x)) = \sum_n \frac{1}{|g'(x_n)|}\delta(x - x_n) \tag{H.27}$$

Anwendungen Wie Gl. (H.13) zeigt, handelt es sich bei der Deltafunktion um ein Objekt mit einer unendlich großen Impulsunschärfe – es wird ja über alle Impulse k integriert. Mithin beschreibt die Deltafunktion ein Objekt mit genau definiertem Ort und einem undefinierten Impuls. Sie ist damit das ‚Gegenstück' zur ebenen Welle, die ja ein Objekt mit genau definiertem Impuls und völlig undefiniertem Ort beschreibt.

Der Einsatz der δ-Funktion ist aber nicht auf die Quantenmechanik beschränkt. Zum Beispiel lässt sich die Massendichte einer klassischen Punktmasse mit ihr beschreiben. Die Punktmasse mit Masse m_0 befinde sich am Ort $x = x_0$. Dann gilt

$$\rho(x) = m_0 \delta(x - x_0) \tag{II.28}$$

und für die Gesamtmasse folgt

$$M = \int_{-\infty}^{\infty} \rho(x)\, dx = m_0 \int_{-\infty}^{\infty} \delta(x - x_0)\, dx = m_0 \tag{H.29}$$

H.2.4 Deltafunktion und Laplace-Operator

Die erste Maxwellsche Gleichung $\nabla E = \rho/\varepsilon_0$ lässt sich mit $= \mathbf{E} = -\nabla\Phi$ als $\nabla^2\Phi = -\rho/\varepsilon_0$ schreiben. Das Potential einer Punktladung, deren Ladungsdichte wir als Deltafunktion beschreiben können, ist bekanntlich proportional zu $1/r$. Mit anderen Worten: Der Ausdruck $\nabla^2\frac{1}{r}$ sollte (sozusagen aus physikalischen Gründen) im Wesentlichen eine Deltafunktion ergeben. Dies wollen wir jetzt zeigen.

Wenn man direkt (und etwas zu naiv) an die Aufgabe herangeht, berechnet man einfach $\nabla^2\frac{1}{r}$. Da es sich um ein radialsymmetrisches Problem handelt, müssen wir nur den radialen Anteil von ∇^2 betrachten, also $\frac{1}{r}\frac{\partial^2}{\partial r^2}r$. Wir setzen ein und erhalten

$$\nabla^2 \frac{1}{r} = \frac{1}{r} \frac{\partial^2}{\partial r^2} r \frac{1}{r} \overset{?}{=} 0 \tag{H.30}$$

also keine Deltafunktion. Der Grund liegt darin, dass $\frac{1}{r}$ eben für $r = 0$ nicht definiert ist – dort sitzt aber gerade unsere Ladung.

Um dieses Manko aufzufangen, gehen wir von einer überall definierten Funktion $g_\varepsilon(r)$ aus

$$g_\varepsilon(r) = \frac{1}{\sqrt{r^2 + \varepsilon^2}} \; ; \; \varepsilon \text{ beliebig klein} \tag{H.31}$$

Andere Funktionen[3] wären für die folgenden Überlegungen ebenfalls geeignet; es kommt im Wesentlichen nur darauf an, dass $g_\varepsilon(r)$ überall definiert (und zweimal differenzierbar) ist und im Limes $\varepsilon \to 0$ eben $\frac{1}{r}$ ergibt.

Einsetzen und Ausrechnen ergibt

$$\nabla^2 g_\varepsilon(r) = -\frac{3\varepsilon^2}{\left(r^2 + \varepsilon^2\right)^{5/2}} \tag{H.32}$$

Auf der rechten Seite haben wir nun (bis auf das Vorzeichen und eventuell eine multiplikative Konstante) eine weitere Darstellung $\delta_\varepsilon(r)$ der Deltafunktion (s. o.) – für $r > 0$ führt der Grenzübergang $\varepsilon \to 0$ auf null, für $r = 0$ dagegen auf unendlich.

Es gilt also $\nabla^2 g_\varepsilon(r) = -\alpha \delta_\varepsilon(r)$. Zur Festlegung der multiplikativen Konstante α benutzen wir $\int \delta(r) dV = 1$ bzw. $\int \delta_\varepsilon(r) dV \underset{\varepsilon \to 0}{\to} 1$ und erhalten

$$
\begin{aligned}
\alpha &= \alpha \int \delta_\varepsilon(r)\, dV = \int \frac{3\varepsilon^2}{(r^2+\varepsilon^2)^{5/2}} dV = \\
&= 4\pi \int_0^\infty \frac{3\varepsilon^2 r^2}{(r^2+\varepsilon^2)^{5/2}} dr = 4\pi \left\{ \frac{r^3}{(r^2+\varepsilon^2)^{3/2}} \right\}_0^\infty = 4\pi
\end{aligned}
\tag{H.33}
$$

Zusammengefasst lautet das Ergebnis

$$\nabla^2 \frac{1}{r} = -4\pi \delta(r) \tag{H.34}$$

Da r genau dann verschwindet, wenn $\mathbf{r}$ verschwindet, können wir auch schreiben

$$\nabla^2 \frac{1}{r} = -4\pi \delta(\mathbf{r}) \tag{H.35}$$

---

[3] Zum Beispiel $\frac{1-e^{-r/\varepsilon}}{r}$.

Dabei ist $\delta(\mathbf{r})$ in kartesischen Koordinaten erklärt als

$$\delta(\mathbf{r}) = \delta(x)\,\delta(y)\,\delta(z) \tag{H.36}$$

Schließlich führen wir noch als Erweiterung von (H.35)

$$\nabla^2 \frac{1}{|\mathbf{r} - \mathbf{r}'|} = -4\pi\delta\left(\mathbf{r} - \mathbf{r}'\right) \tag{H.37}$$

an sowie (ohne Beweis)

$$\left(\nabla^2 + k^2\right)\frac{e^{\pm ik|\mathbf{r}-\mathbf{r}'|}}{|\mathbf{r} - \mathbf{r}'|} = -4\pi\delta\left(\mathbf{r} - \mathbf{r}'\right) \quad \text{bzw.} \quad \left(\nabla^2 + k^2\right)\frac{e^{\pm ikr}}{r} = -4\pi\delta\left(\mathbf{r}\right) \tag{H.38}$$

Die Lösungen, die wir für die DGl (H.35)–(H.38) gefunden haben, bilden Beispiele für *Greensche Funktionen*. Die allgemeine Definition lautet: Gegeben sei eine inhomogene DGl. Unter einer Greenschen Funktion versteht man die spezielle (partikuläre) Lösung der DGl, wenn die Inhomogenität eine Deltafunktion ist. Für ein Beispiel siehe die Aufgaben.

H.3 Fourier-Reihen

Fourier-Reihen sind auf den Bereich der periodischen Funktionen beschränkt. O.B.d.A. gehen wir von einer 2π-periodischen Funktion aus (für andere Perioden muss die Längeneinheit entsprechend umskaliert werden), die wir als Überlagerung ebener Wellen schreiben können:

$$f(x) = \sum_{n=-\infty}^{\infty} f_n e^{inx}; \; f_n \in \mathbb{C}, \text{ wenn } f(x) \, 2\pi\text{-periodisch ist} \tag{H.39}$$

Wir multiplizieren mit $\exp(-imx)$, integrieren über x von $-\pi$ bis π und erhalten (unter der Annahme, dass Integration und Summation vertauschen)

$$\int_{-\pi}^{\pi} f(x)e^{-imx}\,dx = \sum_{n=-\infty}^{\infty} f_n \int_{-\pi}^{\pi} e^{-imx} e^{inx}\,dx =$$
$$= \sum_{n=-\infty}^{\infty} f_n \, 2\pi\,\delta_{n,m} = 2\pi\,f_m \tag{H.40}$$

wegen

$$\delta_{n,m} = \frac{1}{2\pi}\int_{-\pi}^{\pi} e^{i(n-m)x}\,dx \tag{H.41}$$

Zusammengefasst heißt das für 2π-periodische Funktionen (Fourier-Reihen):

$$f(x) = \sum_{n=-\infty}^{\infty} f_n e^{inx} \text{ und } f_n = \frac{1}{2\pi} \int_{-\pi}^{\pi} f(x)e^{-inx}\, dx \qquad (\text{H.42})$$

Wie sieht die Verteilung im Impulsraum aus? Wir benutzen den allgemeinen Zusammenhang der Fourier-Transformation und erhalten:

$$
\begin{aligned}
\hat{f}(k) &= \frac{1}{2\pi} \int_{-\infty}^{\infty} f(x)e^{-ikx}\, dx = \frac{1}{2\pi} \int_{-\infty}^{\infty} \sum_{n=-\infty}^{\infty} f_n e^{inx} e^{-ikx}\, dx = \\
&= \sum_{n=-\infty}^{\infty} f_n \frac{1}{2\pi} \int_{-\infty}^{\infty} e^{i(n-k)x}\, dx = \sum_{n=-\infty}^{\infty} f_n \delta(n - k)
\end{aligned}
\qquad (\text{H.43})
$$

Im Impulsraum haben wir also eine Reihe unendlich hoher, unendlich dünner Nadeln an den Stellen $k = n$ mit dem jeweiligen Gewicht f_n.

H.4 Diskrete und Quanten-Fourier-Transformation

Bisher hatten wir bei der Fourier-Transformation vorausgesetzt, dass die zu analysierenden Datenmengen kontinuierlich sind. Für diskrete Datenmengen, wie sie üblicherweise in Experimenten anfallen, wird die *diskrete Fourier-Transformation* (DFT) angewendet.

Nehmen wir an, dass wir eine Menge von N Daten[4] x_j mit $j = 0 \ldots N - 1$ haben.[5] Dann lautet die DFT

$$y_k = \frac{1}{\sqrt{N}} \sum_{j=0}^{N-1} e^{\frac{2\pi ijk}{N}} x_j \;\; ; \;\; x_k = \frac{1}{\sqrt{N}} \sum_{j=0}^{N-1} e^{-\frac{2\pi ijk}{N}} y_j \qquad (\text{H.44})$$

Wählen wir ein einfaches Beispiel mit $N = 2$, also $x = (x_0, x_1)$. Mit

$$y_0 = \frac{1}{\sqrt{2}} \sum_{j=0}^{1} x_j \;\; ; \;\; y_1 = \frac{1}{\sqrt{2}} \sum_{j=0}^{1} e^{i\pi j} x_j \qquad (\text{H.45})$$

folgt

$$
\begin{aligned}
x = (1, 0): \;\; & y_0 = \tfrac{1}{\sqrt{2}} \;\; ; \;\; y_1 = \tfrac{1}{\sqrt{2}} \;\; \rightarrow \;\; y = \tfrac{1}{\sqrt{2}}(1, 1) \\
x = (0, 1): \;\; & y_0 = \tfrac{1}{\sqrt{2}} \;\; ; \;\; y_1 = -\tfrac{1}{\sqrt{2}} \;\; \rightarrow \;\; y = \tfrac{1}{\sqrt{2}}(1, -1)
\end{aligned}
\qquad (\text{H.46})
$$

---

[4] Die Daten können komplex sein.

[5] Ein Beispiel aus der Praxis: Bei der Abtastung digitaler Musikstücke von CD beträgt die Abtastfrequenz 44,1 kHz; es müssen also 44100 Messwerte pro Sekunde verarbeitet werden.

oder kompakt geschrieben

$$x = Hy \; ; \; H = \frac{1}{\sqrt{2}} \begin{pmatrix} 1 & 1 \\ 1 & -1 \end{pmatrix} \tag{H.47}$$

Die Hadamard-Matrix H spielt eine wichtige Rolle in der Quanteninformation (siehe Kap. 12 (2) und Anhänge).

Die diskrete Fourier-Transformation von Quantenzuständen wird (diskrete) *Quanten-Fourier-Transformation (QFT)*, gelegentlich *(DQFT)* genannt. Wir formulieren sie als Operator in der Bracketschreibweise:

$$U_{QFT} = \frac{1}{\sqrt{N}} \sum_{j,k=0}^{N-1} e^{2\pi i \frac{jk}{N}} |j\rangle \langle k| \tag{H.48}$$

wobei $\{|j\rangle\}$ ein VONS ist. In der Darstellung als Matrix liest sich das so:

$$U_{QFT} \cong \frac{1}{\sqrt{N}} \begin{pmatrix} 1 & 1 & 1 & \dots & 1 \\ 1 & \omega & \omega^2 & \dots & \omega^{N-1} \\ 1 & \omega^2 & \omega^4 & \dots & \omega^{2(N-1)} \\ \vdots & \vdots & \vdots & & \vdots \\ 1 & \omega^{N-1} & \omega^{2(N-1)} & \dots & \omega^{(N-1)(N-1)} \end{pmatrix} \; ; \; \omega = e^{\frac{2\pi i}{N}} \tag{H.49}$$

Die QFT ist eine unitäre Transformation (siehe Aufgaben)

$$UU^\dagger = U^\dagger U = 1 \tag{H.50}$$

Eine Linearkombination von Basiszuständen

$$|\varphi\rangle = \sum_{n=0}^{N-1} \alpha_n |n\rangle \tag{H.51}$$

wird durch die QFT abgebildet auf

$$|\psi\rangle = U_{QFT} |\varphi\rangle = \frac{1}{\sqrt{N}} \sum_{n,j,k=0}^{N-1} \alpha_n e^{2\pi i \frac{jk}{N}} |j\rangle \langle k|n\rangle = \frac{1}{\sqrt{N}} \sum_{n,j=0}^{N-1} \alpha_n e^{2\pi i \frac{jn}{N}} |j\rangle \tag{H.52}$$

oder kurz

$$|\psi\rangle = \frac{1}{\sqrt{N}} \sum_{n=0}^{N-1} \beta_n |n\rangle \; ; \; \beta_n = \sum_{j=0}^{N-1} \alpha_j e^{2\pi i \frac{nj}{N}} \tag{H.53}$$

H.5 Aufgaben

1. Berechnen Sie

$$\int_{-\infty}^{\infty} e^{4x^2 \sin x} \delta(x-3)\,dx \;\; ; \;\; \int_{-\infty}^{\infty} \cos 4x\, \delta(x)\,dx$$
$$\int_{-\infty}^{\infty} \delta(x)\, e^x\, dx \;\; ; \;\; \int_{-\infty}^{\infty} \delta(x-2)\, f(x)\,dx \tag{H.54}$$

2. Gegeben sei ein Operator X mit $\delta(x-a)$ als Eigenfunktion (bzw. Eigen‚funktion‘), so dass gilt $X\delta(x-a) = a\delta(x-a)$. Zeigen Sie, dass X der Ortsoperator ist.

   Lösung: Es gilt für eine beliebige Funktion $f(x)$

$$Xf(x) = X \int da\, f(a)\delta(x-a) =$$
$$= \int da\, f(a)\, X\delta(x-a) = \int da\, f(a)\, a\delta(x-a) = xf(x) \tag{H.55}$$

   Es folgt: Der Ortsoperator multipliziert eine beliebige ortsabhängige Funktion mit x.

3. Zeigen Sie, dass für die Ableitung der Deltafunktion gilt

$$\int_{-\infty}^{\infty} \delta'(x-x_0)\, f(x)\,dx = -f'(x_0) \tag{H.56}$$

   Hinweis: partielle Integration

4. Darstellungen der Delta‚funktion‘ sind z. B.

$$\delta(x) = \lim_{\varepsilon\to 0} \frac{1}{2\pi} \frac{2\varepsilon}{x^2+\varepsilon^2} \;\; ; \;\; \delta(x) = \lim_{\varepsilon\to 0} \frac{e^{-x^2/\varepsilon^2}}{\sqrt{\pi}\varepsilon} \tag{H.57}$$

   (a) Diskutieren Sie die Funktionen und skizzieren Sie ihre Graphen für verschiedene Werte von ε.

   (b) Zeigen Sie, dass gilt

$$\int_{-\infty}^{\infty} \frac{1}{2\pi} \frac{2\varepsilon}{x^2+\varepsilon^2}\, dx = 1 \tag{H.58}$$

   (Hinweis: $\arctan x$ ableiten). Gilt auch

$$\int_{-\infty}^{\infty} \frac{e^{-x^2/\varepsilon^2}}{\sqrt{\pi}\varepsilon}\, dx = 1? \tag{H.59}$$

   (Überprüfung mit Formelsammlung)

   (c) Zeigen Sie mithilfe einer Darstellung (noch besser: mit beiden), dass gilt

$$\delta(ax) = \frac{1}{|a|}\delta(x) \tag{H.60}$$

Lösung: Wir gehen von $\delta(x) = \lim_{\varepsilon \to 0} \frac{1}{\pi} \frac{\varepsilon}{x^2 + \varepsilon^2}$ aus. Es gilt

$$\delta(ax) = \frac{1}{\pi} \lim_{\varepsilon \to 0} \frac{\varepsilon}{a^2 x^2 + \varepsilon^2} = \frac{1}{a^2} \frac{1}{\pi} \lim_{\varepsilon \to 0} \frac{\varepsilon}{x^2 + \varepsilon^2/a^2} \tag{H.61}$$

Wir haben auf der rechten Seite keine Information mehr über das Vorzeichen von a. Mit der neuen Variablen $\eta = \varepsilon/|a|$ folgt

$$\delta(ax) = \frac{1}{|a|} \frac{1}{\pi} \lim_{\varepsilon \to 0} \frac{\varepsilon/|a|}{x^2 + \varepsilon^2/a^2} = \frac{1}{|a|} \frac{1}{\pi} \lim_{\eta \to 0} \frac{\eta}{x^2 + \eta^2} = \frac{1}{|a|} \delta(x) \tag{H.62}$$

5. Beweisen Sie die Gleichung

$$\delta(ax) = \frac{1}{|a|} \delta(x) \tag{H.63}$$

mithilfe einer geeigneten Substitution im Integral.
Lösung: Wir substituieren im Integral

$$A = \int_{-\infty}^{\infty} \delta(ax) f(x)\, dx \tag{H.64}$$

$y = ax$ und erhalten

$$A = \int_{-\frac{|a|}{a}\infty}^{\frac{|a|}{a}\infty} \delta(y) f\left(\frac{y}{a}\right) \frac{1}{a}\, dy = \frac{1}{|a|} \int_{-\infty}^{\infty} \delta(y) f\left(\frac{y}{a}\right) dy = \frac{1}{|a|} f(0) \tag{H.65}$$

Wegen

$$\int_{-\infty}^{\infty} \delta(ax) f(x)\, dx = \frac{1}{|a|} f(0) = \frac{1}{|a|} \int_{-\infty}^{\infty} \delta(x) f(x)\, dx \tag{H.66}$$

folgt direkt die Behauptung.
6. Zeigen Sie: Für eine Funktion $g(x)$, die nur einfache Nullstellen x_n besitzt, gilt:

$$\delta(g(x)) = \sum_n \frac{1}{|g'(x_n)|} \delta(x - x_n) \tag{H.67}$$

Lösung: Die Deltafunktion liefert Beiträge nur an den Stellen, an denen die Funktion $g(x)$ verschwindet, also an den Nullstellen von $g(x)$. In der Nähe der Nullstellen gilt die Taylor-Entwicklung

$$g(x) = g(x_n) + g'(x_n)(x - x_n) + O\left((x - x_n)^2\right) \tag{H.68}$$

Wenn wir also ‚sehr nahe' an die Nullstellen gehen (und nur dort liefert die Deltafunktion Beiträge), können wir $g(x)$ durch $g'(x_n)(x - x_n)$ ersetzen. Damit folgt zunächst

$$\delta(g(x)) = \sum_n \delta(g'(x_n)(x - x_n)) \tag{H.69}$$

Mit der letzten Aufgabe können wir schließlich schreiben

$$\delta(g(x)) = \sum_n \frac{1}{|g'(x_n)|} \delta(x - x_n) \tag{H.70}$$

7. Gegeben sei

$$g(\omega) = \begin{cases} G > 0 \\ 0 \end{cases} \text{ für } \begin{matrix} 0 < \omega_1 < \omega < \omega_2 \\ \text{sonst} \end{matrix} \tag{H.71}$$

Berechnen Sie die Fourier-Transformierte $f(t)$. Welchen Wert hat $f(t)$ zur Zeit $t = 0$? Berechnen Sie die Intensität $|f(t)|^2$ und zeigen Sie, dass sie nur von der Differenz der Frequenzen ω_1 und ω_2 abhängt. Skizzieren Sie $|f(t)|^2$.

8. Berechnen Sie die Fourier-Transformierte $f(t)$ der Funktion

$$g(\omega) = \begin{cases} \alpha\omega \\ 0 \end{cases} \text{ für } \begin{matrix} 0 \le \omega \le \Omega \\ \text{sonst} \end{matrix} \tag{H.72}$$

Berechnen und skizzieren Sie auch hier die Intensität $|f(t)|^2$.

9. Formulieren Sie die Potentialgleichungen in der Fourier-Darstellung.

10. Zeigen Sie: Für reelle $f(x)$ gilt $\hat{f}(k) = \hat{f}^*(-k)$.
    Lösung: Für reelle $f(x)$ gilt $f(x) = f^*(x)$ und damit

$$\int\limits_{-\infty}^{+\infty} \hat{f}(k)\, e^{ikx} dk = f(x) = \int\limits_{-\infty}^{+\infty} \hat{f}^*(k)\, e^{-ikx} dk =$$
$$= -\int\limits_{\infty}^{-\infty} \hat{f}^*(-k)\, e^{ikx} dk = \int\limits_{-\infty}^{+\infty} \hat{f}^*(-k)\, e^{ikx} dk \tag{H.73}$$

und daraus folgt direkt die Behauptung.

11. Zeigen Sie: Die Fourier-Transformierte von $f'(x)$ ist $ik\hat{f}(k)$.
    Lösung: Es gilt

$$f'(x) = \frac{1}{\sqrt{2\pi}} \frac{d}{dx} \int\limits_{-\infty}^{+\infty} \hat{f}(k)\, e^{ikx} dk = \frac{1}{\sqrt{2\pi}} \int\limits_{-\infty}^{+\infty} ik\hat{f}(k)\, e^{ikx} dk \tag{H.74}$$

12. Zeigen Sie: Eine verschobene Funktion $g(x) = f(x - a)$ hat die Fourier-Transformierte $\hat{g}(k) = e^{-ika} \hat{f}(k)$.
Lösung: Es gilt

$$\hat{g}(k) = \frac{1}{\sqrt{2\pi}} \int\limits_{-\infty}^{+\infty} f(x-a)\, e^{-ikx} dx = \frac{1}{\sqrt{2\pi}} \int\limits_{-\infty}^{+\infty} e^{-ika} f(x-a)\, e^{-ik(x-a)} dx =$$

$$= e^{-ika} \frac{1}{\sqrt{2\pi}} \int\limits_{-\infty}^{+\infty} f(z)\, e^{-ikz} dz = e^{-ika} \hat{f}(k)$$

(H.75)

13. Beweisen Sie: Für die Faltung

$$h(x) = \int\limits_{-\infty}^{+\infty} f(x-y)\, g(y)\, dy \tag{H.76}$$

gilt (Faltungssatz)

$$\hat{h}(k) = \sqrt{2\pi}\, \hat{f}(k)\, \hat{g}(k) \tag{H.77}$$

Lösung: Es gilt

$$\hat{h}(k) = \frac{1}{\sqrt{2\pi}} \int\limits_{-\infty}^{+\infty} dx \int\limits_{-\infty}^{+\infty} dy\, f(x-y)\, g(y)\, e^{-ikx} \tag{H.78}$$

Wir nehmen an, dass wir die Integrationen vertauschen können und führen zunächst die x-Integration durch:

$$\hat{h}(k) = \frac{1}{\sqrt{2\pi}} \int\limits_{-\infty}^{+\infty} dy\, g(y) \int\limits_{-\infty}^{+\infty} dx\, f(x-y)\, e^{-ikx} \tag{H.79}$$

Die Integration über die verschobene Funktion f ergibt nach der letzten Aufgabe

$$\frac{1}{\sqrt{2\pi}} \int\limits_{-\infty}^{+\infty} dx\, f(x-y)\, e^{-ikx} = e^{-iky} \hat{f}(k) \tag{H.80}$$

und damit folgt

$$\hat{h}(k) = \int\limits_{-\infty}^{+\infty} dy\, g(y)\, e^{-iky} \hat{f}(k) = \sqrt{2\pi}\, \hat{f}(k)\, \hat{g}(k) \tag{H.81}$$

14. Berechnen Sie die Fourier-Transformation der Rechteckfunktion

$$f(x) = \begin{cases} A \text{ für } -b < x < b \\ 0 \text{ sonst} \end{cases} \tag{H.82}$$

Lösung: Es ist

$$\hat{f}(k) = \frac{A}{\sqrt{2\pi}} \int\limits_{-b}^{+b} e^{-ikx} dx = \frac{A}{\sqrt{2\pi}} \frac{e^{-ikx}}{-ik} \Big|_{-b}^{b}$$
$$= \frac{A}{\sqrt{2\pi}} \frac{e^{-ikb} - e^{ikb}}{-ik} = \frac{A}{\sqrt{2\pi}} \frac{2i \sin kb}{-ik} \tag{H.83}$$

und damit

$$\hat{f}(k) = A\sqrt{\frac{2}{\pi}} \frac{\sin kb}{k} \tag{H.84}$$

Was passiert für $k = 0$? Dazu berechnet man das Integral $\int\limits_{-b}^{+b} e^{-ikx} dx$ noch einmal für $k = 0$ oder man geht von $\frac{\sin kb}{k}$ aus und wendet den Satz von L'Hôpital an oder man erinnert sich, dass gilt $\sin x \approx x$ für kleine x (erster Term der Potenzreihenentwicklung). Wie auch immer, jedenfalls folgt

$$\hat{f}(k = 0) = A\sqrt{\frac{2}{\pi}} b \tag{H.85}$$

Die erste Nullstelle von $\hat{f}(k)$ findet man bei

$$kb = \pi \text{ bzw. } k = \frac{\pi}{b} \tag{H.86}$$

An dieser letzten Gleichung sieht man Folgendes: Je schmaler wir die Verteilung im Ortsraum machen (also je kleiner b), desto ausgedehnter wird die Verteilung im Impulsraum – und umgekehrt.[6] Um dies zu quantifizieren, wählen wir die Position der ersten Nullstelle als grobes Maß Δk für die Breite von $\hat{f}(k)$:

$$\Delta k \approx \frac{\pi}{b} \sim \text{,Breite' von } \hat{f}(k) \tag{H.87}$$

---

[6] Das ist so ähnlich wie das Drücken eines Luftballons – drückt man ihn in der einen Richtung zusammen, weicht er in der anderen aus und wird dort größer.

Als Maß für die Breite von $f(x)$ wählen wir b:

$$\Delta x \approx b \sim \text{,Breite' von } f(x) \tag{H.88}$$

Daraus folgt

$$\Delta k \Delta x \approx \pi \tag{H.89}$$

oder mit $p = \hbar k$:

$$\Delta x \Delta p \approx \hbar \pi \tag{H.90}$$

Dies ist nichts anderes als eine ,Rohform' der Heisenbergschen Unschärferelation, die in Kap. 13 (1) exakt abgeleitet wird. Nach dieser Relation gibt es kein Quantenobjekt, dem man einen genauen Ort (d. h. $\Delta x = 0$) und gleichzeitig einen genauen Impuls ($\Delta p = 0$) zuschreiben kann.

Bemerkung: Das ist *nicht* eine Aussage über die Güte unserer Messapparate oder dergleichen, sondern die Aussage, dass die Begriffe ,Ort' und ,Impuls' (bzw. Geschwindigkeit) in der QM ihren Sinn verlieren oder zumindest nicht mehr in der aus dem Alltag vertrauten Weise behalten.

15. Zeigen Sie, dass die QFT

$$U = \frac{1}{\sqrt{N}} \sum_{j,k=0}^{N-1} e^{\frac{2\pi i j k}{N}} |j\rangle \langle k| \tag{H.91}$$

unitär ist. Dabei stellt $\{|j\rangle\}$ ein VONS dar.

Lösung: Es gilt

$$UU^\dagger = \frac{1}{N} \sum_{j,k,j',k'=0}^{N-1} e^{\frac{2\pi i j k}{N}} |j\rangle \langle k| e^{-\frac{2\pi i j' k'}{N}} |k'\rangle \langle j'| = \frac{1}{N} \sum_{j,k,j'=0}^{N-1} e^{\frac{2\pi i (j-j')k}{N}} |j\rangle \langle j'| \tag{H.92}$$

Wir unterscheiden die Fälle $j = j'$ und $j \neq j'$. Für $j = j'$ gilt wegen der Vollständigkeit

$$\frac{1}{N} \sum_{j,k=0}^{N-1} |j\rangle \langle j| = \frac{1}{N} \cdot N \sum_{j=0}^{N-1} |j\rangle \langle j| = 1 \tag{H.93}$$

Für $j \neq j'$ gilt (geometrische Reihe)

$$\sum_{k=0}^{N-1} e^{\frac{2\pi i (j-j')k}{N}} = \frac{1 - e^{2\pi i (j-j')}}{1 - e^{\frac{2\pi i (j-j')}{N}}} = 0 \tag{H.94}$$

16. Berechnen Sie explizit die QFT-Matrix (H.49) für die Fälle $N = 2, 3, 4$.
Lösung: Es gilt

$$N = 2: \quad U_{QFT} \cong \frac{1}{\sqrt{2}} \begin{pmatrix} 1 & 1 \\ 1 & e^{\frac{2\pi i}{2}} \end{pmatrix} = \frac{1}{\sqrt{2}} \begin{pmatrix} 1 & 1 \\ 1 & -1 \end{pmatrix}$$

$$N = 3: \quad U_{QFT} \cong \frac{1}{\sqrt{3}} \begin{pmatrix} 1 & 1 & 1 \\ 1 & e^{\frac{2\pi i}{3}} & e^{\frac{4\pi i}{3}} \\ 1 & e^{\frac{4\pi i}{3}} & e^{\frac{8\pi i}{3}} \end{pmatrix} = \frac{1}{\sqrt{3}} \begin{pmatrix} 1 & 1 & 1 \\ 1 & \frac{-1+i\sqrt{3}}{2} & \frac{-1-i\sqrt{3}}{2} \\ 1 & \frac{-1-i\sqrt{3}}{2} & \frac{-1+i\sqrt{3}}{2} \end{pmatrix}$$

$$N = 4: \quad U_{QFT} \cong \frac{1}{\sqrt{4}} \begin{pmatrix} 1 & 1 & 1 & 1 \\ 1 & e^{\frac{2\pi i}{4}} & e^{\frac{4\pi i}{4}} & e^{\frac{6\pi i}{4}} \\ 1 & e^{\frac{4\pi i}{4}} & e^{\frac{8\pi i}{4}} & e^{\frac{12\pi i}{4}} \\ 1 & e^{\frac{6\pi i}{4}} & e^{\frac{12\pi i}{4}} & e^{\frac{18\pi i}{4}} \end{pmatrix} = \frac{1}{\sqrt{4}} \begin{pmatrix} 1 & 1 & 1 & 1 \\ 1 & i & -1 & -i \\ 1 & -1 & 1 & -1 \\ 1 & -i & -1 & i \end{pmatrix}$$

$$(H.95)$$

17. Berechnen Sie mithilfe der Greenschen Funktion die Lösung der ersten Maxwell-Gleichung $\nabla E = \rho/\varepsilon_0$ mit zeitunabhängiger Ladungsdichte $\rho(\mathbf{r})$. Benutzen Sie $\mathbf{E} = -\nabla\Phi$, also $\nabla^2\Phi = -\rho/\varepsilon_0$.
Lösung: Wir beginnen mit (H.37), also

$$\nabla_{\mathbf{r}}^2 \frac{1}{|\mathbf{r} - \mathbf{r}'|} = -4\pi\delta(\mathbf{r} - \mathbf{r}') \tag{H.96}$$

Das tiefgestellte $\mathbf{r}$ bezeichnet die Variablen, nach denen abgeleitet wird. Es folgt durch Multiplikation mit $\rho(\mathbf{r}')$

$$\nabla_{\mathbf{r}}^2 \frac{\rho(\mathbf{r}')}{|\mathbf{r} - \mathbf{r}'|} = -4\pi\delta(\mathbf{r} - \mathbf{r}')\rho(\mathbf{r}') \tag{H.97}$$

Integration über $\mathbf{r}'$ bringt

$$\nabla_{\mathbf{r}}^2 \int \frac{\rho(\mathbf{r}')}{|\mathbf{r} - \mathbf{r}'|} d^3r' = -4\pi \int \delta(\mathbf{r} - \mathbf{r}')\rho(\mathbf{r}') d^3r' = -4\pi\rho(\mathbf{r}) \tag{H.98}$$

Vergleich mit $\nabla^2\Phi = -\rho/\varepsilon_0$ bringt sofort

$$\Phi(\mathbf{r}) = \frac{1}{4\pi\varepsilon_0} \int \frac{\rho(\mathbf{r}')}{|\mathbf{r} - \mathbf{r}'|} d^3r' \tag{H.99}$$

Im Prinzip könnten noch additive Terme f mit $\nabla_{\mathbf{r}}^2 f = 0$ auftreten; sie lassen sich gegebenenfalls durch Betrachtung der Asymptotik ausschließen.

Anhang I:
Operatoren

Wir vertiefen hier einige Punkte aus Kap. 13 (1) und stellen etwas zusätzliches Material zur Verfügung, soweit es für das Verständnis nützlich sein kann.

I.1 Norm, Definitionsgebiet

I.1.1 Norm

Die Norm eines Operators A ist definiert als $\|A\| = \sup \frac{\|A|\varphi\rangle\|}{\||\varphi\rangle\|}$ oder $\|A\| = \sup_{\||\varphi\rangle\|=1} \|A|\varphi\rangle\|$.

Ein Beispiel im reellen Vektorraum:

$$A = \begin{pmatrix} 1 & 2 \\ 0 & -1 \end{pmatrix} \; ; \; |\varphi\rangle = \begin{pmatrix} a \\ b \end{pmatrix} \rightarrow$$

$$\|A\| = \sup \frac{\sqrt{(a+2b)^2+b^2}}{\sqrt{a^2+b^2}} = \sup \sqrt{\frac{(x+2)^2+1}{x^2+1}} \text{ mit } x = \frac{a}{b} \tag{I.1}$$

Die rechts stehende Funktion wird maximal für $x = \sqrt{2} - 1$; damit ergibt sich $\|A\| = \sqrt{2} + 1$.

Die Operatornorm für beschränkte Operatoren ist eine ‚richtige' Norm und erfüllt die entsprechenden drei Regeln, u. a. die Dreiecksungleichung (siehe Anhang G (1), Lineare Algebra 2).[1]

---

[1] Interessanterweise hängt die Norm von A mit dem Spektralradius $\rho(A)$ zusammen, der definiert ist als der größte Betrag der Eigenwerte von A, also als $\rho(A) = \max_i |\lambda_i|$. Im Allgemeinen gilt $\rho(A) \leq \|A\|$ und für normale Operatoren $[A, A^\dagger] = 0$ lässt sich die Ungleichung verschärfen zu $\rho(A) = \|A\|$.

I.1.2   Beschränkte Operatoren

Ein Operator heißt *beschränkt*, wenn es eine von den Zuständen $|\varphi\rangle$ unabhängige Konstante $C < \infty$ gibt, so dass für *alle* Zustände $|\varphi\rangle \in \mathcal{H}$ gilt

$$\| A\,|\varphi\rangle \| \leq C\,\||\varphi\rangle\| \quad \text{bzw.} \quad \|A\| \leq C \tag{I.2}$$

Gerade eben haben wir mit $A = \begin{pmatrix} 1 & 2 \\ 0 & -1 \end{pmatrix}$ ein Beispiel für einen beschränkten Operator behandelt. Für einen unbeschränkten Operator gehen wir in den Hilbert-Raum $L^{(2)}\,[0, \infty]$ und betrachten den Operator x. Seine Norm ist gegeben durch

$$\|x\| = \sup \frac{\int_0^\infty f^*(x)\,x^2 f(x)\,dx}{\int_0^\infty f^*(x)\,f(x)\,dx} \tag{I.3}$$

Wenn wir jetzt auch nur eine einzige Funktion finden, für die $\|x\| = \infty$ ist, haben wir gezeigt, dass x ein unbeschränkter Operator ist (in diesem Hilbert-Raum). Eine solche Funktion ist beispielsweise $f(x) = \frac{\sin x^2}{x}$. Wie x ist auch p ein unbeschränkter Operator; siehe Aufgaben.

In einem endlich-dimensionalen Hilbert-Raum sind alle Operatoren beschränkt (siehe Aufgaben); unbeschränkte Operatoren können demnach nur in unendlich-dimensionalen Hilbert-Räumen auftreten.

I.1.3   Definitionsgebiet

Das *Definitionsgebiet* (oder kurz Gebiet) $\mathcal{D}_A$ eines Operators A ist die Menge aller Vektoren $|\varphi\rangle \in \mathcal{H}$, so dass auch $A\,|\varphi\rangle$ in $\mathcal{H}$ liegt. Man kann zeigen, dass das Definitionsgebiet von A genau dann der ganze Hilbert-Raum ist, wenn A beschränkt ist. Das Problem bei einem unbeschränkten Operator A liegt also darin, dass nicht mehr der ganze Hilbert-Raum Definitionsgebiet von A ist.

Ein Beispiel: Für die gerade behandelte Funktion $f(x) = \frac{\sin x^2}{x}$ haben wir gesehen, dass f quadratintegrierbar ist, nicht aber $xf(x)$; auch der Mittelwert $\langle x \rangle_f$ existiert nicht. Das Definitionsgebiet des unbeschränkten Operators x ist also nicht der ganze Hilbert-Raum $L^{(2)}\,[0, \infty]$.

Auch sonst kann es Probleme geben mit unbeschränkten Operatoren. So ist zum Beispiel bei der Gleichung $[x, p] = i\hbar$ die rechte Seite für ganz $\mathcal{H}$ definiert, die linke Seite aber nur für eine Untermenge (siehe auch Bemerkungen zur Unschärferelation weiter unten).

Beschränkte Operatoren auf einem Hilbert-Raum haben sehr gutartige Eigenschaften. Das kann man unter anderem auch daran merken, dass sie mit einem eigenen Namen bedacht wurden: Die Menge aller beschränkten Operatoren auf einem Hilbert-Raum bildet nämlich eine C^*-*Algebra* (siehe Anhang; Operatornorm und Adjungieren müssen natürlich definiert sein).

I.2   Hermitesch, selbstadjungiert

Der Unterschied hermitesch – selbstadjungiert hat damit zu tun, dass bei unbeschränkten Operatoren nicht mehr der ganze Hilbert-Raum zum Definitionsgebiet
gehört; der Unterschied kann also nur in unendlich-dimensionalen Hilbert-Räumen
auftreten. Für Vektorräume endlicher Dimension sind die beiden Begriffe dagegen
deckungsgleich.

Im Wesentlichen geht es also darum, nicht nur den Kamm, sondern auch die
zu kämmenden Haare zu benennen – die Eigenschaften eines Operators hängen
vom Definitionsbereich ab. Einfaches Beispiel: In $L^{(2)}[0, \infty]$ ist der Operator x
unbeschränkt, in $L^{(2)}[0, 1]$ beschränkt.

Die technischen Mittel, die wir zur Begriffsklärung brauchen, sind schlicht; es
handelt sich nur um die aus der Schule bekannte partielle Integration.

I.2.1   Definitionen und Unterschiede

Wir beginnen mit drei Definitionen:

(1) Ein Operator A, für den $\langle Au \,|v\rangle = \langle u \,|Av\rangle$ gilt, heißt *symmetrisch* oder
    hermitesch.[2]
(2) Gegeben sei ein Operator A. Der zu A *adjungierte* Operator[3] $A^\dagger$ ist definiert
    durch $\langle A^\dagger u \,|v\rangle = \langle u \,|Av\rangle$. Wir bemerken, dass es sich bei $A^\dagger$ um einen eigenen
    Operator handelt, der auch seinen eigenen Definitionsbereich haben kann. Die
    Gleichheit $\langle A^\dagger u \,|v\rangle = \langle u \,|Av\rangle$ muss für alle Vektoren aus den jeweiligen
    Definitionsbereichen gelten.
(3) Für einen nichtbeschränkten hermiteschen Operator A hat man im Allgemeinen
    nicht $\mathcal{D}_A = \mathcal{D}_{A^\dagger}$, sondern eher $\mathcal{D}_A \subset \mathcal{D}_{A^\dagger}$ (oder $\mathcal{D}_{A^\dagger} \subset \mathcal{D}_A$). Damit ein
    Operator A *selbstadjungiert* ist, muss nicht nur $A = A^\dagger$ sein, sondern es müssen
    auch die Definitionsgebiete übereinstimmen, $\mathcal{D}_A = \mathcal{D}_{A^\dagger}$.

    Ein symmetrischer überall definierter Operator ist selbstadjungiert. Nach
    einem Satz der Funktionalanalysis (Hellinger-Toeplitz-Theorem) ist ein solcher
    Operator beschränkt. Im Umkehrschluss folgt, dass ein unbeschränkter Operator
    nicht auf dem ganzen Hilbert-Raum definiert sein kann. Das Theorem verbindet
    also zwei vollkommen unterschiedliche Eigenschaften, nämlich überall definiert
    zu sein und beschränkt zu sein.

    Wir illustrieren nun die Begriffe anhand zweier Beispiele.

---

[2] Tatsächlich gibt es noch einen kleinen Unterschied zwischen den beiden Begriffen, der mit der
Frage zu tun hat, ob der Definitionsbereich von A dicht ist; da die Frage aber mit den weiteren
Argumenten nichts zu tun hat, wollen wir sie hier übergehen.

[3] Wird gelegentlich auch hermitesch konjugierter Operator genannt.

I.2.2   Zwei Beispiele

Der Standardoperator, anhand dessen die Überlegungen gezeigt werden, ist der (eindimensionale) Impuls. Der Hilbert-Raum ist für beide Beispiele der L^2 [0, 1].

Beispiel 1
Der Operator sei $p_0 = \frac{\hbar}{i} \frac{d}{dx}$. Sein Definitionsgebiet $\mathcal{D}_{p_0}$ bestehe aus allen Funktionen $g(x) \in L^2$ [0, 1], die differenzierbar sind, quadratintegrierbare Ableitung haben und die Randbedingungen $g(0) = g(1) = 0$ erfüllen (auf diese 0 bezieht sich der Index bei p_0).

Wir schauen uns den adjungierten Operator $p_0^\dagger$ an. Er ist definiert über $\left\langle p_0^\dagger f \middle| g \right\rangle = \langle f | p_0 g \rangle$ und es folgt

$$\left\langle p_0^\dagger f \middle| g \right\rangle = \langle f | p_0 g \rangle = \frac{\hbar}{i} \int_0^1 f^*(x) g'(x) dx = \frac{\hbar}{i} \left\{ \left[f^* g \right]_0^1 - \int_0^1 f^{*\prime}(x) g(x) dx \right\} \tag{I.4}$$

Der ausintegrierte Term rechts ergibt null, und es folgt

$$\left\langle p_0^\dagger f \middle| g \right\rangle = \int_0^1 \left(\frac{\hbar}{i} \frac{d}{dx} f(x) \right)^* g(x) dx = \langle p_0 f | g \rangle \tag{I.5}$$

Man könnte nun meinen, dass p_0 selbstadjungiert sei – aber das ist falsch. Denn der ausintegrierte Term $f^*(1) g(1) - f^*(0) g(0)$ in Gl. (I.4) verschwindet unabhängig von den Werten von f am Rand. Mithin ist der Definitionsbereich von $p_0^\dagger$ größer als der von p_0, $\mathcal{D}_{p_0} \subset \mathcal{D}_{p_0^\dagger}$.

Beispiel 2
Das gleiche Beispiel – nur mit anderen Randbedingungen, und zwar lassen wir beliebige Randbedingungen für $g(x)$ zu und schreiben deswegen statt p_0 schlicht p. Für den adjungierten Operator $p^\dagger$ gilt

$$\langle p^\dagger f | g \rangle = \langle f | pg \rangle = \frac{\hbar}{i} \int_0^1 f^*(x) g'(x) dx = \frac{\hbar}{i} \left\{ \left[f^* g \right]_0^1 - \int_0^1 f^{*\prime}(x) g(x) dx \right\} =$$
$$= \frac{\hbar}{i} \left[f^*(1) g(1) - f^*(0) g(0) \right] + \int_0^1 \left(\frac{\hbar}{i} \frac{d}{dx} f(x) \right)^* g(x) dx \tag{I.6}$$

Damit diese Gleichheit gilt, muss sein $f^*(1) = f^*(0) = 0$. Mit anderen Worten: Das Definitionsgebiet von $p^\dagger$ ist kleiner als das von $p - \mathcal{D}_{p_0^\dagger} \subset \mathcal{D}_{p_0}$. Auch dieser Operator ist also nicht selbstadjungiert.

Symmetrie der Beispiele
Wir wollen nun nachprüfen, ob die Operatoren p_0, $p_0^\dagger$, p, $p^\dagger$ symmetrisch sind. Für p_0 gilt

$$\langle p_0 f \mid g \rangle - \langle f \mid p_0 g \rangle = \int_0^1 \left(\frac{\hbar}{i} \frac{d}{dx} f(x) \right)^* g(x) dx - \int_0^1 f^*(x) \frac{\hbar}{i} \frac{d}{dx} g(x) dx =$$

$$= -\frac{\hbar}{i} \int_0^1 \frac{d}{dx} f^*(x) g(x) dx - \frac{\hbar}{i} \int_0^1 f^*(x) \frac{d}{dx} g(x) dx = -\frac{\hbar}{i} \left[f^*(x) g(x) \right]_0^1 = 0$$
(I.7)

Das letzte Gleichheitszeichen gilt, da das Definitionsgebiet von p_0 auf Funktionen eingeschränkt ist, die an den Intervallrändern verschwinden. Also ist p_0 symmetrisch.

Die gleiche Überlegung für $p_0^\dagger$:

$$\left\langle p_0^\dagger f \mid g \right\rangle - \left\langle f \mid p_0^\dagger g \right\rangle = \int_0^1 \left(\frac{\hbar}{i} \frac{d}{dx} f(x) \right)^* g(x) dx - \int_0^1 f^*(x) \frac{\hbar}{i} \frac{d}{dx} g(x) dx =$$

$$= -\frac{\hbar}{i} \int_0^1 \frac{d}{dx} f^*(x) g(x) dx - \frac{\hbar}{i} \int_0^1 f^*(x) \frac{d}{dx} g(x) dx = -\frac{\hbar}{i} \left[f^*(x) g(x) \right]_0^1$$
(I.8)

Da das Definitionsgebiet von $p_0^\dagger$ auch Funktionen umfasst, die am Intervallrand nicht verschwinden, ist $p_0^\dagger$ kein symmetrischer Operator.

Analoge Überlegungen zeigen, dass der Operator $p^\dagger$ aus dem zweiten Beispiel symmetrisch ist, der Operator p hingegen nicht.

Erweiterung des Definitionsgebietes

Wir haben am Beispiel p_0 und $p_0^\dagger$ gesehen, dass die Definitionsgebiete von Operator und adjungiertem Operator nicht übereinstimmen müssen. Man kann das aber häufig ‚reparieren‘. Wir definieren dazu $p_\alpha = \frac{\hbar}{i} \frac{d}{dx}$, also wieder die Ableitung, die auf die Funktionen $g(x) \in L^2[0, 1]$ wirkt (die Ableitung muss natürlich existieren und auch quadratintegrabel sein). Der Unterschied zu p_0 besteht in anderen Randbedingungen, nämlich $g(1) = e^{i\alpha} g(0)$ mit $0 \le \alpha < 1$ und $g(0) \ne 0$. Das Definitionsgebiet von p_α ist also ein anderes als das von p_0 (wir betonen noch einmal, dass es sich tatsächlich um verschiedene Operatoren handelt – sie werden alle $\frac{\hbar}{i} \frac{d}{dx}$ geschrieben, haben aber verschiedene Definitionsgebiete). Der Operator p_α ist wieder symmetrisch, aber er ist im Gegensatz zu p_0 auch selbstadjungiert. Denn es gilt

$$\langle f \mid p_\alpha g \rangle - \langle p_\alpha f \mid g \rangle = \frac{\hbar}{i} \left[f^*(x) g(x) \right]_0^1 = \frac{\hbar}{i} \left[f^*(1) g(1) - f^*(0) g(0) \right] =$$

$$= \frac{\hbar}{i} \left[f^*(1) e^{i\alpha} - f^*(0) \right] g(0) = \frac{\hbar}{i} \left[f(1) - e^{i\alpha} f(0) \right]^* e^{i\alpha} g(0)$$
(I.9)

Die rechte Seite verschwindet also genau dann, wenn gilt $f(1) = e^{i\alpha} f(0)$. Mit anderen Worten: Die Definitionsgebiete von p_α und $p_\alpha^\dagger$ sind identisch. Wir haben das durch eine Erweiterung des Definitionsgebietes von p_0 geschafft.

Tatsächlich haben wir mit p_α eine ganze Klasse von Operatoren konstruiert, denn wenn wir eine andere Konstante α wählen, erhalten wir ein anderes Definitionsgebiet und somit auch einen anderen Operator, obwohl es natürlich immer um $\frac{\hbar}{i} \frac{d}{dx}$ geht. Dazu schauen wir uns einmal die Eigenwertgleichung an

$$\frac{\hbar}{i} \frac{d}{dx} g(x) = \lambda g(x) \; ; \; \text{Randbedingung } g(1) = e^{i\alpha} g(0)$$
(I.10)

Lösung dieser Gleichung ist zunächst $g(x) = c e^{\frac{i\lambda}{\hbar}x}$ mit der Randbedingung $g(1) = e^{i\alpha}g(0)$. Daraus folgt $c e^{\frac{i\lambda}{\hbar}} = e^{i\alpha}c$ bzw.

$$\lambda = \hbar\,(m + \alpha) \quad ; \quad m \in \mathbb{Z} \tag{I.11}$$

Die Eigenwerte (also die messbaren Werte) des Operators p_α sind demzufolge für jedes α unterschiedlich, und wir haben entsprechend auch immer einen anderen Operator p_α (obwohl es immer um ‚dieselbe Ableitung' $\frac{\hbar}{i}\frac{d}{dx}$ geht).

Im Übrigen kann man nicht für jeden symmetrischen Operator eine Änderung des Definitionsgebietes finden, so dass er selbstadjungiert wird. Auch diesen Sachverhalt kann man mit dem Impuls belegen. Wir wählen hier $p_\infty = \frac{\hbar}{i}\frac{d}{dx}$; das Definitionsgebiet seien differenzierbare und quadratintegrierbare Funktionen $g(x) \in L^2[0,\infty]$ mit $g(0) = g(\infty) = 0$ (z.B. $g(x) = xe^{-x}$). Der Operator p_∞ ist symmetrisch wegen

$$\langle f|\,p_\infty g\rangle - \langle p_\infty f|\,g\rangle = \frac{\hbar}{i}\int_0^\infty f^*(x)\frac{dg(x)}{dx}dr + \frac{\hbar}{i}\int_0^\infty \left(\frac{df(x)}{dx}\right)^*$$
$$\times g(x)dr = \frac{\hbar}{i}\left[f^*(x)g(x)\right]_0^\infty = 0 \tag{I.12}$$

Für den adjungierten Operator gilt

$$\left\langle p_\infty^\dagger f\middle|\,g\right\rangle = \langle f|\,p_\infty g\rangle = \frac{\hbar}{i}\int_0^\infty f^*(x)\frac{dg(x)}{dx}dx$$
$$= \frac{\hbar}{i}\left[f^*(x)g(x)\right]_0^\infty - \frac{\hbar}{i}\int_0^\infty \frac{df^*(x)}{dx}g(x)dx =$$
$$= \frac{\hbar}{i}\left[f^*(x)g(x)\right]_0^\infty + \int_0^\infty \left(\frac{\hbar}{i}\frac{df(x)}{dx}\right)^* g(x)dx = \frac{\hbar}{i}\left[f^*(x)g(x)\right]_0^\infty + \langle p_\infty f|\,g\rangle$$
$$\tag{I.13}$$

Der ausintegrierte Term auf der rechten Seite verschwindet wegen $g(0) = g(\infty) = 0$ immer, unabhängig von den Werten für f; das Definitionsgebiet von $p_\infty^\dagger$ ist also größer als das von p_∞. Es lässt sich in diesem Fall zeigen, dass es keine Anpassung gibt, für die die Definitionsgebiete von p_∞ und $p_\infty^\dagger$ zusammenfallen.

I.2.3 Sprachgebrauch

Noch eine Bemerkung zur Terminologie. Die Verwendung der Begriffe symmetrisch und selbstadjungiert in der mathematischen Literatur ist sehr einheitlich, während ‚hermitesch' dort gelegentlich mit verschiedenen Bedeutungen auftaucht. In der physikalischen Literatur dagegen werden die Begriffe hermitesch und selbstadjungiert oft unterschiedslos gebraucht, aber man findet auch hermitesch konjugiert, adjungiert, symmetrisch.[4] Dass wir in der Physik bezüglich dieser Unterschiede nachlässig sein können, liegt vor allem daran, dass wir uns ‚schwierige' Räume als Grenzfälle einfacherer Räume konstruieren können – z. B. durch Diskretisierung, wie wir sie in Kap. 12 (1) verwendet haben.

Im Übrigen dürfen wir nicht vergessen, dass das Ziel der Physik die Beschreibung und das möglichst weitgehende Verständnis der ‚physikalischen' Welt ist; das bedeutet unter anderem, dass für uns Mathematik keinen Selbstzweck darstellt, sondern eher ein unerlässliches und mächtiges Werkzeug.

I.3   Unitäre Operatoren, Theorem von Stone

Wir betrachten noch einmal kurz unitäre Operatoren und das Theorem von Stone.

Als Definition können wir verwenden, dass ein Operator auf einem Hilbert-Raum $\mathcal{H}$ *unitär* ist, wenn er ein Inverses besitzt und er alle Skalarprodukte erhält, also die Gleichheit $\langle U\varphi \,|U\psi\rangle = \langle \varphi \,|\psi\rangle$ für alle Vektoren $\in \mathcal{H}$ gilt.

Diese Definition ist äquivalent zu der Formulierung, dass gelten muss $UU^{\dagger} = U^{\dagger}U = 1$. Dazu bemerken wir, dass in endlich-dimensionalen Räumen das Linksinverse automatisch gleich dem Rechtsinversen ist. In unendlich-dimensionalen Räumen muss das aber nicht mehr stimmen, und deswegen braucht man dort beide Formulierungen, $UU^{\dagger} = 1$ und $U^{\dagger}U = 1$. Als Beispiel betrachten wir Vektoren $(c_1, c_2, c_3, \ldots) \in C^{\infty}$, auf die zwei Operatoren A und B wirken gemäß $A\,(c_1, c_2, c_3, \ldots) = (c_2, c_3, c_4, \ldots)$ und $B\,(c_1, c_2, c_3, \ldots) = (0, c_1, c_2, \ldots)$. Wie man sich überzeugt, gilt $AB = 1$ und $BA \neq 1$; Links- und Rechtsinverses sind also nicht gleich (siehe Aufgaben).

Wir bemerken im Vorbeigehen, dass ein Operator, der die Norm erhält, *isometrisch* heißt und in einem endlich-dimensionalen Vektorraum eine Isometrie ein unitärer Operator ist.

Wegen der Unabhängigkeit der physikalischen Vorhersagen von unitären Transformationen können wir folgern, dass die Verbindung physikalischer Messgrößen mit ihren mathematischen Darstellungen nur bis auf unitäre Transformationen definiert ist. Noch allgemeiner könnte man Abbildungen $|\psi\rangle \rightarrow |\psi'\rangle$ betrachten, für die für alle Vektoren gilt $|\langle\psi' \,|\varphi'\rangle| = |\langle\psi \,|\varphi\rangle|$. Solche Abbildungen lassen offensichtlich die Wahrscheinlichkeitsaussagen unverändert. Allerdings gibt es keinen offensichtlichen Grund, dass solche Abbildungen linear sein sollten, geschweige denn, dass es sich um unitäre Abbildungen handeln müsse. In dieser Situation kommt uns Wigners Theorem zu Hilfe (siehe auch Kap. 7 (2)), das besagt, dass es einen Operator U gibt, der entweder unitär oder antiunitär ist und für den für alle Vektoren aus $\mathcal{H}$ gilt $U \,|\varphi\rangle = |\varphi'\rangle$.

---

[4] Wir erwähnen hier, dass bei relativistischen Formulierungen eine weitere Art adjungierter Größen auftritt, nämlich die Dirac-Adjungierten; siehe Anhang U (1).

I.3.1   Theorem von Stone

Unitäre Operatoren treten ganz natürlich (sozusagen von alleine) auf, wenn das System eine Symmetrie aufweist (siehe Kap. 7 (2)). In diesem Zusammenhang ist das Theorem von Stone von Bedeutung.[5]

Es lautet: Eine Menge von unitären Operatoren, die von einem kontinuierlichen Parameter abhängen, gehorche dem Gesetz einer Abelschen Gruppe

$$U\left(\alpha_1 + \alpha_2\right) = U\left(\alpha_2\right) U\left(\alpha_1\right) \tag{I.14}$$

Dann existiert ein hermitescher Operator T, so dass gilt

$$U\left(\alpha\right) = e^{i\alpha T} \tag{I.15}$$

Wir lernen daraus noch, dass e^{iA} unitär ist, wenn A selbstadjungiert ist.[6]

Eine äquivalente Formulierung dieses Theorems lautet zum Beispiel: Wenn $U(\alpha)$, $\alpha \in \mathbb{R}$ folgende drei Bedingungen erfüllt: (1) Das Matrixelement $\langle \varphi | U(\alpha)| \psi \rangle$ ist für alle Vektoren eine stetige Funktion von α; (2) $U(0) = 1$; (3) für alle $\alpha_1, \alpha_2 \in \mathbb{R}$ gilt $U(\alpha_1)U(\alpha_2) = U(\alpha_1 + \alpha_2)$ – dann existiert ein eindeutiger selbstadjungierter Operator, so dass gilt $U(\alpha) = e^{i\alpha A}$ und

$$i A \left| \psi \right\rangle = \lim_{\alpha \to 0} \frac{U(\alpha) - 1}{\alpha} \left| \psi \right\rangle \quad \text{für alle } \left| \psi \right\rangle \in \mathcal{H} \tag{I.16}$$

In Kap. 13 (1) haben wir den Zusammenhang zwischen Hamilton-Operator H und Propagator $U = e^{-iHt/\hbar}$ hergestellt; wir sehen nun, dass es sich dabei um das beispielhafte Herleiten des Theorems von Stone handelte.[7]

I.3.2   Unitär oder hermitesch?

Noch ein Wort zum Zusammenhang von unitären und hermiteschen Operatoren, und zwar zur Frage der Beschränktheit von Operatoren.

Wir wissen, dass hermitesche Operatoren, wenn sie nicht beschränkt sind, Probleme bereiten können. Wir wissen aber auch, dass auch für einen unbeschränkten hermiteschen Operator T der unitäre Operator $U(\alpha) = e^{i\alpha T}$ beschränkt ist. Man

---

[5] In der Praxis ist das Theorem von Stone einer der wichtigsten Wege, über den selbstadjungierte Operatoren in der QM auftreten (Symmetrie → unitärer Operator → selbstadjungierter Operator).

[6] Man sagt, $\alpha \to U(\alpha)$ ist eine unitäre Darstellung der additiven Gruppe der reellen Zahlen, wenn für eine einparametrige Familie unitärer Operatoren $U(\alpha) = e^{i\alpha A}$, $\alpha \in \mathbb{R}$ Folgendes gilt:
(1) $U(0) = 1$; (2) $U(\alpha_1)U(\alpha_2) = U(\alpha_1 + \alpha_2)$; (3) $U(-\alpha) = U^{-1}(\alpha)$.

[7] Eine ähnliche Betrachtung lässt sich auch für zeitabhängige Hamilton-Operatoren durchführen, allerdings ist das Ergebnis etwas komplizierter, da verschiedene Zeiten auftreten, die in die richtige Reihenfolge gebracht werden müssen (Stichwort Zeitordnungsoperator).

kann das so interpretieren, dass in diesem Fall der unitäre Operator U grundlegender ist als der hermitesche Operator T.

Als Beispiel betrachten wir die freie eindimensionale Bewegung mit $-\infty < x < \infty$. Der Impulsoperator p (und damit auch der Hamilton-Operator $\frac{p^2}{2m}$) ist nicht beschränkt; sein Definitionsgebiet umfasst alle Funktionen, deren Ableitung quadratintegrabel ist. Wir wählen nun die Funktion $\psi(x, 0) = e^{-ix^2}\frac{\sin x}{x}$, die stetig und differenzierbar ist, aber *nicht* zum Definitionsgebiet des Impulsoperators gehört, weil ihre Ableitung nicht quadratintegrabel ist. Das bedeutet streng genommen, dass die freie zeitabhängige SGl für diese Anfangsbedingung bedeutungslos ist – ‚eigentlich‘ dürfen wir so eine Anfangsbedingung nicht zulassen. Aber andererseits ist der Zeitentwicklungsoperator $U(t) = e^{-iHt/\hbar}$ beschränkt (seine Norm beträgt 1); sein Definitionsgebiet ist folglich der ganze Hilbert-Raum. Man kann in diesem Fall U so umschreiben, dass im Exponenten keine Differentialoperatoren mehr auftauchen; das Ergebnis lässt sich als Integraloperator schreiben und lautet (siehe auch Aufgaben zu Kap. 5 (1))

$$\psi(x, t) = \sqrt{\frac{m}{2\pi i\hbar t}} \int_{-\infty}^{\infty} e^{i\frac{m(x-y)^2}{2\hbar t}} \psi(y, 0)\, dy \tag{I.17}$$

In dieser Formulierung der freien SGl treten die o. a. Probleme nicht auf. Mit anderen Worten: Der unitäre Zeitentwicklungsoperator ist fundamentaler als der Hamilton-Operator H.

Als weiteres Beispiel schauen wir uns noch einmal die Ort-Impuls-Vertauschungsrelation

$$[x, p] = i\hbar \tag{I.18}$$

an. x und p sind unbeschränkte hermitesche Operatoren; von daher ist die rechte Seite dieser Relation immer definiert, aber nicht unbedingt die linke. Man kann nun aber die Relation in die *Weylsche Form*

$$e^{i\frac{pa}{\hbar}} e^{ibx} e^{-i\frac{pa}{\hbar}} = e^{ibx} e^{iba} \tag{I.19}$$

umschreiben (siehe Kap. 7 (2)). Hier treten auf beiden Seiten der Gleichung nur beschränkte (unitäre) Operatoren auf; von daher ist diese Form universeller als $[x, p] = i\hbar$.

Wir wollen das Thema nicht weiter vertiefen. Vielleicht nur noch die Bemerkung, dass Überlegungen dieser und ähnlicher Art mit zur nonchalanten Haltung der Physik zur Mathematik beitragen: Wir können häufig auch Probleme, die ‚eigentlich‘ nicht definiert sind, mit dem üblichen Instrumentarium behandeln. Natürlich gilt das nicht immer – man kann durchaus auf die Nase fallen, wenn man wesentliche Voraussetzungen nicht beachtet. Aber im Großen und Ganzen ist die QM schon sehr gutmütig.

I.4   Unschärferelation

Diese Relationen, die zwei hermitesche Operatoren A und B betreffen, haben mit Varianzen bzw. Standardabweichungen zu tun (siehe Kap. 9 (1)). Mit der Abweichung vom Mittelwert

$$A_- = A - \langle A \rangle \tag{I.20}$$

erhalten wir

$$\left\langle A_-^2 \right\rangle = \left\langle (A - \langle A \rangle)^2 \right\rangle = \left\langle A^2 \right\rangle - \langle A \rangle^2 = (\Delta A)^2 \tag{I.21}$$

Wir leiten die Unschärferelation auf zwei verschiedene Weisen her.

I.4.1   Herleitung 1

Zunächst konstatieren wir den allgemeinen Zusammenhang, dass der Kommutator zweier hermitescher Operatoren ein antihermitescher Operator ist:

$$[A, B]^\dagger = (AB - BA)^\dagger = BA - AB = -[A, B] \tag{I.22}$$

Wir können also immer schreiben $[A, B] = iC$ mit $C = C^\dagger$. Als Nächstes betrachten wir folgende Norm:

$$\| (A_- + i\alpha B_-) |\psi\rangle \|^2 \geq 0 \ , \ \alpha \in \mathbb{R} \tag{I.23}$$

Es gilt

$$\| (A_- + i\alpha B_-) |\psi\rangle \|^2 = \langle \psi | (A_- - i\alpha B_-)(A_- + i\alpha B_-) |\psi\rangle =$$
$$= \langle \psi | A_-^2 + i\alpha [A_-, B_-] + \alpha^2 B_-^2 |\psi\rangle \tag{I.24}$$

Der Kommutator berechnet sich zu

$$[A_-, B_-] = [A, B] = iC \ ; \ C = C^\dagger \tag{I.25}$$

Damit schreibt sich Gl. (I.24) als

$$\| (A_- + i\alpha B_-) |\psi\rangle \|^2 = \left\langle A_-^2 \right\rangle - \alpha \langle C \rangle + \alpha^2 \left\langle B_-^2 \right\rangle = (\Delta A)^2 - \alpha \langle C \rangle + \alpha^2 (\Delta B)^2 \geq 0 \tag{I.26}$$

Da C hermitesch ist, ist $\langle C \rangle$ reell (siehe Kap. 9 (1)). Die letzte Ungleichung muss *für alle* α erfüllt sein; es darf also höchstens *eine* Nullstelle für das quadratische

Polynom in α geben. Dies bedeutet[8]

$$\langle C \rangle^2 - 4\,(\Delta A)^2\,(\Delta B)^2 \leq 0 \tag{I.27}$$

Daraus folgt $(\Delta A)^2\,(\Delta B)^2 \geq \langle C \rangle^2 /4$ bzw.

$$\Delta A \cdot \Delta B \geq \frac{1}{2}\,|\langle [A, B] \rangle| \tag{I.28}$$

Das ist also die allgemeine Unschärferelation für zwei hermitesche Operatoren. Besonders populär ist sie für das Paar x und p_x. Wegen $[x, p_x] = i\hbar$ folgt

$$\Delta x \cdot \Delta p_x \geq \frac{\hbar}{2} \tag{I.29}$$

I.4.2   Herleitung 2

Bei dieser Herleitung nutzen wir $|\langle \varphi\,|\chi \rangle|^2 \leq \langle \varphi\,|\varphi \rangle\,\langle \chi\,|\chi \rangle$, also die Schwarzsche Ungleichung. In sie setzen wir $|\varphi \rangle = A_-\,|\psi \rangle = |A_-\psi \rangle$ und $|\chi \rangle = B_-\,|\psi \rangle = |B_-\psi \rangle$, wobei $|\psi \rangle$ ein beliebiger Zustand ist. Es folgt

$$|\langle A_-\psi\,|B_-\psi \rangle|^2 \leq \langle A_-\psi\,|A_-\psi \rangle\,\langle B_-\psi\,|B_-\psi \rangle \tag{I.30}$$

Als Nächstes nutzen wir aus, dass A und B hermitesch und also ihre Mittelwerte reell und mithin auch A_- und B_- hermitesch sind.[9] Damit folgt

$$|\langle \psi\,|A_-B_-\psi \rangle|^2 \leq \langle \psi\,\big|A_-^2\,\psi \rangle\,\langle \psi\,\big|B_-^2\,\psi \rangle = \big\langle A_-^2 \big\rangle \big\langle B_-^2 \big\rangle \tag{I.31}$$

Auf der rechten Seite haben wir mit[10]

$$\big\langle A_-^2 \big\rangle = \big\langle (A - \langle A \rangle)^2 \big\rangle = (\Delta A)^2 \tag{I.32}$$

schon passable Ausdrücke. Nun geht es um die Umwandlung der linken Seite. Hier verwenden wir, dass sich jedes Produkt von Operatoren als Summe eines hermiteschen und eines antihermiteschen Anteils schreiben lässt. Wir machen uns klar, dass der Antikommutator zweier hermitescher Operatoren

---

[8] Die Funktion $f(x) = x^2 + bx + c$ hat die Nullstellen $x_0 = \frac{-b \pm \sqrt{b^2 - 4ac}}{2a}$. Wenn wir fordern, dass $f(x)$ nicht negativ sein darf (wobei wir uns auf reelle Zahlen beschränken), dann muss für den Radikanden gelten $b^2 - 4ac \leq 0$.

[9] Für nichthermitesche Operatoren gilt diese Aussage im Allgemeinen nicht.

[10] Siehe Kap. 9 (1).

$$\{A, B\} = AB + BA \tag{I.33}$$

selbst auch hermitesch ist, während der Kommutator antihermitesch ist (wenn er nicht verschwindet):

$$[A, B]^\dagger = - [A, B] \tag{I.34}$$

Wir wissen, dass der Mittelwert eines hermiteschen Operators reell ist; als Aufgabe bleibt zu zeigen, dass der Mittelwert eines antihermiteschen Operators imaginär ist (siehe Aufgaben). Wir bilden nun

$$AB = \frac{1}{2} \{A, B\} + \frac{1}{2} [A, B] \tag{I.35}$$

Damit folgt zunächst

$$
\begin{aligned}
|\langle \psi \,| A_- B_- \psi \rangle|^2 &= \frac{1}{4} |\langle \psi \,|(\{A_-, B_-\} + [A_-, B_-]) \,\psi \rangle|^2 \\
&= \frac{1}{4} |\langle \{A_-, B_-\} \rangle + \langle [A_-, B_-] \rangle|^2
\end{aligned}
\tag{I.36}
$$

Wegen $\{A_-, B_-\} \in \mathbb{R}$ und $[A_-, B_-] \in \mathbb{I}$ folgt[11]

$$|\langle \psi \,| A_- B_- \psi \rangle|^2 = \frac{1}{4} |\langle \{A_-, B_-\} \rangle|^2 + \frac{1}{4} |\langle [A_-, B_-] \rangle|^2 \tag{I.37}$$

so dass wir Gl. (I.31) unter Berücksichtigung von Gl. (I.32) schreiben können als

$$(\Delta A)^2 (\Delta B)^2 \geq \frac{1}{4} |\langle \{A_-, B_-\} \rangle|^2 + \frac{1}{4} |\langle [A_-, B_-] \rangle|^2 \tag{I.38}$$

Der zweite Ausdruck auf der rechten Seite lässt sich schreiben als

$$[A_-, B_-] = [A - \langle A \rangle, B - \langle B \rangle] = AB - BA = [A, B] \tag{I.39}$$

Da für den Antikommutator keine entsprechende Vereinfachung existiert, lässt man ihn einfach weg bzw. vergröbert die Ungleichung zu

$$(\Delta A)^2 (\Delta B)^2 \geq \frac{1}{4} |\langle [A, B] \rangle|^2 \tag{I.40}$$

Nun noch die Wurzel gezogen, und wir haben die Unschärferelation

$$(\Delta A)(\Delta B) \geq \frac{1}{2} |\langle [A, B] \rangle| \tag{I.41}$$

---

[11] Für $a + ib$ mit $a, b \in \mathbb{R}$ gilt bekanntlich $|a + ib|^2 = |a|^2 + |b|^2$.

I.4.3 Bemerkungen zur Unschärferelation

Bei der ersten Bemerkung geht es um eine gängige Fehlinterpretation der Unschärferelation, nach der das Produkt der Unschärfen für nichtkommutierende Operatoren *immer größer* als null sei. Das stimmt nicht, denn auf der rechten Seite der Unschärferelation steht nicht der nackte Kommutator, sondern sein Erwartungswert – und der kann verschwinden, auch wenn der Kommutator ungleich null ist. Dies sieht man vielleicht deutlicher, wenn man die Abhängigkeit vom Zustand explizit notiert. Als Beispiel betrachten wir einen allgemeinen Drehimpuls $\mathbf{J}$, dessen Komponenten $[J_x, J_y] = i\hbar J_z$ (und zyklisch vertauschte Gleichungen) erfüllen. Wir haben dann

$$\left(\Delta_\psi J_x\right)\left(\Delta_\psi J_y\right) \geq \frac{\hbar}{2}\left|\langle J_z\rangle_\psi\right| \tag{I.42}$$

und für Zustände $|\psi\rangle$ mit $\langle J_z\rangle_\psi = 0$ gibt es keine untere positive Schranke für $\left(\Delta_\psi J_x\right)\left(\Delta_\psi J_y\right)$. Ein explizites Beispiel findet sich in den Aufgaben.

Die zweite Bemerkung betrifft den Geltungsbereich der Unschärferelation: Zum Ort x mit $0 \leq x \leq 1$ definieren wir den entsprechenden Impuls als $p = \frac{\hbar}{i}\frac{d}{dx}$. Beide Operatoren sind selbstadjungiert, wenn das Skalarprodukt wie üblich definiert wird und das Definitionsgebiet von p auf differenzierbare Funktionen g eingeschränkt wird, die $g(1) = g(0)$ erfüllen (siehe Aufgaben). Gilt dann die Unschärferelation $\Delta x \Delta p \geq \frac{\hbar}{2}$?

Lösung: Die Antwort lautet nein. Schauen wir uns zunächst die Eigenfunktionen von p an. Sie bestimmen sich über

$$\frac{\hbar}{i}\frac{d}{dx}g(x) = \lambda g(x) \; ; \; g(1) = g(0) \tag{I.43}$$

zu

$$g(x) = g_0 e^{\frac{i\lambda}{\hbar}x} \text{ und } g_0 e^{\frac{i\lambda}{\hbar}} = g_0 e^{2im\pi} \text{ bzw. } \lambda = 2\hbar m\pi \; ; \; m \in \mathbb{Z} \tag{I.44}$$

Das bedeutet

$$g_m(x) = g_0 e^{2im\pi x} \; ; \; m \in \mathbb{Z} \tag{I.45}$$

Die Konstante g_0 legen wir über die Normierung fest, also $\int_0^1 g_m^*(x)g_m(x)dx = 1$ und erhalten für die Eigenfunktionen[12]

$$g_m(x) = e^{i\alpha}e^{2im\pi x} \; ; \; m \in \mathbb{Z} \tag{I.46}$$

---

[12] Übrigens ist das im Wesentlichen die Basis der Fourier-Reihe für periodische Funktionen.

Für diese Zustände berechnen wir nun die in die Unschärferelation eingehenden Größen. Wir haben zunächst:

$$(\Delta p)^2 = \langle p^2 \rangle - \langle p \rangle^2 = \langle g_m \left| p^2 \right| g_m \rangle - \langle g_m \left| p \right| g_m \rangle^2 =$$

$$= \int_0^1 g_m^* p^2 g_m dx - \left[\int_0^1 g_m^* p g_m dx \right]^2 = \int_0^1 (2im\pi)^2 \, dx - \left[\int_0^1 (2im\pi) \, dx \right]^2 = 0$$

$$\text{(I.47)}$$

und

$$(\Delta x)^2 = \langle x^2 \rangle - \langle x \rangle^2 = \langle g_m \left| x^2 \right| g_m \rangle - \langle g_m \left| x \right| g_m \rangle^2 =$$

$$= \int_0^1 g_m^* x^2 g_m dx - \left[\int_0^1 g_m^* x g_m dx \right]^2 = \int_0^1 x^2 dx - \left[\int_0^1 x dx \right]^2 = \tfrac{1}{3} - \left[\tfrac{1}{2} \right]^2 = \tfrac{1}{12}$$

$$\text{(I.48)}$$

Nach dieser Argumentation würden wir $(\Delta p)(\Delta x) = 0$ erhalten und nicht $(\Delta p)(\Delta x) \geq \frac{\hbar}{2}$. Wo haben wir einen Fehler gemacht?

Antwort: Die Eigenfunktionen g_m gehören nicht zum Definitionsgebiet des Operator*produkts* px, weil $xg_m = xe^{i\alpha}e^{2im\pi x}$ nicht die Periodizitätsbedingung $g(1) = g(0)$ erfüllt und also nicht zum Definitionsgebiet von p gehört.

Dies als Beispiel dafür, dass die Unschärferelation nur dann gilt, wenn *alle*, also auch die in den Zwischenrechnungen auftretenden Terme definiert sind. Oder allgemeiner ein Hinweis darauf, dass bei Betrachtungen, die unbeschränkte Operatoren involvieren, immer Vorsicht angebracht ist.

I.5   Hermitescher Operator, Observable

Wir wollen hier eine ganz kurze Anmerkung zu einem taxonomischen Problem machen. Es geht um den Begriff *Observable*, also eine beobachtbare bzw. messbare Größe. Beispiele, bei denen es intuitiv klar ist, dass es sich um Observable handelt, liegen auf der Hand (Ort, Impuls, Energie, Drehimpuls usw.). Aber eine einheitliche präzise Bedeutung dieses Begriffs im Rahmen der QM existiert nicht.

Für die einen (z. B. Schwabl) steht der Begriff Observable für eine physikalische Messgröße und wird von den Operatoren unterschieden, die ihnen in der QM zugeordnet sind. Aus Gründen der Übersichtlichkeit wird zwar in der Regel für beides dasselbe Symbol gewählt, aber im Prinzip gilt, dass in dieser Terminologie der Ausdruck ‚Observable A‘ nichts anderes ist als eine Kurzform für ‚der Operator A_{op}, der die physikalische Messgröße A_{mess} darstellt‘.

Für andere bezeichnet Observable einen hermiteschen Operator, dessen Eigenvektoren ein vollständiges Orthonormalsystem (VONS) bilden. Man kann das nun als terminus technicus verstehen, der nichts mit der Frage zu tun hat, ob man einer Observablen auch eine entsprechende physikalische Messgröße zuordnen kann. Falls man diesen Zusammenhang aber herstellen will, handelt es sich bei der Definition nicht um ein scharfes Kriterium, weil es durchaus hermitesche

Operatoren dieser Art gibt, die keiner Messgröße entsprechen; ein Beispiel findet sich gleich unten.

Schließlich gibt es andere, die angesichts dieser Schwierigkeiten und Diffusivitäten den Begriff Observable für verzichtbar erklären, weil er ohne wirkliches Interesse sei. Tatsächlich scheint die Verwendung des Begriffs nicht einer zwingenden Notwendigkeit, sondern eher einer gewissen Eingefahrenheit und Bequemlichkeit geschuldet zu sein.

Dass wir dennoch im Text den Begriff ‚Observable' verwenden, liegt daran, dass er trotz seiner Schwammigkeit oder Vieldeutigkeit auf zwei Sachverhalte aufmerksam macht. Zum einen weist er darauf hin, dass wir es nicht nur mit einem abstrakten Operator in einem abstrakten Raum zu tun haben, sondern auch mit einer physikalischen Größe, die wir ganz konkret im Labor messen können. Zum anderen sagt uns der Begriff, dass wir einen hermiteschen Operator vor uns haben, also mit reellem Spektrum, orthogonalen Eigenvektoren etc.

Nun kurz zu Beispielen für hermitesche Operatoren, die keiner Messgröße entsprechen: Das sind im Grunde Summen von hermiteschen Operatoren, die nicht miteinander kommutieren

$$C = A + B \; ; \; A = A^{\dagger} \; ; \; B = B^{\dagger} \; ; \; [A, B] \neq 0 \qquad (I.49)$$

Das Problem liegt daran, dass wegen $[A, B] \neq 0$ die Reihenfolge der Messungen von A und B eine Rolle spielt, was sich in $C = A + B$ nirgends niederschlägt. Konkret betrachten wir (siehe auch Kap. 13 (1)) Spin-$\frac{1}{2}$-Matrizen $A = S_x$ und $B = S_z$:

$$C = \frac{\hbar}{2} \begin{pmatrix} 1 & 1 \\ 1 & -1 \end{pmatrix} \; ; \; [S_x, S_z] = -i\hbar S_y \qquad (I.50)$$

Offensichtlich ist C hermitesch; seine Eigenwerte lauten $\lambda = \pm \frac{\hbar}{\sqrt{2}}$. Da die Eigenvektoren eines hermiteschen Operators zueinander orthogonal sind, bilden die Eigenvektoren von C im Zustandsraum eine Basis, wie es die o. a. Definition erfordert. Dennoch handelt es sich bei $C = S_x + S_z$ nicht um eine messbare Größe. Wir sehen das auch daran, dass eine Messung von C den Wert $\frac{\hbar}{\sqrt{2}}$ oder $-\frac{\hbar}{\sqrt{2}}$ liefert, die von S_x und S_z jeweils $\frac{\hbar}{2}$ oder $-\frac{\hbar}{2}$, also in der Summe (unabhängig von der Reihenfolge der Messung von S_x und S_z) einen der drei Werte $-\hbar$ oder 0 oder $\hbar$, nie aber $\pm \frac{\hbar}{\sqrt{2}}$.

C ist also keine Observable im direkt wörtlichen Sinn, wie er durch die Notation suggeriert wird, dass nämlich s_x und s_z gemessen werden sollen.[13] Wir können jedoch C als Spinoperator entlang des Vektors $\widehat{xz} = (1, 0, 1)$ darstellen:

$$C = \widehat{xz} \cdot \mathbf{s} = s_x + s_z \qquad (I.51)$$

---

[13] Man beachte, dass die Eigenvektoren von C eine Basis im Zustandsraum bilden, wie es die obige Definition einer Observable erfordert.

Üblicherweise wird der Spin in Bezug auf den Einheitsvektor gemessen, und wir können schreiben

$$C' = \frac{1}{\sqrt{2}}C = \frac{\widehat{xz}}{\sqrt{2}} \cdot \mathbf{s} = \frac{s_x + s_z}{\sqrt{2}} \tag{I.52}$$

Eine kurze Rechnung zeigt, dass C' die Eigenwerte $\pm\frac{\hbar}{2}$ hat. Somit ist C' eine Observable im Sinne einer Anweisung, den Spin entlang $(1, 0, 1)$ zu messen (was *eine* Messung darstellt), aber nicht im Sinne, den Spin längs der x-Achse und der z-Achse zu messen (was *zwei* Messungen darstellt).

Eine ähnliche Betrachtung gilt z. B. für den harmonischen Oszillator mit $H = \frac{1}{2m}p^2 + \frac{m\omega^2}{2}x^2$. Die Energieeigenwerte stehen nicht in einem einfachen Zusammenhang mit denen der Operatoren $\frac{p^2}{2m}$ und $\frac{m\omega^2}{2}x^2$. Auch hier gilt, dass das Ergebnis einer Energiemessung nicht gleich der Summe der Einzelmessungen von $\frac{p^2}{2m}$ und $\frac{m\omega^2}{2}x^2$ wäre, selbst wenn wir Ort und Impuls gleichzeitig messen könnten.

In der Quantenfeldtheorie gibt es einen anderen Typ hermitescher Operatoren, die keine Observable sind. Dort werden zum Beispiel Hamilton-Operatoren in Form von Erzeugungs- und Vernichtungsoperatoren ausgedrückt, was auf verschiedene Arten möglich ist. Aber nur eine dieser Darstellungen entspricht (für bestimmte Anwendungen) einer Observablen, nämlich der sogenannten normalgeordneten Form; siehe Anhang W (2).

I.6   Aufgaben

1. Die Wirkung zweier Operatoren A und B auf einen Vektor $(c_1, c_2, c_3, \ldots)$ sei $A(c_1, c_2, c_3, \ldots) = (c_2, c_3, c_4, \ldots)$ und $B(c_1, c_2, c_3, \ldots) = (0, c_1, c_2, \ldots)$. Wie lautet die Matrixdarstellung der beiden Operatoren? Berechnen Sie AB und BA. Lösung: Es gilt

$$A = \begin{pmatrix} 0 & 1 & 0 & 0 & \ldots \\ 0 & 0 & 1 & 0 & \ldots \\ 0 & 0 & 0 & 1 & \ldots \\ \vdots & \vdots & \vdots & \vdots & \vdots \end{pmatrix} \quad ; \quad B = \begin{pmatrix} 0 & 0 & 0 & 0 & \ldots \\ 1 & 0 & 0 & 0 & \ldots \\ 0 & 1 & 0 & 0 & \ldots \\ \vdots & \vdots & \vdots & \vdots & \vdots \end{pmatrix} \tag{I.53}$$

A und B sind also beschränkt. Weiters haben wir

$$AB = \begin{pmatrix} 1 & 0 & 0 & 0 & \ldots \\ 0 & 1 & 0 & 0 & \ldots \\ 0 & 0 & 1 & 0 & \ldots \\ \vdots & \vdots & \vdots & \vdots & \vdots \end{pmatrix} \quad ; \quad BA = \begin{pmatrix} 0 & 0 & 0 & 0 & \ldots \\ 0 & 1 & 0 & 0 & \ldots \\ 0 & 0 & 1 & 0 & \ldots \\ \vdots & \vdots & \vdots & \vdots & \vdots \end{pmatrix} \tag{I.54}$$

B ist also das Linksinverse zu A, aber nicht das Rechtsinverse. In einem endlichen Vektorraum fallen diese beiden Begriffe immer zusammen.

2. Zeigen Sie, dass p im Raum $L^{(2)}$ der im Intervall $[0, b]$ definierten und dort differenzierbaren Funktionen nicht beschränkt ist.

Lösung: Betrachten Sie zum Beispiel die Funktion $f(x) = x^{-a}$ mit $a > 0$. Damit $\int_0^b x^{-2a} dx$ definiert ist, muss sein $-2a + 1 > 0$ bzw. $a < \frac{1}{2}$. Alle $f(x) = x^{-a}$ mit $0 < a < \frac{1}{2}$ liegen also in $L^{(2)}$, aber nicht im Definitionsgebiet von p. Denn es gilt

$$\int_0^b f'^2 dx = a^2 \int_0^b x^{-2a-2} dx = a^2 \frac{x^{-2a-1}}{-2a-1} \bigg/_0^b \tag{I.55}$$

und offensichtlich existiert der letzte Ausdruck nur für $-2a - 1 > 0$, also für $a < -\frac{1}{2}$.

3. Zeigen Sie: In einem endlich-dimensionalen Hilbert-Raum sind alle Operatoren beschränkt.

Lösung: Alle Hilbert-Räume gleicher Dimension sind isomorph zueinander. Wir können als endlich-dimensionalen Hilbert-Raum also den Raum C^n (komplexwertige n-Tupel) wählen; die Operatoren sind mithin Matrizen. Sei also

$$A = \begin{pmatrix} a_{11} & a_{12} & \dots & a_{1n} \\ a_{21} & a_{22} & \dots & a \\ \vdots & \vdots & \ddots & \vdots \\ a_{n1} & a_{n2} & \dots & a_{nn} \end{pmatrix} \quad ; \quad |\varphi\rangle = \begin{pmatrix} \varphi_1 \\ \varphi_2 \\ \vdots \\ \varphi_n \end{pmatrix} \tag{I.56}$$

Dann gilt

$$\| A |\varphi\rangle \|^2 = \langle\varphi| A^\dagger A |\varphi\rangle = \sum_{j,k,l-1}^n \varphi_k^* a_{jk}^* a_{jl} \varphi_l = \sum_{j=1}^n \sum_{k=1}^n \varphi_k^* a_{jk}^* \sum_{l=1}^n a_{jl} \varphi_l \tag{I.57}$$

Wir definieren nun die i-te Zeile von A als $\langle a_i|$, also

$$|a_i\rangle = \begin{pmatrix} a_{i1}^* \\ a_{i2}^* \\ \vdots \\ a_{in}^* \end{pmatrix} \quad ; \quad \langle\varphi | a_j\rangle = \sum_{k=1}^n \varphi_k^* a_{jk}^* \tag{I.58}$$

Damit folgt

$$\| A |\varphi\rangle \|^2 = \sum_{j=1}^n \sum_{k=1}^n \varphi_k^* a_{jk}^* \sum_{l=1}^n a_{jl} \varphi_l = \sum_{j=1}^n \langle\varphi | a_j\rangle \langle\varphi | a_j\rangle^* = \sum_{j=1}^n |\langle\varphi | a_j\rangle|^2 \tag{I.59}$$

Mit der Cauchy-Schwarzschen Ungleichung folgt

$$\|A\,|\varphi\rangle\|^2 = \sum_{j=1}^{n} |\langle\varphi\,|a_j\rangle|^2 \le \sum_{j=1}^{n} \|\,|\varphi\rangle\|^2 \,\|\,|a_j\rangle\|^2 = \|\,|\varphi\rangle\|^2 \sum_{j=1}^{n} \|\,|a_j\rangle\|^2$$

$$(\text{I.60})$$

Für die Norm bedeutet das

$$\|A\| = \sup \frac{\|A|\varphi\rangle\|}{\|\varphi\rangle\|} \le \sup \sqrt{\frac{\|\,|\varphi\rangle\|^2 \sum_{j=1}^{n} \|\,|a_j\rangle\|^2}{\|\,|\varphi\rangle\|^2}} =$$

$$= \sqrt{\sum_{j=1}^{n} \|\,|a_j\rangle\|^2} \le \sqrt{n} \cdot \max \|\,|a_j\rangle\| = C$$

$$(\text{I.61})$$

und die rechte Seite ist offensichtlich endlich und lässt sich durch eine Konstante C abschätzen.

4. Gegeben seien zwei hermitesche Operatoren A und B mit dem Kommutator $[A, B] = i$. Zeigen Sie, dass mindestens einer der beiden Operatoren nicht beschränkt ist.

   Lösung: Wir nehmen zunächst an, dass einer der beiden Operatoren beschränkt ist, sagen wir $\|B\| \le 1$. Als Nächstes beweisen wir die Relation

$$\left[A^n, B\right] = i n A^{n-1} \qquad (\text{I.62})$$

Das machen wir mit Induktion; der Induktionsbeginn für $n = 1$ stimmt offensichtlich. Dann gilt[14]

$$\left[A^{n+1}, B\right] = A\left[A^n, B\right] + [A, B] A^n = A i n A^{n-1} + i A^n = i\,(n+1)\,A^n$$

$$(\text{I.63})$$

womit die Behauptung bewiesen ist.

Wir haben also $A^n B - B A^n = i n A^{n-1}$ bzw.

$$\left\|A^n B - B A^n\right\| = n \left\|A^{n-1}\right\| \quad \text{bzw.}\ n \left\|A^{n-1}\right\| \le \left\|A^n B\right\| + \left\|B A^n\right\| \qquad (\text{I.64})$$

wobei wir die Dreiecksungleichung benutzt haben. Für beschränkte Operatoren gilt nun $\|AB\| \le \|A\|\,\|B\|$; daraus folgt

$$n \left\|A^{n-1}\right\| \le 2 \left\|A^n\right\| \|B\| \le 2 \left\|A^n\right\| \qquad (\text{I.65})$$

---

[14] Wir benutzen die Gleichung $[AB, C] = A\,[B, C] + [A, C]\,B$.

In einem Hilbert-Raum gilt für beschränkte Operatoren $\left\| A^\dagger A \right\| = \left\| A \right\|^2$; für hermitesche Operatoren folgt daraus $\left\| A^2 \right\| = \left\| A \right\|^2$. Dies ergibt

$$n \left\| A \right\|^{n-1} \leq 2 \left\| A \right\|^n \quad \text{bzw.} \quad \frac{n}{2} \leq \left\| A \right\| \tag{I.66}$$

also einen Widerspruch zur Annahme, dass A beschränkt ist.

5. Positive Matrizen:
   (a) Zeigen Sie, dass jede positive Matrix selbstadjungiert ist.
   (b) Zeigen Sie, dass eine Matrix genau dann positiv ist, wenn ihre Eigenwerte alle ≥ 0 sind.

6. Zeigen Sie: Der Mittelwert eines antihermiteschen Operators ist imaginär.
   Lösung: Für einen antihermiteschen Operator A gilt (siehe Kap. 9 (1)) $A^\dagger = -A$.
   Damit folgt

$$\langle A \rangle_\psi^* = \langle \psi | A | \psi \rangle^* = \langle \psi | A^\dagger | \psi \rangle = - \langle \psi | A | \psi \rangle = - \langle A \rangle_\psi \tag{I.67}$$

und folglich ist $\langle A \rangle_\psi$ imaginär.

7. Das Definitionsgebiet von $p = \frac{\hbar}{i} \frac{d}{dx}$ seien alle Funktionen $g(x) \in L^{(2)} [0, 1]$, die differenzierbar sind, deren Ableitungen quadratintegrierbar sind und die die Randbedingung $g(1) = g(0)$ erfüllen. Zeigen Sie: p ist selbstadjungiert.
   Lösung: Es gilt

$$\langle p^\dagger f | g \rangle = \langle f | pg \rangle =$$
$$= \int_0^1 f^* \frac{\hbar}{i} \frac{dg}{dx} dx = f(1) g(1) - f(0) g(0) + \int_0^1 \left(\frac{\hbar}{i} \frac{df}{dx} \right)^* g \, dx = \langle pf | g \rangle \tag{I.68}$$

p ist also symmetrisch. Der ausintegrierte Term auf der rechten Seite verschwindet für $f(1) = f(0)$; damit hat also $p^\dagger$ dasselbe Definitonsgebiet wie p – mit anderen Worten, p ist selbstadjungiert.

8. Wir betrachten ein System mit Spin $\frac{1}{2}$ mit der Unschärferelation

$$\left(\Delta_\psi S_x \right) \left(\Delta_\psi S_y \right) \geq \frac{\hbar}{2} \left| \langle S_z \rangle_\psi \right| \tag{I.69}$$

Zeigen Sie, dass die rechte Seite verschwinden kann.

Lösung: Für einen Zustand $|\psi\rangle = \begin{pmatrix} a \\ b \end{pmatrix}$ gilt

$$\langle S_z \rangle_\psi = \frac{\langle \psi | S_z | \psi \rangle}{\langle \psi | \psi \rangle} = \frac{|a|^2 - |b|^2}{|a|^2 + |b|^2} \tag{I.70}$$

Wenn dieser Ausdruck verschwinden und gleichzeitig $|\psi\rangle$ normiert sein soll, folgt

$$|\psi\rangle = \frac{1}{\sqrt{2}} \begin{pmatrix} e^{i\alpha} \\ e^{i\beta} \end{pmatrix} \qquad (I.71)$$

oder (globale Phase herausgezogen)

$$|\psi\rangle = \frac{e^{i\alpha}}{\sqrt{2}} \begin{pmatrix} 1 \\ e^{i(\beta-\alpha)} \end{pmatrix} = \frac{e^{i\alpha}}{\sqrt{2}} \begin{pmatrix} 1 \\ e^{i\gamma} \end{pmatrix} \qquad (I.72)$$

Für diese Zustände gilt also immer

$$\left(\Delta_\psi S_x\right)\left(\Delta_\psi S_y\right) \geq 0 \qquad (I.73)$$

Wir berechnen noch die links stehenden Unschärfen. Zunächst folgt:

$$
\begin{aligned}
\langle S_x \rangle_\psi &= \frac{\hbar}{4} \begin{pmatrix} 1 & e^{-i\gamma} \end{pmatrix} \begin{pmatrix} 0 & 1 \\ 1 & 0 \end{pmatrix} \begin{pmatrix} 1 \\ e^{i\gamma} \end{pmatrix} = \\
&= \frac{\hbar}{4} \begin{pmatrix} 1 & e^{-i\gamma} \end{pmatrix} \begin{pmatrix} e^{i\gamma} \\ 1 \end{pmatrix} = \frac{\hbar}{2} \cos\gamma \\
\langle S_y \rangle_\psi &= \frac{\hbar}{4} \begin{pmatrix} 1 & e^{-i\gamma} \end{pmatrix} \begin{pmatrix} 0 & -i \\ i & 0 \end{pmatrix} \begin{pmatrix} 1 \\ e^{i\gamma} \end{pmatrix} = \\
&= \frac{\hbar}{4} \begin{pmatrix} 1 & e^{-i\gamma} \end{pmatrix} \begin{pmatrix} -ie^{i\gamma} \\ i \end{pmatrix} = \frac{\hbar}{2} \sin\gamma
\end{aligned}
\qquad (I.74)
$$

Dies ergibt mit $S_x^2 = S_y^2 = \frac{\hbar^2}{4}$ und $(\Delta A)^2 = \langle A^2 \rangle - \langle A \rangle^2$

$$
\begin{aligned}
\left(\Delta_\psi S_x\right)^2 &= \frac{\hbar^2}{4} - \frac{\hbar^2}{4} \cos^2\gamma = \frac{\hbar^2}{4} \sin^2\gamma \\
\left(\Delta_\psi S_y\right)^2 &= \frac{\hbar^2}{4} - \frac{\hbar^2}{4} \sin^2\gamma = \frac{\hbar^2}{4} \cos^2\gamma
\end{aligned}
\qquad (I.75)
$$

und die Unschärferelation reduziert sich in diesem Fall auf die Ungleichung

$$\frac{\hbar^2}{4} |\sin\gamma \cos\gamma| = \frac{\hbar^2}{2} |\sin 2\gamma| \geq 0 \qquad (I.76)$$

Je nach Wahl von γ verschwindet also eine Unschärfe und damit auch das Produkt der beiden Unschärfen.

Anhang J:
Vom Quantenhüpfen zur
Schrödinger-Gleichung

Diese alternative Herleitung der SGl[1] beruht auf allgemeinen Prinzipien, nämlich Symmetrie und Superposition in Kombination mit der Idee eines diskretisierten Raumes[2]. Der Ansatz betont das strukturell Einfache und nicht das Paradoxe an der QM. Er benutzt die Vorstellung, dass ein Quantenobjekt, das nur auf den diskreten Plätzen eines Gitters ‚lebt‘, sich quantenmechanisch dennoch bewegen kann, indem sich Orts-Zustände allmählich mit Nachbarorts-Zuständen überlagern. Dies entspricht der ‚Hüpfgleichung‘, die wir jetzt herleiten.

Hüpfgleichung

Wir rastern den eindimensionalen Raum mit Längenabschnitten l , die wir mit $n = \ldots -3, -2, -1, 0, 1, 2, 3 \ldots$ durchnummerieren. In diesem (eindimensionalen) Gitter positionieren wir Detektoren, die zu einem bestimmten Zeitpunkt t mit der Auflösung l messen, wo das Quantenobjekt ist; der Detektor n schlägt also zur Zeit t an. Der Ausdruck

$$|nl, t\rangle \tag{J.1}$$

besagt also, dass das Quantenobjekt zur Zeit t am Ort nl gemessen wurde; anders formuliert: dass es sich zur Zeit t am Ort nl befindet. Man kann sich unter $|nl, t\rangle$

---

[1] Siehe auch J. Pade, L. Polley, ‚Quanten-Hüpfen auf Gittern‘, Physik in der Schule 36/11 (1998) 363.

[2] Bei dieser Diskretisierung des Raumes (die unter anderem auch in der Gittereichtheorie verwendet wird) wird nicht unbedingt angenommen, dass ein solches Gitter in der Natur vorkommt, sondern dass es eben messtechnisch eine Grenze für die Genauigkeit gibt, mit der man den Ort messen kann. Folglich muss man in der Praxis immer den Raum rastern, was bedeutet, dass auch die physikalischen Gesetze zunächst in gerasteter Form erscheinen. Im Allgemeinen erwartet man, dass sich im Kontinuumlimes – also im Grenzfall unendlich feiner Rasterung – die üblichen Gesetze ergeben.

einen Spaltenvektor vorstellen, bei dem zur Zeit t an der Position n eine 1 steht und sonst überall 0. Der Zustand $|2l, t\rangle$ sieht zum Beispiel so aus (Abb. J.1):

$$
|2l, t\rangle = \begin{pmatrix} \vdots \\ 0 \\ 1 \\ 0 \\ \vdots \end{pmatrix} \begin{matrix} \text{Position} \\ \vdots \\ n = 3 \\ n = 2 \\ n = 1 \\ \vdots \end{matrix} \tag{J.2}
$$

Erfüllt sein muss die Normierungsbedingung[3]:

$$
\langle nl, t | nl, t \rangle \overset{!}{=} 1 \tag{J.3}
$$

Da das Quantenobjekt nicht gleichzeitig an zwei Orten gemessen werden darf, gilt (Orthogonalität):

$$
\langle nl, t | n'l, t \rangle = 0 \; ; \; n \neq n' \tag{J.4}
$$

Die Zustände bilden also ein Orthonormalsystem (ONS), $\langle nl, t | n'l, t \rangle = \delta_{nn'}$.

Mit Gl. (J.1) nehmen wir an, dass der Zustand $|nl, t\rangle$ eines (spinlosen) Quantenobjekts durch Angabe des Ortes zu einem einzelnen Zeitpunkt schon vollständig bestimmt ist. Das ist ein deutlicher Unterschied zur klassischen Mechanik, wo wir den Zustand eines Teilchens im Allgemeinen durch *zwei* Größen charakterisieren müssen, etwa Ort *und* Geschwindigkeit. Wir können also einem Quantenobjekt im Zustand $|nl, t\rangle$ keine Bewegungsrichtung zuordnen.[4] Aus diesem Dilemma hilft das Superpositionsprinzip, das uns gestattet, verschiedene Zustände so überlagern, dass sich das Objekt sozusagen in alle Richtungen zugleich bewegen kann. Wir formulieren das so: Nach einem kleinen Zeitschritt τ ist das Quantenobjekt ent-

Abb. J.1 Der Zustand $|2l, t\rangle$

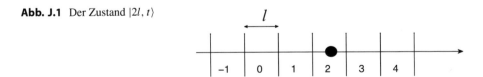

---

[3] Wir bezeichnen wie üblich den adjungierten Zeilenvektor mit $\langle \;|$.

[4] Auch die Momentaufnahme eines Pendels erlaubt keinen Aufschluss über seine Bewegungsrichtung. Während aber klassisch ein zweites, nach kurzer Zeit aufgenommenes Bild Klarheit verschafft (man kennt dann neben dem Anfangsort auch die Anfangsgeschwindigkeit) würde in der Quantenmechanik die zweite Aufnahme den Zustand neu herstellen (präparieren).

Abb. J.2 Mögliche
Bewegungen im Zeitraum τ

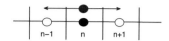

weder immer noch am selben Ort oder es hat sich zu dem nächsten benachbarten Abschnitt weiterbewegt (für genügend kleine τ können wir eine Bewegung zum übernächsten Nachbarn ausschließen) (Abb. J.2).

Damit erhalten wir die Hüpfgleichung

$$|nl, t\rangle = \alpha \, |nl, t + \tau\rangle + \beta \, |nl + l, t + \tau\rangle + \beta \, |nl - l, t + \tau\rangle \qquad (J.5)$$

Diese Gleichung kann natürlich nur ‚funktionieren‘, wenn die Summe von Zuständen überhaupt definiert ist – sprich, wenn das *Superpositionsprinzip* gilt; das ist hier die grundlegende Annahme. Sie führt notwendig dazu, dass der Begriff *Wahrscheinlichkeit* auftaucht. Denn wenn wir davon ausgehen, dass zu einer festen Zeit unser Quantenobjekt immer nur von *einem* Detektor nachgewiesen wird, müssen die Zahlen α und β irgendetwas mit Wahrscheinlichkeiten zu tun haben, das Quantenobjekt am Ort n oder $n + 1$ oder $n - 1$ nachzuweisen.

Eigenschaften der Koeffizienten

Die Koeffizienten der Zustände in Gl. (J.5) dürfen nicht von t oder n abhängen, da wir freie Quantenobjekte betrachten; die der beiden Zustände $|nl \pm l, t + \tau\rangle$ müssen gleich groß sein, da es für ein freies Quantenobjekt keine Vorzugsrichtung gibt.[5] Für $\tau \to 0$ gilt $\alpha \to 1$ und $\beta \to 0$, d. h., das Quantenobjekt bleibt an seinem Ort. Durch Umstellen und Division durch τ erhalten wir zunächst

$$\frac{-|nl, t + \tau\rangle + |nl, t\rangle}{\tau} = \frac{(\alpha - 1)}{\tau} \, |nl, t + \tau\rangle + \frac{\beta}{\tau} \, |nl + l, t + \tau\rangle + \frac{\beta}{\tau} \, |nl - l, t + \tau\rangle$$
$$(J.6)$$

Damit die ganze Formulierung Sinn macht, muss der Grenzübergang $\tau \to 0$ definiert sein. Wir setzen

$$\alpha - 1 = \hat{\alpha}\tau \; ; \; \beta = \hat{\beta}\tau \qquad (J.7)$$

wobei $\hat{\alpha}$ und $\hat{\beta}$ noch zu bestimmende komplexe Zahlen sind, und können dann den Grenzübergang $\tau \to 0$ durchführen:

$$-\frac{d}{dt} \, |nl, t\rangle = \hat{\alpha} \, |nl, t\rangle + \hat{\beta} \, |nl + l, t\rangle + \hat{\beta} \, |nl - l, t\rangle \qquad (J.8)$$

---

[5] Da Objekte mit einer größeren Masse weniger beweglich sind, muss β mit wachsender Masse kleiner werden. Weiter unten wird sich $\beta \sim 1/m$ ergeben.

Wir leiten nun Gl. (J.3) nach t ab

$$0 = \frac{d}{dt} \langle nl, t| \, nl, t \rangle = \left(\frac{d}{dt} \langle nl, t| \right) |nl, t\rangle + \langle nl, t| \left(\frac{d}{dt} |nl, t\rangle \right) \tag{J.9}$$

und setzen hier Gl. (J.8) ein:

$$\begin{aligned}
0 = &\left[\hat{\alpha}^* \langle nl, t| + \hat{\beta}^* \langle nl + l, t| + \hat{\beta}^* \langle |nl - l, t\rangle| \right] |nl, t\rangle + \\
&+ \langle nl, t| \left[\hat{\alpha} \, |nl, t\rangle + \hat{\beta} \, |nl + l, t\rangle + \hat{\beta} \, |nl - l, t\rangle \right]
\end{aligned} \tag{J.10}$$

Unter Beachtung von Gl. (J.3) und (J.4) folgt

$$\hat{\alpha}^* + \hat{\alpha} = 0 \tag{J.11}$$

Das bedeutet

$$\hat{\alpha} \in \mathbb{I} \text{ bzw. } \hat{\alpha} = ia \; ; \; a \in \mathbb{R} \tag{J.12}$$

Analog erhalten wir

$$\hat{\beta} = ib \; ; \; b \in \mathbb{R} \tag{J.13}$$

Für die Koeffizienten in Gl. (J.5) gilt also

$$\begin{aligned}
\alpha &= 1 + ia\tau \; ; \; a \in \mathbb{R} \\
\beta &= ib\tau \; ; \; b \in \mathbb{R}
\end{aligned} \tag{J.14}$$

Schrödinger-Gleichung
Wir betrachten nun eine Überlagerung aller Zustände der Form

$$|\Phi\rangle = \sum_{n=-\infty}^{\infty} \Psi(nl, t) |nl, t\rangle \tag{J.15}$$

wobei die Koeffizienten $\Psi(nl, t)$ das ‚Gewicht' der einzelnen Positionen beschreiben. Da wir von $-\infty$ bis ∞ summieren, gilt

$$\sum_{n=-\infty}^{\infty} \Psi(nl, t) |nl, t\rangle = \sum_{n=-\infty}^{\infty} \Psi(nl, t + \tau) |nl, t + \tau\rangle \tag{J.16}$$

In diese Gleichung setzen wir links die Hüpfgleichung (J.5) ein:

$$\sum_{n=-\infty}^{\infty} \Psi(nl, t) [\alpha \, |nl, t + \tau\rangle + \beta \, |nl + l, t + \tau\rangle + \beta \, |nl - l, t + \tau\rangle] =$$

$$= \sum_{n=-\infty}^{\infty} \Psi(nl, t + \tau) |nl, t + \tau\rangle \tag{J.17}$$

Wegen der Orthonormalität der Zustände $|nl, t + \tau\rangle$ folgt direkt

$$\Psi(nl, t + \tau) = \alpha \Psi(nl, t) + \beta \Psi(nl - l, t) + \beta \Psi(nl + l, t) \tag{J.18}$$

Diese Formulierung wollen wir nun in die SGl überführen. Zunächst formen wir um in

$$\frac{\Psi(nl, t + \tau) - \Psi(nl, t)}{\tau} = \frac{(\alpha - 1)}{\tau} \Psi(nl, t) + \frac{\beta}{\tau} \Psi(nl - l, t) + \frac{\beta}{\tau} \Psi(nl + l, t) \tag{J.19}$$

Einsetzen von Gl. (J.14) führt im Grenzübergang $\tau \to 0$ auf [6]

$$\frac{\partial}{\partial t} \Psi(nl, t) = ia \Psi(nl, t) + ib \Psi(nl - l, t) + ib \Psi(nl + l, t) \tag{J.20}$$

Nun müssen wir noch den Ortsanteil betrachten. Es gilt

$$\Psi(nl + l, t) + \Psi(nl - l, t) =$$
$$= [\Psi(nl + l, t) - \Psi(nl, t)] - [\Psi(nl, t) - \Psi(nl - l, t)] + 2\Psi(nl, t) \tag{J.21}$$

und daraus folgt

$$\frac{\partial}{\partial t} \Psi(nl, t) =$$
$$= (ia + 2ib) \Psi(nl, t) + ib \{[\Psi(nl + l, t) - \Psi(nl, t)] - [\Psi(nl, t) - \Psi(nl - l, t)]\} \tag{J.22}$$

Das bedeutet

$$\frac{\partial}{\partial t} \Psi(nl, t) =$$
$$= ibl^2 \frac{\{[\Psi(nl+l,t) - \Psi(nl,t)] - [\Psi(nl,t) - \Psi(nl-l,t)]\}}{l^2} + (ia + 2ib) \Psi(nl, t) \tag{J.23}$$

Fürs Folgende setzen wir $a = -2b$; das ist nicht notwendig, sondern dient nur dazu, die Diskussion zu vereinfachen.[7] Damit der Grenzübergang $l \to 0$ sinnvoll ausgeführt werden kann, muss gelten $b = Bl^{-2}$, wobei B eine von l unabhängige Konstante ist. Dann folgt

$$\frac{\partial}{\partial t} \Psi(nl, t) = iB \frac{\{[\Psi(nl + l, t) - \Psi(nl, t)] - [\Psi(nl, t) - \Psi(nl - l, t)]\}}{l^2} \tag{J.24}$$

---

[6] Wir verwenden von vornherein ∂, weil wir anschließend noch die Raumkoordinate betrachten.

[7] Für $a \neq 2b$ erhält man in der SGl einen Beitrag, der einem konstanten Potential entspricht.

was wir für $l \to 0$ mit $x \hat{=} nl$ als zweite Ortsableitung schreiben können:

$$\frac{\partial}{\partial t} \Psi(x,t) = i B \frac{\partial^2}{\partial x^2} \Psi(x,t) \tag{J.25}$$

Auf den konkreten Wert von B kann hier nicht eindeutig geschlossen werden; immerhin aber wissen wir, dass die Bewegungsgleichung für ein freies Quantenobjekt die Form

$$i \frac{\partial}{\partial t} \Psi(x,t) = -B \frac{\partial^2}{\partial x^2} \Psi(x,t) \tag{J.26}$$

haben *muss*. Um die übliche Form der SGl zu erhalten, multiplizieren wir mit $\hbar$. Dann gilt für die Einheiten von $B\hbar$

$$[B\hbar] = \frac{m^2}{s} Js = \frac{Js}{kg} Js = \frac{(Js)^2}{kg} = \frac{[\hbar^2]}{[m]} \tag{J.27}$$

so dass wir schließlich erhalten

$$i\hbar \frac{\partial}{\partial t} \Psi(x,t) = -\hat{B} \frac{\hbar^2}{2m} \frac{\partial^2}{\partial x^2} \Psi(x,t) \tag{J.28}$$

wobei die Zahl $\hat{B}$, die ja auch von dem gewählten Einheitensystem abhängt, hier ohne Zusatzinformationen nicht weiter festgelegt werden kann.

Eine mögliche Zusatzinformation wäre z. B., dass ebene Wellen $e^{i(kx-\omega t)}$ Lösungen der letzten Gleichung sein müssen und wir nichtrelativistische Verhältnisse haben. Daraus folgt

$$i\hbar(-i\omega) = -\hat{B} \frac{\hbar^2}{2m}\left(-k^2\right) \quad \text{bzw.} \quad \hat{B} = \frac{2m\hbar\omega}{\hbar^2 k^2} = \frac{2mE}{p^2} = 1 \tag{J.29}$$

Anhang K:
Phasenverschiebung am Strahlteiler

Wir benutzen in Kap. 6 (1), dass die *relative* Phasenverschiebung zwischen transmittierter und reflektierter Welle am Strahlteiler 90° beträgt; dies soll nun gezeigt
werden.[1]

Dazu betrachten wir in Abb. (K.1) eine ebene Welle, die mit Amplitude 1 auf
den Strahlteiler trifft und sich in eine reflektierte Welle mit komplexer Amplitude
$R = \alpha e^{i\varphi}$ und eine transmittierte Welle mit komplexer Amplitude $T = \beta e^{i\psi}$
aufspaltet. Der Brechungsindex n soll über den ganzen Strahlteiler konstant sein.
Da der Strahlteiler symmetrisch ist, treten dieselben Amplitudenverhältnisse auf,
wenn man die ebene Welle von rechts statt von links einfallen lässt.

Die Intensität ist proportional zum Betragsquadrat der Amplitude. Wir nehmen
an, dass es keine Absorptionsprozesse gibt und dass sich außerhalb des Strahlteilers
überall dasselbe Medium befindet. Dann folgt aus der Energieerhaltung die Gleichung

$$1 = R^*R + T^*T \tag{K.1}$$

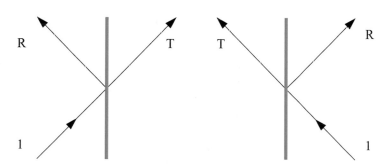

Abb. K.1 Amplitudenverhältnisse am Strahlteiler; rechts seitenvertauscht

---

[1] Siehe auch: J. Pade, L. Polley, Phasenverschiebung am Strahlteiler, *PhyDid* 1/3 (2004) 39.

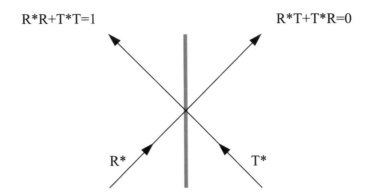

Abb. K.2 Überlagerung von zwei einlaufenden Wellen

Nun betrachten wir in Abb. (K.2) eine Überlagerung von zwei einlaufenden Wellen mit Amplituden R^* und T^*. Diese Wellen spalten sich nach dem Muster von Abb. (K.1) auf und überlagern sich zu zwei auslaufenden Gesamtwellen. Nach Gl. (K.1) ist der Amplitudenwert der nach links oben auslaufende Welle 1. Damit transportiert diese Welle bereits die gesamte einlaufende Energie. Folglich muss die Amplitude der nach rechts oben auslaufenden Welle verschwinden:

$$R^*T + T^*R = 0 \qquad\qquad (K.2)$$

Nun ist T^*R das komplex Konjugierte von R^*T, daher folgt aus (K.2), dass T^*R rein imaginär[2] sein muss. Mit $R = \alpha e^{i\varphi}$ und $T = \beta e^{i\psi}$ heißt das

$$\cos(\psi - \varphi) = 0 \qquad\qquad (K.3)$$

Dies entspricht einer relativen Phase von $90°$ zwischen reflektierter und transmittierter Welle (Die Wahl $-90°$, an dieser Stelle prinzipiell möglich, kann wegen anderer Überlegungen ausgeschlossen werden. Wichtig ist hier vor allem, dass die Amplituden senkrecht aufeinander stehen.)

Wir tragen noch ohne Beweis (siehe Lehrbücher der Experimentalphysik) nach, dass der Phasensprung zwischen einfallender und reflektierter Welle am Spiegel $180°$ beträgt.

---

[2] Oder reell und null, aber dieser Fall ist offensichtlich nicht von Interesse.

Anhang L:
Quanten-Zenon-Effekt

Verringert man die Zeit zwischen vielen aufeinanderfolgenden Messungen immer mehr, kommt man im Idealfall zu *kontinuierlichen* Messungen. In diesem Zusammenhang können neue quantenmechanische Phänomene wie der *Quanten-Zenon-Effekt*[1] (QZE) auftreten. Er besagt: Je häufiger man ein instabiles System misst, desto eher verhindert man seinen Zerfall. Der Effekt, seit rund 20 Jahren auch experimentell belegt, lautet griffig formuliert ‚a watched pot never boils'.

Seit einigen Jahren ist auch der gegenteilige Effekt bekannt – der *Anti-Quanten-Zenon-Effekt*. Er besteht darin, dass häufigere Beobachtung ein instabiles Quantensystem nicht (wie beim Zenon-Effekt) stabilisiert, sondern im Gegenteil destabilisiert. Je häufiger man also den Deckel lüpft, desto schneller kocht das Wasser: ‚boiling the pot by watching'. Und seit kurzem wird ein drittes verwandtes Phänomen diskutiert, der *Hamlet-Effekt*. Hier zerstören Messungen an einem Quantensystem die Vorhersagemöglichkeit so weit, dass keine Prognose mehr möglich ist.[2] Kochen oder nicht kochen, das ist hier die Frage.[3]

---

[1] Zenon (auch Zeno) von Elea (um 490 v. Chr. bis 430 v. Chr.), griechischer Philosoph, beschäftigte sich vor allem mit dem Problem des Kontinuums. Am bekanntesten ist vielleicht sein Paradox vom schnellfüßigen Achilles und der Schildkröte: Achilles gibt bei einem Wettrennen der Schildkröte einen Vorsprung und kann sie deswegen nie überholen. Denn dazu muss er zuerst ihren Vorsprung einholen. In dieser Zeit hat die Schildkröte aber einen neuen (kleineren) Vorsprung gewonnen, den Achilles ebenfalls erst einholen muss. Wenn er das geschafft hat, hat die Schildkröte wiederum einen (noch kleineren) Vorsprung gewonnen und so weiter. Aus unserer heutigen Sicht übersieht die Argumentation unter anderem, dass eine unendliche Reihe durchaus eine endliche Summe haben kann.

[2] Vladan Pankovic, ‚Quantum Hamlet effect – a new example', http://arxiv.org/PS_cache/arxiv/pdf/0908/0908.1301v2.pdf (2009).

[3] Apropos Hamlet: ‚Ein etwas vorschnippischer Philosoph, ich glaube Hamlet Prinz von Dänemark hat gesagt: es gebe eine Menge Dinge im Himmel und auf der Erde, wovon nichts in unseren Compendiis steht. Hat der einfältige Mensch, der bekanntlich nicht recht bei Trost war, damit auf unsere Compendia der Physik gestichelt, so kann man ihm getrost antworten: gut, aber dafür stehn aber auch wieder eine Menge von Dingen in unseren Compendiis wovon weder im Himmel noch auf der Erde etwas vorkömmt.' Georg Christoph Lichtenberg, Sudelbücher Heft L (155).

J. Pade, *Quantenmechanik zu Fuß 1*, https://doi.org/10.1007/978-3-662-67928-9

Wir wollen im Folgenden einige anschauliche Bemerkungen zu QZE und Anti-QZE bei instabilen Systemen machen, bevor wir eine einfache Rechnung für den QZE präsentieren. Anschließend schauen wir uns an, wie man mithilfe des QZE den Wirkungsgrad der wechselwirkungsfreien Quantenmessung verbessern kann.[4]

L.1   Instabile Systeme

Wir wollen hier eine begriffliche Vorstellung liefern, ohne in formale Einzelheiten zu gehen.

Ein instabiler Zustand entwickelt sich im Lauf der Zeit in eine lineare Superposition von Zuständen, von denen er einen bei einer Messung annehmen kann. Dabei hängt die Zerfallsrate von mehreren Faktoren ab, unter anderem vom Energiespektrum der Endzustände (auch Reservoirzustände genannt), an die der instabile Zustand gekoppelt ist.

Nun verursachen Messungen, die mit der Frequenz ν durchgeführt werden, gemäß der Energie-Zeit-Unschärferelation eine Energieunschärfe $\sim h\nu$, die den Bereich der erreichbaren Reservoirzustände und damit auch die Zerfallsrate beeinflusst. Wenn die Energieunschärfe infolge aufeinanderfolgender Messungen groß ist, verglichen mit sowohl der Breite des Reservoirspektrums als auch der Trennung der Energien zwischen instabilem Zustand und Energieschwerpunkt der Reservoirverteilung, sollte der QZE auftreten. Sei andererseits diese Energieunschärfe zunächst vergleichsweise klein. Dann wächst sie mit ν und damit wird auch die Anzahl der erreichbaren Reservoirzustände größer, in die Übergänge erfolgen können. In diesem Fall sollte also zunächst der Anti-QZE beobachtet werden.

Tatsächlich wurde dies beispielsweise in einem Versuch[5] beobachtet, in dem Natrium-Atome in einer stehenden Lichtwelle gefangen werden. Die Atome können sich aus diesem Potential per Tunneleffekt befreien. Das experimentelle Ergebnis lautete, dass Messintervalle von 1 μs das Tunneln (also den Zerfall) einschränkten, hingegen Messintervalle von 5 μs das Tunneln förderten.

L.2   Einfache Modellrechnung

Wir wollen hier anhand einer einfachen Rechnung die Grundidee des QZE illustrieren. Dazu gehen wir von der SGl in der Form

$$|\psi(t)\rangle = e^{-iHt/\hbar}|\psi(0)\rangle \tag{L.1}$$

---

[4] Wir erwähnen, dass der Quanten-Zenon-Effekt auch zur Erzeugung von Verschränkung sowie zur Unterdrückung von Dekohärenz verwendet werden kann (vgl. Kap. 20 und 24, Band. 2).

[5] M.C. Fischer et al., Observation of the Quantum Zeno and Anti-Zeno Effects in an Unstable System, *Phys. Rev. Lett.* 87(4), 040402 (2001).

aus sowie von einer Observablen A, deren Spektrum der Einfachheit halber diskret und nichtentartet sein soll, so dass wir schreiben können

$$A = \sum_m a_m \left| \varphi_m \right\rangle \left\langle \varphi_m \right|$$ (L.2)

Das Szenario sei nun so, dass wir in festen Zeitabständen τ wiederholt Messungen von A durchführen; zwischen den Messungen bestimmt die SGl die Entwicklung.

Der Anfangszustand sei $\left| \psi(0) \right\rangle = \left| \varphi_n \right\rangle$. Wir fragen danach, mit welcher Wahrscheinlichkeit sich das System nach N Messungen noch im Anfangszustand befindet. Für genügend kleine t gilt wegen (L.1)

$$\left| \psi(t) \right\rangle = \left[1 - \frac{iHt}{\hbar} - \frac{H^2 t^2}{2\hbar^2} + O\left(t^3\right) \right] \left| \varphi_n \right\rangle$$ (L.3)

Die erste Messung finde für $t = \tau$ statt. Die Wahrscheinlichkeit p_n, den Wert a_n zu messen, ist gegeben durch

$$p_n(\tau) = \left| \left\langle \varphi_n \mid \psi(\tau) \right\rangle \right|^2 = \left| \left\langle \varphi_n \right| \left[1 - \frac{iH\tau}{\hbar} - \frac{H^2 \tau^2}{2\hbar^2} + O\left(\tau^3\right) \right] \left| \varphi_n \right\rangle \right|^2$$ (L.4)

Ausmultiplizieren und Zusammenfassen bringt

$$p_n(\tau) = 1 - \frac{\tau^2}{\hbar^2} (\Delta H)_n^2 + O\left(\tau^3\right)$$ (L.5)

mit der Energieunschärfe

$$(\Delta H)_n^2 = \left\langle \varphi_n \right| H^2 \left| \varphi_n \right\rangle - \left\langle \varphi_n \right| H \left| \varphi_n \right\rangle^2$$ (L.6)

Im Zusammenhang dieser Überlegungen wird die Zeit $t_Z = \frac{\hbar}{(\Delta H)_n}$ auch Zenon-Zeit genannt.

Die Größe $p_n(\tau)$ ist also die Wahrscheinlichkeit, dass sich das System nach der Zeit τ noch im (Anfangs-)Zustand $\left| \varphi_n \right\rangle$ befindet. Nach N Messungen beträgt die Gesamtzeit $T = N\tau$; für die Wahrscheinlichkeit folgt (wir lassen ab jetzt die Terme höherer Ordnung in τ weg)

$$p_n(T) \approx \left[1 - \frac{\tau^2}{\hbar^2} (\Delta H)_n^2 \right]^N = \left[1 - \frac{\tau T}{\hbar^2 N} (\Delta H)_n^2 \right]^N$$ (L.7)

Wenn wir nun T festhalten und N sehr groß werden lassen (die Messintervalle werden also immer kürzer und nähern sich immer mehr einer kontinuierlichen Messung[6] an), dann können wir die Definition der Exponentialfunktion $\left[1 + \frac{x}{N}\right]^N \underset{N \to \infty}{\longrightarrow}$ e^x verwenden und erhalten

$$p_n(T) \approx \exp\left(-\frac{(\Delta H)_n^2}{\hbar^2} \tau T\right) \underset{\tau \to 0}{\longrightarrow} 1 \qquad \text{(L.8)}$$

Das System bleibt also im Grenzwert kontinuierlicher Messung im Anfangszustand, a watched pot never boils.

Der formale Grund dafür liegt darin, dass die Wahrscheinlichkeit, den Anfangszustand zu verlassen, nach Gl. (L.5) gegeben ist durch

$$1 - p_n(\tau) \sim \tau^2 \qquad \text{(L.9)}$$

wohingegen die Anzahl der Messungen $\sim \frac{1}{\tau}$ steigt. Folglich ist, genügend kleines τ vorausgesetzt, die Zustandsreduktion, die die aufeinanderfolgenden Messungen verursachen, schneller als mögliche Übergänge in andere Zustände.

L.3   Wechselwirkungsfreie Quantenmessung mit QZE

Das Szenario ist hier etwas anders, indem es nicht um instabile Zustände geht, sondern darum, ein System von einem Zustand durch wiederholte Messung in einen anderen Zustand zu zwingen, und zwar umso ‚glatter‘, je häufiger man misst.[7]

Die Grundidee[8] ist recht einfach: Wir lassen Licht durch N Polarisationsrotatoren laufen, von denen jeder die Polarisationsebene des einfallenden Zustands um $\frac{\pi}{2N}$ dreht. Insgesamt drehen die N hintereinander geschalteten Rotatoren den Zustand um $\frac{\pi}{2}$, so dass z. B. aus einem anfangs horizontal polarisierten Zustand ein vertikal polarisierter wird. Nun stellen wir hinter jeden Rotator einen Horizontal-Analysator. Die Wahrscheinlichkeit, dass ein Photon einen dieser Polarisatoren passiert, ist gegeben durch $p = \cos^2\left(\frac{\pi}{2N}\right)$, und die Wahrscheinlichkeit, alle N zu passieren, ist $p_N = \cos^{2N}\left(\frac{\pi}{2N}\right)$; für genügend große N gilt also $p_N \approx 1 - \frac{\pi^2}{4N}$. Entsprechend ist die Absorptionswahrscheinlichkeit $\frac{\pi^2}{4N}$.

Was die wechselwirkungsfreie Quantenmessung angeht, haben wir in Kap. 6 (1) gesehen, dass in einem Viertel der Fälle der ‚Bombentest‘ funktioniert, ohne dass die Bombe in die Luft geht. Dieser Anteil lässt sich erheblich vergrößern mithilfe

---

[6] Es handelt sich hier natürlich um eine Idealisierung. Der Messprozess hat immer eine gewisse endliche Dauer, wenn sie auch gegebenenfalls im Vergleich zu den einschlägigen Zeitkonstanten des Systems sehr kurz sein kann.

[7] Eigentlich handelt es sich also eher um den Anti-Zenon-Effekt, aber der Name ‚Zenon-Effekt‘ hat sich in diesem Zusammenhang eingebürgert.

[8] Dieser Effekt lässt sich in der Optik auch klassisch nachweisen; der quantenmechanische Aspekt beruht darin, dass er im Folgenden für *ein* Photon betrachtet wird.

Abb. L.1 Anordnung für den
Zenon-Effekt.
aSp = abschaltbarer Spiegel,
Sp = Spiegel,
P = Polarisationsrotator,
PW = Polwürfel,
bH = bewegliches Hindernis

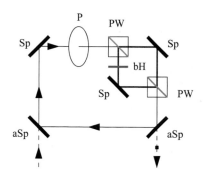

des Aufbaus, der schematisch in Abb. (L.1) gezeigt ist. Der ‚innere' Teil, also
die Anordnung von zwei Polwürfeln und Spiegeln, wird auch Polarisations-Mach-
Zehnder-Interferometer genannt. Die Apparatur Abb. (L.1) erlaubt es im Prinzip,
ein in den Strahlengang gebrachtes Objekt, im Folgenden Hindernis genannt, mit
Wahrscheinlichkeit 1 ‚wechselwirkungsfrei' nachweisen.

Die Basiszustände sind nicht wie in Kap. 6 (1) die horizontale und vertikale
Ausbreitungsrichtung (also $|H\rangle$ und $|V\rangle$), sondern die horizontalen und vertikalen
Polarisationszustände des Photons $|h\rangle$ und $|v\rangle$; die Ausbreitungsrichtung spielt
keine Rolle mehr.

Zu Beginn ist der linke untere Spiegel abgeschaltet. Er wird geschlossen, wenn
das Photon in die Apparatur eingetreten ist. Das Photon kann anschließend N
Umläufe machen; danach wird der rechte untere Spiegel geöffnet und das Photon
der weiteren Analyse zugeführt.

Bei jedem Durchlauf wird zunächst der Polarisator passiert, wobei die Polarisationsebene bei jedem Durchlauf um $\frac{\pi}{2N}$ gedreht wird. In den Polwürfeln wird
der horizontal polarisierte Anteil transmittiert und der vertikal polarisierte Anteil
reflektiert.

Wir konkretisieren auf einen rein horizontal polarisierten Anfangszustand. Wenn
kein Hindernis im Polarisations-MZI steht, ist die Polarisationsebene wegen der N-
fachen Drehung der Polarisationsebene um $\frac{\pi}{2N}$ am Schluss vertikal; ist ein Hindernis
vorhanden, wird die Interferenz gestört und der Endzustand hat z. B. nur eine
horizontale Komponente.

Auch in diesem Fall ist die formale Beschreibung recht einfach. Die Basisvektoren (lineare horizontale und vertikale Polarisation) lauten wie üblich[9]

$$|h\rangle = \begin{pmatrix} 1 \\ 0 \end{pmatrix} \quad , \quad |v\rangle = \begin{pmatrix} 0 \\ 1 \end{pmatrix} \tag{L.10}$$

Der Polarisator (Verschiebung der Polarisationsebene um Winkel α) lässt sich
beschreiben durch

---

[9] Der Einfachheit halber verzichten wir hier auf die Unterscheidung von $\cong$ und $=$.

$$\begin{pmatrix} a \\ b \end{pmatrix} \rightarrow \begin{pmatrix} \cos\alpha & -\sin\alpha \\ \sin\alpha & \cos\alpha \end{pmatrix} \begin{pmatrix} a \\ b \end{pmatrix} \tag{L.11}$$

und die kombinierte Wirkung von Polwürfeln und Hindernis, das im Polarisations-MZI die vertikale Komponente blockiert, durch

$$\begin{pmatrix} a \\ b \end{pmatrix} \rightarrow \begin{pmatrix} 1 & 0 \\ 0 & \delta \end{pmatrix} \begin{pmatrix} a \\ b \end{pmatrix}, \delta \in C \tag{L.12}$$

wobei gilt:

$$\begin{aligned} \delta = 1 &: \text{ ohne Hindernis} \\ \delta = 0 &: \text{ mit Hindernis} \end{aligned} \tag{L.13}$$

Fassen wir die Wirkungen von Polarisator, Polwürfeln und Hindernis zusammen (die Umlenkspiegel müssen nicht weiter berücksichtigt werden, da sie für die beiden Polarisationskomponenten die gleiche Phasenverschiebung erzeugen), erhalten wir bei einem Durchlauf

$$\begin{pmatrix} a \\ b \end{pmatrix} \rightarrow \begin{pmatrix} 1 & 0 \\ 0 & \delta \end{pmatrix} \begin{pmatrix} \cos\alpha & -\sin\alpha \\ \sin\alpha & \cos\alpha \end{pmatrix} \begin{pmatrix} a \\ b \end{pmatrix} = \\ = \begin{pmatrix} \cos\alpha & -\sin\alpha \\ \delta\sin\alpha & \delta\cos\alpha \end{pmatrix} \begin{pmatrix} a \\ b \end{pmatrix} \tag{L.14}$$

Für N Durchläufe um den Winkel $\alpha = \frac{\pi}{2N}$ folgt

$$\begin{pmatrix} a \\ b \end{pmatrix} \rightarrow \begin{pmatrix} \cos\frac{\pi}{2N} & -\sin\frac{\pi}{2N} \\ \delta\sin\frac{\pi}{2N} & \delta\cos\frac{\pi}{2N} \end{pmatrix}^N \begin{pmatrix} a \\ b \end{pmatrix} = M(N, \delta) \begin{pmatrix} a \\ b \end{pmatrix} \tag{L.15}$$

Die Matrix $M(N, \delta)$ lässt sich für die Spezialfälle $\delta = 1$ und $\delta = 0$ leicht berechnen.[10] Es folgt

$$M(N, \delta = 1) = \begin{pmatrix} \cos\frac{\pi}{2} & -\sin\frac{\pi}{2} \\ \sin\frac{\pi}{2} & \cos\frac{\pi}{2} \end{pmatrix} = \begin{pmatrix} 0 & -1 \\ 1 & 0 \end{pmatrix} \tag{L.16}$$

und

$$M(N, \delta = 0) = \left(\cos\frac{\pi}{2N}\right)^{N-1} \begin{pmatrix} \cos\frac{\pi}{2N} & -\sin\frac{\pi}{2N} \\ 0 & 0 \end{pmatrix} \tag{L.17}$$

---

[10] Teiltransparente Hindernisse ($\delta \neq 0, 1$) werden behandelt in J. Pade, L. Polley, ‚Wechselwirkungsfreie Quantenmessung‘, Physik in der Schule 38/5 (2000) 343.

Für einen rein horizontal polarisierten Anfangszustand folgt bei Fehlen eines Hindernisses ($\delta = 1$)

$$\begin{pmatrix} 1 \\ 0 \end{pmatrix} \rightarrow M(N, \delta = 1) \begin{pmatrix} 1 \\ 0 \end{pmatrix} = \begin{pmatrix} 0 \\ 1 \end{pmatrix} \tag{L.18}$$

so dass also die ursprünglich horizontale Polarisation vollständig in *vertikale* umgewandelt ist.

Mit Hindernis ($\delta = 0$) gilt

$$\begin{pmatrix} 1 \\ 0 \end{pmatrix} \rightarrow M(N, \delta = 0) \begin{pmatrix} 1 \\ 0 \end{pmatrix} = \left(\cos \frac{\pi}{2N} \right)^N \begin{pmatrix} 1 \\ 0 \end{pmatrix} \tag{L.19}$$

so dass also die ursprünglich horizontale Polarisation *vollständig erhalten* bleibt. Der Faktor $1 - \left(\cos \frac{\pi}{2N} \right)^{2N} \approx 1 - \frac{\pi^2}{8N}$ beschreibt den ‚Verlustanteil‘, also die Absorption durch das Hindernis; dieser Anteil kann für $N \rightarrow \infty$ im Prinzip beliebig klein gemacht werden.

Zusammengefasst: Die Versuchsanordnung erlaubt es, ‚wechselwirkungsfrei‘ das Vorhandensein eines Hindernisses wesentlich effizienter festzustellen als mit der Mach-Zehnder-Anordnung in Kap. 6 (1). Dort funktionierte der ‚Bombentest‘ in $\frac{1}{4}$ der Fälle, hier sind es $\left(\cos \frac{\pi}{2N} \right)^N \approx 1 - \frac{\pi^2}{8N}$.

In der Praxis kann man natürlich N wegen verschiedener experimenteller Schwierigkeiten (z. B. sind die Komponenten nicht ideal, es gibt Absorption usw.) nicht beliebig groß machen. Größenordnungen von $N \approx 15$ wurden aber durchaus realisiert.[11]

---

[11] P.G. Kwiat et al., High-efficiency quantum interrogation measurements via the quantum Zeno effect, *Phys. Rev. Lett.* 83 (23) (1999) S. 4725; doi: 10.1103/PhysRevLett.83.4725.

Anhang M:
Delayed-Choice, Quantenradierer

Die im Folgenden besprochenen Experimente basieren alle auf dem Mach-Zehnder-Interferometer (MZI). Sie zeigen, dass die experimentelle Anordnung bzw. die Beobachtung darüber entscheidet, ob sich ein Quantenobjekt (eher) wie ein Teilchen oder (eher) wie eine Welle verhält. Entscheidend ist dabei die sogenannte *Welcher-Weg-Information*: Lassen sich die Wege unterscheiden, so benehmen sich die Photonen teilchenartig (keine Interferenz); sind die Wege ununterscheidbar, ist das Verhalten wellenartig (Interferenz). Die Konsequenzen der Experimente führen bis hin zur Diskussion, ob wir auch eine zeitliche Rückwärtswirkung von Ereignissen in Rechnung stellen müssen.

Da die Versuche relativ einfach aufgebaut sind, sind sie hervorragend für die Schule geeignet.[1]

M.1   Delayed-Choice-Experimente

Unter einem Delayed-Choice-Experiment (Experiment mit verzögerter Entscheidung) versteht man eine experimentelle Anordnung, bei der erst *während* des Versuches festgelegt wird, ob man (Selbst-)Interferenz zulässt oder nicht bzw. welche Größen gemessen werden. 1978 als Gedankenexperiment von John Archibald Wheeler vorgeschlagen, wurde der Effekt mittlerweile experimentell bestätigt, unter anderem auch in einem Mach-Zehnder-ähnlichen Aufbau.[2]

---

[1] Siehe z. B. J. Leisen, ‚Vom Lehren und Lernen der Quantenphysik in der Schule' (09.07.2016), Quantenphysik in der Schule – Heisenberg-Gesellschaft, Workshop 2016, https://www.heisenberg-gesellschaft.de/quantenphysik-an-der-schule.html. Bemerkenswert sind auch die vielen Treffer bei einer Internet-Suche mit den Stichworten ‚Quantenradierer selbst gebaut'.

[2] Siehe V. Jacques et al., ‚Experimental Realization of Wheeler's Delayed-Choice Gedanken Experiment', *Science* 315, 966 (2007) und dort zitierte Literatur. Im zitierten Experiment wurden Polarisationsstrahlteiler statt der einfachen Strahlteiler verwendet. Ein anderes Delayed-Choice-Experiment wurde mit einzelnen Photonen durchgeführt, wobei als Zähler Quantenobjekte und nicht wie üblich klassische Detektoren verwendet wurden, siehe J.-S. Tang et al., ‚Realization of Wheeler's delayed-choice quantum experiment', *Nature Photonics* 6, 600–604 (2012), https://doi.org/10.1038/nphoton.2012.179. Experimente sind nicht auf kleine Entfernungen beschränkt; siehe

---

J. Pade, *Quantenmechanik zu Fuß 1*, https://doi.org/10.1007/978-3-662-67928-9

Abb. M.1 Delayed Choice –
Entfernen des zweiten
Strahlteilers. Sp = Spiegel,
ST = Strahlteiler,
D = Detektor

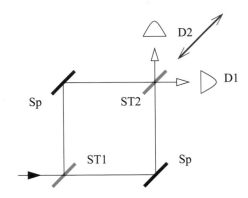

M.1.1   Aufbau 1

Die Grundidee: Wir haben wie in Kap. 6 (1) einen MZI-Aufbau, durch den jeweils ein einziges Photon läuft, siehe Abb. (M.1). Während sich das Photon in der Apparatur befindet, kann der zweite Strahlteiler ST2 entfernt oder eingefügt werden, und zwar so, dass eine ‚Benachrichtigung‘ des Photons überlichtschnell erfolgen müsste.[3]

Es gibt nun vier Möglichkeiten M1–M4 der Versuchsdurchführung. Bei den ersten beiden ist der Strahlteiler ST2 von vornherein eingefügt oder entfernt und bleibt dies auch während der gesamten Versuchsdurchführung.

M1: Das Photon läuft ein; ST2 ist und bleibt eingefügt. Dann spricht wegen der (Selbst-)Interferenz nur der Detektor D1 an (D2 bleibt stumm) und wir können nicht sagen, welchen der beiden Wege das Photon genommen hat (Wellencharakter).

M2: Das Photon läuft ein; ST2 ist und bleibt entfernt. Dann spricht mit jeweils 50 % entweder D1 oder D2 an. Es gibt keine Interferenz und wir können eindeutig sagen, welchen Weg das Photon genommen hat (Teilchencharakter).

Die nächsten beiden Möglichkeiten bestehen darin, den zweiten Strahlteiler ST2 entweder zu entfernen oder einzufügen, *nachdem* das Photon den ersten Strahlteiler (und möglicherweise auch die Spiegel) passiert hat; dies sind die verzögerten Entscheidungen.[4]

---

z. B. F. Vedovato et al., Extending Wheelers delayed-choice experiment to space, *ScienceAdvances* Vol. 3, Nr. 10, https://doi.org/10.1126/sciadv. 1701180 (2017), wo von einem Delayed-Choice-Experiment mit einer Ausbreitungsdistanz von bis zu 3500 km berichtet wird.

[3] In der Theorie können wir gleiche optische Wege, perfekte 90°-Winkel etc. voraussetzen; wie in Kap. 6 gezeigt, führt dies dazu, dass mit eingefügtem ST2 der Detektor D1 immer und D2 nie anschlägt. In einem real durchgeführten Experiment liegen diese idealen Voraussetzungen nicht vor; der Gangunterschied hängt daher auch z. B. vom Winkel ab. Bei Verwendung von Laserlicht ergeben sich mit eingefügtem ST2 in Wirklichkeit Interferenzringe auf Schirmen, die anstelle der Detektoren platziert sind; wenn ST2 entfernt ist, gibt es einen ‚hellen Fleck‘ auf dem Schirm.

[4] Das Entfernen und Einfügen von ST2 kann man beliebig hinauszögern – es muss halt nur geschehen, bevor das Photon bei der Position von ST2 ankommt.

M3: Das Photon läuft ein; ST2 ist eingefügt. Nachdem das Photon ST1 und Sp passiert hat, entfernt man ST2. Mit jeweils 50 % spricht entweder D1 oder D2 an (Teilchencharakter).

M4: Das Photon läuft ein; ST2 ist entfernt. Nachdem das Photon ST1 und Sp passiert hat, fügt man ST2 ein. Nur D1 spricht an, D2 bleibt stumm (Wellencharakter).

Interessant ist nun die Betrachtung von M3 (oder M4). Das Photon tritt in das MZI ein und passiert ST1 und Sp, wobei ST2 eingefügt ist. Demnach muss das Photon wie in M1 *beide* Wege erkunden, da sonst prinzipiell keine Interferenz auftreten würde (es kann ja nicht ‚wissen‘, dass wir gleich ST2 entfernen werden). Es muss sich also in einem kohärenten Superpositionszustand befinden (Wellencharakter).

Nun entfernen wir ST2, und zwar unmittelbar bevor das Photon diese Stelle passiert. Es wird daraufhin in einem der beiden Detektoren landen, und wir können sagen, welchen Weg es gegangen ist (Teilchencharakter). Das Photon kann also sich nicht in einem kohärenten Superpositionszustand befinden – im Widerspruch zum gerade Gesagten. Aus klassischer Sicht können wir den Widerspruch nur auflösen, wenn wir annehmen, dass das Photon schon beim Eintritt in ST1 wissen musste, ob ST2 verbleibt oder entfernt wird – es musste also über die Zukunft Bescheid wissen. Die verzögerte Wahl scheint eine Beeinflussung des Geschehens in der Vergangenheit zu verursachen. Wenn diese Deutung falsch ist, wo müssen wir dann den Fehler suchen?

Die übliche Antwort lautet, dass wir nichts darüber aussagen können, wie sich das Photon im MZI ausbreitet (‚ein Weg‘ oder ‚zwei Wege‘), bevor nicht eine entsprechende Messung ausgewählt wurde. Vor einer solchen Messung gibt es nichts, was mit einer solchen Wegaussage verbunden werden kann. Insofern ist die Frage, welchen Weg das Photon genommen hat, vor einer Messung nicht sinnvoll (und das gilt auch für die obige Argumentation, insofern sie sich auf die Betrachtung durchlaufener Wege stützt).[5] Es gibt eben Fragen, die einfach deswegen nicht sinnvoll sind, weil wir sie prinzipiell nicht beantworten können.

Allerdings gibt es auf der anderen Seite durchaus Stimmen, die vorschlagen, auch eine Rückwärtswirkung von Ereignissen zu berücksichtigen.[6] Tatsächlich sind ja die fundamentalen Gesetze der Physik alle zeitumkehrinvariant, also kausal zeitsymmetrisch, und spiegeln nicht die zeitasymmetrische Vorstellung von Ursache und Wirkung wieder.

Wie auch immer – wir sehen, dass ein Photon eben nicht entweder Teilchen oder Welle ist, sondern irgendetwas anderes (eben ein Quantenobjekt), das sich (erst) bei einer Messung je nachdem wie ein Teilchen oder wie eine Welle verhält.

---

[5] ‚The past has no existence except as it is recorded in the present.‘ (J.A. Wheeler in Mathematical Foundations of Quantum Theory (ed. A.R. Marlow), 9-48 (Academic, New York, 1978)).

[6] Vergleiche auch die Diskussion in Kap. 27 über Lokalität und Realität in der QM.

Abb. M.2 Delayed Choice –
Einführen weiterer
Detektoren

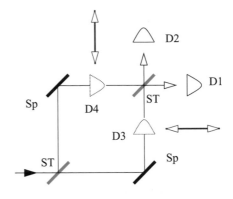

M.1.2 Aufbau 2

In der in Abb. (M.2) gezeigten Variante des Versuchsaufbaus bleiben beide Strahlteiler an Ort und Stelle, aber man kann weitere Detektoren (D3 und D4) in
die Strahlengänge einbringen. Machen wir das zum Beispiel mit D3 (D4 bleibt
draußen), dann haben wir die Information, welchen Weg das Photon genommen
hat.

Die verzögerte Wahl besteht hier darin, D3 und/oder D4 in den Strahlengang zu
bringen (zu entfernen), nachdem das Photon den ersten Strahlteiler und die Spiegel
passiert hat. Die Argumentation läuft analog zu Aufbau 1.

M.2   Quantenradierer

Unter einem Quantenradierer kann man ganz allgemein eine experimentelle Anordnung verstehen, mit der man Information über einen Versuchsablauf löschen
(,ausradieren') kann. Speziell geht es bei diesem Thema in aller Regel darum,
durch das Vernichten von Information eine Interferenzfähigkeit (in gewissem Sinn
nachträglich) wieder herzustellen. Ein ganz einfaches Beispiel ist ein MZI mit
einem Strahlteiler (z. B. nur ST1) wie in Abb. (6.4), das die Information liefert,
auf welchem Weg das Photon die Apparatur durchläuft. Setzen wir einen zweiten
Strahlteiler ST2 ein, verlieren wir diese Information – sie wird sozusagen ausradiert.

Ein etwas aufwendigerer Aufbau findet sich in Abb. (M.3). Es handelt sich um
ein ideales MZI mit fest installierten Strahlteilern, in dem verstellbare Polarisatoren
in die Strahlengänge eingebracht sind. Die Polarisatoren P3 und P4 befinden sich
zunächst nicht im Strahlengang. Der in das MZI eintretende Zustand sei horizontal
polarisiert. Sind alle Polarisatoren auf null gestellt, haben wir den üblichen
Befund, dass nur D1, nicht aber D2 anspricht (Interferenz, Wellencharakter, keine
Weginformation). Verdrehen wir P1 um $+45°$ und P2 um $-45°$, prägen wir den
Photonen eine Welcher-Weg-Information auf; es gibt keine Interferenz mehr und
D1 und D2 sprechen zu 50 % an (wobei natürlich wegen der Einstellung der

Abb. M.3 Quantenradierer.
Sp = Spiegel, ST =
Strahlteiler, P = Polarisator,
D = Detektor

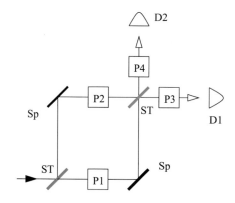

Polarisatoren die Zahl der durchgelassenen Photonen bzw. die Intensität auf die Hälfte sinkt). Nun bringen wir P3 und P4 in den Strahlengang ein, sagen wir mit der Einstellung 0°. Dann kann wiederum nur jeweils die Hälfte der ±45° polarisierten Photonen die Detektoren D3 und D4 passieren – aber diese Photonen sind nun interferenzfähig. Damit haben wir wieder den Befund, dass D1 anspricht, während D2 stumm bleibt. Im Endeffekt haben wir also aus klassischer Sicht durch diese Einstellung von P3 und P4 die Weginformation gelöscht (‚ausradiert‘), obwohl sie ja schon vorhanden war.

Man kann natürlich auch hier eine verzögerte Wahl treffen, indem man P3 und P4 erst dann einstellt, wenn das Photon den ersten Strahlteiler passiert hat. Auch dann kann man die Weginformation löschen. Dieses Experiment weist also ebenfalls darauf hin, dass es nicht sinnvoll ist, ohne Messung über eine physikalische Realität zu sprechen.

Der Quantenradierer ist Thema der laufenden Forschung; siehe z. B. C. P. Bracken, C. McAleer, ‚A Delayed-Choice Quantum Eraser with Photon-Counting MKIDs (Experimental Design)‘,[7] *Journal of Low Temperature Physics* (2022) 209:899–911, https://doi.org/10.1007/s10909-022-02852-3.

D. Chiou, ‚Delayed-choice quantum erasers and the Einstein-Podolsky-Rosen paradox‘, arXiv:2210.11375v2 [quant-ph] (2022) bietet einen aktuellen Überblick und stellt eine Verbindung zu anderen Schlüsselproblemen der QM her; zum EPR-Paradox siehe Kap. 6 (2).

---

[7] MKID = Microwave Kinetic Inductance Detector.

Anhang N:
Kontinuitätsgleichung

Im Folgenden soll die Herleitung der Kontinuitätsgleichung kurz wiederholt werden, und zwar anhand des Beispiels Massendichte.

Masse und Massendichte hängen über die differentielle Beziehung $dm = \rho dV$ bzw. ihre integrale Formulierung

$$M = \int_G \rho dV \tag{N.1}$$

zusammen, wobei die Integration über ein bestimmtes geschlossenes (ortsfestes) Gebiet G läuft. Wir wollen im Folgenden alle Prozesse ausschließen, die Masse erzeugen oder vernichten; die Gesamtmasse in G kann sich also nur dadurch ändern, dass Masse durch die Oberfläche von G hindurch transportiert wird. Diese Formulierung betrifft das Gebiet G als ganzes, ist also ein globales oder integrales Prinzip. Die lokale (also auf einen Raum-Zeit-Punkt bezogene) bzw. differentielle Formulierung liefert die *Kontinuitätsgleichung*, die jetzt hergeleitet wird.

Die zeitliche Änderung der Masse ist gegeben durch

$$\frac{d}{dt}M = \frac{d}{dt}\int_G \rho dV = \int_G \frac{\partial \rho}{\partial t} dV \tag{N.2}$$

Sie kann nach unserer Voraussetzung nur durch Massentransport durch die Oberfläche ∂G des Gebietes G erfolgen. Mit der üblichen Definition der Stromdichte $\mathbf{j}$ als $\mathbf{j} = \rho \mathbf{v}$ (Betrag der Stromdichte = Masse, die pro Zeiteinheit durch die Flächeneinheit fließt) erhalten wir

$$\int_G \frac{\partial \rho}{\partial t} dV = -\int_{\partial G} \mathbf{j} \, d\mathbf{F} \tag{N.3}$$

J. Pade, *Quantenmechanik zu Fuß 1*, https://doi.org/10.1007/978-3-662-67928-9

Dabei ist $d\mathbf{F}$ das gerichtete Flächenelement (bei einem geschlossenen Gebiet nach außen orientiert); das Minuszeichen bedeutet, dass die Masse kleiner wird, wenn etwas aus dem Gebiet hinausfließt. Diese Gleichung kann man als integrale Formulierung der Kontinuitätsgleichung auffassen. Um zu einer differentiellen Formulierung zu kommen, formen wir das Oberflächenintegral in ein Volumenintegral um (Satz von Gauß):

$$\int_G \frac{\partial \rho}{\partial t} dV = - \int_{\partial G} \mathbf{j} \, d\mathbf{F} = - \int_G div\mathbf{j} \, dV \equiv - \int_G \nabla \mathbf{j} \, dV$$

$$\text{bzw.} \quad \int_G \frac{\partial \rho}{\partial t} dV = - \int_G \nabla \mathbf{j} \, dV \tag{N.4}$$

Die letzte Gleichung gilt für *beliebige* Gebiete G; damit müssen die Integranden gleich sein und es folgt:

$$\frac{\partial \rho}{\partial t} + \nabla j = 0 \tag{N.5}$$

mit $\rho = \rho(\mathbf{r}, t)$ und $\mathbf{j} = \mathbf{j}(\mathbf{r}, t)$. Dies ist also die differentielle Formulierung der Massenerhaltung, genannt Kontinuitätsgleichung. Im Übrigen ist diese Gleichung nicht nur für die Massendichte gültig, sondern auch für z. B. die Ladungsdichte und andere Dichten, für die integrale Erhaltungssätze gelten.

Anhang O:
Zur Varianz

O.1 Varianz, Momente

Wenn man ein Größe x mehrmals misst (z. B. die Dauer einer Schwingung, Lebenszeit eines radioaktiven Kerns), erhält man verschiedene Werte x_n mit der Häufigkeit[1] p_n. Der *Mittelwert* ergibt sich dann als

$$\bar{x} = \langle x \rangle = \sum_n p_n x_n \tag{O.1}$$

Dem Mittelwert $\langle x \rangle$ sieht man nicht an, wie sehr die Daten streuen; ganz unterschiedliche Datenmengen können den gleichen Mittelwert ergeben (Abb. O.1).

Man könnte nun daran denken, als Maß für die Streuung die Summe der Abstände der Daten vom Mittelwert zu nehmen, also $\sum_n p_n |x_n - \langle x \rangle|$. Das ist eine an sich vollkommen richtige Idee, die aber bestimmte technische Nachteile hat. Deswegen summiert man stattdessen zunächst die Quadrate der Abstände auf und zieht am Schluss die Wurzel:

$$\sigma^2 = \sum_n p_n (x_n - \langle x \rangle)^2 \ ; \ \sigma = \sqrt{\sum_n p_n (x_n - \langle x \rangle)^2} \tag{O.2}$$

Abb. O.1 Unterschiedlich streuende Daten mit gleichem Mittelwert

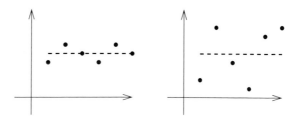

---

[1] Auch Gewicht genannt. Die Vertrauenswürdigkeit von Daten lässt sich damit ebenfalls erfassen: Weniger verlässliche Daten erhalten eben ein geringeres Gewicht als verlässliche.

J. Pade, *Quantenmechanik zu Fuß 1*, https://doi.org/10.1007/978-3-662-67928-9

Wir wollen das noch in eine gefälligere Form bringen:

$$\sigma^2 = \sum_n p_n \left(x_n - \langle x \rangle\right)^2 = \sum_n p_n \left[x_n^2 - 2x_n \langle x \rangle + \langle x \rangle^2\right] =$$
$$= \sum_n p_n x_n^2 - 2 \langle x \rangle \sum_n p_n x_n + \langle x \rangle^2 \sum_n p_n = \qquad \text{(O.3)}$$
$$= \langle x^2 \rangle - 2 \langle x \rangle^2 + \langle x \rangle^2 = \langle x^2 \rangle - \langle x \rangle^2$$

Die Größe σ^2 heißt *Varianz*; σ wird *Standardabweichung* oder *Streuung* genannt.
Man verallgemeinert diese Begriffe und definiert das *Moment N-ter Ordnung* als

$$\langle x^N \rangle = \sum_n p_n x_n^N \qquad \text{(O.4)}$$

Mit $\langle x^N \rangle$ lässt sich das *zentrale Moment N-ter Ordnung* $\langle (x - \langle x \rangle)^N \rangle$ bilden.

O.2 Erwartungs- und Mittelwert

Zwar werden die beiden Begriffe nicht nur in der QM häufig als Synonyme verwendet, aber streng genommen gilt, dass der Mittelwert sich auf einen Datensatz aus der Vergangenheit bezieht und mit relativen Häufigkeiten formuliert wird, während der Erwartungswert als Spekulation auf die Zukunft mit Wahrscheinlichkeiten formuliert wird. Als kleines illustrierendes Beispiel betrachten wir einen fairen Würfel, der in einer (hypothetischen) Versuchsreihe 18-mal geworfen wird.

Augen a_n	1	2	3	4	5	6
Wahrscheinlichkeit w_n	$\frac{1}{6}$	$\frac{1}{6}$	$\frac{1}{6}$	$\frac{1}{6}$	$\frac{1}{6}$	$\frac{1}{6}$
Anzahl Würfe	3	4	2	2	3	4
Relative Häufigkeit p_n	$\frac{1}{6}$	$\frac{2}{9}$	$\frac{1}{9}$	$\frac{1}{9}$	$\frac{1}{6}$	$\frac{2}{9}$

Damit ergibt sich der Erwartungswert zu $E = \sum_{n=1}^{6} w_n a_n = 3,5$ und der Mittelwert zu $M = \sum_{n=1}^{6} p_n a_n = 3,56$.

O.3 Diskret – kontinuierlich[2]

Im diskreten Fall wird der Mittelwert mit

$$\langle x \rangle = \sum_n p_n x_n \qquad \text{(O.5)}$$

---

[2] Siehe auch Anhang T.1 (1), ‚Diskret-kontinuierlich'.

gebildet. Im kontinuierlichen Fall wird wie üblich aus der Summation eine Integration und wir erhalten

$$\langle x \rangle = \int \rho(x)\, x\, dx \tag{O.6}$$

mit der Dichtefunktion $\rho(x)$. Für die Varianz folgt entsprechend

$$\sigma^2 = \left\langle x^2 \right\rangle - \langle x \rangle^2 = \int \rho(x)\, x^2\, dx - \left(\int \rho(x)\, x\, dx \right)^2 \tag{O.7}$$

In einem physikalischen Gewand ist diese Umformung seit dem ersten Semester vertraut. Der Schwerpunkt[3] $\mathbf{R}$ einer Ansammlung von Massenpunkten mit der Masse m_i an den Orten $\mathbf{r}_i$ ist definiert als

$$\mathbf{R} = \frac{\sum m_i \mathbf{r}_i}{\sum m_i} = \frac{\sum m_i \mathbf{r}_i}{M} = \sum \frac{m_i}{M} \mathbf{r}_i \tag{O.8}$$

Für eine kontinuierliche Massenverteilung bzw. Massendichte $\rho(\mathbf{r})$ folgt mit $dm = \rho\, dV$ (wie immer laufen die Integrale über das gesamte Definitionsgebiet)

$$\mathbf{R} = \frac{\int \rho(\mathbf{r})\, \mathbf{r}\, dV}{\int \rho(\mathbf{r})\, dV} = \frac{\int \rho(\mathbf{r})\, \mathbf{r}\, dV}{M} = \int \frac{\rho(\mathbf{r})}{M} \mathbf{r}\, dV \tag{O.9}$$

O.4 Standardabweichung in der QM

Es folgen einige Bemerkungen über die Standardabweichung in der QM.

O.4.1 Beispiel Zwei-Zustands-System

Wir berechnen die Streuung am Beispiel der Pauli-Matrix σ_z mit Eigenwerten $\lambda_{1,2}$ und dazugehörenden Eigenvektoren $v_{1,2}$:

$$\sigma_z = \begin{pmatrix} 1 & 0 \\ 0 & -1 \end{pmatrix} \;;\; \lambda_{1,2} = \pm 1 \;;\; v_1 = \begin{pmatrix} 1 \\ 0 \end{pmatrix} \;;\; v_2 = \begin{pmatrix} 0 \\ 1 \end{pmatrix} \tag{O.10}$$

Wenn sich das System im Zustand v_1 befindet, hat es den Wert $+1$, im Zustand v_2 den Wert -1. Allen anderen Zuständen lässt sich kein definierter Wert zuweisen.

Wir berechnen nun die Streuung. Wegen $\sigma_z^2 = 1$ folgt

$$(\Delta \sigma_z)^2 = \left\langle \sigma_z^2 \right\rangle - \langle \sigma_z \rangle^2 = 1 - \langle \sigma_z \rangle^2 \tag{O.11}$$

---

[3] Traditionsgemäß schreibt man hier nicht $\langle \mathbf{r} \rangle$, sondern $\mathbf{R}$.

Für einen normierten Zustand $\begin{pmatrix} a \\ b \end{pmatrix}$ gilt also

$$(\Delta\sigma_z)^2 = 1 - \left[\left(a^*b^*\right)\begin{pmatrix} 1 & 0 \\ 0 & -1 \end{pmatrix}\begin{pmatrix} a \\ b \end{pmatrix}\right]^2 = 1 - \left(|a|^2 - |b|^2\right)^2 = 4|a|^2\left(1 - |a|^2\right)$$

$$(O.12)$$

Die Standardabweichung verschwindet also für die Eigenvektoren $v_{1,2}$; für alle anderen Zustände ist sie prinzipiell ungleich null. Insofern ist sie also, wie gesagt, ein Maß dafür, inwieweit ein System *nicht* einen Wert für σ_z hat (nämlich einen der beiden erlaubten Werte ± 1).

O.4.2 Allgemeiner Fall

Wir haben einen hermiteschen Operator A mit Eigenvektoren $|a_n\rangle$ und Eigenwerten a_n

$$A|a_n\rangle = a_n|a_n\rangle \tag{O.13}$$

Die Varianz für einen normierten Zustand $|\psi\rangle$ ist dann gegeben als

$$\left(\Delta_\psi A\right)^2 = \left\langle A^2\right\rangle_\psi - \langle A\rangle_\psi^2 = \langle\psi|A^2|\psi\rangle - \langle\psi|A|\psi\rangle^2 \tag{O.14}$$

Wir wollen zeigen, dass sie genau dann verschwindet, wenn $|\psi\rangle$ ein Eigenzustand von A ist. Dazu benutzen wir die Cauchy-Schwarzsche Ungleichung in der Form

$$|\langle a|b\rangle|^2 \leq \langle a|a\rangle\langle b|b\rangle \tag{O.15}$$

wobei die Gleichheit genau dann gilt, wenn $|a\rangle$ und $|b\rangle$ kollinear sind, also $|a\rangle \sim |b\rangle$ gilt.

Wegen der Hermitezität von A haben wir $\langle\psi|A^2|\psi\rangle = \langle A\psi|A\psi\rangle$; außerdem gilt $\langle\psi|A|\psi\rangle^* = \langle\psi|A|\psi\rangle$ und folglich $\langle\psi|A|\psi\rangle^2 = |\langle\psi|A\psi\rangle|^2$. Wir identifizieren $|a\rangle$ mit $|\psi\rangle$ und $|b\rangle$ mit $|A\psi\rangle$; dann lautet die Cauchy-Schwarzsche Ungleichung

$$|\langle\psi|A\psi\rangle|^2 = \langle\psi|A|\psi\rangle^2 \leq \langle\psi|\psi\rangle\langle A\psi|A\psi\rangle = \langle\psi|A^2|\psi\rangle \tag{O.16}$$

Das Gleichheitszeichen gilt genau dann, wenn $|\psi\rangle \sim A|\psi\rangle$ gilt – mit anderen Worten, wenn $|\psi\rangle$ eine Eigenfunktion von A ist.

Anhang P:
Zur Quantenkryptographie

P.1   Überprüfung des Schlüssels

Nachdem das Verfahren wie in Kap. 10 (1) beschrieben durchgeführt wurde, müssen noch zwei Fragen beantwortet werden: (1) Wie können Alice und Bob feststellen, ob sie denselben Schlüssel besitzen, und wie können sie gegebenenfalls auftretende Unterschiede zuverlässig eliminieren? (2) Wie können Alice und Bob dafür sorgen, dass außer ihnen niemand, vor allem Eve nicht, diesen verbesserten Schlüssel besitzt? Diese beiden Probleme werden mithilfe von klassischen (also nichtquantenmechanischen) Mehrstufenverfahren gelöst, die auch wieder keine absolute, wohl aber im praktischen Sinn ausreichende Sicherheit bieten. Dabei wird in jeder Stufe die Länge des Schlüssels verkürzt. Es sei noch einmal betont, dass der folgende Informationsaustausch zwischen Alice und Bob in jeder Phase *öffentlich* abläuft. Das kann prinzipiell natürlich dann Probleme aufwerfen, wenn Eve absolute Kontrolle über den öffentlichen Kanal ausüben kann. Sie kann dann jede Mitteilung von Alice und Bob auffangen, geeignet modifizieren und erst dann weitersenden. Zum Beispiel kann sie den beiden vorgaukeln, die Fehlerquote sei null. Wenn Alice und Bob sich aber ein wenig Misstrauen bewahrt haben und sich an das im Folgenden beschrieben Verfahren halten, können sie dieser Falle entgehen.

Betrachten wir noch einmal das ganze Verfahren. Die Übertragung von N_A Photonen mit festem Zeittakt von Alice an Bob sei beendet. Die erste Phase besteht dann darin, dass Bob Alice mitteilt, an welchen Zeitpunkten er kein Signal empfangen hat, obwohl eines hätte kommen müssen. Beide eliminieren diese dark counts und besitzen nun jeweils einen Schlüssel der gleichen Länge N, den *Rohschlüssel (raw key)*. Nun vergleichen sie öffentlich ihre Polarisatoreinstellungen, wobei sie alle Messungen ausscheiden, bei denen die Basissysteme nicht übereinstimmen. Dieser Schlüssel wird häufig als *sifted key*, also (durch-)*gesiebter Schlüssel* bezeichnet; er hat die Länge $n \approx N/2$.

Im nächsten Schritt wird nun die Lauschrate e abgeschätzt. Nehmen wir an, Eve hat jedes q-te Bit ausspioniert. Dann unterscheiden sich die beiden Schlüssel von Alice und Bob an ungefähr $n/(4q)$ Stellen; die Lauschrate beträgt $e = 1/(4q)$. Um

© Der/die Herausgeber bzw. der/die Autor(en), exklusiv lizenziert an Springer-Verlag GmbH, DE, ein Teil von Springer Nature 2024
J. Pade, *Quantenmechanik zu Fuß 1*, https://doi.org/10.1007/978-3-662-67928-9

diese Zahl abzuschätzen, vergleichen Alice und Bob öffentlich t einzelne Bits ihrer beiden Schlüssel und streichen sie anschließend. Diese Lauschquote darf natürlich nicht zu hoch sein; wenn sie über einer vereinbarten Marke liegt, wird der gesamte Schlüssel verworfen und neu begonnen. Bei einer Marke von $12,5\%$ ist zum Beispiel garantiert, dass Eve höchstens jedes zweite Photon ausspioniert hat. Alice und Bob sind jetzt im Besitz von Schlüsseln (auch *plain key* genannt) der Länge $n - t$ und verfügen über eine Abschätzung der Lauschrate e. Eve kennt von Alices Schlüssel $(n - t)\,3e$ Bits.

In der nächsten Phase sorgen Alice und Bob dafür, dass sie die von Eve verfälschten Stellen eliminieren und folglich denselben Schlüssel erhalten, *verbesserter Schlüssel* (*reconciled key*) genannt. Dies kann mit verschiedenen Methoden geschehen, die man auch hintereinanderschalten kann. Gemeinsames Kennzeichen ist, dass nicht einzelne Bits verglichen werden, sondern gewisse Eigenschaften von Untermengen der Schlüssel, z. B. die Parität dieser Untermengen.

Alice und Bob können zum Beispiel öffentlich eine Zufallspermutation ihrer Schlüssel auswählen. Diese Reihe wird dann in Blöcke der Länge l zerschnitten, wobei l so gewählt wird, dass die Wahrscheinlichkeit für das Auftreten von zwei oder mehr Fehlern pro Block genügend klein ist. Eine andere Methode ist recht ähnlich; hier ziehen Alice und Bob öffentlich Zufallsreihen aus ihren Schlüsseln und bilden daraus Blöcke der Länge l. Die Parität dieser Blöcke der Länge l wird nun öffentlich verglichen. Stimmt sie nicht überein, wird eine binäre Suche nach dem falschen Bit gestartet, also Halbieren des Blocks, Vergleich der Paritäten der Hälften, wiederum Halbieren des Blocks mit der unterschiedlichen Parität usw. bis zu einer gewissen Minimallänge des Unterblocks mit unterschiedlicher Parität; dieses Stück des Schlüssels wird dann entfernt. So werden alle l-Blöcke durchgearbeitet. Anschließend wird die nächste Permutation bzw. die nächste Zufallsmenge ausgewählt und das Verfahren neu gestartet; dieser gesamte Prozess wird einige Male durchgeführt. Insgesamt werden in diesem Prozess d Bits entfernt. Ein Nebeneffekt dieses Verfahrens ist übrigens, dass Alice und Bob eine Bestätigung der in der ersten Phase geschätzten Fehlerquote erhalten müssen – wenn nicht, ist irgendetwas faul und der Schlüssel wird verworfen.

Nachdem diese Verfahren abgespult wurden, kann man schließlich annehmen, dass der verbliebene Schlüssel mit hoher Wahrscheinlichkeit ohne Fehler ist bzw. die Schlüssel von Alice und Bob in jeder Stelle übereinstimmen. Dieser verbesserte Schlüssel besitzt aufgrund seiner Konstruktion die Länge $n_v = n - t - d$. Es handelt sich hier aber nur um einen teilweise geheimen Schlüssel, weil Eve ja $(n - t - d)\,3e$ Bits kennt.

In der letzten Phase sorgen Alice und Bob dafür, dass dieser ‚Schönheitsfehler' korrigiert wird und aus dem teilweise geheimen Schlüssel ein geheimer wird. Dieser Prozess wird im Englischen *privacy amplification* genannt. Das kann dann beispielsweise so aussehen: Alice und Bob haben einen verbesserten Schlüssel der Länge n_v und wissen, dass Eve davon annähernd t_v Bits kennt. Sei $0 < s_v < n_v - t_v$ ein Sicherheitsparameter, und sei $r_v = n_v - t_v - s_v$. Alice und Bob können dann zum Beispiel r_v Untermengen aus dem verbesserten Schlüssel auswählen Die Paritäten dieser Untermengen werden bestimmt, und zwar *nichtöffentlich*. Sie bilden dann den endgültigen geheimen Schlüssel. Man kann zeigen, dass Eves Information über diesen Schlüssel höchstens $2^{-s_v}/\ln 2$ beträgt.

Nehmen wir beispielsweise an, dass Alice 500 Photonen an Bob schickt. Nach dem Ausscheiden der dark counts und dem Vergleich der Basissysteme bleibt ein Schlüssel von sagen wir $n = 233$ Stellen. Zur Abschätzung der Lauschquote werden $t = 48$ Bits verbraucht. Wir nehmen an, dass Eves Lauschquote e bei $e = 0,02$ liegt. Der Schlüssel hat nun eine Länge von $n - t = 185$ Bits. Um mittels Paritätsvergleich den verbesserten Schlüssel zu erstellen, müssen noch einmal, sagen wir, $d = 67$ Stellen gestrichen werden. Der Schlüssel hat nun eine Länge von $n_v = n - t - d = 118$ Stellen; Eve kennt davon $118 \cdot 0,06 \approx 7$ Bits. Wir wählen schließlich beispielsweise $s_v = 10$ und bilden den endgültigen Schlüssel dann aus den Paritäten von 108 Zufallsuntermengen. Ein kurzes und explizit durchgeführtes Beispiel illustriert den Sachverhalt.

P.2   Ein kleines Beispiel

Alice schickt 64 Photonen an Bob. Das ist natürlich eine für solche Zwecke sehr kleine Zahl, was sich unter anderem darin äußert, dass die auftretenden statistischen Fehler recht groß sind. Aber für ein möglichst kurzes und prägnantes Spielzeugbeispiel nehmen wir diesen Nachteil in Kauf.

Eve belauscht jedes zweite Photon; damit gilt $q = 2$ und $e = \frac{1}{4q} = \frac{1}{8}$. Das kann dann wie in Tab. (P.1) aussehen: Die erste und zweite Spalte bezeichnen Polarisationsrichtung und -wert der von Alice verschickten Photonen. Die dritte Spalte bezeichnet die von Eve eingestellte Polarisationsrichtung. Wenn in der vierten Spalte zwei Zahlen auftauchen, ist das Messergebnis von Eve 0 oder 1. In der fünften Spalte findet sich eine mögliche Messreihe von Eve. Analoges gilt für die Spalten von Bob. Da es keine Fehlzählungen gibt, sind Alice und Bob nun im Besitz ihrer Rohschlüssel.

Alice und Bob vergleichen öffentlich ihre Polarisationsrichtungen und streichen alle Ergebnisse mit verschiedenen Einstellungen. Das Ergebnis (sifted key) findet sich in Tab. (P.2).

Ein Blick auf die Tabelle zeigt, dass Alice und Bob an 3 Stellen verschiedene Einträge haben; der ‚Sollwert‘ lautet (siehe oben) $\frac{n}{4q} = 31 \cdot e = \frac{31}{8} = 3,9$. Außerdem sieht man, dass die Schlüssel von Alice und Eve an 12 Stellen übereinstimmen; der Sollwert lautet $31 \cdot 3e = \frac{93}{8} = 11,6$. Alice und Bob können natürlich nicht diese Tabelle anschauen, sondern müssen die Fehlerquote abschätzen. Dazu vergleichen sie öffentlich von diesen 31 Bits beispielsweise die 7 Bits an den Stellen 4, 8, 12, 16, 20, 24, 28. Es ergibt sich eine Abweichung (Bit 4); die Fehlerquote kann also zu $e \approx \frac{1}{7}$ abgeschätzt werden; Eve hat demnach rund jedes zweite Bit ausspioniert ($\frac{7}{4} \approx 2$). Die überprüften Bits werden gestrichen[1]; und wir erhalten den plain key in Tab. (P.3).

---

[1] Man sieht, dass der Schlüssel nicht zu kurz sein darf.

Tab. P.1 Anfangsdaten

	A	A	E	E	E	B	B	B		A	A	E	E	E	B	B	B
1	⊞	1				⊠	01	0	33	⊠	0				⊠	0	0
2	⊠	0	⊠	0	0	⊠	0	0	34	⊞	1	⊞	1	1	⊠	01	1
3	⊞	0				⊠	01	0	35	⊞	1				⊠	01	1
4	⊞	1	⊠	01	0	⊞	01	1	36	⊞	0	⊠	01	1	⊞	01	0
5	⊠	1				⊠	1	1	37	⊞	0				⊞	0	0
6	⊠	0	⊞	01	1	⊠	01	1	38	⊞	0	⊞	0	0	⊞	0	0
7	⊠	1				⊞	01	0	39	⊞	0				⊠	01	1
8	⊞	0	⊞	0	0	⊞	0	0	40	⊞	1	⊞	1	1	⊠	01	1
9	⊞	1				⊞	1	1	41	⊞	0				⊠	01	0
10	⊞	1	⊞	1	1	⊠	01	1	42	⊞	1	⊞	1	1	⊠	01	1
11	⊠	0				⊠	0	0	43	⊠	0				⊞	01	0
12	⊞	1	⊠	01	0	⊞	01	1	44	⊞	0	⊠	01	1	⊠	1	1
13	⊠	0				⊞	01	1	45	⊠	1				⊠	1	1
14	⊠	1	⊠	1	1	⊠	1	1	46	⊞	1	⊞	1	1	⊞	1	1
15	⊞	0				⊠	01	0	47	⊞	0				⊞	0	0
16	⊠	1	⊞	01	1	⊠	01	0	48	⊠	0	⊠	0	0	⊞	01	0
17	⊞	0				⊠	01	0	49	⊠	0				⊞	01	1
18	⊞	0	⊞	0	0	⊞	0	0	50	⊞	1	⊞	1	1	⊠	01	1
19	⊠	0				⊞	01	1	51	⊠	1				⊞	01	0
20	⊠	0	⊠	0	0	⊞	01	0	52	⊠	0	⊞	01	0	⊠	01	0
21	⊠	0				⊠	0	0	53	⊞	0				⊠	01	0
22	⊞	0	⊠	01	1	⊞	01	1	54	⊞	1	⊞	1	1	⊠	01	0
23	⊞	1				⊠	01	1	55	⊞	1				⊞	1	1
24	⊞	0	⊞	0	0	⊞	0	0	56	⊞	1	⊞	1	1	⊠	01	1
25	⊠	0				⊠	0	0	57	⊞	1				⊞	1	1
26	⊠	1	⊞	01	0	⊞	0	0	58	⊠	0	⊠	0	0	⊠	0	0
27	⊠	0				⊞	01	1	59	⊞	1				⊞	1	1
28	⊞	1	⊞	1	1	⊞	1	1	60	⊠	1	⊠	1	1	⊞	01	1
29	⊞	1				⊠	01	1	61	⊠	1				⊠	1	1
30	⊞	1	⊠	01	0	⊠	0	0	62	⊞	1	⊠	01	0	⊠	0	0
31	⊠	0				⊠	0	0	63	⊞	0				⊠	01	0
32	⊠	0	⊠	0	0	⊞	01	0	64	⊞	1	⊞	1	1	⊞	1	1

Alice und Bob haben an 2 Stellen verschiedene Einträge; der Sollwert lautet $24 \cdot e = \frac{24}{8} = 3$. Die Schlüssel von Alice und Eve stimmen an 10 Stellen überein; der Sollwert lautet $24 \cdot 3e = \frac{72}{8} = 9$. Um den Einfluss von Eve zu eliminieren, vergleichen Alice und Bob jetzt die Paritäten von Untermengen. Wir machen es uns in diesem Spielzeugbeispiel einfach und nehmen als Untermengen die fortlaufenden Blöcke der Länge 4. Die beiden Viererblöcke (5–8) und (9–12) haben unterschiedliche Paritäten, alle anderen stimmen überein. Halbierung der ‚falschen' Viererblöcke zeigt, dass die Zweierblöcke 7–8 sowie 9–10 unterschiedliche Paritäten haben; sie werden gestrichen. Es folgt in Tab. (P.4) der verbesserte Schlüssel (reconciled key).

Tab. P.2 Sifted key

	A	E	B		A	E	B
1	0	0	0	17	0		0
2	1	0	1	18	0		0
3	1		1	19	0	1	0
4	0	1	1	20	0		0
5	0	0	0	21	0	0	0
6	1		1	22	1		1
7	0		0	23	1	1	1
8	1	0	1	24	0		0
9	1	1	1	25	0	0	0
10	1	1	0	26	1		1
11	0	0	0	27	1		1
12	0		0	28	0	0	0
13	0	1	1	29	1		1
14	0	0	0	30	1		1
15	0		0	31	1	1	1
16	1	1	1				

Tab. P.3 Plain key

	A	E	B		A	E	B
1	0	0	0	13	0		0
2	1	0	1	14	0		0
3	1		1	15	0	1	0
4	0	0	0	16	0	0	0
5	1		1	17	1		1
6	0		0	18	1	1	1
7	1	1	1	19	0	0	0
8	1	1	0	20	1		1
9	0	0	0	21	1		1
10	0	1	1	22	1		1
11	0	0	0	23	1		1
12	0		0	24	1	1	1

Alice und Bob haben nun einen identischen Schlüssel. Der Schlüssel von Eve stimmt mit diesem an 7 Stellen überein; der Sollwert lautet $20 \cdot 3e = \frac{60}{8} = 7,5$; an 11 Stellen (Sollwert 10) hat Eve keine Information.

Das oben skizzierte Verfahren zur privacy amplification geht von $n_v = 20$ und $t_v = 7,5$ aus. Für den Sicherheitsparameter gilt $0 < s_v < 12,5$. Wir wählen $s_v = 3,5$ und erhalten $r_v = n_v - t_v - s_v = 9$. Alice und Bob wählen $r_v = 9$ Untermengen aus dem verbesserten Schlüssel aus (davon gibt es $\binom{20}{9} = 167960$ der Länge 9); die nicht öffentlich gemachten Paritäten dieser Untermengen bilden dann den endgültigen geheimen Schlüssel. Eves Information über diesen Schlüssel beträgt höchstens 13 %.

Tab. P.4 Reconciled key

	A	E	B		A	E	B
1	0	0	0	11	0	1	0
2	1	0	1	12	0	0	0
3	1		1	13	1		1
4	0	0	0	14	1	1	1
5	1		1	15	0	0	0
6	0		0	16	1		1
7	0	0	0	17	1		1
8	0		0	18	1		1
9	0		0	19	1		1
10	0		0	20	1	1	1

Tab. P.5 Final key

	1	2	3	4	5	6	7	8	9	10	11	12	13	14	15	16	17
A, B	0	1	0	0	0	1	0	1	0	1	0	1	0	0	1	1	0

Es handelt sich hier um eine konservative Abschätzung. Wenn wir weniger streng vorgehen, können wir beispielsweise $20 - 3 = 17$ Zufallsuntermengen auswählen (davon gibt es $\binom{20}{17} = 1140$ der Länge 17) und deren Paritäten bilden. Prinzipiell kann man auch kleinere Untermengen wählen; wichtig ist, dass die Untermengen aber so groß sind, dass Eve im Mittel immer mindestens eine ‚Fehlstelle' hat. Um es uns einfach zu machen, sollen die ersten sechs aus benachbarten Dreiergruppen 1–3 usw., die nächsten fünf aus Vierergruppen, die nächsten vier aus Fünfergruppen, die letzten beiden aus den ersten beiden Sechsergruppen bestehen (so ein schematisches Vorgehen taugt natürlich nur für unser Spielbeispiel, nicht für ernsthafte Kryptographie).

Wir sehen den final key in Tab. (P.5): Eve kann keine der Paritäten exakt bestimmen, da ihr immer die Information über mindestens ein Bit fehlt. Natürlich kann sie raten – aber sie ist dabei in der gleichen Situation, als wenn sie überhaupt nicht versucht hätte, den Schlüssel auszuspionieren. Alice und Bob verfügen also in unserem Spielzeugbeispiel über einen gemeinsamen geheimen Schlüssel. Die QM macht's möglich.

Anhang Q:
Schrödinger-, Heisenberg- und Wechselwirkungsbild

Q.1 Schrödinger- und Heisenberg-Bild

Die Schrödinger-Gleichung in der von uns verwendeten Form besitzt zeitabhängige Lösungen bzw. Zustände, während die Operatoren wie z. B. der Drehimpuls nicht von der Zeit abhängen. Diese Form der Beschreibung nennt man *Schrödinger-Bild*. Es gibt aber auch andere Formen der Beschreibung, zum Beispiel das *Heisenberg-Bild*, in dem die Zustände fest sind und die Operatoren sich zeitlich ändern. Im Schrödinger-Bild ist der zeitlich veränderliche Zustand gegeben als

$$|\Psi(t)\rangle = e^{-i\frac{Ht}{\hbar}} |\Psi(0)\rangle \qquad (Q.1)$$

Der gleiche Zustand wird im Heisenberg-Bild definiert als

$$|\Psi\rangle_H = e^{i\frac{Ht}{\hbar}} |\Psi(t)\rangle \qquad (Q.2)$$

und entsprechend wird aus dem im Schrödinger-Bild zeitunabhängigen Operator A im Heisenberg-Bild der zeitabhängige Operator A_H mit

$$A_H = e^{i\frac{Ht}{\hbar}} A e^{-i\frac{Ht}{\hbar}} \qquad (Q.3)$$

Für die Zeitentwicklung gilt

$$i\hbar\frac{d}{dt}A_H = [A_H, H] + i\hbar\frac{\partial}{\partial t}A_H \qquad (Q.4)$$

mit

$$\frac{\partial}{\partial t}A_H = e^{i\frac{Ht}{\hbar}} \left(\frac{\partial}{\partial t}A\right) e^{-i\frac{Ht}{\hbar}} \qquad (Q.5)$$

Anschaulich entspricht der Unterschied zwischen den beiden Darstellungen der mit einem festen Koordinatensystem[1] und einem sich bewegenden Vektor (Schrödinger-Bild) gegenüber der mit einem festen Vektor und einem sich in entsprechender Weise bewegenden Koordinatensystem (Heisenberg-Bild).

Wir verwenden überwiegend das Schrödinger-Bild.

Q.2   Wechselwirkungsbild

Das *Wechselwirkungsbild* ist eine weitere Möglichkeit neben dem Schrödinger- und dem Heisenberg-Bild. Es ist zentral in der Quantenfeldtheorie.

Wie oben ausgeführt, sind im Schrödinger-Bild die Operatoren zeitunabhängig und die Zustände zeitabhängig, im Heisenberg-Bild dagegen die Operatoren zeitabhängig und die Zustände zeitunabhängig. Eine gewisse ‚Aufteilung‘ der Zeitabhängigkeit ergibt sich im Wechselwirkungsbild, in dem sowohl die Operatoren als auch die Zustände zeitabhängig sein können (und normalerweise auch sind). Es ist besonders nützlich, wenn der Hamilton-Operator als Summe $H = H_0 + H_1$ geschrieben werden kann, wobei H_1 ein im Vergleich zu H_0 kleiner Term[2] ist. H_0 wird als freier (An-)Teil und H_1 als Wechselwirkungsteil bezeichnet. Typischerweise ist H_0 zeitunabhängig und ermöglicht oft sogar analytische Lösungen.

Wir starten im Schrödinger-Bild mit

$$i\hbar \frac{d}{dt} |\psi(t)\rangle = (H_0 + H_1) |\psi(t)\rangle = H |\psi(t)\rangle \qquad (Q.6)$$

Wir definieren Zustände $|\psi_I(t)\rangle$ und Operatoren $A_I(t)$ im Wechselwirkungsbild durch[3]

$$|\psi_I(t)\rangle = e^{i\frac{H_0 t}{\hbar}} |\psi(t)\rangle \quad ; \quad A_I(t) = e^{i\frac{H_0 t}{\hbar}} A e^{-i\frac{H_0 t}{\hbar}} \qquad (Q.7)$$

Man beachte, dass in diesen Ausdrücken nur der freie Hamilton-Operator H_0 auftritt.

Um die Bewegungsgleichung für $|\psi_I(t)\rangle$ zu bestimmen, gehen wir von der Schrödinger-Gleichung aus. Mit $|\psi(t)\rangle = e^{-i\frac{H_0 t}{\hbar}} |\psi_I(t)\rangle$ erhalten wir

$$i\hbar \frac{d}{dt} e^{-i\frac{H_0 t}{\hbar}} |\psi_I(t)\rangle = (H_0 + H_1) e^{-i\frac{H_0 t}{\hbar}} |\psi_I(t)\rangle \qquad (Q.8)$$

---

[1] Beziehungsweise Messapparat.

[2] Daher eignet sich das Wechselwirkungsbild besonders für störungstheoretische Betrachtungen.

[3] Der Index I kommt vom lateinischen/englischen/französischen Ausdruck *interactio(n)* für Wechselwirkung und ist auch im Deutschen üblich.

Für einen zeitunabhängigen Operator H_0 folgt

$$i\hbar \left(-i\frac{H_0}{\hbar} e^{-i\frac{H_0 t}{\hbar}} \left| \psi_I(t) \right\rangle + e^{-i\frac{H_0 t}{\hbar}} \frac{d}{dt} \left| \psi_I(t) \right\rangle \right) = (H_0 + H_1) e^{-i\frac{H_0 t}{\hbar}} \left| \psi_I(t) \right\rangle$$

(Q.9)

oder

$$i\hbar \frac{d}{dt} \left| \psi_I(t) \right\rangle = H_I(t) \left| \psi_I(t) \right\rangle$$

(Q.10)

mit

$$H_I(t) = e^{i\frac{H_0 t}{\hbar}} H_1 e^{-i\frac{H_0 t}{\hbar}} \left| \psi_I(t) \right\rangle$$

(Q.11)

Anschaulich ändert sich der Zustand $\left| \psi_I(t) \right\rangle$ viel langsamer als $\left| \psi(t) \right\rangle$, weil die zu H_1 gehörende Energie typischerweise klein ist im Vergleich zu der von H_0.

Als Nächstes wollen wir den Zeitentwicklungsoperator im Wechselwirkungsbild bestimmen. Im Schrödinger-Bild gilt mit (Q.6)

$$\left| \psi(t) \right\rangle = e^{-i\frac{H(t-t_0)}{\hbar}} \left| \psi(t_0) \right\rangle = U_S(t, t_0) \left| \psi(t_0) \right\rangle$$

(Q.12)

Mit der Definition von $\left| \psi_I(t) \right\rangle$ folgt

$$e^{i\frac{H_0 t}{\hbar}} \left| \psi(t) \right\rangle = \left| \psi_I(t) \right\rangle = e^{i\frac{H_0 t}{\hbar}} e^{-i\frac{H(t-t_0)}{\hbar}} e^{-i\frac{H_0 t_0}{\hbar}} \left| \psi_I(t_0) \right\rangle$$

(Q.13)

und das bedeutet, dass der Zeitentwicklungsoperator im Wechselwirkungsbild die Form

$$U_I(t, t_0) = e^{i\frac{H_0 t}{\hbar}} U_S(t, t_0) e^{-i\frac{H_0 t_0}{\hbar}} = e^{i\frac{H_0 t}{\hbar}} e^{-i\frac{H(t-t_0)}{\hbar}} e^{-i\frac{H_0 t_0}{\hbar}}$$

(Q.14)

besitzt, wobei für die Zeitenwicklung des Zustands gilt

$$\left| \psi_I(t) \right\rangle = U_I(t, t_0) \left| \psi_I(t_0) \right\rangle$$

(Q.15)

Wir sehen, dass uns die Kenntnis von $U_I(t, t_0)$ in die Lage versetzt, bei vorgegebenem Anfangszustand $\left| \psi_I(t_0) \right\rangle$ eindeutig $\left| \psi_I(t) \right\rangle$ zu bestimmen.

Man beachte, dass die Übergangswahrscheinlichkeiten unabhängig vom gewählten Bild sind. Das System sei zur Zeit t_0 im Anfangszustand $\left| \psi_I(t_0) \right\rangle = |i\rangle$. Dann gilt mit (Q.15), dass die Wahrscheinlichkeit P_{fi}, das System zur Zeit t in einem Endzustand $\left| \psi_I(t) \right\rangle = |f\rangle$ zu finden, gegeben ist durch

$$P_{fi} = |\langle f | U_I(t, t_0) | i \rangle|^2$$

(Q.16)

Wie man zeigen kann, ist diese Übergangswahrscheinlichkeit vom verwendeten Bild unabhängig; siehe dazu die Aufgaben.

Wegen (Q.14) ist die Bewegungsgleichung für $U_I(t, t_0)$ gegeben durch

$$i\hbar \frac{d}{dt} U_I(t, t_0) = H_I(t) U_I(t, t_0) \qquad (Q.17)$$

Eine formale Lösung dieser Gleichung mit der Anfangsbedingung $U_I(t_0, t_0) = 1$ lautet

$$U_I(t, t_0) = 1 - \frac{i}{\hbar} \int_{t_0}^{t} dt_1 \, H_I(t_1) U_I(t_1, t_0) \qquad (Q.18)$$

Iterieren dieser Lösung ergibt

$$
\begin{aligned}
U_I(t, t_0) &= 1 - \frac{i}{\hbar} \int_{t_0}^{t} dt_1 H_I(t_1) U_I(t_1, t_0) = \\
&= 1 - \frac{i}{\hbar} \int_{t_0}^{t} dt_1 H_I(t_1) \left[1 - \frac{i}{\hbar} \int_{t_0}^{t_1} dt_2 H_I(t_2) U_I(t_2, t_0) \right] = \\
&= 1 + \left(-\frac{i}{\hbar} \right) \int_{t_0}^{t} dt_1 H_I(t_1) + \left(-\frac{i}{\hbar} \right)^2 \int_{t_0}^{t} \int_{t_0}^{t_1} dt_2 \, H_I(t_2) U_I(t_2, t_0)
\end{aligned}
\qquad (Q.19)
$$

und weitere Iterationen führen auf

$$
\begin{aligned}
U_I(t, t_0) &= 1 + \left(-\frac{i}{\hbar} \right) \int_{t_0}^{t} dt_1 H_I(t_1) + \left(-\frac{i}{\hbar} \right)^2 \int_{t_0}^{t} dt_1 \int_{t_0}^{t_1} dt_2 H_I(t_1) H_I(t_2) + \\
&+ \left(-\frac{i}{\hbar} \right)^3 \int_{t_0}^{t} dt_1 \int_{t_0}^{t_1} dt_2 \int_{t_0}^{t_2} dt_3 \, H_I(t_1) H_I(t_2) H_I(t_3) + \dots
\end{aligned}
$$
$$(Q.20)$$

Somit können wir die (formale) Lösung in Form einer unendlichen Reihe schreiben:

$$U_I(t, t_0) = \sum_{n=0}^{\infty} \left(-\frac{i}{\hbar} \right)^n \int_{t_0}^{t} dt_1 \int_{t_0}^{t_1} dt_2 \dots \int_{t_0}^{t_{n-1}} dt_n \, H_I(t_1) H_I(t_2) \dots H_I(t_n)$$
$$(Q.21)$$

Diese Reihe heißt *Dyson-Reihe*.[4] Man beachte, dass die Operatoren $H_I(t_m)$ zu verschiedenen Zeiten im Allgemeinen nicht kommutieren, $[H_I(t_1), H_I(t_2)] \neq 0$. Deswegen ist die Reihenfolge der Zeiten von großer Bedeutung. Man beachte außerdem, dass die oberen Grenzen der Integrale aufsteigend geordnet sind: $t_0 < t_n < t_{n-1} < \dots < t_2 < t_1 < t$.[5]

Die Dyson-Reihe spielt unter anderem in der Quantenfeldtheorie eine wichtige Rolle. Dort wendet man auf die Reihen (Q.21) eine Operation namens Zeitordnung

---

[4] Man geht davon aus, dass die Reihe genügend gutmütig ist und konvergiert.

[5] Wir weisen darauf hin, dass die Gleichung auch für $t_0 \leq t_n \leq t_{n-1} < \dots \leq t_2 \leq t_1 \leq t$ gilt. Der größeren Klarheit und Eindeutigkeit wegen und ohne große Beschränkung der Allgemeinheit verwenden wir hier die strengere Formulierung.

an, um das Problem unterschiedlicher Obergrenzen der Integrale zu beseitigen, siehe Anhang W (2).

Q.3 Aufgaben und Lösungen

1. Gegeben sei ein Operator A im Schrödinger-Bild. Zeigen Sie, dass die Zeitentwicklung für den Operator A_H im Heisenberg-Bild gegeben ist durch

$$i\hbar \frac{d}{dt} A_H = [A_H, H] + i\hbar \frac{\partial}{\partial t} A_H \ \text{ mit } \ \frac{\partial}{\partial t} A_H = e^{i\frac{Ht}{\hbar}} \left(\frac{\partial}{\partial t} A \right) e^{-i\frac{Ht}{\hbar}} \quad (Q.22)$$

Lösung: Es gilt

$$i\hbar \frac{d}{dt} A_H = -H e^{i\frac{Ht}{\hbar}} A e^{-i\frac{Ht}{\hbar}} + i\hbar e^{i\frac{Ht}{\hbar}} \left(\frac{\partial}{\partial t} A \right) e^{-i\frac{Ht}{\hbar}} + e^{i\frac{Ht}{\hbar}} A e^{-i\frac{Ht}{\hbar}} H =$$

$$= A_H H - H A_H + i\hbar e^{i\frac{Ht}{\hbar}} \left(\frac{\partial}{\partial t} A \right) e^{-i\frac{Ht}{\hbar}} = [A_H, H] + i\hbar \frac{\partial}{\partial t} A_H \quad (Q.23)$$

2. Gegeben seien $|\psi_I(t_0)\rangle = |i_I\rangle$ und $|\psi_I(t)\rangle = |f_H\rangle$. Die entsprechenden Zustände im Schrödinger-Bild sind $|i_S\rangle$ und $|f_S\rangle$. Zeigen Sie: $\langle f_I | i_I \rangle = \langle f_S | i_S \rangle$.
   Lösung: Zustände im Schrödinger- und Wechselwirkungsbild hängen zusammen über $|\psi_I(t)\rangle = e^{i\frac{H_0 t}{\hbar}} |\psi_S(t)\rangle$. Es folgt

$$\langle f_I | i_I \rangle = \langle f_S | e^{-i\frac{H_0 t}{\hbar}} e^{i\frac{H_0 t}{\hbar}} | i_S \rangle = \langle f_S | i_S \rangle \quad (Q.24)$$

3. Zeigen Sie: $\langle f_I | U_I(t, t_0) | i_I \rangle = \langle f_S | U_S(t, t_0) | i_S \rangle$.
   Lösung: Wir haben

$$\langle f_I | U_I(t, t_0) | i_I \rangle = \langle f_S | e^{-i\frac{H_0 t}{\hbar}} U_I(t, t_0) e^{i\frac{H_0 t}{\hbar}} | i_S \rangle = \langle f_S | U_S(t, t_0) | i_S \rangle \quad (Q.25)$$

wegen der Definition $H_I(t) = e^{i\frac{H_0 t}{\hbar}} H_S e^{-i\frac{H_0 t}{\hbar}}$.
4. Beweisen Sie (Q.17).
   Lösung: Wegen (Q.14) haben wir

$$i\hbar \frac{d}{dt} U_I(t, t_0) = i\hbar \frac{d}{dt} e^{i\frac{H_0 t}{\hbar}} e^{-i\frac{H(t-t_0)}{\hbar}} e^{-i\frac{H_0 t_0}{\hbar}} =$$

$$= i\hbar \left(e^{i\frac{H_0 t}{\hbar}} \frac{i}{\hbar} H_0 e^{-i\frac{H(t-t_0)}{\hbar}} e^{-i\frac{H_0 t_0}{\hbar}} - e^{i\frac{H_0 t}{\hbar}} \frac{i}{\hbar} H_0 e^{-i\frac{H(t-t_0)}{\hbar}} e^{-i\frac{H_0 t_0}{\hbar}} \right) =$$

$$= e^{i\frac{H_0 t}{\hbar}} H e^{-i\frac{H(t-t_0)}{\hbar}} e^{-i\frac{H_0 t_0}{\hbar}} = e^{i\frac{H_0 t}{\hbar}} H e^{-i\frac{H_0 t}{\hbar}} e^{i\frac{H_0 t}{\hbar}} e^{-i\frac{H(t-t_0)}{\hbar}} e^{-i\frac{H_0 t_0}{\hbar}} =$$

$$= H_I(t) U_I(t, t_0) \quad (Q.26)$$

Anhang R:
Zu den Postulaten der QM

Nach einigen Anmerkungen zum Begriff ‚Postulat' stellen wir in diesem Kapitel verschiedene Fassungen der Postulate aus gängigen Lehrbüchern vor.

R.1   Postulat, Axiom, Regel?

Wir haben in Kap. 14 (1) die ‚Spielregeln' der von uns behandelten QM in Form von Postulaten formuliert. Diese Namensgebung (von lat. postulatum, Forderung) ist zwar weit verbreitet, aber es gibt auch durchaus andere Bezeichnungen wie Axiom, Regel (rule) oder Prinzip (principle).[1]

Die Vielfalt der Namensgebung alleine zeigt schon, dass nicht der formale Axiombegriff gemeint ist. Demnach ist ein Axiom eine grundlegende Aussage über ein System S, die ohne Beweis angenommen wird. Alle Axiome zusammen bilden zudem ein widerspruchsfreies (Konsistenz) Minimalsystem (Unabhängigkeit, kein Axiom lässt sich aus anderen herleiten), aus dem alle Sätze über S logisch ableitbar sind.

In unserem Zusammenhang steht Postulat vielmehr für ein grundlegendes Gesetz, das aufgrund physikalischer Überlegungen plausibel ist und das experimentell sehr gut bestätigt worden ist. Die Postulate insgesamt müssen natürlich widerspruchsfrei sein, aber die Frage, ob sie tatsächlich unabhängig sind, gilt als nachrangig. Wichtiger ist vielmehr, dass es sich um wenige und konzise Formulierungen handelt; sie stellen sozusagen das tragende Gerüst der QM dar.

Im Augenblick kann man die Postulate der QM nicht logisch streng beweisen – aber das bedeutet nicht, dass dies nicht aufgrund einer zukünftigen umfassenderen Theorie irgendwann einmal möglich sein wird. Aber auch dann werden

---

[1] „I am a quantum engineer, but on Sundays I have principles." John Stewart Bell, irischer Physiker, ‚Erfinder' der Bellschen Ungleichung.

J. Pade, *Quantenmechanik zu Fuß 1*, https://doi.org/10.1007/978-3-662-67928-9

die Postulate der QM ihren Stellenwert behalten, weil sie eben den betreffenden Phänomenbereich sehr gut abdecken. Ähnlich ist es mit den Newtonschen Axiomen. Quantenmechanik und spezielle Relativitätstheorie haben ihre Begrenzungen gezeigt. Aber innerhalb dieses Rahmens werden die Newtonschen Axiome auch heute noch verwendet, weil sie einfach sind und ihre Vorhersagen genügend genau.

Welcher Sachverhalt der QM nun als Postulat/Axiom/Regel/Prinzip der QM formuliert werden muss und wie, ist in einem gewissen Maß eine Frage des persönlichen Geschmacks, wie wir im nächsten Abschnitt sehen werden.

R.2   Formulierungen verschiedener Autoren

Wir wollen nun verschiedene Darstellungen der Grundregeln der QM kennenlernen. Dabei wird kein erschöpfender Überblick angestrebt; es handelt sich vielmehr um eine Illustration, wie unterschiedlich und wie ähnlich das Vorgehen sein kann.

Wir führen nur die Postulate selbst an, wobei wir der besseren Vergleichbarkeit halber alle Texte auf Deutsch wiedergeben, und zitieren diese wörtlich (von der Übersetzung einmal abgesehen). Deswegen sind einige der folgenden Zitate sehr knapp. Aus Platzgründen sparen wir uns weitere Erläuterungen; diese finden sich natürlich in extenso in den betreffenden Quellen und können dort nachgelesen werden.

Zunächst noch einige Bemerkungen.

(a) In manchen Büchern werden keine wie auch immer genannten ‚Spielregeln‘ explizit angeführt. Der Stoff selbst findet sich natürlich immer – in jedem QM-Lehrbuch werden z. B. Hilbert-Raum und Zeitentwicklung behandelt, aber eben nicht immer als explizit notierte Postulate formuliert, z. B. in A. Messiah, Quantenmechanik, 2. Auflage, 1991 oder T. Fließbach, Quantenmechanik, 3. Auflage 2000. Dies kann auch dann gelten, wenn es ein eigenes Kapitel wie ‚Die Prinzipien der Quantendynamik‘ gibt, wie in E. Merzbacher, Quantum Mechanics, 3. Auflage 1998.

(b) Manche Autoren fassen nur die Kinematik, nicht aber die Dynamik in die Form von Postulaten (wenngleich die Dynamik natürlich auch in aller Breite behandelt wird), z. B. W. Nolting, Quantenmechanik, 1992 oder K. Gottfried und T.-M. Yan, Quantum Mechanics, 2. Auflage, 2003.

(c) Die Formulierungen vieler QM-Bücher sind mehr oder weniger einheitlich und unterscheiden sich im Wesentlichen nur in der Ausführlichkeit der Formulierung oder der Reihenfolge der Postulate. Auffällig ist, dass häufig die Ununterscheidbarkeit von identischen Quantenobjekten bzw. das Pauli-Prinzip nicht als Postulat formuliert wird.

(d) In manchen QM-Büchern wird eine so eigene Begrifflichkeit gepflegt, dass das reine Zitieren der Postulate ohne weitere Anmerkungen unverständlich bliebe, z. B. A. Peres, Quantum Theory: Concepts and Methods, Reprint 1998. Aus Platzgründen verzichten wir auf die Darstellung.

(e) Unterschiedlich ist auch die Platzierung der Postulate. Zum Teil sind sie kompakt auf wenigen Seiten zusammengefasst, sei es eher zu Beginn des Buches, sei es eher in der Mitte; zum Teil sind sie aber auch über das ganze Buch verstreut und nicht auf den ersten Blick als zusammengehörendes System erkennbar.

R.2.1 J. Audretsch

Verschränkte Systeme, 2005; S. 31 ff.; **Postulate**

Postulat 1 (reiner Zustand) Ein abgeschlossenes Quantensystem, das sich in einem reinen Zustand befindet, wird durch seinen Zustandsvektor $|\psi\rangle$ beschrieben. Er ist ein normierter Vektor in einem dem System zugeordneten Hilbert-Raum $\mathcal{H}$.

Postulat 2 (Projektionsmessung, Von-Neumann-Messung)
(a) Eine an einem Quantensystem durchgeführte Projektionsmessung einer physikalischen Größe (z. B. Energie, Drehimpuls, usw.) wird durch einen hermiteschen Operator beschrieben, der auf $\mathcal{H}$ wirkt. Wir sprechen von einer Messung der Observablen A und bezeichnen den Operator mit dem selben Symbol A.
(b) Die möglichen Messergebnisse einer Messung der Observablen A sind die Eigenwerte a_n des zugehörigen Observablenoperators A. Wir setzen voraus, dass das Spektrum diskret ist:

$$A \left|u_n^i\right\rangle = a_n \left|u_n^i\right\rangle \; ; \; i = 1, \ldots, g_n \tag{R.1}$$

Die $\left|u_n^i\right\rangle$ bilden eine orthonormale Basis. g_n ist der Entartungsgrad von a_n.
(c) Wenn die Messung der Observablen A an einem System mit normiertem Zustandsvektor $|\psi\rangle$ auf das Messergebnis a_n führt, dann ist der unnormierte Zustandsvektor $\left|\tilde{\psi}_n'\right\rangle$ unmittelbar nach der Messung durch die Projektion von $|\psi\rangle$

$$|\psi\rangle \to \left|\tilde{\psi}_n'\right\rangle = P_n |\psi\rangle \tag{R.2}$$

mit dem Projektionsoperator

$$P_n = \sum\nolimits_{i=1}^{g_n} \left|u_n^i\right\rangle\left\langle u_n^i\right| \tag{R.3}$$

gegeben, der in den Raum der Eigenvektoren zu a_n projiziert.
(d) Wir bezeichnen mit $N(a_n)$ die Häufigkeit, mit der sich der Messwert a_n ergibt, wenn die Messung an N gleich präparierten Systemen im Zustand $|\psi\rangle$ durchgeführt wird. Die relativen Häufigkeiten $\frac{N(a_n)}{N}$ gehen für alle solchen Ensembles im Grenzfall $N \to \infty$ einheitlich in die Wahrscheinlichkeit $p(a_n)$ als Grenzwert über:

$$\frac{N(a_n)}{N} \stackrel{N \to \infty}{\to} p\,(a_n) \tag{R.4}$$

(e) Die Wahrscheinlichkeit $p(a_n)$, den Messwert a_n zu erhalten, ist gleich dem Erwartungswert des Projektionsoperators P_n vor der Messung bzw. gleich dem Quadrat der Norm des Zustandsvektors $\left|\tilde{\psi}'_n\right\rangle$ nach der Messung:

$$p\,(a_n) = \langle\psi|\,P_n\,|\psi\rangle = \left\|\left|\tilde{\psi}'_n\right\rangle\right\|^2 \tag{R.5}$$

Messungen, die durch dieses Postulat beschrieben werden, heißen Projektionsmessungen (projection measurements) oder Von-Neumann-Messungen.

Postulat 3 (dynamische Entwicklung zwischen Präparation und Messung)
(a) Die Zeitentwicklung eines abgeschlossenen Quantensystems zwischen zwei beliebigen Zeiten t_0 und t_1 wird durch einen unitären Zeitentwicklungsoperator (time development Operator) $U(t_1, t_0)$ beschrieben:

$$U^\dagger(t_1, t_0) = U^{-1}(t_1, t_0) \tag{R.6}$$

Er erfüllt die Bedingungen $U(t_0, t_0) = 1$ und

$$U(t_2, t_1)U(t_1, t_0) = U(t_2, t_0) \tag{R.7}$$

für beliebige Zeiten t_0, t_1 und t_2.
(b) Aus den Bedingungen (R.6) und (R.7) ergibt sich für $U(t, t_0)$ die Differentialgleichung

$$i\hbar \frac{\partial}{\partial t} U(t, t_0) = H(t)U(t, t_0) \tag{R.8}$$

mit einem hermiteschen Operator H, der explizit zeitabhängig sein kann. $\hbar = 1,0546\ 10^{-34}$ Joule $\cdot$ sec ist die Plancksche Konstante. Es wird postuliert, dass $H(t)$ diejenige Observable ist, die zur Gesamtenergie des Systems gehört (Hamilton-Operator).
(c) Das Schrödinger-Bild ist eine der vielen möglichen Beschreibungen der Zeitentwicklung. In diesem Bild wird die dynamische Entwicklung in linearer Weise allein durch den Zustandsvektor gemäß

$$|\psi\,(t)\rangle = U(t, t_0)\,|\psi\,(t_0)\rangle \tag{R.9}$$

wiedergegeben. Observablen können nur explizit zeitabhängig sein.

R.2.2 J.-L. Basdevant, J. Dalibard

Quantum Mechanics, Springer 2002; S. 100 ff.; **principles**

Erstes Prinzip Das Superpositionsprinzip. Jedem physikalischen System kann man einen geeigneten Hilbert-Raum $\mathcal{E}_H$ zuordnen. Zu jeder Zeit t wird der Zustand des Systems vollständig bestimmt durch einen normalisierten Vektor $|\psi(t)\rangle$ von $\mathcal{E}_H$.

Zweites Prinzip Messung physikalischer Größen.
(a) Jeder physikalischen Größe A kann man einen linearen Hermiteschen Operator $\hat{A}$ zuordnen, der in $\mathcal{E}_H$ wirkt: $\hat{A}$ ist die Observable, die die Größe A darstellt.
(b) Wir bezeichnen mit $|\psi\rangle$ den Zustand des Systems, bevor die Messung von A durchgeführt wird. Unabhängig von der Form von $|\psi\rangle$ sind die einzig möglichen Ergebnisse der Messung die Eigenwerte a_α von $\hat{A}$.
(c) Wir bezeichnen mit $\hat{P}_\alpha$ den Projektor auf den Unterraum, der dem Eigenwert a_α zugeordnet ist. Die Wahrscheinlichkeit, den Wert a_α in einer Messung von A zu finden, ist

$$\mathcal{P}(a_\alpha) = \left\| \psi_\alpha \right\|^2 \;,\; \text{wobei} \; |\psi_\alpha\rangle = \hat{P}_\alpha |\psi\rangle \tag{R.10}$$

(d) Unmittelbar nachdem die Messung von A durchgeführt wurde und das Ergebnis a_α geliefert hat, ist der neue Zustand $|\psi'\rangle$ des Systems gegeben durch

$$|\psi'\rangle = \frac{|\psi_\alpha\rangle}{\left\| \psi_\alpha \right\|} \tag{R.11}$$

Drittes Prinzip Zeitentwicklung. Wir bezeichnen mit $|\psi(t)\rangle$ den Zustand des Systems zur Zeit t. Solange das System nicht beobachtet wird, ist seine Zeitentwicklung gegeben durch die Schrödinger-Gleichung:

$$i\hbar \frac{d}{dt} |\psi(t)\rangle = \hat{H} |\psi(t)\rangle \tag{R.12}$$

wobei $\hat{H}$ die Energieobservable oder der Hamilton-Operator des Systems ist.

R.2.3 D.R. Bes

Quantum Mechanics, 2004; S. 9 (1–3), S. 96 (4), S. 137 (5); basic **principles**

Prinzip 1. Der Zustand eines Systems wird vollkommen durch einen Vektor Ψ (Zustandsvektor oder Zustandsfunktion) beschrieben, der zu einem Hilbert-Raum gehört.

Prinzip 2. Jeder physikalischen Größe entspricht ein einzelner Operator. Insbesondere erfüllen die Operatoren $\hat{x}$ und $\hat{p}$, die dem Ort und dem Impuls des Teilchens entsprechen, die Kommutatorgleichung

$$[\hat{x}, \hat{p}] = i\hbar \tag{R.13}$$

Prinzip 3. Die Eigenwerte q_i eines Operators $\hat{Q}$ bilden die möglichen Messergebnisse der physikalischen Größe Q. Die Wahrscheinlichkeit, den Eigenwert q_i zu erhalten, ist das Betragsquadrat $|c_i|^2$ der Amplitude des Eigenvektors φ_i im Zustandsvektor Ψ, der den Zustand des Systems darstellt.

Prinzip 4. Es gibt nur zwei Teilchenarten in der Natur: Bosonen, die durch symmetrische Zustandsvektoren, und Fermionen, die durch antisymmetrische Zustandsvektoren beschrieben werden.

Prinzip 5. Der Operator, der die zeitliche Änderung des Zustandsvektors ergibt, ist proportional zum Hamilton-Operator:

$$\frac{\partial}{\partial t'} U\left(t', t\right)\Big|_{t'=t} = -\frac{i}{\hbar}\hat{H}\left(t\right) \tag{R.14}$$

R.2.4   B.H. Bransden, C.J. Joachain

Quantum Mechanics, 2. Ausgabe, 2000; S. 194 bis 231; **postulates**

Postulat 1: Einem Ensemble physikalischer Systeme kann man in bestimmten Fällen eine Wellenfunktion oder Zustandsfunktion zuordnen. Sie beinhaltet alle Information, die über das Ensemble gewonnen werden kann. Diese Funktion ist im Allgemeinen komplex; sie kann mit einer beliebigen komplexen Zahl multipliziert werden, ohne dass sich ihre physikalische Bedeutung ändert.

Postulat 2: Das Superpositionsprinzip.[2]

Postulat 3: Jeder dynamischen Variablen ist ein linearer Operator zugeordnet.

Postulat 4: Das einzige Ergebnis einer genauen Messung der dynamischen Variablen $\mathcal{A}$ ist einer der Eigenwerte a_n des linearen Operators A, der $\mathcal{A}$ zugeordnet ist.

Postulat 5: Wenn an einem Ensemble von Systemen, das durch die Wellenfunktion Ψ beschrieben wird, eine Reihe von Messungen der dynamischen Variablen $\mathcal{A}$ durchgeführt wird, dann ist der Erwartungs- oder Mittelwert dieser dynamischen Variablen

$$\langle A \rangle = \frac{\langle \Psi | A | \Psi \rangle}{\langle \Psi | \Psi \rangle} \tag{R.15}$$

---

[2] Steht tatsächlich so kurz und knackig da.

Postulat 6: Eine Wellenfunktion, die einen beliebigen Zustand darstellt, kann dargestellt werden als eine Linearkombination der Eigenfunktionen von A, wobei A der einer dynamischen Variablen $\mathcal{A}$ zugeordnete Operator ist.

Postulat 7: Die zeitliche Entwicklung der Wellenfunktion eines Systems wird festgelegt durch die zeitabhängige Schrödinger-Gleichung

$$i\hbar\frac{\partial}{\partial t}\Psi(t) = H(t)\Psi(t) \tag{R.16}$$

wobei H der Hamilton-Operator (der Operator der Gesamtenergie) des Systems ist.

R.2.5 C. Cohen-Tannoudji, B. Diu, F. Laloë

Quantenmechanik Band 1, 2. Auflage, 1999; S. 197 ff.; **Postulate**

1. Postulat: Der Zustand eines quantenmechanischen Systems zu einem bestimmten Zeitpunkt t_0 wird durch die Angabe eines Kets $|\psi(t_0)\rangle$ aus dem Zustandsraum $\mathcal{H}$ definiert.

2. Postulat: Jede messbare physikalische Größe $\mathcal{A}$ wird durch einen im Zustandsraum $\mathcal{H}$ wirkenden Operator A beschrieben; dieser Operator ist eine Observable.

3. Postulat: Wird eine physikalische Größe $\mathcal{A}$ gemessen, kann das Ergebnis nur einer der Eigenwerte der zugehörigen Observablen A sein.

4. Postulat (nichtentartetes diskretes Spektrum): Wird die physikalische Größe $\mathcal{A}$ eines Systems im normierten Zustand $|\psi\rangle$ gemessen, so ist die Wahrscheinlichkeit dafür, dass das Ergebnis den nichtentarteten Eigenwert a_n der zugehörigen Observable A liefert, gleich

$$\mathcal{P}(a_n) = |\langle u_n|\, \psi\rangle|^2 \tag{R.17}$$

Hierbei ist $|u_n\rangle$ der normierte Eigenvektor von A zum Eigenwert a_n.

Das 4. Postulat wird noch für den Fall eines entarteten diskreten und eines nichtentarteten kontinuierlichen Spektrums formuliert.

5. Postulat: Ergibt die Messung der physikalischen Größe $\mathcal{A}$ am System im Zustand $|\psi\rangle$ den Wert a_n, so ist der Zustand des Systems unmittelbar nach der Messung gleich der auf eins normierten Projektion $\frac{P_n|\psi\rangle}{\sqrt{\langle\psi|P_n|\psi\rangle}}$ von $|\psi\rangle$ auf den zu a_n gehörenden Eigenraum.

6. Postulat: Die zeitliche Entwicklung des Zustandsvektors $|\psi(t)\rangle$ wird bestimmt durch die Schrödinger-Gleichung

$$i\hbar\frac{d}{dt}|\psi(t)\rangle = H(t)|\psi(t)\rangle \tag{R.18}$$

Darin ist $H(t)$ die der Gesamtenergie des Systems zugeordnete Observable.

R.2.6   K. Gottfried, T.-M. Yan

Quantum Mechanics: Fundamentals, 2. Auflage, 2003; S. 40 ff.; **postulates**

1. Die vollständigst mögliche Beschreibung des Zustands eines beliebigen physikalischen Systems S zu einem beliebigen Zeitpunkt wird durch einen bestimmten Vektor $|\psi\rangle$ aus dem dem System entsprechenden Hilbert-Raum $\mathcal{H}$ geliefert.
2. Die physikalisch bedeutungsvollen Größen der klassischen Mechanik wie Impuls, Energie, Ort usw. werden durch hermitesche Operatoren dargestellt.
3. Gegeben sei eine Menge von N identisch präparierten Kopien des Systems S, durch den reinen Zustand $|\psi\rangle$ beschrieben. Wenn an dieser Menge eine Messung der durch die Observable A dargestellten physikalischen Größe durchgeführt wird, dann wird sich in jedem Einzelfall einer der Werte[3] $(a, a', \dots)$ ergeben, und zwar für $N \to \infty$ mit den Wahrscheinlichkeiten $p_\psi(a)$, $p_\psi(a')$, $\dots$, wobei gilt

$$p_\psi(a) = |\langle a | \psi \rangle|^2 \tag{R.19}$$

Die Dynamik wird nicht mehr in die Form von Postulaten gekleidet.

R.2.7   C.J. Isham

Lectures on Quantum Theory, 1995; S. 84 ff.; **rules**

Regel 1: Die Vorhersagen von Messergebnissen, die an einem ansonsten isolierten System durchgeführt werden, sind von Natur aus probabilistisch. Wenn die maximale Information verfügbar ist, dann wird diese probabilistische Information mathematisch dargestellt durch einen Vektor in einem komplexen Hilbert-Raum $\mathcal{H}$, der den Zustandsraum der QM bildet. Insofern, als er die genauest möglichen Vorhersagen erlaubt, kann man sich unter diesem Vektor die mathematische Darstellung der physikalischen Notation ‚Zustand' des Systems vorstellen.

Regel 2: Die Observablen des Systems werden mathematisch durch selbstadjungierte Operatoren dargestellt, die im Hilbert-Raum wirken.

Regel 3: Wenn eine Observable A und ein Zustand dargestellt werden durch $\hat{A}$ und den normalisierten Vektor $\psi \in \mathcal{H}$, dann ist das erwartete Resultat $\langle A \rangle_\psi$ einer Messung von A gegeben durch

$$\langle A \rangle_\psi = \langle \psi | A | \psi \rangle \tag{R.20}$$

Regel 4: Ohne äußere Einflüsse (d. h. in einem abgeschlossenen System) ändert sich der Zustandsvektor stetig (glatt) mit der Zeit t gemäß der zeitabhängigen Schrödinger-Gleichung

---

[3] Gemeint sind die Eigenwerte von A.

$$i\hbar \frac{d}{dt}\psi = H\psi \qquad (R.21)$$

wobei der besondere Operator H als Hamiltonian bekannt ist.

Statt Regel 3 kann man auch die folgenden zwei Regeln aufstellen: (1) Das einzig mögliche Messresultat von A ist einer der Eigenwerte des Operators $\hat{A}$. (2) Wenn der Zustandsvektor $|\psi\rangle$ ist und A gemessen wird, ist die Wahrscheinlichkeit dafür, dass das Resultat der Eigenwert a_n ist, gegeben durch $w\,(A = a_n; |\psi\rangle) = \langle\psi|\,\hat{P}_n\,|\psi\rangle$, wobei P_n der Projektor auf den Eigenraum der Vektoren mit Eigenwert a_n ist. Diese beiden Regeln sind vollkommen gleichwertig mit der Regel $\langle A\rangle_\psi = \langle\psi|\,\hat{A}\,|\psi\rangle$.

R.2.8 M. LeBellac

Quantum Physics (2006), S. 96–108; **postulates**

Postulat I (Zustandsraum): Die Eigenschaften eines Quantensystems werden vollständig festgelegt durch die Angabe seines Zustandsvektors $|\varphi\rangle$, der die mathematische Darstellung des physikalischen Zustands des Systems festlegt. Der Zustandsvektor ist ein Element eines komplexen Hilbert-Raumes $\mathcal{H}$, Zustandsraum genannt. Der Bequemlichkeit halber wird $|\varphi\rangle$ als normiert vorausgesetzt: $\|\varphi\|^2 = \langle\varphi|\,\varphi\rangle = 1$.

Postulat II (Wahrscheinlichkeitsamplituden und Wahrscheinlichkeit): Wenn $|\varphi\rangle$ der Vektor ist, der den Zustand des Systems darstellt, und $|\chi\rangle$ einen anderen physikalischen Zustand darstellt, dann existiert eine Wahrscheinlichkeitsamplitude $a\,(\varphi \to \chi)$ dafür, $|\varphi\rangle$ im Zustand $|\chi\rangle$ zu finden, die durch das Skalarprodukt auf $\mathcal{H}$ gegeben ist: $a\,(\varphi \to \chi) = \langle\chi\,|\varphi\rangle$. Die Wahrscheinlichkeit $p\,(\varphi \to \chi)$, dass der Zustand $|\varphi\rangle$ den Test $|\chi\rangle$ besteht, erhält man durch das Betragsquadrat $|\langle\chi\,|\varphi\rangle|^2$ dieser Amplitude

$$p\,(\varphi \to \chi) = |a\,(\varphi \to \chi)|^2 = |\langle\chi\,|\varphi\rangle|^2 \qquad (R.22)$$

Postulat III (Physikalische Größen und Operatoren): Jeder physikalischen Größe $\mathcal{A}$ (Energie, Ort, Impuls, Drehimpuls, …) ist ein hermitescher Operator A zugeordnet, der im Zustandsraum $\mathcal{H}$ wirkt: A legt die mathematische Darstellung von $\mathcal{A}$ fest.

Postulat WFC (**w**ave **f**unction **c**ollapse), Ergänzung zu Postulat II: Wenn das System sich anfänglich im Zustand $|\varphi\rangle$ befand und wenn a_n das Ergebnis einer Messung von $\mathcal{A}$ ist, dann befindet sich das System unmittelbar nach der Messung in dem auf den Unterraum des Eigenwertes a_n projizierten Zustand

$$|\varphi\rangle \to |\psi\rangle = \frac{\mathcal{P}_n\,|\varphi\rangle}{\sqrt{\langle\varphi|\,\mathcal{P}_n\,|\varphi\rangle}} \qquad (R.23)$$

Postulat IV (Entwicklungsgleichung): Die zeitliche Entwicklung des Zustands-vektors $|\varphi(t)\rangle$ eines isolierten Quantensystems wird bestimmt durch die Entwicklungsgleichung

$$i\hbar \frac{d\,|\varphi(t)\rangle}{dt} = H(t)\,|\varphi(t)\rangle \qquad (R.24)$$

Der hermitesche Operator H wird Hamiltonian genannt.

Postulat IV' (Zeitentwicklungsoperator), Alternative zu Postulat IV: Der Zu-standsvektor $|\varphi(t)\rangle$ zur Zeit t ergibt sich aus dem Zustandsvektor $|\varphi(t_0)\rangle$ zur Zeit t_0 durch die Anwendung eines unitären Operators $U(t, t_0)$, Zeitentwicklungsoperator genannt:

$$|\varphi(t)\rangle = U(t, t_0)\,|\varphi(t_0)\rangle \qquad (R.25)$$

R.2.9 G. Münster

Quantentheorie, 2006; S. 84; **Postulate**

I Reine Zustände werden durch normierte Vektoren (bzw. Strahlen) eines kom-plexen Hilbert-Raumes repräsentiert.
Superpositionsprinzip: Jeder Vektor entspricht einem möglichen reinen Zu-stand.

II Den Observablen eines Systems entsprechen selbstadjungierte Operatoren. Die möglichen Messwerte sind die Eigenwerte des Operators.

III Der Erwartungswert der Observablen A im Zustand $|\psi\rangle$ ist gegeben durch

$$\langle A \rangle = \langle \psi|\,A\,|\psi\rangle \qquad (R.26)$$

IV Die zeitliche Entwicklung von Zuständen wird durch die Schrödinger-Gleichung bestimmt:

$$i\hbar \frac{\partial}{\partial t}\,|\psi\rangle = H\,|\psi\rangle \qquad (R.27)$$

wobei H der Hamilton-Operator ist.

V Wird an einem System im Zustand $|\psi\rangle$ die Observable A gemessen und wird der Messwert a gefunden, so geht das System bei der Messung in den zugehörigen Eigenzustand $|a\rangle$ über (Zustandsreduktion).

R.2.10 W. Nolting

Grundkurs Theoretische Physik, 5. Quantenmechanik, Teil 1: Grundlagen, 2. Auflage, 1994; S. 181 ff.; **Postulate**

1. Postulat: Messapparatur für eine bestimmte physikalische Größe (Observable) ⇔ linearer, hermitescher Operator

2. Postulat: *Reiner* Zustand des Quantensystems ⇔ Hilbert-Vektor

3. Postulat: Messung $\hat{=}$ Wechselwirkung zwischen System und Apparatur ⇔ Anwendung des Operators A auf den Zustand $|\psi\rangle$: $A\,|\psi\rangle =$ $\sum \int a_i \, |a_i\rangle \, \langle a_i \, |\psi\rangle \overset{\text{Filter}}{\to} |a_j\rangle \langle a_j \, |\psi\rangle$

4. Postulat: Messergebnisse ⇔ Eigenwerte a_i des Operators A

5. Postulat: Messwahrscheinlichkeit für a_i ⇔ $w(a_i \, |\psi\rangle = \left| \langle a_j \, |\psi\rangle \right|^2$

Die Dynamik wird ab S. 185 behandelt, wird aber nicht explizit als Postulat formuliert.

R.2.11 A.I.M. Rae

Quantum Mechanics (2008), S. 68 ff.; **postulates**

Postulat 1 Für jedes dynamische System existiert eine Wellenfunktion, die eine stetige, quadratintegrierbare, einwertige Funktion der Parameter des Systems und der Zeit ist, und aus der alle möglichen Vorhersagen über die physikalischen Eigenschaften des Systems gewonnen werden können.

Postulat 2 Jede dynamische Variable kann durch einen hermiteschen Operator dargestellt werden, dessen Eigenwerte die möglichen Ergebnisse einer Messung des Wertes der dynamischen Variablen darstellen. Unmittelbar nach einer solchen Messung ist die Wellenfunktion des Systems identisch mit der Eigenfunktion, die dem als Ergebnis der Messung erhaltenen Eigenwert entspricht.

Postulat 3 Die Operatoren, die Ort und Impuls eines Teilchens darstellen, sind $\mathbf{r}$ und $-i\hbar\nabla$. Operatoren, die andere dynamische Größen darstellen, stehen zu diesen in der gleichen funktionalen Beziehung wie die entsprechenden klassischen Größen zu den klassischen Orts- und Impulsvariablen.

Postulat 4 Wenn eine Messung einer dynamischen Variablen, dargestellt durch einen hermiteschen Operator $\hat{Q}$, an einem System durchgeführt wird, dessen Wellenfunktion ψ ist, dann ist die Wahrscheinlichkeit, dass das Ergebnis gleich einem bestimmten Eigenwert q_m ist, gleich $|a_m|^2$, wobei $\psi = \sum_n a_n\phi_n$ ist und die ϕ_n die den Eigenwerten q_n entsprechenden Eigenfunktionen von $\hat{Q}$ sind.

R.2.12 H. Rollnik

Quantentheorie I, 2. Aufl., 2003; S. 212 ff.; **Axiome**

- **Zustandsaxiom**: Physikalische Zustände werden durch die Vektoren eines Hilbert-Raumes $\mathcal{H}$ beschrieben. Genauer: Physikalische Zustände werden injektiv auf die Strahlen von $\mathcal{H}$ abgebildet.

- **Observablenaxiom 1**: Jede physikalische Observable $\mathcal{A}$ wird durch einen linearen hermiteschen Operator A des Zustandsraums $\mathcal{H}$ dargestellt.

- **Observablenaxiom 2**: Der Erwartungswert $\langle \mathcal{A} \rangle_\psi$ von $\mathcal{A}$ im Zustand ψ wird durch

$$\langle \mathcal{A} \rangle_\psi = \sum_i a_i w_i = \frac{\langle \psi | A | \psi \rangle}{\langle \psi | \psi \rangle} \tag{R.28}$$

gegeben. Falls $\|\psi\| = 1$ ist, gilt

$$\langle \mathcal{A} \rangle_\psi = \langle \psi | A | \psi \rangle \tag{R.29}$$

Des weiteren führt Rollnik noch an: (1) Symmetrieaxiom: Physikalische Symmetriegruppen werden durch unitäre oder antiunitäre Operatoren dargestellt; (2) Axiom der nichtrelativistischen Quantenmechanik: Für ein N-Teilchen-System bilden die Ortsoperatoren $Q_i(t), i = 1, \ldots, 3N$ ein vollständiges System von vertauschbaren Observablen. Dasselbe leisten die Impulsoperatoren $P_i(t)$. Es gilt die Vertauschungsrelation $\left[P_j(t), Q_k(t) \right] = \frac{\hbar}{2} \delta_{jk}$.

R.2.13 H. Schulz

Physik mit Bleistift, 4. Auflage, 2001; S. 302 ff.; **Postulate**

I. Die vollständige Information über ein Quantensystem ist in einer einwertigen Funktion $\psi(x, t) \in \mathbb{C}$ enthalten (der Informationsträger). x ist ein Satz von Variablen, je eine für jeden Freiheitsgrad. In der Regel darf man $x = 1, 2, \ldots$ schreiben mit $1 :=$ Variablensatz des Teilchens 1 und so fort.

II. Jeder Observablen ist ein linearer hermitescher Operator A zugeordnet. Eine Tabelle solcher Zuordnungen ist Bestandteil des Postulats:

Klass. Größe	Name in der QM	Buchstabe	Raum	Wirkungsweise
Ort (1D)	Ort	X	$\psi(x)$	$X = x$
Impuls (1D)	Impuls	p	$\psi(x)$	$p = \frac{\hbar}{i} \partial_x$
Impuls (3D)	Impuls	$\vec{p}$	$\psi(\vec{r})$	$\vec{p} = \frac{\hbar}{i} \nabla$
Drehimpuls	Drehimpuls	$\vec{L}$	$\psi(\vec{r})$	$\vec{L} = \vec{r} \times \vec{p} = \vec{r} \times \frac{\hbar}{i} \nabla$
	Parität (3D)	P	$\psi(\vec{r})$	$P\psi(\vec{r}) = \psi(-\vec{r})$
	Spin (1. Komp.)	σ^x	2-komponentig	$\sigma^x = \begin{pmatrix} 0 & 1 \\ 1 & 0 \end{pmatrix}$
Energie	Hamilton-Op.	H	z. B.: $\psi(\vec{r})$	z. B.: $H = -\frac{\hbar^2}{2m} \Delta + V(\vec{r}, t)$
$\vdots$	$\vdots$	$\vdots$	$\vdots$	$\vdots$

III. Mögliche Messwerte sind die Eigenwerte von A, zu erhalten durch Lösen von $A\varphi_{av} = a\varphi_{av}$ unter Forderung nach Einwertigkeit und Normierbarkeit.

IV. Man normiere die Eigenzustände von A gemäß

$$\int dx\, \varphi_{av}^* \varphi_{b\mu} = \delta_{ab}\delta_{\mu v}\,, \ \delta\,(a-b)\,\delta_{\mu v}\,, \ \delta_{ab}\delta\,(\mu-v)\,, \ \delta\,(a-b)\,\delta\,(\mu-v)$$

(R.30)

je nachdem, ob ein Index in einem diskreten oder kontinuierlichen Bereich des A-Spektrums liegt. Den tatsächlichen Zustand ψ des Systems normiere man stets auf eins:

$$\int dx\, |\psi\,(x)|^2 = 1 \qquad\qquad \text{(R.31)}$$

V. Die Wahrscheinlichkeit für Erhalt eines diskret liegenden Messwertes a und die Wahrscheinlichkeitsdichte für kontinuierlich liegende Messwerte a folgen der gleichen Formel

$$P\,(a,t) = \sum_v |c_{av}|^2 = \sum_v \left|\int dx\, \varphi_{av}^* \psi\,(x,t)\right|^2 \qquad\qquad \text{(R.32)}$$

Liegt v kontinuierlich, so ist $\sum_v$ durch $\int dv$ zu ersetzen.

VI. Die Bewegungsgleichung der Quantenmechanik ist

$$i\hbar\dot{\psi} = H\psi \qquad\qquad \text{(R.33)}$$

wobei der Operator H der Tabelle in II. zu entnehmen ist. Die Gleichung gilt auch dann, wenn H von der Zeit abhängt (etwa wegen $V\,(\vec{r},t)$, siehe Tabelle).

VII. Pauli-Prinzip: Unter Vertauschung der Variablensätze zweier identischer Teilchen ist

$$\psi\,(1,2,\ldots) = \mp\psi\,(2,1,\ldots) \qquad\qquad \text{(R.34)}$$

Zu verlangen: negatives Vorzeichen für Fermionen, positives für Bosonen.

R.2.14 F. Schwabl

Quantenmechanik I, 6. Auflage, 2002; S. 41 ff.; **Axiome**

I. Der Zustand wird durch die Wellenfunktion $\psi\,(x)$ beschrieben.

II. Den Observablen entsprechen hermitesche Operatoren A, wobei Funktionen von Observablen Funktionen von Operatoren entsprechen.

III. Der Mittelwert der Observablen mit zugehörigem Operator A ist im Zustand ψ durch $\langle A\rangle = (\psi, A\psi)$ gegeben.

IV. Die Zeitentwicklung der Zustände wird durch die Schrödinger-Gleichung

$$i\hbar\frac{\partial}{\partial t}\psi = H\psi \ ; \ H = -\frac{\hbar^2}{2m}\nabla^2 + V(\mathbf{x}) \qquad (R.35)$$

bestimmt.

V. Wenn bei Messung von A der Wert a_n gefunden wurde, geht die Wellenfunktion in die entsprechende Eigenfunktion ψ_n über.[4]
Aus den Axiomen II und III folgt, dass die möglichen Messwerte einer Observablen die Eigenwerte des zugehörigen Operators A sind und die Wahrscheinlichkeiten gegeben sind durch $|c_n|^2$, wobei c_n die Entwicklungskoeffizienten von $\psi(\mathbf{x})$ nach den Eigenfunktionen von A sind. Insbesondere folgt, dass $|\psi(\mathbf{x})|^2$ die Wahrscheinlichkeitsdichte für die Position ist.

R.2.15 N. Zettili

Quantum Mechanics, Concepts and Applications (2009), S. 165 ff.; **postulates**

Postulat 1: Zustand eines Systems
Der Zustand eines beliebigen physikalischen Systems wird zu jedem Zeitpunkt t durch einen Zustandsvektor $|\psi(t)\rangle$ in einem Hilbert-Raum $\mathcal{H}$ angegeben; $|\psi(t)\rangle$ enthält (und dient als Grundlage zum Extrahieren) alle benötigten Informationen über das System. Jede Überlagerung von Zustandsvektoren ist auch ein Zustandsvektor.

Postulat 2: Observable und Operatoren
Jeder physikalisch messbaren Größe A, genannt Observable oder dynamische Variable, entspricht ein linearer hermitescher Operator $\hat{A}$, dessen Eigenfunktionen eine vollständige Basis bilden.

Postulat 3: Messungen und Eigenwerte von Operatoren
Die Messung einer Observablen A lässt sich formal durch die Wirkung von A auf einen Zustandsvektor $|\psi(t)\rangle$ darstellen. Das einzig mögliche Ergebnis einer solchen Messung ist einer der Eigenwerte a_n (die reell sind) des Operators A. Wenn das Ergebnis einer Messung von A an einem Zustand $|\psi(t)\rangle$ a_n ist, ändert sich der Zustand des Systems unmittelbar nach der Messung zu $|\psi_n\rangle$:

$$\hat{A}|\psi(t)\rangle = a_n|\psi(t)\rangle$$

mit $a_n = \langle\psi_n|\psi(t)\rangle$ Man beachte: a_n ist die Komponente von $|\psi(t)\rangle$ bei Projektion auf den Eigenvektor $|\psi_n\rangle$.

---

[4] Muss eigentlich heißen: ist die Wellenfunktion ψ in die entsprechende Eigenfunktion ψ_n übergegangen.

Postulat 4: Probabilistisches Ergebnis von Messungen

Diskrete Spektren Bei der Messung einer Observablen A eines Systems in einem Zustand $|\psi\rangle$ ist die Wahrscheinlichkeit, einen der nicht ausgearteten Eigenwerte a_n des zugehörigen Operators A zu erhalten, gegeben durch

$$P_n\,(a_n) = \frac{\left|\langle\psi_n\,|\psi\rangle\rangle\right|^2}{\langle\psi\,|\psi\rangle} = \frac{|a_n|^2}{\langle\psi\,|\psi\rangle}, \tag{R.36}$$

wobei $|\psi_n\rangle$ der Eigenzustand von A mit Eigenwert a_n ist. Wenn der Eigenwert a_n m-entartet ist, wird P_n

$$P_n\,(a_n) = \frac{\sum_{j=1}^{m}\left|\langle\psi_n^j\,|\psi\rangle\rangle\right|^2}{\langle\psi\,|\psi\rangle} = \frac{\sum_{j-1}^{m}\left|a_n^{(j)}\right|^2}{\langle\psi\,|\psi\rangle}. \tag{R.37}$$

Der Messvorgang ändert den Zustand des Systems von $|\psi\rangle$ nach $|\psi_n\rangle$. Befindet sich das System bereits in einem Eigenzustand $|\psi_n\rangle$ von A, so liefert eine Messung von A mit Sicherheit den zugehörigen Eigenwert a_n: $\hat{A}\,|\psi_n\rangle = a_n\,|\psi_n\rangle$.

Kontinuierliche Spektren Die Gl. (R.36), die für diskrete Spektren gilt, kann erweitert werden, um die Wahrscheinlichkeitsdichte zu bestimmen, dass eine Messung von A einen Wert zwischen a und $a + da$ auf einem System ergibt, das sich zu Beginn im Zustand $|\psi\rangle$ befindet:

$$\frac{dP\,(a)}{da} = \frac{|\psi\,(a)|^2}{\langle\psi\,|\psi\rangle} = \frac{|\psi\,(a)|^2}{\int\limits_{-\infty}^{\infty}|\psi\,(a')|^2\,da'}. \tag{R.38}$$

Beispielsweise ist die Wahrscheinlichkeitsdichte für das Auffinden eines Teilchens zwischen x und $x + dx$ gegeben durch $dP(x)/dx = |\psi\,(x)|^2/\langle\psi\,|\psi\rangle$.

Postulat 5: Zeitentwicklung eines Systems

Die Zeitentwicklung des Zustandsvektors $|\psi(t)\rangle$ eines Systems wird durch die zeitabhängige Schrödinger-Gleichung bestimmt

$$i\hbar\frac{\partial\,|\psi(t)\rangle}{\partial t} = \hat{H}(t)\,|\psi(t)\rangle, \tag{R.39}$$

wobei H der Hamilton-Operator ist, der der Gesamtenergie des Systems entspricht.

Anhang S:
System und Messung – einige Begriffe

Wir stellen in diesem Abschnitt einige gängige Begriffe zusammen.

S.1   System – isoliert, abgeschlossen, offen

Es geht im Folgenden um die Beziehungen zwischen einem System S und seiner Umwelt $\mathcal{U}$.

Dabei ist *System* ein Teil des Universums, den wir untersuchen. Dieser Teil muss nicht real vom Rest des Universums getrennt sein; es können auch gedachte Abgrenzungen sein. Alles, was außerhalb dieser Grenzen liegt, wird *Umgebung* oder *Umwelt* genannt.[1] Die einzelnen Teile eines Systems müssen in irgendeiner Weise miteinander wechselwirken. Beispiele für Systeme sind ein Atom, ein Fadenpendel oder das Ökosystem der Erde. Speziell ist ein Quantensystem alles, was eine konsistente dynamische Beschreibung innerhalb der QM erlaubt.

Man unterscheidet verschiedene Arten der Wechselwirkungen zwischen System und Umgebung. Die Nomenklatur stammt aus der Thermodynamik, wo sie auch definierte Bedeutung hat. In der QM ist die Situation etwas uneinheitlicher.

Thermodynamik

Bei einem *isolierten* System gibt es keinerlei Austausch von Materie und Energie (Arbeit, Wärme) mit der Umgebung. Die Gesamtenergie und -masse bleiben also konstant. Bei einem *geschlossenen* (abgeschlossenen) System gibt es keinen Austausch von Materie mit der Umgebung, wohl aber von Energie. Entsprechend ist die Gesamtmasse konstant, nicht aber die Gesamtenergie. Bei einem *offenen* System sind die Systemgrenzen durchlässig für Materie- und Energieaustausch; weder Gesamtenergie noch Gesamtmasse sind konstant.

---

[1] Gegebenenfalls kann der ‚Messapparat' als Vermittler zwischen System und Umwelt zusätzlich eingeführt werden.

© Der/die Herausgeber bzw. der/die Autor(en), exklusiv lizenziert an Springer-Verlag GmbH, DE, ein Teil von Springer Nature 2024 J. Pade, *Quantenmechanik zu Fuß 1*, https://doi.org/10.1007/978-3-662-67928-9

Selbstverständlich handelt es sich bei den Begriffen isoliert und geschlossen so gut wie immer um Näherungen. Insbesondere gibt es keine ‚wirklich' isolierten Systeme (vielleicht abgesehen vom Universum insgesamt); alleine die überall vorhandene Gravitation verhindert dies. Näherungsweise können wir natürlich bestimmte Systeme für einen gewissen Zeitraum als isoliert betrachten, zum Beispiel eine Thermoskanne bzw. ihren Inhalt.

Ein Beispiel für ein geschlossenes System bildet die Erde, zumindest in guter Näherung: Es gibt einen Energieaustausch mit der Umgebung (einfallendes Sonnenlicht, Abstrahlung der Erde in den Weltraum), aber keinen nennenswerten Materietransport.

Beispiele für offene Systeme bilden das ökologische und das ökonomische System einer Region. In diesem Sinne ist auch der Mensch bzw. jedes Lebewesen ein offenes System; es wird ständig Materie und Energie aufgenommen und abgegeben.

Für die Umgebung gibt es in der Thermodynamik noch den Begriff *Reservoir* (eine Umgebung mit einer unendlichen Anzahl von Freiheitsgraden) und *Bad* oder *Wärmebad* (Reservoir, das sich im thermischen Gleichgewicht befindet).

Quantenmechanik

Selbst in der Thermodynamik, wo die Terme isoliert und geschlossen sauber definiert sind, kommt es gelegentlich zu Begriffsunschärfen; Zitat aus dem Internet: ‚A closed system is a system in the state of being isolated from its surrounding environment.' In der QM werden diese beiden Begriffe sogar auch synonym gebraucht. Man findet hier manchmal aber durchaus auch die an die Thermodynamik angelehnte Unterscheidung.

Ein *isoliertes* System (manchmal auch total isoliertes System genannt) ist vollkommen von der Umgebung abgekoppelt. Insbesondere ist seine Gesamtenergie konstant, was bedeutet, dass der Hamilton-Operator H nicht zeitabhängig ist. Zur vollständigen Abkopplung von der Umwelt gehört auch, dass es keine Verschränkung von System und Umgebung geben darf.

Wenn die Umwelt über äußere Kräfte auf das System einwirkt und man die Dynamik des Systems in Termen eines möglicherweise zeitabhängigen Hamilton-Operators formulieren kann, heißt das System *abgeschlossen*. Dabei wird üblicherweise vorausgesetzt, dass es keine Rückwirkungen vom System auf die Umwelt gibt, die Wechselwirkungen Umwelt-System also eine Einbahnstraße bilden.

Von einem *offenen* System spricht man, wenn Wechselwirkungen und Verschränkungen zwischen System und Umgebung erlaubt sind (hin und her). Üblicherweise geht man davon aus, dass die Gesamtheit (System + Umgebung) isoliert oder zumindest abgeschlossen ist und die Dynamik durch einen Hamilton-Operator beschrieben wird.

S.2   Messung

Messung

Unter Messung verstehen wir eine Operation an einem System, die die Werte einer (oder mehrerer) physikalischen Größen des Systems unmittelbar vor der Messung in Form von eindeutigen und speicherbaren Zahlen ermittelt (siehe auch Kap. 14 (1)).

Klassisch wird ein schon vor der Messung existierender (präexistierender) Wert einer physikalischen Größe A gemessen. In der QM ist das nur der Fall, wenn sich das System anfangs in einem Eigenzustand der gemessenen Observablen befindet; ansonsten existiert kein eindeutiger Messwert vor der Messung.[2] Man nennt den Übergang von einer Superposition zu einem einzelnen Zustand *Zustandsreduktion* oder *Kollaps der Wellenfunktion*. Es handelt sich um eine *irreversible* Entwicklung, die eine Richtung in der Zeit auszeichnet. (Ausnahme: Der Anfangszustand ist schon ein Eigenzustand des Operators, also keine Superposition.)

Ideale Messung, QND

Konkrete Messungen von Quantenobjekten vernichten diese häufig oder lassen sie für den Beobachter verschwinden; sie können deswegen nur einmal durchgeführt werden.[3] Andere Messungen beeinflussen die Objekte so stark, dass sie nach der bzw. durch die Messung einen anderen Wert der gemessenen physikalischen Größe annehmen.[4]

Diese Arten von Messung (auch *reale* Messungen genannt) sind zwar in der Praxis gang und gäbe,[5] aber für theoretische Überlegungen ist es sinnvoll, *ideale* Messungen zu betrachten.[6] Eine ideale Messung ist zerstörungs- und rückstoßfrei. Mit anderen Worten: Eine ideale Messung beeinflusst das System so wenig, dass die Wiederholung dieser Messung innerhalb eines kurzen Zeitintervalls[7] dasselbe Resultat ergibt.

Als Beispiel betrachten wir in Abb. (S.1) ein zirkular polarisiertes Photon $|r\rangle$, das auf einen Polwürfel trifft. Dadurch nimmt das Photon (irreversibel) einen linear polarisierten Zustand an, sagen wir $|h\rangle$. Eine weitere Messung dieses Zustands

---

[2] Wir gehen hier davon aus, dass die QM vollständig ist und keine verborgenen Variablen existieren.

[3] Beispiel 1: Ein Photon löst einen Photomultiplier aus; es wird absorbiert und seine Energie in ein elektrisches Signal umgewandelt. Beispiel 2: Ein Elektron fällt auf eine Photoplatte und verschwindet unter all den anderen Elektronen.

[4] Beispiel: Impulsmessung eines Neutrons durch Beobachtung eines Rückstoßprotons, das den Impuls des Neutrons beim Stoß verändert.

[5] Im Übrigen gelten auch für diese Fälle die Wahrscheinlichkeitsaussagen bezüglich der Messresultate.

[6] Ältere Bezeichnung nach Pauli: Messung 1. Art (ideal) und 2. Art (real).

[7] Meint: Innerhalb eines so kurzen Zeitintervalls, dass äußere Einflüsse sich nicht bemerkbar machen können.

Abb. S.1 Ideale Messung
eines rechtszirkular
polarisierten Photons auf
lineare Polarisation

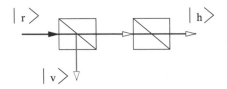

liefert dasselbe Resultat. Deswegen nennt man Messungen dieser Art auch zerstörungsfreie Quantenmessung (quantum non demolition measurement, QND).[8]

Wir können also von einer idealen Messung einer physikalischen Größe A sprechen, wenn das System durch die Messung in einen Eigenzustand von A überführt wird.[9] Befindet sich zum Beispiel das System in einem Superpositionszustand von Energie-Eigenzuständen $|E_n\rangle$, wird bei einer idealen Energiemessung der Wert E_N gemessen und das System in den Eigenzustand $|E_N\rangle$ transformiert. Bei einer kontinuierlichen Größe können wir natürlich nur mehr oder weniger ideale (um es lax zu sagen) Messungen durchführen. Im Übrigen wird man auch im diskreten Fall in der Praxis nicht immer das exakte Spektrum ausmessen können, etwa wegen beschränkter Auflösung des Detektors; man wird sich also auch da oft mit nur annähernd idealen Messungen begnügen müssen.

Präparation

Unter *Präparation* versteht man eine Operation an einem System, die das Ziel hat, dem System einen bestimmten (Anfangs-)Zustand aufzuprägen. Das System (oder das Ensemble,[10] wenn man lieber will) wird also in einen bestimmten Zustand *nach* der Operation gezwungen, während bei einer Messung der Zustand des Systems unmittelbar *vor* der Messung überprüft wird. Diese unterschiedliche Zielsetzung schlägt sich auch darin nieder, dass bei der Präparation nicht wie bei der Messung eindeutige und speicherbare Zahlen ermittelt werden. Ansonsten aber teilen ideale Messung und Präparation viele Eigenschaften, unter anderem natürlich die, dass beide Operationen zerstörungsfrei sind. Von daher gibt es in der Literatur verschiedenen Meinungen über das Verhältnis von Präparation zu idealer Messung; sie reichen von ‚Es ist wichtig, Messung und Präparation zu unterscheiden' über

---

[8] Der Ausdruck ‚zerstörungsfrei' bedeutet im Übrigen nicht, dass die Wellenfunktion nicht kollabiert.

[9] Wir gehen der Einfachheit halber davon aus, dass keine Entartung vorliegt.

[10] Der Gebrauch des Wortes ‚Ensemble' bedeutet nicht, dass physikalische Größen Werte ‚haben', die in einer unbekannten Weise unter den Mitgliedern des Ensembles verteilt sind. Es handelt sich eher um ein Codewort, das daran erinnert, dass im pragmatischen Zugang (voll instrumentalistischer Zugang) die Vorsagen der Theorie nur die Streuung der Resultate wiederholter Messungen betreffen.

,Nicht alle Vorgänge der Präparation sind Messungen im traditionellen Sinn' bis ,Die Präparation ist natürlich nur eine Form der zerstörungsfreien Messung' (alles Zitate aus der Literatur).

Betrachten wir als Beispiel die Anordnung in Abb. (S.1). Jede Messung der Polarisation durch den zweiten Polwürfel ergibt notwendigerweise $|h\rangle$. Man kann das also so auffassen, dass der erste Polwürfel das System präpariert hat. Diese spezielle Präparation ist keine Messung – zumindest nicht in dem Sinn, dass das Ergebnis aufgezeichnet wird, bevor die folgende Polarisationsmessung gemacht wird.

Die folgende Definition fasst zusammen: Sei A eine Observable mit Eigenwerten a_i (diskretes Spektrum). Eine Operation an einer Menge $\mathcal{E}$ physikalischer Systeme wird *Präparation* (Zustandspräparation) für A genannt, wenn sie zu einer Aufgliederung von $\mathcal{E}$ in Untermengen $\mathcal{E}_m$ führt, so dass für jedes m eine der Präparation unmittelbar folgende Messung von A garantiert das Ergebnis a_m für jedes System in der Untermenge $\mathcal{E}_m$ liefert. Falls die Operation auch eine echte Messung[11] darstellt, wird sie *ideale Messung* von A genannt.

Indirekte Quantenmessung

Um Eigenschaften eines Quantenobjekts Q zu messen, lässt man ein weiteres Quantenobjekt S (Quantensonde genannt) mit Q geeignet wechselwirken. S wird dann durch einen klassischen Apparat ausgemessen.

Kontinuierliche Messung

Wenn man ein System mehrfach misst, wobei die Intervalle zwischen den Messzeitpunkten gegen null gehen, spricht man (im Grenzfall[12]) von einer kontinuierlichen Messung. Da bei einer idealen Messung die Wiederholung der Messung innerhalb eines genügend kurzen Zeitintervalls dasselbe Resultat ergibt, lässt sich durch eine kontinuierliche Messung bei geeigneten Umständen verhindern, dass das System einen anderen Zustand annimmt. Dies ist der Quanten-Zenon-Effekt; der Inhalt ist griffig formuliert in dem Satz ,a watched pot never boils'. Mehr dazu im Anhang L (1), Quanten-Zenon-Effekt.

Selektive Messung

Gegeben sei eine Observable A mit einem diskreten nichtentarteten Spektrum. Eine Messung, die nur einen der Eigenzustände auswählt und alle anderen nicht registriert, heißt selektive Messung (auch Filterung genannt). Verallgemeinert heißt das: Wenn wir ein Ausgangsensemble haben und es durch die Messung in verschie-

---

[11] Das heißt, dass eine Zahl ermittelt und gespeichert wird.

[12] Dieser Grenzfall ist idealisiert erreichbar, faktisch aber nicht, da jede Messung Zeit benötigt.

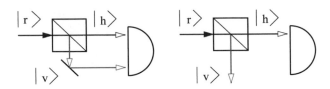

Abb. S.2 Nichtselektive (links) und selektive (rechts) Messung

dene Unterensembles aufspalten können, von denen jedes für ein unterschiedliches Messergebnis steht, sprechen wir von einer selektiven Messung. Wenn wir die Unterensembles nach der Messung mischen (und dann weiter verarbeiten), sprechen wir von nichtselektiver Messung (Abb. S.2).

Anhang T: Wiederholungen und Zusammenfassungen

In diesem Kapitel stellen wir Material zusammen, das wir für die Diskussion der relativistischen Quantentheorie und der relativistischen Quantenfeldtheorie in Band 1 und 2 benötigen. Die Themen sind spezielle Relativitätstheorie, klassische Feldtheorie und Elektrodynamik. Es handelt sich dabei um komprimierte Wiederholungen bzw. Zusammenfassungen. Sie sollen kein Lehrbuch ersetzen, sondern nur das für unsere Zwecke nötige Material bereitstellen. Wir beginnen mit einem kurzen Vergleich der diskreten und kontinuierlichen Beschreibung von Funktionen.

T.1   Diskret – kontinuierlich

Ein physikalisches System kann in einem endlichen oder in einem unendlichen Raumbereich leben. Beide Versionen kommen vor, und um Ungenauigkeiten zu vermeiden, muss man auf klare Formulierungen achten. Dies wird zuweilen durch eine gewisse nonchalante Schreibweise etwas erschwert. Deshalb hier ein paar Worte zum Thema.

Wir beginnen mit dem Fall, dass das System auf ein endliches Volumen (das beliebig groß sein kann) mit undurchlässigen Wänden (unendliches Potential) beschränkt ist. Dann haben wir so etwas wie den Potentialtopf (siehe Kap. 5 (1)), und wir wissen, dass die Werte des Impulses nicht beliebig, sondern quantisiert sind, also Vielfache einer Grundwellenlänge (tatsächlich der halben Wellenlänge). Wir können also in diesem diskreten Fall die erlaubten Impulse zählen und schreiben sie z. B. $\mathbf{k}_n$, $n = 0, \pm 1, \pm 2, \dots$. Außerdem werden bestimmte Eigenschaften des Systems typischerweise mithilfe von Summen formuliert.

Befindet sich das System dagegen in einem unendlichen Volumen, gibt es keine Grundwellenlänge, d. h., jeder Impuls ist erlaubt; dies ist der kontinuierliche Fall. Daher werden bestimmte Eigenschaften des Systems typischerweise mithilfe von Integralen und nicht von Summen angegeben.

Hier tritt nun die besagte nonchalante Schreibweise ein. Im diskreten Fall müsste die Summe über alle möglichen ebenen Wellen $\sum_{n=-\infty}^{\infty} e^{-i\mathbf{k}_n\mathbf{x}}$ oder so ähnlich lauten, was man aber buchstäblich in allen Lehrbüchern findet, ist eine Art

Kurzschreibweise, nämlich $\sum_{\mathbf{k}} e^{-i\mathbf{k}x}$. Der ‚Summationsindex' $\mathbf{k}$ zeigt an, dass wir den diskreten Fall haben und Summation über alle erlaubten Impulse gemeint ist.

Manchmal ist es praktisch, zwischen den beiden Beschreibungsarten zu wechseln. Für diesen Zweck stellen wir hier ein paar Formeln zusammen. Sie basieren im Wesentlichen darauf, dass jeder erlaubte $\mathbf{k}$-Wert ein Volumen $(2\pi)^3/V$ im reziproken Raum einnimmt.

1. Als ein Beispiel betrachten wir die freien Lösungen der Klein-Gordon-Gleichung (siehe Anhang U (1)). Im Fall eines endlichen Volumens V haben wir

$$\phi(x) = \sum_{\mathbf{k}} \frac{1}{\sqrt{2V\omega_{\mathbf{k}}}} \left(a_{\mathbf{k}} e^{i(\mathbf{kr}-\omega_{\mathbf{k}}t)} + a_{\mathbf{k}}^{\dagger} e^{-i(\mathbf{kr}-\omega_{\mathbf{k}}t)} \right) \tag{T.1}$$

wobei die Summe über alle erlaubten diskreten Werte von $\mathbf{k}$ läuft. Die kontinuierliche Variante lautet

$$\phi(x) = \frac{1}{(2\pi)^{3/2}} \int \frac{d^3k}{\sqrt{2\omega_{\mathbf{k}}}} \left(a_{\mathbf{k}} e^{i(\mathbf{kr}-\omega_{\mathbf{k}}t)} + a_{\mathbf{k}}^{\dagger} e^{-i(\mathbf{kr}-\omega_{\mathbf{k}}t)} \right) \tag{T.2}$$

2. Bei der Berechnung eines Integrals der Form $\int d^3x \, e^{i\mathbf{k}x}$ muss man zwischen dem diskreten und dem kontinuierlichen Fall unterscheiden. Das wird üblicherweise nicht durch die Schreibweise gekennzeichnet, etwa durch Verwendung von $\mathbf{k}_n$ im diskreten Fall, sondern muss sich aus dem Zusammenhang ergeben. Die Berechnung wird in der folgenden Aufgabe durchgeführt. Es gilt[1,2]

$$\int d^3x \, e^{i\mathbf{k}x} = \begin{cases} \delta_{\mathbf{k},0} \cdot V \\ \delta(\mathbf{k}) \cdot (2\pi)^3 \end{cases} \text{für den} \quad \begin{matrix} \text{diskreten} \\ \text{kontinuierlichen} \end{matrix} \text{ Fall} \tag{T.3}$$

3. Im diskreten und im kontinuierlichen Fall gilt

$$\sum_{\mathbf{k}} e^{i\mathbf{k}(\mathbf{x}-\mathbf{y})} = V\delta(\mathbf{x}-\mathbf{y}) \quad ; \quad \int d^3k \, e^{i\mathbf{k}(\mathbf{x}-\mathbf{y})} = (2\pi)^3 \delta(\mathbf{x}-\mathbf{y}) \tag{T.4}$$

4. Wie die Beispiele zeigen, kann man mit bestimmten Ersetzungen zwischen ‚diskret' und ‚kontinuierlich' hin und her springen. Cum grano salis gilt

---

[1] Wegen der verschiedenen Faktoren V und $(2\pi)^3$ würde die Verwendung des in Kap. 12 (1) eingeführten verallgemeinerten Kronecker-Symbols $\delta(a, b)$ die Formulierung nicht wesentlich vereinfachen.

[2] In diesem Zusammenhang weisen wir darauf hin, dass die Deltafunktion eine physikalische Dimension haben kann. Mit der Definition $\delta(a) = \frac{1}{2\pi} \int db \, e^{iab}$ folgt $[\delta(a)] = [b]$, was für den Fall $[a] = \left[\frac{1}{b}\right]$ auf $[\delta(a)] = \left[\frac{1}{a}\right]$ führt. Damit hat z. B. $\delta(\mathbf{k})$ die Dimension $\left[\frac{1}{k^3}\right] = $ Länge^3.

$$\sum_{\mathbf{k}} e^{i\mathbf{k}(\mathbf{x}-\mathbf{y})} = V\delta(\mathbf{x}-\mathbf{y}) \tag{T.5}$$

$$\sum_{\mathbf{k}} \Leftrightarrow \int d^3k \; ; \; V \Leftrightarrow (2\pi)^3 \; ; \delta_{\mathbf{k},0} \Leftrightarrow \delta(\mathbf{k}) \tag{T.6}$$

T.1.1 Aufgaben und Lösungen

1. Beweisen Sie (T.3).
Lösung: Im diskreten Fall ist das Integrationsvolumen V endlich. Der Impuls $\mathbf{k}$ besitzt nur diskrete Werte. Wir betrachten erst den eindimensionalen Fall, in dem V die Strecke zwischen zum Beispiel 0 und L_x ist (siehe Kap. 5 (1)). Es folgt

$$\int_0^{L_x} dx\, e^{ik_x x} = \left[\frac{e^{ik_x x}}{ik_x}\right]_0^{L_x} = \frac{e^{ik_x L_x} - 1}{ik_x} \text{ für } k_x \neq 0 \; ; \; \int_0^{L_x} dx\, e^{ik_x x} = L_x \text{ für } k_x = 0$$

$$\tag{T.7}$$

Die erlaubten Wellenlängen sind $n\frac{\lambda}{2} = L_x$. Mit $\lambda = \frac{2\pi}{k}$ folgt $n\frac{\pi}{k_x} = L_x$ oder $k_x = \frac{n\pi}{L_x}$. Dies ergibt

$$\int_0^{L_x} dx\, e^{ik_x x} = \frac{e^{i\frac{n\pi}{L_x}L_x}-1}{i\frac{n\pi}{L_x}} = \frac{e^{in\pi}-1}{i\frac{n\pi}{L_x}} = \frac{1-1}{i\frac{n\pi}{L_x}} = 0 \text{ für } k_x \neq 0 \text{ oder } n \neq 0$$

$$\tag{T.8}$$

$$\int_0^{L_x} dx\, e^{ik_x x} = L_x \text{ für } n = 0$$

oder

$$\int_0^{L_x} dx\, e^{ik_x x} = \delta_{k_x,0} \cdot L_x \tag{T.9}$$

Für den dreidimensionalen Fall folgt

$$\int_V dx\, e^{i\mathbf{kx}} = \int_0^{L_x} dx\, e^{ik_x x} \cdot \int_0^{L_y} dx\, e^{ik_y y} \cdot \int_0^{L_z} dx\, e^{ik_z z}$$

$$= \delta_{k_x,0} \cdot L_x \cdot \delta_{k_y,0} \cdot L_y \cdot \delta_{k_z,0} \cdot L_z = \delta_{\mathbf{k},0} \cdot V \tag{T.10}$$

Im kontinuierlichen Fall benutzen wir die Definition der Deltafunktion und erhalten unmittelbar

$$\int d^3x\, e^{i\mathbf{kx}} = (2\pi)^3 \delta(\mathbf{k}) \tag{T.11}$$

T.2   Spezielle Relativitätstheorie

Zur Festlegung der Schreibweise und der Vollständigkeit halber stellen wir hier einige Elemente der speziellen Relativitätstheorie (SRT) zusammen.

T.2.1   Spezielle Lorentz-Transformation und Vierervektoren

Die SRT beschreibt, wie die Koordinaten eines Ereignisses in zwei Inertialsystemen I und $\tilde{I}$ zusammenhängen. Bewegt sich $\tilde{I}$ relativ zum Koordinatensystem I mit der Geschwindigkeit v entlang der x-Achse, so ist die Beziehung durch die folgende *spezielle Lorentz-Transformation* (in x-Richtung) gegeben[3]

$$\begin{aligned}
\tilde{t} &= \gamma \left(t - \tfrac{vx}{c^2} \right) \\
\tilde{x} &= \gamma \left(x - vt \right) \\
\tilde{y} &= y \ ; \ \tilde{z} = z
\end{aligned} \tag{T.12}$$

mit $\gamma = \left(1 - \beta^2 \right)^{-1/2}$ und $\beta = v/c$.

In der SRT sind Zeit und Raum gleichberechtigt. Von daher ist es plausibel, den Begriff des dreidimensionalen Ortsvektors auf einen vierdimensionalen Vektor zu erweitern, der auch die Zeit umfasst. Diese *Vierervektoren* (4-Vektoren) als wesentliche Elemente der SRT haben eine zeitartige und drei raumartige Komponenten. Wir schreiben die Koordinaten eines Ereignisses in Raum und Zeit als

$$x^0 = ct \ ; \ x^1 = x \ ; \ x^2 = y \ ; \ , x^3 = z \tag{T.13}$$

oder

$$x = \left(x^0, x^1, x^2, x^3 \right) \tag{T.14}$$

Man beachte, dass es sich hier um obere Indizes handelt und nicht um Potenzen. x ist der Prototyp eines Vierervektors.

Eine Bemerkung zur Schreibweise: Generell werden Vierervektoren kursiv und Dreiervektoren fett geschrieben, also

$$x = \left(x^0, x^1, x^2, x^3 \right) = \left(x^0, \mathbf{x} \right) \tag{T.15}$$

---

[3] Die englische Bezeichnung Lorentz boost für diese Transformation wird als Lorentz-Boost oder nur Boost auch häufig im Deutschen verwendet. Siehe auch Kap. 7 (2) ‚Symmetrien und Erhaltungssätze', wo der Begriff im Zusammenhang mit Galilei-Transformationen benutzt wird.

x^0 ist immer die Zeitkomponente ($x^0 = ct$). Üblicherweise werden die Komponenten eines Vierervektors mit einem *griechischen Index* wie λ, μ oder ν bezeichnet; die Komponenten eines Dreiervektors dagegen mit einem *lateinischen Index* von i bis n.

Mit Rücksicht auf die Lesbarkeit des Textes werden Vierervektoren wie in (T.14) oft als Zeilenvektor geschrieben. Wenn man jedoch Matrixberechnungen durchführen will, ist es besser, x als Spaltenvektor aufzufassen. Dies wird deutlich, wenn man die Lorentz-Transformation (T.12) in Matrixform schreibt. Links und rechts stehen die Komponenten des Vierervektors $\tilde{x}$ und x. Wir haben also

$$\begin{pmatrix} \tilde{x}^0 \\ \tilde{x}^1 \\ \tilde{x}^2 \\ \tilde{x}^3 \end{pmatrix} = \begin{pmatrix} \gamma & -\beta\gamma & 0 & 0 \\ -\beta\gamma & \gamma & 0 & 0 \\ 0 & 0 & 1 & 0 \\ 0 & 0 & 0 & 1 \end{pmatrix} \begin{pmatrix} x^0 \\ x^1 \\ x^2 \\ x^3 \end{pmatrix} \tag{T.16}$$

Wir nennen die Transformationsmatrix Λ und ihre Elemente $\Lambda^\mu{}_\nu$ ($\mu = 0, 1, 2, 3$ bezeichnet die Reihen, $\nu = 0, 1, 2, 3$ die Spalten). Offensichtlich ist Λ symmetrisch Mit der üblichen Schreibweise für die Matrixmultiplikation können wir die Lorentz-Transformation (T.16) schreiben als

$$\tilde{x}^\mu = \sum_{\nu=0}^{3} \Lambda^\mu{}_\nu\, x^\nu \;\; ; \;\; \mu = 0, 1, 2, 3 \tag{T.17}$$

In der SRT gibt es eine zweite Vektorart, deren Prototyp der Vektor der partiellen Ableitungen ist:

$$\left(\frac{\partial}{c\partial t}, \nabla \right) = \left(\frac{\partial}{c\partial t}, \frac{\partial}{\partial x}, \frac{\partial}{\partial y}, \frac{\partial}{\partial z} \right) = \left(\frac{\partial}{\partial x^0}, \frac{\partial}{\partial x^1}, \frac{\partial}{\partial x^2}, \frac{\partial}{\partial x^3} \right) \tag{T.18}$$

Unter einer Lorentz-Transformation transformiert sich dieser Vektor nicht wie in (T.17), sondern gemäß

$$\frac{\partial}{\partial \tilde{x}^\mu} = \sum_{\nu=0}^{3} \left(\frac{\partial x^\nu}{\partial \tilde{x}^\mu} \right) \frac{\partial}{\partial x^\nu} \tag{T.19}$$

Dieser Ausdruck kann mit der gebräuchlichen Kurzschreibweise $\frac{\partial}{\partial x^\mu} = \partial_\mu$ geschrieben werden als

$$\tilde{\partial}_\mu = \sum_{\nu=0}^{3} \left(\frac{\partial x^\nu}{\partial \tilde{x}^\mu} \right) \partial_\nu = \sum_{\nu=0}^{3} \Lambda_\mu{}^\nu\, \partial_\nu \tag{T.20}$$

wobei $\Lambda_\mu{}^\nu = \frac{\partial x^\nu}{\partial \tilde{x}^\mu}$ das Inverse von $\Lambda^\mu{}_\nu = \frac{\partial \tilde{x}^\mu}{\partial x^\nu}$ ist; in Matrixschreibweise:

$$\Lambda = \left(\Lambda^\mu{}_\nu\right) = \begin{pmatrix} \gamma & -\beta\gamma & 0 & 0 \\ -\beta\gamma & \gamma & 0 & 0 \\ 0 & 0 & 1 & 0 \\ 0 & 0 & 0 & 1 \end{pmatrix} \;;\; \Lambda^{-1} = \left(\Lambda_\mu{}^\nu\right) = \begin{pmatrix} \gamma & \beta\gamma & 0 & 0 \\ \beta\gamma & \gamma & 0 & 0 \\ 0 & 0 & 1 & 0 \\ 0 & 0 & 0 & 1 \end{pmatrix}$$

(T.21)

Man beachte, dass Λ und Λ^{-1} sich nur im Vorzeichen der Größe β unterscheiden, die im Wesentlichen die Relativgeschwindigkeit der beiden Bezugssysteme ist.

Wir verallgemeinern nun die Gl. (T.17) und (T.20) und definieren allgemeine Vierervektoren anhand ihres Verhaltens unter Lorentz-Transformationen. Ein allgemeiner Vierervektor mit Komponenten a^0, a^1, a^2, a^3 muss die Gleichung

$$\tilde{a}^\mu = \sum_{\nu=0}^{3} \left(\frac{\partial \tilde{x}^\mu}{\partial x^\nu}\right) a^\nu = \sum_{\nu=0}^{3} \Lambda^\mu{}_\nu\, a^\nu \tag{T.22}$$

erfüllen, und ein allgemeiner Vierervektor mit Komponenten a_0, a_1, a_2, a_3 die Gleichung

$$\tilde{a}_\mu = \sum_{\nu=0}^{3} \left(\frac{\partial x^\nu}{\partial \tilde{x}^\mu}\right) a_\nu = \sum_{\nu=0}^{3} \Lambda_\mu{}^\nu\, a_\nu \tag{T.23}$$

Wir weisen darauf hin, dass die Vierervektoren der SRT durch ihr Verhalten unter Lorentz-Transformationen definiert sind und nicht wie die ‚üblichen‘ Dreiervektoren durch das Verhalten unter Raumtransformationen. Dies führt unter anderem zu einer anderen Definition des inneren Produkts. Für diesen Sachverhalt und einige Beispiele für Vierervektoren siehe weiter unten.

Kontra- und kovariante Vektoren

In der SRT haben wir also zwei Möglichkeiten, die Komponenten eines Vektors a zu definieren, nämlich (a^0, a^1, a^2, a^3) und (a_0, a_1, a_2, a_3). Die Bezeichnungen der beiden Typen sind dem historischen Erbe geschuldet: *kontravarianter Vektor* für $\left(a^0, a^1, a^2, a^3\right)$ und *kovarianter Vektor* für (a_0, a_1, a_2, a_3). Diese Benennung ist etabliert, wenn auch vielleicht zu Anfang etwas gewöhnungsbedürftig. Das hat vor allem zwei Gründe.

(1) Der Begriff ‚kovariant‘ hat in der Physik mehrere Bedeutungen. Allgemein heißt eine Gleichung kovariant bezüglich einer Transformation, wenn die Form der Gleichungen ungeändert bleibt, nachdem alle Größen entsprechend transformiert wurden. In der SRT etwa bedeutet Kovarianz die Invarianz physikalischer

Formulierungen unter Lorentz-Transformationen. In diesem Sinne transformieren sich beide Arten von Vektoren kovariant.[4]

(2) Kontravarianter Vektor und kovarianter Vektor sind nicht zwei unterschiedliche Vektoren, wie die Bezeichnungen vielleicht nahelegen, sondern ein und derselbe Vektor a mit unterschiedlichen Komponenten. Zur Veranschaulichung dieses Sachverhalts betrachten wir als einfachstes Beispiel die Ebene. Bei einem schiefwinkligen Koordinatensystem (die beiden Achsen schließen einen Winkel $\neq 90°$ ein) gibt es zwei Möglichkeiten, die Komponenten eines Vektors a zu bestimmen. Man kann von der Spitze des Vektors Linien parallel oder senkrecht zu den Achsen fällen; die jeweiligen Schnittpunkte dieser Geraden mit den Achsen legen die kontravarianten oder kovarianten Vektorkomponenten fest. Beim vertrauten kartesischen Koordinatensystem fallen diese Linien zusammen; es gibt folglich nur eine einzige Möglichkeit, die Komponenten zu definieren.

Da die Bezeichnungen kontra- und kovariant häufig als sperrig empfunden werden (siehe Fußnote 4), werden sie in manchen Büchern und Texten durch andere Formulierungen ersetzt, zum Beispiel upstairs and downstairs vector oder a_{cov} und a^{con} oder Ähnliches.

Bemerkungen zur Schreibweise
Die beschriebene Art der Indizierung bietet große Vorteile; sie ist hervorragend auf die Fragestellungen der SRT abgestimmt, einfach, prägnant und elegant. Anfangs ist sie vielleicht noch etwas gewöhnungsbedürftig, deswegen noch einige Bemerkungen.

Zur Schreibweise ko- und kontravarianter Vierervektoren Oft genügt es nicht, einen Vektor einfach mit a zu bezeichnen, da nicht klar ist, ob damit die kontra- oder die kovariante Version gemeint ist. Es hat sich eingebürgert, a^μ für einen kontravarianten und a_μ für einen kovarianten Vektor zu schreiben. Das kann zu Verwirrung führen, da μ ein Index mit den Werten 0, 1, 2, 3 ist. Das bedeutet, dass nicht eindeutig klar ist, ob a^μ den Vektor selbst mit seinen 4 Komponenten bedeutet oder eben nur eine Komponente des Vektors (wie z. B. in (T.22) und (T.23) weiter unten). Im Allgemeinen legt jedoch der Zusammenhang die Bedeutung klar fest. Notfalls kann man zum Zweck größerer Klarheit anstatt a die Schreibweise a_{cov} und a^{con} verwenden.

---

[4] In ‚Quantum Field Theory for the Gifted Amateur' von T. Lancaster und S. J. Blundell heißt es auf Seite 4 (aus dem Englischen übersetzt): „Diese unglücklichen Begriffe [gemeint sind ko- und kontravariant] sind dem englischen Mathematiker J. J. Sylvester (1814–1897) zu verdanken. Beide Arten von Vektoren transformieren sich kovariant im Sinne von ‚richtig', und wir möchten diese Bedeutung des Wortes ‚kovariant' beibehalten, anstatt es einfach zu verwenden, um einen Objekttyp zu bezeichnen, der sich richtig transformiert. Daher werden wir normalerweise spezifizieren, ob die Indizes auf einem bestimmten Objekt ‚oben' (wie a^μ) oder ‚unten' (wie $\partial_\mu \varphi$) sind, und ihre Transformationseigenschaften können dann entsprechend abgeleitet werden."

Zur Schreibweise von Lorentz-Transformationen Wir haben es mit zwei Arten von Vektoren zu tun, ko- und kontravariante, die sich durch die Position des Indexes unterscheiden. Daher ist es sinnvoll, auch für Operatoren (Matrizen, Tensoren) obere und untere Indizes zu verwenden – die Operatoren selbst sollen direkt zeigen, auf welche Objekte sie wirken. Die übliche Notation für eine Matrix wie $\Lambda_{\mu\nu}$ würde diese Information nicht liefern. Daher schreiben wir $\Lambda^{\mu}{}_{\nu}$, um deutlich zu machen, dass diese Lorentz-Transformation auf einen kontravarianten Vektor und $\Lambda_{\mu}{}^{\nu}$ auf einen kovarianten Vektor wirkt. Da wir diese aus der Tensorrechnung stammende spezielle Art der Indizierung von Operatoren nur für diese beiden Begriffe und nur in diesem Zusammenhang verwenden, gehen wir nicht weiter darauf ein. Hier genügt, dass, wie gesagt, die Schreibweise schon klar macht, worauf die Terme wirken sollen: $\Lambda^{\mu}{}_{\nu}$ auf einen Vektor vom Typ a^{ν}, $\Lambda_{\mu}{}^{\nu}$ auf einen Vektor vom Typ a_{ν}.

Zur Schreibweise von Dreiervektoren Bei Dreiervektoren sind, wie gesagt, die ko- und kontravarianten Komponenten identisch, weswegen die Position der Indizes irrelevant ist. Wir haben also zum Beispiel $\mathbf{x} = (x_1, x_2, x_3) = \left(x^1, x^2, x^3\right)$. Diese Eigenschaft überträgt sich auch auf sozusagen 'vektorähnliche' Objekte wie die Pauli-Matrizen: $(\sigma_1, \sigma_2, \sigma_3) = \left(\sigma^1, \sigma^2, \sigma^3\right)$.

T.2.2 Metrischer Tensor, inneres Produkt von Vierervektoren, Einstein-Konvention

Metrischer Tensor
Wir betrachten jetzt die Beziehung zwischen den beiden Arten von Vierervektoren. Dazu schreiben wir (T.22) und (T.23) in der Form $\tilde{a}^{con} = \Lambda a^{con}$ und $\tilde{a}_{cov} = \Lambda^{-1}a_{cov}$. Unser Ansatz lautet $a_{cov} = Ga^{con}$, wobei G eine noch zu bestimmende 4×4-Matrix ist. Weil die Transformation nicht vom Bezugssystem abhängen soll, haben wir außerdem $\tilde{a}_{cov} = G\tilde{a}^{con}$. Mit diesen Gleichungen erhalten wir folgende Argumentationskette:

$$\Lambda^{-1}a_{cov} = \tilde{a}_{cov} = G\tilde{a}^{con} = G\Lambda a^{con} = G\Lambda G^{-1}Ga^{con} = G\Lambda G^{-1}a_{cov}$$
$$\text{(T.24)}$$

Mit anderen Worten: G muss die Gleichung $G\Lambda G^{-1} = \Lambda^{-1}$ bzw. $G\Lambda = \Lambda^{-1}G$ erfüllen. Wie sich zeigt (siehe die Aufgaben), lautet die einfachste Lösung

$$G = \left(g_{\mu\nu}\right) = \begin{pmatrix} 1 & 0 & 0 & 0 \\ 0 & -1 & 0 & 0 \\ 0 & 0 & -1 & 0 \\ 0 & 0 & 0 & -1 \end{pmatrix} \qquad \text{(T.25)}$$

Dieses Objekt (auch $\eta_{\mu\nu}$ geschrieben) wird *metrischer Tensor* genannt; es ist ein Herzstück der SRT. Offensichtlich ist der metrische Tensor symmetrisch.

Man beachte, dass die andere einfachste und äquivalente Lösung umgedrehte Vorzeichen hat, $g_{00} = -1$ und $g_{11} = g_{22} = g_{33} = 1$; diese Wahl wird in manchen Büchern getroffen. In diesem Zusammenhang verwendet man den Begriff *metrische Signatur*, die allgemein die Anzahl der positiven, negativen und verschwindenden Eigenwerte angibt. Für den metrischen Tensor der SRT wird sie oft angegeben in der Form $(+, -, -, -)$ oder $(-, +, +, +)$. Welchen der beiden Fälle man wählt, ist unerheblich; man muss sich eben der inneren Konsistenz zuliebe für eine der beiden Möglichkeiten entscheiden.

Für spätere Zwecke ist es nützlich, $g^{\mu\nu} = g_{\mu\nu}$ einzuführen. Mit (T.25) ist der Zusammenhang zwischen den beiden Typen von Vierervektoren gegeben durch

$$a_\mu = \sum_{\nu=0}^{3} g_{\mu\nu} a^\nu \tag{T.26}$$

oder explizit in Matrixform

$$\begin{pmatrix} a_0 \\ a_1 \\ a_2 \\ a_3 \end{pmatrix} = \begin{pmatrix} 1 & 0 & 0 & 0 \\ 0 & -1 & 0 & 0 \\ 0 & 0 & -1 & 0 \\ 0 & 0 & 0 & -1 \end{pmatrix} \begin{pmatrix} a^0 \\ a^1 \\ a^2 \\ a^3 \end{pmatrix} = \begin{pmatrix} a^0 \\ -a^1 \\ -a^2 \\ -a^3 \end{pmatrix} \tag{T.27}$$

beziehungsweise

$$a^{con} = \left(a^0, \mathbf{a} \right) \ , \ a_{cov} = \left(a^0, -\mathbf{a} \right) \tag{T.28}$$

Wir haben also einen einfachen Zusammenhang zwischen den beiden Vektoren.[5]

Inneres Produkt von Vierervektoren

Als Skalar sollte das innere Produkt $a \cdot b$ zweier Vierervektoren nicht vom Bezugssystem abhängen, sondern sollte invariant bezüglich Lorentz-Transformationen sein, $a \cdot b = \tilde{a} \cdot \tilde{b}$. Mit (T.22), also

$$\tilde{a}^0 = \gamma \left(a^0 - \beta a^1 \right) \ ; \ \tilde{a}^1 = \gamma \left(-\beta a^0 + a^1 \right) \ ; \ \tilde{a}^2 = a^2 \ ; \ \tilde{a}^3 = a^3 \tag{T.29}$$

---

[5] Gelegentlich ist eine gewisse Vorsicht beim Umgang mit Indizes geboten. Als Beispiel betrachten wir den Viererimpuls p mit $p^\mu = \left(p^0, \mathbf{p} \right)$ und $p_\mu = (p_0, -\mathbf{p})$. Ausgeschrieben haben wir $p^\mu = \left(p^0, p^1, p^2, p^3 \right)$ und $p_\mu = (p_0, p_1, p_2, p_3)$, also $p^0 = p_0$ und $p_1 = -p^1$ und so weiter. Nun betrachten wir den Dreierimpuls $\mathbf{p}$. Wenn wir ihn in Komponenten schreiben als $\mathbf{p} = \left(p^1, p^2, p^3 \right)$, folgt $\mathbf{p} = (p_1, p_2, p_3)$, da für einen Dreiervektor kontra- und kovariante Komponenten dieselben sind, wie oben gesagt. Dementsprechend hätten wir für den Vierervektor $p_1 = -p^1$ und für den Dreiervektor $p^1 = p_1$. Es muss also immer klar sein, ob es sich um einen Dreier- (lateinisch) oder Viererindex (griechisch) handelt. Man kann diese Uneindeutigkeit z. B. durch die Schreibweise $\mathbf{p} = \left(p_x, p_y. p_z \right)$ vermeiden.

folgt unmittelbar, dass die ‚vertraute Regel' nicht funktioniert, $\sum_{\mu=0}^{3} \tilde{a}^{\mu} \tilde{b}^{\mu} \neq \sum_{\mu=0}^{3} a^{\mu} b^{\mu}$, weil auf der linken Seite gemischte Terme auftreten wie $a^{0} b^{1}$, die aber nicht auf der rechten Seite auftreten und sich somit nicht wegheben. Deswegen machen wir den Ansatz

$$a \cdot b = p a^{0} b^{0} + q \mathbf{a} \cdot \mathbf{b} \tag{T.30}$$

mit zwei noch zu bestimmenden Konstanten p und q. Wir setzen (T.29) in die Gleichung

$$\tilde{a} \cdot \tilde{b} = p \tilde{a}^{0} \tilde{b}^{0} + q \tilde{\mathbf{a}} \cdot \tilde{\mathbf{b}} \overset{!}{=} a \cdot b = p a^{0} b^{0} + q \mathbf{a} \cdot \mathbf{b} \tag{T.31}$$

ein. Es folgt

$$a^{0} b^{0} \left[p \gamma^{2} + q \gamma^{2} \beta^{2} \right] + a^{0} b^{1} \left[-p \gamma^{2} \beta - q \gamma^{2} \beta \right] + a^{1} b^{0} \left[-p \gamma^{2} \beta - q \gamma^{2} \beta \right] +$$

$$a^{1} b^{1} \left[p \gamma^{2} \beta^{2} + q \gamma^{2} \right] + q a^{2} b^{2} + q a^{3} b^{3} \overset{!}{=} p a^{0} b^{0} + q a^{1} b^{1} + q a^{2} b^{2} + q a^{3} b^{3} \tag{T.32}$$

Wie oben erwähnt, müssen die gemischten Terme $a^{0} b^{1}$ und $a^{1} b^{0}$ verschwinden, was auf $q = -p$ führt. Wegen $\gamma^{2} \left(1 - \beta^{2} \right) = 1$ sind die Vorfaktoren von $a^{0} b^{0}$ (und von $a^{1} b^{1}$) auf beiden Seiten gleich. Um die Dinge möglichst einfach zu halten, wählen wir schließlich $p = 1 = -q$ und erhalten den Ausdruck[6]

$$a \cdot b = a^{0} b^{0} - \mathbf{a} \cdot \mathbf{b} \tag{T.33}$$

Der Vergleich mit Gl. (T.28) zeigt, dass wir unter Verwendung von kontra- und kovarianten Vektoren schreiben können

$$a^{0} b^{0} - \mathbf{a} \cdot \mathbf{b} = \sum_{\mu} a^{\mu} b_{\mu} = \sum_{\mu} a_{\mu} b^{\mu} \tag{T.34}$$

oder in Kurzform

$$a \cdot b = a^{con} b_{cov} = a_{cov} b^{con} \tag{T.35}$$

Innere Produkte beinhalten immer einen kontra- und einen kovarianten Vektor. Dabei spielt es für das Ergebnis keine Rolle, welcher der beiden Vektoren kontra- oder kovariant ist.

---

[6] In manchen Büchern wird $p = -1$ und $q = 1$ gewählt, also die andere metrische Signatur, was zum entgegengesetzten Vorzeichen für das innere Produkt führt.

Die Definition des inneren Produkts zweier Vierervektoren in der SRT unterscheidet sich also deutlich von der von Euklidischen Dreiervektoren. Insbesondere führt das zu einer anderen Definition der Länge eines Vierervektors, nämlich zu

$$a \cdot a = a^0 a^0 - \mathbf{a} \cdot \mathbf{a} = a^0 a^0 - \left(a^1 a^1 + a^2 a^2 + a^3 a^3 \right) \tag{T.36}$$

Man beachte, dass dieser Ausdruck nicht positiv definit ist.

Wir betonen noch einmal, dass das so definierte innere Produkt zweier Vierervektoren nicht vom Bezugssystem abhängt, d. h., es ist ein *Lorentz-Skalar*, also *invariant* unter Lorentz-Transformationen. Als Beispiel betrachten wir die Länge des Vierervektors $x = \left(x^0, x^1, x^2, x^3 \right) = \left(x^0, \mathbf{x} \right)$. Sie ist gegeben durch

$$\| x \|^2 = \left(x^0 \right)^2 - \mathbf{x} \cdot \mathbf{x} = \left(x^0 \right)^2 - \left[\left(x^1 \right)^2 + \left(x^2 \right)^2 + \left(x^3 \right)^2 \right] \tag{T.37}$$

Dieser Ausdruck ist eine Invariante (siehe Aufgaben) und wird als *Raumzeitintervall* bezeichnet. Vierervektoren x mit $\| x \|^2 > 0$ werden zeitartig genannt, mit $\| x \|^2 < 0$ raumartig, mit $\| x \|^2 = 0$ lichtartig.[7]

Einsteinsche Summenkonvention

Da Summationen über die vier Indizes $\mu = 0, 1, 2, 3$ wie in (T.26) in der SRT recht häufig vorkommen, benutzen wir die äußerst nützliche *Einsteinsche Summenkonvention*. Sie besagt, dass bei einem Produkt über zweimal auftretende Indizes summiert wird (vorausgesetzt, es handelt sich um einen oberen und einen unteren Index), ohne dass dabei ein Summenzeichen geschrieben wird. Mit dieser Vereinbarung lautet der Zusammenhang zwischen ko- und kontravarianten Vektoren (T.26)

$$a_\mu = g_{\mu\nu} a^\nu \tag{T.38}$$

und die inverse Transformation ist gegeben durch

$$a^\mu = g^{\mu\nu} a_\nu \tag{T.39}$$

mit $g_{\mu\nu} = g^{\mu\nu}$. Wir sehen, dass wir durch Anwenden des metrischen Tensors sozusagen einen Index ‚von unten nach oben bringen‘ können und natürlich auch umgekehrt von oben nach unten.[8]

---

[7] Das relativistische *Linienelement* ds ist gegeben durch $ds^2 = \left(dx^0 \right)^2 - (d\mathbf{x})^2$ und die *Eigenzeit* durch $d\tau = \frac{1}{c} ds$. Wir sehen, dass Linienelement und Eigenzeit aufgrund ihrer Definition Lorentz-invariante Größen sind.

[8] Das gilt auch für Tensoren, z. B. $g_{\mu\nu} \Lambda^\nu{}_\rho = \Lambda_{\mu\rho}$.

Mit der Summenkonvention schreibt sich das innere Produkt (T.33) als[9]

$$a \cdot b = g_{\mu\nu} a^\mu b^\nu = a_\nu b^\nu = a_\mu b^\mu \tag{T.40}$$

Schließlich können wir das Verhalten von ko- und kontravarianten Vektoren unter Lorentz-Transformationen (siehe (T.22) und (T.23)) schreiben als

$$\tilde{a}^\mu = \Lambda^\mu{}_\nu \, a^\nu \; ; \; \tilde{a}_\mu = \Lambda_\mu{}^\nu \, a_\nu \tag{T.41}$$

Spezielle Vierervektoren

Wie oben ausgeführt, transformiert sich ein Vierervektor in der SRT bei einer Lorentz-Transformation in besonderer Weise. Er hat vier Komponenten, und seine Länge bestimmt sich anders als bei einem Euklidischen Vektor. In der SRT gibt es eine ganze Reihe üblicher Vierervektoren, zum Beispiel den Ort, den Impuls oder das Potential.

Man könnte natürlich, jedenfalls im Prinzip, alle Probleme in der SRT ohne die Benutzung von Vierervektoren behandeln.[10] Aber sie sind ein sehr effektives Werkzeug, das das Leben sehr viel einfacher macht. Tatsächlich wären viele Probleme ohne die Verwendung von Vierervektoren nur äußerst umständlich, wenn überhaupt, zu behandeln. Einerseits sind Gleichungen zwischen Vierervektoren, die in einem bestimmten Inertialsystem gelten, automatisch in allen Systemen gültig. Andererseits ist das innere Produkt von Vierervektoren invariant und in allen Bezugssystemen gleich. Bei der Behandlung eines Problems kann man also das Bezugssystem wählen, in dem das Problem in seiner einfachsten Form erscheint. Darüber hinaus kann die Verwendung von Vierervektoren sozusagen nebenbei Erkenntnisse liefern; beispielsweise beinhaltet die Erhaltung des Viererimpulses die Erhaltung der Energie.

Hier einige Beispiel für Vierervektoren.

(1) Der Vierervektor des Ortes (Viererort) könnte als $x = (ct, \mathbf{x})$ oder $x = (x_0, \mathbf{x})$ geschrieben werden. Aber dann ist nicht klar, ob wir die kontra- oder die kovariante Version meinen. Üblicherweise schreibt man deswegen $x^\mu = (ct, \mathbf{x})$, obwohl das, wie oben angeführt, etwas missverständlich sein kann; der

---

[9] Wenn derselbe Index oben und unten auftaucht, wird er sozusagen durch die Summation ‚verbraucht' (ist also ein sogenannter Scheinindex); entsprechend kann er beliebig benannt werden: $a_\mu b^\mu = a_\nu b^\nu = a_\rho b^\rho$.

[10] Dasselbe gilt für kontra- und kovariante Vektoren. Aufgrund der Relationen (T.38) und (T.39) könnte man die SRT auch nur mit einer Indexart formulieren, z. B. nur mit kontravarianten Vektoren. Dies würde jedoch zu einem recht umständlichen Formalismus führen, ohne die Transparenz und Eleganz der etablierten Methode.

Zusammenhang muss festlegen, ob x^μ den gesamten Vierervektor oder eine seiner Komponenten bedeutet. Wir schreiben also

$$x^\mu = (x_0, \mathbf{x}) \tag{T.42}$$

und das innere Produkt, Raumzeitintervall genannt, ist gegeben als

$$x_\mu x^\mu = \left(x^0\right)^2 - \mathbf{x} \cdot \mathbf{x} \tag{T.43}$$

(2) Der Energie-Impuls-Vierervektor (Viererimpuls) ist gegeben als

$$p^\mu = \left(\frac{E}{c}, \mathbf{p}\right) \tag{T.44}$$

Das innere Produkt ist

$$p_\mu p^\mu = \frac{E^2}{c^2} - \mathbf{p}^2 = \frac{m^2 c^4 + c^2 \mathbf{p}^2}{c^2} - \mathbf{p}^2 - m^2 c^2 \tag{T.45}$$

wobei m die Ruhemasse ist. Beachten Sie, dass mc^2 eine Invariante ist. Für Objekte mit verschwindender Ruhemasse gilt $p_\mu p^\mu = 0$.

(3) Im Zusammenhang mit dem Viererimpuls kann man auch die Viererwellenzahl $k^\mu = p^\mu / \hbar$ definieren:

$$k^\mu = \left(\frac{E}{\hbar c}, \frac{\mathbf{p}}{\hbar}\right) = \left(\frac{\omega}{c}, \mathbf{k}\right) \tag{T.46}$$

Das innere Produkt der beiden Vierervektoren k und x ist

$$kx = k^\mu x_\mu = k_\mu x^\mu = k^0 x_0 - \mathbf{k}\mathbf{x} = \omega t - \mathbf{k}\mathbf{x} \tag{T.47}$$

und es folgt

$$e^{ikx} = e^{i(\omega t - \mathbf{k}\mathbf{x})} \tag{T.48}$$

(4) Der Vierervektor des Potentials (Viererpotential) lautet

$$A^\mu = \left(\frac{\Phi}{c}, \mathbf{A}\right) \tag{T.49}$$

(5) Der vierdimensionale Ableitungsoperator (Vierergradient) ist gegeben als

$$\partial_\mu = \frac{\partial}{\partial x^\mu} = \left(\frac{1}{c}\frac{\partial}{\partial t}, \mathbf{\nabla}\right) = (\partial_0, \mathbf{\nabla}) \tag{T.50}$$

und die kontravariante Form als

$$\partial^\mu = \frac{\partial}{\partial x_\mu} = \left(\frac{1}{c}\frac{\partial}{\partial t}, -\boldsymbol{\nabla}\right) = (\partial_0, -\boldsymbol{\nabla}) \tag{T.51}$$

Das innere Produkt (auch D'Alembert-Operator genannt) lautet

$$\partial^2 = \partial_\mu \partial^\mu = \frac{1}{c^2}\frac{\partial^2}{\partial t^2} - \boldsymbol{\nabla}^2 \tag{T.52}$$

Man beachte, dass man diesem Ausdruck keine Länge zuordnen kann, da ∂ ein Operator ist.

(6) Der Vierervektor des Stroms (Viererstromdichte) ist definiert als

$$j^\mu = (c\rho, \mathbf{j}) \tag{T.53}$$

wobei ρ und $\mathbf{j}$ die Ladungs- und Stromdichte sind. Mit j^μ lässt sich die Kontinuitätsgleichung $\frac{\partial \rho}{\partial t} + \boldsymbol{\nabla}\mathbf{j} = 0$ schreiben als

$$\partial_\mu j^\mu = 0 \tag{T.54}$$

(7) Die Summe zweier Vierervektoren ist ein Vierervektor. Als ein Beispiel notieren wir die Differenz von Viererimpuls und Viererpotential:

$$p^\mu - qA^\mu = \left(\frac{E}{c}, \mathbf{p}\right) - q\left(\frac{\Phi}{c}, \mathbf{A}\right) = \left(\frac{E - q\Phi}{c}, \mathbf{p} - q\mathbf{A}\right) \tag{T.55}$$

T.2.3   Aufgaben und Lösungen

1. Zeigen Sie: $\Lambda \cdot \Lambda^{-1} = 1$.
   Lösung:

$$\Lambda \cdot \Lambda^{-1} = \begin{pmatrix} \gamma & -\beta\gamma & 0 & 0 \\ -\beta\gamma & \gamma & 0 & 0 \\ 0 & 0 & 1 & 0 \\ 0 & 0 & 0 & 1 \end{pmatrix} \begin{pmatrix} \gamma & \beta\gamma & 0 & 0 \\ \beta\gamma & \gamma & 0 & 0 \\ 0 & 0 & 1 & 0 \\ 0 & 0 & 0 & 1 \end{pmatrix} = \begin{pmatrix} \gamma^2(1-\beta)^2 & 0 & 0 & 0 \\ 0 & \gamma^2(1-\beta)^2 & 0 & 0 \\ 0 & 0 & 1 & 0 \\ 0 & 0 & 0 & 1 \end{pmatrix}$$
$$\tag{T.56}$$

   Wegen $\gamma = \left(1 - \beta^2\right)^{-1/2}$ folgt $\Lambda \cdot \Lambda^{-1} = 1$.

2. Zeigen Sie

$$\sum_{\mu=0}^{3} \Lambda^\mu{}_\nu \Lambda_\mu{}^\rho = \sum_{\mu=0}^{3} \left(\frac{\partial \tilde{x}^\mu}{\partial x^\nu}\right)\left(\frac{\partial x^\rho}{\partial \tilde{x}^\mu}\right) = \delta_\nu^\rho \tag{T.57}$$

wobei δ_ν^ρ das Kronecker-Symbol der SRT ist:

$$\delta_\nu^\rho = \begin{cases} 1 \\ 0 \end{cases} \text{für} \begin{matrix} \nu = \rho \\ \nu \neq \rho \end{matrix} \tag{T.58}$$

Lösung: Das ist dieselbe Frage wie in Aufgabe 1, explizit ausgeschrieben.

3. Lösen Sie die Gleichung $G\Lambda = \Lambda^{-1}G$ und bestimmen Sie die zwei einfachsten Lösungen.

Lösung: $G\Lambda = \Lambda^{-1}G$ lautet ausgeschrieben

$$\begin{pmatrix} g_{00} & g_{01} & g_{02} & g_{03} \\ g_{10} & g_{11} & g_{12} & g_{13} \\ g_{20} & g_{21} & g_{22} & g_{23} \\ g_{30} & g_{31} & g_{32} & g_{33} \end{pmatrix} \begin{pmatrix} \gamma & -\beta\gamma & 0 & 0 \\ -\beta\gamma & \gamma & 0 & 0 \\ 0 & 0 & 1 & 0 \\ 0 & 0 & 0 & 1 \end{pmatrix} = \begin{pmatrix} \gamma & \beta\gamma & 0 & 0 \\ \beta\gamma & \gamma & 0 & 0 \\ 0 & 0 & 1 & 0 \\ 0 & 0 & 0 & 1 \end{pmatrix} \begin{pmatrix} g_{00} & g_{01} & g_{02} & g_{03} \\ g_{10} & g_{11} & g_{12} & g_{13} \\ g_{20} & g_{21} & g_{22} & g_{23} \\ g_{30} & g_{31} & g_{32} & g_{33} \end{pmatrix}$$
$$\tag{T.59}$$

Aufgrund der Blockstruktur von Λ ist es vorteilhaft, die folgenden Matrizen zu definieren:

$$A = \begin{pmatrix} g_{00} & g_{01} \\ g_{10} & g_{11} \end{pmatrix}, B = \begin{pmatrix} g_{02} & g_{03} \\ g_{12} & g_{13} \end{pmatrix}, C = \begin{pmatrix} g_{20} & g_{21} \\ g_{30} & g_{31} \end{pmatrix}, D = \begin{pmatrix} g_{22} & g_{23} \\ g_{32} & g_{33} \end{pmatrix} \tag{T.60}$$

sowie

$$S(\beta) = \gamma \begin{pmatrix} 1 & \beta \\ \beta & 1 \end{pmatrix} \tag{T.61}$$

Dann lautet Gl. (T.59)

$$\begin{pmatrix} A & B \\ C & D \end{pmatrix} \begin{pmatrix} S(-\beta) & 0 \\ 0 & 1 \end{pmatrix} = \begin{pmatrix} S(\beta) & 0 \\ 0 & 1 \end{pmatrix} \begin{pmatrix} A & B \\ C & D \end{pmatrix} \tag{T.62}$$

Wir multiplizieren die Matrizen und erhalten

$$\begin{pmatrix} AS(-\beta) & B \\ CS(-\beta) & D \end{pmatrix} = \begin{pmatrix} S(\beta)A & S(\beta)B \\ C & D \end{pmatrix} \tag{T.63}$$

Man sieht unmittelbar, dass die Blockmatrix D unbestimmt bleibt. Für B haben wir

$$B = S(\beta)B \to \begin{pmatrix} g_{02} & g_{03} \\ g_{12} & g_{13} \end{pmatrix} = \gamma \begin{pmatrix} 1 & \beta \\ \beta & 1 \end{pmatrix} \begin{pmatrix} g_{02} & g_{03} \\ g_{12} & g_{13} \end{pmatrix}$$

$$= \gamma \begin{pmatrix} g_{02} + \beta g_{12} & g_{03} + \beta g_{13} \\ \beta g_{02} + g_{12} & \beta g_{03} + g_{13} \end{pmatrix} \tag{T.64}$$

was auf $g_{02} = g_{03} = g_{12} = g_{13} = 0$ oder $B = 0$ führt. Entsprechend gilt $C = 0$.

Die verbliebene Gleichung $AS(-\beta) = S(\beta) A$ lautet ausgeschrieben

$$\begin{pmatrix} g_{00} & g_{01} \\ g_{10} & g_{11} \end{pmatrix} \begin{pmatrix} 1 & -\beta \\ -\beta & 1 \end{pmatrix} = \begin{pmatrix} 1 & \beta \\ \beta & 1 \end{pmatrix} \begin{pmatrix} g_{00} & g_{01} \\ g_{10} & g_{11} \end{pmatrix} \tag{T.65}$$

oder

$$\begin{pmatrix} g_{00} - \beta g_{01} & -\beta g_{00} + g_{01} \\ g_{10} - \beta g_{22} & -\beta g_{10} + g_{11} \end{pmatrix} = \begin{pmatrix} g_{00} + \beta g_{10} & g_{01} + \beta g_{11} \\ \beta g_{00} + g_{10} & \beta g_{01} + g_{11} \end{pmatrix} \tag{T.66}$$

Diese Gleichung ist offensichtlich erfüllt für $g_{11} = -g_{00}$ und $g_{10} = -g_{01}$. Das Ergebnis lautet also

$$G = \begin{pmatrix} g_{00} & g_{01} & 0 & 0 \\ -g_{01} & -g_{00} & 0 & 0 \\ 0 & 0 & g_{22} & g_{23} \\ 0 & 0 & g_{32} & g_{33} \end{pmatrix} \tag{T.67}$$

Wir können alle Elemente frei wählen. Als Erstes setzen wir die Außerdiagonalelemente gleich null. Um die Raumkoordinaten gleichberechtigt zu behandeln, setzen wir $g_{22} = g_{33} = -g_{00}$. Schließlich wählen wir als einfachsten Fall $g_{00} = 1$ und erhalten

$$G = (g_{\mu\nu}) = \begin{pmatrix} 1 & 0 & 0 & 0 \\ 0 & -1 & 0 & 0 \\ 0 & 0 & -1 & 0 \\ 0 & 0 & 0 & -1 \end{pmatrix} \tag{T.68}$$

Die andere einfachste Lösung erhalten wir durch die Wahl $g_{00} = -1$ und $g_{11} = g_{22} = g_{33} = 1$.

4. Zeigen Sie explizit, dass $\|x\|^2$ ein Lorentz-Skalar ist.

Lösung: Wir haben

$$\tilde{x}^0 = \gamma \left(x^0 - \beta x^1 \right) \; ; \; \tilde{x}^1 = \gamma \left(-\beta x^0 + x^1 \right) \; ; \; \tilde{x}^2 = x^2 \; ; \; \tilde{x}^3 = x^3 \tag{T.69}$$

Es folgt

$$\|\tilde{x}\|^2 = \left(\tilde{x}^0 \right)^2 - \left(\tilde{x}^1 \right)^2 - \left(\tilde{x}^2 \right)^2 - \left(\tilde{x}^3 \right)^2 =$$
$$= \gamma^2 \left(x^0 - \beta x^1 \right)^2 - \gamma^2 \left(-\beta x^0 + x^1 \right)^2 - \left(x^2 \right)^2 - \left(x^3 \right)^2 = \tag{T.70}$$
$$= \gamma^2 \left(1 - \beta^2 \right) \left(\left(x^0 \right)^2 - \left(x^1 \right)^2 \right) - \left(x^2 \right)^2 - \left(x^3 \right)^2 = \|x\|^2$$

wegen $\gamma^2 \left(1 - \beta^2 \right) = 1$.

5. Wir haben $a_{cov} = Ga^{con}$ mit G gegeben in (T.25). Zeigen Sie, dass auch $a^{con} = Ga_{cov}$ gilt.

Lösung: Offensichtlich ist $G^{-1} = G$. Das heißt, aus $a_{cov} = Ga^{con}$ folgt $a^{con} = G^{-1}a_{cov} = Ga_{cov}$.

6. Überprüfen Sie die Gleichung $g^{\nu\rho}g_{\mu\nu} = \delta_\mu^\rho$ (Summenkonvention). Gilt auch $g_{\mu\nu}g^{\nu\rho} = \delta_\mu^\rho$, wobei das Kronecker-Symbol der SRT δ_μ^ρ in Aufgabe 2 definiert ist?

Lösung: Der Term $g^{\nu\rho}g_{\mu\nu}$ ist offensichtlich nur eine andere Schreibweise für GG^{-1}, und dieses Produkt ist die Einheitsmatrix. Wegen $g^{\mu\nu} = g_{\mu\nu}$ gilt dasselbe auch für $g_{\mu\nu}g^{\nu\rho}$.

7. Zeigen Sie, dass man schreiben kann

$$a \cdot b = g^{\mu\nu}a_\mu b_\nu = a^\mu b_\mu \tag{T.71}$$

Lösung: Es gilt[11]

$$a^\mu b_\mu = g^{\mu\nu}a_\mu b_\nu = a_\mu g^{\mu\nu}b_\nu = a_\mu b^\mu \tag{T.72}$$

8. Zeigen Sie, dass gilt $\partial_\mu x^\mu = 4$.

Lösung:

$$\partial_\mu x^\mu = 4 \quad \text{wegen} \quad \partial_\mu x^\nu = \delta_\mu^\nu \tag{T.73}$$

9. Die Viererstromdichte ist gegeben durch

$$j = (\rho c, \mathbf{j}) \tag{T.74}$$

Stellen Sie $\partial_\mu j^\mu$ mithilfe von ρ und $\mathbf{j}$ dar.

Lösung:

$$\partial_\mu j^\mu = \partial_0 j^0 + \partial_k j^k = \partial_t \rho + \nabla \mathbf{j} = \dot\rho + \text{div}\mathbf{j} \tag{T.75}$$

10. Fassen Sie E und $\mathbf{p}$ als die Operatoren $i\hbar\partial_t$ und $\frac{\hbar}{i}\nabla$ auf und zeigen Sie, dass gilt

$$p^\mu = i\hbar\partial^\mu \quad (\text{und natürlich auch } p_\mu = i\hbar\partial_\mu) \tag{T.76}$$

---

[11] Man beachte, dass alle Größen Skalare sind und somit in beliebiger Reihenfolge geschrieben werden können.

Lösung:

$$p^\mu = \left(p^0, p^k\right) = \left(\frac{E}{c}, \mathbf{p}\right) = \left(\frac{1}{c}i\hbar\partial_t, \frac{\hbar}{i}\mathbf{\nabla}\right)$$
$$= i\hbar\left(\frac{1}{c}\partial_t, -\mathbf{\nabla}\right) = i\hbar\left(\partial^0, -\partial^k\right) = i\hbar\partial^\mu \tag{T.77}$$

11. Der Vierervektor der Geschwindigkeit ist gegeben durch

$$v = \frac{dx}{d\tau} = \frac{dx}{dt}\frac{dt}{d\tau} = \gamma(c, \mathbf{v}) \tag{T.78}$$

wobei τ die Eigenzeit ist. Bestimmen Sie $v_\mu v^\mu$.
    Lösung[12]:

$$v_\mu v^\mu = \gamma^2\left(c^2 - \mathbf{v}^2\right) = \frac{1}{1 - \left(\frac{\mathbf{v}}{c}\right)^2}c^2\left(1 - \left(\frac{\mathbf{v}}{c}\right)^2\right) = c^2 \tag{T.79}$$

T.3   Klassische Feldtheorie und kanonische Quantisierung

Für die Quantisierung klassischer Systeme möchte man gerne ein allgemein gültiges Verfahren verwenden, das nicht auf das betrachtete spezielle System zugeschnitten sein muss. Dieses universelle Verfahren ist der Lagrange-Hamilton-Formalismus.

    Nach einer Kurzdarstellung des Formalismus für Teilchen wiederholen wir die Grundlagen der klassischen Feldtheorie. Der Schwerpunkt liegt auf der Darstellung der wichtigsten Ergebnisse, nicht auf ihrer Herleitung.

T.3.1   Teilchen

Eine Koordinate q

Wir betrachten die eindimensionale Bewegung eines Teilchens, dessen (verallgemeinerte) Koordinate q von der Zeit abhängt, $q = q(t)$. Mit L bezeichnen wir eine bestimmte Funktion, *Lagrange-Funktion* genannt, die von q und der Zeitableitung $\dot{q}$ abhängt, also $L = L(q, \dot{q})$. Die *Wirkung S* ist definiert als das Integral von L über die Zeit, $S = \int_{t_1}^{t_2} L(q, \dot{q})\, dt$. Das *Prinzip der kleinsten Wirkung* sagt aus, dass ein Teilchen sich immer so bewegt, dass die Variation der Wirkung verschwindet,[13]

---

[12] Zur Erinnerung: $\gamma = \left(1 - \beta^2\right)^{-1/2}$ und $\beta = v/c$.

[13] Man kann sich vorstellen, dass für diesen Orbit die Differenz zwischen kinetischer und potentieller Energie $T - V$ minimal wird, wenn über die gesamte Bewegung gemittelt wird.

$\delta S = \delta \int_{t_1}^{t_2} L\,(q, \dot q)\, dt = 0$. Dementsprechend ist der Orbit des Teilchens zwischen (q_1, t_1) und (q_2, t_2) derjenige, für den die Wirkung stationär ist. Das Ausführen der Variation führt auf die *Euler-Lagrange-Gleichungen* (siehe die Aufgaben)

$$\frac{\partial L}{\partial q} - \frac{d}{dt}\frac{\partial L}{\partial \dot q} = 0 \qquad (\text{T.80})$$

Der *konjugierte Impuls* p ist definiert als

$$p = \frac{\partial L}{\partial \dot q} \qquad (\text{T.81})$$

Die *Hamilton-Funktion* H ist eine Funktion von q und p und ist gegeben durch[14]

$$H(p, q) = p\dot q - L\,(q, \dot q) \qquad (\text{T.82})$$

Die Bewegungsgleichungen, bekannt als *kanonische Gleichungen* oder *Hamilton-Gleichungen* lauten

$$\dot q = \{H, q\}_{PB} = \frac{\partial H}{\partial p} \;\; ; \;\; \dot p = \{H, p\}_{PB} = -\frac{\partial H}{\partial q} \qquad (\text{T.83})$$

wobei die *Poisson-Klammer* definiert ist als[15]

$$\{A, B\}_{PB} = \frac{\partial A}{\partial q}\frac{\partial B}{\partial p} - \frac{\partial A}{\partial p}\frac{\partial B}{\partial q} \qquad (\text{T.84})$$

Mehrere Koordinaten q_k

Wenn L eine Funktion mehrerer Koordinaten q_k, $k = 1, 2, \cdots$ ist, also $L = L\,(q_1, q_2, \ldots, \dot q_1, \dot q_2, \ldots)$, haben wir

$$\frac{\partial L}{\partial q_k} - \frac{d}{dt}\frac{\partial L}{\partial \dot q_k} = 0 \;\; ; \;\; k = 1, 2, \cdots \qquad (\text{T.85})$$

und entsprechend

$$p_k = \frac{\partial L}{\partial \dot q_k} \;\; ; \;\; H = \sum_k p_k \dot q_k - L \qquad (\text{T.86})$$

---

[14] Oft sind L bzw. H durch die Differenz bzw. Summe der kinetischen und potentiellen Energie gegeben, also $L = T - V$. bzw. $H = T + V$.

[15] Der Index PB stammt vom englischen ‚Poisson bracket'.

Die Bewegungsgleichungen lauten

$$\dot{q}_k = \frac{\partial H}{\partial p_k} \; ; \; \dot{p}_k = -\frac{\partial H}{\partial q_k} \tag{T.87}$$

und die Poisson-Klammer ist gegeben durch

$$\{A, B\}_{PB} = \sum_k \frac{\partial A}{\partial q_k}\frac{\partial B}{\partial p_k} - \frac{\partial A}{\partial p_k}\frac{\partial B}{\partial q_k} \tag{T.88}$$

Insbesondere haben wir

$$\{q_i, p_j\}_{PB} = \sum_k \frac{\partial q_i}{\partial q_k}\frac{\partial p_j}{\partial p_k} - \frac{\partial q_i}{\partial p_k}\frac{\partial p_j}{\partial q_k} = \sum_k \delta_{ik}\delta_{jk} - 0 = \delta_{ij} \tag{T.89}$$

und

$$\{q_i, q_j\}_{PB} = \{p_i, p_j\}_{PB} = 0 \tag{T.90}$$

Diese Gleichungen sind der Startpunkt für die kanonische Quantisierung, siehe weiter unten.

T.3.2 Felder

Lagrange-Dichte, Euler-Lagrange-Gleichungen

Der bisher entwickelte Formalismus wird für Teilchen verwendet. Wir erweitern ihn nun auf Felder. Für diese Lagrange-Feldtheorie betrachten wir drei Raumdimensionen $\mathbf{x} = (x, y, z)$ oder die Raumzeit (t, x, y, z). Der Grundbegriff ist die *Lagrange-Dichte* $\mathcal{L}$, die für ein Feld $\varphi(t, x, y, z)$ geschrieben wird als

$$\mathcal{L} = \mathcal{L}\left(\varphi, \frac{\partial\varphi}{\partial t}, \frac{\partial\varphi}{\partial x}, \frac{\partial\varphi}{\partial y}, \frac{\partial\varphi}{\partial z}\right) = \mathcal{L}\left(\varphi, \frac{\partial\varphi}{\partial t}, \nabla\varphi\right) = \mathcal{L}\left(\varphi, \partial_\mu\varphi\right) \tag{T.91}$$

Man beachte, dass der letzte Ausdruck bedeutet, dass $\mathcal{L}$ im Prinzip eine Funktion aller Ableitungen ist, $\mu = 0, 1, 2, 3$. Wir gehen davon aus, dass $\mathcal{L}$ nur eine Funktion des Feldes und seiner ersten Ableitungen ist und nicht explizit von den Raumzeitkoordinaten abhängt. Mit anderen Worten, wir betrachten nur geschlossene Systeme, die keine Energie und keinen Impuls mit der Umgebung austauschen.

Lagrange-Funktion L und Lagrange-Dichte $\mathcal{L}$ hängen zusammen über

$$L(t) = \int d^3x \, \mathcal{L}\left(\varphi, \partial_\mu\varphi\right) \tag{T.92}$$

wobei $\int d^3x$ die Integration über die Raumkoordinaten bedeutet. Die Wirkung S ist gegeben durch

$$S = \int dt\, L = \int dt\, d^3x\, \mathcal{L} = \int d^4x\, \mathcal{L} \tag{T.93}$$

und ihre Variation δS durch

$$\delta S = \int d^4x \left[\frac{\partial \mathcal{L}}{\partial \varphi} \delta\varphi + \frac{\partial \mathcal{L}}{\partial \left(\partial_\mu \varphi \right)} \delta \left(\partial_\mu \varphi \right) \right] \tag{T.94}$$

wobei wir im zweiten Ausdruck die Summenkonvention benutzen (also Summation über μ). Mit

$$\frac{\partial \mathcal{L}}{\partial \left(\partial_\mu \varphi \right)} \delta \left(\partial_\mu \varphi \right) = \frac{\partial \mathcal{L}}{\partial \left(\partial_\mu \varphi \right)} \partial_\mu \left(\delta\varphi \right) = \partial_\mu \left\{ \frac{\partial \mathcal{L}}{\partial \left(\partial_\mu \varphi \right)} \left(\delta\varphi \right) \right\} - \left(\partial_\mu \frac{\partial \mathcal{L}}{\partial \left(\partial_\mu \varphi \right)} \right) \left(\delta\varphi \right)$$
$$\tag{T.95}$$

kommen wir auf

$$\delta S = \int d^4x \left[\left\{ \frac{\partial \mathcal{L}}{\partial \varphi} \quad \left(\partial_\mu \frac{\partial \mathcal{L}}{\partial \left(\partial_\mu \varphi \right)} \right) \right\} \delta\varphi + \partial_\mu \left\{ \frac{\partial \mathcal{L}}{\partial \left(\partial_\mu \varphi \right)} \left(\delta\varphi \right) \right\} \right] \tag{T.96}$$

Mithilfe des Divergenztheorems[16] kann der letzte Term geschrieben werden als Oberflächenintegral

$$\int d^4x\, \partial_\mu \left\{ \frac{\partial \mathcal{L}}{\partial \left(\partial_\mu \varphi \right)} \left(\delta\varphi \right) \right\} = \int_\Gamma d\sigma_\mu\, \frac{\partial \mathcal{L}}{\partial \left(\partial_\mu \varphi \right)} \left(\delta\varphi \right) \tag{T.97}$$

wobei Γ die Oberfläche des (vierdimensionalen) Integrationsvolumens und $d\sigma_\mu$ die μ-Komponente des Oberflächenelements ist. Unter der Annahme, dass $\frac{\partial \mathcal{L}}{\partial (\partial_\mu \varphi)}$ im Unendlichen genügend schnell gegen null geht, verschwindet das Oberflächenintegral. Mit der Forderung $\delta S = 0$ für beliebige Variationen $\delta\varphi$ erhalten wir schließlich die (verallgemeinerten) *Euler-Lagrange-Gleichungen*

$$\frac{\partial \mathcal{L}}{\partial \varphi} - \partial_\mu \frac{\partial \mathcal{L}}{\partial \left(\partial_\mu \varphi \right)} = 0 \tag{T.98}$$

Auch hier verwenden wir die Summenkonvention.

Gl. (T.98) lässt sich kompakter schreiben, wenn man die Variationsableitung (oder Funktionalableitung) verwendet.[17] Für eine Funktion, die wie in unserem Fall von einem Feld φ und seiner Ableitung $\partial_\mu \varphi$ abhängt, ist die Variationsableitung definiert als

---

[16] Siehe Anhang D.2 (1).

[17] Man kann in gewisser Weise diese Art der Ableitung als Verallgemeinerung der Richtungsableitung auffassen, sozusagen als eine Ableitung ‚in Richtung einer Funktion'.

$$\frac{\delta}{\delta\varphi} = \frac{\partial}{\partial\varphi} - \partial_\mu \frac{\partial}{\partial\left(\partial_\mu\varphi\right)} \tag{T.99}$$

Man beachte das Minuszeichen auf der rechten Seite und den Unterschied zwischen δ und dem ∂ der partiellen Ableitung.[18] Mit dieser Notation kann Gl. (T.98) geschrieben werden als $\frac{\delta\mathcal{L}}{\delta\varphi} = 0$.

Hamilton-Dichte

Mit der Abkürzung $\dot\varphi = \frac{\partial\varphi}{\partial t}$ lässt sich die *kanonisch konjugierte Impulsdichte* definieren als

$$\pi = \frac{\delta L}{\delta\dot\varphi} = \frac{\partial\mathcal{L}}{\partial\dot\varphi} \tag{T.100}$$

und die *Hamilton-Dichte* ist gegeben durch

$$\mathcal{H}\left(\pi,\varphi\right) = \pi\dot\varphi - \mathcal{L} \tag{T.101}$$

Die Hamilton-Funktion ist gegeben durch

$$H(t) = \int d^3x\, \mathcal{H}\left(\pi,\varphi\right) \tag{T.102}$$

Die Bewegungsgleichungen lauten

$$\dot\varphi = \frac{\delta\mathcal{H}}{\delta\pi} \;\; ; \;\; \dot\pi = -\frac{\delta\mathcal{H}}{\delta\varphi} \tag{T.103}$$

Das führt auf

$$\dot\varphi = \frac{\partial\mathcal{H}}{\partial\pi} - \partial_\mu \frac{\partial\mathcal{H}}{\partial\left(\partial_\mu\pi\right)} \;\; ; \;\; \dot\pi = -\frac{\partial\mathcal{H}}{\partial\varphi} + \partial_\mu \frac{\partial\mathcal{H}}{\partial\left(\partial_\mu\varphi\right)} \tag{T.104}$$

Poisson-Klammern

In der Feldtheorie ist die Herleitung der Poisson-Klammern für die Felder etwas umständlich und nicht so einfach wie für den diskreten Fall. Wir notieren nur das Ergebnis:

$$\begin{aligned}
\left\{\varphi\left(t,\mathbf{x}\right), \pi\left(t,\mathbf{x}'\right)\right\}_{PB} &= \delta^{(3)}\left(\mathbf{x}-\mathbf{x}'\right) \\
\left\{\varphi\left(t,\mathbf{x}\right), \varphi\left(t,\mathbf{x}'\right)\right\}_{PB} &= 0 \\
\left\{\pi\left(t,\mathbf{x}\right), \pi\left(t,\mathbf{x}'\right)\right\}_{PB} &= 0
\end{aligned} \tag{T.105}$$

---

[18] Obwohl bei der Variation δS, bei der Variationsableitung $\frac{\delta}{\delta\varphi}$ und der Deltafunktion $\delta\left(x\right)$ dasselbe Symbol δ verwendet wird, ist eine Verwechslung eher unwahrscheinlich.

Dabei ist die Poisson-Klammer selbst definiert als

$$\{A, B\}_{PB} = \int d^3x \sum_i \left(\frac{\delta A}{\delta \phi_i} \frac{\delta B}{\delta \pi_i} - \frac{\delta B}{\delta \phi_i} \frac{\delta A}{\delta \pi_i} \right) \tag{T.106}$$

Mehrere Felder

Wenn $\mathcal{L}$ eine Funktion mehrerer Felder $\varphi_r, r = 1, 2, \ldots$, ist, gelten alle Gleichungen separat für jedes Feld. Wir fassen kurz zusammen:

$$\frac{\partial \mathcal{L}}{\partial \varphi_r} - \partial_\mu \frac{\partial \mathcal{L}}{\partial \left(\partial_\mu \varphi_r \right)} = 0 \tag{T.107}$$

$$\pi_r = \frac{\partial \mathcal{L}}{\partial \dot{\varphi}_r} \quad \text{und} \quad \mathcal{H} = \sum_r \pi_r \dot{\varphi}_r - \mathcal{L} \tag{T.108}$$

Die Bewegungsgleichungen lauten

$$\dot{\varphi}_r = \frac{\partial \mathcal{H}}{\partial \pi_r} - \partial_\mu \frac{\partial \mathcal{H}}{\partial \left(\partial_\mu \pi_r \right)} \ ; \ \dot{\pi}_r = -\frac{\partial \mathcal{H}}{\partial \varphi_r} - \partial_\mu \frac{\partial \mathcal{H}}{\partial \left(\partial_\mu \varphi_r \right)} \tag{T.109}$$

und die Poisson-Klammern sind gegeben als

$$\begin{aligned} \left\{ \varphi_r\left(t, \mathbf{x}\right), \pi_s\left(t, \mathbf{x}'\right) \right\}_{PB} &= \delta^3\left(\mathbf{x} - \mathbf{x}'\right) \delta_{rs} \\ \left\{ \varphi_r\left(t, \mathbf{x}\right), \varphi_s\left(t, \mathbf{x}'\right) \right\}_{PB} &= 0 \\ \left\{ \pi_r\left(t, \mathbf{x}\right), \pi_s\left(t, \mathbf{x}'\right) \right\}_{PB} &= 0 \end{aligned} \tag{T.110}$$

T.3.3 Kanonische Quantisierung

Wir betrachten zunächst ein System von Teilchen. Die Lagrange-Funktion enthält die vollständige Information über das System. Sie ermöglicht uns, die Bewegungs-gleichungen, den konjugierten Impuls und die Hamilton-Funktion abzuleiten.[19] Hinzu kommt ein weiterer Vorteil: Die Kenntnis der klassischen (im Sinne von nichtquantenmechanischen) Lagrange-Funktion bietet die Möglichkeit, das klassische System zu quantisieren.

---

[19] Wir weisen darauf hin, dass der Informationsgehalt der Lagrange-Funktion, der Hamilton-Funktion und der Bewegungsgleichungen äquivalent ist.

Wir skizzieren zunächst die wesentlichen Schritte für eine Lagrange-Funktion L. Die konjugierten Impulse p_k und die Hamilton-Funktion H sind gegeben durch

$$p_k = \frac{\partial L}{\partial \dot{q}_k} \; : \; H = \sum_{k=1}^{N} p_k \dot{q}_k - L \; ; \; k = 1, \ldots N \qquad \text{(T.111)}$$

Die Poisson-Klammern für q_i und p_j sind gegeben durch

$$\{q_i, p_j\}_{PB} = \delta_{ij} \; ; \; \{q_i, q_j\}_{PB} = \{p_i, p_j\}_{PB} = 0 \qquad \text{(T.112)}$$

Diese Gleichungen sind der Schlüssel zu Quantisierung. Die Methode geht so: Wir ersetzen

1. die Variablen q_i, p_j durch Operatoren $\hat{q}_i$, $\hat{p}_j$;
2. die Poisson-Klammer $\{, \}$ durch einen Kommutator $[,]$,
3. das Kronecker-Symbol δ_{ij} durch $i\hbar\delta_{ij}$.

Das bekannte Ergebnis lautet

$$[\hat{q}_i, \hat{p}_j] = i\hbar\delta_{ij} \; ; \; [\hat{q}_i, \hat{q}_j] = [\hat{p}_i, \hat{p}_j] = 0 \qquad \text{(T.113)}$$

Dieser Vorgang in drei Schritten heißt *kanonische Quantisierung*.

Wir übernehmen dieses Verfahren für Felder. Von der Lagrange-Dichte $\mathcal{L}$ können wir die Felder der konjugierten Impulsdichte und die Hamilton-Dichte $\mathcal{H}$ ableiten als

$$\pi_r = \frac{\partial \mathcal{L}}{\partial (\partial_0 \varphi_r)} \; r = 1, \ldots N \; ; \; \mathcal{H} = \sum_{r=1}^{N} \pi_r (\partial_0 \varphi_r) - \mathcal{L} \qquad \text{(T.114)}$$

Wir führen Poisson-Klammern ein; für $\varphi_r(t, \mathbf{x})$ und $\pi_s(t, \mathbf{x}')$ lauten sie

$$\{\varphi_r(t, \mathbf{x}), \pi_s(t, \mathbf{x}')\}_{PB} = \delta^3(\mathbf{x} - \mathbf{x}')\delta_{rs}$$
$$\{\varphi_r(t, \mathbf{x}), \varphi_s(t, \mathbf{x}')\}_{PB} = 0 \qquad \text{(T.115)}$$
$$\{\pi_r(t, \mathbf{x}), \pi_s(t, \mathbf{x}')\}_{PB} = 0$$

Nun führen wir wieder die kanonische Quantisierung mittels der oben angeführten drei Schritte durch und gelangen zu

$$[\hat{\varphi}_r(t, \mathbf{x}), \hat{\pi}_s(t, \mathbf{x}')] = i\hbar\delta^3(\mathbf{x} - \mathbf{x}')\delta_{rs}$$
$$[\hat{\varphi}_r(t, \mathbf{x}), \hat{\varphi}_s(t, \mathbf{x}')] = 0 \; ; \; [\hat{\pi}_r(t, \mathbf{x}), \hat{\pi}_s(t, \mathbf{x}')] = 0 \qquad \text{(T.116)}$$

Die hier eingeführten Operatoren $\hat{\varphi}_r\,(t,\mathbf{x})$ und $\hat{\pi}_s\,(t,\mathbf{x})$ heißen *Feldoperatoren*[20]; sie ersetzen die Feldvariablen $\varphi_r\,(t,\mathbf{x})$ und $\pi_s\,(t,\mathbf{x})$.

Man kann natürlich fragen, ob der Schritt von der Poisson-Klammer zum Kommutator logisch zwingend ist. Die Antwort ist ‚nein'. Aber der Schritt ist in gewisser Weise sehr plausibel, und vor allem funktioniert die Methode, d. h., die resultierenden Gleichungen führen zu Ergebnissen, die sehr gut mit dem Experiment übereinstimmen. Bei einem gegebenen physikalischen System ist L bzw. $\mathcal{L}$ der zentrale Ausdruck, von dem auf diese Weise ‚alles' abgeleitet werden kann.

Es gibt jedoch eine wichtige Einschränkung der Methode, da sie die Kenntnis der klassischen Lagrange-Funktion erfordert. Mit anderen Worten: Gibt es keine makroskopische Lagrange-Funktion, kann die kanonische Quantisierung nicht ohne Weiteres angewendet werden; es braucht dann weitere Annahmen. Natürlich gibt es einige Richtlinien beim Zuschneiden von L, ganz abgesehen von allgemeinen Prinzipien wie Symmetrien und so weiter. Tatsächlich ist es eher eine Frage der Erfahrung bzw. von Trial und Error, den richtigen Ausdruck zu finden. Letztlich muss, wie gesagt, die genaue Form von L experimentell bestätigt werden.

T.3.4 Einige Lagrange-Dichten

Wir führen hier beispielhaft ohne weitere Erklärungen einige Lagrange-Dichten auf; sie sollen illustrieren, dass man den Formalismus in den verschiedensten Gebieten einsetzen kann.

- **Schwingende Saite**

$$\mathcal{L} = \frac{1}{2}\left[\mu\left(\frac{\partial\varphi}{\partial t}\right)^2 - E\left(\frac{\partial\varphi}{\partial x}\right)^2\right] \tag{T.117}$$

- **Newton**

$$\mathcal{L} = -\rho\,(t,\mathbf{x})\,\varphi\,(t,\mathbf{x}) - \frac{1}{8\pi G}\,(\nabla\varphi\,(t,\mathbf{x}))^2 \tag{T.118}$$

wobei G die Gravitationskonstante ist.

- **Klein-Gordon**

$$\mathcal{L} = \frac{1}{2}\left(\frac{\partial\varphi}{\partial x^\mu}\frac{\partial\varphi}{\partial x_\mu} - m^2\varphi^2\right) \tag{T.119}$$

---

[20] Der Übersichtlichkeit halber schreiben wir hier $\hat{\varphi}_r\,(t,\mathbf{x})$ und $\hat{\pi}_s\,(t,\mathbf{x})$ für die Feldoperatoren. Ansonsten werden wir (meistens) das ‚Dach' weglassen und einfach $\varphi_r\,(t,\mathbf{x})$ und $\pi_s\,(t,\mathbf{x})$ für die Operatoren schreiben (wie in vielen Lehrbüchern üblich).

- **Dirac**

$$\mathcal{L} = i\hbar c \bar{\varphi} \slashed{\partial} \varphi - mc^2 \bar{\varphi} \varphi \qquad \text{(T.120)}$$

wobei φ ein Dirac-Spinor ist, $\bar{\varphi} = \varphi^\dagger \gamma^0$ sein Dirac-adjungierter Spinor, und $\slashed{\partial}$ die Feynman-Slash-Notation für $\gamma^\mu \partial_\mu$ bedeutet. Diese Begriffe sind an dieser Stelle noch nicht eingeführt, das geschieht erst in den entsprechenden Abschnitten. Hier sollen die Beispiele für $\mathcal{L}$ nur eine Ahnung vermitteln, wie vielseitig dieser Formalismus eingesetzt werden kann.

Für weitere Lagrange-Dichten siehe den nächsten Abschnitt.

T.3.5   Aufgaben und Lösungen

1. Zeigen Sie (T.80).
   Lösung: Wir haben

$$\delta S = \delta \int_{t_1}^{t_2} L\left(q, \dot{q}\right) dt = \int_{t_1}^{t_2} \left(\frac{\partial L}{\partial q} \delta q + \frac{\partial L}{\partial \dot{q}} \delta \dot{q} \right) dt \qquad \text{(T.121)}$$

Mit partieller Integration für den zweiten Term erhalten wir

$$\delta S = \int_{t_1}^{t_2} \frac{\partial L}{\partial q} \delta q \, dt + \left[\frac{\partial L}{\partial \dot{q}} \delta q \right]_{t_1}^{t_2} - \int_{t_1}^{t_2} \left(\frac{d}{dt} \frac{\partial L}{\partial \dot{q}} \right) \delta q \, dt \qquad \text{(T.122)}$$

Der Ausdruck in Klammern verschwindet wegen $\delta q\left(t_1\right) = \delta q\left(t_2\right) = 0$ (alle Trajektorien beginnen und enden an denselben Punkten). Folglich haben wir

$$\delta S = \int_{t_1}^{t_2} \left[\frac{\partial L}{\partial q} - \frac{d}{dt} \frac{\partial L}{\partial \dot{q}} \right] \delta q \, dt \qquad \text{(T.123)}$$

Mit der Forderung $\delta S = 0$ für *beliebige* Variationen δq folgt

$$\frac{\partial L}{\partial q} - \frac{d}{dt} \frac{\partial L}{\partial \dot{q}} = 0 \qquad \text{(T.124)}$$

2. Zeigen Sie: $\left\{ \varphi\left(t, \mathbf{x}\right), \pi\left(t, \mathbf{x}'\right) \right\}_{PB} = \delta^3\left(\mathbf{x} - \mathbf{x}'\right)$.
   Lösung: Es gilt

$$\left\{ \varphi\left(t, \mathbf{x}\right), \pi\left(t, \mathbf{x}'\right) \right\}_{PB} = \int d^3 x'' \left(\frac{\delta \varphi(t,\mathbf{x})}{\delta \varphi(t,\mathbf{x}'')} \frac{\delta \pi(t,\mathbf{x}')}{\delta \pi(t,\mathbf{x}'')} - \frac{\delta \pi(t,\mathbf{x}')}{\delta \varphi(t,\mathbf{x}'')} \frac{\delta \varphi(t,\mathbf{x})}{\delta \pi(t,\mathbf{x}'')} \right) =$$

$$= \int d^3 x'' \, \delta^{(3)}\left(\mathbf{x} - \mathbf{x}''\right) \delta^{(3)}\left(\mathbf{x} - \mathbf{x}'\right) \left(\frac{\delta \varphi(t,\mathbf{x})}{\delta \varphi(t,\mathbf{x}'')} \frac{\delta \pi(t,\mathbf{x}')}{\delta \pi(t,\mathbf{x}'')} - \frac{\delta \pi(t,\mathbf{x}')}{\delta \varphi(t,\mathbf{x}'')} \frac{\delta \varphi(t,\mathbf{x})}{\delta \pi(t,\mathbf{x}'')} \right) =$$

$$= \int d^3 x'' \, \delta^{(3)}\left(\mathbf{x} - \mathbf{x}''\right) \delta^{(3)}\left(\mathbf{x} - \mathbf{x}'\right) = \delta^{(3)}\left(\mathbf{x} - \mathbf{x}'\right)$$

$$\text{(T.125)}$$

3. Betrachten Sie

$$\mathcal{L} = \frac{1}{2} \left[\mu \left(\frac{\partial \varphi}{\partial t} \right)^2 - E \left(\frac{\partial \varphi}{\partial x} \right)^2 \right] \tag{T.126}$$

Dies ist die Lagrange-Dichte einer eindimensional schwingenden Saite; μ ist die lineare Massendichte und E der Elastizitätsmodul. Bestimmen Sie die Euler-Lagrange-Gleichungen, die konjugierte Impulsdichte, die Hamilton-Dichte und die Hamilton-Gleichungen.

Lösung: Wir haben

$$\frac{\partial \mathcal{L}}{\partial \varphi} = 0 \; ; \; \frac{\partial \mathcal{L}}{\partial \frac{\partial \varphi}{\partial t}} = \mu \frac{\partial \varphi}{\partial t} \; ; \; \frac{\partial \mathcal{L}}{\partial \frac{\partial \varphi}{\partial x}} = -E \frac{\partial \varphi}{\partial x} \tag{T.127}$$

Die Euler-Lagrange-Gleichungen lauten also

$$0 - \frac{d}{dt} \mu \frac{\partial \varphi}{\partial t} - \frac{d}{dx} \left(-E \frac{\partial \varphi}{\partial x} \right) = 0 \rightarrow \mu \frac{\partial^2 \varphi}{\partial t^2} = E \frac{\partial^2 \varphi}{\partial x^2} \text{ or } \mu \ddot{\varphi} = E \varphi'' \tag{T.128}$$

Die konjugierte Impulsdichte ist gegeben durch

$$\pi = \frac{\partial \mathcal{L}}{\partial \dot{\varphi}} = \mu \frac{\partial \varphi}{\partial t} \rightarrow \dot{\varphi} = \frac{\pi}{\mu} \tag{T.129}$$

und die Hamilton-Dichte lautet

$$\mathcal{H} = \pi \dot{\varphi} - \frac{1}{2} \left[\mu \left(\frac{\partial \varphi}{\partial t} \right)^2 - E \left(\frac{\partial \varphi}{\partial x} \right)^2 \right] = \frac{\pi^2}{\mu} - \frac{\mu}{2} \left(\frac{\pi}{\mu} \right)^2 + \frac{E}{2} \left(\frac{\partial \varphi}{\partial x} \right)^2$$

$$= \frac{\pi^2}{2\mu} + \frac{E}{2} \left(\frac{\partial \varphi}{\partial x} \right)^2 \tag{T.130}$$

Die Hamilton-Gleichungen sind gegeben durch

$$\dot{\varphi} = \frac{\partial \mathcal{H}}{\partial \pi} - \frac{\partial}{\partial x} \left(\frac{\partial \mathcal{H}}{\partial \left(\frac{\partial \pi}{\partial x} \right)} \right) = \frac{\pi}{\mu}$$

$$\dot{\pi} = -\frac{\partial \mathcal{H}}{\partial \varphi} + \frac{\partial}{\partial x} \left(\frac{\partial \mathcal{H}}{\partial \left(\frac{\partial \varphi}{\partial x} \right)} \right) = \frac{\partial}{\partial x} E \left(\frac{\partial \varphi}{\partial x} \right) = E \frac{\partial^2 \varphi}{\partial x^2} \tag{T.131}$$

und die Bewegungsgleichung lautet

$$\ddot{\varphi} = \frac{\dot{\pi}}{\mu} \rightarrow \ddot{\varphi} = \frac{E}{\mu} \varphi'' \tag{T.132}$$

4. Zeigen Sie

$$\frac{\partial}{\partial \left(\partial_\mu \phi\right)} \left(\partial_\alpha \phi\right) \left(\partial^\alpha \phi\right) = 2 \left(\partial^\mu \phi\right) \qquad \text{(T.133)}$$

Lösung: Wir haben

$$\frac{\partial}{\partial(\partial_\mu \phi)} \left(\partial_\alpha \phi\right) \left(\partial^\alpha \phi\right) = \delta_{\mu\alpha} \left(\partial^\alpha \phi\right) + \left(\partial_\alpha \phi\right) \frac{\partial}{\partial(\partial_\mu \phi)} \left(g^{\alpha\nu} \partial_\nu \phi\right) =$$

$$= \left(\partial^\mu \phi\right) + \left(\partial_\alpha \phi\right) g^{\alpha\nu} \delta_{\mu\nu} \phi = \left(\partial^\mu \phi\right) + \left(\partial^\nu \phi\right) \delta_{\mu\nu} \phi = \left(\partial^\mu \phi\right) + \left(\partial^\mu \phi\right) = 2 \left(\partial^\mu \phi\right)$$

$$\text{(T.134)}$$

5. Durch Hinzufügen geeigneter weiterer Felder zu den Lagrange- bzw. Hamilton-Dichten freier Felder lassen sich Wechselwirkungen von Feldern modellieren. Eines der einfachsten Beispiele, aus offensichtlichen Gründen φ^4-Theorie genannt, beruht auf dem Klein-Gordon-Feld. Seine Lagrange-Dichte lautet

$$\mathcal{L} = \frac{1}{2} \left(\partial_\mu \varphi\right) \left(\partial^\mu \varphi\right) - \frac{1}{2} m \varphi^2 - \frac{g}{4!} \varphi^4 \qquad \text{(T.135)}$$

Bestimmen Sie die Bewegungsgleichungen.
    Lösung: Die Euler-Lagrange-Gleichungen sind gegeben durch

$$\left(\partial_\mu \frac{\partial \mathcal{L}}{\partial \left(\partial_\mu \varphi\right)}\right) - \frac{\partial \mathcal{L}}{\partial \varphi} = 0 \qquad \text{(T.136)}$$

Mit

$$\frac{\partial \mathcal{L}}{\partial \left(\partial_\mu \varphi\right)} = \partial^\mu \varphi \; ; \; \frac{\partial \mathcal{L}}{\partial \varphi} = -m \varphi - \frac{g}{3!} \varphi^3 \qquad \text{(T.137)}$$

folgt

$$\partial_\mu \partial^\mu \varphi + m \varphi + \frac{g}{3!} \varphi^3 = 0 \qquad \text{(T.138)}$$

T.4   Elektrodynamik

Wir wiederholen hier einige Fakten aus der Elektrodynamik, soweit sie in weiteren Kapiteln gebraucht werden. Neben der Bereitstellung der notwendigen Formeln und Ausdrücke wollen wir auch eine einheitliche Notation zur Verfügung stellen.

T.4.1 Maxwell-Gleichungen, Potentiale, Eichungen/Eichung

In SI-Einheiten sind die Maxwell-Gleichungen gegeben durch

$$\nabla \cdot \mathbf{E}\,(\mathbf{r}, t) = \frac{1}{\varepsilon_0}\rho \;\; ; \;\; \nabla \cdot \mathbf{B}\,(\mathbf{r}, t) = 0$$
$$\nabla \times \mathbf{E}\,(\mathbf{r}, t) = -\frac{\partial}{\partial t}\mathbf{B}\,(\mathbf{r}, t) \;\; ; \;\; \nabla \times \mathbf{B}\,(\mathbf{r}, t) = \frac{1}{c^2}\frac{\partial}{\partial t}\mathbf{E}\,(\mathbf{r}, t) + \mu_0\mathbf{j} \tag{T.139}$$

mit

$$c^2\varepsilon_0\mu_0 = 1 \tag{T.140}$$

Mit der Einführung des skalaren Potentials Φ und des Vektorpotentials $\mathbf{A}$, definiert über

$$\mathbf{B} = \nabla \times \mathbf{A} \;\; ; \;\; \mathbf{E} = -\nabla\Phi - \frac{\partial\mathbf{A}}{\partial t} \tag{T.141}$$

schreibt sich (T.139) als

$$\nabla \cdot \left(-\nabla\Phi - \frac{\partial\mathbf{A}}{\partial t}\right) = \frac{1}{\varepsilon_0}\rho \;\; ; \;\; \nabla \cdot (\nabla \times \mathbf{A}) = 0$$
$$\nabla \times \left(-\nabla\Phi - \frac{\partial\mathbf{A}}{\partial t}\right) = -\frac{\partial}{\partial t}\nabla \times \mathbf{A} \;\; ; \;\; \nabla \times (\nabla \times \mathbf{A}) = \frac{1}{c^2}\frac{\partial}{\partial t}\left(-\nabla\Phi - \frac{\partial\mathbf{A}}{\partial t}\right) + \mu_0\mathbf{j} \tag{T.142}$$

Die quellfreien Gleichungen sind automatisch erfüllt. Die anderen beiden Gleichungen lauten

$$-\nabla^2\Phi - \frac{\partial}{\partial t}\nabla A = \frac{1}{\varepsilon_0}\rho$$
$$\frac{1}{c^2}\frac{\partial^2 \mathbf{A}}{\partial t^2} - \nabla^2\mathbf{A} + \nabla\,(\nabla A) + \frac{1}{c^2}\nabla\frac{\partial}{\partial t}\Phi = \mu_0\mathbf{j} \tag{T.143}$$

Wir addieren null zur ersten Gleichung und erhalten

$$\frac{1}{c^2}\frac{\partial^2\Phi}{\partial t^2} - \nabla^2\Phi - \frac{\partial}{\partial t}\left(\frac{1}{c^2}\frac{\partial\Phi}{\partial t} + \nabla A\right) = \frac{1}{\varepsilon_0}\rho$$
$$\frac{1}{c^2}\frac{\partial^2\mathbf{A}}{\partial t^2} - \nabla^2\mathbf{A} + \nabla\left(\frac{1}{c^2}\frac{\partial}{\partial t}\Phi + \nabla A\right) = \mu_0\mathbf{j} \tag{T.144}$$

oder

$$\left(\frac{1}{c^2}\frac{\partial^2}{\partial t^2} - \nabla^2\right)\Phi - \frac{\partial}{\partial t}\left(\frac{1}{c^2}\frac{\partial\Phi}{\partial t} + \nabla A\right) = \frac{1}{\varepsilon_0}\rho$$
$$\left(\frac{1}{c^2}\frac{\partial^2}{\partial t^2} - \nabla^2\right)\mathbf{A} + \nabla\left(\frac{1}{c^2}\frac{\partial}{\partial t}\Phi + \nabla A\right) = \mu_0\mathbf{j} \tag{T.145}$$

Mit den Vierervektoren $j^\mu = (c\rho, \mathbf{j})$, $A^\mu = (\frac{\Phi}{c}, \mathbf{A})$, $\partial_\mu = \left(\frac{1}{c}\frac{\partial}{\partial t}, \mathbf{\nabla}\right)$ und $\partial^\mu = \left(\frac{1}{c}\frac{\partial}{\partial t}, -\mathbf{\nabla}\right)$ können wir (T.145) darstellen als

$$\partial_\nu\partial^\nu A^0 - \partial_0\left(\partial_0 A^0 + \partial_k A^k\right) = \frac{1}{c^2\varepsilon_0}j^0$$
$$\partial_\nu\partial^\nu A^k - \partial_k\left(\partial_0 A^0 + \partial_k A^k\right) = \mu_0 j^k \tag{T.146}$$

In kovarianter Notation lassen sich diese Gleichungen kompakt schreiben als

$$\partial_\nu\partial^\nu A^\mu - \partial^\mu\left(\partial_\nu A^\nu\right) = \mu_0 j^\mu \tag{T.147}$$

Diese Gleichung, formuliert in Termen des Potentials A^μ, ersetzt die Maxwell-Gleichungen, formuliert in Termen der Felder $\mathbf{E}$ und $\mathbf{B}$. Es gibt jedoch einen wesentlichen Unterschied: Die Felder $\mathbf{E}$ und $\mathbf{B}$ sind durch Gl. (T.139) eindeutig bestimmt; im Gegensatz dazu sind die Potentiale durch Gl. (T.147) nicht eindeutig bestimmt. Tatsächlich lässt eine Transformation (*Eichtransformation* genannt) mit einem beliebigen Γ

$$A^\mu \rightarrow \tilde{A}^\mu = A^\mu + \partial^\mu\Gamma \tag{T.148}$$

die Felder $\mathbf{E}$ und $\mathbf{B}$ sowie die Gl. (T.147) invariant. Dieses Verhalten wird *Eichinvarianz* genannt.

Man kann diese Tatsache nutzen, um die Verhältnisse so einfach wie möglich zu gestalten. In Abhängigkeit vom betrachteten System gibt es zwei gängige Wahlen, nämlich die Lorenz[21]-Eichung $\partial_\nu A^\nu = 0$ und die Coulomb-Eichung (oder Strahlungseichung) $\partial_k A^k = \mathbf{\nabla}\cdot\mathbf{A} = 0$. Beispielsweise lautet Gl. (T.147) in der Lorenz-Eichung einfach

$$\partial_\nu\partial^\nu A^\mu = \mu_0 j^\mu \tag{T.149}$$

T.4.2   Freie Lösungen

Ohne Quellen lauten die Bewegungsgleichungen

$$\partial_\nu\partial^\nu A^\mu = 0 \tag{T.150}$$

Das ist im Wesentlichen die Klein-Gordon-Gleichung für verschwindende Masse, abgesehen davon, dass hier das Potential nicht ein Skalar, sondern ein Vierervektor

---

[21] Es heißt tatsächlich Lorenz (Ludvig Valentin Lorenz, Däne, 1829–1891), und nicht Lorentz (Hendrik Antoon Lorentz, Holländer, 1853–1928).

ist. Wir können sofort die Lösungen angeben (siehe Anhang U (1)); sie lauten zum Beispiel im diskreten Fall[22]

$$A^\mu(x) = \sum_{\mathbf{k},r} \sqrt{\frac{1}{2V\omega_{\mathbf{k}}}} \varepsilon_r^\mu(\mathbf{k}) \left[\alpha_r(\mathbf{k}) e^{-ikx} + \alpha_r^\dagger(\mathbf{k}) e^{ikx} \right] \qquad (\text{T.151})$$

Offensichtlich ist das Potential reell, wie es ja auch sein soll. Die Vierervektoren $\varepsilon_r^\mu(\mathbf{k})$ heißen *Polarisationsvektoren*. Ihre konkrete Form hängt von der gewählten Eichung ab. In der Coulomb-Eichung $\partial_k A^k = \nabla \cdot \mathbf{A} = 0$ haben wir für die Polarisationsvektoren

$$\varepsilon_r^0(\mathbf{k}) = 0 \;\; ; \;\; k_l \varepsilon_r^l(\mathbf{k}) = \mathbf{k} \cdot \boldsymbol{\varepsilon}_r(\mathbf{k}) = 0 \;\; ; \;\; \boldsymbol{\varepsilon}_r(\mathbf{k}) \cdot \boldsymbol{\varepsilon}_{r'}(\mathbf{k}) = \delta_{rr'} \qquad (\text{T.152})$$

Mit anderen Worten: Wir benötigen in dieser Eichung nur zwei Polarisationsvektoren, ε_r^μ, $r = 1, 2$. Sie stehen senkrecht aufeinander und sind orthogonal zu $\mathbf{k}$ (d. h. transversal).

In der Lorenz-Eichung $\partial_\nu A^\nu = 0$ gilt $k_\nu \varepsilon_r^\nu(\mathbf{k}) = 0$, so dass wir hier drei unabhängige Polarisationsvektoren haben (siehe die Aufgaben).

T.4.3   Elektromagnetischer Feldtensor

Eine sehr kompakte und elegante Formulierung der Elektrodynamik ermöglicht der *elektromagnetische Feldtensor* $F_{\mu\nu}$. Er ist definiert durch

$$F^{\mu\nu} = \frac{1}{c} \begin{pmatrix} 0 & -E^1 & -E^2 & -E^3 \\ E^1 & 0 & -cB^3 & cB^2 \\ E^2 & cB^3 & 0 & -cB^1 \\ E^3 & -cB^2 & cB^1 & 0 \end{pmatrix} \;\; ; \;\; F_{\mu\nu} = \frac{1}{c} \begin{pmatrix} 0 & E^1 & E^2 & E^3 \\ -E^1 & 0 & -cB^3 & cB^2 \\ -E^2 & cB^3 & 0 & -cB^1 \\ -E^3 & -cB^2 & cB^1 & 0 \end{pmatrix}$$

$$(\text{T.153})$$

(wegen $F^{\mu\nu} = g^{\mu\alpha} F_{\alpha\beta} g^{\beta\nu}$). Mit $F^{\mu\nu}$ lauten die inhomogenen und homogenen Maxwell-Gleichungen (T.149)

$$\partial_\nu F^{\mu\nu} = \mu_0 j^\mu \quad \text{und} \quad \partial^\lambda F^{\mu\nu} + \partial^\mu F^{\nu\lambda} + \partial^\nu F^{\lambda\mu} = 0 \qquad (\text{T.154})$$

Wenn wir $F^{\mu\nu}$ mithilfe des Viererpotentials A^μ ausdrücken, also durch

$$F_{\mu\nu} = \partial_\mu A_\nu - \partial_\nu A_\mu \;\; ; \;\; F^{\mu\nu} = \partial^\nu A^\mu - \partial^\mu A^\nu \qquad (\text{T.155})$$

---

[22] Die Normierung ist im Hinblick auf spätere Anwendungen in der Quantenfeldtheorie gewählt, siehe Anhang W (2).

erhalten wir für die inhomogenen Gleichungen

$$\partial_\nu \partial^\nu A^\mu - \partial^\mu \left(\partial_\nu A^\nu \right) = \mu_0 j^\mu \tag{T.156}$$

während die homogenen Gleichungen automatisch erfüllt sind.

Man beachte, dass der elektromagnetische Feldtensor eichinvariant ist:

$$\begin{aligned}
\partial^\nu \tilde{A}^\mu - \partial^\mu \tilde{A}^\nu &= \partial^\nu [A^\mu + \partial^\mu \Gamma] - \partial^\mu [A^\nu + \partial^\nu \Gamma] \\
&= \partial^\nu A^\mu + \partial^\nu \partial^\mu \Gamma - \partial^\mu A^\nu - \partial^\mu \partial^\nu \Gamma = \\
&= \partial^\nu A^\mu - \partial^\mu A^\nu + \partial^\nu \partial^\mu \Gamma - \partial^\mu \partial^\nu \Gamma = \partial^\nu A^\mu - \partial^\mu A^\nu
\end{aligned} \tag{T.157}$$

Ein Beispiel für einen Lorentz-Skalar stellt

$$F_{\mu\nu} F^{\mu\nu} = 2 \left(\mathbf{B}^2 - \frac{\mathbf{E}^2}{c^2} \right) \tag{T.158}$$

dar, was bis auf einen konstanten Faktor die Energiedichte des elektromagnetischen Feldes ist. Der Term ist offensichtlich eichinvariant.

T.4.4   Lagrange-Dichten $\mathcal{L}$

Aufgrund der Eichinvarianz gibt es für das elektromagnetische Feld keine eindeutige Lagrange-Dichte $\mathcal{L}$. Das einzige Kriterium ist, dass $\mathcal{L}$ die richtigen Bewegungsgleichungen wiedergibt, also die Maxwell-Gleichungen. Dieses Kriterium ist beispielsweise erfüllt durch die Wahl

$$\mathcal{L} = -\frac{1}{4\mu_0} F_{\mu\nu} F^{\mu\nu} - j_\mu A^\mu \tag{T.159}$$

und dies führt auf die Euler-Lagrange-Gleichungen $\partial_\nu F^{\mu\nu} = \mu_0 j^\mu$.

Eine andere übliche Lagrange-Dichte $\mathcal{L}$ lautet

$$\mathcal{L} = -\frac{1}{2\mu_0} \left(\partial_\nu A_\mu \right) \left(\partial^\nu A^\mu \right) - j_\mu A^\mu \tag{T.160}$$

was auf $\partial_\nu \partial^\nu A^\mu = \mu_0 j^\mu$ führt.

T.4.5   Lagrange-Dichten für QED und QCD

Wie im vorangehenden Abschnitt über Feldtheorie sollen auch hier die Beispiele nur den Stellenwert des Formalismus (Feldtheorie plus Elektrodynamik) illustrieren, ohne dass wir auf die einzelnen Begriffe detailliert eingehen.

Die Lagrange-Dichte für das elektromagnetische Feld (T.159) ist so etwas wie der Ausgangspunkt für fortgeschrittene Formulierungen. In der Quantenelektrodynamik (QED) kann man als Lagrange-Dichte $\mathcal{L}$ wählen

$$\mathcal{L} = i\hbar c\bar{\psi}\,\slashed{D}\psi - mc^2\bar{\psi}\psi - \frac{1}{4\mu_0}F_{\mu\nu}F^{\mu\nu} \qquad (\text{T.161})$$

wobei $\slashed{D} = \gamma^\mu D_\mu$ die kovariante Eichableitung mit $D_\mu = \partial_\mu - iqA_\mu$ und ψ das Dirac-Feld ist. Der letzte Term stammt sozusagen direkt von Gl. (T.159).

Die Lagrange-Dichte für die Quantenchromodynamik (QCD) folgt gewissermaßen demselben Muster. Sie ist natürlich komplexer, aber die von QED geerbte Struktur ist deutlich erkennbar. Wir führen nur das Ergebnis an, ohne in Einzelheiten zu gehen:

$$\mathcal{L} = \sum_n \left(i\hbar c\bar{\psi}_n\,\slashed{D}\psi_n - m_nc^2\bar{\psi}_n\psi_n\right) - \frac{1}{4}G^\alpha_{\mu\nu}G_\alpha^{\ \mu\nu} \qquad (\text{T.162})$$

Hier ist D wiederum die kovariante Eichableitung, $n = 1,\ldots,6$ zählt die Quarkarten auf, und $G^\alpha_{\mu\nu}$ ist der Gluon-Feldstärken-Tensor.

T.4.6 Aufgaben und Lösungen

1. Starten Sie mit (T.146) und leiten Sie (T.147) ab.
   Lösung: Wir verwenden

$$\partial_\nu\partial^\nu = \frac{1}{c^2}\frac{\partial^2}{\partial t^2} - \mathbf{\nabla}^2 \ ; \ \Phi = cA^0 \ ; \ \mathbf{A} = A^k \ ; \ \frac{\partial}{\partial t} = c\partial^0 \ ; \ \mathbf{\nabla} = \partial_k \qquad (\text{T.163})$$

und kommen so zu

$$\begin{aligned} \partial_\nu\partial^\nu cA^0 - c\partial^0\left(\tfrac{1}{c^2}c\partial^0 cA^0 + \partial_k A^k\right) &= \tfrac{1}{\varepsilon_0}\rho \\ \partial_\nu\partial^\nu A^k - \partial^k\left(\tfrac{1}{c^2}c\partial^0 cA^0 + \partial_k A^k\right) &= \mu_0\mathbf{j} \end{aligned} \qquad (\text{T.164})$$

oder

$$\begin{aligned} \partial_\nu\partial^\nu A^0 - \partial^0\left(\partial_0 A^0 + \partial_k A^k\right) &= \tfrac{1}{c\varepsilon_0}\rho = \tfrac{1}{c^2\varepsilon_0}j^0 = \mu_0 j^0 \\ \partial_\nu\partial^\nu A^k - \partial^k\left(\partial_0 A^0 + \partial_k A^k\right) &= \mu_0\mathbf{j} = \mu_0 j^k \end{aligned} \qquad (\text{T.165})$$

Zusammenfassen der beiden Gleichungen führt auf

$$\partial_\nu\partial^\nu A^\mu - \partial^\mu\left(\partial_\nu A^\nu\right) = \mu_0 j^\mu \qquad (\text{T.166})$$

2. Zeigen Sie, dass (T.147) invariant ist bezüglich der Transformation (T.148).
   Lösung: Wir haben

$$\partial_\nu \partial^\nu \tilde{A}^\mu - \partial^\mu \left(\partial_\nu \tilde{A}^\nu \right) = \partial_\nu \partial^\nu [A^\mu + \partial^\mu \Lambda] - \partial^\mu (\partial_\nu [A^\nu + \partial^\nu \Lambda]) =$$

$$= [\partial_\nu \partial^\nu A^\mu + \partial_\nu \partial^\nu \partial^\mu \Lambda] - [\partial^\mu \partial_\nu A^\nu + \partial^\mu \partial_\nu \partial^\nu \Lambda] =$$

$$= \partial_\nu \partial^\nu A^\mu - \partial^\mu \partial_\nu A^\nu + \partial_\nu \partial^\nu \partial^\mu \Lambda - \partial^\mu \partial_\nu \partial^\nu \Lambda = \partial_\nu \partial^\nu A^\mu - \partial^\mu \partial_\nu A^\nu$$

$$\text{(T.167)}$$

3. Leiten Sie die Maxwell-Gleichungen aus der Lagrange-Dichte (T.160) ab.
   Lösung: Die Euler-Lagrange-Gleichungen für das elektromagnetische Feld (in Termen von A^μ und $\partial_\nu A^\mu$) lauten

$$\frac{\partial \mathcal{L}}{\partial A^\nu} - \partial^\mu \frac{\partial \mathcal{L}}{\partial (\partial^\mu A^\nu)} = 0 \qquad \text{(T.168)}$$

Mit (T.160) ergibt das

$$\partial^\mu \frac{\partial}{\partial (\partial^\mu A^\nu)} \left(-\frac{1}{2\mu_0} \partial_\alpha A_\beta \partial^\alpha A^\beta - j_\alpha A^\alpha \right) = \frac{\partial}{\partial A^\nu} \left(-\frac{1}{2\mu_0} \partial_\alpha A_\beta \partial^\alpha A^\beta - j_\alpha A^\alpha \right)$$

$$\text{(T.169)}$$

Daraus folgt Schritt für Schritt

$$\partial^\mu \frac{\partial}{\partial(\partial^\mu A^\nu)} \left(\frac{1}{2\mu_0} g_{\delta\alpha} g_{\epsilon\beta} \partial^\delta A^\epsilon \partial^\alpha A^\beta \right) = \frac{\partial}{\partial A^\nu} j_\alpha A^\alpha$$

$$\frac{1}{2\mu_0} \partial^\mu g_{\delta\alpha} g_{\epsilon\beta} \left(\delta^\delta_\mu \delta^\epsilon_\nu \partial^\alpha A^\beta + \partial^\delta A^\epsilon \delta^\alpha_\mu \delta^\beta_\nu \right) = j_\alpha \delta^\alpha_\nu$$

$$\frac{1}{2\mu_0} \partial^\mu \left(g_{\mu\alpha} g_{\nu\beta} \partial^\alpha A^\beta + g_{\delta\mu} g_{\epsilon\nu} \partial^\delta A^\epsilon \right) = j_\nu \qquad \text{(T.170)}$$

$$\frac{1}{2\mu_0} \partial^\mu \left(\partial_\mu A_\nu + \partial_\mu A_\nu \right) = j_\nu$$

$$\frac{1}{\mu_0} \partial^\mu \partial_\mu A_\nu = j_\nu \quad \text{or} \quad \partial^\mu \partial_\mu A_\nu = \mu_0 j_\nu$$

4. Bestimmen Sie die Polarisationsvektoren in Gl. (T.151) für die Coulomb- und die Lorenz-Eichung.
   Lösung: O.B.d.A. können wir die z-Achse mit der Ausbreitungsrichtung identifizieren, d. h., wir können $\mathbf{k} = (0, 0, k_3)$ wählen.
   (a) Coulomb-Eichung $\partial_m A^m = \nabla \cdot \mathbf{A} = 0$. Es folgt

$$\partial_m A^m (x) = \sum_{\mathbf{k},r} \sqrt{\frac{1}{2V\omega_\mathbf{k}}} \varepsilon^m_r (\mathbf{k}) i k_m \left[\alpha_r (\mathbf{k}) e^{-ikx} - \alpha^\dagger_r (\mathbf{k}) e^{ikx} \right] =$$

$$= i \sum_{\mathbf{k},r} \sqrt{\frac{1}{2V\omega_\mathbf{k}}} \boldsymbol{\varepsilon}_r (\mathbf{k}) \cdot \mathbf{k} \left[\alpha_r (\mathbf{k}) e^{-ikx} - \alpha^\dagger_r (\mathbf{k}) e^{ikx} \right] = 0 \rightarrow \boldsymbol{\varepsilon}_r (\mathbf{k}) \cdot \mathbf{k} \overset{!}{=} 0$$

$$\text{(T.171)}$$

Das Verschwinden des inneren Produkts $\boldsymbol{\varepsilon}_r (\mathbf{k}) \cdot \mathbf{k}$ besagt, dass die Polarisationsvektoren orthogonal zu $\mathbf{k}$ sind. Wegen $\mathbf{k} = (0, 0, k_3)$ haben wir

$\varepsilon_r^3\,(\mathbf{k}) = 0$, während ε_r^1 und ε_r^2 unbestimmt bleiben. Wir wählen die einfachste Lösung,[23] $\varepsilon_1^1\,(\mathbf{k}) = 1;\,\varepsilon_1^2\,(\mathbf{k}) = 0$ und $\varepsilon_2^1\,(\mathbf{k}) = 0;\,\varepsilon_2^2\,(\mathbf{k}) = 1$. Außerdem kann $\varepsilon_r^0\,(\mathbf{k})$ frei gewählt werden; wir setzen $\varepsilon_r^0\,(\mathbf{k}) = 0$. Wir haben also zwei Polarisationsvektoren, nämlich $\varepsilon_1\,(\mathbf{k}) = (0, 1, 0, 0)$ und $\varepsilon_2\,(\mathbf{k}) = (0, 0, 1, 0)$.

(b) Lorenz-Eichung $\partial_\nu A^\nu = \partial_0 A^0 - \nabla A = 0$. Das definierende innere Produkt lautet $k\varepsilon_r\,(\mathbf{k}) = k_0\varepsilon_r^0\,(\mathbf{k}) - k_3\varepsilon_r^3\,(\mathbf{k}) = 0$. Wiederum bleiben ε_r^1 und ε_r^2 unbestimmt; wir wählen sie wie im Coulomb-Fall als $\varepsilon_1^1\,(\mathbf{k}) = 1;\,\varepsilon_1^2\,(\mathbf{k}) = 0$ und $\varepsilon_2^1\,(\mathbf{k}) = 0;\,\varepsilon_2^2\,(\mathbf{k}) = 1$. Die anderen Komponenten hängen zusammen über $\varepsilon_r^0\,(\mathbf{k}) = (k_3/k_0)\,\varepsilon_r^3\,(\mathbf{k})$. Wir haben also drei paarweise orthogonale Polarisationsvektoren, $\varepsilon_1\,(\mathbf{k}) = (0, 1, 0, 0)$ und $\varepsilon_2\,(\mathbf{k}) = (0, 0, 1, 0)$ sowie $\varepsilon_3\,(\mathbf{k}) = N\left(\frac{k_3}{k_0}, 0, 0, 1\right)$ mit $N^{-2} = 1 - \left(\frac{k_3}{k_0}\right)^2$.

---

[23] Die beiden Polarisationsvektoren müssen orthogonal zur Ausbreitungsrichtung sein. Diese Forderung wird auch von anderen Polarisationen wie zirkularer Polarisation und so weiter erfüllt.

Anhang U:
Elemente der relativistischen Quantenmechanik

U.1 Einleitung

Im Hauptteil dieses Buches wird nahezu ausschließlich die nichtrelativistische Quantenmechanik behandelt. Im Folgenden werden wir Elemente der *relativistischen Quantenmechanik* (RQM) besprechen. Dieses Gebiet der Physik ist an sich wichtig und führt auf Begriffe, die in nichtrelativistischen Theorien nicht auftauchen (und nicht auftauchen können) – wir erwähnen nur Spin oder Antiteilchen. Darüber hinaus sind Kenntnisse der RQM unerlässliche Voraussetzung für weiterführende Theorien wie die Quantenfeldtheorie, von der einige Elemente in Band 2 besprochen werden.

Wir gehen wie folgt vor: Zunächst leiten wir die Klein-Gordon- und die Dirac-Gleichung (D-Gl) her. Anschließend konstruieren wir für beide Gleichungen Lösungen in Form ebener Wellen. Dabei stoßen wir auf das Problem der Lösungen mit negativer Energie, das nur im Rahmen der Quantenfeldtheorie zufriedenstellend gelöst werden kann.

Im Fall der D-Gl ergibt sich der Spin $1/2$ quasi unerwartet durch das Quantisierungsverfahren selbst, also ohne jegliche Anforderung an den Drehimpuls. Danach beweisen wir, dass die D-Gl mit der speziellen Relativitätstheorie verträglich ist und koppeln sie an das elektromagnetische Feld. Diese Formulierung erlaubt es uns u. a., die Pauli-Gleichung als nichtrelativistischen Grenzwert der D-Gl herzuleiten. Abschließend diskutieren wir das Für und Wider der D-Gl und skizzieren, wie moderne Theorien einen Ausweg aus dem Dilemma negativer Energien aufzeigen.

Als konkrete Anwendung der D-Gl diskutieren wir die relativistische Beschreibung des Wasserstoffatoms und seines Energiespektrums. Aufgrund des thematischen Zusammenhangs findet sie sich in Anhang F (2).

U.2   Herleitung von Klein-Gordon- und Dirac-Gleichung

In diesem Abschnitt konstruieren wir relativistische quantenmechanische Bewegungsgleichungen. Als Richtlinie dient uns die Herleitung der freien Schrödinger-Gleichung in Kap. 1 (1). Sie basiert auf der nichtrelativistischen Dispersionsrelation

$$E = \frac{\mathbf{p}^2}{2m} \tag{U.1}$$

und den Ersetzungen

$$E \to i\hbar \frac{\partial}{\partial t} \; ; \; \mathbf{p} \to \frac{\hbar}{i} \nabla \tag{U.2}$$

Ganz analog werden wir im Folgenden die Klein-Gordon- und die D-Gl herleiten.

U.2.1   Klein-Gordon-Gleichung

Die relativistische Dispersionsrelation lautet

$$E^2 = m^2 c^4 + c^2 \mathbf{p}^2 \tag{U.3}$$

wobei m die Ruhemasse ist. Die Substitution (U.2) führt direkt auf die *Klein-Gordon-Gleichung* (vgl. Kap. 3 (1))

$$-\hbar^2 \frac{\partial^2}{\partial t^2} \phi(\mathbf{r}, t) = -c^2 \hbar^2 \nabla^2 \phi(\mathbf{r}, t) + c^4 m^2 \phi(\mathbf{r}, t) \tag{U.4}$$

Wie sich herausstellt, gilt diese Gleichung für Quantenobjekte mit Spin null. Schrödinger hat die Gleichung wohl als erster gefunden, sie jedoch zunächst verworfen, weil sie nicht die übliche Wahrscheinlichkeitsinterpretation der QM zulässt. Das schauen wir uns jetzt näher an.

Wahrscheinlichkeitsdichte

Zur Erinnerung: Wir haben für die Schrödinger-Gleichung gefunden, dass $\rho = \psi^* \psi$ als Wahrscheinlichkeitsdichte interpretiert werden kann, denn ρ ist positiv definit wegen $|\psi|^2 \geq 0$ (siehe Kap. 7 (1)), und erfüllt die Kontinuitätsgleichung

$$\frac{\partial \rho}{\partial t} + \nabla \cdot \mathbf{j} = 0 \; ; \; \mathbf{j} = \frac{\hbar}{2im} \left(\psi^* \nabla \psi - \psi \nabla \psi^* \right) \tag{U.5}$$

Wie sieht es bei der Klein-Gordon-Gleichung (U.4) aus? Wir multiplizieren die Gleichung und ihr komplex Konjugiertes mit ϕ^* und ϕ und erhalten

$$\phi^* \frac{\partial^2}{\partial t^2} \phi = c^2 \phi^* \nabla^2 \phi - \frac{c^4 m^2}{\hbar^2} \phi^* \phi$$

$$\phi \frac{\partial^2}{\partial t^2} \phi^* = c^2 \phi \nabla^2 \phi^* - \frac{c^4 m^2}{\hbar^2} \phi \phi^*$$

(U.6)

Subtraktion der beiden Gleichungen ergibt

$$\phi^* \frac{\partial^2}{\partial t^2} \phi - \phi \frac{\partial^2}{\partial t^2} \phi^* = c^2 \phi^* \nabla^2 \phi - c^2 \phi \nabla^2 \phi^*$$

(U.7)

was wir schreiben können als

$$\frac{\partial}{\partial t} \left(\phi^* \frac{\partial}{\partial t} \phi - \phi \frac{\partial}{\partial t} \phi^* \right) = c^2 \nabla \left(\phi^* \nabla \phi - \phi \nabla \phi^* \right)$$

(U.8)

Wir wählen wiederum $\mathbf{j} = \frac{\hbar}{2im} (\phi^* \nabla \phi - \phi \nabla \phi^*)$ als Wahrscheinlichkeitsstromdichte. Dann lässt sich die rechte Seite von (U.8) schreiben als $\frac{2im}{\hbar} c^2 \nabla \mathbf{j}$, und der Vergleich mit der Kontinuitätsgleichung führt zum Schluss, dass die Wahrscheinlichkeitsdichte definiert ist durch

$$\rho = \frac{i\hbar}{2mc^2} \left(\phi^* \frac{\partial}{\partial t} \phi - \phi \frac{\partial}{\partial t} \phi^* \right)$$

Dieser Ausdruck ist nicht positiv definit. Das bedeutet, dass das vertraute Wahrscheinlichkeitskonzept nicht mit der Klein-Gordon-Gleichung verträglich ist, was, wie gesagt, für Schrödinger seinerzeit ein hinreichendes Argument war, die Gleichung zu verwerfen. Wir halten fest, dass das Problem davon herrührt, dass in der Klein-Gordon-Gleichung eine zweite Zeitableitung auftritt, $\frac{\partial^2}{\partial t^2}$; eine erste Ableitung $\frac{\partial}{\partial t}$ würde wie im Fall der Schrödinger-Gleichung auf $\rho = |\phi|^2$ führen.

Ebene Wellen und negative Energien

Wir suchen Lösungen von Gl. (U.4) in Form von ebenen Wellen. Der Ansatz

$$\phi = \alpha (\mathbf{k}) e^{i\mathbf{kr} - i\omega t}$$

(U.9)

mit einer Amplitude $\alpha (\mathbf{k})$ ergibt

$$\hbar^2 \omega^2 = c^2 \hbar^2 \mathbf{k}^2 + c^4 m^2$$

(U.10)

Mit den De-Broglie-Beziehungen $E = \hbar\omega$ und $\mathbf{p} = \hbar\mathbf{k}$ folgt erwartungsgemäß

$$E^2 = c^2 \mathbf{p}^2 + c^4 m^2$$

(U.11)

Die allgemeine Lösung ist eine Linearkombination aller partiellen Lösungen (U.9) und ihrer komplex Konjugierten, d. h.

$$\phi = \int d^3k \left[\alpha\,(\mathbf{k})\,e^{i\mathbf{kr}-i\omega t} + \alpha^*\,(\mathbf{k})\,e^{-i\mathbf{kr}+i\omega t} \right] \tag{U.12}$$

Nun fragen wir, welche Werte von E (oder ω) für einen gegebenen Impuls $\mathbf{p}$ in Gl. (U.11) erlaubt sind. Natürlich lautet die Antwort, dass wir *zwei* Lösungen haben, nämlich

$$E = \pm\sqrt{c^2\mathbf{p}^2 + c^4 m^2}. \tag{U.13}$$

Das bedeutet, dass wir auch Lösungen mit *negativer* Energie haben (bzw. negativer Frequenz wegen $\omega = \frac{E}{\hbar}$). Das Problem ist freilich, dass die Natur keine negativen Energien kennt. Was soll man also mit diesen Lösungen anfangen?

Wir bemerken, dass negative Energien keine Spezialität der Klein-Gordon-Gleichung sind; sie treten auch z. B. bei der im Folgenden behandelten D-Gl auf. Dort werden wir dieses Problem weiter erörtern.

Noch ein Wort zur klassischen (also nichtrelativistischen) Physik. Auch dort treten negative Energien auf[1], aber sie beruhen auf einer Verschiebung des Nullpunkts. Betrachten wir beispielsweise das Wasserstoffatom. Der korrekte relativistische Ausdruck für die Energieniveaus lautet (siehe Anhang F (2))[2]

$$E_{nj} = mc^2 \left[1 + \left(\frac{\alpha}{n - \left(j + \frac{1}{2}\right) + \sqrt{\left(j + \frac{1}{2}\right)^2 - \alpha^2}} \right)^2 \right]^{-1/2} \tag{U.14}$$

$$\approx mc^2 \left[1 - \frac{\alpha^2}{2n^2} + \dots \right]$$

wobei wir die Wurzel nach Potenzen der Feinstrukturkonstante $\alpha \approx \frac{1}{137}$ entwickelt haben. Ganz offensichtlich ist der exakte Term E_{nj} immer positiv. Um in der klassischen Physik leicht zu handhabende Ausdrücke zu erhalten, subtrahiert man die Ruheenergie von der Gesamtenergie und erhält $E_{nj,\,\text{classical}} = \left(E_{nj} - mc^2\right) \approx -\frac{\alpha^2}{2n^2}mc^2 + \dots$ Diese klassischen Ausdrücke sind also nicht ‚echte‘ negative Energien, ganz im Gegensatz zu denen mit unterem Vorzeichen in (U.13).

---

[1] In der nichtrelativistischen Physik gehen gebundene Zustände üblicherweise einher mit negativer Energie, freie Zustände mit positiver.

[2] m ist die Elektronenmasse, α die Feinstrukturkonstante, n die Hauptquantenzahl und j der Wert des Gesamtdrehimpulses, $j = l \pm \frac{1}{2}$.

U.2.2 Dirac-Gleichung

Da die Klein-Gordon-Gleichung die vertraute Wahrscheinlichkeitsinterpretation nicht zulässt, wurde sie (zunächst) verworfen. Etwa 1928 fand Paul Dirac[3] die später nach ihm benannte Gleichung. Da das Problem negativer Wahrscheinlichkeiten in der Klein-Gordon-Gleichung mit der zweiten Zeitableitung zusammenhängt, machte er den Ansatz

$$i\hbar \frac{\partial}{\partial t} \psi = H\psi \tag{U.15}$$

mit einem noch zu bestimmenden Operator H. Wie weiter oben schon erwähnt, ist es vielleicht überraschend, dass diese Annahme zusammen mit der relativistischen Dispersionsrelation sozusagen automatisch zu einer Gleichung für Teilchen mit Spin $1/2$ führt, ohne dass irgendeine Forderung an Drehimpulse einfließen würde.

Problemstellung

Wir bemerken, dass die Dispersionsrelation (U.3) in E nicht linear ist, wie es im Nichtrelativistischen der Fall ist. Um eine Gleichung der Form (U.15) zu erhalten, also einen linearen Ausdruck für E, könnte man die Wurzel von (U.3) nehmen

$$E = \pm\sqrt{c^2\mathbf{p}^2 + c^4 m^2}, \tag{U.16}$$

und dies führt auf

$$i\hbar \frac{\partial}{\partial t} \psi = \pm\sqrt{-\hbar^2 c^2 \nabla^2 + c^4 m^2}\, \psi \tag{U.17}$$

Aber das ist eine problematische Formulierung. Erstens sollten, da es sich um eine relativistische Theorie handelt, Raum- und Zeitkoordinaten gleichberechtigt auftreten; dies ist aber in (U.17) offensichtlich nicht der Fall. Zweitens ist die Frage, wie man mit dem Wurzeloperator umgehen soll. Wenn wir die Wurzel mittels

$$\sqrt{-\hbar^2 c^2 \nabla^2 + c^4 m^2} = mc^2 \sqrt{1 - \frac{\hbar^2}{c^2 m^2}\nabla^2}$$
$$= mc^2 \left[1 - \frac{\hbar^2}{2c^2 m^2}\nabla^2 + \frac{1}{8}\left(\frac{\hbar^2}{c^2 m^2}\nabla^2\right)^2 \pm \dots \right] \tag{U.18}$$

in eine Potenzreihe entwickeln, erhalten wir eine Gleichung, die alle Potenzen des Differentialoperators ∇^2 enthält, also eine nichtlokale Theorie.

---

[3] Dirac, Paul Adrien Maurice, 1902-1984; britischer Physiker, Nobelpreis 1933.

Wie wird man dieses Problem los? Die Grundidee besteht darin, *Matrizen* zum Ziehen der Wurzel zu verwenden. Betrachten wir die Gleichung $x^2 = 1$, wobei wir der Einfachheit halber $x \in \mathbb{R}$ annehmen. Wenn x eine Zahl ist, haben wir die beiden Lösungen $x = \pm 1$. Aber wenn wir Matrizen zulassen und die 1 als n-dimensionale Einheitsmatrix auffassen, können wir unendlich viele andere Lösungen finden; siehe dazu die Aufgaben weiter unten. Es war Paul Dirac, der mit dieser grundlegenden Idee das Problem löste.

Eine Schwierigkeit bleibt, nämlich die Bedeutung der zwei Vorzeichen auf der rechten Seite von (U.16). Man könnte ja vielleicht annehmen, dass die Lösungen mit negativer Energie ein rechnerisches Artefakt sind und vernachlässigt werden können. Aber dem ist nicht so; wir können diese Lösungen nicht ausschließen. Tatsächlich sind sie ein gemeinsames Merkmal relativistischer Theorien und haben mit der Existenz von *Antiteilchen* zu tun. Dieser Punkt wird in weiteren Kapiteln in diesem und vor allem dem zweiten Band in Anhang W (2) behandelt. Es handelt sich eben nicht nur um eine technische Frage, sondern um etwas, das tief mit dem Aufbau unserer Welt verknüpft ist.

Die Struktur der Dirac-Gleichung

Wir suchen einen Ausdruck, (a) der in Energie und Impuls linear ist (wobei die relativistischen Zeit- und Raumkoordinaten gleichberechtigt sein sollen) und (b) dessen Quadrat die Dispersionsrelation (U.3) ergibt. Der Ansatz lautet[4]

$$E = c \cdot \boldsymbol{\alpha} \cdot \mathbf{p} + mc^2 \beta \tag{U.19}$$

wobei $\boldsymbol{\alpha} \neq 0$ und $\beta \neq 0$ mathematische Objekte sind, deren Eigenschaften noch zu bestimmen sind. Mit der Substitution (U.2) erhalten wir die sogenannte *Dirac-Gleichung*, also die dem Ansatz (U.19) entsprechende quantenmechanische Gleichung

$$i\hbar \frac{\partial}{\partial t} \psi = c \frac{\hbar}{i} \boldsymbol{\alpha} \cdot \nabla \psi + mc^2 \beta \psi \tag{U.20}$$

wobei $\psi = \psi(\mathbf{r}, t)$ die Wellenfunktion ist.

Bevor wir diese Gleichung ausführlicher diskutieren, müssen wir mehr über $\boldsymbol{\alpha}$ und β wissen. Wie $\mathbf{p}$ hat auch $\boldsymbol{\alpha}$ drei Komponenten, während β nur eine hat. Die vier Terme $\boldsymbol{\alpha}$ und β kommutieren nicht notwendigerweise – wir haben den Einsatz von Matrizen im Hinterkopf.

---

[4] Die Faktoren c und c^2 sorgen dafür, dass die Matrizen $\boldsymbol{\alpha}$ und β keine physikalische Dimension haben.

Es sei darauf hingewiesen, dass hier β nicht wie sonst in der SRT die Größe $\frac{v}{c}$ bezeichnet. Außerdem haben die Matrizen $\boldsymbol{\alpha}$ nichts mit der Feinstrukturkonstante α zu tun. Zwei völlig unterschiedliche Dinge mit demselben Symbol zu kennzeichnen ist vielleicht ärgerlich und verwirrend, insbesondere für Anfänger, aber es ist gängige Praxis.

Informationen über $\boldsymbol{\alpha}$ und β erhalten wir durch Vergleich mit (U.3), also $E^2 = m^2c^4 + c^2\mathbf{p}^2$. Quadrieren des Ansatzes (U.19) ergibt

$$E^2 = c^2 \cdot (\boldsymbol{\alpha} \cdot \mathbf{p})\,(\boldsymbol{\alpha} \cdot \mathbf{p}) + mc^3\,(\boldsymbol{\alpha} \cdot \mathbf{p})\,\beta + mc^3\beta\,(\boldsymbol{\alpha} \cdot \mathbf{p}) + m^2c^4\beta^2 \qquad (U.21)$$

und mit $E^2 = c^2\mathbf{p}^2 + m^2c^4$ erhalten wir

$$\begin{aligned}
(\boldsymbol{\alpha} \cdot \mathbf{p})\,(\boldsymbol{\alpha} \cdot \mathbf{p}) &= \mathbf{p}^2 \\
(\boldsymbol{\alpha} \cdot \mathbf{p})\,\beta + \beta\,(\boldsymbol{\alpha} \cdot \mathbf{p}) &= 0 \\
\beta^2 &= 1
\end{aligned} \qquad (U.22)$$

Mithilfe dieser Gleichungen müssen wir β und die drei Komponenten von $\boldsymbol{\alpha}$ soweit wie möglich bestimmen. Wir nehmen dabei an, dass der Impuls $\mathbf{p}$ mit β und $\boldsymbol{\alpha}$ kommutiert. [5]

Um eine Vorstellung davon zu bekommen, warum wir Matrizen einführen, schauen wir uns zuerst die zweite Gleichung an. Da sie für beliebigen Impuls gelten muss, können wir schreiben

$$(\boldsymbol{\alpha}\beta + \beta\boldsymbol{\alpha}) \cdot \mathbf{p} = 0 \rightarrow \boldsymbol{\alpha}\beta + \beta\boldsymbol{\alpha} = 0 \qquad (U.23)$$

Ganz offensichtlich kann die letzte Gleichung nicht erfüllt werden, wenn β und $\boldsymbol{\alpha}$ ‚normale' Zahlen ungleich null sind – aber mit *Matrizen* funktioniert es!

Auch die erste Gleichung in (U.22) muss für beliege Impulse gelten. Zusammengefasst können wir die Gl. (U.22) also schreiben als

$$\begin{aligned}
\alpha_j\alpha_k + \alpha_k\alpha_j &= 2\delta_{jk} \\
\alpha_j\beta + \beta\alpha_j &= 0 \\
\beta^2 &= 1
\end{aligned} \qquad (U.24)$$

wobei alle Indizes von 1 bis 3 laufen und 1 in der dritten Gleichung die Einheitsmatrix bedeutet. Wir weisen darauf hin, dass wir die Dimension der Matrizen noch nicht kennen.

Allgemeine Eigenschaften der Matrizen $\boldsymbol{\alpha}$ und β Mit (U.24) haben wir zehn Gleichungen für die vier Matrizen α_1, α_2, α_3 und β. Wir fordern, dass die Matrizen hermitesch sind, damit der Ansatz (U.19) einen hermiteschen Hamilton-Operator liefert.[6] Damit sind die Matrizen auch unitär; dies folgt aus $\beta^2 = 1 \rightarrow \beta = \beta^{-1}$ (analog für die α_i). Das bedeutet, dass die Eigenwerte der Matrizen $+1$ oder -1 sind.

---

[5] Dies ist z. B. garantiert, wenn als Matrixelemente ausschließlich Konstanten auftreten.

[6] Diese Forderung ist wie die nach Kommutativität des Impulses mit den Matrizen nicht logisch zwingend, macht aber das Leben leichter.

Die Gl. (U.24) beschreiben also vier unitäre Matrizen, die paarweise antikommutieren. Um Informationen über die Dimension der Matrizen zu erhalten, schauen wir uns die Spur der Matrizen an. Als Beispiel betrachten wir die Gleichung $\alpha_j \beta + \beta \alpha_j = 0$. Wir multiplizieren sie von rechts mit β und erhalten

$$\alpha_j = -\beta \alpha_j \beta \tag{U.25}$$

Wir nehmen auf beiden Seiten die Spur und machen Gebrauch von der Kommutativität der Spur.[7] Es folgt

$$Sp\,\alpha_j = -Sp\,\beta\alpha_j\beta = -Sp\,\alpha_j\beta^2 = -Sp\,\alpha_j \tag{U.26}$$

woraus $Sp\,\alpha_j = 0$ folgt; analog $Sp\,\beta = 0$. Das Argument lautet nun wie folgt: Da die Matrizen unitär sind, sind sie diagonalisierbar. Sie können also durch Diagonalmatrizen dargestellt werden, wobei die Eigenwerte in der Diagonale erscheinen; alle anderen Einträge verschwinden.[8] Da die Eigenwerte nur $+1$ oder -1 sein können, kann die Bedingung $Sp\,\alpha_j = 0$ nur erfüllt werden, wenn die Matrizen gerade Dimensionen haben, also 2, 4, 6 und so weiter.

Die Frage, welche Dimension die Matrizen denn nun haben, kann nicht eindeutig beantwortet werden. Aber immerhin können wir Dimension 2 ausschließen. Das liegt daran, dass es im Raum der 2×2-Matrizen nur drei linear unabhängige antikommutierende Matrizen gibt (siehe Aufgaben), wir aber in (U.24) vier Matrizen benötigen.

Unter Berücksichtigung von Ockhams Rasiermesser verwenden wir als nächsteinfache Möglichkeit unitäre 4×4-Matrizen in den Gl. (U.24). Da es sich um zehn Gleichungen für die vier hermiteschen Matrizen α_1, α_2, α_3 und β (mit im Prinzip insgesamt 64 komplexen Einträgen) handelt, verwundert es nicht, dass das Problem unterbestimmt ist und dementsprechend keine eindeutige Lösung existiert.

Standarddarstellung der Matrizen   Wir fassen zusammen: Mit einigen einfachen Annahmen haben wir die D-Gl

$$i\hbar\frac{\partial}{\partial t}\psi = c\frac{\hbar}{i}\boldsymbol{\alpha} \cdot \boldsymbol{\nabla}\psi + mc^2\beta\psi \tag{U.27}$$

als eine relativistische Wellengleichung hergeleitet. $\boldsymbol{\alpha}$ und β sind 4×4-Matrizen, die Gl. (U.24) gehorchen. Diese Bedingungen genügen nicht, um eine eindeutige Lösung festzulegen; dementsprechend gibt es verschiedene Darstellungen der D-Gl. Besonders eine davon ist geläufig und heißt deswegen *Standarddarstellung* der D-Gl.

---

[7] Zur Erinnerung: $Sp\,AB = Sp\,BA$.

[8] Zur Erinnerung: Eigenwerte und die Spur sind darstellungsunabhängig.

Wir starten mit $\beta^2 = 1$, der dritten Gleichung in (U.24), und *wählen*

$$\beta = \begin{pmatrix} 1 & 0 \\ 0 & -1 \end{pmatrix} \tag{U.28}$$

Es handelt sich um eine Blockmatrixdarstellung, d. h., die 1 in der Diagonalen ist die 2×2-Einheitsmatrix.[9] Wir betonen noch einmal, dass die Wahl (U.28) nicht logisch zwingend ist – jede andere unitäre Matrix mit verschwindender Spur wäre ebenfalls möglich.

Um die zweite Gleichung von (U.24) auszuwerten, schreiben wir die hermiteschen Matrizen α_i als

$$\alpha_i = \begin{pmatrix} A_i & B_i \\ B_i^\dagger & D_i \end{pmatrix} . \tag{U.29}$$

Man beachte, dass A_i und die anderen Elemente in (U.29) wiederum 2×2-Matrizen sind. Wir setzen (U.29) in $\alpha_i \beta + \beta \alpha_i = 0$ ein und erhalten

$$\alpha_i \beta + \beta \alpha_i = \begin{pmatrix} 2A_i & 0 \\ 0 & -2D_i \end{pmatrix} = 0 \tag{U.30}$$

Es folgt $A_i = D_i = 0$ und damit

$$\alpha_i = \begin{pmatrix} 0 & B_i \\ B_i^\dagger & 0 \end{pmatrix} \tag{U.31}$$

Offensichtlich ist die Bedingung $tr\,\alpha_i = 0$ erfüllt.

Schließlich werten wir die erste Gleichung von (U.24) aus, also $\alpha_j \alpha_k + \alpha_j \alpha_k = 2\delta_{jk}$. Mit (U.31) folgt

$$\alpha_j \alpha_k + \alpha_j \alpha_k = \begin{pmatrix} B_j B_k^\dagger + B_k B_j^\dagger & 0 \\ 0 & B_j^\dagger B_k + B_k^\dagger B_j \end{pmatrix} = 2\delta_{jk} \tag{U.32}$$

oder kurz

$$B_j B_k^\dagger + B_k B_j^\dagger = 2\delta_{jk} \tag{U.33}$$

Wir nehmen an, dass die B_j hermitesche Matrizen sind, $B_j = B_j^\dagger$ (wiederum nicht zwingend, aber praktisch) und erhalten

$$B_j B_k + B_k B_j = 2\delta_{jk} \tag{U.34}$$

---

[9] Es ist in diesem Zusammenhang üblich, 1 anstatt E bzw. E_2 oder I bzw. I_2 zu schreiben.

Der Vergleich dieser Gleichung mit den Vertauschungsregeln der Pauli-Matrizen, also $\sigma_i \sigma_j + \sigma_j \sigma_i = 2\delta_{ij} E_2$, zeigt, dass wir die B_j mit den Pauli-Matrizen σ_j identifizieren können. Es folgt

$$\alpha = \begin{pmatrix} 0 & \sigma \\ \sigma & 0 \end{pmatrix} \;;\; \beta = \begin{pmatrix} 1 & 0 \\ 0 & -1 \end{pmatrix} \tag{U.35}$$

Gl. (U.35) ist die sogenannte *Standarddarstellung* (oder auch *Dirac-Darstellung*) der Matrizen α und β. Abhängend von der betrachteten Frage können andere Formulierungen besser geeignet sein, aber wir werden sie nicht benötigen.[10]

Auf diese Weise erhalten wir als Endresultat die Standarddarstellung der D-Gl

$$i\hbar \tfrac{\partial}{\partial t} \psi = c \tfrac{\hbar}{i} \alpha \cdot \nabla \psi + mc^2 \beta \psi = c\alpha \cdot \mathbf{p}\psi + mc^2 \beta \psi$$
$$\text{mit}$$
$$\alpha = \begin{pmatrix} 0 & \sigma \\ \sigma & 0 \end{pmatrix} \;;\; \beta = \begin{pmatrix} 1 & 0 \\ 0 & -1 \end{pmatrix} \tag{U.36}$$

Spinoren Wir weisen noch einmal darauf hin, dass α und β 4×4-Matrizen sind. Dementsprechend haben auch die Lösungen der D-Gl vier Komponenten und sind keine Skalare wie im Fall der Klein-Gordon-Gleichung. Es handelt sich bei ψ aber nicht um einen ‚normalen‘ Vierervektor, sondern um einen *Spinor*.[11] Im Rahmen unserer Betrachtungen über die D-Gl sind Spinoren, vereinfacht gesagt, 2- oder 4-komponentige Größen, die wir für die Beschreibung von Teilchen mit Spin $1/2$ zwingend benötigen. Anders als Skalare, Vektoren und Tensoren zeigen sie zum Beispiel unter einer Rotation ein besonderes Verhalten.

Am markantesten sieht man das wohl anhand einer Drehung um 2π. Für Teilchen mit ganzzahligem Spin (Bosonen) geht die Wellenfunktion dabei wieder in sich über, während sie für Teilchen mit halbzahligem Spin (Fermionen) mit dem Faktor -1 multipliziert wird. Um wieder in den Ausgangszustand zu kommen, benötigen wir in diesem Fall also eine Drehung um 4π.

Wenn man mag, kann man sich also einen Spinor wie einen normalen Vektor auf einem Möbius-Band vorstellen, der ja dann auch sozusagen zweimal die Runde machen muss, um wieder in seinen Anfangszustand zurückzukehren. Eine andere Hilfsvorstellung wäre ein Vektor, an den ein Zusatzteil angeheftet ist, das sich bei einer Rotation nur mit halber Winkelgeschwindigkeit mitdreht.

Eine genaue Betrachtung von Spinoren wäre an dieser Stelle zu umfangreich. Da wir auf die speziellen Eigenschaften von Spinoren im Folgenden nicht weiters zurückgreifen werden, verweisen wir für weitere Informationen auf die Literatur.[12]

---

[10] Zur sogenannten *Weyl-Darstellung* siehe die Aufgaben.

[11] Auch Viererspinor oder 4-Spinor genannt.

[12] Zwei einführende Artikel sind z. B. (1) William A. Straub, ‚A Child's Guide to Spinors' (2016, 9 Seiten) (für ältere Kinder gedacht) und (2) Andrew M. Steane, ‚An introduction to spinors' (2013, 23 Seiten); beide von verschiedenen Internetseiten herunterladbar.

Ein Beispiel einer formalen Definition findet sich weiter unten in Abschn. U.4.2 ‚Beweis der Kovarianz der D-Gl‘.

U.3   Ebene Wellen als Lösungen

In diesem Abschnitt betrachten wir ebene Wellen als Lösungen der Klein-Gordon- und der D-Gl, und zwar für den diskreten und den kontinuierlichen Fall (s. Anhang T.1 (1)). Der Schwerpunkt liegt dabei auf der D-Gl.

U.3.1   Klein-Gordon-Gleichung

Die freien kontinuierlichen Lösungen übernehmen wir in leicht abgeänderter Form von Gl. (U.12); sie lauten[13]

$$\phi(x) = \frac{1}{(2\pi)^{3/2}} \int \frac{d^3k}{\sqrt{2\omega_\mathbf{k}}} \left(a(\mathbf{k}) e^{i(\mathbf{kr}-\omega_\mathbf{k}t)} + a^\dagger(\mathbf{k}) e^{-i(\mathbf{kr}-\omega_\mathbf{k}t)} \right) \qquad (U.37)$$

Der Term $a(\mathbf{k})$ ist hier eine beliebige Amplitude. Energie und Impuls sind verknüpft durch

$$E_\mathbf{k} = \hbar\omega_\mathbf{k} = \sqrt{c^2\hbar^2\mathbf{k}^2 + c^4m^2} \qquad (U.38)$$

Die diskrete Variante lautet

$$\phi(x) = \sum_\mathbf{k} \frac{1}{\sqrt{2V\omega_\mathbf{k}}} \left(a(\mathbf{k}) e^{i(\mathbf{kr}-\omega_\mathbf{k}t)} + a^\dagger(\mathbf{k}) e^{-i(\mathbf{kr}-\omega_\mathbf{k}t)} \right) \qquad (U.39)$$

wobei die Summation über alle erlaubten diskreten Werte von $\mathbf{k}$ läuft.

Anmerkungen: (1) Es gibt verschiedene Konventionen für die Normierung. Die hier getroffene wird im Hinblick auf spätere Anwendungen in der Quantenfeldtheorie gewählt (siehe Anhang W (2)). (2) Ebenfalls mit Blick auf die Quantenfeldtheorie schreiben wir hier $a^\dagger(\mathbf{k})$ (hermitesch adjungiert) und nicht einfach $a^*(\mathbf{k})$ (komplex konjugiert), da später in der Quantenfeldtheorie die Amplituden $a(\mathbf{k})$ quantisiert, d. h. in Operatoren umgewandelt werden. An dieser Stelle ist der Grund für die Schreibweise $a^\dagger$ nicht per se ersichtlich. (3) Wir verwenden im diskreten und kontinuierlichen Fall dasselbe Symbol $a(\mathbf{k})$. Genau genommen müsste man eine Unterscheidung treffen, z. B. durch verschiedene Namen oder Indizes. Die Verwendung derselben Bezeichnung ist aber üblich und praktisch, da im Allgemeinen der Kontext eindeutig festlegt, was gemeint ist.

---

[13] Ab jetzt schreiben wir $E_\mathbf{k}$ und $\omega_\mathbf{k}$ anstatt von E und ω.

Alle drei Punkte treffen in entsprechender Weise auch auf die im Folgenden betrachtete D-Gl zu.

U.3.2 Dirac-Gleichung

Als Nächstes betrachten wir die freien Lösungen der D-Gl (U.36). Schwerpunkt wird dabei die Diskussion der Frage sein, welche physikalische Bedeutung den Lösungen zu negativer Energie zukommt.

Lösung für $p = 0$

Bevor wir die allgemeine freie Lösung in Angriff nehmen, ist es nützlich, den Fall eines ruhenden Teilchens zu betrachten, also $\mathbf{p} = 0$. Das bedeutet, dass die räumlichen Ableitungen verschwinden; wir suchen also nach Lösungen der einfacheren Gleichung

$$i\hbar\frac{\partial}{\partial t}\psi_{\mathbf{p}=0} = mc^2\beta\psi_{\mathbf{p}=0} = mc^2\begin{pmatrix} 1 & 0 \\ 0 & -1 \end{pmatrix}\psi_{\mathbf{p}=0} \tag{U.40}$$

Der Ansatz $\psi_{\mathbf{p}=0} = \psi_0 e^{-iEt/\hbar}$ führt auf

$$E\psi_0 = mc^2\beta\psi_0 = mc^2\begin{pmatrix} 1 & 0 & 0 & 0 \\ 0 & 1 & 0 & 0 \\ 0 & 0 & -1 & 0 \\ 0 & 0 & 0 & -1 \end{pmatrix}\psi_0 \tag{U.41}$$

Wir sehen sofort, dass es zwei Lösungen $\psi^{(+)}$ mit positiver Energie $E = mc^2$ und zwei Lösungen $\psi^{(-)}$ mit negativer Energie $E = -mc^2$ gibt. Mit $\omega = \frac{mc^2}{\hbar}$ lauten sie explizit

$$\psi_{1,\mathbf{p}=0}^{(+)} = \begin{pmatrix} 1 \\ 0 \\ 0 \\ 0 \end{pmatrix}e^{-i\omega t} \;\; ; \;\; \psi_{2,\mathbf{p}=0}^{(+)} = \begin{pmatrix} 0 \\ 1 \\ 0 \\ 0 \end{pmatrix}e^{-i\omega t}$$

$$\psi_{1,\mathbf{p}=0}^{(-)} = \begin{pmatrix} 0 \\ 0 \\ 1 \\ 0 \end{pmatrix}e^{i\omega t} \;\; ; \;\; \psi_{2,\mathbf{p}=0}^{(-)} = \begin{pmatrix} 0 \\ 0 \\ 0 \\ 1 \end{pmatrix}e^{i\omega t} \tag{U.42}$$

Mithilfe der Zweierspinoren

$$\chi_1 = \begin{pmatrix} 1 \\ 0 \end{pmatrix} \;, \; \chi_2 = \begin{pmatrix} 0 \\ 1 \end{pmatrix} \tag{U.43}$$

können wir das kompakter schreiben als

$$\psi_{s,\mathbf{p}=0}^{(+)} = \begin{pmatrix} \chi_s \\ 0 \end{pmatrix} e^{-i\omega t} \; ; \; \psi_{s,\mathbf{p}=0}^{(-)} = \begin{pmatrix} 0 \\ \chi_s \end{pmatrix} e^{i\omega t} \; ; \; s = 1,2 \qquad (U.44)$$

Lösung für p ≠ 0

Geleitet von den Ergebnissen für $p = 0$ wählen wir als Ansatz für die allgemeine freie Lösung zu positiver und negativer Energie

$$\psi_s^{(+)} = u_s \, e^{i(\mathbf{kr}-\omega t)} \; \text{ und } \; \psi_s^{(-)} = v_s \, e^{-i(\mathbf{kr}-\omega t)} \; ; \; s = 1,2 \qquad (U.45)$$

Einsetzen von (U.45) in die D-Gl bringt

$$\hbar\omega \, u_s = c\hbar\boldsymbol{\alpha} \cdot \mathbf{k} u_s + mc^2 \beta u_s \; \text{ und } \; -\hbar\omega \, v_s = -c\hbar\boldsymbol{\alpha} \cdot \mathbf{k} v_s + mc^2 \beta v_s \qquad (U.46)$$

Mit $E = \hbar\omega$ und $\mathbf{p} = \hbar\mathbf{k}$ ergibt sich $E\psi_0 = c\boldsymbol{\alpha} \cdot \mathbf{p}\psi_0 + mc^2\beta\psi_0$ oder

$$\left(c\boldsymbol{\alpha} \cdot \mathbf{p} + mc^2\beta - E\right) u_s = 0 \; \text{ und } \; \left(c\boldsymbol{\alpha} \cdot \mathbf{p} - mc^2\beta - E\right) v_s = 0 \qquad (U.47)$$

Schließlich folgen mit $E_{\mathbf{p}} = \sqrt{m^2c^4 + c^2\mathbf{p}^2}$ und den Zweierspinoren χ_s die normalisierten Lösungen

$$u_s(\mathbf{p}) = \sqrt{\frac{E_{\mathbf{p}} + mc^2}{2mc^2}} \begin{pmatrix} \chi_s \\ \frac{c\sigma p}{E_{\mathbf{p}}+mc^2}\chi_s \end{pmatrix} \; ;$$

$$v_s(\mathbf{p}) = \sqrt{\frac{E_{\mathbf{p}} + mc^2}{2mc^2}} \begin{pmatrix} \frac{c\sigma p}{E_{\mathbf{p}}+mc^2}\chi_s \\ \chi_s \end{pmatrix} \; ; \; s = 1,2 \qquad (U.48)$$

Die vier Spinoren $u_s(\mathbf{p})$ und $v_s(\mathbf{p})$ in (U.48) sind linear unabhängig. Sie erfüllen die folgenden Gleichungen:

$$\bar{u}_r(\mathbf{p}) u_s(\mathbf{p}) = \delta_{rs} \; ; \; \bar{v}_r(\mathbf{p}) v_s(\mathbf{p}) = -\delta_{rs}$$
$$\bar{u}_r(\mathbf{p}) v_s(\mathbf{p}) = 0 \; ; \; \bar{v}_r(\mathbf{p}) u_s(\mathbf{p}) = 0 \qquad \forall r, s \qquad (U.49)$$

wobei $\bar{u}_r = u_r^\dagger \beta$ die Dirac-Adjungierte von u_r ist. Es sei noch einmal darauf hingewiesen, dass die $u_s(\mathbf{p})$ bzw. $v_s(\mathbf{p})$ Lösungen mit positiver bzw. negativer Energie beschreiben.

Die allgemeine Lösung ist eine Superposition aller Partiallösungen. Sie lautet

$$\psi\left(x\right) = \sum_{\mathbf{p},s} \sqrt{\frac{m}{V\omega_{\mathbf{p}}}} \Big(b_s\left(\mathbf{p}\right) u_s\left(\mathbf{p}\right) e^{i\left(\mathbf{pr}-E_{\mathbf{p}}t\right)/\hbar}$$

$$+d_s^\dagger\left(\mathbf{p}\right) v_s\left(\mathbf{p}\right) e^{-i\left(\mathbf{pr}-E_{\mathbf{p}}t\right)/\hbar} \Big) \quad \text{diskreter Fall}$$

$$\psi\left(x\right) = \sum_s \int d^3p \sqrt{\frac{m}{\left(2\pi\right)^3\omega_{\mathbf{p}}}} \Big(b_s\left(\mathbf{p}\right) u_s\left(\mathbf{p}\right) e^{i\left(\mathbf{pr}-\omega_{\mathbf{p}}t\right)/\hbar}$$

$$+d_s^\dagger\left(\mathbf{p}\right) v_s\left(\mathbf{p}\right) e^{-i\left(\mathbf{pr}-\omega_{\mathbf{p}}t\right)/\hbar} \Big) \quad \text{kontinuierlicher Fall}$$

$$(\text{U.50})$$

wobei $b_s\left(\mathbf{p}\right)$ und $d_s\left(\mathbf{p}\right)$ beliebige Amplituden sind. Wie schon bei der Klein-Gordon-Gleichung ausgeführt, schreiben wir $d_s^\dagger\left(\mathbf{p}\right)$ und nicht $d_s^*\left(\mathbf{p}\right)$, im Hinblick auf spätere Anwendungen in der Quantenfeldtheorie, wo die Terme $b_s\left(\mathbf{p}\right)$ und $d_s\left(\mathbf{p}\right)$ als Operatoren aufgefasst werden.

Ebene Wellen, Grenzfälle

Um die physikalische Bedeutung der ebenen Wellen (U.50) zu erhellen, betrachten wir die Spinoren (U.48) für die zwei Grenzfälle $p \to 0$ (nichtrelativistischer Fall) und $p \to \infty$ (ultrarelativistischer Fall).

Fall $p \to 0$ Im Limes $p \to 0$ folgt von (U.48)

$$u_s\left(\mathbf{p}\right) \to \begin{pmatrix} \chi_s \\ 0 \end{pmatrix} \quad ; \quad v_s\left(\mathbf{p}\right) \to \begin{pmatrix} 0 \\ \chi_s \end{pmatrix} \quad ; \quad s = 1,2 \qquad (\text{U.51})$$

was mit (U.42) übereinstimmt.

Betrachtet man die Lösung für positive Energie, sieht man, dass zumindest bezüglich der ersten zwei Zeilen (also χ_s) eine gewisse Ähnlichkeit mit den beiden Grundzuständen eines Spin-$1/2$-Teilchens besteht. Diese Annahme wird dadurch verstärkt, dass die beiden unteren Einträge null sind und die Lösungen für positive und negative Energie strikt getrennt sind. An dieser Stelle könnte man vielleicht die Hoffnung hegen, die unteren Komponenten mit negativer Energie einfach vernachlässigen zu können, da sie so etwas wie ein Artefakt der Theorie sind.

Fall $p \to \infty$ Diese schwache Hoffnung wird aber bei genauerer Betrachtung von (U.48) sofort zerstört. Um den Punkt klarer zu machen, betrachten wir den ultrarelativistischen Fall $p \to \infty$, was $E_{\mathbf{p}} \to c\left|\mathbf{p}\right| \gg mc^2$ bedeutet.[14] Dies ergibt

$$u_s\left(\mathbf{p}\right) \to \sqrt{\frac{\left|\mathbf{p}\right|}{2mc}} \begin{pmatrix} \chi_s \\ \sigma\frac{\mathbf{p}}{\left|\mathbf{p}\right|}\chi_s \end{pmatrix} \quad ; \quad v_s\left(\mathbf{p}\right) = \sqrt{\frac{\left|\mathbf{p}\right|}{2mc}} \begin{pmatrix} \sigma\frac{\mathbf{p}}{\left|\mathbf{p}\right|}\chi_s \\ \chi_s \end{pmatrix} \quad ; \quad s = 1,2$$

$$(\text{U.52})$$

---

[14] Damit keine Missverständnisse auftreten:$\left|\mathbf{p}\right|$ ist kein Operator, sondern die durch $c\left|\mathbf{p}\right| = \sqrt{E_{\mathbf{p}}^2 - m^2c^4}$ gegebene Zahl.

Wir sehen, dass alle vier Einträge in den Lösungen für positive und negative Energie die gleiche Größenordnung haben und untrennbar miteinander verbunden sind (man beachte $\left\| \sigma \frac{\mathbf{p}}{|\mathbf{p}|} \right\| = 1$).[15] Das heißt, wir dürfen weder den dritten und vierten Eintrag in u_s vernachlässigen noch v_s als solches. Wir kommen also nicht umhin, die Frage zu diskutieren, wie die Lösungen für negative Energie zu interpretieren sind und warum wir wir hier für den Spin 1/2 einen Zustandsraum der Dimension 4 anstatt der vertrauten Dimension 2 haben.

Spin

Dass die Spinoren (U.44) Teilchen mit Spin 1/2 beschreiben, wird durch Anwendung des Spinoperators $\boldsymbol{\Sigma}$ bestätigt. Da wir hier Viererspinoren haben, ist der Spinoperator nicht einfach durch $\boldsymbol{\sigma}$ gegeben, sondern durch

$$\boldsymbol{\Sigma} = \frac{\hbar}{2} \begin{pmatrix} \sigma & 0 \\ 0 & \sigma \end{pmatrix} \tag{U.53}$$

Diese Beziehung kann formal gezeigt werden, aber da die Herleitung ziemlich langwierig ist, geben wir nur das Ergebnis an.[16] Wir betrachten zuerst den Fall $\mathbf{p} = 0$. Wenden wir z. B. Σ_3 an, folgt

$$\begin{aligned} \Sigma_3 \psi^{(+)}_{1,\mathbf{p}=0} &= \frac{\hbar}{2} \begin{pmatrix} \sigma_3 & 0 \\ 0 & \sigma_3 \end{pmatrix} \begin{pmatrix} \chi_1 \\ 0 \end{pmatrix} e^{-i\omega t} \\ &= \frac{\hbar}{2} \begin{pmatrix} \sigma_3 \chi_1 \\ 0 \end{pmatrix} e^{-i\omega t} = \frac{\hbar}{2} \begin{pmatrix} \chi_1 \\ 0 \end{pmatrix} = \frac{\hbar}{2} \psi^{(+)}_{1,\mathbf{p}=0} \end{aligned} \tag{U.54}$$

und analog

$$\Sigma_3 \psi^{(+)}_{2,\mathbf{p}=0} = -\frac{\hbar}{2} \psi^{(+)}_{1,\mathbf{p}=0} \;\; ; \;\; \Sigma_3 \psi^{(-)}_{1,\mathbf{p}=0} = \frac{\hbar}{2} \psi^{(-)}_{1,\mathbf{p}=0} \;\; ; \;\; \Sigma_3 \psi^{(-)}_{2,\mathbf{p}=0} = -\frac{\hbar}{2} \psi^{(-)}_{1,\mathbf{p}=0} \tag{U.55}$$

Wir haben also zwei Lösungen mit Spin 1/2, eine für positive Energie und eine für negative Energie. Sie haben vier statt zwei Komponenten, was mit dem Auftreten negativer Energien zusammenhängt. Wir verschieben die Interpretation der Lösungen mit negativer Energie, akzeptieren sie aber vorübergehend als jedenfalls mathematisch korrekte Lösungen (tatsächlich sind sie, wie wir später sehen werden, auch physikalisch korrekte Lösungen).

---

[15] Übrigens heißt der Operator $\sigma \frac{\mathbf{p}}{|\mathbf{p}|}$ ‚Helizitätsoperator'. Seine Eigenwerte sind +1 bzw. -1, je nachdem, ob der Spin der Teilchen in die bzw. entgegen der Flugrichtung zeigt. Siehe auch die Aufgaben.

[16] Man beachte, dass $\boldsymbol{\Sigma}$ drei Komponenten hat (wie $\boldsymbol{\sigma}$), aber jede dieser Komponenten eine 4×4-Matrix ist.

Für $\mathbf{p} \neq 0$ ist die Situation nicht so einfach. Je schneller sich relativistische Teilchen bewegen, desto mehr richtet sich ihr Spin nach der Bewegungsrichtung aus. Tatsächlich ist der Spin bei masselosen Teilchen, die sich mit c bewegen, immer parallel oder antiparallel zum Geschwindigkeitsvektor gerichtet. Somit sind hier die Dinge im Allgemeinen komplizierter als für $\mathbf{p} = 0$. Es gibt eine Ausnahme, nämlich $p_1 = p_2 = 0$ und $p = p_3 > 0$, d. h. Translation in Richtung der Spinachse. Wir haben zum Beispiel (mit $\mathcal{E} = \sqrt{\frac{E_{\mathbf{p}}+mc^2}{2mc^2}}$)

$$\Sigma_3 u_1 (0, 0, p_3) = \mathcal{E}\frac{\hbar}{2} \begin{pmatrix} \sigma_3 & 0 \\ 0 & \sigma_3 \end{pmatrix} \begin{pmatrix} \chi_1 \\ \frac{c\sigma_3 p_3}{E_{\mathbf{p}}+mc^2}\chi_1 \end{pmatrix}$$

$$= \mathcal{E}\frac{\hbar}{2} \begin{pmatrix} \sigma_3\chi_1 \\ \frac{c\sigma_3 p_3 \sigma_3}{E_{\mathbf{p}}+mc^2}\chi_1 \end{pmatrix} = \frac{\hbar}{2} u_1 (0, 0, p_3) \tag{U.56}$$

(wegen $\sigma_3\chi_1 = \chi_1$) und analog für die anderen Spinoren.

Wir fassen zusammen: Die Lösungen (U.50) beschreiben zwei Arten von Teilchen mit Spin $1/2$, wobei sich der eine Typ auf positive, der andere auf negative Energie bezieht. Im Rahmen der D-Gl gibt es keine wirklich überzeugende Erklärung für das Teilchen mit negativer Energie. Es wurde allerdings schon früh vermutet, dass die Lösungen zu negativer Energie mit der Existenz von Antiteilchen zu tun haben; das wäre beim Elektron das Positron. Diese Vermutung wird in der Quantenfeldtheorie bestätigt.

Wichtig ist hier jedenfalls, dass die D-Gl relativistische Teilchen mit Spin $1/2$ beschreibt, wobei sich diese Tatsache ohne weitere Annahmen (z. B. über den Drehimpuls) zwingend aus dem Ansatz selbst ergibt.

U.4　Kovariante Formulierung der Dirac-Gleichung

Wir haben die Dirac-Gleichung

$$i\hbar\frac{\partial}{\partial t}\psi = c\frac{\hbar}{i}\boldsymbol{\alpha} \cdot \nabla\psi + mc^2\beta\psi \tag{U.57}$$

hergeleitet, wobei wir für die folgenden Überlegungen von der Standard-Darstellung ausgehen.

Die Ableitung einer solchen Gleichung ist aber nur der erste Schritt; in diesem Stadium sind mehrere Fragen offen. Zum Beispiel müssen wir nachweisen, dass (U.57) allen Anforderungen der speziellen Relativitätstheorie genügt. Da dies am einfachsten mit einer kovarianten Formulierung der Gleichung zu bewerkstelligen ist, werden wir diese als Erstes herleiten. Danach koppeln wir die D-Gl mit dem elektromagnetischen Feld. Auf diese Weise erhalten wir unter anderem auch die Pauli-Gleichung als nichtrelativistische Näherung der D-Gl.

Zunächst eine kurze Anmerkung zum Begriff *Kovarianz*, genauer gesagt, Lorentz-Kovarianz. Grob gesagt, bezeichnet Kovarianz in der Physik die Invarianz der Form von Größen bzw. Gleichungen bei bestimmten Transformationen. In der SRT hat Kovarianz unterschiedliche, aber verwandte Bedeutungen.

(1) Für einen Vierervektor gilt, dass sich unter Lorentz-Transformationen zwar seine Komponenten definiert ändern, aber seine Länge (ein Skalar) unverändert bleibt. Andere Lorentz-kovariante Objekte sind Spinoren und Tensoren. Insbesondere sind (Lorentz-)Skalare unter Lorentz-Transformationen invariant.

(2) Eine Gleichung heißt kovariant, wenn sie mit ausschließlich kovarianten Größen formuliert werden kann. Folglich hat eine solche Gleichung in allen Inertialsystemen dieselbe Form (Forminvarianz). Dies gilt beispielsweise für die D-Gl, wie wir weiter unten zeigen.[17]

(3) Man darf diese Bedeutung von ‚kovariant‘ nicht mit der Bezeichnung von Vektoren als kovariant und kontravariant verwechseln, die zwar in der SRT üblich ist, aber vielleicht manchmal für Verwirrung sorgen kann. Jedenfalls transformieren sich sowohl kovariante als auch kontravariante Vektoren auf ‚richtige‘, also kovariante Weise.[18]

U.4.1 γ-Matrizen

Um die D-Gl kovariant schreiben zu können, führen wir jetzt die sogenannten γ-Matrizen ein und besprechen ihre Eigenschaften. Wir beginnen mit der D-Gl (U.57)

$$i\hbar\frac{\partial}{\partial t}\psi = c\frac{\hbar}{i}\boldsymbol{\alpha}\cdot\nabla\psi + mc^2\beta\psi \tag{U.58}$$

wobei $\boldsymbol{\alpha}$ die Komponenten α_i, $i = 1, 2, 3$ hat.[19] Wenn wir beide Seiten durch c dividieren und $x^0 = ct$ verwenden, erhalten wir[20]

---

[17] In ‚Quantum Field Theory for the Gifted Amateur‘ von T. Lancaster und S. J. Blundell heißt es auf Seite 3 (aus dem Englischen übersetzt): „Eine gute physikalische Theorie wird als kovariant bezeichnet, wenn sie unter Koordinatentransformationen sinnvoll transformiert. Insbesondere fordern wir, dass Größen Lorentz-kovariant sein sollten, wenn sie unter den Elementen der Lorentz-Gruppe (zu denen die Lorentz-Transformationen der speziellen Relativitätstheorie gehören) angemessen transformiert werden."

[18] Wir wiederholen hier ein Zitat aus ‚Quantum Field Theory for the Gifted Amateur‘, Seite 4: „Diese unglücklichen Begriffe [gemeint sind ko- und kontravariant] sind dem englischen Mathematiker J. J. Sylvester (1814–1897) zu verdanken. Beide Arten von Vektoren transformieren sich kovariant im Sinne von ‚richtig‘...."

[19] Man beachte, dass in diesem Zusammenhang $\boldsymbol{\alpha}$ sich wie ein Dreiervektor verhält, weswegen wir obere oder untere Indizes benutzen können, $\alpha^i = \alpha_i$.

[20] $\partial_\mu = \frac{\partial}{\partial x^\mu} = \left(\frac{1}{c}\frac{\partial}{\partial t}, \nabla\right) = (\partial_0, \nabla)$ und $\partial^\mu = \frac{\partial}{\partial x_\mu} = \left(\frac{1}{c}\frac{\partial}{\partial t}, -\nabla\right) = (\partial_0, -\nabla)$

$$i\hbar \frac{\partial}{\partial x^0}\psi = \frac{\hbar}{i}\sum_{k=1}^{3}\alpha_k \frac{\partial}{\partial x^k}\psi + mc\beta\psi \tag{U.59}$$

Wir weisen darauf hin, dass wir die kovariante Form des Gradienten verwenden (siehe Anhang T.2 (1)). Wir multiplizieren beide Seiten mit β, schreiben $\frac{\partial}{\partial x^\mu} = \partial_\mu$ und teilen durch $\hbar$. Dies ergibt (zur Erinnerung: $\beta^2 = 1$)

$$i\left(\beta\partial_0 + \sum_{k=1}^{3}\beta\alpha_k\partial_k\right)\psi = \frac{mc}{\hbar}\psi \tag{U.60}$$

Um die Notation zu vereinfachen, definieren wir neue Matrizen durch[21]

$$\gamma^0 := \beta \; ; \; \gamma^k := \beta\alpha_k \tag{U.61}$$

Diese Matrizen heißen γ-*Matrizen* oder *Dirac-Matrizen*. Man beachte den obenstehenden Index; es handelt sich also um kontravariante Größen. Unter Verwendung der Einsteinschen Summenkonvention können wir die D-Gl schreiben als

$$i\left(\gamma^0\partial_0 + \gamma^k\partial_k\right)\psi = i\gamma^\mu\partial_\mu\psi = \frac{mc}{\hbar}\psi \tag{U.62}$$

Mit $p_\mu = i\hbar\partial_\mu$ folgt

$$\gamma^\mu p_\mu\psi = mc\psi \tag{U.63}$$

Auf der linken Seite haben wir mit $\gamma^\mu p_\mu$ so etwas wie ein inneres Produkt („so etwas", weil die γ^μ Matrizen sind, aber dieser Punkt kann geklärt werden), und wir wissen, dass innere Produkte von Vierervektoren invariant sind. Das Gleiche gilt für den Skalar mc auf der rechten Seite. Das bedeutet, dass (U.63) vermutlich kovariant ist, was wir dann auch weiter unten im Abschn. U.4.2 ‚Beweis der Kovarianz der D-Gl' zeigen.

Da innere Produkte wie $\gamma^\mu\partial_\mu$ in relativistischen Theorien oft auftauchen, hat sich eine spezielle Kurzschreibweise eingebürgert, auch Feynmansche Slash-Notation genannt (oder Feynman-Dolch, Feynman-Dagger), nämlich

$$\rlap{/}a = \gamma \cdot a = \gamma^\mu a_\mu = \gamma_\mu a^\mu = \gamma^0 a_0 - \gamma^k a_k = \gamma^0 a_0 - \boldsymbol{\gamma} \cdot \mathbf{a} \tag{U.64}$$

---

[21] Zwar werden diese Matrizen leider auch mit dem Buchstaben γ bezeichnet, aber eine Verwechslung mit dem in der SRT üblichen $\gamma = \frac{1}{\sqrt{1-\left(\frac{v}{c}\right)^2}}$ sollte dennoch ausgeschlossen sein.

Mit dieser Notation lautet die D-Gl

$$\partial\!\!\!/\,\psi = \frac{mc}{i\hbar}\psi \qquad\qquad (U.65)$$

Mit $p = i\hbar\partial$ erhalten wir schließlich die stromlinienförmigste oder kompakteste Form der D-Gl:

$$p\!\!\!/\,\psi = mc\psi \qquad\qquad (U.66)$$

Ist das nicht schlichtweg elegant?

Eigenschaften der γ-Matrizen

Die neu gefundenen γ-Matrizen spielen in ‚höheren‘ relativistischen Theorien eine dominierende Rolle, wo sie die Matrizen α und β vollständig ersetzen.

Im Folgenden gehen wir auf der Eigenschaften der γ-Matrizen ein. Ihre kovariante Form lautet[22] $\gamma_\mu = g_{\mu\nu}\gamma^\nu = \left(\gamma^0, -\gamma^1, -\gamma^2, -\gamma^3\right)$. Bei den meisten Manipulationen ist es am einfachsten, sich das 4-Tupel γ^μ als einen matrixwertigen Vierervektor vorzustellen, wenn das auch eine etwas saloppe Formulierung ist.

Explizite Formulierung in der Standardschreibweise In der Standarddarstellung

$$\beta = \begin{pmatrix} 1 & 0 \\ 0 & -1 \end{pmatrix} \; ; \; \alpha = \begin{pmatrix} 0 & \sigma \\ \sigma & 0 \end{pmatrix} \qquad\qquad (U.67)$$

sind die γ-Matrizen gegeben durch

$$\gamma^0 = \begin{pmatrix} 1 & 0 \\ 0 & -1 \end{pmatrix} \; ; \; \gamma = \begin{pmatrix} 0 & \sigma \\ -\sigma & 0 \end{pmatrix} \qquad\qquad (U.68)$$

oder explizit durch

$$\gamma^0 = \begin{pmatrix} 1 & 0 & 0 & 0 \\ 0 & 1 & 0 & 0 \\ 0 & 0 & -1 & 0 \\ 0 & 0 & 0 & -1 \end{pmatrix} \; ; \; \gamma^1 = \begin{pmatrix} 0 & 0 & 0 & 1 \\ 0 & 0 & 1 & 0 \\ 0 & -1 & 0 & 0 \\ -1 & 0 & 0 & 0 \end{pmatrix}$$
$$\gamma^2 = \begin{pmatrix} 0 & 0 & 0 & -i \\ 0 & 0 & i & 0 \\ 0 & i & 0 & 0 \\ -i & 0 & 0 & 0 \end{pmatrix} \; ; \; \gamma^3 = \begin{pmatrix} 0 & 0 & 1 & 0 \\ 0 & 0 & 0 & -1 \\ -1 & 0 & 0 & 0 \\ 0 & 1 & 0 & 0 \end{pmatrix} \qquad (U.69)$$

---

[22] Zum metrischen Tensor $g_{\mu\nu} = \begin{pmatrix} \sigma_z & 0 \\ 0 & -1 \end{pmatrix}$ siehe auch Anhang T.2 (1).

Bei anderen Darstellungen der Matrizen $\boldsymbol{\alpha}$ und β (z. B. Weyl- oder Majorana-Darstellung) folgen natürlich andere Darstellungen der γ-Matrizen. Zu Einzelheiten dazu siehe die Literatur.

Wir erwähnen noch, dass γ^0 hermitesch und $\boldsymbol{\gamma}$ antihermitesch ist (siehe die Aufgaben).

Noch eine kurze Bemerkung zu den Gamma-Matrizen γ^4 und γ^5. Früher wurde anstatt γ^0 häufig γ^4 geschrieben; diesen Sprachgebrauch findet man heute nur noch gelegentlich, z. B. in B.H. Bransden & C.J. Joachain, ‚Quantum Mechanics‘, 2. ed, S. 693. Die Schreibweise γ^4 anstatt γ^0 ist auch der Grund für den Index 5 von $\gamma^5 = i\gamma^0\gamma^1\gamma^2\gamma^3$. Die Matrix γ^5 ist hermitesch und antikommutiert mit den vier γ^μ; ihre Eigenwerte sind ± 1; sie wird auch Chiralitätsoperator genannt.

Vertauschungsregeln für die γ-Matrizen

Die Matrizen $\boldsymbol{\alpha}$ und β gehorchen den Kommutationsregeln

$$\alpha_j\alpha_k + \alpha_k\alpha_j = 2\delta_{jk}$$
$$\alpha_k\beta + \beta\alpha_k = 0 \text{ oder } \alpha_k = -\beta\alpha_k\beta \qquad \text{(U.70)}$$
$$\alpha_i^2 = \beta^2 = 1$$

Mit

$$\gamma^0 := \beta \ ; \ \gamma^k := \beta\alpha^k \ \rightarrow \ \beta = \gamma^0 \ ; \ \alpha^k = \beta\gamma^k = -\gamma^k\beta \qquad \text{(U.71)}$$

erhalten wir für die γ-Matrizen

$$-\gamma^j\beta\beta\gamma^k - \gamma^k\beta\beta\gamma^j = -\gamma^j\gamma^k - \gamma^k\gamma^j = 2\delta_{jk}$$
$$\beta\gamma^k + \gamma^k\beta = 0 \rightarrow \gamma^0\gamma^k + \gamma^k\gamma^0 = 0 \qquad \text{(U.72)}$$
$$\left(\gamma^0\right)^2 = 1 \ ; \ \left(\gamma^i\right)^2 = -1$$

Das lässt sich mithilfe der Elemente $g^{\mu\nu}$ des metrischen Tensors kompakter schreiben als

$$\gamma^\mu\gamma^\nu + \gamma^\nu\gamma^\mu = \left\{\gamma^\mu, \gamma^\nu\right\} = 2g^{\mu\nu} \cdot 1 \qquad \text{(U.73)}$$

wobei 1 die 4×4-Einheitsmatrix ist.

Adjungierte Dirac-Gleichung, Kontinuitätsgleichung

Wir wissen, dass das innere Produkt zweier Vektoren a und b ein Skalar ist; es ist durch $a^\dagger b$ definiert, wobei $a^\dagger$ hermitesch adjungiert[23] zu a ist. Für Spinoren wie ψ als Lösung der D-Gl taugt diese Definition nicht. Zwar ist $\psi^\dagger\psi$ ein Skalar, aber eben nicht ein Lorentz-Skalar, also nicht vom Inertialsystem unabhängig.

---

[23] Zur Erinnerung: komplex konjugiert und transponiert.

Tatsächlich müssen wir für einen Dirac-Spinor ψ den *adjungierten Spinor* (auch Dirac-Adjungierte oder relativistische Adjungierte) verwenden, der definiert ist durch[24]

$$\bar{\psi} = \psi^{\dagger} \gamma^0 \tag{U.74}$$

Man kann zeigen, dass sich $\bar{\psi}\psi$ wie ein Lorentz-Skalar transformiert.

Wir bemerken, dass wir im Großteil des Buches, in dem es um nichtrelativistische Quantenmechanik geht, nicht unbedingt zwischen ‚adjungiert' und ‚hermitesch adjungiert' unterscheiden, sondern die beiden Begriffe quasi synonym verwenden. Aber hier, im Zusammenhang mit der D-Gl und allgemein in relativistischen Theorien, müssen wir genauer unterscheiden zwischen der hermiteschen Adjungierten $\psi^{\dagger}$ und der Dirac-Adjungierten $\bar{\psi}$.

Um die adjungierte Gleichung aufzustellen, beginnen wir mit der D-Gl (U.62) in der Form

$$i\gamma^{\mu}\partial_{\mu}\psi - \frac{mc}{\hbar}\psi = 0 \tag{U.75}$$

Wir nehmen die hermitesch Adjungierte dieser Gleichung und multiplizieren von rechts mit γ^0. Dies ergibt die *adjungierte Dirac-Gleichung* (siehe Aufgaben)

$$i\left(\partial_{\mu}\bar{\psi}\right)\gamma^{\mu} + \frac{mc}{\hbar}\bar{\psi} = 0 \tag{U.76}$$

Um in vertrauter Weise eine Kontinuitätsgleichung herzuleiten und daraus die Wahrscheinlichkeitsdichte zu bestimmen, multiplizieren wir die D-Gl von links mit $\bar{\psi}$ und die adjungierte Gleichung von rechts mit ψ:

$$i\bar{\psi}\gamma^{\mu}\partial_{\mu}\psi - \frac{mc}{\hbar}\bar{\psi}\psi = 0 \;\; ; \;\; i\left(\partial_{\mu}\bar{\psi}\right)\gamma^{\mu}\psi + \frac{mc}{\hbar}\bar{\psi}\psi = 0 \tag{U.77}$$

Addition der beiden Gleichungen ergibt

$$\bar{\psi}\gamma^{\mu}\partial_{\mu}\psi + \left(\partial_{\mu}\bar{\psi}\right)\gamma^{\mu}\psi = 0 \;\; \text{oder} \;\; \partial_{\mu}\left(\bar{\psi}\gamma^{\mu}\psi\right) = 0 \tag{U.78}$$

Wenn wir diese Gleichung als Kontinuitätsgleichung[25] $\partial_{\mu}j^{\mu} = 0$ verstehen, können wir den *Diracschen Viererstrom*[26] definieren durch

$$j^{\mu} = \bar{\psi}\gamma^{\mu}\psi \tag{U.79}$$

---

[24] Man beachte die Unterschiede in der Definition des inneren Produkts von Dreiervektoren, Vierervektoren und Viererspinoren.

[25] Siehe Anhang T.2 (1).

[26] Dieser Viererstrom ist ein ‚richtiger' Vierervektor, kein Spinor.

Folglich ist die Wahrscheinlichkeitsdichte $\rho = j^0$ gegeben durch

$$\rho = j^0 = \bar{\psi}\gamma^0\psi = \psi^\dagger\psi \qquad \text{(U.80)}$$

Ganz offensichtlich ist die so definierte Wahrscheinlichkeitsdichte ρ positiv definit.

U.4.2   Beweis der Kovarianz der D-Gl

In der theoretischen Physik gilt das wichtige Prinzip, dass Koordinatensysteme menschengemacht sind und nicht in der Natur existieren; daher sollten sie bei der Formulierung physikalischer Gesetze keine Rolle spielen. In unserem Fall bedeutet dies, dass die D-Gl Lorentz-kovariant sein muss, also in allen Inertialsystemen die gleiche Form haben muss.

Wir skizzieren im Folgenden das Vorgehen. Dazu gehen wir aus von zwei Inertialsystemen I und $\tilde{I}$ mit Koordinaten x und $\tilde{x} = \Lambda x$ sowie Wellenfunktionen $\psi(x)$ und $\tilde{\psi}(\tilde{x})$.[27] Es muss eine eindeutige Beziehung zwischen $\psi(x)$ und $\tilde{\psi}(\tilde{x})$ bestehen. Da sowohl die D-Gl als auch die Lorentz-Transformation linear sind, muss diese Beziehung ebenfalls linear sein. Da die Wellenfunktionen außerdem vier Komponenten haben, muss der Zusammenhang über eine 4×4-Matrix hergestellt werden. Wir nennen diese Matrix $S(\Lambda)$. Es muss also gelten

$$\tilde{\psi}(\tilde{x}) = S(\Lambda)\,\psi(x) = S(\Lambda)\,\psi\left(\Lambda^{-1}\tilde{x}\right) \qquad \text{(U.81)}$$

Lorentz-Kovarianz bedeutet, dass wir mittels $\tilde{x} = \Lambda x$ und $\tilde{\psi}(\tilde{x}) = S(\Lambda)\,\psi\left(\Lambda^{-1}\tilde{x}\right)$ die D-Gl in I in eine D-Gl in $\tilde{I}$ überführen können. Mit anderen Worten: in I und $\tilde{I}$ lauten die D-Glen

$$\left(i\hbar\gamma^\mu\partial_\mu - mc\right)\psi(x) = 0 \;\; \text{und} \;\; \left(i\hbar\gamma^\mu\tilde{\partial} - mc\right)\tilde{\psi}(\tilde{x}) = 0 \qquad \text{(U.82)}$$

mit $\tilde{\partial}_\mu = \frac{\partial}{\partial\tilde{x}^\mu}$. Um eine Gleichung für $S(\Lambda)$ zu erhalten, nutzen wir

$$\partial_\mu = \frac{\partial}{\partial x^\mu} = \frac{\partial\tilde{x}^\nu}{\partial x^\mu}\frac{\partial}{\partial\tilde{x}^\nu} = \Lambda^\nu{}_\mu\frac{\partial}{\partial\tilde{x}^\nu} \qquad \text{(U.83)}$$

---

[27] Wir können hier annehmen, dass Λ alle Lorentz-Transformationen umfasst, also neben den speziellen Lorentz-Transformationen auch Rotationen, Spiegelungen etc. In weiterführenden Theorien gibt es auch z. B. Paritätsverletzung (in schwachen Wechselwirkungen), aber das wird hier nicht Thema sein.

Man kann die Überlegungen auch für den Fall der allgemeineren Poincaré-Transformation $\tilde{x} = \Lambda x + a$ anstellen, natürlich mit dem gleichen Ergebnis.

Dies zusammen mit $\psi(x) = S^{-1}(\Lambda)\,\tilde{\psi}(\tilde{x})$ setzen wir in die D-Gl in I ein. Das ergibt

$$\left(i\hbar\gamma^{\mu}\Lambda^{\nu}{}_{\mu}\frac{\partial}{\partial\tilde{x}^{\nu}} - mc\right)S^{-1}(\Lambda)\,\tilde{\psi}(\tilde{x}) = 0 \tag{U.84}$$

Wir multiplizieren von links mit S

$$i\hbar S(\Lambda)\gamma^{\mu}\Lambda^{\nu}{}_{\mu}\tilde{\partial}_{\nu}S^{-1}(\Lambda)\,\tilde{\psi}(\tilde{x}) - mc\tilde{\psi}(\tilde{x}) = 0 \tag{U.85}$$

Vergleich mit der D-Gl in $\tilde{I}$ zeigt, dass wir nach einer Lösung S der Gleichung

$$S(\Lambda)\gamma^{\mu}\Lambda^{\nu}{}_{\mu}\tilde{\partial}_{\nu}S^{-1}(\Lambda) = \gamma^{\mu}\tilde{\partial}_{\mu} = \gamma^{\nu}\tilde{\partial}_{\nu} \tag{U.86}$$

suchen müssen. Es folgt

$$\gamma^{\mu}\Lambda^{\nu}{}_{\mu}\tilde{\partial}_{\nu} = S^{-1}(\Lambda)\gamma^{\nu}\tilde{\partial}_{\nu}S(\Lambda) \tag{U.87}$$

oder[28]

$$S^{-1}(\Lambda)\gamma^{\nu}S(\Lambda) = \Lambda^{\nu}{}_{\mu}\gamma^{\mu}. \tag{U.88}$$

Das ist die grundlegende Gleichung zur Bestimmung von $S(\Lambda)$. Findet man für alle Λ eine Lösung, hat man die Kovarianz der D-Gl bewiesen.

Wir sind an dieser Stelle nun auch in der Lage, eine saubere (formale) Definition für den Begriff Spinor zu geben, nämlich: Eine Wellenfunktion ψ, die sich entsprechend Gl. (U.81) mit S, gegeben durch (U.88), transformiert, wird *Spinor* (genauer Lorentz-Spinor, Viererspinor) genannt.[29] Man beachte, dass ψ kein Vierervektor ist – dessen Verhalten unter Lorentz-Transformation ist durch $\tilde{a}^{\mu} = \Lambda^{\mu}{}_{\nu}\,a^{\nu}$ gegeben.

Als ein Beispiel für die Lösung von Gl. (U.88) betrachten wir die Spiegelung, gegeben durch

$$\Lambda^{\nu}{}_{\mu} = \begin{pmatrix} 1 & 0 & 0 & 0 \\ 0 & -1 & 0 & 0 \\ 0 & 0 & -1 & 0 \\ 0 & 0 & 0 & -1 \end{pmatrix} = g^{\nu\mu} \tag{U.89}$$

---

[28] Man beachte, dass die $\Lambda^{\nu}{}_{\mu}$ Matrixelemente sind, die als Skalare natürlich mit den Dirac-Matrizen γ^{μ} kommutieren.

[29] Es gibt auch in zwei Dimensionen Spinoren, die sogenannten Weyl- oder Zweierspinoren. Von da rührt der Sprachgebrauch her, dass ein Viererspinor auch Bispinor genannt wird, vor allem, wenn er durch zwei Zweierspinoren dargestellt wird.

Gl. (U.88) lautet in diesem Fall

$$S^{-1}\gamma^{\nu}S = \Lambda^{\nu}{}_{\mu}\gamma^{\mu} = g^{\nu\mu}\gamma^{\mu} = g^{\nu\nu}\gamma^{\nu} \tag{U.90}$$

wobei im letzten Term nicht über ν summiert wird. Es folgt

$$S^{-1}\gamma^{0}S = \gamma^{0} \ ; \ S^{-1}\gamma^{k}S = -\gamma^{k} \to S = \gamma^{0} \tag{U.91}$$

wobei wir (U.73) berücksichtigt haben.[30] Auf diese Weise lautet dann die Transformation (U.81)

$$\tilde{\psi}(\tilde{x}) = \tilde{\psi}(t, \tilde{\mathbf{x}}) = \tilde{\psi}(t, -\mathbf{x}) = \gamma^{0}\psi(t, \mathbf{x}) \tag{U.92}$$

Insgesamt kann die Paritätstransformation für Spinoren geschrieben werden als

$$P = \gamma^{0}P^{(\mathbf{x})} \tag{U.93}$$

wobei $P^{(\mathbf{x})}$ die Spiegelung $\mathbf{x} \to -\mathbf{x}$ bewirkt.

Auf ähnliche Weise kann man zeigen, dass es für *alle* Lorentz-Transformationen eine Lösung $S(\Lambda)$ von Gl. (U.88) gibt, was die Kovarianz der D-Gl belegt. Die Rechnungen sind etwas langwierig und umständlich und wir lassen sie aus. Für die Details sei auf die Literatur verwiesen.

U.4.3   Ankopplung an das elektromagnetische Feld

Schließlich wollen wir die D-Gl in einem elektromagnetischen Feld aufstellen.[31] Dazu beginnen wir mit der freien D-Gl in der Form

$$\gamma^{\mu}p_{\mu}\psi = \not{p}\psi = mc\psi. \tag{U.94}$$

Wie in der nichtrelativistischen Quantenmechanik verwenden wir das Prinzip der *minimalen Kopplung*,[32] d. h., wir ersetzen den Viererimpuls p durch[33]

$$p \to p - qA \tag{U.95}$$

---

[30] Man kann die Rechnung auch mit einem zusätzlichen beliebigen Phasenfaktor $e^{i\varphi}$ durchführen.

[31] Siehe dazu Anhang T.4 (1).

[32] Heißt minimale Kopplung, weil es die einfachste nichttriviale Kopplung ist, die mit Eichinvarianz kompatibel ist. Soweit wir wissen, wird das Prinzip auch tatsächlich von der Natur verwirklicht.

[33] q ist die Ladung des betrachteten Teilchens, z. B. $q = -e_0$ für ein Elektron.

A ist das Viererpotential, $A^\mu = \left(\frac{\Phi}{c}, \mathbf{A}\right)$ mit dem skalaren Potential Φ und den drei Komponenten des Vektorpotentials $\mathbf{A}$. Damit ergibt sich die Gleichung

$$\gamma^\mu \left(p_\mu - q A_\mu\right) \psi = \left(\slashed{p} - q\slashed{A}\right) \psi = mc\psi \tag{U.96}$$

Die Substitution $p \to p - qA$ lässt die Überlegungen zur Kovarianz der D-Gl unverändert. Diese Argumentation basierte im Wesentlichen darauf, dass p ein Vierervektor ist. A ist aber ebenfalls ein Vierervektor und natürlich auch die Differenz $p - qA$. Folglich ist Gl. (U.96) invariant in dem Sinne, dass jeder Beobachter genau diese Form der Gleichung in seinem Inertialsystem findet.

Um die Verbindung zur D-Gl in der Darstellung (U.57) herzustellen, also $i\hbar \frac{\partial}{\partial t}\psi = c\frac{\hbar}{i}\boldsymbol{\alpha} \cdot \boldsymbol{\nabla}\psi + mc^2\beta\psi$, verwenden wir $p^\mu = i\hbar\partial^\mu$. Das bedeutet im Einzelnen

$$
\begin{aligned}
&p^0 \to p^0 - q A^0 \Longrightarrow i\hbar\partial^0 \to ih\partial^0 - \frac{q}{c}\Phi \Longrightarrow i\hbar\frac{\partial}{\partial t} \to i\hbar\frac{\partial}{\partial t} - q\Phi \\
&p^k \to p^k - q A^k \Longrightarrow \frac{\hbar}{i}\partial^k \to \frac{\hbar}{i}\partial^k - q A^k \Longrightarrow \frac{\hbar}{i}\boldsymbol{\nabla} \to \frac{\hbar}{i}\boldsymbol{\nabla} - q\mathbf{A}
\end{aligned}
\tag{U.97}
$$

Damit lässt sich die D-Gl in einem elektromagnetischen Feld schreiben als

$$i\hbar\frac{\partial}{\partial t}\psi = c\boldsymbol{\alpha} \left(\frac{\hbar}{i}\boldsymbol{\nabla} - q\mathbf{A}\right) \psi + q\Phi\psi + \beta mc^2\psi \tag{U.98}$$

U.4.4 Nichtrelativistischer Limes der Dirac-Gleichung

Da die D-Gl für Viererspinoren und die nichtrelativistische Pauli-Gleichung für Zweierspinoren formuliert ist, ist es für die folgende Betrachtung vorteilhaft, den Viererspinor ψ als aus zwei Zweierspinoren zusammengesetzt zu betrachten, also

$$\psi = \begin{pmatrix} \varphi \\ \chi \end{pmatrix} \tag{U.99}$$

Mit $\boldsymbol{\alpha} = \begin{pmatrix} 0 & \boldsymbol{\sigma} \\ \boldsymbol{\sigma} & 0 \end{pmatrix}$ und $\beta = \begin{pmatrix} 1 & 0 \\ 0 & -1 \end{pmatrix}$ und der Abkürzung

$$\boldsymbol{\pi} = \boldsymbol{p} - q\mathbf{A} \tag{U.100}$$

können wir die D-Gl (U.98) schreiben als

$$
\begin{aligned}
i\hbar\frac{\partial}{\partial t}\varphi &= c\boldsymbol{\sigma} \cdot \boldsymbol{\pi}\chi + q\Phi\varphi + mc^2\varphi \\
i\hbar\frac{\partial}{\partial t}\chi &= c\boldsymbol{\sigma} \cdot \boldsymbol{\pi}\varphi + q\Phi\chi - mc^2\chi
\end{aligned}
\tag{U.101}
$$

Im nichtrelativistischen Limes ist die Ruhemasse mc^2 die bei weitem größte Energie im Ausdruck $\sqrt{m^2 c^4 + c^2 p^2}$. Deswegen ist für $p \to 0$ der Ansatz

$$\begin{pmatrix} \varphi \\ \chi \end{pmatrix} = e^{-imc^2 t/\hbar} \begin{pmatrix} \varphi_{nr} \\ \chi_{nr} \end{pmatrix} \tag{U.102}$$

geeignet, um die Lösung für positive Energie zu beschreiben. Es folgt

$$i\hbar \tfrac{\partial}{\partial t} \varphi_{nr} = c\boldsymbol{\sigma} \cdot \boldsymbol{\pi} \chi_{nr} + q\Phi \varphi_{nr}$$
$$i\hbar \tfrac{\partial}{\partial t} \chi_{nr} = c\boldsymbol{\sigma} \cdot \boldsymbol{\pi} \varphi_{nr} + q\Phi \chi_{nr} - 2mc^2 \chi_{nr} \tag{U.103}$$

Im nichtrelativistischen Limes gilt $|q\Phi| \ll 2mc^2$. Außerdem ändern sich die Funktionen φ_{nr} und χ_{nr} zeitlich nur sehr langsam. Somit haben wir in der zweiten Gleichung $\left| i\hbar \tfrac{\partial}{\partial t} \chi_{nr} \right| \ll \left| 2mc^2 \chi_{nr} \right|$, woraus $c\boldsymbol{\sigma} \cdot \boldsymbol{\pi} \varphi_{nr} \approx 2mc^2 \chi_{nr}$ folgt. Wir schätzen die Größenordnung ab:

$$\left| \frac{\chi_{nr}}{\varphi_{nr}} \right| \approx \left| \frac{c\boldsymbol{\sigma} \cdot \boldsymbol{\pi}}{2mc^2} \right| \approx \left| \frac{\mathbf{p}}{2mc} \right| \approx \left| \frac{\mathbf{v}}{2c} \right| \tag{U.104}$$

Wir sehen, dass im nichtrelativistischen Limes χ_{nr} um einen Faktor $\sim v/c$ kleiner ist als φ_{nr}. Deswegen nennt man φ und χ für $v \to 0$ oft große und kleine Komponente des Spinors ψ.

Somit können wir die erste Gleichung in (U.103) in guter Näherung schreiben als

$$i\hbar \frac{\partial}{\partial t} \varphi_{nr} = \boldsymbol{\sigma} \cdot \boldsymbol{\pi} \frac{\boldsymbol{\sigma} \cdot \boldsymbol{\pi}}{2m} \varphi_{nr} + q\Phi \varphi_{nr} \tag{U.105}$$

Wir entwickeln den Term $\boldsymbol{\sigma} \cdot \boldsymbol{\pi} \, \boldsymbol{\sigma} \cdot \boldsymbol{\pi}$ mithilfe von $\boldsymbol{\sigma} \cdot \mathbf{a} \, \boldsymbol{\sigma} \cdot \mathbf{b} = \mathbf{a} \cdot \mathbf{b} + i\boldsymbol{\sigma} \cdot (\mathbf{a} \times \mathbf{b})$. Es folgt

$$\boldsymbol{\sigma} \cdot \boldsymbol{\pi} \, \boldsymbol{\sigma} \cdot \boldsymbol{\pi} = \boldsymbol{\pi}^2 + i\boldsymbol{\sigma} \cdot (\boldsymbol{\pi} \times \boldsymbol{\pi}) \tag{U.106}$$

Man beachte, dass $\boldsymbol{\pi} \times \boldsymbol{\pi}$ nicht verschwindet, da $\boldsymbol{\pi}$ ein Operator ist. Tatsächlich haben wir

$$\boldsymbol{\pi} \times \boldsymbol{\pi} = (\mathbf{p} - q\mathbf{A}) \times (\mathbf{p} - q\mathbf{A}) = -q \, (\mathbf{p} \times \mathbf{A} + \mathbf{A} \times \mathbf{p}) \tag{U.107}$$

und daraus folgt[34]

---

[34] Zur Erinnerung: $\boldsymbol{\nabla} \times (f\mathbf{F}) = f \cdot (\boldsymbol{\nabla} \times \mathbf{F}) + (\boldsymbol{\nabla} f) \times \mathbf{F}$ und $(\boldsymbol{\nabla} \varphi) \times \mathbf{A} + \mathbf{A} \times (\boldsymbol{\nabla} \varphi) = 0$.

$$(\boldsymbol{\pi} \times \boldsymbol{\pi}) \, \varphi_{nr} = -\frac{\hbar}{i} q \, (\nabla \times \mathbf{A} + \mathbf{A} \times \nabla) \, \varphi_{nr}$$

$$\text{(U.108)}$$

$$= -\frac{\hbar}{i} q \left[(\nabla \times \mathbf{A}) \, \varphi_{nr} + (\nabla \varphi_{nr}) \times \mathbf{A} + \mathbf{A} \times \nabla \varphi_{nr} \right]$$

oder mit $\mathbf{B} = \nabla \times \mathbf{A}$

$$(\boldsymbol{\pi} \times \boldsymbol{\pi}) \, \varphi_{nr} = -\frac{\hbar}{i} q \, (\nabla \times \mathbf{A}) \, \varphi_{nr} = -\frac{\hbar}{i} q \mathbf{B} \varphi_{nr} \qquad \text{(U.109)}$$

Somit können wir (U.105) schreiben als

$$i\hbar \frac{\partial}{\partial t} \varphi_{nr} = \frac{\boldsymbol{\pi}^2}{2m} \varphi_{nr} - \frac{q\hbar}{2m} \boldsymbol{\sigma} \cdot \mathbf{B} \varphi_{nr} + q \Phi \varphi_{nr} \qquad \text{(U.110)}$$

Dies ist die nichtrelativistische *Pauli-Gleichung* für den Pauli-Spinor φ_{nr}.

Eine Bemerkung zur Wechselwirkung von Spin und Magnetfeld. Mit dem Spinvektor $\mathbf{s} = \boldsymbol{\sigma}/2$ formuliert, ist sie gegeben durch

$$-\frac{q\hbar}{2m} \boldsymbol{\sigma} \cdot \mathbf{B} = -2 \frac{q\hbar}{2m} \mathbf{s} \cdot \mathbf{B} = -g_e \frac{q\hbar}{2m} \mathbf{s} \cdot \mathbf{B} \qquad \text{(U.111)}$$

Der Faktor $g_e = 2$ heißt elektronischer g-Faktor[35] (Elektronenspin-g-Faktor). Er verknüpft das magnetische Moment des Elektrons mit seinem Spin, $\boldsymbol{\mu} = g_e \frac{q}{2m} \mathbf{s}$. Es sei daran erinnert, dass eine klassische Betrachtung zu $g_e = 1$ führt. Dagegen lautet das experimentelle Ergebnis $g_e = 2$. Dass die D-Gl diesen Wert voraussagt, ist eine starke Stütze für ihre Richtigkeit. Hochpräzisionsexperimente zeigen, dass g_e etwas größer ist als durch die D-Gl angegeben, nämlich ungefähr gleich $2,00231930436$. Der Grund wird durch die Quantenfeldtheorie erklärt (siehe Anhang W (2)). Tatsächlich ist g_e sowohl theoretisch als auch experimentell mit beeindruckender Genauigkeit bekannt ($\sim 10^{-13}$).

U.5   Dirac-Gleichung und das Wasserstoffatom

Aus inhaltlichen Gründen wird das Thema in Anhang F (2) behandelt.

---

[35] Das g stammt von ‚gyromagnetisch‘.

U.6   Diskussion der Dirac-Gleichung

In diesem Abschnitt stellen wir Vor- und Nachteile der D-Gl zusammen.[36] Trotz
aller überzeugenden Eigenschaften der Gleichung gibt es ein großes Problem,
nämlich negative Energien. Dieser Punkt bleibt im Rahmen der Gleichung ohne
überzeugende Lösung. Einen gewissen Ausweg aus diesem Dilemma bietet die
Feynman-Stückelberg-Interpretation, die der Quantenfeldtheorie den Weg ebnet.

U.6.1   Das Für und Wider der Dirac-Gleichung

Wir listen kurz einige Vor- und Nachteile der D-Gl auf.
   Die Liste aller Vorteile ist beeindruckend:

1. Die D-Gl ermöglicht die Beschreibung relativistischer Teilchen mit Spin $1/2$.
   Das ist umso bemerkenswerter, als bei der Herleitung der D-Gl keine Annahmen
   über den Drehimpuls getroffen werden, geschweige denn solche über Spin $1/2$.
   Die D-Gl folgt ausschließlich aus zwei ‚Zutaten', nämlich (1) der relativistischen
   Dispersionsrelation und (2) der Annahme, dass es eine Hamilton-Funktion H mit
   $i\hbar\dot{\psi} = H\psi$ gibt.
2. Die Gleichung liefert das Spektrum des Wasserstoffatoms mit hoher Genauigkeit,
   weitaus besser als die Schrödinger-Gleichung.
3. Die D-Gl liefert den g-Faktor des Elektrons ($g = 2$); ihr nichtrelativistischer
   Limes führt korrekt auf die Pauli-Gleichung.
4. Die D-Gl erlaubt die Erklärung der Zitterbewegung (siehe weiter unten).
5. Historisch gesehen konnten relativistische Spin-$1/2$-Teilchen erst seit 1928
   beschrieben werden, als die D-Gl veröffentlicht wurde. Außerdem war die D-Gl
   die erste, die auf die Existenz von Antiteilchen hinwies. Tatsächlich wurde kurz
   nach der Veröffentlichung der D-Gl experimentell das Positron e^+ entdeckt, also
   das Antiteilchen des Elektrons e^-.

   Aber es gibt auch Nachteile, unter anderem:

1. Es gibt Lösungen der Gleichung mit negativer Energie. Aus mathematischer Sicht
   sind diese Lösungen vollkommen korrekt. Das Problem ist nur, dass negative
   Energien in der Natur nicht auftreten; das hätte paradoxe Konsequenzen.[37] Was
   macht man also mit den Lösungen zu negativer Energie?

---

[36] Für jeden Spin gibt es eine spezielle Gleichung, z. B. Klein-Gordon für $s = 0$, Dirac für $s = 1/2$,
Proca für $s = 1$, Rarita–Schwinger für $s = 3/2$.

[37] Als ein einfaches Beispiel betrachten wir ein eindimensionales System mit der Dispersionsrelation $E = \pm\sqrt{m^2 c^4 + c^2 p^2}$. Mit der üblichen Definition der Geschwindigkeit haben wir
$v = dE/dp = \pm c^2 p/|E|$. Für $E < 0$ (d. h. unteres Vorzeichen) wäre die Geschwindigkeit
antiparallel zum Impuls, wie es bei einer negativen Masse der Fall wäre.

2. Bei der Ableitung der D-Gl haben wir mit dem Ziel begonnen, eine Ein-Teilchen-Theorie zu finden. Aber wir haben offensichtlich dieses Ziel verfehlt. Denn es tritt immer ein Viererspinor auf, und das bedeutet anschaulich das gleichzeitige Auftreten zweier Teilchen mit Spin 1/2. Nur im nichtrelativistischen Grenzfall sind sie entkoppelt. Tatsächlich ist die Situation noch ‚schlimmer', wie wir gleich sehen werden, da z. B. die Beschreibung eines Elektrons die Existenz von unendlich vielen Teilchen mit negativer Energie erfordert.

U.6.2 Antiteilchen

Soweit wir wissen, gibt es zu jedem Elementarteilchen ein *Antiteilchen*. Masse, Lebensdauer und Spin von Teilchen und Antiteilchen sind gleich, ebenso Art und Stärke ihrer Wechselwirkungen. Einige neutrale Teilchen sind ihr eigenes Antiteilchen (z. B. das Photon), andere nicht (z. B. das Neutron). Elektrische Ladung, magnetisches Moment und alle ladungsähnlichen Quantenzahlen sind entgegengesetzt. Antiteilchen entstehen natürlicherweise in verschiedenen Prozessen, z. B. bei Wechselwirkungen kosmischer Strahlung in der Erdatmosphäre oder beim Beta-Zerfall. Antiteilchen können Antimaterie aufbauen, genauso wie Teilchen Materie aufbauen können. Bringt man ein Teilchen und ein Antiteilchen in Kontakt, vernichten sie sich im Lauf der Zeit. Zum Beispiel zerfällt das Paar Elektron/Positron in zwei oder drei Photonen, das Paar Proton/Antiproton in mehrere Pionen. Umgekehrt kann ein Photon in ein Elektron und ein Positron umgewandelt werden, sofern die Energie des Photons ausreichend hoch ist. Die Elektron-Positron-Vernichtung wird übrigens in der Positronen-Emissions-Tomographie eingesetzt.

U.6.3 Negative Energien

Ein Hauptnachteil der D-Gl ist sicherlich das Auftreten negativer Energien, die in der Natur nicht vorkommen. In diesem Abschnitt stellen wir die Löchertheorie als einen frühen Weg zur Lösung dieses rätselhaften Problems vor.

Brauchen wir die Lösungen zu negativer Energie?

Der einfachste Ansatz wäre, diese Lösungen zu ignorieren. Aber genau das können wir nicht, da sie untrennbar mit den Lösungen zu positiver Energie verbunden sind. Darüber hinaus gibt es auch physikalische Phänomene, die mit diesen ‚negativen' Lösungen zu tun haben. Als einfaches Beispiel betrachten wir eine eindimensionale ebene Welle

$$\psi = A e^{i(pz - Et)/\hbar} + B e^{-i(pz - Et)/\hbar} \tag{U.112}$$

wobei A und B die Amplituden der Anteile mit positiver und negativer Energie sind. Wir bilden das innere Produkt und erhalten

$$\bar{\psi}\psi = \left[\bar{A}e^{-i(pz-Et)/\hbar} + \bar{B}e^{i(pz-Et)/\hbar}\right]\left[Ae^{i(pz-Et)/\hbar} + Be^{-i(pz-Et)/\hbar}\right] =$$

$$= \bar{A}A + \bar{B}B + \bar{A}Be^{-2i(pz-Et)/\hbar} + \bar{B}Ae^{2i(pz-Et)/\hbar}$$

(U.113)

Wenn also nur negative oder nur positive Energien existieren, ist $\bar{\psi}\psi$ konstant, wie wir es von nichtrelativistischen ebenen Wellen kennen. Treten jedoch sowohl positive als auch negative Energien auf, erscheint ein Störterm in Form einer hochfrequenten Schwingung $e^{2iEt/\hbar}$. In ähnlicher Weise gilt dies auch für andere (realistischere) Systeme, bei denen sich negative und positive Energielösungen überlagern.

Dieser Effekt wird *Zitterbewegung* genannt.[38] Für ein freies relativistisches Elektron wurde der Effekt nie beobachtet; er ist sehr klein mit einer Frequenz von etwa $2mc^2/\hbar = 1.6 \times 10^{21}\text{s}^{-1}$ und einer Amplitude von etwa 10^{-13}m. Aber er wurde in zwei verschiedenen experimentellen Situationen simuliert, erstens 2010 mit einem gefangenen Ion in einer geeigneten Umgebung und zweitens 2013 in einem Aufbau mit Bose-Einstein-Kondensaten.[39]

Wir können also die Lösungen zu negativer Energie aus mehreren Gründen nicht einfach vernachlässigen. Wir müssen nach einer physikalisch vernünftigen Interpretation suchen.

Warum gibt es die Welt noch?

Bekanntlich besitzt ein Wasserstoffatom bestimmte diskrete Energieniveaus mit positiver Energie; sie sind weiter oben in Gl. (U.14) angegeben. Angeregte Zustände zerfallen letztlich, d. h., das Elektron fällt in Zustände niedrigerer Energie, sofern diese nicht besetzt sind, und sendet dabei Strahlung aus. Der Grundzustand mit der niedrigsten Energie $E_{1,1/2} = mc^2\sqrt{1-\alpha^2}$ ist stabil und zerfällt nicht. Nehmen wir nun an, es gäbe Zustände mit negativer Energie. Wären diese Zustände leer, könnte das Elektron in den höchsten negativen Zustand mit $E = -mc^2\sqrt{1-\alpha^2}$ fallen und dabei Strahlung der Energie $2mc^2\sqrt{1-\alpha^2}$ emittieren. Da unendlich viele negative Energiezustände zur Verfügung stehen, würde das Elektron immer weiter ‚herunterfallen' und am Ende unendlich viel Energie abstrahlen. Mit anderen Worten, in diesem Szenario wäre alle Materie instabil und würde sich letztendlich auflösen, bis nur noch Strahlung übrig ist. Anscheinend geschieht diese Art von Strahlungszerfall aber nicht. Warum?

Löchertheorie

Die *Löchertheorie*[40] versucht, das Problem des Strahlungszerfalls zu eliminieren und damit die D-Gl zu ‚retten'. Es überrascht kaum, dass sie von Paul Dirac

---

[38] Heißt auch im Englischen so.

[39] I. Stepanov et al., ‚Coherent Electron Zitterbewegung', arXiv:1612.06190v1, [cond-mat.mes-hall], 19.12.2016; und dort zitierte Literatur.

[40] Tatsächlich ist es keine Theorie, sondern eher eine Interpretation.

selbst vorgeschlagen wurde (zuerst 1928 und in einer verbesserten Version 1931). Es wird angenommen, dass gemäß dem Pauli-Prinzip alle Zustände negativer Energie besetzt sind (man beachte, dass wir Spin-1/2-Teilchen beschreiben, also Fermionen). Ein Elektron mit positiver Energie verbleibt also im Grundzustand und kann nicht in den Bereich negativer Energien ‚herunterfallen‘, da alle diese Zustände besetzt sind und eine weitere Besetzung nach dem Pauli-Prinzip verboten ist. Der *Vakuumzustand* ist also der Zustand, in dem alle Zustände negativer Energie besetzt und alle Zustände positiver Energie leer sind.

Dementsprechend bilden die negativen Zustände so etwas wie eine ‚Unterwelt‘, die auch *Dirac-Meer* genannt wird. Man kann argumentieren, dass wir keine Dynamik des Dirac-Meeres bemerken, denn wenn ein Teilchen dieses Meeres seinen Zustand ändern würde, müsste es einen anderen, bereits besetzten Zustand annehmen, was aufgrund des Pauli-Prinzips verboten ist. Und cum grano salis gilt, dass nicht beobachtbar ist, was sich nie ändert.

Tatsächlich aber können wir uns vorstellen, etwas von dieser Unterwelt zu sehen – Stichwort *Paarbildung* (oder auch Paarerzeugung). Wir gehen vom Vakuumzustand aus und betrachten das Teilchen mit der höchsten negativen Energie $E = -mc^2\sqrt{1 - \alpha^2}$. Wenn dieses Teilchen Strahlung mit einer genügend großen Energie $> 2mc^2\sqrt{1 - \alpha^2}$ absorbiert, kann es das Dirac-Meer verlassen und wird zu einem Elektron mit *positiver* Energie sowie der Ladung $-e$ und der Energie $-mc^2\sqrt{1 - \alpha^2} \sim mc^2$. Gleichzeitig entsteht im Dirac-Meer ein *Loch* (daher der Name Löchertheorie), das das Fehlen der Ladung $-e$ mit der Energie $-E$ anzeigt. Bezogen auf das Vakuum entspricht dies einer Ladung $+e$ mit der Energie $+E$, und dementsprechend wird dieses Loch (bzw. Objekt) von einem Beobachter als *Positron* gesehen, also als Antiteilchen des Elektrons. Der Vorgang wird als Paarbildung bezeichnet, da durch Strahlung mit einer Energie $\gtrsim 2mc^2$ ein Elektron-Positron-Paar erzeugt wird.

Es gibt auch den umgekehrten Vorgang: Ein Elektron fällt in ein freies Loch, wobei Strahlung emittiert wird. Das sieht so aus, als ob ein Elektron und ein Positron kollidieren und sich in Strahlung auflösen. Der Vorgang wird *Elektron-Positron-Vernichtung* oder *Paarvernichtung* oder Annihilation genannt.

Die Löchertheorie aus heutiger Sicht

Die Löchertheorie wurde ab 1928 von Paul Dirac aufgestellt. Zunächst ging er von Protonen als ‚Löcher‘ aus, wechselte aber 1931 zu Positronen. Es ist also sicherlich ein Verdienst dieser Interpretation, die Existenz von Positronen vorherzusagen. Tatsächlich konnte Carl David Anderson[41] 1932 das Positron experimentell nachweisen.

Andererseits hat die Löchertheorie einige schwerwiegende Mängel; wir erwähnen drei von ihnen.

---

[41] Anderson, Carl David, 1905–1991, US-amerikanischer Physiker, Nobelpreis 1936.

(1) Damit der Grundzustand stabil ist, muss das Dirac-Meer aus unendlich vielen Elektronen mit negativer Energie bestehen. Dies bedeutet eine unendliche Masse und unendliche negative Ladung, die beide nicht mit der Umgebung interagieren. Außerdem muss man annehmen, dass diese Elektronen nicht miteinander wechselwirken. Dirac war sich dieses Problems bewusst; er versuchte zu argumentieren, dass diese Situation für uns der ‚normale' Zustand sei und wir sie deshalb nicht wahrnehmen können.

(2) Da Bosonen nicht dem Pauli-Prinzip unterliegen, würde für sie keine Löchertheorie funktionieren. Aber auch Bosonen haben Antiteilchen. Wie könnte man das erklären?

(3) Die Löchertheorie ist unsymmetrisch in Bezug auf die Rolle von Elektronen und Positronen – ein Elektron schwebt **sozusagen** über einem ‚Meer' von unendlich vielen Positronen. Dasselbe gilt mit vertauschte Rollen, wenn wir von der D-Gl für Positronen ausgehen.

Heute gilt die Löchertheorie als überholt. Eine konsistente Beschreibung von Teilchen und Antiteilchen liefert die Quantenfeldtheorie, die die angesprochenen Probleme löst und die Interpretation von Antiteilchen als Löcher in einem unendlichen Meer überflüssig macht. Dass die Löchertheorie nicht mehr zeitgemäß ist, bedeutet aber nichts für die D-Gl selbst. Sie ist immer noch eine fundamentale Grundgleichung.

Auch andere Aspekte der an sich obsoleten Löchertheorie blieben interessant, z. B. aus wissenschaftshistorischer und -soziologischer Sicht. Trotz aller inneren Widersprüche diente sie lange Zeit als fruchtbare Arbeitshypothese. Dies zeigt, dass Wissenschaftler und Wissenschaftlerinnen notfalls in den sauren Apfel beißen, um an einer Theorie festzuhalten, von deren zumindest teilweiser Richtigkeit sie instinktiv überzeugt sind, zumal, wenn wesentliche Aussagen richtig sind und neue Erkenntnisse liefern.

U.6.4 Feynman-Stückelberg-Interpretation

Wie oben erwähnt, ist die Quantenfeldtheorie die etablierte Theorie zur Beschreibung von Teilchen und Antiteilchen. Um einen ihrer Grundgedanken zu verdeutlichen, skizzieren wir kurz die sogenannte *Feynman-Stückelberg-Interpretation*.[42] Hier werden die Antiteilchen als Teilchen gesehen, die sich in der Zeit rückwärts bewegen. Auf den ersten Blick scheint das eine seltsame Idee aus der Science-Fiction zu sein, und das ominöse unendliche Dirac-Meer durch eine Bewegung rückwärts in der Zeit zu ersetzen mutet wie vielleicht wie der Übergang vom Regen in die Traufe an. Aber immerhin ist der Ansatz im Gegensatz zum Dirac-Meer mit den grundlegenden Symmetrieprinzipien der Physik kompatibel.

---

[42] Feynman, Richard Phillips, 1918–1988; US-amerikanischer Physiker, Nobelpreis 1965. Stückelberg, Ernst Carl Gerlach, 1905–1984; Schweizer Physiker.

Um diesen etwas überraschenden Ansatz auf einfache Weise zu begründen, betrachten wir eine eindimensionale ebene Welle $\psi = Ae^{i(pz-Et)/\hbar} + Be^{-i(pz-Et)/\hbar}$ und da besonders den Anteil mit negativer Energie:

$$\psi_{neg} = Be^{-i(pz-Et)/\hbar} \tag{U.114}$$

Nehmen wir nun an, dass wir das Vorzeichen der Zeit t ändern. Das Ersetzen von t durch $-t$ ergibt im Exponenten $pz - E(-t)$. Dies bedeutet, dass ein Objekt in der Zeit rückwärts reist, als würde man einen Film rückwärts abspielen. Außerdem werden durch Umkehren der Zeit alle Impulse umgekehrt, so dass wir aus Gründen der Konsistenz auch p durch $p \to -p$ ändern müssen. Damit der Term pz sein Vorzeichen nicht ändert, muss dies kompensiert werden, indem das Vorzeichen des Ortes $z \to -z$ geändert wird, d. h., wir ändern die Parität. Kurz gesagt, wir beginnen mit einem Ausdruck $Et - pz$, bei dem die Energie negativ ist, $E < 0$. Wir ersetzen diesen Ausdruck einfach durch den äquivalenten Ausdruck $(-E)(-t) - (-p)(-z)$. Auf diese Weise haben wir ein Teilchen mit positiver Energie, das sich in der Zeit rückwärts bewegt.

Wir müssen noch einen weiteren Punkt berücksichtigen, nämlich die Ankopplung an das elektromagnetische Feld. Die Ladung des Elektrons oder Positrons sei q. Wir betrachten der Einfachheit halber nur die Lorentz-Kraft $\mathbf{F} = q\,(\mathbf{v} \times \mathbf{B})$. Wie man sieht, hat die Änderung der Bewegungsrichtung den gleichen Effekt wie die Änderung des Vorzeichens der Ladung q (was dem Übergang von Teilchen zu Antiteilchen entspricht).

Wir haben also das Vorzeichen der Zeit (Zeitumkehr, T), des Ortes (Paritätstransformation, P) und der Ladung (Ladungskonjugation, C) geändert. Mit anderen Worten, wir haben eine *CPT-Transformation* durchgeführt. Auf diese Weise werden wir negative Energien los – beziehungsweise wandeln sie in positive Energien um.

Wir fassen zusammen: Die relativistische Dispersionsrelation $E^2 = \mathbf{p}^2 + m^2$ erlaubt Lösungen mit negativer Energie, die in der Natur nicht auftreten. Ein Ausweg aus diesem Dilemma besteht darin, die Lösungen zu negativer Energie als Antiteilchen mit positiver Energie zu interpretieren, deren Impuls dem des Teilchens entgegengesetzt ist; außerdem haben Teilchen und Antiteilchen die gleiche Masse und den gleichen Spin, aber entgegengesetzte Ladungen.

In der Quantenfeldtheorie führen diese Ideen zu Diagrammen, in denen Linien oder Pfeile Teilchen darstellen, die in der Zeit vorwärts oder rückwärts laufen. Diese Diagramme sind präzise graphische Umsetzungen von Streuprozessen; sie werden Feynman-Diagramme genannt (siehe Anhang W (2)).

Ergänzung: CPT-Theorem Die *CPT-Symmetrie* ist eine fundamentale Symmetrie der Physik. Sie besagt Folgendes: Für einen gegebenen physikalischen Vorgang ergeben der Austausch von Materie durch Antimaterie (was den Wechsel des Vorzeichens der Ladung umfasst = C) und zusätzlich eine Spiegelung des Raumes (= P) und eine Umkehrung der Zeitrichtung (= T) wieder einen erlaubten physikalischen Vorgang. Dies wird auch als CPT-Invarianz der physikalischen Gesetze bezeichnet. Das CPT-Theorem besagt, dass CPT-Symmetrie für *alle* physikalischen Phänomene gilt.

Anschaulich verwandelt die CPT-Transformation unser Universum in sein Spiegelbild, wobei dieses Spiegeluniversum sich genau nach den bekannten physikalischen Gesetzen entwickelt. Eine weitere CPT-Transformation führt wieder auf unser Universum.

Die D-Gl besitzt die einzelnen Symmetrien C, P und T und deren Kombinationen wie z. B. CP. Dies ist nicht der Fall bei anderen Grundgleichungen (z. B. schwache Wechselwirkung), bei denen CPT die einzige Kombination der drei Transformationen C, P und T ist, die als exakte Symmetrie der Natur beobachtet wird.

Eine Verletzung der CPT-Symmetrie würde automatisch eine Verletzung der speziellen Relativitätstheorie anzeigen. Innerhalb der heutigen Genauigkeitsgrenzen wird das CPT-Theorem experimentell bestätigt. Es ist jedoch eine offene Frage, ob es auf sehr kleinen Skalen Verletzungen des Theorems gibt, wie es von einigen modernen Theorien vorhergesagt wird, zum Beispiel Quantengravitation oder Stringtheorien.

U.7   Aufgaben und Lösungen

1. Bestimmen Sie alle zweidimensionalen Matrizen M mit $M^2 = 1^{43}$
   Lösung: Wir haben

$$M = \begin{pmatrix} a & b \\ c & d \end{pmatrix} \to M^2 = \begin{pmatrix} a^2 + bc & b(a+d) \\ c(a+d) & d^2 + bc \end{pmatrix} \stackrel{!}{=} \begin{pmatrix} 1 & 0 \\ 0 & 1 \end{pmatrix} \quad \text{(U.115)}$$

Das führt auf die Gleichungen

$$\begin{aligned} a^2 + bc = 1 \ ; \ d^2 + bc = 1 \\ b(a+d) = 0 \ ; \ c(a+d) = 0 \end{aligned} \quad \text{(U.116)}$$

Fall (1) $a + d = 0$. Das ergibt $d = -a$ und wir haben

$$M_1 = \begin{pmatrix} a & b \\ c & -a \end{pmatrix} \text{mit} bc = 1 - a^2 \quad \text{(U.117)}$$

---

[43] Für eine Einheitsmatrix gibt es die Schreibweisen E oder I (identity) oder 1, gegebenenfalls noch mit einem Index für die Dimension wie E_3 oder I_4 oder 1_2.

Fall (2) $a + d \neq 0$. Es folgt $b = c = 0$ und $a^2 = d^2 = 1$. Da a und d beide die Werte ± 1 haben und wegen to $a + d \neq 0$, folgt $a = d$:

$$M_2 = \begin{pmatrix} a & 0 \\ 0 & a \end{pmatrix} \text{ mit} a^2 = 1 \rightarrow M_2 = \pm E_2 \tag{U.118}$$

Wir sehen, dass wir nicht nur die beiden Lösungen ± 1 (oder $\pm E_2$) haben, sondern zusätzlich unendlich viele Lösungen.
2. Zeigen Sie, dass die Gl. (U.22) in der Form (U.24) geschrieben werden können.
Lösung: In einem ersten Schritt schreiben wir $c^2 \, (\boldsymbol{\alpha} \cdot \mathbf{p}) \, (\boldsymbol{\alpha} \cdot \mathbf{p}) = c^2 \mathbf{p}^2$ als

$$\sum_{j=1}^{3} \alpha_j p_j \sum_{k=1}^{3} \alpha_k p_k = \sum_{j,k=1}^{3} \alpha_j \alpha_k p_j p_k = \sum_{j=1}^{3} p_j^2 \tag{U.119}$$

Weil die α_i Matrizen sind, müssen wir ihre Reihenfolge beachten, $\alpha_j \alpha_k \neq \alpha_j \alpha_k$. Um eine kompaktere Formulierung zu erhalten, benutzen wir einen kleinen Trick und addieren die linke Seite mit vertauschten Indizes:

$$\sum_{j,k=1}^{3} \alpha_j \alpha_k p_j p_k + \sum_{j,k=1}^{3} \alpha_k \alpha_j p_k p_j = 2 \sum_{j=1}^{3} p_j^2 \tag{U.120}$$

Wegen $p_j p_k = p_k p_j$ kann das geschrieben werden als

$$\sum_{j,k=1}^{3} \left(\alpha_j \alpha_k + \alpha_k \alpha_j \right) \, p_j p_k = 2 \sum_{j=1}^{3} p_j^2 \tag{U.121}$$

Für $j = k$ haben wir auf der linken Seite $\alpha_j \alpha_j + \alpha_j \alpha_j = 2$, während $j \neq k$ gilt $\alpha_j \alpha_k + \alpha_k \alpha_j = 0$. Insgesamt können wir also schreiben $\alpha_j \alpha_k + \alpha_j \alpha_k = 2\delta_{jk}$. Die zweite Gleichung, also $(\boldsymbol{\alpha} \cdot \mathbf{p}) \, \beta + \beta \, (\boldsymbol{\alpha} \cdot \mathbf{p}) = 0$, kann geschrieben werden als

$$\sum_{j=1}^{3} \alpha_j p_j \beta + \beta \sum_{j=1}^{3} \alpha_j p_j = 0 \tag{U.122}$$

p_j als Skalar kommutiert mit den Matrizen α_j und β; wir können also schreiben

$$\sum_{j=1}^{3} \left(\alpha_j p_j \beta + \beta \alpha_j p_j \right) = \sum_{j=1}^{3} \left(\alpha_j \beta + \beta \alpha_j \right) p_j \tag{U.123}$$

Da die drei Impulskomponenten unabhängig sind, muss der eingeklammerte Term verschwinden, d. h. $\alpha_j\beta + \beta\alpha_j = 0$.

3. Zeigen Sie, dass es im Raum der 2×2-Matrizen keine vier linear unabhängigen antikommutierenden Matrizen gibt.

Lösung: Der Raum der 2×2-Matrizen wird beispielsweise aufgespannt von der Einheitsmatrix E_2 und den drei Pauli-Matrizen σ_i, $i = 1, 2, 3$. (In dieser Aufgabe notieren wir die Einheitsmatrix nicht mit 1, sondern explizit mit E_2.) Jede andere Matrix A in diesem Raum ist eine Linearkombination dieser vier linear unabhängigen Matrizen und damit von der Form

$$A = a_0 E_2 + \sum_{k=1}^{3} a_k \sigma_k \qquad (U.124)$$

mit skalaren Koeffizienten a_i. Wir suchen also eine vierte Matrix A, die mit allen Pauli-Matrizen antikommutiert, die also erfüllt

$$A\sigma_l + \sigma_l A = 0 \quad \text{für} \quad l = 1, 2, 3 \qquad (U.125)$$

Wir setzen (U.124) in (U.125) ein und erhalten

$$a_0 \left(E_2\sigma_l + \sigma_l E_2 \right) + \sum_{k=1}^{3} a_k \left(\sigma_k\sigma_l + \sigma_l\sigma_k \right) = 0 \quad \text{für} \quad l = 1, 2, 3 \qquad (U.126)$$

Die drei Pauli-Matrizen antikommutieren paarweise

$$\sigma_i\sigma_j + \sigma_j\sigma_i = 2\delta_{ij}E_2 \qquad (U.127)$$

und kommutieren mit der Einheitsmatrix, $E_2\sigma_l = \sigma_l E_2 = \sigma_l$. Damit erhalten wir

$$2a_0\sigma_l + \sum_{k=1}^{3} a_k 2\delta_{kl}E_2 = 0 \quad \text{für} \quad l = 1, 2, 3 \qquad (U.128)$$

was geschrieben werden kann als

$$a_0\sigma_l + a_l E_2 = 0 \quad \text{für} \quad l = 1, 2, 3 \qquad (U.129)$$

Aber da die vier Matrizen E_2 und σ_l linear unabhängig sind, kann diese Gleichung nur durch $a_0 = a_1 = a_2 = a_3 = 0$ erfüllt werden.

4. Schreiben Sie die Matrizen $\boldsymbol{\alpha}$ und $\boldsymbol{\alpha} \cdot \nabla$ explizit auf.
   Lösung:

$$\alpha_1 = \begin{pmatrix} 0 & \sigma_1 \\ \sigma_1 & 0 \end{pmatrix} = \begin{pmatrix} 0 & 0 & 0 & 1 \\ 0 & 0 & 1 & 0 \\ 0 & 1 & 0 & 0 \\ 1 & 0 & 0 & 0 \end{pmatrix}$$

$$\alpha_2 = \begin{pmatrix} 0 & \sigma_2 \\ \sigma_2 & 0 \end{pmatrix} = \begin{pmatrix} 0 & 0 & 0 & -i \\ 0 & 0 & i & 0 \\ 0 & -i & 0 & 0 \\ i & 0 & 0 & 0 \end{pmatrix} \qquad \text{(U.130)}$$

$$\alpha_3 = \begin{pmatrix} 0 & \sigma_3 \\ \sigma_3 & 0 \end{pmatrix} = \begin{pmatrix} 0 & 0 & 1 & 0 \\ 0 & 0 & 0 & -1 \\ 1 & 0 & 0 & 0 \\ 0 & -1 & 0 & 0 \end{pmatrix}$$

und

$$\boldsymbol{\alpha} \cdot \nabla = \alpha_1 \partial_x + \alpha_2 \partial_y + \alpha_3 \partial_z = \begin{pmatrix} 0 & 0 & \partial_z & \partial_x - i\partial_y \\ 0 & 0 & \partial_x + i\partial_y & -\partial_z \\ \partial_z & \partial_x - i\partial_y & 0 & 0 \\ \partial_x + i\partial_y & -\partial_z & 0 & 0 \end{pmatrix}$$
$$\text{(U.131)}$$

5. Zeigen Sie, dass die Matrizen α_i unitär sind.
   Lösung: Wir müssen $\alpha_i \alpha_i^\dagger = \alpha_i^\dagger \alpha_i = 1$ zeigen. Es gilt (man beachte $\alpha_i = \alpha_i^\dagger$)

$$\alpha_i \alpha_i^\dagger = \begin{pmatrix} 0 & \sigma_i \\ \sigma_i & 0 \end{pmatrix} \begin{pmatrix} 0 & \sigma_i \\ \sigma_i & 0 \end{pmatrix} = \begin{pmatrix} \sigma_i^2 & 0 \\ 0 & \sigma_i^2 \end{pmatrix} = \begin{pmatrix} 1 & 0 \\ 0 & 1 \end{pmatrix} = 1 \qquad \text{(U.132)}$$

6. Schreiben Sie die Lorentz-Matrix Λ und die Matrizen $\Lambda \alpha_i$ als Blockmatrizen.
   Lösung:

$$\Lambda = \begin{pmatrix} \gamma I_2 - \beta\gamma\sigma_1 & 0 \\ 0 & I_2 \end{pmatrix} \quad ; \Lambda\alpha_i = \begin{pmatrix} 0 & \gamma\sigma_i - \beta\gamma\sigma_1\sigma_i \\ \sigma_i & 0 \end{pmatrix} \qquad \text{(U.133)}$$

7. Zeigen Sie, dass gilt $\left(c\boldsymbol{\alpha} \cdot \mathbf{p} + mc^2\beta - E\right)\left(c\boldsymbol{\alpha} \cdot \mathbf{p} + mc^2\beta + E\right) = 0$. Man beachte, dass $c\boldsymbol{\alpha} \cdot \mathbf{p} + mc^2\beta \pm E$ eine Kurzschreibweise für 4×4-Matrizen ist. Deswegen bedeutet $\left(c\boldsymbol{\alpha} \cdot \mathbf{p} + mc^2\beta - E\right)\left(c\boldsymbol{\alpha} \cdot \mathbf{p} + mc^2\beta + E\right) = 0$ nicht notwendigerweise, dass einer der beiden Faktoren verschwindet.

Lösung: Ausführen der Multiplikation führt auf

$$(c\boldsymbol{\alpha} \cdot \mathbf{p})\left(c\boldsymbol{\alpha} \cdot \mathbf{p} + mc^2\beta + E\right) + mc^2\beta\left(c\boldsymbol{\alpha} \cdot \mathbf{p} + mc^2\beta + E\right)$$

$$-E\left(c\boldsymbol{\alpha} \cdot \mathbf{p} + mc^2\beta + E\right) =$$

$$= c^2\left(\boldsymbol{\alpha} \cdot \mathbf{p}\right)\left(\boldsymbol{\alpha} \cdot \mathbf{p}\right) + mc^3\left(\boldsymbol{\alpha} \cdot \mathbf{p}\right)\beta + c\left(\boldsymbol{\alpha} \cdot \mathbf{p}\right)E +$$

$$+mc^3\beta\left(\boldsymbol{\alpha} \cdot \mathbf{p}\right) + m^2c^4\beta^2 + Emc^2\beta - Ec\left(\boldsymbol{\alpha} \cdot \mathbf{p}\right) - Emc^2\beta - E^2 =$$

$$= c^2\left(\boldsymbol{\alpha} \cdot \mathbf{p}\right)\left(\boldsymbol{\alpha} \cdot \mathbf{p}\right) + mc^3\left(\boldsymbol{\alpha} \cdot \mathbf{p}\right)\beta + mc^3\beta\left(\boldsymbol{\alpha} \cdot \mathbf{p}\right) + m^2c^4\beta^2 - E^2$$

$$(U.134)$$

Wegen $(\boldsymbol{\alpha} \cdot \mathbf{p})(\boldsymbol{\alpha} \cdot \mathbf{p}) = \mathbf{p}^2$, $\beta^2 = 1$ und $\boldsymbol{\alpha}\beta + \beta\boldsymbol{\alpha} = \mathbf{0}$ (siehe (U.24)) folgt

$$\left(c\boldsymbol{\alpha} \cdot \mathbf{p} + mc^2\beta - E\right)\left(c\boldsymbol{\alpha} \cdot \mathbf{p} + mc^2\beta + E\right) = c^2\mathbf{p}^2 + m^2c^4 - E^2 = 0$$

$$(U.135)$$

8. Gegeben sei der Spinor ψ mit den Komponenten ψ_α, $\alpha = 1, \ldots, 4$. Schreiben Sie $\bar{\psi}$ explizit auf.
   Lösung:

$$\psi = \begin{pmatrix} \psi_1 \\ \psi_2 \\ \psi_3 \\ \psi_4 \end{pmatrix} \quad \bar{\psi} = \begin{pmatrix} \psi_1^* & \psi_2^* & \psi_3^* & \psi_4^* \end{pmatrix} \begin{pmatrix} 1 & 0 & 0 & 0 \\ 0 & 1 & 0 & 0 \\ 0 & 0 & -1 & 0 \\ 0 & 0 & 0 & -1 \end{pmatrix} = \begin{pmatrix} \psi_1^* & \psi_2^* & -\psi_3^* & -\psi_4^* \end{pmatrix}$$

$$(U.136)$$

9. Gegeben sei eine Lösung der freien Klein-Gordon-Gleichung mit ausschließlich positiver Energie, also $\phi(x) = \int d^3k\, N(\mathbf{k})\, a(\mathbf{k})\, e^{-ikx}$. Bestimmen Sie die Normierungskonstante $N(\mathbf{k})$ unter den Annahmen $\int d^3x\, \rho(x) = 1$ und $\int d^3k\, |a(\mathbf{k})|^2 = 1$.
   Lösung: Die Wahrscheinlichkeitsdichte ρ ist gegeben durch

$$\rho(x) = i\left(\dot{\phi}\phi^* - \dot{\phi}^*\phi\right) \tag{U.137}$$

Mit

$$\phi(x) = \int d^3k\, N(\mathbf{k})\, a(\mathbf{k})\, e^{-ikx} \quad ; \quad \dot{\phi}(x) = -i\int d^3k\, ck_0 N(\mathbf{k})\, a(\mathbf{k})\, e^{-ikx}$$

$$(U.138)$$

folgt

$$\rho\left(x\right) = \frac{\int d^3k\, ck_0 N\left(\mathbf{k}\right) a\left(\mathbf{k}\right) e^{-ikx} \cdot \int d^3k'\, N^*\left(\mathbf{k'}\right) a^*\left(\mathbf{k'}\right) e^{ik'x} +}{+ \int d^3k'\, ck_0' N^*\left(\mathbf{k'}\right) a^*\left(\mathbf{k'}\right) e^{ik'x} \cdot \int d^3k\, A\left(\mathbf{k}\right) e^{-ikx}} =$$

$$= \int d^3k \int d^3k' \Big[ck_0 N\left(\mathbf{k}\right) a\left(\mathbf{k}\right) N^*\left(\mathbf{k'}\right) a^*\left(\mathbf{k'}\right)$$

$$+ ck_0' N^*\left(\mathbf{k'}\right) a^*\left(\mathbf{k'}\right) N\left(\mathbf{k}\right) a\left(\mathbf{k}\right) \Big] e^{-ikx} e^{ik'x} =$$

$$= \int d^3k \int d^3k'\, c\left(k_0 + k_0'\right) N\left(\mathbf{k}\right) a\left(\mathbf{k}\right) N^*\left(\mathbf{k'}\right) a^*\left(\mathbf{k'}\right) e^{-ikx} e^{ik'x}$$

$$\tag{U.139}$$

Integration bringt

$$\int d^3x\, \rho\left(x\right) = \int d^3k \int d^3k'\, c\left(k_0 + k_0'\right) N\left(\mathbf{k}\right) a\left(\mathbf{k}\right) N^*\left(\mathbf{k'}\right) a^*\left(\mathbf{k'}\right) \int d^3x\, e^{-ikx} e^{ik'x} =$$

$$= \int d^3k \int d^3k'\, c\left(k_0 + k_0'\right) N\left(\mathbf{k}\right) a\left(\mathbf{k}\right) N^*\left(\mathbf{k'}\right) a^*\left(\mathbf{k'}\right) \delta\left(\mathbf{k} - \mathbf{k'}\right) \left(2\pi\right)^3 =$$

$$= \left(2\pi\right)^3 \int d^3k\, 2ck_0 N\left(\mathbf{k}\right) a\left(\mathbf{k}\right) N^*\left(\mathbf{k}\right) a^*\left(\mathbf{k}\right) = \left(2\pi\right)^3 \int d^3k\, 2ck_0 \left|N\left(\mathbf{k}\right) a\left(\mathbf{k}\right)\right|^2$$

$$\tag{U.140}$$

Mit der Wahl

$$N\left(\mathbf{k}\right) = \frac{1}{\left(2\pi\right)^{3/2}} \frac{1}{\sqrt{2ck_0}} = \frac{1}{\left(2\pi\right)^{3/2}} \frac{1}{\sqrt{2\omega_{\mathbf{k}}}} \tag{U.141}$$

folgt

$$\int d^3x\, \rho\left(x\right) = \left(2\pi\right)^3 \int d^3k\, 2\omega_{\mathbf{k}} \frac{1}{\left(2\pi\right)^3} \frac{1}{2\omega_{\mathbf{k}}} \left|a\left(\mathbf{k}\right)\right|^2 = \int d^3k\, \left|a\left(\mathbf{k}\right)\right|^2 = 1 \tag{U.142}$$

10. Zeigen Sie (U.48).
Lösung: Von (U.47) haben wir $\left(c\boldsymbol{\alpha} \cdot \mathbf{p} + mc^2 \beta - E\right) u_s = 0$ und schreiben es in der Form

$$\begin{pmatrix} 0 & c\boldsymbol{\sigma}\,p \\ c\boldsymbol{\sigma}\,p & 0 \end{pmatrix} \begin{pmatrix} u_{s,u} \\ u_{s,l} \end{pmatrix} + \begin{pmatrix} mc^2 & 0 \\ 0 & -mc^2 \end{pmatrix} \begin{pmatrix} u_{s,u} \\ u_{s,l} \end{pmatrix} -$$
$$- \begin{pmatrix} E & 0 \\ 0 & E \end{pmatrix} \begin{pmatrix} u_{s,u} \\ u_{s,l} \end{pmatrix} = 0 \qquad ;\ u_s = \begin{pmatrix} u_{s,u} \\ u_{s,l} \end{pmatrix}$$

$$\tag{U.143}$$

Das ergibt die Gleichungen

$$c\boldsymbol{\sigma}\,p\, u_{s,l} + mc^2 u_{s,u} - E u_{s,u} = 0 \quad \text{und} \quad c\boldsymbol{\sigma}\,p\, u_{s,u} - mc^2 u_{s,l} - E u_{s,l} = 0 \tag{U.144}$$

Wir lösen die zweite Gleichung nach $u_{s,l}$ auf und erhalten

$$u_{s,l} = \frac{c\boldsymbol{\sigma}\,\boldsymbol{p}}{E + mc^2} u_{s,u} \tag{U.145}$$

und deswegen

$$u_s = \begin{pmatrix} u_{s,u} \\ \frac{c\boldsymbol{\sigma}\,\boldsymbol{p}}{E_{\mathbf{p}}+mc^2} u_{s,u} \end{pmatrix} \tag{U.146}$$

Beachten Sie, dass u_s ein Viererspinor ist. Entsprechend ist seine Norm gegeben durch $\bar{u}_s u_s = |u_s|^2 = |u_{s,u}|^2 - |u_{s,l}|^2$ (beachten Sie das Minuszeichen auf der rechten Seite; s. Anhang T.2 (1)). Folglich bedeutet die Normierung von u_s in (U.146) die Bestimmung von $|u_{s,u}|^2$ mittels der Gleichung

$$\left|u_{s,u}\right|^2 - \left|\frac{c\boldsymbol{\sigma}\,\boldsymbol{p}}{E_{\mathbf{p}} + mc^2} u_{s,u}\right|^2 = 1 \tag{U.147}$$

Das führt auf[44]

$$1 = \left(1 - \left|\frac{c\boldsymbol{\sigma}\,\boldsymbol{p}}{E_{\mathbf{p}}+mc^2}\right|^2\right) |u_{s,u}|^2 = \frac{(E_{\mathbf{p}}+mc^2)^2 - |c\boldsymbol{\sigma}\,\boldsymbol{p}|^2}{(E_{\mathbf{p}}+mc^2)^2} |u_{s,u}|^2 =$$
$$= \frac{E_{\mathbf{p}}^2 + 2E_{\mathbf{p}}mc^2 + m^2c^4 - c^2|\mathbf{p}|^2}{(E_{\mathbf{p}}+mc^2)^2} |u_{s,u}|^2 = \frac{2mc^2}{E_{\mathbf{p}}+mc^2} |u_{s,u}|^2 \tag{U.148}$$

oder

$$|u_{s,u}| = \sqrt{\frac{E_{\mathbf{p}} + mc^2}{2mc^2}} \tag{U.149}$$

Wir können also $u_{s,u}$ in der Form $|u_{s,u}| \cdot \hat{e}$ schreiben, wobei $\hat{e}$ ein beliebiger zweidimensionaler Einheitsvektor ist. Die Wahl $\hat{e} = \chi_1$ und $\hat{e} = \chi_2$ liefert das gewünschte Ergebnis.

Die Berechnung von $u_{s,l}$ verläuft analog.

11. Beweisen Sie (U.49).

Lösung: Von (U.48) haben wir

---

[44] Wir verwenden $(\boldsymbol{\sigma} \cdot \mathbf{a})(\boldsymbol{\sigma} \cdot \mathbf{b}) = \mathbf{a} \cdot \mathbf{b} + i\boldsymbol{\sigma} \cdot (\mathbf{a} \times \mathbf{b})$.

$$u_s\left(\mathbf{p}\right) = \sqrt{\frac{E_\mathbf{p} + mc^2}{2mc^2}}\left(\begin{array}{c} \chi_s \\ \frac{c\boldsymbol{\sigma}\, \mathbf{p}}{E_\mathbf{p}+mc^2}\chi_s \end{array}\right) \;\; ;$$

$$v_s\left(\mathbf{p}\right) = \sqrt{\frac{E_\mathbf{p} + mc^2}{2mc^2}}\left(\begin{array}{c} \frac{c\boldsymbol{\sigma}\, \mathbf{p}}{E_\mathbf{p}+mc^2}\chi_s \\ \chi_s \end{array}\right) \;\; ; \;\; s = 1,2$$

(U.150)

Die Adjungierten sind gegeben durch

$$\bar{u}_s\left(\mathbf{p}\right) = \sqrt{\frac{E_\mathbf{p} + mc^2}{2mc^2}}\left(\chi_s^\dagger \;\; -\chi_s^\dagger \frac{c\boldsymbol{\sigma}\, \mathbf{p}}{E_\mathbf{p}+mc^2}\right) \;\; ;$$

$$\bar{v}_s\left(\mathbf{p}\right) = \sqrt{\frac{E_\mathbf{p} + mc^2}{2mc^2}}\left(\chi_s^\dagger \frac{c\boldsymbol{\sigma}\, \mathbf{p}}{E_\mathbf{p}+mc^2} \;\; -\chi_s^\dagger\right) \;\; ; \;\; s = 1,2$$

(U.151)

Als Beispiel betrachten wir $\bar{v}_r\left(\mathbf{p}\right) v_s\left(\mathbf{p}\right)$. Wir haben

$$\bar{v}_r\left(\mathbf{p}\right) v_s\left(\mathbf{p}\right) = \sqrt{\frac{E_\mathbf{p}+mc^2}{2mc^2}}\left(\chi_r^\dagger \frac{c\boldsymbol{\sigma}\mathbf{p}}{E_\mathbf{p}+mc^2} \;\; -\chi_r^\dagger\right)\sqrt{\frac{E_\mathbf{p}+mc^2}{2mc^2}}\left(\begin{array}{c}\frac{c\boldsymbol{\sigma}\mathbf{p}}{E_\mathbf{p}+mc^2}\chi_s\\ \chi_s\end{array}\right) =$$

$$= \frac{E_\mathbf{p}+mc^2}{2mc^2}\left[\chi_r^\dagger \frac{c\boldsymbol{\sigma}\mathbf{p}}{E_\mathbf{p}+mc^2}\frac{c\boldsymbol{\sigma}\mathbf{p}}{E_\mathbf{p}+mc^2}\chi_s - \chi_r^\dagger\chi_s\right] = \frac{E_\mathbf{p}+mc^2}{2mc^2}\left[\left(\frac{c\mathbf{p}}{E_\mathbf{p}+mc^2}\right)^2 - 1\right]\delta_{rs} =$$

$$= \frac{E_\mathbf{p}+mc^2}{2mc^2}\left[\left(\frac{c\mathbf{p}}{E_\mathbf{p}+mc^2}\right)^2 - \frac{E_\mathbf{p}^2+2E_\mathbf{p}mc^2+m^2c^4}{\left(E_\mathbf{p}+mc^2\right)^2}\right]\delta_{rs} =$$

$$= \frac{E_\mathbf{p}+mc^2}{2mc^2}\left[\left(\frac{c\mathbf{p}}{E_\mathbf{p}+mc^2}\right)^2 - \frac{m^2c^4+c^2\mathbf{p}^2+2E_\mathbf{p}mc^2+m^2c^4}{\left(E_\mathbf{p}+mc^2\right)^2}\right]\delta_{rs} =$$

$$= \frac{E_\mathbf{p}+mc^2}{2mc^2}\left[-\frac{2m^2c^4+2E_\mathbf{p}mc^2}{\left(E_\mathbf{p}+mc^2\right)^2}\right]\delta_{rs} = -\frac{1}{2mc^2}\left[\frac{2m^2c^4+2E_\mathbf{p}mc^2}{E_\mathbf{p}+mc^2}\right]\delta_{rs} = -\left[\frac{mc^2+E_\mathbf{p}}{E_\mathbf{p}+mc^2}\right]\delta_{rs} = -\delta_{rs}$$

(U.152)

Die anderen Beziehungen folgen analog.

12. Zeigen Sie, dass γ^0 hermitesch und γ^k anti-hermitesch ist.
Lösung: Wir haben

$$\gamma^{0\dagger} = \left(\begin{array}{cc}1 & 0\\ 0 & -1\end{array}\right)^\dagger = \left(\begin{array}{cc}1 & 0\\ 0 & -1\end{array}\right) = \gamma^0$$

(U.153)

und mit $\sigma_k^\dagger = -\sigma_k$

$$\gamma^{k\dagger} = \left(\begin{array}{cc}0 & \sigma_k\\ -\sigma_k & 0\end{array}\right)^\dagger = \left(\begin{array}{cc}0 & -\sigma_k^\dagger\\ \sigma_k^\dagger & 0\end{array}\right) = \left(\begin{array}{cc}0 & -\sigma_k\\ \sigma_k & 0\end{array}\right) = -\gamma^k$$

(U.154)

13. Zeigen Sie: $(\gamma^\mu)^\dagger = \gamma^0 \gamma^\mu \gamma^0$

Lösung: Für $\mu = 0$ ist die Gleichung wegen $(\gamma^0)^\dagger = \gamma^0$ und $(\gamma^0)^2 = 1$ offensichtlich erfüllt. Für die anderen Komponenten gehen wir aus von Gl. (U.73), also $\gamma^\mu \gamma^\nu + \gamma^\nu \gamma^\mu = 2g^{\mu\nu} \cdot 1$. Es folgt

$$\gamma^0 \gamma^k + \gamma^k \gamma^0 = 0 \rightarrow \gamma^k + \gamma^0 \gamma^k \gamma^0 = 0 \rightarrow \gamma^0 \gamma^k \gamma^0 = -\gamma^k = \gamma^{k\dagger}$$

(U.155)

14. Gegeben sei die D-Gl (U.75). Leiten Sie die adjungierte D-Gl (U.76) her.

Lösung: Wir starten mit der D-Gl (U.75), also

$$i\gamma^\mu \partial_\mu \psi - \frac{mc}{\hbar}\psi = 0$$

(U.156)

Adjungieren dieser Gleichung und Multiplikation von rechts mit $-\gamma^0$ bringt

$$i\left(\partial_\mu \psi^\dagger\right)\left(\gamma^\mu\right)^\dagger \gamma^0 + \frac{mc}{\hbar}\psi^\dagger \gamma^0 = 0$$

(U.157)

Zwischen den ersten beiden Klammern erweitern wir mit $1 = \gamma^0 \gamma^0$ und erhalten

$$\left[i\left(\partial_\mu \psi^\dagger\right)\gamma^0\right]\left[\gamma^0 \left(\gamma^\mu\right)^\dagger \gamma^0\right] + \frac{mc}{\hbar}\psi^\dagger \gamma^0 = 0$$

(U.158)

Mit der Definition $\bar{\psi} = \psi^\dagger \gamma^0$ und wegen $\gamma^0 \left(\gamma^\mu\right)^\dagger \gamma^0 = \gamma^\mu$ folgt Gl (U.76), nämlich

$$i\left(\partial_\mu \bar{\psi}\right)\gamma^\mu + \frac{mc}{\hbar}\bar{\psi} = 0$$

(U.159)

15. Berechnen Sie explizit $\gamma^5 = i\gamma^0 \gamma^1 \gamma^2 \gamma^3$ in der Standarddarstellung.

Lösung: Einsetzen der in (U.69) gegebenen Gamma-Matrizen bringt im ersten Schritt

$$\gamma^5 = i\begin{pmatrix} 0 & -\sigma_x \sigma_y \sigma_z \\ -\sigma_x \sigma_y \sigma_z & 0 \end{pmatrix}$$

(U.160)

Mit $\sigma_x \sigma_y \sigma_z = i$ folgt

$$\gamma^5 = \begin{pmatrix} 0 & 1 \\ 1 & 0 \end{pmatrix}$$

(U.161)

16. Weyl-Darstellung und Helizitätsoperator

(a) Zeigen Sie, dass die Gleichungen (U.24) zur Bestimmung von α und β auch durch folgende Wahl erfüllt werden:

$$\alpha_k = \begin{pmatrix} \sigma_k & 0 \\ 0 & -\sigma_k \end{pmatrix} \; ; \; \beta = \begin{pmatrix} 0 & 1 \\ 1 & 0 \end{pmatrix} \tag{U.162}$$

Dies ist die sogenannte *chirale Darstellung* oder *Weyl-Darstellung* der Matrizen $\boldsymbol{\alpha}$ und β.
Lösung: Es gilt mit $\sigma_i \sigma_j + \sigma_j \sigma_i = 2\delta_{ij}$:

$$\alpha_j \alpha_k + \alpha_k \alpha_j = \begin{pmatrix} \sigma_j & 0 \\ 0 & -\sigma_j \end{pmatrix} \begin{pmatrix} \sigma_k & 0 \\ 0 & -\sigma_k \end{pmatrix} + \begin{pmatrix} \sigma_k & 0 \\ 0 & -\sigma_k \end{pmatrix} \begin{pmatrix} \sigma_j & 0 \\ 0 & -\sigma_j \end{pmatrix} =$$

$$= \begin{pmatrix} \sigma_j \sigma_k & 0 \\ 0 & \sigma_j \sigma_k \end{pmatrix} + \begin{pmatrix} \sigma_k \sigma_j & 0 \\ 0 & \sigma_k \sigma_j \end{pmatrix} = 2\delta_{jk} \tag{U.163}$$

und

$$\alpha_j \beta + \beta \alpha_j = \begin{pmatrix} \sigma_j & 0 \\ 0 & -\sigma_j \end{pmatrix} \begin{pmatrix} 0 & 1 \\ 1 & 0 \end{pmatrix} + \begin{pmatrix} 0 & 1 \\ 1 & 0 \end{pmatrix} \begin{pmatrix} \sigma_j & 0 \\ 0 & -\sigma_j \end{pmatrix} =$$

$$= \begin{pmatrix} 0 & \sigma_j \\ -\sigma_j & 0 \end{pmatrix} + \begin{pmatrix} 0 & -\sigma_j \\ \sigma_j & 0 \end{pmatrix} = 0 \tag{U.164}$$

(b) Formulieren Sie explizit die Dirac-Gleichung in dieser Darstellung.
Lösung: Es gilt

$$i\hbar \frac{\partial}{\partial t} \psi = c\boldsymbol{\alpha} \cdot \mathbf{p} \psi + mc^2 \beta \psi \rightarrow i\hbar \frac{\partial}{\partial t} \psi = c \begin{pmatrix} \boldsymbol{\sigma} \cdot \mathbf{p} & 0 \\ 0 & -\boldsymbol{\sigma} \cdot \mathbf{p} \end{pmatrix} \psi + mc^2 \begin{pmatrix} 0 & 1 \\ 1 & 0 \end{pmatrix} \psi \tag{U.165}$$

und mit $\psi = \begin{pmatrix} \psi_+ \\ \psi_- \end{pmatrix}$, wobei ψ_+ und ψ_- Zweierspinoren sind, schreibt sich das

$$i\hbar \frac{\partial}{\partial t} \psi_+ = c\boldsymbol{\sigma} \cdot \mathbf{p} \psi_+ + mc^2 \psi_-$$

$$i\hbar \frac{\partial}{\partial t} \psi_- = -c\boldsymbol{\sigma} \cdot \mathbf{p} \psi_- + mc^2 \psi_+ \tag{U.166}$$

Für $m = 0$ entkoppeln diese Gleichungen; in diesem Fall werden sie *Weyl-Gleichungen* genannt. Sie beschreiben die (zumindest annähernd) masselosen Neutrinos. Aber auch bei der Betrachtung hochenergetischer Prozesse kann man mit Gl. (U.166) arbeiten, da der Massenterm in erster Näherung gegenüber der kinetischen Energie vernachlässigbar ist.

(c) Berechnen Sie die Eigenwerte des *Helizitätsoperators* $\boldsymbol{\sigma} \cdot \hat{\mathbf{p}} = \frac{\boldsymbol{\sigma} \cdot \mathbf{p}}{|\mathbf{p}|}$ (dabei ist $|\mathbf{p}|$ ein Skalar).[45]

---

[45] Unter Helizität versteht man die Projektion des Spins auf die Bewegungsachse, wie ja der Ausdruck $\boldsymbol{\sigma} \cdot \hat{\mathbf{p}}$ eigentlich schon direkt zeigt.

Lösung:
1. Art: Die Eigenwertgleichung lautet

$$\boldsymbol{\sigma} \cdot \hat{\mathbf{p}}\varphi = \lambda\varphi \qquad\qquad (U.167)$$

Wir multiplizieren jede Seite mit sich selbst:

$$\boldsymbol{\sigma} \cdot \hat{\mathbf{p}}\boldsymbol{\sigma} \cdot \hat{\mathbf{p}}\varphi = \lambda^2\varphi \qquad\qquad (U.168)$$

Mit der in Fußnote (44) angeführten Identität folgt $\boldsymbol{\sigma} \cdot \hat{\mathbf{p}}\boldsymbol{\sigma} \cdot \hat{\mathbf{p}} = \hat{\mathbf{p}}^2 = 1$ und damit direkt $\lambda^2 = 1$, also $\lambda = 1$ oder $\lambda = -1$.
2. Art: Der Impuls $\mathbf{p}$ habe die Komponenten $\mathbf{p} = (p_x, p_y, p_z)$. Dann können wir in Kugelkoordinaten schreiben $\hat{\mathbf{p}} = (\sin\vartheta\cos\varphi, \sin\vartheta\sin\varphi, \cos\vartheta)$ und erhalten

$$\boldsymbol{\sigma} \cdot \hat{\mathbf{p}} = \begin{pmatrix} \cos\vartheta & \sin\vartheta\cos\varphi - i\sin\vartheta\sin\varphi \\ \sin\vartheta\cos\varphi - i\sin\vartheta\sin\varphi & -\cos\vartheta \end{pmatrix}$$

$$= \begin{pmatrix} \cos\vartheta & \sin\vartheta\, e^{-i\varphi} \\ \sin\vartheta\, e^{i\varphi} & -\cos\vartheta \end{pmatrix} \qquad\qquad (U.169)$$

Die Eigenwertgleichung lautet

$$\boldsymbol{\sigma} \cdot \hat{\mathbf{p}}\varphi = \lambda\varphi \qquad\qquad (U.170)$$

In Kugelkoordinaten haben wir also

$$\begin{pmatrix} \cos\vartheta - \lambda & \sin\vartheta\, e^{-i\varphi} \\ \sin\vartheta\, e^{i\varphi} & -\cos\vartheta - \lambda \end{pmatrix} \varphi = 0 \qquad\qquad (U.171)$$

Die Determinante der Matrix muss verschwinden; das bedeutet

$$-(\cos\vartheta - \lambda)(\cos\vartheta + \lambda) - \sin^2\vartheta = 0 \;\rightarrow$$
$$-\left(\cos^2\vartheta - \lambda^2\right) - \sin^2\vartheta = 0 \;\rightarrow\; \lambda^2 = 1 \qquad\qquad (U.172)$$

Es gibt also die beiden Eigenwerte $\lambda = \pm 1$.
Anschaulich (und in Analogie zur klassischen Mechanik) bedeutet $\lambda = 1$, also positive Helizität, dass die Drehachse des Teilchens in Bewegungsrichtung zeigt. Bei negativer Helizität zeigt die Drehachse entgegen der Bewegungsrichtung. Wie sich zeigt, besitzen masselose Teilchen (also annähernd Neutrinos) negative Helizität, Antiteilchen immer positive Helizität.

(d) Zeigen Sie, dass die (normierten) Eigenvektoren von $\boldsymbol{\sigma} \cdot \hat{\mathbf{p}}$ für $\lambda = +1$ und $\lambda = -1$ lauten:

$$\psi_+ = \begin{pmatrix} \cos\frac{\vartheta}{2} \\ \sin\frac{\vartheta}{2}e^{i\varphi} \end{pmatrix} \quad ; \quad \psi_- = \begin{pmatrix} -\sin\frac{\vartheta}{2}e^{-i\varphi} \\ \cos\frac{\vartheta}{2} \end{pmatrix} \tag{U.173}$$

Lösung: Wir wählen $\lambda = +1$. Zu zeigen ist

$$\begin{pmatrix} \cos\vartheta & \sin\vartheta\,e^{-i\varphi} \\ \sin\vartheta\,e^{i\varphi} & -\cos\vartheta \end{pmatrix} \begin{pmatrix} \cos\frac{\vartheta}{2} \\ \sin\frac{\vartheta}{2}e^{i\varphi} \end{pmatrix} = \begin{pmatrix} \cos\frac{\vartheta}{2} \\ \sin\frac{\vartheta}{2}e^{i\varphi} \end{pmatrix} \tag{U.174}$$

Im ersten Schritt folgt

$$\begin{pmatrix} \cos\vartheta\cos\frac{\vartheta}{2} + \sin\vartheta\,e^{-i\varphi}\sin\frac{\vartheta}{2}e^{i\varphi} \\ \sin\vartheta\,e^{i\varphi}\cos\frac{\vartheta}{2} - \cos\vartheta\sin\frac{\vartheta}{2}e^{i\varphi} \end{pmatrix} = \begin{pmatrix} \cos\frac{\vartheta}{2} \\ \sin\frac{\vartheta}{2}e^{i\varphi} \end{pmatrix} \tag{U.175}$$

Mit $\sin\vartheta = 2\sin\frac{\vartheta}{2}\cos\frac{\vartheta}{2}$ und $\cos\vartheta = \cos^2\frac{\vartheta}{2} - \sin^2\frac{\vartheta}{2}$ folgt

$$\cos\vartheta\cos\frac{\vartheta}{2} + \sin\vartheta\sin\frac{\vartheta}{2} = \left(\cos^2\frac{\vartheta}{2} - \sin^2\frac{\vartheta}{2}\right)\cos\frac{\vartheta}{2} + 2\sin^2\frac{\vartheta}{2}\cos\frac{\vartheta}{2} =$$

$$= \left(\cos^2\frac{\vartheta}{2} + \sin^2\frac{\vartheta}{2}\right)\cos\frac{\vartheta}{2} = \cos\frac{\vartheta}{2} \tag{U.176}$$

und

$$\sin\vartheta\,e^{i\varphi}\cos\frac{\vartheta}{2} - \cos\vartheta\sin\frac{\vartheta}{2}e^{i\varphi}$$

$$= \left[2\cos^2\frac{\vartheta}{2} - \left(\cos^2\frac{\vartheta}{2} - \sin^2\frac{\vartheta}{2}\right)\right]\sin\frac{\vartheta}{2}e^{i\varphi} = \sin\frac{\vartheta}{2}e^{i\varphi} \tag{U.177}$$

Der Fall $\lambda = -1$ läuft analog.
Man sieht direkt, dass eine Drehung um $\vartheta = 360\,°$ die Wellenfunktion nicht reproduziert, sondern erst eine Drehung um $\vartheta = 720\,°$.

Anhang V:
Aufgaben und Lösungen zu Kap. 1–14 (1)

V.1   Aufgaben Kap. 1 (1)

1. Gegeben sei die relativistische Energie-Impuls-Beziehung

$$E^2 = m_0^2 c^4 + p^2 c^2 \tag{V.1}$$

Zeigen Sie, dass im nichtrelativistischen Grenzfall $v \ll c$ bis auf eine positive Konstante annähernd gilt

$$E = \frac{p^2}{2m_0} \tag{V.2}$$

Lösung: Im nichtrelativistischen Grenzfall ist $pc \ll m_0 c^2$. Deswegen gilt

$$E = \sqrt{m_0^2 c^4 + p^2 c^2} = m_0 c^2 \sqrt{1 + \frac{p^2}{m_0^2 c^2}} \approx m_0 c^2 \left(1 + \frac{p^2}{2m_0^2 c^2} \right) \tag{V.3}$$

wobei wir $\sqrt{1 + \varepsilon} \approx 1 + \varepsilon/2$ benutzt haben (zu den Näherungsentwicklungen siehe Anhang). Es folgt

$$E \approx m_0 c^2 + \frac{p^2}{2m_0} \tag{V.4}$$

$m_0 c^2$ ist die angesprochene positive Konstante. Da man den Nullpunkt klassischer Energien beliebig setzen kann, wählen wir ihn so, dass dieser Term wegfällt. Im Übrigen schreibt man in der Regel statt m_0 einfach m, da bei $v \ll c$ die Geschwindigkeitsabhängigkeit der Masse vernachlässigbar ist.

J. Pade, *Quantenmechanik zu Fuß 1*, https://doi.org/10.1007/978-3-662-67928-9

2. Zeigen Sie, dass der Zusammenhang $E = p \cdot c$ (c ist die Lichtgeschwindigkeit) nur für Objekte mit verschwindender Ruhemasse gilt.

Lösung: Folgt direkt aus $E^2 = m_0^2 c^4 + p^2 c^2$.

3. Ein (relativistisches) Objekt habe Ruhemasse null. Zeigen Sie, dass dann die Dispersionsrelation $\omega^2 = c^2 \mathbf{k}^2$ lautet.

Lösung: Folgt direkt aus Aufgabe 2 und den De-Broglie-Beziehungen.

4. Sei $k < 0$, $\omega > 0$. Ist dann $e^{i(kx - \omega t)}$ eine nach rechts oder nach links laufenden ebene Welle?

Lösung: Setzen wir den Exponenten gleich null, folgt aus $kx - \omega t = 0$ die Ungleichung

$$\frac{x}{t} = v = \frac{\omega}{k} < 0 \tag{V.5}$$

Wegen $v < 0$ läuft die Welle von rechts nach links.

5. Lösen Sie die dreidimensionale Wellengleichung

$$\frac{\partial^2 \Psi(\mathbf{r}, t)}{\partial t^2} = c^2 \nabla^2 \Psi(\mathbf{r}, t) \tag{V.6}$$

explizit mittels Trennung der Variablen.

6. Gegeben sei die dreidimensionale Wellengleichung für ein Vektorfeld $\mathbf{A}(\mathbf{r}, t)$

$$\frac{\partial^2 \mathbf{A}(\mathbf{r}, t)}{\partial t^2} = c^2 \nabla^2 \mathbf{A}(\mathbf{r}, t) \tag{V.7}$$

(a) Wie lautet eine Lösung in Form einer ebenen Welle?

Lösung:

$$\mathbf{A}(\mathbf{r}, t) = \mathbf{A}_0 e^{i(\mathbf{kr} - \omega t)} \; ; \; \omega^2 = c^2 \mathbf{k}^2 \tag{V.8}$$

(b) Welche Bedingung muss $\mathbf{A}_0$ erfüllen, wenn es sich um eine (a) longitudinale, (b) transversale Welle handelt?

Lösung: Bei einer longitudinalen Welle ist der Amplitudenvektor parallel zur Ausbreitungsrichtung, bei einer transversalen steht er senkrecht auf ihr. Bei einer longitudinalen Welle gilt also $\mathbf{A}_0 \sim \mathbf{k}$, bei einer transversalen $\mathbf{A}_0 \cdot \mathbf{k} = 0$.

7. Gegeben sei die SGl

$$i\hbar \frac{\partial}{\partial t} \Psi(\mathbf{r}, t) = -\frac{\hbar^2}{2m} \nabla^2 \Psi(\mathbf{r}, t) + V(\mathbf{r}, t) \Psi(\mathbf{r}, t) \tag{V.9}$$

sowie zwei Lösungen $\psi_1(\mathbf{r}, t)$ und $\psi_2(\mathbf{r}, t)$. Zeigen Sie explizit, dass jede Linearkombination dieser Lösungen wiederum eine Lösung darstellt.

Lösung: Da ψ_1 und ψ_2 Lösungen der SGl sind, gilt

$$i\hbar \frac{\partial}{\partial t}\psi_i\,(\mathbf{r}, t) = -\frac{\hbar^2}{2m}\nabla^2\psi_i\,(\mathbf{r}, t) + V\,(\mathbf{r}, t)\,\psi_i\,(\mathbf{r}, t) \quad ; \ i = 1, 2 \qquad \text{(V.10)}$$

Zu zeigen ist, dass für eine Linearkombination $\Phi\,(\mathbf{r}, t) = a\psi_1\,(\mathbf{r}, t) + b\psi_2\,(\mathbf{r}, t)$ mit $a, b \in \mathbb{C}$ gilt

$$i\hbar \frac{\partial}{\partial t}\Phi\,(\mathbf{r}, t) = -\frac{\hbar^2}{2m}\nabla^2\Phi\,(\mathbf{r}, t) + V\,(\mathbf{r}, t)\,\Phi\,(\mathbf{r}, t) \qquad \text{(V.11)}$$

Dies ist erfüllt wegen (wir lassen der Kürze wegen die Argumente $\mathbf{r}, t$ weg)

$$i\hbar \tfrac{\partial}{\partial t}\Phi = i\hbar \tfrac{\partial}{\partial t}\left(a\psi_1 + b\psi_2\right) = ai\hbar \tfrac{\partial}{\partial t}\psi_1 + bi\hbar \tfrac{\partial}{\partial t}\psi_2 =$$
$$= a\left[-\tfrac{\hbar^2}{2m}\nabla^2\psi_1 + V\psi_1\right] + b\left[-\tfrac{\hbar^2}{2m}\nabla^2\psi_2 + V\psi_2\right] = \qquad \text{(V.12)}$$
$$= -\tfrac{\hbar^2}{2m}\nabla^2\left(a\psi_1 + b\psi_2\right) + V\left(a\psi_1 + b\psi_2\right) = -\tfrac{\hbar^2}{2m}\nabla^2\Phi + V\Phi$$

8. Die Wellenfunktion eines Quantenobjekts der Masse m sei gegeben durch

$$\psi\,(x, t) = \psi_0 \exp\left(-\frac{x^2}{2b^2} - i\frac{\hbar}{2mb^2}t\right) \qquad \text{(V.13)}$$

b ist eine feste Länge. Bestimmen Sie die potentielle Energie $V(x)$ des Quantenobjekts.

Lösung: Wir ermitteln $V(x)$ durch Einsetzen von $\psi\,(x, t)$ in die zeitabhängige SGl. Mit

$$\tfrac{\partial}{\partial t}\psi\,(x, t) = -i\tfrac{\hbar}{2mb^2}\psi_0 \exp\left(-\tfrac{x^2}{2b^2} - i\tfrac{\hbar}{2mb^2}t\right)$$
$$\tfrac{\partial}{\partial x}\psi\,(x, t) = -\tfrac{x}{b^2}\psi_0 \exp\left(-\tfrac{x^2}{2b^2} - i\tfrac{\hbar}{2mb^2}t\right)$$
$$\tfrac{\partial^2}{\partial x^2}\psi\,(x, t) = -\tfrac{1}{b^2}\psi_0 \exp\left(-\tfrac{x^2}{2b^2} - i\tfrac{\hbar}{2mb^2}t\right) + \tfrac{x^2}{b^4}\psi_0 \exp\left(-\tfrac{x^2}{2b^2} - i\tfrac{\hbar}{2mb^2}t\right)$$
$$\text{(V.14)}$$

folgt

$$i\hbar\left(-i\frac{\hbar}{2mb^2}\right) = -\frac{\hbar^2}{2m}\left(-\frac{1}{b^2} + \frac{x^2}{b^4}\right) + V \qquad \text{(V.15)}$$

bzw.

$$V = \frac{\hbar^2}{2m}\frac{x^2}{b^4} \qquad \text{(V.16)}$$

also das Potential eines harmonischen Oszillators.

9. Gegeben seien die ebenen Wellen

$$\Phi_1\,(x, t) = \Phi_{01}e^{\pm i(kx - \omega t)} \quad ; \quad \Phi_2\,(x, t) = \Phi_{02}e^{\pm i(kx + \omega t)} \quad ; \ k, \omega > 0 \ ; \ \Phi_{0i} \in \mathbb{R} \qquad \text{(V.17)}$$

Abb. V.1 Nach rechts
laufende ebene Welle
$\cos(kx - \omega t)$ mit $k > 0$,
$\omega > 0$. Durchgezogen für
$t = 0$, gestrichelt für $t > 0$

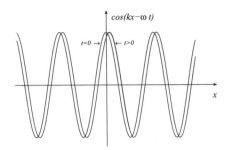

Begründen Sie anschaulich, dass es sich bei $\Phi_1(x, t)$ um eine nach rechts und bei $\Phi_2(x, t)$ um eine nach links laufende Welle handelt.

Lösung: Für eine anschauliche Begründung müssen wir uns Real- und Imaginärteil der Funktionen ansehen (sonst müssten wir in einem vierdimensionalen, also nicht anschaulichen Raum operieren). Wir beschränken uns auf Φ_1; die Argumentation für Φ_2 läuft analog. Es gilt:

$$\Phi_1(x, t) = \Phi_{01} \cos(kx - \omega t) \pm i\, \Phi_{01} \sin(kx - \omega t) \qquad (V.18)$$

Wir betrachten nun den Realteil $\Phi_{01} \cos(kx - \omega t)$. Zur Zeit $t = 0$ haben wir $\Phi_{01} \cos(kx)$; ein Maximum der Funktion liegt dort, wo das Argument des Cosinus verschwindet, also bei $x = 0$. Nach einer kleinen Zeitspanne τ lautet die Funktion $\Phi_{01} \cos(kx - \omega\tau)$; das Maximum liegt nun an der Stelle $kx - \omega\tau = 0$, also bei $x = \omega\tau/k > 0$, siehe Abb. (V.1). Mit anderen Worten: Das Maximum und damit die gesamte Kurve läuft nach rechts. Dasselbe Ergebnis erhalten wir bei der Betrachtung von $\Phi_{01} \sin(kx - \omega t)$. Damit können wir $\Phi_1(x, t)$ insgesamt als ebene, nach rechts laufende Welle auffassen.

V.2   Aufgaben Kap. 2 (1)

1. In einem ladungsfreien Raum sei eine elektromagnetische Welle der Form $\mathbf{E}(\mathbf{r}, t) = \mathbf{E}_0 e^{i(\mathbf{kr} - \omega t)}$ gegeben (wir betrachten nur das elektrische Feld). Zeigen Sie, dass diese Welle transversal ist, dass also gilt $\mathbf{k} \cdot \mathbf{E}_0 = 0$ (Hinweis: Maxwell-Gleichung $\nabla E = 0$). Spezialisieren Sie auf $\mathbf{k} = (0, 0, k)$.
2. Linearkombinationen
   (a) Formulieren Sie $|r\rangle$ als Linearkombination von $|h\rangle$ und $|v\rangle$. Dito für $|l\rangle$.
   (b) Formulieren Sie $|h\rangle$ als Linearkombination von $|r\rangle$ und $|l\rangle$. Dito für $|v\rangle$.
3. Eine Phasenverschiebung von $90\,°$ wird durch $e^{i\pi/2} = i$ beschrieben. Wie sieht das bei einer Phasenverschiebung von $180\,°$ aus?
4. Elliptische Polarisation: Gegeben sei ein Zustand $|z\rangle = \alpha\,|h\rangle + \beta\,|v\rangle$ mit $|\alpha|^2 + |\beta|^2 = 1$. Formulieren Sie $|z\rangle$ als Superposition von $|r\rangle$ und $|l\rangle$.

V.3　　Aufgaben Kap. 3 (1)

1. Zeigen Sie explizit, dass die Lösungen der SGl (3.1) einen Vektorraum aufspannen.
2. Berechnen Sie $\left[x, \frac{\partial^2}{\partial x^2}\right]$.
   Lösung:

$$\left(x\frac{\partial^2}{\partial x^2} - \frac{\partial^2}{\partial x^2}x\right)f = x\frac{\partial^2 f}{\partial x^2} - \frac{\partial}{\partial x}\left(x\frac{\partial f}{\partial x} + f(x)\right) =$$
$$= x\frac{\partial^2 f}{\partial x^2} - \left(x\frac{\partial^2 f}{\partial x^2} + \frac{\partial f}{\partial x} + \frac{\partial f}{\partial x}\right) = -2\frac{\partial f}{\partial x} \qquad (V.19)$$

also in Kurzform:

$$\left[x, \frac{\partial^2}{\partial x^2}\right] = \left(x\frac{\partial^2}{\partial x^2} - \frac{\partial^2}{\partial x^2}x\right) = -2\frac{\partial}{\partial x} \qquad (V.20)$$

3. Gegeben sei die relativistische Energie-Impuls-Beziehung $E^2 = m_0^2 c^4 + c^2 p^2$. Konstruieren Sie aus dieser Dispersionsrelation eine Differentialgleichung.
   Lösung: Mit $E \leftrightarrow i\hbar\frac{\partial}{\partial t}$ und $\mathbf{p} \leftrightarrow \frac{\hbar}{i}\nabla$ folgt (siehe auch Text)

$$\left(i\hbar\frac{\partial}{\partial t}\right)^2 = m_0^2 c^4 + c^2\left(\frac{\hbar}{i}\nabla\right)^2 \quad \text{bzw.}$$
$$\frac{\partial^2}{\partial t^2} = c^2\nabla^2 - \frac{m_0^2 c^4}{\hbar^2} \qquad (V.21)$$

4. Leiten Sie aus der dreidimensionalen zeitabhängigen SGl durch Separation der Variablen die zeitunabhängige SGl her.
5. Gegeben sei das Eigenwertproblem

$$\frac{\partial}{\partial x}f(x) = \gamma f(x) \;\; ; \; \gamma \in \mathbb{C} \qquad (V.22)$$

wobei die Funktionen die Randbedingungen $f(0) = 1$ und $f(1) = 2$ erfüllen müssen. Berechnen Sie Eigenfunktion und Eigenwert.
Lösung: Die allgemeine Lösung der DGl lautet $f(x) = f_0 e^{\gamma x}$. Die Randbedingungen führen auf

$$f(0) = f_0 = 1 \quad \text{und} \quad f(1) = e^\gamma = 2 \qquad (V.23)$$

Es gibt also nur den einzigen Eigenwert $\gamma = \ln 2$.
6. Gegeben sei das Eigenwertproblem

$$\frac{\partial^2}{\partial x^2}f = \delta^2 f \;\; ; \; \delta \in \mathbb{C} \qquad (V.24)$$

wobei die Funktionen die Randbedingungen $f(0) = f(L) = 0$ erfüllen müssen; $L \neq 0$, $\delta \neq 0$. Berechnen Sie Eigenfunktionen und Eigenwerte.

Lösung: Die allgemeine Lösung der DGl lautet $f(x) = f_+ e^{\delta x} + f_- e^{-\delta x}$ mit den Integrationskonstanten f_+ und f_-. Einsetzen der Randbedingungen führt auf

$$f(0) = f_+ + f_- = 0$$
$$f(L) = f_+ e^{\delta L} + f_- e^{-\delta L} = 0 \tag{V.25}$$

Daraus folgt

$$f_- = -f_+ \tag{V.26}$$

und daraus

$$f_+ e^{\delta L} - f_+ e^{-\delta L} = 0 \tag{V.27}$$

Diese Gleichung hat nur dann nichttriviale Lösungen, wenn gilt

$$e^{\delta L} - e^{-\delta L} = 0 \ \text{ bzw.} e^{2\delta L} = 1 \tag{V.28}$$

Daraus folgt schließlich

$$\delta = \frac{im\pi}{L} \ ; \ m = 0, \pm 1, \pm 2, \ldots \tag{V.29}$$

Die Größe δ *muss* also imaginär sein, damit das Eigenwertproblem lösbar ist. Das Spektrum ist diskret, wobei die Eigenwerte δ^2 immer negative Zahlen sind, $\delta^2 = -\left(\frac{m\pi}{L}\right)^2$.

Für die Eigenfunktionen ergibt sich

$$f(x) = f_+ e^{\delta x} - f_+ e^{-\delta x} = f_+ \left(e^{\frac{im\pi}{L}x} - e^{-\frac{im\pi}{L}x} \right) = 2if_+ \sin \frac{m\pi}{L}x \tag{V.30}$$

Die Konstante f_+ bleibt unbestimmt, da die DGl $\frac{\partial^2}{\partial x^2} f = \delta^2 f$ linear ist (und somit mit jeder Lösung auch ein Vielfaches wiederum Lösung ist); zu ihrer Festlegung benötigt man eine Zusatzforderung; siehe Kap. 5 (1).

7. Gegeben sei die nichtlineare Differentialgleichung

$$y'(x) = \frac{dy(x)}{dx} = y^2(x). \tag{V.31}$$

$y_1(x)$ und $y_2(x)$ sind zwei verschiedene nichttriviale Lösungen von (V.31), also $y_1 \neq const \cdot y_2$ und $y_1 y_2 \neq 0$.

(a) Zeigen Sie, dass ein Vielfaches einer Lösung, also $f(x) = cy_1(x)$ mit $c \neq 0$, $c \neq 1$, keine Lösung von (V.31) ist.

Lösung: Wenn $f(x)$ eine Lösung von (V.31) ist, muss $f' = f^2$ gelten. Wegen

$$f' = cy_1' = cy_1^2$$
$$f^2 = c^2 y_1^2 \tag{V.32}$$

erhalten wir unmittelbar $c^2 = c$ mit den Lösungen $c = 0$ und $c = 1$, was den Voraussetzungen widerspricht.

(b) Zeigen Sie, dass eine Linearkombination von zwei Lösungen, also $g(x) = ay_1(x) + by_2(x)$ mit $ab \neq 0$, aber ansonsten beliebig, keine Lösung von (V.31) ist.

Lösung: Wenn $g(x)$ eine Lösung von (V.31) ist, muss $g' = g^2$ gelten. Wegen

$$g' = ay_1' + by_2' = ay_1^2 + by_2^2$$
$$g^2 = a^2 y_1^2 + 2aby_1 y_2 + b^2 y_2^2 \tag{V.33}$$

erhalten wir

$$\left(a^2 - a\right) y_1^2 + 2aby_1 y_2 + \left(b^2 - b\right) y_2^2 = 0 \tag{V.34}$$

Diese Gleichung kann z. B. nach y_1 aufgelöst werden; das Ergebnis hat die Form $y_1 = const \cdot y_2$ or $y_1 = 0$, was den Voraussetzungen widerspricht. Explizit haben wir

$$y_1 = \frac{-ab \pm \sqrt{ab\,(a+b-1)}}{a\,(a-1)} y_2 \text{ für } a \neq 1; \quad y_1 = \frac{1-b}{2} y_2 \text{ für } a = 1. \tag{V.35}$$

(c) Bestimmen Sie die allgemeine Lösung von (V.31).

Lösung: Wir separieren die Variablen und schreiben Gl. (V.31) als

$$\frac{dy}{y^2} = dx; \quad y \neq 0 \tag{V.36}$$

Integration beider Seiten ergibt

$$-\frac{1}{y} = x - C \tag{V.37}$$

wobei C eine beliebige Integrationskonstante ist. Auflösen nach y ergibt

$$y = \frac{1}{C - x} \tag{V.38}$$

8. Radialimpuls
   (a) Zeigen Sie: Für den klassischen Impuls $\mathbf{p}$ gilt

$$\mathbf{p}^2 = (\mathbf{p}\hat{\mathbf{r}})^2 + (\mathbf{p} \times \hat{\mathbf{r}})^2 \qquad (V.39)$$

Lösung:

$$(\mathbf{p}\hat{\mathbf{r}})^2 = \mathbf{p}^2 \cdot \hat{\mathbf{r}}^2 \cdot \cos^2\theta \;\; ; \;\; (\mathbf{p} \times \hat{\mathbf{r}})^2 = \mathbf{p}^2 \cdot \hat{\mathbf{r}}^2 \cdot \sin^2\theta \qquad (V.40)$$

Wegen $\hat{\mathbf{r}}^2 = 1$ folgt die Behauptung.

   (b) Leiten Sie den quantenmechanischen Ausdruck p_r für den klassischen Radialimpuls $\hat{\mathbf{r}}\mathbf{p}\ (= \mathbf{p}\hat{\mathbf{r}})$ her.
   Lösung: Es gilt bei der Übersetzung in die QM

$$\mathbf{p}\hat{\mathbf{r}}f = \frac{\hbar}{i}\nabla\hat{\mathbf{r}}f = \frac{\hbar}{i}(\nabla\hat{\mathbf{r}})\,f + \frac{\hbar}{i}\hat{\mathbf{r}}\nabla f \qquad (V.41)$$

Mit

$$\nabla\hat{\mathbf{r}} = \nabla\frac{\mathbf{r}}{r} = \frac{1}{r}\nabla\mathbf{r} + \mathbf{r}\nabla\frac{1}{r} = \frac{3}{r} - \frac{\mathbf{r}^2}{r^3} = \frac{2}{r} \qquad (V.42)$$

und $\hat{\mathbf{r}}\nabla f = \frac{\partial}{\partial r}f$ folgt

$$\mathbf{p}\hat{\mathbf{r}}f = \frac{\hbar}{i}\nabla\hat{\mathbf{r}}f = \frac{\hbar}{i}\frac{2}{r}f + \frac{\hbar}{i}\frac{\partial}{\partial r}f \qquad (V.43)$$

Andererseits gilt

$$\hat{\mathbf{r}}\mathbf{p}f = \frac{\hbar}{i}\hat{\mathbf{r}}\nabla f = \frac{\hbar}{i}\frac{\partial}{\partial r}f \qquad (V.44)$$

und wir erhalten

$$(\hat{\mathbf{r}}\mathbf{p})_{QM}\, f = p_r f = \frac{\mathbf{p}\hat{\mathbf{r}}f + \hat{\mathbf{r}}\mathbf{p}f}{2} = \frac{\hbar}{i}\left(\frac{1}{r}f + \frac{\partial}{\partial r}f\right) = \frac{\hbar}{i}\frac{1}{r}\frac{\partial}{\partial r}rf$$

$$(V.45)$$

bzw. als Operator geschrieben

$$p_r = \frac{\hbar}{i}\frac{1}{r}\frac{\partial}{\partial r}r \qquad (V.46)$$

Für das Quadrat erhalten wir

$$p_r^2 = -\hbar^2\frac{1}{r}\frac{\partial^2}{\partial r^2}r = -\hbar^2\frac{1}{r^2}\frac{\partial}{\partial r}r^2\frac{\partial}{\partial r} = -\hbar^2\left(\frac{\partial^2}{\partial r^2} + \frac{2}{r}\frac{\partial}{\partial r}\right) \qquad (V.47)$$

Vergleichen Sie diesen Ausdruck mit der Darstellung des Laplace-Operators in Kugelkoordinaten.

9. Zeigen Sie explizit, dass der klassische Ausdruck $\mathbf{l} = \mathbf{r} \times \mathbf{p}$ bei der Übersetzung in die QM nicht symmetrisiert werden muss.

Lösung: Wir haben hier ein Produkt von Operatoren und müssen prüfen, ob die Übersetzung der klassisch gleichen Terme $\mathbf{r} \times \mathbf{p}$ und $-\mathbf{p} \times \mathbf{r}$ in die QM dasselbe Ergebnis liefert. Wenn nein, müssen wir symmetrisieren. Wir betrachten zunächst nur die x-Komponenten. Es gilt

$$(\mathbf{r} \times \mathbf{p})_x = yp_z - zp_y \;\; ; \;\; -(\mathbf{p} \times \mathbf{r})_x = -p_y z + p_z y \tag{V.48}$$

Da y mit p_z und z mit p_y kommutiert, gilt offensichtlich auch in der QM $\mathbf{r} \times \mathbf{p} = -\mathbf{p} \times \mathbf{r}$; wir müssen also nicht symmetrisieren.

10. Gegeben seien die Operatoren $A = x\frac{d}{dx}$, $B = \frac{d}{dx}x$ und $C = \frac{d}{dx}$.

(a) Berechnen Sie $Af_i(x)$ für die Funktionen $f_1(x) = x^2$, $f_2(x) = e^{ikx}$ und $f_3(x) = \ln x$.

Lösung:

$$Af_1 = x\frac{d}{dx}x^2 = 2x^2$$

$$Af_2 = x\frac{d}{dx}e^{ikx} = ikxe^{ikx} \tag{V.49}$$

$$Af_3 = x\frac{d}{dx}\ln x = 1$$

(b) Berechnen Sie für beliebiges $f(x)$ den Ausdruck $A^2 f(x)$.

Lösung:

$$A^2 f(x) = x\frac{d}{dx}x\frac{d}{dx}f(x) = x\frac{d}{dx}xf' = x\left(xf'' + f'\right) = x^2 f'' + xf' \tag{V.50}$$

(c) Berechnen Sie die Kommutatoren $[A, B]$ und $[B, C]$.

Lösung:

$$[A, B]f = x\frac{d}{dx}\frac{d}{dx}xf - \frac{d}{dx}xx\frac{d}{dx}f = x\frac{d}{dx}\left(xf' + f\right) - \frac{d}{dx}x^2 f' =$$
$$= x\left(xf'' + 2f'\right) - \left(x^2 f'' + 2xf'\right) = 0 \tag{V.51}$$

oder kurz

$$[A, B] = 0 \tag{V.52}$$

Für den zweiten Kommutator gilt

$$[B, C]f = \frac{d}{dx}x\frac{d}{dx}f - \frac{d}{dx}\frac{d}{dx}xf = \frac{d}{dx}xf' - \frac{d}{dx}\left(xf' + f\right) = -\frac{d}{dx}f \tag{V.53}$$

oder kurz

$$[B, C] = - \frac{d}{dx} \tag{V.54}$$

(d) Berechnen Sie $e^{iC} x^2 - (x + i)^2$; zeigen Sie, dass gilt $e^{iC} e^{ikx} = e^{-k} e^{ikx}$.
Lösung: Für e^{iC} benutzen wir die Potenzreihendarstellung der e-Funktion:

$$e^{iC} = e^{i \frac{d}{dx}} = \sum_{n=0}^{\infty} \frac{i^n}{n!} \frac{d^n}{dx^n} \tag{V.55}$$

Damit folgt

$$e^{iC} x^2 = \sum_{n=0}^{\infty} \frac{i^n}{n!} \frac{d^n}{dx^n} x^2 = \left(1 + \frac{i}{1!} \frac{d}{dx} + \frac{i^2}{2!} \frac{d^2}{dx^2} \right) x^2 = x^2 + 2ix - 1 = (x+i)^2 \tag{V.56}$$

bzw.

$$e^{iC} x^2 - (x + i)^2 = 0 \tag{V.57}$$

Für $e^{iC} e^{ikx}$ gilt

$$e^{iC} e^{ikx} = \sum_{n=0}^{\infty} \frac{i^n}{n!} \frac{d^n}{dx^n} e^{ikx} = \left(1 + \frac{i}{1!} \frac{d}{dx} + \frac{i^2}{2!} \frac{d^2}{dx^2} + \ldots + \frac{i^n}{n!} \frac{d^n}{dx^n} + \ldots \right) e^{ikx} =$$

$$= \left(1 + \frac{i}{1!} (ik) + \frac{i^2}{2!} (ik)^2 + \ldots + \frac{i^n}{n!} (ik)^n + \ldots \right) e^{ikx} =$$

$$= \left(1 - k + \frac{k^2}{2!} + \ldots + \frac{(-1)^{2n}}{n!} k^n + \ldots \right) e^{ikx} = e^{-k} e^{ikx} \tag{V.58}$$

V.4   Aufgaben Kap. 4 (1)

1. Finden Sie Beispiele für Zustandsräume, die
   (a) die Struktur eines Vektorraums besitzen,
   Lösung: Zustände von Lichtwellen, akustischen Wellen, Wasserwellen (soweit sie als lineare Phänomene betrachtet werden können), stetige Funktionen auf einem Intervall, $n \times n$-Matrizen, $\mathbb{R}^n$, Polynome vom Grad $n \leq 8$ usw.;
   (b) nicht die Struktur eines Vektorraums besitzen.
   Lösung: Zustände einer Münze (Kopf oder Zahl), von Würfeln (1, 2, 3, 4, 5, 6), einer Kugel in einem Rouletterad, Reiseflughöhen eines Flugzeugs, Anzahl der Fische in einem Aquarium, Blutdruck oder Temperatur eines Patienten usw.
2. Polarisation: Berechnen Sie die Länge des Vektors $\frac{1}{\sqrt{2}} \binom{1}{i}$.

3. Gegeben seien $\langle y| = i \begin{pmatrix} 1 & -2 \end{pmatrix}$ und $\langle z| = \begin{pmatrix} 2 & i \end{pmatrix}$. Berechnen Sie $\langle y| z \rangle$.

4. Die Pauli-Matrizen lauten

$$\sigma_x = \begin{pmatrix} 0 & 1 \\ 1 & 0 \end{pmatrix} : \sigma_y = \begin{pmatrix} 0 & -i \\ i & 0 \end{pmatrix} ; \sigma_z = \begin{pmatrix} 1 & 0 \\ 0 & -1 \end{pmatrix} \tag{V.59}$$

Statt $\sigma_x, \sigma_y, \sigma_z$ ist auch die Bezeichnung $\sigma_1, \sigma_2, \sigma_3$ üblich.

(a) Zeigen Sie: $\sigma_i^2 = 1, i = x, y, z$
    Lösung:

$$\sigma_x^2 = \begin{pmatrix} 0 & 1 \\ 1 & 0 \end{pmatrix} \begin{pmatrix} 0 & 1 \\ 1 & 0 \end{pmatrix} = \begin{pmatrix} 1 & 0 \\ 0 & 1 \end{pmatrix} \tag{V.60}$$

und analog σ_y^2 und σ_z^2 mit gleichem Ergebnis.

(b) Berechnen Sie den Kommutator $[\sigma_i, \sigma_j] = \sigma_i \sigma_j - \sigma_j \sigma_i$ und den Antikommutator $\{\sigma_i, \sigma_j\} = \sigma_i \sigma_j + \sigma_j \sigma_i$ $(i \neq j)$.
    Lösung: Für den Kommutator $[\sigma_x, \sigma_y]$ gilt

$$[\sigma_x, \sigma_y] = \begin{pmatrix} 0 & 1 \\ 1 & 0 \end{pmatrix} \begin{pmatrix} 0 & -i \\ i & 0 \end{pmatrix} - \begin{pmatrix} 0 & -i \\ i & 0 \end{pmatrix} \begin{pmatrix} 0 & 1 \\ 1 & 0 \end{pmatrix} = 2i\sigma_z \tag{V.61}$$

und ähnlich für die anderen Indizes.
Für den Antikommutator $\{\sigma_x, \sigma_y\}$ gilt

$$\{\sigma_x, \sigma_y\} = \begin{pmatrix} 0 & 1 \\ 1 & 0 \end{pmatrix} \begin{pmatrix} 0 & -i \\ i & 0 \end{pmatrix} + \begin{pmatrix} 0 & -i \\ i & 0 \end{pmatrix} \begin{pmatrix} 0 & 1 \\ 1 & 0 \end{pmatrix} = 0 \tag{V.62}$$

und ähnlich für die anderen Indizes.

(c) Berechnen Sie für jede Pauli-Matrix die Eigenwerte und die Eigenvektoren.
    Lösung: Die Eigenwertgleichungen lauten $\sigma_i v_i = \lambda_i v_i$. Wegen $\sigma_i^2 = 1$ gilt

$$\sigma_i^2 v_i = \begin{cases} v_i \\ \sigma_i \lambda_i v_i = \lambda_i^2 v_i \end{cases} \rightarrow \lambda_i = \pm 1 \tag{V.63}$$

Alle drei Pauli-Matrizen besitzen also die Eigenwerte ± 1. Die (normierten) Eigenvektoren berechnen sich zu

$$v_{x,\pm 1} = \frac{1}{\sqrt{2}} \begin{pmatrix} 1 \\ \pm 1 \end{pmatrix} ; v_{y,\pm 1} = \frac{1}{\sqrt{2}} \begin{pmatrix} 1 \\ \pm i \end{pmatrix}$$
$$v_{z,+1} = \begin{pmatrix} 1 \\ 0 \end{pmatrix} ; v_{z,-1} = \begin{pmatrix} 0 \\ -1 \end{pmatrix} \tag{V.64}$$

5. Bestimmen Sie Eigenwerte und Eigenvektoren der Matrix

$$M = \begin{pmatrix} 1 & 4 \\ 2 & -1 \end{pmatrix} \tag{V.65}$$

Normieren Sie die Eigenvektoren. Sind sie orthogonal?

6. Gegeben sei das VONS $\{|a_1\rangle, |a_2\rangle\}$. Berechnen Sie die Eigenwerte und Eigenvektoren des Operators

$$M = |a_1\rangle \langle a_1| - |a_2\rangle \langle a_2| \tag{V.66}$$

Lösung: Es gilt

$$\begin{aligned} M|a_1\rangle &= (|a_1\rangle \langle a_1| - |a_2\rangle \langle a_2|) |a_1\rangle = |a_1\rangle \\ M|a_2\rangle &= (|a_1\rangle \langle a_1| - |a_2\rangle \langle a_2|) |a_2\rangle = -|a_2\rangle \end{aligned} \tag{V.67}$$

Die Eigenwerte sind also 1 und -1; die dazugehörigen Eigenvektoren sind $|a_1\rangle$ und $|a_2\rangle$.

7. Gegeben seien ein VONS $\{|\varphi_n\rangle\}$ und ein Zustand der Form $|\psi\rangle = \sum_n c_n |\varphi_n\rangle$, $c_n \in \mathbb{C}$. Bestimmen Sie die Koeffizienten c_n.

Lösung:

$$\langle \varphi_i | \psi\rangle = \langle \varphi_i | \sum_n c_n |\varphi_n\rangle = \sum_n c_n \langle \varphi_i | \varphi_n\rangle = \sum_n c_n \delta_{in} = c_i \tag{V.68}$$

bzw. kurz

$$c_n = \langle \varphi_n | \psi\rangle \tag{V.69}$$

8. Zeigen Sie in Bracketschreibweise: Das System $\{|r\rangle, |l\rangle\}$ stellt ein VONS dar. Benutzen Sie dabei, dass $\{|h\rangle, |v\rangle\}$ ein VONS darstellt.

Lösung: Wir gehen aus von

$$|r\rangle = \frac{1}{\sqrt{2}} |h\rangle + \frac{i}{\sqrt{2}} |v\rangle \quad ; \quad |l\rangle = \frac{1}{\sqrt{2}} |h\rangle - \frac{i}{\sqrt{2}} |v\rangle \tag{V.70}$$

Dann folgt

$$\langle r | r\rangle = \left[\frac{1}{\sqrt{2}} \langle h| - \frac{i}{\sqrt{2}} \langle v| \right] \left[\frac{1}{\sqrt{2}} |h\rangle + \frac{i}{\sqrt{2}} |v\rangle \right] = \frac{1}{2} - \frac{i^2}{2} = 1 \tag{V.71}$$

und analog für $\langle l|\, l\rangle$. Des Weiteren gilt

$$\langle r|\, l\rangle = \left[\frac{1}{\sqrt{2}}\,\langle h| - \frac{i}{\sqrt{2}}\,\langle v|\right]\left[\frac{1}{\sqrt{2}}\,|h\rangle - \frac{i}{\sqrt{2}}\,|v\rangle\right] = \frac{1}{2} + \frac{i^2}{2} = 0 \qquad \text{(V.72)}$$

Damit ist die Orthonormalität gezeigt. Die Vollständigkeit folgt aus

$$|r\rangle\,\langle r| + |l\rangle\,\langle l| =$$

$$= \left[\frac{1}{\sqrt{2}}\,|h\rangle + \frac{i}{\sqrt{2}}\,|v\rangle\right]\left[\frac{1}{\sqrt{2}}\,\langle h| - \frac{i}{\sqrt{2}}\,\langle v|\right] + \left[\frac{1}{\sqrt{2}}\,|h\rangle - \frac{i}{\sqrt{2}}\,|v\rangle\right]\left[\frac{1}{\sqrt{2}}\,\langle h| + \frac{i}{\sqrt{2}}\,\langle v|\right]$$

$$= \frac{1}{2}\,|h\rangle\,\langle h| - \frac{i}{2}\,|h\rangle\,\langle v| + \frac{i}{2}\,|v\rangle\,\langle h| - \frac{i^2}{2}\,|v\rangle\,\langle v| + c.c =$$

$$= |h\rangle\,\langle h| + |v\rangle\,\langle v| = 1$$

$$\text{(V.73)}$$

wobei $c.c$ das komplex Konjugierte des davor stehenden Ausdrucks bedeutet. Wenn wir alternativ die Darstellung

$$|r\rangle \cong \frac{1}{\sqrt{2}}\begin{pmatrix} 1 \\ i \end{pmatrix} \quad ; \quad |l\rangle \cong \frac{1}{\sqrt{2}}\begin{pmatrix} 1 \\ -i \end{pmatrix} \qquad \text{(V.74)}$$

verwenden, folgt natürlich ebenfalls

$$\langle l|\, r\rangle = 0 \leftrightarrow |r\rangle \perp |l\rangle$$

$$\langle l|\, l\rangle = \langle r|\, r\rangle = 1 \qquad \text{(V.75)}$$

$$|r\rangle\,\langle r| + |l\rangle\,\langle l| = 1$$

Also ist auch $\{|r\rangle, |l\rangle\}$ ein VONS. In $\mathcal{V}$ bilden folglich sowohl $\{|h\rangle, |v\rangle\}$ als auch $\{|r\rangle, |l\rangle\}$ ein Basissystem; jeder Vektor $|z\rangle \in \mathcal{V}$ lässt sich darstellen sowohl als $|z\rangle = c_1\,|h\rangle + c_2\,|v\rangle$ als auch als $|z\rangle = d_1\,|r\rangle + d_2\,|l\rangle$ mit $c_i, d_i \in \mathbb{C}$.

9. Gegeben sei der Operator $|h\rangle\,\langle r|$.

(a) Handelt es sich um einen Projektionsoperator?
Lösung: Nein, denn es gilt

$$|h\rangle\,\langle r\,|h\rangle\,\langle r| = \frac{1}{\sqrt{2}}\,|h\rangle\,\langle r| \neq |h\rangle\,\langle r| \quad \text{wegen} \quad \langle r\,|h\rangle = \frac{1}{\sqrt{2}} \qquad \text{(V.76)}$$

(b) Wie lautet der Operator in der Darstellung (4.1)?
Lösung:

$$|h\rangle\,\langle r| \cong \frac{1}{\sqrt{2}}\begin{pmatrix} 1 \\ 0 \end{pmatrix}(1\ -i) = \frac{1}{\sqrt{2}}\begin{pmatrix} 1 & -i \\ 0 & 0 \end{pmatrix} \qquad \text{(V.77)}$$

(c) Gegeben der Zustand $|z\rangle$ mit der Darstellung $|z\rangle \cong \begin{pmatrix} z_1 \\ z_2 \end{pmatrix}$. Wenden Sie den Operator $|h\rangle \langle r|$ auf diesen Zustand an (Berechnung mittels Darstellung).
Lösung:

$$|h\rangle \langle r|\, z\rangle \cong \frac{1}{\sqrt{2}} \begin{pmatrix} 1 & -i \\ 0 & 0 \end{pmatrix} \begin{pmatrix} z_1 \\ z_2 \end{pmatrix} = \frac{1}{\sqrt{2}} \begin{pmatrix} z_1 - i z_2 \\ 0 \end{pmatrix} \tag{V.78}$$

(d) Überprüfen Sie anhand der konkreten Darstellung, dass gilt

$$(|h\rangle \langle r|\, z\rangle)^\dagger = \langle z|\, r\rangle \langle h| \tag{V.79}$$

Lösung:

$$\begin{aligned}
\text{(1.)} \quad & (|h\rangle \langle r|\, z\rangle)^\dagger \cong \left(\frac{1}{\sqrt{2}} \begin{pmatrix} z_1 - i z_2 \\ 0 \end{pmatrix} \right)^\dagger = \frac{1}{\sqrt{2}} \left(z_1^* + i z_2^* \; 0 \right) \\
\text{(2.)} \quad & \langle z|\, r\rangle \langle h| \cong \frac{1}{\sqrt{2}} \left(z_1^* \; z_2^* \right) \begin{pmatrix} 1 \\ i \end{pmatrix} \left(1 \; 0 \right) = \\
& = \frac{z_1^* + i z_2^*}{\sqrt{2}} \left(1 \; 0 \right) = \frac{1}{\sqrt{2}} \left(z_1^* + i z_2^* \; 0 \right)
\end{aligned} \tag{V.80}$$

10. Für die Zustände $|h\rangle$ und $|v\rangle$ wählen wir folgende Darstellung:

$$|h\rangle \cong \frac{1}{\sqrt{2}} \begin{pmatrix} i \\ 1 \end{pmatrix} \; ; \; |v\rangle \cong \frac{a}{\sqrt{2}\,|a|} \begin{pmatrix} 1 \\ i \end{pmatrix} \tag{V.81}$$

(a) Zeigen Sie, dass es sich bei den darstellenden Vektoren um ein VONS handelt.
Lösung:

$$\text{N: } \langle h\,|h\rangle = \tfrac{1}{2} \left(-i \; 1 \right) \begin{pmatrix} i \\ 1 \end{pmatrix} = \tfrac{1}{2} \left(-i^2 + 1 \right) = 1 \; ; \; \text{für } |v\rangle \text{ analog}$$

$$\text{O: } \langle v\,|h\rangle = \frac{a^+}{2|a|} \left(1 \; -i \right) \begin{pmatrix} i \\ 1 \end{pmatrix} = \frac{a^+}{2|a|} \left(i - i \right) = 0$$

$$\begin{aligned}
\text{V: } |h\rangle \langle h| + |v\rangle \langle v| & \cong \tfrac{1}{2} \begin{pmatrix} i \\ 1 \end{pmatrix} \left(-i \; 1 \right) + \tfrac{1}{2} \begin{pmatrix} 1 \\ i \end{pmatrix} \left(1 \; -i \right) = \\
& = \tfrac{1}{2} \begin{pmatrix} -i^2 & i \\ -i & 1 \end{pmatrix} + \tfrac{1}{2} \begin{pmatrix} 1 & -i \\ i & -i^2 \end{pmatrix} = \begin{pmatrix} 1 & 0 \\ 0 & 1 \end{pmatrix}
\end{aligned} \tag{V.82}$$

(b) Berechnen Sie $|r\rangle$ und $|l\rangle$ in dieser Darstellung. Spezialisieren Sie auf $a = 1, -1, i, -i$.

Lösung: Mit

$$|r\rangle = \frac{|h\rangle + i\,|v\rangle}{\sqrt{2}} \quad ; \quad |r\rangle = \frac{|h\rangle - i\,|v\rangle}{\sqrt{2}} \tag{V.83}$$

folgt

$$\frac{|h\rangle \pm i\,|v\rangle}{\sqrt{2}} \cong \frac{1}{2}\begin{pmatrix} i \\ 1 \end{pmatrix} \pm \frac{ia}{2\,|a|}\begin{pmatrix} 1 \\ i \end{pmatrix} = \frac{1}{2}\begin{pmatrix} i\left(1 \pm \frac{a}{|a|}\right) \\ 1 \mp \frac{a}{|a|} \end{pmatrix} \tag{V.84}$$

11. Zeigen Sie, dass die drei Vektoren

$$\mathbf{a} = \frac{1}{\sqrt{2}}\begin{pmatrix} 1 \\ i \\ 0 \end{pmatrix} \quad ; \quad \mathbf{b} = \begin{pmatrix} 0 \\ 0 \\ 1 \end{pmatrix} \quad ; \quad \mathbf{c} = -\frac{1}{\sqrt{2}}\begin{pmatrix} 1 \\ -i \\ 0 \end{pmatrix} \tag{V.85}$$

ein VONS bilden. Dito für

$$\mathbf{a} = \frac{1}{\sqrt{2}}\begin{pmatrix} 1 \\ 0 \\ -1 \end{pmatrix} \quad ; \quad \mathbf{b} = \frac{1}{2}\begin{pmatrix} 1 \\ \sqrt{2} \\ 1 \end{pmatrix} \quad ; \quad \mathbf{c} = \frac{1}{2}\begin{pmatrix} 1 \\ -\sqrt{2} \\ 1 \end{pmatrix} \tag{V.86}$$

12. Ein dreidimensionales Problem: Gegeben seien das VONS $\{|u\rangle, |v\rangle, |w\rangle\}$ und der Operator[1]

$$L = |v\rangle\langle u| + (|u\rangle + |w\rangle)\langle v| + |v\rangle\langle w| \tag{V.87}$$

(a) Berechnen Sie die Eigenwerte und -vektoren von L.
Lösung: Das Eigenwertproblem lautet

$$L\,|\psi\rangle = l\,|\psi\rangle \tag{V.88}$$

Da $\{|u\rangle, |v\rangle, |w\rangle\}$ ein VONS bildet, können wir $|\psi\rangle$ darstellen als

$$|\psi\rangle = a\,|u\rangle + b\,|v\rangle + c\,|w\rangle \tag{V.89}$$

Wir setzen (V.87) und (V.89) in (V.88) ein und erhalten zunächst

$$[|v\rangle\langle 1| + (|u\rangle + |w\rangle)\langle 0| + |v\rangle\langle -1|]\,[a\,|u\rangle + b\,|v\rangle + c\,|w\rangle]$$
$$= l\,[a\,|u\rangle + b\,|v\rangle + c\,|w\rangle] \tag{V.90}$$

---

[1] Es handelt sich übrigens bei diesem Operator im Wesentlichen um die x-Komponente des Bahndrehimpulsoperators für Drehimpuls 1; siehe Kap. 2 (2).

Ausmultiplizieren auf der linken Seite ergibt wegen der Orthonormalität der
Zustände $|u\rangle$, $|v\rangle$, $|w\rangle$

$$a\,|v\rangle + b\,(|u\rangle + |w\rangle) + c\,|v\rangle = l\,[a\,|u\rangle + b\,|v\rangle + c\,|w\rangle] \qquad \text{(V.91)}$$

und daraus folgen die Gleichungen

$$
\begin{array}{llll}
|u\rangle & : & b = la \\
|v\rangle & : & a + c = lb \quad ; \text{ mit} b = lc \text{ folgt} & \begin{array}{l} lc = la \\ a + c = l^2 c \end{array} \\
|w\rangle & : & b = lc
\end{array}
\qquad \text{(V.92)}
$$

Es kann nun entweder sein $l = 0$, woraus $b = 0$, $c = -a$ folgt, oder $l \neq 0$.
In diesem Fall gilt $c = a$ und $2a = l^2 a$, also $l = \pm\sqrt{2}$.
Wir fassen zusammen: Die drei Eigenwerte lauten $l = 0$ und $l = \pm\sqrt{2}$. Die
entsprechenden Eigenvektoren sind zunächst gegeben durch

$$
\begin{array}{ll}
l = 0 & : \quad |\psi\rangle_0 = a\,|u\rangle - a\,|w\rangle \\
l = \pm\sqrt{2} & : \quad |\psi\rangle_{\pm\sqrt{2}} = a\,|u\rangle \pm \sqrt{2}a\,|v\rangle + a\,|w\rangle
\end{array}
\qquad \text{(V.93)}
$$

Wenn wir diese Zustände noch normieren, folgt schließlich

$$
\begin{array}{ll}
l = 0 & : \quad |\psi\rangle_0 = \frac{|u\rangle - |w\rangle}{\sqrt{2}} \\
l = \pm\sqrt{2} & : \quad |\psi\rangle_{\pm\sqrt{2}} = \frac{|u\rangle \pm \sqrt{2}|v\rangle + |w\rangle}{2}
\end{array}
\qquad \text{(V.94)}
$$

(b) Zeigen Sie, dass die drei Eigenvektoren (V.94) ein VONS bilden.

V.5   Aufgaben Kap. 5 (1)

1. Gegeben sei die freie stationäre SGl

$$E\Phi\,(x) = -\frac{\hbar^2}{2m}\Phi''\,(x) \qquad \text{(V.95)}$$

Formulieren Sie die entsprechende Gleichung für die Fourier-Transformierte
von Φ.
Lösung: $\Phi\,(x)$ hängt mit seiner Fourier-Transformierten $\Theta\,(k)$ zusammen über

$$\Phi\,(x) = \frac{1}{\sqrt{2\pi}}\int_{-\infty}^{\infty}\Theta\,(k)\,e^{ikx}dk \;\; ; \;\; \Theta\,(k) = \frac{1}{\sqrt{2\pi}}\int_{-\infty}^{\infty}\Phi\,(x)\,e^{-ikx}dx$$

$$\text{(V.96)}$$

Einsetzen in die freie SGl ergibt

$$E \frac{1}{\sqrt{2\pi}} \int_{-\infty}^{\infty} \Theta(k) e^{ikx} dk = -\frac{\hbar^2}{2m} \frac{1}{\sqrt{2\pi}} \int_{-\infty}^{\infty} (-k^2) \Theta(k) e^{ikx} dk$$

$$\text{bzw. } E\Theta(k) = \frac{\hbar^2 k^2}{2m} \Theta(k) \tag{V.97}$$

2. Gegeben sei die stationäre SGl

$$E\Phi(x) = -\frac{\hbar^2}{2m} \Phi''(x) + V(x)\Phi(x) \tag{V.98}$$

Formulieren Sie die entsprechende Gleichung für die Fourier-Transformierte von Φ.

Lösung: Einsetzen in die SGl ergibt zunächst

$$E \int_{-\infty}^{\infty} \Theta(k) e^{ikx} dk = -\frac{\hbar^2}{2m} \int_{-\infty}^{\infty} (-k^2) \Theta(k) e^{ikx} dk + V(x) \int_{-\infty}^{\infty} \Theta(k) e^{ikx} dk \tag{V.99}$$

Um die Variable x zu eliminieren, betrachten wir die Fourier-Transformierte $W(k)$ von $V(x)$:

$$V(x) = \frac{1}{\sqrt{2\pi}} \int_{-\infty}^{\infty} W(k) e^{ikx} dk \quad ; \quad W(k) = \frac{1}{\sqrt{2\pi}} \int_{\infty}^{\infty} V(x) e^{-ikx} dx \tag{V.100}$$

Damit ergibt sich

$$\int_{-\infty}^{\infty} \left[E - \frac{\hbar^2 k^2}{2m} \right] \Theta(k) e^{ikx} dk = \frac{1}{\sqrt{2\pi}} \int_{-\infty}^{\infty} W(k_1) e^{ik_1 x} dk_1 \int_{-\infty}^{\infty} \Theta(k_2) e^{ik_2 x} dk_2 \tag{V.101}$$

Wir multiplizieren mit e^{-iKx} und integrieren über x

$$\int_{-\infty}^{\infty} \left[E - \frac{\hbar^2 k^2}{2m} \right] \Theta(k) \left[\int_{-\infty}^{\infty} e^{i(k-K)x} dx \right] dk =$$
$$= \frac{1}{\sqrt{2\pi}} \int_{-\infty}^{\infty} W(k_1) \left[\int_{-\infty}^{\infty} e^{i(k_1+k_2-K)x} dx \right] dk_1 \int_{-\infty}^{\infty} \Theta(k_2) dk_2 \tag{V.102}$$

Die eckigen Klammern sind im Wesentlichen die Deltafunktion,[2] so dass folgt

$$\int_{-\infty}^{\infty} \left[E - \frac{\hbar^2 k^2}{2m} \right] \Theta(k) \delta(k-K) dk$$
$$= \frac{1}{\sqrt{2\pi}} \int_{-\infty}^{\infty} W(k_1) \delta(k_1+k_2-K) dk_1 \int_{-\infty}^{\infty} \Theta(k_2) dk_2$$

$$\text{bzw. } \left[E - \frac{\hbar^2 K^2}{2m} \right] \Theta(K) = \frac{1}{\sqrt{2\pi}} \int_{-\infty}^{\infty} W(k_1) \Theta(K-k_1) dk_1 \tag{V.103}$$

---

[2] Es gilt $\delta(k-k') = \frac{1}{2\pi} \int_{-\infty}^{\infty} dx \, e^{ik(k-k')}$. Einige Bemerkungen zur Deltafunktion und zu ihren Eigenschaften finden sich im Anhang.

Das Endergebnis lautet also

$$\left[E - \frac{\hbar^2 k^2}{2m} \right] \Theta(k) = \frac{1}{\sqrt{2\pi}} \int_{-\infty}^{\infty} W(k') \Theta(k - k') \, dk' \qquad \text{(V.104)}$$

Diese Integralgleichung für $\Theta(k)$ ersetzt im Impulsraum die in der Ortsdarstellung formulierte SGl. Da die beiden Gleichungen letztlich dieselbe Information liefern, ist es eher eine Geschmackssache, welche man verwendet. Wir stützen uns auf die ‚übliche' SGl, weil die entsprechenden Begriffe, Lösungsmethoden usw. den meisten wesentlich vertrauter sind als bei Integralgleichungen.

3. Der Hamilton-Operator besitze diskrete und nichtentartete Eigenwerte E_n, $n = 1, 2, \ldots$. Wie lautet die allgemeine Lösung der zeitabhängigen SGl?

4. Unendlich hoher Potentialtopf: Zeigen Sie, dass die Eigenfunktionen in der Form $\varphi_n(x) = \sqrt{\frac{2}{a}} e^{i\delta_n} \sin(k_n x)$ ein orthonormales Funktionensystem darstellen ($\int_0^a \varphi_m^*(x) \varphi_n(x) = \delta_{mn}$). Hinweis: Die Integrale lassen sich z. B. über $\sin x \sin y = \frac{\cos(x-y) - \cos(x+y)}{2}$ oder durch Darstellung des Sinus durch e-Funktionen berechnen.

5. Unendlich hoher Potentialtopf: Formulieren Sie die allgemeine Lösung der zeitabhängigen SGl und zeigen Sie, dass die Vorgabe der Anfangsbedingung die Wellenfunktion determiniert. Konkretisieren Sie die Überlegungen anschließend auf die angegebenen speziellen Fälle ($C \in \mathbb{C}$ ist eine beliebige komplexe Konstante).

Lösung: Wie im Text angegeben, lautet die allgemeine Lösung (der Einfachheit halber haben wir die Phasen δ_n gleich null gesetzt)

$$\Psi(x, t) = \sqrt{\frac{2}{a}} \sum_{n=1}^{\infty} c_n \sin k_n x \, e^{-i\omega_n t} \, ; \, c_n \in \mathbb{C} \, ; \, \omega_n = \frac{E_n}{\hbar} = \frac{\hbar k_n^2}{2m} \qquad \text{(V.105)}$$

Daraus folgt

$$\Psi(x, 0) = \sqrt{\frac{2}{a}} \sum_{n=1}^{\infty} c_n \sin k_n x \quad \text{bzw.}$$
$$\sqrt{\frac{2}{a}} \int_0^a \sin k_m x \, \Psi(x, 0) \, dx = \frac{2}{a} \sum_{n=1}^{\infty} c_n \int_0^a \sin k_m x \sin k_n dx \qquad \text{(V.106)}$$

Das letzte Integral hat den Wert $\frac{a}{2} \delta_{mn}$. Damit folgt

$$c_m = \sqrt{\frac{2}{a}} \int_0^a \sin k_m x \, \Psi(x, 0) \, dx \qquad \text{(V.107)}$$

(a) $\Psi(x, t = 0) = C\delta(x - \frac{a}{2})$
   Lösung:

$$c_m = \sqrt{\frac{2}{a}} \int_0^a \sin k_m x \cdot C\delta(x - \frac{a}{2})dx =$$
$$= \sqrt{\frac{2}{a}} C \sin \frac{k_m a}{2} = \sqrt{\frac{2}{a}} C \sin \frac{m\pi}{2} = \frac{1-(-1)^m}{2}(-1)^{\frac{m-1}{2}}$$

(V.108)

(b) $\Psi(x, t = 0) = C$
(c) $\Psi(x, t = 0) = Ce^{iKx}$

6. Gegeben sei die dreidimensionale stationäre SGl $E\psi(\mathbf{r}) = -\frac{\hbar^2}{2m}\nabla^2\psi(\mathbf{r})$.
Welche Energieeigenwerte E sind erlaubt, wenn man folgende periodische Randbedingungen fordert: $\psi(x, y, z) = \psi(x + L_x, y, z) = \psi(x, y + L_y, z) = \psi(x, y, z + L_z)$.
Bemerkung: Mit solchen periodischen Randbedingungen kann man unter anderem dreidimensionale periodische Strukturen modellieren wie z. B. Festkörpergitter. In zwei Dimensionen kann man sich auch vorstellen, dass diese Randbedingungen einen Torus definieren, auf dessen Oberfläche das Quantensystem lebt (Abb. V.2).
Lösung: Wir machen wieder einen Separationsansatz $\psi(\mathbf{r}) = f(x)g(y)h(z)$.
Er führt auf die übliche Weise auf $f(x) = A_x e^{ik_x x} + B_x e^{-ik_x x}$ und entsprechende Ausdrücke für $g(y)$ und $h(z)$. Einsetzen in die SGl bringt

$$E = \frac{\hbar^2 \mathbf{k}^2}{2m}$$

(V.109)

mit $\mathbf{k} = (k_x, k_y, k_z)$. Die periodische Randbedingung z. B. für x führt auf

$$\psi(x, y, z) = \psi(x + L_x, y, z) \rightarrow$$
$$\rightarrow A_x e^{ik_x x} + B_x e^{-ik_x x} = A_x e^{ik_x(x+L_x)} + B_x e^{-ik_x(x+L_x)}$$

(V.110)

Es muss also gelten $e^{\pm ik_x L_x} = 1$. Für ganze Zahlen n gilt $1 = e^{2\pi i n}$ und es folgt

$$k_x L_x = 2\pi n_x \quad \text{bzw.} \quad k_x = \frac{2\pi n_x}{L_x} \quad, \quad n_x \in \mathbb{N}$$

(V.111)

Abb. V.2 Torus
(zweidimensionale
Oberfläche)

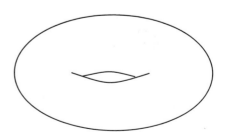

Wir übertragen dieses Ergebnis auf y, z und erhalten folgende Energieniveaus

$$E = \frac{2\pi^2\hbar^2}{m}\left[\left(\frac{n_x}{L_x}\right)^2 + \left(\frac{n_y}{L_y}\right)^2 + \left(\frac{n_z}{L_z}\right)^2\right] \qquad \text{(V.112)}$$

Wir sehen schön, dass der Entartungsgrad mit zunehmender Symmetrie (z. B. $L_x = L_y$ oder $L_x = L_y = L_z$) wächst.

Bemerkung: Man kann in diesem Fall von vornherein mit dem Ansatz $\psi(\mathbf{r}) = A e^{i\mathbf{k}\mathbf{r}}$ arbeiten.

7. Ein Elektron befindet sich zwischen den zwei Wänden eines unendlich hohen Potentialtopfs, die ein Lichtjahr auseinander stehen. Überschlagen Sie die Größenordnung der Abstände der Energieniveaus.
   $1\,\text{ly} \approx 9{,}5 \cdot 10^{15}\,\text{m} \approx 10^{16}\,\text{m}$; $\hbar \approx 10^{-34}\,\text{Js}$; $m_e \approx 10^{-30}\,\text{kg}$; $1\,\text{J} \approx 6 \cdot 10^{18}\,\text{eV}$.
   Wir gehen von $k_n \approx \frac{n\pi}{L}$ aus. Es folgt

$$E_n \approx \frac{\hbar^2\pi^2}{2mL^2}n^2 \approx 10^{-69}\frac{n^2}{2}\,\text{J} \approx 3 \cdot 10^{-51}n^2\,\text{eV} \qquad \text{(V.113)}$$

8. Finden Sie Beispiele für Funktionen, die
   (a) integrierbar, aber nicht quadratintegrierbar sind;
      Lösung: $f(x) = \frac{1}{\sqrt{x}}$ ist im Intervall $[0, 1]$ integrierbar, aber nicht quadrat-
      integrierbar: $\int_0^1 \frac{1}{\sqrt{x}}dx = 2$
   (b) quadratintegrierbar, aber nicht integrierbar sind.
      Lösung: $f(x) = \frac{1}{x}$ ist im Intervall $[1, \infty]$ nicht integrierbar, aber quadrat-
      integrierbar: $\int_1^\infty \frac{1}{x^2}dx = 1$

9. Gegeben die stationäre SGl

$$E\varphi(x) = -\frac{\hbar^2}{2m}\varphi''(x) + V(x)\varphi(x) \qquad \text{(V.114)}$$

Schreiben Sie die Gleichung für eine dimensionslose unabhängige Variable um.
Lösung: Wir wählen

$$z = Kx \;\; ; \;\; \varphi(x) = \psi(Kx) = \psi(z) \qquad \text{(V.115)}$$

mit der noch unbestimmten Konstante K (Einheit $1/m$) und der dimensionslosen Variablen z. Einsetzen bringt zunächst

$$E\psi(z) = -\frac{\hbar^2}{2m}\frac{d^2}{dx^2}\psi(z) + V(x)\psi(z) \qquad \text{(V.116)}$$

Auswerten der Ableitung bringt

$$E\psi(z) = -\frac{\hbar^2 K^2}{2m}\frac{d^2}{dz^2}\psi(z) + V\left(\frac{z}{K}\right)\psi(z) \qquad (\text{V.117})$$

Man wird jetzt K so wählen, dass die Vorfaktoren der Funktionen möglichst einfach werden. Wenn wir zum Beispiel $K^2 = \frac{2mE}{\hbar^2}$ setzen (was nicht unbedingt die geschickteste Wahl sein muss), erhalten wir

$$\psi(z) = -\frac{d^2}{dz^2}\psi(z) + \tilde{V}(z)\psi(z) \qquad (\text{V.118})$$

mit dem dimensionslosen Potential $\tilde{V}(z) = \frac{1}{E}V\left(\frac{z}{K}\right)$.

10. Ein kleiner Ausblick in die Stringtheorie (kompaktifizierte oder aufgerollte Dimension).

In den Stringtheorien geht man davon aus, dass die elementaren Bausteine nicht Punktobjekte, sondern eindimensionale energiegeladene Objekte (Strings) sind – vergleichbar einem Objekt in einem eindimensionalen Potentialtopf. Strings haben eine Ausdehnung in Größenordnung der Planck-Länge und leben in höherdimensionalen Räumen (z. B. dim = 10 oder dim = 26), wobei bis auf vier alle anderen Dimensionen zusammengerollt (kompaktifiziert) sind – so ähnlich wie in unserem folgenden einfachen Beispiel.

Für die formale Behandlung legen wir die zweidimensionale SGl

$$-\frac{\hbar^2}{2m}\left(\frac{\partial^2\psi}{\partial x^2} + \frac{\partial^2\psi}{\partial y^2}\right) = E\psi \qquad (\text{V.119})$$

zugrunde. In x-Richtung haben wir einen unendlichen Potentialtopf

$$V = \begin{cases} 0 \text{ für } 0 < x < a \\ \infty \text{ sonst} \end{cases} \qquad (\text{V.120})$$

und für die y-Koordinate soll gelten

$$\psi(x, y) = \psi(x, y + 2\pi R) \qquad (\text{V.121})$$

Wir haben also eine Kombination zweier verschiedener Randbedingungen: in x-Richtung gilt $\psi(0, y) = \psi(a, y) = 0$, während in y-Richtung die periodische Randbedingung $\psi(x, y) = \psi(x, y + 2\pi R)$ vorliegt. Mit anderen Worten: Das Quantenobjekt ,lebt' auf der Oberfläche eines Zylinders der Länge a mit Radius R. Aufgabenstellung: Berechnen Sie die möglichen Energieniveaus. Diskutieren Sie insbesondere die Verhältnisse für $R \ll a$ (Abb. V.3).

Abb. V.3 Die ‚Zylinderwelt‘
unseres Spielzeugstrings

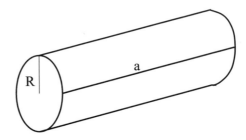

Lösung: Zur Lösung der SGl machen wir den Separationsansatz

$$\psi(x, y) = \Phi(x)\,\Psi(y) \tag{V.122}$$

und erhalten

$$-\frac{\hbar^2}{2m}\frac{1}{\Phi(x)}\frac{d^2\Phi(x)}{dx^2} - \frac{\hbar^2}{2m}\frac{1}{\Psi(y)}\frac{d^2\Psi(y)}{dy^2} = E \tag{V.123}$$

Die von x bzw. y abhängigen Terme dieser Gleichung müssen jeweils konstant sein:

$$-\frac{\hbar^2}{2m}\frac{1}{\Phi(x)}\frac{d^2\Phi(x)}{dx^2} = E_x \qquad \frac{d^2\Phi(x)}{dx^2} = -\frac{2m}{\hbar^2}E_x\Phi(x) = -k_x^2\Phi(x)$$

$$\text{bzw.}$$

$$-\frac{\hbar^2}{2m}\frac{1}{\Psi(y)}\frac{d^2\Psi(y)}{dy^2} = E - E_x \qquad \frac{d^2\Psi(y)}{dy^2} = -\frac{2m}{\hbar^2}(E - E_x)\Psi(y) = -k_y^2\Psi(y)$$

$$\tag{V.124}$$

Wie üblich erhalten wir als Lösungen (reelle Form)

$$\Phi(x) = A\sin k_x x + B\cos k_x x$$
$$\Psi(y) = C\sin k_y y + D\cos k_y y \tag{V.125}$$

Mit der Randbedingung $\Phi(0) = \Phi(a) = 0$ ergibt die erste Gleichung

$$B = A \quad \text{und} \quad \sin k_x a = 0 \rightarrow k_x = \frac{N\pi}{a}, n = 1, 2, \ldots \tag{V.126}$$

Für $\Psi(y)$ erhalten wir mit $\Psi(y) = \Psi(y + 2\pi R)$

$$C\sin k_y y + D\cos k_y y = C\sin k_y(y + 2\pi R) + D\cos k_y(y + 2\pi R) \tag{V.127}$$

Da C und D unabhängige Integrationskonstanten sind, müssen ihre Koeffizienten auf beiden Seiten gleich sein. Das führt auf

$$k_y 2\pi R = 2M\pi \quad \text{bzw.} \quad k_y = \frac{M}{R}, M = 0, 1, 2, \ldots \tag{V.128}$$

Der Wertevorrat für M enthält auch die Null, da in diesem Fall nicht die triviale Lösung entsteht, denn für $k_y = 0$ haben wir $\Psi(y) = D$. Diese Tatsache ist besonders wichtig für die Diskussion im Fall $R \ll a$, wie wir gleich sehen werden.

Für die Energie ergibt sich wegen $E = E_x + E_y = \frac{\hbar^2}{2m}\left(k_x^2 + k_y^2\right)$

$$E_{N,M} = \frac{\hbar^2}{2m}\left[\left(\frac{N\pi}{a}\right)^2 + \left(\frac{M}{R}\right)^2\right] \; ; \; N = 1, 2, \dots \; ; \; M = 0, 1, 2, \dots$$

$$\text{(V.129)}$$

wobei N und M ihren Wertevorrat unabhängig voneinander durchlaufen.

Durch die zweite Dimension hat sich das Energiespektrum insgesamt deutlich geändert. Insbesondere kann es nun entartet sein; dies ist der Fall für $R = \frac{a}{\pi}\sqrt{\frac{p}{q}}$, wobei p und q die Differenz von Quadraten natürlicher Zahlen sind.

Für $M = 0$ ergeben sich die Energieniveaus $E_{N,0}$ des eindimensionalen unendlichen Potentialtopfs. Wo liegt das niedrigste neue Energieniveau? Wir erhalten es offensichtlich für $N = 1$ ($N = 0$ ist ja nicht erlaubt) und $M = 1$, also

$$E_{1,1} = \frac{\hbar^2}{2m}\left[\left(\frac{\pi}{a}\right)^2 + \left(\frac{1}{R}\right)^2\right] \qquad \text{(V.130)}$$

Wenn wir nun einen sehr ‚dünnen‘ Zylinder, also $R \ll a$ betrachten, folgt

$$E_{1,1} \approx \frac{\hbar^2}{2m}\left(\frac{1}{R}\right)^2 \quad \text{für } R \ll a \qquad \text{(V.131)}$$

Im Vergleich zu den ‚ungestörten‘ Energieniveaus $E_{N,0}$ bedeutet das

$$E_{1,1} \approx E_{K,0} \text{ mit } K \approx \frac{a}{\pi R} \qquad \text{(V.132)}$$

Wegen $R \ll a$ ist K eine sehr große Zahl, so dass das erste neue Energieniveau $E_{1,1}$ weit über den niedrig liegenden Energieniveaus $E_{N,0}$ liegt. Mit anderen Worten: Eine zusätzliche Dimension kann im Experiment bei bestimmten Energien nicht erschlossen werden, sofern sie genügend eng aufgerollt ist. Ihre Effekte werden erst bei genügend hohen Energien sichtbar.

11. Gegeben seien die freie eindimensionale SGl (5.36) und die Funktion $\Phi(x)$. Zeigen Sie, dass

$$\Psi(x,t) = A\frac{1}{\sqrt{t}}\int\limits_{-\infty}^{\infty} e^{\frac{im}{2\hbar}\frac{(x-y)^2}{t}}\Phi(y)\,dy \qquad \text{(V.133)}$$

eine Lösung ist (A ist eine Normierungskonstante).

Lösung: Wir bilden die partiellen Ableitungen. Es gilt

$$
\partial_t \Psi(x,t) = -A \frac{1}{2t\sqrt{t}} \int_{-\infty}^{\infty} e^{\frac{im}{2\hbar}\frac{(x-y)^2}{2t}} \Phi(y)\,dy +
$$

$$
+ A \frac{1}{\sqrt{t}} \int_{-\infty}^{\infty} \frac{im}{2\hbar}\left(-\frac{(x-y)^2}{t^2}\right) e^{\frac{im}{2\hbar}\frac{(x-y)^2}{t}} \Phi(y)\,dy
$$

$$
\partial_x \Psi(x,t) = A \frac{1}{\sqrt{t}} \int_{-\infty}^{\infty} \frac{im}{\hbar}\frac{(x-y)}{t} e^{\frac{im}{2\hbar}\frac{(x-y)^2}{t}} \Phi(y)\,dy
$$

$$
\partial_x^2 \Psi(x,t) = A \frac{1}{\sqrt{t}} \int_{-\infty}^{\infty} \left[\frac{im}{\hbar}\frac{1}{t} e^{\frac{im}{2\hbar}\frac{(x-y)^2}{t}} + \left(\frac{im}{\hbar}\frac{(x-y)}{t}\right)^2 e^{\frac{im}{2\hbar}\frac{(x-y)^2}{t}}\right] \Phi(y)\,dy
$$

$$
(V.134)
$$

Damit folgt

$$
i\hbar\partial_t \Psi(x,t) = A \int_{-\infty}^{\infty} \left[-i\hbar\frac{1}{2t\sqrt{t}} + i\hbar\frac{1}{\sqrt{t}}\frac{im}{2\hbar}\left(-\frac{(x-y)^2}{t^2}\right)\right] e^{\frac{im}{2\hbar}\frac{(x-y)^2}{t}} \Phi(y)\,dy
$$

$$
-\frac{\hbar^2}{2m}\partial_x^2 \Psi(x,t) = A \int_{-\infty}^{\infty} \left[-\frac{\hbar^2}{2m}\frac{im}{\hbar}\frac{1}{t\sqrt{t}} - \frac{\hbar^2}{2m}\frac{1}{\sqrt{t}}\left(\frac{im}{\hbar}\frac{(x-y)}{t}\right)^2\right] e^{\frac{im}{2\hbar}\frac{(x-y)^2}{t}} \Phi(y)\,dy
$$

$$
(V.135)
$$

Der Vergleich der rechten Seiten belegt sofort die Behauptung.
Bemerkung: Man kann zeigen, dass gilt

$$
\lim_{t\to 0} \Psi(x,t) = \Phi(x) \tag{V.136}
$$

Damit ist (V.133) eine andere Darstellung der Lösung der freien eindimensionalen SGl bei gegebener Anfangsbedingung $\Psi(x,0)$.

V.6   Aufgaben Kap. 6 (1)

1. Zeigen Sie: Für alle $|z_i\rangle$ in (6.5) gilt $\||z_i\rangle\|^2 = 1$.
2. Gegeben sei ein MZI mit symmetrischen Strahlteilern. Berechnen Sie den Endzustand mit und ohne Hindernis, wenn der Anfangszustand gegeben ist als $\alpha|H\rangle + \beta|V\rangle$.
3. Sei gegeben ein Operator A mit

$$
A|H\rangle = a|H\rangle \quad ; \quad A|V\rangle = b|V\rangle \tag{V.137}
$$

Stellen Sie A dar.
Lösung:

$$
A = a|H\rangle\langle H| + b|V\rangle\langle V| \cong \begin{pmatrix} a & 0 \\ 0 & b \end{pmatrix} \tag{V.138}
$$

Spezialisieren Sie auf $a = 1$ und $b = -1$; es folgt

$$A = |H\rangle \langle H| - |V\rangle \langle V| \cong \begin{pmatrix} 1 & 0 \\ 0 & -1 \end{pmatrix}$$

4. Welche Eigenwerte kann ein unitärer Operator haben?
   Lösung: Wir gehen aus von

$$U|\varphi\rangle = \lambda |\varphi\rangle \ ; \ U^\dagger = U^{-1} \ ; \ \langle \varphi |\varphi\rangle = 1 \qquad \text{(V.139)}$$

Daraus folgt

$$\langle \varphi| U^\dagger = \lambda^* \langle \varphi| \ \text{ bzw. } \ \langle \varphi| U^\dagger U |\varphi\rangle = \lambda^* \lambda \langle \varphi |\varphi\rangle \qquad \text{(V.140)}$$

Wegen $U^\dagger U = 1$ und $\langle \varphi |\varphi\rangle = 1$ ergibt sich sofort

$$|\lambda|^2 = 1 \qquad \text{(V.141)}$$

Die Eigenwerte unitärer Operatoren liegen also auf dem Einheitskreis und haben die Form $\lambda = e^{i\alpha}$ (und nicht nur $\lambda = \pm 1$, wie fälschlicherweise oft aus $|\lambda|^2 = 1$ geschlossen wird).

5. Zirkular und linear polarisierte Zustände hängen zusammen über $|r\rangle = \frac{1}{\sqrt{2}} |h\rangle + \frac{i}{\sqrt{2}} |v\rangle$ und $|l\rangle = \frac{1}{\sqrt{2}} |h\rangle - \frac{i}{\sqrt{2}} |v\rangle$. Zeigen Sie: Diese Basistransformation ist unitär (bzw.: die Transformationsmatrix ist unitär).
   Lösung: Die Transformation zwischen linear und zirkular polarisiertem Licht kann man beschreiben durch die Matrix $\frac{1}{\sqrt{2}} \begin{pmatrix} 1 & i \\ 1 & -i \end{pmatrix}$, die unitär ist.

6. Stellen Sie die Operatoren T, S und S' aus Gl. (6.11), (6.12) und (6.13) und ihre Kombinationen als Matrizen dar.
   Lösung: Wir berücksichtigen, dass wir uns in einem zweidimensionalen Zustandsraum befinden. Damit können wir die Basiszustände $|H\rangle$ und $|V\rangle$ zum Beispiel durch die Vektoren $\begin{pmatrix} 1 \\ 0 \end{pmatrix}$ und $\begin{pmatrix} 0 \\ 1 \end{pmatrix}$ darstellen; das Produkt $|V\rangle \langle H|$ lautet dann

$$|V\rangle \langle H| \cong \begin{pmatrix} 0 \\ 1 \end{pmatrix} \begin{pmatrix} 1 & 0 \end{pmatrix} = \begin{pmatrix} 0 & 0 \\ 1 & 0 \end{pmatrix} \qquad \text{(V.142)}$$

Die Wirkung des Strahlteilers lesen wir aus (6.11) ab; es gilt

$$T \cong \frac{1+i}{2} \begin{pmatrix} 1 & i \\ i & 1 \end{pmatrix} \qquad \text{(V.143)}$$

Für den Spiegel folgt analog aus (6.12):

$$S \cong \begin{pmatrix} 0 & -1 \\ -1 & 0 \end{pmatrix} \qquad \text{(V.144)}$$

also der bekannte Phasensprung um π. Damit folgt für den Fall ohne Hindernis wiederum

$$TST \cong \begin{pmatrix} 1 & 0 \\ 0 & 1 \end{pmatrix} \tag{V.145}$$

Für den Fall mit Hindernis müssen wir S durch S' ersetzen

$$S' \cong \begin{pmatrix} 0 & 0 \\ -1 & 0 \end{pmatrix} \tag{V.146}$$

und erhalten

$$TS'T \cong \frac{1}{2} \begin{pmatrix} 1 & i \\ -i & 1 \end{pmatrix} \tag{V.147}$$

7. Gegeben sei der Operator

$$U = a\,|H\rangle\,\langle H| + b\,|H\rangle\,\langle V| + c\,|V\rangle\,\langle H| + d\,|V\rangle\,\langle V| \cong \begin{pmatrix} a & b \\ c & d \end{pmatrix} \tag{V.148}$$

Wie müssen die Koeffizienten beschaffen sein, damit U ein unitärer Operator ist? Anders gefragt: Wie sieht die allgemeine zweidimensionale unitäre Transformation aus?
Lösung: Es müssen die Gleichungen $UU^\dagger = U^\dagger U = 1$ erfüllt sein, in Matrixdarstellung also

$$\begin{pmatrix} a & b \\ c & d \end{pmatrix} \begin{pmatrix} a^* & c^* \\ b^* & d^* \end{pmatrix} = \begin{pmatrix} 1 & 0 \\ 0 & 1 \end{pmatrix} \quad \text{und} \quad \begin{pmatrix} a^* & c^* \\ b^* & d^* \end{pmatrix} \begin{pmatrix} a & b \\ c & d \end{pmatrix} = \begin{pmatrix} 1 & 0 \\ 0 & 1 \end{pmatrix} \tag{V.149}$$

Das ergibt die Gleichungen

$$\begin{matrix} |a|^2 + |b|^2 = 1\;;\; ac^* + bd^* = 0 \\ ca^* + db^* = 0\;;\; |c|^2 + |d|^2 = 1 \end{matrix} \quad \text{und} \quad \begin{matrix} |a|^2 + |c|^2 = 1\;;\; a^*b + c^*d = 0 \\ b^*a + d^*c = 0\;;\; |b|^2 + |d|^2 = 1 \end{matrix} \tag{V.150}$$

Aus den Gleichungen mit den Betragsquadraten folgt sofort

$$|b|^2 = |c|^2 \quad \text{und} \quad |a|^2 = |d|^2 \tag{V.151}$$

und wir können ansetzen

$$a = Ae^{i\alpha}\;;\; b = Be^{i\beta}\;;\; c = Be^{i\gamma}\;;\; d = Ae^{i\delta}\;;\; A^2 + B^2 = 1 \tag{V.152}$$

Es verbleiben die beiden Gleichungen $ac^* + bd^* = 0$ und $b^*a + d^*c = 0$; sie ergeben

$$e^{i\alpha}e^{-i\gamma} + e^{i\beta}e^{-i\delta} = 0 \quad \text{und} \quad e^{-i\beta}e^{i\alpha} + e^{-i\delta}e^{i\gamma} = 0 \qquad \text{(V.153)}$$

Bei näherem Hinsehen zeigt sich, dass diese beiden Gleichungen identisch sind; als Ergebnis folgt zum Beispiel

$$e^{i\delta} = -e^{i(\beta-\alpha+\gamma)} \quad \text{bzw.} \quad \delta = \beta - \alpha + \gamma + \pi \qquad \text{(V.154)}$$

Damit haben wir in Matrixdarstellung zunächst

$$U \cong \begin{pmatrix} Ae^{i\alpha} & Be^{i\beta} \\ Be^{i\gamma} & -Ae^{-i(\alpha-\beta-\gamma)} \end{pmatrix} \; ; \; A^2 + B^2 = 1 \qquad \text{(V.155)}$$

Dieses Ergebnis können wir strukturell einfacher schreiben. Dazu erweitern wir mit $e^{i(\beta+\gamma+\pi)/2}$:

$$U \cong e^{i(\beta+\gamma+\pi)/2} \begin{pmatrix} Ae^{i\left(\alpha-\frac{\beta+\gamma+\pi}{2}\right)} & Be^{i\frac{\beta-\gamma-\pi}{2}} \\ -Be^{-i\frac{\beta-\gamma-\pi}{2}} & Ae^{-i\left(\alpha-\frac{\beta+\gamma+\pi}{2}\right)} \end{pmatrix} \; ; \; A^2 + B^2 = 1$$

$$\text{(V.156)}$$

oder kurz (mit $p = Ae^{i\left(\alpha-\frac{\beta+\gamma+\pi}{2}\right)}$ usw.)

$$U \cong e^{i\mu} \begin{pmatrix} p & q \\ -q^* & p^* \end{pmatrix} \; ; \; |p|^2 + |q|^2 = 1 \; ; \; p, q \in \mathbb{C} \; ; \; \mu \in \mathbb{R} \qquad \text{(V.157)}$$

als eine allgemeine Form einer zweidimensionalen unitären Transformation.[3] Als wichtigen Spezialfall erhalten wir die reelle Rotation

$$U_{\text{Rotation}} \cong \begin{pmatrix} \cos\vartheta & \sin\vartheta \\ -\sin\vartheta & \cos\vartheta \end{pmatrix} \; ; \; p = \cos\vartheta \; ; \; q = \sin\vartheta \; ; \; \mu = 0 \qquad \text{(V.158)}$$

Der symmetrische Strahlteiler ergibt sich mit $\frac{1+i}{2} = \frac{1}{\sqrt{2}}e^{i\frac{\pi}{4}}$ als

$$U_{\text{Strahlteiler}} \cong \frac{1+i}{2} \begin{pmatrix} 1 & i \\ -i & 1 \end{pmatrix} \; ; \; p = \frac{1}{\sqrt{2}} \; ; \; q = \frac{i}{\sqrt{2}} \; ; \; \mu = \frac{\pi}{4} \qquad \text{(V.159)}$$

---

[3] Bei Erweiterung mit $e^{i(\beta+\gamma)/2}$ kommt man auf die äquivalente Darstellung $e^{i\mu} \begin{pmatrix} p & q \\ q^* & -p^* \end{pmatrix}$.

Die *Hadamard-Matrix* ergibt sich als

$$U_{\text{Hadamard}} \cong \frac{1}{\sqrt{2}} \begin{pmatrix} 1 & 1 \\ 1 & -1 \end{pmatrix} \; ; \; p = \frac{1}{i\sqrt{2}} \; ; \; q = \frac{1}{i\sqrt{2}} \; ; \; \mu = \frac{\pi}{2} \qquad (\text{V}.160)$$

8. Gegeben sei ein MZI ohne Hindernis und mit unsymmetrischen Strahlteilern (Transmissionsgrad $\neq$ Reflexionsgrad). Welche Daten müssen diese Strahlteiler haben, damit bei einem horizontal eintretenden Strahl der Detektor 1 immer, der Detektor 2 nie anschlägt?
Lösung: Einen unsymmetrischen Strahlteiler können wir darstellen als

$$T \cong (\alpha + i\beta) \begin{pmatrix} \alpha & i\beta \\ i\beta & \alpha \end{pmatrix} \; ; \; \alpha, \beta \in \mathbb{R}, > 0 \; ; \; \alpha^2 + \beta^2 = 1 \qquad (\text{V}.161)$$

wobei α den Transmissionsgrad und β den Reflexionsgrad des Strahlteilers angibt. Der Faktor i vor β beschreibt die relative Phasenverschiebung zwischen transmittiertem und reflektiertem Anteil. T ist unitär; vgl. (V.157). Die Wirkung des gesamten MZI lässt sich also beschreiben als

$$T_2 S T_1 = (\alpha_2 + i\beta_2) \begin{pmatrix} \alpha_2 & i\beta_2 \\ i\beta_2 & \alpha_2 \end{pmatrix} \begin{pmatrix} 0 & -1 \\ -1 & 0 \end{pmatrix} (\alpha_1 + i\beta_1) \begin{pmatrix} \alpha_1 & i\beta_1 \\ i\beta_1 & \alpha_1 \end{pmatrix}$$
$$(\text{V}.162)$$

Dieser Ausdruck berechnet sich zu

$$T_2 S T_1 = -(\alpha_2 + i\beta_2)(\alpha_1 + i\beta_1) \begin{pmatrix} i\alpha_1\beta_2 + i\alpha_2\beta_1 & \alpha_1\alpha_2 - \beta_1\beta_2 \\ \alpha_1\alpha_2 - \beta_1\beta_2 & i\alpha_1\beta_2 + i\alpha_2\beta_1 \end{pmatrix}$$
$$(\text{V}.163)$$

Wenn also Detektor 1 immer und Detektor 2 nie anschlagen soll, muss gelten $\alpha_1\alpha_2 = \beta_1\beta_2$. Damit ergibt sich

$$\beta_2 = \frac{\alpha_1\alpha_2}{\beta_1} \; ; \; \alpha_2 = \frac{\beta_1\beta_2}{\alpha_1} \qquad (\text{V}.164)$$

Mit $\alpha_i^2 + \beta_i^2 = 1$ folgt

$$\alpha_2^2 + \beta_2^2 = \alpha_2^2 + \frac{\alpha_1^2\alpha_2^2}{\beta_1^2} = \frac{\alpha_2^2}{\beta_1^2}(\beta_1^2 + \alpha_1^2) = \frac{\alpha_2^2}{\beta_1^2} = 1$$
$$\alpha_2^2 + \beta_2^2 = \frac{\beta_1^2\beta_2^2}{\alpha_1^2} + \beta_2^2 = \frac{\beta_2^2}{\alpha_1^2}(\beta_1^2 + \alpha_1^2) = \frac{\beta_2^2}{\alpha_1^2} = 1$$
$$(\text{V}.165)$$

bzw. wegen $\alpha_i, \beta_i > 0$ schließlich

$$\alpha_2 = \beta_1 \; ; \; \beta_2 = \alpha_1 \qquad (\text{V}.166)$$

Mit anderen Worten: Der zweite Strahlteiler muss gegenüber dem ersten genau vertauschte Transmissions- und Reflexionsgrade haben,

$$T_1 \cong (\alpha_1 + i\beta_1) \begin{pmatrix} \alpha_1 & i\beta_1 \\ i\beta_1 & \alpha_1 \end{pmatrix} \; ; \; T_2 \cong (\beta_1 + i\alpha_1) \begin{pmatrix} \beta_1 & i\alpha_1 \\ i\alpha_1 & \beta_1 \end{pmatrix} \qquad (V.167)$$

Für die Gesamtwirkung des MZI folgt damit

$$T_2 S T_1 \cong -i (\beta_1 + i\alpha_1)(\alpha_1 + i\beta_1) \begin{pmatrix} 1 & 0 \\ 0 & 1 \end{pmatrix} =$$
$$= (\alpha_1 + i\beta_1)(\alpha_1 - i\beta_1) \begin{pmatrix} 1 & 0 \\ 0 & 1 \end{pmatrix} = \begin{pmatrix} 1 & 0 \\ 0 & 1 \end{pmatrix} \qquad (V.168)$$

wie gefordert.[4]

V.7   Aufgaben Kap. 7 (1)

1. Zeigen Sie für $\rho = |\psi(x,t)|^2$:

$$\int\limits_{-\infty}^{\infty} \rho(x,t)\, dx = 1 \; \forall\, t \qquad (V.169)$$

Dabei soll gelten: (a) Das Potential ist reell; (b) $\Psi \underset{x\to\infty}{\sim} x^a$ mit $a < -\frac{1}{2}$.

2. Unendlich hoher Potentialtopf: Gegeben sei

(a) $\Psi(x,t) = e^{-i\omega_n t} \sqrt{\frac{2}{a}} \sin \frac{n\pi}{a} x$

(b) $\Psi(x,t) = c_n e^{-i\omega_n t} \sqrt{\frac{2}{a}} \sin \frac{n\pi}{a} x + c_m e^{-i\omega_m t} \sqrt{\frac{2}{a}} \sin \frac{m\pi}{a} x$

Berechnen Sie für beide Fälle die Aufenthaltswahrscheinlichkeit

$$W^{qm}_{x_1, x_2} = \int\limits_{x_1}^{x_2} \Psi^*(x,t)\, \Psi(x,t)\, dx \qquad (V.170)$$

3. Gegeben sei die SGl $i\hbar\dot{\psi} = H\psi$ mit reellem Potential. Leiten Sie aus der Kontinuitätsgleichung konstruktiv ab (also nicht nur durch Einsetzen prüfen), dass gilt

$$\mathbf{j} = \frac{\hbar}{2mi} \left(\psi^* \nabla \psi - \psi \nabla \psi^* \right) \qquad (V.171)$$

---

[4] Siehe auch J. Pade, L. Polley, ‚Wechselwirkungsfreie Quantenmessung', *Physik in der Schule* 38/5 (2000) 5, 343.

Lösung: Da das Potential reell ist, gilt $H = H^*$ und damit

$$i\hbar\dot{\psi} = H\psi \ ; \ -i\hbar\dot{\psi}^* = H\psi^* \tag{V.172}$$

Mit der Kontinuitätsgleichung schreiben wir

$$\nabla j = -\dot{\rho} = -\partial_t \psi^* \psi = -\dot{\psi}^* \psi - \psi^* \dot{\psi} \tag{V.173}$$

Wir setzen auf der rechten Seite die Gl. (V.172) ein:

$$\nabla j = -\left(-\frac{H\psi^*}{i\hbar}\right)\psi - \psi^*\left(\frac{H\psi}{i\hbar}\right) = \frac{i}{\hbar}\left(\psi^* H\psi - \psi H\psi^*\right) \tag{V.174}$$

Da das Potential reell ist, heben sich die Potentialterme weg und es bleibt übrig

$$\nabla j = \frac{\hbar}{2mi}\left(\psi^* \nabla^2 \psi - \psi \nabla^2 \psi^*\right) \tag{V.175}$$

Wir erweitern rechts mit $\nabla\psi^* \cdot \nabla\psi$ und erhalten

$$\nabla j = \frac{\hbar}{2mi}\left(\psi^* \nabla^2 \psi + \nabla\psi^* \cdot \nabla\psi - \psi \nabla^2 \psi^* - \nabla\psi \cdot \nabla\psi^*\right) =$$
$$= \frac{\hbar}{2mi}\left(\nabla\left(\psi^* \nabla\psi\right) - \nabla\left(\psi \nabla\psi^*\right)\right) = \frac{\hbar}{2mi}\nabla\left(\psi^* \nabla\psi - \psi \nabla\psi^*\right) \tag{V.176}$$

Durch Vergleich der rechten und linken Seite folgt

$$\nabla\left(\mathbf{j} - \frac{\hbar}{2mi}\left(\psi^* \nabla\psi - \psi\nabla\psi^*\right)\right) = 0 \tag{V.177}$$

und damit das gewünschte Ergebnis. (Streng genommen folgt aus der letzten Gleichung wegen $\nabla\left(\nabla \times \mathbf{A}\right) = 0$ allerdings $\mathbf{j} = \frac{\hbar}{2mi}\left(\psi^* \nabla\psi - \psi\nabla\psi^*\right) + \nabla\times\mathbf{A}$, wobei $\mathbf{A}$ ein beliebiges Feld ist.)

4. Berechnen Sie j (eindimensional) für $\psi = Ae^{\gamma x}$ und $\psi = Ae^{i\gamma x}$ mit $\gamma \in \mathbb{R}$ und $A \in \mathbb{C}$.
5. Berechnen Sie $\mathbf{j}(\mathbf{r}, t)$ für $\Psi(\mathbf{r}, t) = Ae^{i(\mathbf{kr}-\omega t)}$.
6. Gegeben sei eine Abänderung des unendlich hohen Potentialtopfs, nämlich das Potential

$$V(x) = \begin{cases} iW & \text{für } 0 < x < a \\ \infty & \text{sonst} \end{cases} \ ; \ W \in \mathbb{R} \tag{V.178}$$

Berechnen Sie das Energiespektrum und zeigen Sie, dass nur für $W = 0$ die Norm der (zeitabhängigen) Gesamtwellenfunktion zeitunabhängig ist.

Lösung: Die stationäre SGl inklusive Randbedingungen lautet

$$E\varphi = -\frac{\hbar^2}{2m}\varphi'' + iW\varphi \; ; \; \varphi(0) = \varphi(a) = 0 \qquad \text{(V.179)}$$

wobei wir hier eine komplexe Energie ansetzen müssen, also

$$E = E_R + iE_I \qquad \text{(V.180)}$$

Mit

$$\gamma^2 = \frac{2m}{\hbar^2}(E - iW) \qquad \text{(V.181)}$$

folgt als Lösung

$$\varphi = Ae^{i\gamma x} + Be^{-i\gamma x} \qquad \text{(V.182)}$$

Die Randbedingung bei $x = 0$ ergibt $B = -A$, die bei $x = a$ führt also wegen $A \neq 0$ auf $0 = e^{i\gamma a} - e^{-i\gamma a}$ bzw. $e^{2i\gamma a} = 1$. Soweit also alles wie gehabt; der einzige, allerdings aus physikalischer Sicht wesentliche Unterschied zum ‚normalen' unendlich hohen Potentialtopf ist der, dass γ nun für $W \neq 0$ einen Imaginärteil besitzt, $\gamma = \gamma_R + i\gamma_I$. Wir setzen das ein und erhalten

$$e^{2i(\gamma_R + i\gamma_I)a} = e^{2i\gamma_R a}e^{-2\gamma_I a} = 1 \qquad \text{(V.183)}$$

Daraus folgt sofort

$$\gamma_R a = n\pi \; \text{und} \; \gamma_I = 0 \qquad \text{(V.184)}$$

Wie man aus Gl. (V.181) sieht, folgt aus $\gamma_I = 0$ die Gleichung $E_I = W$. Für den Realteil der Energie gilt die bekannte Beziehung

$$E_{R,n} = \frac{\hbar^2\gamma_R^2}{2m} = \frac{\hbar^2}{2m}\left(\frac{n\pi}{a}\right)^2 \; ; \; n = 1, 2, \ldots \qquad \text{(V.185)}$$

so dass die Energien gegeben sind als

$$E_n = E_{R,n} + iW \qquad \text{(V.186)}$$

Wir setzen das in die Gesamtwellenfunktion

$$\psi(x, t) = \sum_n c_n \varphi_n(x)\, e^{-\frac{it}{\hbar}E_n} \qquad \text{(V.187)}$$

ein und erhalten

$$\psi(x,t) = e^{\frac{t}{\hbar}W} \sum_n c_n \varphi_n(x) e^{-\frac{it}{\hbar}E_{R,n}} \tag{V.188}$$

Je nach Vorzeichen von $W \neq 0$ strebt $\psi(x,t)$ für $t \to \pm\infty$ also gegen 0 oder gegen ∞. Explizit gilt

$$\int |\psi(x,t)|^2 \, dx = e^{\frac{2t}{\hbar}W} \int \sum_n c_n^* \varphi_n^*(x) e^{\frac{it}{\hbar}E_{R,n}} \sum_m c_m \varphi_m(x) e^{-\frac{it}{\hbar}E_{R,m}} dx =$$

$$= e^{\frac{2t}{\hbar}W} \sum_{n,m} c_n^* c_m e^{\frac{it}{\hbar}E_{R,n}} e^{-\frac{it}{\hbar}E_{R,m}} \int \varphi_n^*(x) \varphi_m(x) \, dx \tag{V.189}$$

Wegen der Orthonormalität der Eigenfunktionen $\varphi_n(x)$ folgt

$$\int |\psi(x,t)|^2 \, dx = e^{\frac{2t}{\hbar}W} \sum_n |c_n|^2 \tag{V.190}$$

Wie erwartet, lässt sich also nicht erreichen $\int |\psi(x,t)|^2 \, dx = 1 \; \forall \, t$.

V.8   Aufgaben Kap. 8 (1)

1. Sei $|v_1\rangle \langle v_1| + |v_2\rangle \langle v_2| = 1$. Zeigen Sie: $|v_e\rangle \langle v_e| + |v_\mu\rangle\langle v_\mu| = 1$.

2. Zeigen Sie: Die Matrizen $\begin{pmatrix} c & 0 & se^{-i\delta} \\ 0 & 1 & 0 \\ -se^{i\delta} & 0 & c \end{pmatrix}$ und $\begin{pmatrix} 1 & 0 & 0 \\ 0 & c & s \\ 0 & -s & c \end{pmatrix}$ mit $\delta \in \mathbb{R}$ sind

   unitär. Die Abkürzungen s und c stehen für $\sin\alpha$ und $\cos\alpha$.

3. Zeigen Sie: Das Produkt zweier unitärer Matrizen ist ebenfalls unitär.

4. Ist der Strahlteileroperator T aus Kap. 6 (1)

$$T = \frac{1+i}{2} [1 + i|H\rangle\langle V| + i|V\rangle\langle H|] \tag{V.191}$$

   hermitesch, unitär oder ein Projektionsoperator? $\{|H\rangle, |V\rangle\}$ ist ein VONS.

5. Gegeben sei $A = \begin{pmatrix} 1 & i \\ -i & 1 \end{pmatrix}$.

   (a) Zeigen Sie, dass A hermitesch, aber nicht unitär ist.
       Lösung:

$$A^\dagger = \begin{pmatrix} 1 & i \\ -i & 1 \end{pmatrix} = A \; ; \; A^\dagger A = A^2 = 2A \neq \begin{pmatrix} 1 & 0 \\ 0 & 1 \end{pmatrix} \tag{V.192}$$

(b) Berechnen Sie e^{cA}.

Lösung: Wegen $A^2 = 2A$ folgt $A^n = 2^{n-1}A$ und damit

$$e^{cA} = 1 + \sum_{n=1} \frac{c^n}{n!} A^n = 1 + \sum_{n=1} \frac{c^n}{n!} 2^{n-1} A \qquad (V.193)$$

Das bedeutet

$$e^{cA} = 1 + \frac{1}{2} \sum_{n=1} \frac{c^n}{n!} 2^n A = 1 + \left(\frac{e^{2c}}{2} - 1 \right) A \qquad (V.194)$$

6. Gegeben seien die Operatoren[5]

$$L_1 = \frac{|v\rangle(\langle u| + \langle w|) + (|u\rangle + |w\rangle)\langle v|}{\sqrt{2}}$$
$$L_2 = \frac{-|v\rangle(\langle u| - \langle w|) + (|u\rangle - |w\rangle)\langle v|}{i\sqrt{2}} \qquad (V.195)$$
$$L_3 = |u\rangle\langle u| - |w\rangle\langle w|$$

(a) Handelt es sich um hermitesche, unitäre oder Projektionsoperatoren?

Lösung: Dass die Operatoren hermitesch sind, kann man direkt ablesen, z. B.

$$L_2^\dagger = \frac{-(|u\rangle - |w\rangle)\langle v| + |v\rangle(\langle u| - \langle w|)}{-i\sqrt{2}} = L_2 \qquad (V.196)$$

Sie sind aber nicht unitär oder projektiv; z. B. haben wir für L_3

$$L_3^\dagger L_3 = L_3^2 = |u\rangle\langle u| + |w\rangle\langle w| \qquad (V.197)$$

und dieser Ausdruck ist weder L_3 noch der Einsoperator.

(b) Berechnen Sie $[L_1, L_2]$.

Lösung: Wir berechnen zunächst die einzelnen Terme, also

$$2iL_1L_2 = -(|u\rangle + |w\rangle)(\langle u| - \langle w|)$$
$$2iL_2L_1 = (|u\rangle - |w\rangle)(\langle u| + \langle w|) \qquad (V.198)$$

Daraus folgt

$$[L_1, L_2] = \frac{-|u\rangle\langle u| + |u\rangle\langle w| - |w\rangle\langle u| + |w\rangle\langle w|}{2i} - \frac{|u\rangle\langle u| + |u\rangle\langle w| - |w\rangle\langle u| - |w\rangle\langle w|}{2i}$$
$$= \frac{-2|u\rangle\langle u| + 2|w\rangle\langle w|}{2i} = i(|u\rangle\langle u| - |w\rangle\langle w|) = iL_3 \qquad (V.199)$$

---

[5] Es handelt sich im Wesentlichen um die drei Komponenten des Bahndrehimpulsoperators für Drehimpuls 1; siehe Kap. 2 (2).

7. Zeigen Sie: Die Zeitentwicklung

$$|v(t)\rangle = -\sin\vartheta\,|v_1\rangle\,e^{-i\omega_1 t} + \cos\vartheta\,|v_2\rangle\,e^{-i\omega_2 t} \tag{V.200}$$

ist unitär.

8. Berechnen Sie explizit $\langle v_e\,|v(t)\rangle$ in Gl. (8.8) sowie $\langle v_\mu\,|v(t)\rangle$.
   Lösung: Es gilt mit (8.1) oder (8.2)

$$\langle v_e\,|v(t)\rangle = -\sin\vartheta\,\langle v_e\,|v_1\rangle\,e^{-i\omega_1 t} + \cos\vartheta\,\langle v_e\,|v_2\rangle\,e^{-i\omega_2 t} =$$
$$= -\sin\vartheta\cos\vartheta\,e^{-i\omega_1 t} + \cos\vartheta\sin\vartheta\,e^{-i\omega_2 t} \tag{V.201}$$

sowie

$$\langle v_\mu\,|v(t)\rangle = -\sin\vartheta\,\langle v_\mu\,|v_1\rangle\,e^{-i\omega_1 t} + \cos\vartheta\,\langle v_\mu\,|v_2\rangle\,e^{-i\omega_2 t} =$$
$$= \sin^2\vartheta\,e^{-i\omega_1 t} + \cos^2\vartheta\,e^{-i\omega_2 t} \tag{V.202}$$

9. Berechnen Sie explizit p_e in Gl. (8.9); formulieren Sie auch p_μ.
   Lösung: Für p_e beachten wir zunächst

$$e^{-i\omega_1 t} - e^{-i\omega_2 t} = e^{-i\frac{\omega_1+\omega_2}{2}t}\left[e^{-i\frac{\omega_1-\omega_2}{2}t} - e^{i\frac{\omega_1-\omega_2}{2}t}\right] = 2ie^{-i\frac{\omega_1+\omega_2}{2}t}\sin\left(\frac{\Delta\omega}{2}t\right) \tag{V.203}$$

Damit folgt

$$p_e = |\langle v_e\,|v(t)\rangle|^2 = \sin^2\vartheta\cos^2\vartheta\cdot 4\sin^2\left(\frac{\Delta\omega}{2}t\right) = \sin^2 2\vartheta\cdot\sin^2\left(\frac{\Delta\omega}{2}t\right) \tag{V.204}$$

Für p_μ nutzen wir $p_e + p_\mu = 1$ und erhalten

$$p_\mu = 1 - \sin^2 2\vartheta\cdot\sin^2\left(\frac{\Delta\omega}{2}t\right) \tag{V.205}$$

Wenn wir p_μ explizit berechnen wollen, starten wir von

$$p_\mu = |\langle v_\mu\,|v(t)\rangle|^2 = \left|\sin^2\vartheta\,e^{-i\omega_1 t} + \cos^2\vartheta\,e^{-i\omega_2 t}\right|^2 \tag{V.206}$$

Das bringt wegen $\left(\sin^2\vartheta + \cos^2\vartheta\right)^2 = 1$ zunächst

$$p_\mu = \sin^4\vartheta + 2\sin^2\vartheta\cos^2\vartheta\cos(\Delta\omega t) + \cos^4\vartheta =$$
$$= 1 + 2\sin^2\vartheta\cos^2\vartheta\,[\cos(\Delta\omega t) - 1] \tag{V.207}$$

Die eckige Klammer formen wir um mit $\cos 2x = \cos^2 x - \sin^2 x = 1 - 2\sin^2 x$ und erhalten

$$p_\mu = 1 - 4\sin^2\vartheta\,\cos^2\vartheta\,\sin^2\left(\frac{\Delta\omega}{2}t\right) = 1 - \sin^2 2\vartheta \cdot \sin^2\left(\frac{\Delta\omega}{2}t\right) \qquad \text{(V.208)}$$

10. Beweisen Sie Gl. (8.10) bzw. berechnen Sie einen Näherungsausdruck für ΔE für den Fall, dass die Ruhemassen sehr klein sind.
Lösung:

$$\hbar\Delta\omega = \Delta E = E_1 - E_2 = \sqrt{p^2c^2 + m_1^2 c^4} - \sqrt{p^2c^2 + m_2^2 c^4} =$$

$$= pc\left[\sqrt{1 + \frac{m_1^2 c^2}{p^2}} - \sqrt{1 + \frac{m_2^2 c^2}{p^2}}\right] \approx pc\left[1 + \frac{m_1^2 c^2}{2p^2} - 1 - \frac{m_2^2 c^2}{2p^2}\right] =$$

$$= \frac{c^4}{2pc}\left(m_1^2 - m_2^2\right) := \frac{c^4 \Delta m^2}{2pc}$$

$$\text{(V.209)}$$

11. Gegeben sei der Zustand

$$|\psi(t)\rangle = \sum_n c_n |\varphi_n\rangle e^{-iE_n t/\hbar} \qquad \text{(V.210)}$$

mit der Anfangsbedingung $|\psi(0)\rangle$; $\{|\varphi_n\rangle\}$ ist ein VONS. Wie hängen die Konstanten c_n mit der Anfangsbedingung zusammen?
Lösung: Da $\{|\varphi_n\rangle\}$ ein VONS ist, gilt

$$\langle\varphi_m|\psi(0)\rangle = \sum_n c_n \langle\varphi_m|\varphi_n\rangle = \sum_n c_n \delta_{mn} = c_m \qquad \text{(V.211)}$$

und der Zustand schreibt sich als

$$|\psi(t)\rangle = \sum_n \langle\varphi_n|\psi(0)\rangle\,|\varphi_n\rangle e^{-iE_n t/\hbar} = \sum_n |\varphi_n\rangle\langle\varphi_n| e^{-iE_n t/\hbar}\,|\psi(0)\rangle$$

$$\text{(V.212)}$$

12. Gegeben seien zwei VONS $\{|\varphi_i\rangle\}$ und $\{|\psi_i\rangle\}$. Ein Quantensystem befindet sich in der Überlagerung $|z\rangle = \sum_i d_i |\psi_i\rangle$.
(a) Berechnen Sie die Wahrscheinlichkeit p_k, das Quantensystem im Zustand $|\varphi_k\rangle$ zu messen.
Lösung:

$$p_k = |\langle\varphi_k|z\rangle|^2 = \left|\sum_i d_i \langle\varphi_k|\psi_i\rangle\right|^2 \qquad \text{(V.213)}$$

(b) Zeigen Sie: $\sum_k p_k = 1$
Lösung:

$$\sum_k p_k = \sum_k \langle z|\varphi_k\rangle\langle\varphi_k|z\rangle = \langle z|z\rangle = 1 \qquad \text{(V.214)}$$

13. Sei gegeben das Modellsystem

$$i\hbar \frac{d}{dt} |\psi(t)\rangle = H |\psi(t)\rangle \quad \text{mit } H = 1 + A\sigma_y \;;\; A > 0 \qquad \text{(V.215)}$$

wobei σ_y die y-Pauli-Matrix ist. (Wir machen im Folgenden der Einfachheit halber keinen Unterschied zwischen $=$ und $\cong$.)

(a) Berechnen Sie die Eigenwerte und Eigenvektoren von H.

Lösung: Das Eigenwertproblem lautet

$$H |\varphi\rangle = E |\varphi\rangle \quad \text{bzw.} \quad \begin{pmatrix} 1 & -iA \\ iA & 1 \end{pmatrix} \begin{pmatrix} a \\ b \end{pmatrix} = E \begin{pmatrix} a \\ b \end{pmatrix} \qquad \text{(V.216)}$$

oder ausgeschrieben

$$\begin{matrix} a - iAb = Ea \\ iAa + b = Eb \end{matrix} \quad \text{bzw.} \quad \begin{matrix} a(1-E) = iAb \\ b(1-E) = -iAa \end{matrix} \qquad \text{(V.217)}$$

Daraus folgt

$$b = -a \frac{E-1}{iA} \qquad \text{(V.218)}$$

Einsetzen bringt ($a \neq 0$)

$$a \frac{1-E}{iA} (1-E) = -iAa \quad \text{bzw.} \quad (E-1)^2 = A^2 \qquad \text{(V.219)}$$

Die Eigenwerte lauten also

$$E_1 = 1 + A \;;\; E_2 = 1 - A \qquad \text{(V.220)}$$

Für die entsprechenden Eigenvektoren erhalten wir zunächst mit Gl. (V.218)

$$|\varphi_1\rangle = \begin{pmatrix} a \\ ia \end{pmatrix} \;;\; |\varphi_2\rangle = \begin{pmatrix} a \\ -ia \end{pmatrix} \qquad \text{(V.221)}$$

wobei a beliebig ist (das liegt daran, dass das Eigenwertproblem (V.216) linear ist und jedes Vielfache einer Lösung wieder Lösung ist). Wir können a durch eine Zusatzforderung festlegen; üblicherweise ist es die der Normierung. Wenn wir fordern, dass $|\varphi_1\rangle$ normiert ist, folgt

$$\langle \varphi_1 | \varphi_1 \rangle = \begin{pmatrix} a^* & -ia^* \end{pmatrix} \begin{pmatrix} a \\ ia \end{pmatrix} = 2aa^* \overset{!}{=} 1 \qquad \text{(V.222)}$$

Die einfachste Wahl für a ist $1/\sqrt{2}$. Analoges gilt für $|\varphi_2\rangle$ und wir erhalten schließlich die normierten Eigenvektoren (die offensichtlich orthogonal sind, wie es ja sein muss)

$$|\varphi_1\rangle = \frac{1}{\sqrt{2}} \begin{pmatrix} 1 \\ i \end{pmatrix} \;\; ; \;\; |\varphi_2\rangle = \frac{1}{\sqrt{2}} \begin{pmatrix} 1 \\ -i \end{pmatrix} \tag{V.223}$$

(b) Wie lautet der allgemeine Ausdruck $|\psi(t)\rangle$ für einen zeitabhängigen Zustand?

Lösung: (1) Lange Version: Der allgemeine Ausdruck $|\psi(t)\rangle$ für einen zeitabhängigen Zustand ergibt sich als Lösung des Systems

$$i\hbar \frac{d}{dt} |\psi\rangle = H |\psi\rangle \;\; \text{bzw.} \;\; i\hbar \frac{d}{dt} \begin{pmatrix} f \\ g \end{pmatrix} = \begin{pmatrix} 1 & -iA \\ iA & 1 \end{pmatrix} \begin{pmatrix} f \\ g \end{pmatrix} \tag{V.224}$$

Der Exponentialansatz (es handelt sich um eine DGl mit konstanten Koeffizienten)

$$\begin{pmatrix} f \\ g \end{pmatrix} = \begin{pmatrix} F \\ G \end{pmatrix} e^{\gamma t} \;\; ; \;\; F, G \text{ konstant} \tag{V.225}$$

führt auf

$$i\hbar\gamma \begin{pmatrix} F \\ G \end{pmatrix} = \begin{pmatrix} 1 & -iA \\ iA & 1 \end{pmatrix} \begin{pmatrix} F \\ G \end{pmatrix} \tag{V.226}$$

und durch Vergleich mit dem gerade behandelten Eigenwertproblem ergeben sich für γ sofort die beiden Lösungen

$$\gamma_{1,2} = \frac{E_{1,2}}{i\hbar} \tag{V.227}$$

Der allgemeine Zustand lautet also

$$|\psi(t)\rangle = c_1 |\varphi_1\rangle e^{-iE_1 t/\hbar} + c_2 |\varphi_2\rangle e^{-iE_2 t/\hbar} \tag{V.228}$$

wobei die c_i Integrationskonstanten sind, die durch die Anfangsbedingung festgelegt werden. Ausgeschrieben lautet das

$$|\psi(t)\rangle = \frac{e^{-it/\hbar}}{\sqrt{2}} \left[c_1 \begin{pmatrix} 1 \\ i \end{pmatrix} e^{-iAt/\hbar} + c_2 \begin{pmatrix} 1 \\ -i \end{pmatrix} e^{iAt/\hbar} \right] \tag{V.229}$$

(2) Kurze Version: Da es sich bei $\{|\varphi_1\rangle, |\varphi_2\rangle\}$ um ein VONS handelt, kann zur Zeit $t = 0$ jeder Zustand als Linearkombination dargestellt werden:

$$|\psi(0)\rangle = c_1 |\varphi_1\rangle + c_2 |\varphi_2\rangle \tag{V.230}$$

Da es sich bei $\{|\varphi_1\rangle, |\varphi_2\rangle\}$ um Zustände mit scharfer Energie handelt, lautet die Zeitentwicklung

$$|\psi(t)\rangle = c_1 |\varphi_1\rangle e^{-iE_1 t/\hbar} + c_2 |\varphi_2\rangle e^{-iE_2 t/\hbar} \tag{V.231}$$

(c) Wie lautet $|\psi(t)\rangle$ für den Anfangszustand $|\psi(t=0)\rangle = \begin{pmatrix} 1 \\ 0 \end{pmatrix}$?

Lösung: Mit der vorgegebenen Anfangsbedingung erhalten wir

$$\begin{pmatrix} 1 \\ 0 \end{pmatrix} = \frac{1}{\sqrt{2}} \left[c_1 \begin{pmatrix} 1 \\ i \end{pmatrix} + c_2 \begin{pmatrix} 1 \\ -i \end{pmatrix} \right] \tag{V.232}$$

und daraus ergibt sich sofort

$$c_2 = c_1 \; ; \; c_1 = \frac{1}{\sqrt{2}} \tag{V.233}$$

Der Gesamtzustand zu diesem Anfangszustand lautet also

$$|\psi(t)\rangle = \frac{e^{-it/\hbar}}{\sqrt{2}} \left[\frac{1}{\sqrt{2}} \begin{pmatrix} 1 \\ i \end{pmatrix} e^{-iAt/\hbar} + \frac{1}{\sqrt{2}} \begin{pmatrix} 1 \\ -i \end{pmatrix} e^{iAt/\hbar} \right] =$$
$$= e^{-it/\hbar} \begin{pmatrix} \cos\frac{At}{\hbar} \\ \sin\frac{At}{\hbar} \end{pmatrix} \tag{V.234}$$

(d) Mit welcher Wahrscheinlichkeit kann an (V.234) der Zustand $|\chi\rangle = \begin{pmatrix} 1 \\ 0 \end{pmatrix}$ gemessen werden (also wieder der Anfangszustand)?

Lösung: Die Wahrscheinlichkeit ergibt sich als $|\langle \chi |\psi\rangle|^2$, also

$$|\langle \chi |\psi\rangle|^2 = \left| (1 \; 0) \begin{pmatrix} \cos\frac{At}{\hbar} \\ \sin\frac{At}{\hbar} \end{pmatrix} \right|^2 = \cos^2 \frac{At}{\hbar} \tag{V.235}$$

Nach der Messung liegt der Zustand $|\chi\rangle$ vor.

V.9   Aufgaben Kap. 9 (1)

1. Gegeben seien ein hermitescher Operator A und das Eigenwertproblem $A\varphi_n = a_n\varphi_n$, $n = 1, 2, \ldots$. Zeigen Sie:
   (a) Die Eigenwerte a_n sind reell.
   (b) Die Eigenfunktionen sind paarweise orthogonal. Dabei sei vorausgesetzt, dass die Eigenwerte nichtentartet sind.

2. Zeigen Sie: Der Erwartungswert eines hermiteschen Operators ist reell.
   Lösung: Es gilt mit der Hermitezität $\int \psi^* A\psi = \int (A\psi)^* \psi$:

$$\langle A \rangle^* = \left(\int \psi^* A\psi \right)^* = \int \psi (A\psi)^* = \int (A\psi)^* \psi = \int \psi^* A\psi = \langle A \rangle$$
$$\text{(V.236)}$$

3. Zeigen Sie, dass

$$\int \Psi_1^* A\Psi_2 dV = \int (A\Psi_1)^* \Psi_2 dV \qquad \text{(V.237)}$$

für die Operatoren $\mathbf{r}$, $\mathbf{p}$, H gilt. Beschränken Sie die Diskussion dabei auf den eindimensionalen Fall. Welche Bedingungen müssen die Wellenfunktionen erfüllen?

Lösung: Eindimensional gilt für einen hermiteschen Operator A

$$\int f^*(x) Ag(x)dx = \int (Af(x))^* g(x)dx \qquad \text{(V.238)}$$

Für $A = x$ ist diese Gleichung offensichtlich erfüllt.
Für $A = p = \frac{\hbar}{i}\frac{d}{dx}$ folgt mit partieller Integration

$$\int f^*(x)\frac{\hbar}{i}\frac{d}{dx}g(x)dx = \frac{\hbar}{i}\int f^* g' dx =$$
$$= \frac{\hbar}{i}\left[(f^*g)_{-\infty}^{\infty} - \int f^{*\prime} g dx \right] = \int \left(\frac{\hbar}{i}\frac{d}{dx}f \right)^* g dx \qquad \text{(V.239)}$$

wobei gelten muss $(f^*g)_{-\infty}^{\infty} = 0$.
Für $A = H$ müssen wir uns (reelles Potential vorausgesetzt) nur um die zweifache Ortsableitung kümmern. Es gilt mit partieller Integration

$$\int f^*(x)g''(x)dx = (f^*g')_{-\infty}^{\infty} - \int f^{*\prime} g' dx =$$
$$= (f^*g')_{-\infty}^{\infty} - \left[(f^{*\prime}g)_{-\infty}^{\infty} - \int f^{*\prime\prime} g dx \right] = \int f^{*\prime\prime} g dx \qquad \text{(V.240)}$$

wobei gelten muss $(f^*g')_{-\infty}^{\infty} - (f^{*\prime}g)_{-\infty}^{\infty} = 0$.

4. Zeigen Sie: Für den unendlich hohen Potentialtopf (zwischen 0 und a) gilt $\langle x \rangle = \frac{a}{2}$.

Lösung: Es gilt mit den Eigenfunktionen $\varphi_n = \sqrt{\frac{2}{a}} \sin\left(\frac{n\pi}{a}x\right)$; $n = 1, 2, \ldots$

$$\langle x \rangle = \frac{2}{a} \int_0^a x \sin^2\left(\frac{n\pi}{a}x\right) dx = \frac{2}{a} \int_0^a x \frac{1 - \cos\left(\frac{2n\pi}{a}x\right)}{2} dx \qquad \text{(V.241)}$$

Wegen

$$\int_0^a x \cos\left(\frac{2n\pi x}{a}\right) dx = \frac{a}{2n\pi} \frac{\partial}{\partial n} \int_0^a \sin\left(\frac{2n\pi x}{a}\right) dx =$$

$$= -\frac{a}{2n\pi} \frac{\partial}{\partial n} \left(\cos\left(\frac{2n\pi a}{a}\right) - 1\right) = 0 \qquad \text{(V.242)}$$

ergibt sich

$$\langle x \rangle = \frac{2}{a} \int_0^a \frac{x}{2} dx = \frac{2}{a} \frac{a^2}{4} = \frac{a}{2} \qquad \text{(V.243)}$$

5. Gegeben sei der unendlich hohe Potentialtopf, Ränder bei $x = 0$ und $x = a$. Wir betrachten den Zustand

$$\Psi(x, t) = \sqrt{\frac{2}{a}} \sin\left(\frac{n\pi}{a}x\right) e^{-i\omega_n t} \qquad \text{(V.244)}$$

(a) Berechnen Sie die Streuung Δx.

Lösung: Es gilt

$$(\Delta x)^2 = \left\langle x^2 \right\rangle - \langle x \rangle^2 \qquad \text{(V.245)}$$

und daraus folgt

$$(\Delta x)^2 = \frac{2}{a} \int_0^a \sin^2\left(\frac{n\pi}{a}x\right) x^2 dx - \left(\frac{2}{a} \int_0^a \sin^2\left(\frac{n\pi}{a}x\right) x dx\right)^2 \qquad \text{(V.246)}$$

Mit

$$\int_0^a \sin^2\left(\frac{n\pi}{a}x\right) x^2 dx = \frac{a^3}{12} \frac{2n^2\pi^2 - 3}{n^2\pi^2} \quad ; \quad \int_0^a \sin^2\left(\frac{n\pi}{a}x\right) x dx = \frac{a^2}{4}$$

$$\text{(V.247)}$$

folgt

$$(\Delta x)^2 = \frac{a^2}{6}\frac{2n^2\pi^2 - 3}{n^2\pi^2} - \frac{a^2}{4} = \frac{a^2}{4}\left[\frac{n^2\pi^2 - 6}{3n^2\pi^2}\right] \qquad \text{(V.248)}$$

bzw.

$$\Delta x = \frac{a}{2}\sqrt{\frac{n^2\pi^2 - 6}{3n^2\pi^2}} \;\rightarrow\; \frac{a}{2\sqrt{3}} \approx 0,289a \qquad \text{(V.249)}$$

(b) Berechnen Sie die Streuung Δp.
Lösung: Es gilt

$$(\Delta p)^2 = \left\langle p^2 \right\rangle - \langle p\rangle^2 \qquad \text{(V.250)}$$

Wir berechnen zunächst $\langle p\rangle$:

$$\langle p\rangle = \frac{2\hbar}{ai}\int_0^u \sin\left(\frac{n\pi}{a}x\right)\frac{d}{dx}\sin\left(\frac{n\pi}{a}x\right)dx = \frac{\hbar}{ai}\int_0^a \frac{d}{dx}\sin^2\left(\frac{n\pi}{a}x\right)dx =$$

$$= \frac{\hbar}{ai}\left[\sin^2\left(\frac{n\pi}{a}x\right)\right]_0^a = 0$$

$$\text{(V.251)}$$

Für $\left\langle p^2\right\rangle$ gilt

$$\left\langle p^2\right\rangle = -\frac{2\hbar^2}{a}\int_0^a \sin\left(\frac{n\pi}{a}x\right)\frac{d^2}{dx^2}\sin\left(\frac{n\pi}{a}x\right)dx = \frac{2\hbar^2}{a}\left(\frac{n\pi}{a}\right)^2\int_0^a \sin^2\left(\frac{n\pi}{a}x\right)dx =$$

$$= \frac{2\hbar^2}{a}\left(\frac{n\pi}{a}\right)^2\frac{a}{2n\pi}\left[\frac{n\pi}{a}a - \cos\frac{n\pi}{a}a\sin\frac{n\pi}{a}a\right] = \left(\frac{n\pi\hbar}{a}\right)^2$$

$$\text{(V.252)}$$

Daraus folgt

$$\Delta p = \frac{n\pi\hbar}{a} \qquad \text{(V.253)}$$

Für das Produkt der Unschärfen ergibt sich

$$\Delta x \cdot \Delta p = \frac{a}{2}\sqrt{\frac{n^2\pi^2 - 6}{3n^2\pi^2}} \cdot \frac{n\pi\hbar}{a} = \frac{\hbar}{2}\sqrt{\frac{n^2\pi^2 - 6}{3}} > \frac{\hbar}{2} \qquad \text{(V.254)}$$

Die letzte Ungleichung gilt wegen $\pi^2 > 9 \rightarrow \frac{\pi^2 - 6}{3} > 1$.
Gelegentlich begegnet man dem Trugschluss, dass im unendlich hohen
Potentialtopf wegen $E = \frac{p^2}{2m}$ eine scharfe Energie auch zu einem scharfen
Impuls führt. Das stimmt aber nur für den Betrag des Impulses; der

Impuls selbst ist nicht scharf. Der physikalische Grund ist der, dass es sich um eine stehende Welle handelt, die einer Hin-und-Her-Bewegung (mit entsprechend unterschiedlichem Impuls) entspricht (deswegen auch $\langle p \rangle = 0$); anders formuliert: Bei vorgegebener Energie ist p mit $p = \pm \sqrt{2mE}$ nicht eindeutig definiert.

6. Im unendlich hohen Potentialtopf sei ein normierter Zustand gegeben durch

$$\Psi(x,t) = c_n \varphi_n(x) e^{-i\omega_n t} + c_m \varphi_m(x) e^{-i\omega_m t} \quad ; \quad c_n, c_m \in \mathbb{C} \quad ; \quad n \neq m \tag{V.255}$$

Berechnen Sie $\langle x \rangle$.

Lösung: Zunächst notieren wir, dass wegen der Normierung gilt:

$$\int_0^a \Psi^* \Psi \, dx = |c_n|^2 + |c_m|^2 = 1 \tag{V.256}$$

Dann: Es gilt

$$\langle x \rangle = \int_0^a \Psi^* x \Psi \, dx \tag{V.257}$$

Daraus folgt

$$\langle x \rangle = |c_n|^2 \int_0^a x \varphi_n^2 dx + |c_m|^2 \int_0^a x \varphi_m^2 dx + \left\{ c_n^* c_m e^{i(\omega_n - \omega_m)t} \int_0^a \varphi_n x \varphi_m dx + c.c \right\} =$$

$$= \frac{2}{a} |c_n|^2 \int_0^a x \sin^2 k_n x \, dx + \frac{2}{a} |c_m|^2 \int_0^a x \sin^2 k_m x \, dx +$$

$$+ \left\{ \frac{2}{a} c_n^* c_m e^{i(\omega_n - \omega_m)t} \int_0^a x \sin k_n x \cdot \sin k_m x \, dx + c.c \right\} \tag{V.258}$$

Wegen $k_n = \frac{n\pi}{a}$ folgt

$$\int_0^a x \sin^2 k_n x \, dx = \frac{a^2}{4} \tag{V.259}$$

und

$$\int_0^a x \sin k_n x \cdot \sin k_m x \, dx = \frac{2nma^2}{\pi^2 \left(n^2 - m^2\right)^2} \left[(-1)^{n+m} - 1 \right] \quad ; \quad n \neq m \tag{V.260}$$

Das bedeutet

$$\langle x \rangle = \frac{2}{a} |c_n|^2 \frac{a^2}{4} + \frac{2}{a} |c_m|^2 \frac{a^2}{4} + \tag{V.261}$$

$$+ \left\{ \frac{2}{a} c_n^* c_m e^{i(\omega_n - \omega_m)t} \frac{2nma^2}{\pi^2 (n^2 - m^2)^2} \left[(-1)^{n+m} - 1 \right] + c.c \right\} = \tag{V.262}$$

$$= \frac{a}{2} + \frac{4nma}{\pi^2 (n^2 - m^2)^2} \left[(-1)^{n+m} - 1 \right] \left\{ c_n^* c_m e^{i(\omega_n - \omega_m)t} + c.c \right\} \tag{V.263}$$

Mit $c_n = |c_n| e^{i\varphi_n}$ folgt

$$c_n^* c_m e^{i(\omega_n - \omega_m)t} = |c_n| |c_m| e^{i(\omega_n - \omega_m)t + i(\varphi_m - \varphi_n)} \tag{V.264}$$

Wir können also die Phasen durch Wahl eines neuen Zeitpunkts kompensieren; insofern können wir setzen $\varphi_m - \varphi_n = 0$. Außerdem kürzen wir ab mit $\Delta\omega_{nm} = \omega_n - \omega_m$. Damit folgt

$$\langle x \rangle = \frac{a}{2} + \frac{8nma |c_n| |c_m|}{\pi^2 (n^2 - m^2)^2} \left[(-1)^{n+m} - 1 \right] \cos \Delta\omega_{nm} t \tag{V.265}$$

bzw.

$$\langle x \rangle = \frac{a}{2} \cdot \left\{ \begin{array}{l} 1 \\ 1 - \frac{32nm|c_n||c_m|}{\pi^2 (n^2 - m^2)^2} \cos \Delta\omega_{nm} t \end{array} \right. \quad \text{für} \quad n+m = \left\{ \begin{array}{l} \text{gerade} \\ \text{ungerade} \end{array} \right. \tag{V.266}$$

Rechenübung: Zeigen Sie noch, dass gilt

$$\frac{32nm |c_n| |c_m|}{\pi^2 (n^2 - m^2)^2} < 1 \tag{V.267}$$

Wegen $|c_n|^2 + |c_m|^2 = 1$ folgt $|c_n| |c_m| \leq \frac{1}{2}$ und damit

$$\frac{32nm |c_n| |c_m|}{\pi^2 (n^2 - m^2)^2} \leq \frac{16nm}{\pi^2 (n^2 - m^2)^2} \leq \frac{16n(n+1)}{\pi^2 (2n+1)^2} \leq \frac{16n^2}{\pi^2 4n^2} = \frac{4}{\pi^2} < 1 \tag{V.268}$$

7. Gegeben sei ein unendlich hohes Kastenpotential, Potentialgrenzen bei $x = 0$ und $x = a$. Der Anfangswert der Wellenfunktion sei $\Psi(x, 0) = \Phi \in \mathbb{R}$ für $b - \varepsilon \leq x \leq b + \varepsilon$ und $\Psi(x, 0) = 0$ sonst (natürlich gilt $0 \leq b - \varepsilon$ und $b + \varepsilon \leq a$). Zur Erinnerung: Die Eigenfunktionen $\varphi_n(x) = \sqrt{\frac{2}{a}} \sin k_n x$ mit $k_n = \frac{n\pi}{a}$ bilden ein VONS.

(a) Normieren Sie den Anfangswert.
Lösung:

$$\int_0^a |\Psi(x,0)|^2\,dx = \int_{b-\varepsilon}^{b+\varepsilon} \Phi^2\,dx = \Phi^2 \cdot 2\varepsilon = 1 \;\rightarrow\; \Phi = \frac{1}{\sqrt{2\varepsilon}} \qquad \text{(V.269)}$$

(b) Berechnen Sie $\Psi(x,t)$.
Lösung: Es gilt

$$\Psi(x,t) = \sum c_n \varphi_n(x)\, e^{-i\frac{E_n t}{\hbar}} \quad \text{mit} \quad c_n = \int \varphi_n^*(x)\,\Psi(x,0)\,dx$$
$$\text{(V.270)}$$

Es folgt

$$c_n = \sqrt{\frac{2}{a}} \int_{b-\varepsilon}^{b+\varepsilon} \sin k_n x \cdot \Phi\, dx = \sqrt{\frac{2}{a}}\,\Phi\left(-\frac{\cos k_n(b+\varepsilon) - \cos k_n(b-\varepsilon)}{k_n}\right)$$
$$\text{(V.271)}$$

und daraus

$$c_n = -\sqrt{\frac{2}{a}}\,\Phi\frac{-2\sin b k_n \cdot \sin \varepsilon k_n}{k_n} = \frac{2}{\sqrt{a}}\sin b k_n \frac{\sin \varepsilon k_n}{\sqrt{\varepsilon}k_n} \qquad \text{(V.272)}$$

Für die Gesamtwellenfunktion folgt

$$\Psi(x,t) = \frac{2}{\sqrt{a}}\sum \sin b k_n \frac{\sin \varepsilon k_n}{\sqrt{\varepsilon}k_n}\varphi_n(x)\, e^{-i\frac{E_n t}{\hbar}} \qquad \text{(V.273)}$$

(c) Berechnen Sie die Wahrscheinlichkeit, mit der das System im Zustand n gemessen werden kann.
Lösung: Es ist

$$|c_n|^2 = \frac{4}{a}\sin^2 b k_n \frac{\sin^2 \varepsilon k_n}{\varepsilon k_n^2} = \frac{4a}{\varepsilon}\frac{\sin^2\left(n\pi\frac{b}{a}\right)\sin^2\left(n\pi\frac{\varepsilon}{a}\right)}{n^2\pi^2} \qquad \text{(V.274)}$$

8. Zeigen Sie, dass für den Erwartungswert einer physikalischen Größe A gilt

$$i\hbar\frac{d}{dt}\langle A\rangle = \langle[A,H]\rangle + i\hbar\left\langle\frac{\partial}{\partial t}A\right\rangle \qquad \text{(V.275)}$$

Zeigen Sie für zeitunabhängige Operatoren, dass der Erwartungswert der entsprechenden physikalischen Größe erhalten bleibt, wenn A mit H kommutiert.

9. Zeigen Sie:

$$\frac{d}{dt} \langle \mathbf{r} \rangle = \frac{1}{m} \langle \mathbf{p} \rangle \quad \text{und} \frac{d}{dt} \langle \mathbf{p} \rangle = - \langle \nabla V \rangle \qquad \text{(V.276)}$$

10. Unter welchen Bedingungen ist der Bahndrehimpuls $\mathbf{l} = \mathbf{r} \times \mathbf{p}$ eine Erhaltungsgröße?

Lösung: Um zu überprüfen, ob der Drehimpuls $\mathbf{l} = \mathbf{r} \times \frac{\hbar}{i} \nabla$ eine Erhaltungsgröße ist, müssen wir wegen

$$i\hbar \frac{d}{dt} \langle \mathbf{l} \rangle = \langle [\mathbf{l}, H] \rangle \qquad \text{(V.277)}$$

den Kommutator mit H berechnen. Da der Drehimpuls ein Vektor ist, sind dies drei Gleichungen; wir beschränken uns auf $[l_x, H]$ und übertragen das Ergebnis auf die beiden anderen Komponenten. Es gilt

$$l_x = (\mathbf{r} \times \mathbf{p})_x = y p_z - z p_y = \frac{\hbar}{i} (y \frac{\partial}{\partial z} - z \frac{\partial}{\partial y}) \qquad \text{(V.278)}$$

und

$$H = -\frac{\hbar^2}{2m} \nabla^2 + V = H_0 + V \qquad \text{(V.279)}$$

(a) Wir zeigen zunächst $[l_x, H_0] = 0$ und benutzen dazu $H_0 = \frac{\mathbf{p}^2}{2m}$ und die Gleichung $[x, p_x] = i\hbar$ plus analoge Formulierungen für y, z. Zunächst spalten wir den Ausdruck $[y p_z - z p_y, \mathbf{p}^2]$ auf und betrachten nur $[y p_z, \mathbf{p}^2]$; der andere Term ergibt sich durch Vertauschen von y und z. Damit erhalten wir (wie immer nehmen wir auch hier an, dass die Reihenfolge der partiellen Ableitungen irrelevant ist)

$$[y p_z, \mathbf{p}^2] = [y p_z, p_x^2 + p_y^2 + p_z^2] = [y p_z, p_y^2] \qquad \text{(V.280)}$$

da p_x^2 und p_z^2 mit $y p_z$ vertauschen. Den verbliebenen Term formen wir um

$$[y p_z, p_y^2] = y p_z p_y^2 - p_y^2 y p_z = y p_z p_y^2 - p_y (y p_y - i\hbar) p_z =$$
$$= y p_z p_y^2 - p_y y p_y p_z + p_y i\hbar p_z = y p_z p_y^2 - (y p_y - i\hbar) p_y p_z + p_y i\hbar p_z =$$
$$= y p_z p_y^2 - y p_y^2 p_z + 2i\hbar p_y p_z = 2i\hbar p_y p_z$$

$$\text{(V.281)}$$

Damit folgt

$$[y p_z - z p_y, \mathbf{p}^2] = 2i\hbar p_y p_z - 2i\hbar p_z p_y = 0 \qquad \text{(V.282)}$$

bzw. $[l_x, H_0] = 0$ und analog für l_y, l_z.

(b) Es bleibt also zu berechnen

$$[l_x, H] = [l_x, V] \tag{V.283}$$

Diesen Ausdruck (Operatorgleichung!) formen wir um zu

$$[l_x, V] = \frac{\hbar}{i}(y\frac{\partial}{\partial z} - z\frac{\partial}{\partial y})V - V\frac{\hbar}{i}(y\frac{\partial}{\partial z} - z\frac{\partial}{\partial y}) =$$

$$= \frac{\hbar}{i}(y\frac{\partial V}{\partial z} - z\frac{\partial V}{\partial y}) + V\frac{\hbar}{i}(y\frac{\partial}{\partial z} - z\frac{\partial}{\partial y}) - V\frac{\hbar}{i}(y\frac{\partial}{\partial z} - z\frac{\partial}{\partial y}) = \tag{V.284}$$

$$= \frac{\hbar}{i}(y\frac{\partial V}{\partial z} - z\frac{\partial V}{\partial y}) = \frac{\hbar}{i}(\mathbf{r} \times \nabla V)_x$$

oder für alle drei Komponenten in Kurzform

$$[\mathbf{l}, H] = \frac{\hbar}{i}(\mathbf{r} \times \nabla V) \tag{V.285}$$

Zusammengefasst bedeutet das

$$\frac{d}{dt}\langle\mathbf{l}\rangle = -\langle\mathbf{r} \times \nabla V\rangle \tag{V.286}$$

Die rechte Seite ist null für $V = V(r)$ mit $r = |\mathbf{r}|$, denn dann gilt: $\nabla V(r) = \frac{\mathbf{r}}{r}\frac{\partial V(r)}{\partial r}$. Der Drehimpuls $\mathbf{l}$ ist also in einem äußeren Potential im Allgemeinen (eben abgesehen vom radialsymmetrischen Fall) keine Erhaltungsgröße (ähnlich, wie der Impuls beim Stoß an einer starren Wand nicht erhalten bleibt).

11. Gegeben sei der Hamilton-Operator H mit diskretem und nichtentartetem Spektrum E_n und Eigenzuständen $\varphi_n(\mathbf{r})$. Zeigen Sie, dass die Energieunschärfe ΔH genau dann verschwindet, wenn das Quantenobjekt sich in einem Eigenzustand der Energie befindet.

Lösung: Zeitabhängige und stationäre SGl lauten

$$i\hbar\frac{\partial}{\partial t}\Psi(\mathbf{r}, t) = H\Psi(\mathbf{r}, t) \;\; ; \;\; H\varphi_n(\mathbf{r}) = E_n\varphi_n(\mathbf{r}) \tag{V.287}$$

Die allgemeine Lösung $\Psi(\mathbf{r}, t)$ ist gegeben durch ($\{\varphi_n(x)\}$ bildet ein VONS)

$$\Psi(\mathbf{r}, t) = \sum_n c_n\varphi_n(\mathbf{r})e^{-i\omega_n t} \;\; ; \;\; \sum_n |c_n|^2 = 1 \tag{V.288}$$

Wir müssen berechnen

$$\langle H \rangle = \int \Psi^* H \Psi dV \text{ und } \langle H^2 \rangle = \int \Psi^* H^2 \Psi dV \tag{V.289}$$

Einsetzen bringt

$$\langle H \rangle = \sum_{nm} \int c_n^* \varphi_n^* e^{i\omega_n t} c_m E_m \varphi_m e^{-i\omega_m t} dV = \sum_{nm} c_n^* e^{i\omega_n t} c_m E_m e^{-i\omega_m t} \int \varphi_n^* \varphi_m dV$$

$$\langle H^2 \rangle = \sum_{nm} \int c_n^* \varphi_n^* e^{i\omega_n t} c_m E_m^2 \varphi_m e^{-i\omega_m t} dV = \sum_{nm} c_n^* e^{i\omega_n t} c_m E_m^2 e^{-i\omega_m t} \int \varphi_n^* \varphi_m dV$$

$$(V.290)$$

Wegen der Orthonormalität der Eigenfunktionen ($\int \varphi_n^* \varphi_m dV = \delta_{nm}$) ergibt sich

$$\langle H \rangle = \sum_n |c_n|^2 E_n \; ; \; \langle H^2 \rangle = \sum_n |c_n|^2 E_n^2 \qquad (V.291)$$

und damit

$$(\Delta H)^2 = \langle H^2 \rangle - \langle H \rangle^2 = \sum_n |c_n|^2 E_n^2 - \left(\sum_n |c_n|^2 E_n \right)^2 \; ; \; \sum_n |c_n|^2 = 1$$

$$(V.292)$$

Wir schreiben das etwas um

$$(\Delta H)^2 = \sum_n |c_n|^2 E_n^2 \cdot \sum_m |c_m|^2 - \sum_n |c_n|^2 E_n \cdot \sum_m |c_m|^2 E_m =$$

$$= \sum_{nm} |c_n|^2 |c_m|^2 E_n^2 - \sum_{nm} |c_n|^2 |c_m|^2 E_n E_m = \sum_{nm} |c_n|^2 |c_m|^2 E_n (E_n - E_m)$$

$$(V.293)$$

Die letzte Doppelsumme ergibt natürlich denselben Wert, wenn wir n und m austauschen. Wir nutzen das aus und schreiben

$$(\Delta H)^2 = \tfrac{1}{2} \sum_{nm} |c_n|^2 |c_m|^2 E_n (E_n - E_m) + \tfrac{1}{2} \sum_{nm} |c_m|^2 |c_n|^2 E_m (E_m - E_n) =$$

$$= \tfrac{1}{2} \sum_{nm} |c_n|^2 |c_m|^2 (E_n - E_m)^2$$

$$(V.294)$$

Wir sehen, dass alle Terme in der Summe nichtnegativ sind. ΔH wird also genau dann null, wenn jeder der Terme $|c_n|^2 |c_m|^2 (E_n - E_m)^2$ verschwindet. Da die Ausdrücke für $n = m$ bzw. $E_n = E_m$ sowieso null ergeben, muss also für $\Delta H = 0$ jeder der Terme $|c_n|^2 |c_m|^2$ mit $n \neq m$ verschwinden. Dies ist genau dann der Fall, wenn (a) alle c_n verschwinden (triviale Lösung, physikalisch uninteressant), oder (b) alle c_n bis auf eines verschwinden, sagen wir c_N. In diesem Fall ist aber der Zustand Ψ ein Eigenzustand von H zur Energie E_N

$$\Psi(x, t) = c_N \varphi_N(x) e^{-i\omega_N t} \qquad (V.295)$$

Diese Eigenschaft der Varianz existiert für alle hermiteschen Operatoren: Sie verschwindet genau dann, wenn der betreffende Zustand ein Eigenzustand des Operators, über den gemittelt wird, ist.

V.10   Aufgaben Kap. 11 (1)

1. Zeigen Sie, dass sich die Gleichung

$$\sum_i c_i A_{ji} = ac_j \tag{V.296}$$

in Matrixform schreiben lässt als

$$\mathbb{A}\mathbf{c} = a\mathbf{c} \tag{V.297}$$

mit der Matrix $\{A_{ji}\} \equiv \mathbb{A}$ und dem Spaltenvektor $\mathbf{c}$. Gilt die Gleichung auch für nichtquadratische Matrizen?

2. Bilden die im Intervall $[0, 1]$ stetigen Funktionen einer Variablen einen Hilbert-Raum?
   Lösung: Nein, da Folgen stetiger Funktionen zu unstetigen Funktionen führen können; Beispiel $\lim_{n\to\infty} x^n$ im Intervall $[0, 1]$. Das Kriterium der Vollständigkeit ist also nicht erfüllt.

3. Der Raum $l^{(2)}$ besteht aus allen Vektoren $|\varphi\rangle$ mit unendlich vielen Komponenten (Koordinaten) $c_1, c_2, \ldots$, so dass gilt

$$\||\varphi\rangle\|^2 = \sum_n |c_n|^2 < \infty \tag{V.298}$$

Zeigen Sie, dass auch die Linearkombination zweier Vektoren $|\varphi\rangle$ und $|\chi\rangle$ zu diesem Raum gehört und dass das Skalarprodukt $\langle \varphi\,|\chi\rangle$ definiert ist.
Lösung: $|\chi\rangle$ habe die Koordinaten $d_1, d_2, \ldots$. Dann gilt

$$\|\alpha\,|\varphi\rangle + \beta\,|\chi\rangle\|^2 = \sum_n |\alpha c_n + \beta d_n|^2 \le 2 \sum_n \left(|\alpha|^2 |c_n|^2 + |\beta|^2 |d_n|^2\right) < \infty \tag{V.299}$$

Die Ungleichung gilt wegen (Parallelogrammregel)

$$|a + b|^2 = 2\left(|a|^2 + |b|^2\right) - |a - b|^2 \tag{V.300}$$

Für das Skalarprodukt haben wir mit der Schwarzschen Ungleichung (siehe Anhang) $|\langle \varphi\,|\chi\rangle| \le \||\varphi\rangle\| \cdot \||\chi\rangle\|$

$$|\langle \varphi\,|\chi\rangle| = \left|\sum_n c_n^* d_n\right| \le \sqrt{\sum_n |c_n|^2} \cdot \sqrt{\sum_n |d_n|^2} < \infty \tag{V.301}$$

4. Gegeben seien der Operator A und die Gleichung

$$i \frac{d}{dt} |\psi\rangle = A |\psi\rangle \tag{V.302}$$

Welche Bedingung muss A erfüllen, damit die Norm von $|\psi\rangle$ erhalten bleibt?
Lösung: Mit $\frac{d}{dt} |\psi\rangle = |\dot{\psi}\rangle$ und $i \langle\dot{\psi}| = -\langle\psi| A^\dagger$ gilt

$$i \frac{d}{dt} \langle\psi | \psi\rangle = i \langle\dot{\psi} | \psi\rangle + i \langle\psi | \dot{\psi}\rangle = -\langle\psi| A^\dagger |\psi\rangle + \langle\psi| A |\psi\rangle \tag{V.303}$$

Da diese Gleichung für alle erlaubten $|\psi\rangle$ gelten muss, haben wir Normerhaltung
für $-A^\dagger + A = 0$; der Operator A muss also hermitesch sein. Mit anderen Worten:
Eine DGl 1. Ordnung in der Zeit *muss* die Struktur $i \frac{d}{dt} |\psi\rangle = A |\psi\rangle$ mit $A^\dagger = A$
besitzen, damit die Norm erhalten bleibt.

5. Gegeben sei der abstrakte Operator A. Leiten Sie die Gleichung

$$i\hbar \frac{d}{dt} \langle A\rangle = \langle [A, H]\rangle + i\hbar \langle\dot{A}\rangle \tag{V.304}$$

im Bracketformalismus her.
Lösung: Es gilt

$$i\hbar \frac{d}{dt} \langle A\rangle = i\hbar \frac{d}{dt} \langle\psi| A |\psi\rangle = i\hbar \langle\dot{\psi}| A |\psi\rangle + i\hbar \langle\psi| \dot{A} |\psi\rangle + i\hbar \langle\psi| A |\dot{\psi}\rangle \tag{V.305}$$

Mit $i\hbar |\dot{\psi}\rangle = H |\psi\rangle$ ergibt sich

$$i\hbar \frac{d}{dt} \langle A\rangle = -\langle\psi| H^\dagger A |\psi\rangle + \langle\psi| AH |\psi\rangle + i\hbar \langle\psi| \dot{A} |\psi\rangle \tag{V.306}$$

und mit $H = H^\dagger$ folgt schließlich

$$i\hbar \frac{d}{dt} \langle A\rangle = \langle\psi| AH - HA |\psi\rangle + i\hbar \langle\psi| \dot{A} |\psi\rangle = \langle [A, H]\rangle + i\hbar \langle\dot{A}\rangle \tag{V.307}$$

6. Gegeben sei der Hamilton-Operator H mit diskretem und nichtentartetem Spektrum, und zwar (a) in der Formulierung mit Ortsvariablen und (b) als abstrakter Operator. Wie lautet in den beiden Fällen die Matrixdarstellung der zeitabhängigen SGl?
(a) Lösung: Die Eigenwertgleichung bzw. stationäre SGl lautet

$$H \varphi_n (x) = E_n \varphi_n (x) \tag{V.308}$$

und die zeitabhängige SGl

$$i\hbar \partial_t \psi (x, t) = H \psi (x, t) \tag{V.309}$$

Da $\{\varphi_n(x)\}$ ein VONS ist, können wir $\psi(x, t)$ schreiben als

$$\psi(x, t) = \sum_n c_n(t)\,\varphi_n(x) \tag{V.310}$$

Wir setzen diesen Ausdruck in die SGl ein und erhalten

$$i\hbar \sum_n \partial_t c_n(t)\,\varphi_n(x) = \sum_n c_n(t)\,H\varphi_n(x) \tag{V.311}$$

Multiplikation mit $\varphi_m^*(x)$ und Integration führt wegen der Orthonormalität von $\{\varphi_n(x)\}$ auf

$$i\hbar \sum_n \partial_t c_n(t) \int \varphi_m^*(x)\,\varphi_n(x)\,dx = \sum_n c_n(t) \int \varphi_m^*(x)\,H\varphi_n(x)\,dx$$

$$i\hbar\partial_t c_m(t) = \sum_n c_n(t) \int \varphi_m^*(x)\,H\varphi_n(x)\,dx \tag{V.312}$$

Weiter oben haben wir bereits gesehen, dass gilt $\int \varphi_m^*(x)\,H\varphi_n(x)\,dx = E_m\delta_{nm}$. Damit erhalten wir für die zeitabhängige SGl

$$i\hbar\partial_t c_m(t) = E_m c_m(t) \tag{V.313}$$

oder in Matrixform

$$i\hbar\partial_t \mathbf{c}(t) = H_{Matrix}\mathbf{c}(t) \tag{V.314}$$

mit dem Spaltenvektor und der Matrix

$$\mathbf{c} = \begin{pmatrix} c_1 \\ c_2 \\ \vdots \end{pmatrix} \;;\; H_{Matrix} = \begin{pmatrix} E_1 & 0 & \cdots \\ 0 & E_2 & \cdots \\ \vdots & \vdots & \ddots \end{pmatrix} \tag{V.315}$$

Die Lösung der gewöhnlichen DGl (V.313) lautet

$$c_m(t) = c_m(0)\,e^{-iE_m t/\hbar} \tag{V.316}$$

und die Lösung $\psi(x, t)$ erhält damit ihre gewohnte Form:

$$\psi(x, t) = \sum_n c_m(0)\,\varphi_n(x)\,e^{-iE_m t/\hbar} \tag{V.317}$$

(b) Lösung: Für den abstrakten Fall führen wir zur Abwechslung eine etwas andere Betrachtung durch. Wir starten von

$$i\hbar\partial_t |\psi\rangle = H |\psi\rangle \tag{V.318}$$

wobei die stationäre SGl gegeben ist als

$$H \left| \varphi_n \right> = E_n \left| \varphi_n \right>$$ (V.319)

Wegen $\partial_t \left| \varphi_n \right> = 0$ folgt

$$i\hbar \partial_t \left< \varphi_n \mid \psi \right> = \left< \varphi_n \right| H \left| \psi \right> = \sum_m \left< \varphi_n \right| H \left| \varphi_m \right> \left< \varphi_m \mid \psi \right>$$ (V.320)

Mit

$$c_n = \left< \varphi_n \mid \psi \right> \quad \text{und} \quad H_{nm} = \left< \varphi_n \right| H \left| \varphi_m \right> = E_m \delta_{nm}$$ (V.321)

folgt

$$i\hbar \partial_t c_n = \sum_m H_{nm} c_m$$ (V.322)

oder kompakt mit dem Spaltenvektor $\mathbf{c}$ und der Matrix H_{Matrix}

$$i\hbar \partial_t \mathbf{c} = H_{Matrix} \mathbf{c}$$ (V.323)

V.11   Aufgaben Kap. 12 (1)

1. Gegeben sei ein Eigenzustand $\left| k \right>$ des Impulsoperators. Wie lautet dieser Zustand in der Ortsdarstellung?
2. Zeigen Sie unter Verwendung von $\left< x \mid k \right> = \frac{1}{\sqrt{2\pi}} e^{ikx}$, dass auch die uneigentlichen Vektoren $\left| k \right>$ ein VONS bilden.
3. Gegeben sei ein uneigentlicher Vektor $\left| \varphi_\lambda \right>$. Wie lautet das zugehörige Eigendifferential $\left| \varphi_{\lambda, \Delta\lambda} \right>$?
4. Gegeben sei der Zustand $\left| k \right>$ mit dem scharfen Impulswert k; es gilt $\left< x \mid k \right> = \frac{1}{\sqrt{2\pi}} e^{ikx}$.
   (a) Wie lautet das (abstrakte) Eigendifferential?
   Lösung: Mit $k_n = n \Delta k$ (feste Rasterung) folgt

$$\left| k_n, \Delta k \right> = \frac{1}{\sqrt{\Delta k}} \int\limits_{k_n}^{k_n + \Delta k} \left| k' \right> dk'$$ (V.324)

   (b) Wie lautet das Eigendifferential in der Ortsdarstellung?
   Lösung: Multiplikation mit $\left< x \right|$ bringt

$$\langle x|\, k_n, \Delta k\rangle = \frac{1}{\sqrt{2\pi}} \frac{1}{\sqrt{\Delta k}} \int\limits_{k_n}^{k_n+\Delta k} e^{ik'x}\,dk' =$$

$$= e^{ik_n x}\frac{e^{i\Delta k\cdot x}-1}{\sqrt{2\pi\,\Delta k}\,ix} = e^{i(k_n+\Delta k/2)x}\frac{2\sin(\Delta k\cdot x/2)}{\sqrt{2\pi\,\Delta k\cdot x}} \qquad\text{(V.325)}$$

(c) Zeigen Sie, dass die Eigendifferentiale der Teilaufgabe (b) orthonormiert sind.

Lösung: Für das Skalarprodukt folgt

$$\langle k_m, \Delta k|\, k_n, \Delta k\rangle =$$

$$= \int\limits_{-\infty}^{\infty} e^{-ik_m x - i\,\Delta k\cdot x/2}\frac{2\sin(\Delta k\cdot x/2)}{\sqrt{2\pi\,\Delta k x}} \cdot e^{ik_n x + i\,\Delta k\cdot x/2}\frac{2\sin(\Delta k\cdot x/2)}{\sqrt{2\pi\,\Delta k x}}\,dx =$$

$$= \frac{2}{\pi\,\Delta k}\int\limits_{-\infty}^{\infty}\frac{\sin^2(\Delta k\cdot x/2)}{x^2}\cdot e^{i(k_n-k_m)x}\,dx \qquad\text{(V.326)}$$

Einsetzen und Variablensubstitution $y = x\,\Delta k$ führt auf

$$\langle k_m, \Delta k|\, k_n, \Delta k\rangle = \frac{2}{\pi}\int\limits_{-\infty}^{\infty}\frac{\sin^2(y/2)}{y^2}\cdot e^{i(n-m)y}\,dy = \delta_{k_n,k_m} = \delta_{n,m} \qquad\text{(V.327)}$$

Zum letzten Integral: Wir können o.B.d.A. $n \geq m$ annehmen. Der Beitrag mit $\sin(n-m)\,y$ verschwindet wegen der Punktsymmetrie des Sinus. Für den Cosinusterm sagt die Formelsammlung oder die eigene Rechnung:

$$\int\limits_{0}^{\infty}\frac{\sin^2 az}{z^2}\cos bz\,dz = \begin{cases}\frac{\pi}{2}\left(a-\frac{b}{2}\right) & \text{für} \quad b < 2a \\ 0 & b \geq 2a\end{cases} \qquad\text{(V.328)}$$

5. Gegeben sei die SGl in der abstrakten Formulierung

$$i\hbar\frac{d}{dt}|\psi\rangle = H\,|\psi\rangle \qquad\text{(V.329)}$$

(a) Formulieren Sie diese Gleichung in der Orts- und in der Impulsdarstellung.

Lösung: Es gilt

$$i\hbar\frac{d}{dt}\langle x\,|\psi\rangle = \int \langle x|\,H\,|x'\rangle\langle x'\,|\psi\rangle\,dx'$$

$$i\hbar\frac{d}{dt}\langle k\,|\psi\rangle = \int \langle k|\,H\,|k'\rangle\langle k'\,|\psi\rangle\,dk' \qquad\text{(V.330)}$$

Da H in der Ortsdarstellung diagonal ist, folgt
$i\hbar\frac{d}{dt}\langle x\,|\psi\rangle = \langle x|\,H\,|x\rangle\langle x'\,|\psi\rangle$ bzw. $i\hbar\frac{d}{dt}\psi(x) = H(x)\psi(x)$

(b) Wie lässt sich das Matrixelement $\langle k|\,H\,|k'\rangle$ berechnen, wenn H in der Ortsdarstellung bekannt ist?

Lösung: Wir fügen zunächst zweimal die 1 ein:

$$\langle k|\,H\,|k'\rangle = \int \langle k|\,x\rangle\,\langle x|\,H\,|x'\rangle\langle x'\,|k'\rangle \; dx\,dx' \qquad (\text{V.331})$$

Da H in der Ortsdarstellung diagonal ist, erhalten wir mit $\langle x\,|k\rangle = \frac{1}{\sqrt{2\pi}}e^{ikx}$

$$\langle k|\,H\,|k'\rangle = \frac{1}{2\pi} \int e^{-ikx}\,H\,(x)\,e^{ik'x}\;dx \qquad (\text{V.332})$$

6. Wie sieht der Projektionsoperator in Ortsdarstellung aus?

Lösung: Wir wenden

$$P_1 = |\varphi_1\rangle\langle\varphi_1| \qquad (\text{V.333})$$

auf

$$|\Psi\rangle = \sum_n c_n\,|\varphi_n\rangle \qquad (\text{V.334})$$

an und erhalten

$$P_1\,|\Psi\rangle = c_1\,|\varphi_1\rangle \;\;;\; c_1 = \langle\varphi_1|\;\Psi\rangle = \int d^3r'\,\varphi_1^*\,(r')\,\Psi\,(r') \qquad (\text{V.335})$$

In Ortsdarstellung haben wir also

$$(P_1\Psi)\,(r) = c_1\varphi_1\,(r) = \varphi_1\,(r)\cdot\int d^3r'\,\varphi_1^*\,(r')\,\Psi\,(r') \qquad (\text{V.336})$$

Wir sehen explizit, dass der Operator in der Ortsdarstellung nicht diagonal ist.

7. Seien A und B selbstadjungierte Operatoren mit $[A, B] = i\hbar$ und sei $|a\rangle$ ein Eigenvektor von A zum Eigenwert a. Dann gilt

$$\langle a\,|[A, B]|\,a\rangle = \langle a\,|AB - BA|\,a\rangle = (a - a)\,\langle a\,|B|\,a\rangle = 0 \qquad (\text{V.337})$$

Andererseits gilt

$$\langle a\,|[A, B]|\,a\rangle = \langle a\,|i\hbar|\,a\rangle = i\hbar \neq 0 \qquad (\text{V.338})$$

Frage: Wo liegt der Fehler in der Betrachtung?

Lösung: Man kann zeigen, dass das Spektrum der beiden Operatoren *kontinuierlich* sein muss, wenn gilt $[A, B] = i\hbar$ (das ist nicht auf den ersten Blick ersichtlich, und deswegen ist die Aufgabe auch ein bisschen gemein). Das bedeutet, dass die Eigenvektoren nicht normierbar sind und die entsprechenden Skalarprodukte nicht existieren.

Ein Beispiel dafür, dass man bei kontinuierlichen Spektren etwas vorsichtiger sein muss.

V.12   Aufgaben Kap. 13 (1)

1. Seien A ein linearer und B ein antilinearer Operator, $|\varphi\rangle$ ein Zustand. Berechnen Sie bzw. vereinfachen Sie $A\,(i\,|\varphi\rangle)$ und $B\,(i\,|\varphi\rangle)$.
2. Zeigen Sie, dass die komplexe Konjugation $\mathcal{K}$ ein antilinearer Operator ist.
   Lösung:

$$\mathcal{K}i\,|\varphi\rangle = -i\mathcal{K}\,|\varphi\rangle \quad \text{bzw.} \quad \mathcal{K}i = -i\mathcal{K} \tag{V.339}$$

3. Zeigen Sie: Der Kommutator $C = [A, B]$ zweier hermitescher Operatoren A und B ist antihermitesch.
   Lösung: Es gilt

$$C^\dagger = (AB - BA)^\dagger = BA - AB = -C \tag{V.340}$$

4. Für die hermiteschen Operatoren A und B gelte $[A, B] \neq 0$. Betrachten Sie den Operator $Q = c\,[A, B]$. Für welche c ist Q ein hermitescher Operator?
5. Gegeben sei der Operator $Q = AB$, wobei A und B hermitesche Matrizen sind. Unter welcher Bedingung ist Q ein hermitescher Operator?
6. Zeigen Sie in Bracket-Darstellung:
   (a) Hermitesche Operatoren haben reelle Eigenwerte.
   (b) Die Eigenfunktionen hermitescher Operatoren stehen paarweise senkrecht aufeinander (Voraussetzung: Das Spektrum ist nichtentartet).
7. Zeigen Sie: Der Mittelwert eines hermiteschen Operators A ist reell, der Mittelwert eines antihermiteschen Operators B ist imaginär.
   Lösung:

$$\langle A\rangle^\dagger = \langle\psi|\,A\,|\psi\rangle^\dagger = \langle\psi|\,A^\dagger\,|\psi\rangle = \langle\psi|\,A\,|\psi\rangle = \langle A\rangle \to \langle A\rangle \in \mathbb{R}$$

$$\langle B\rangle^\dagger = \langle\psi|\,B\,|\psi\rangle^\dagger = \langle\psi|\,B^\dagger\,|\psi\rangle = -\langle\psi|\,B\,|\psi\rangle = -\langle B\rangle \to \langle B\rangle \in \mathbb{I}$$
$$\tag{V.341}$$

8. Wie lautet der quantenmechanische Operator für den klassischen Term $\mathbf{p} \times \mathbf{l}$?
   Lösung: Wir haben hier ein Produkt von Operatoren und müssen zunächst prüfen, ob die Übersetzung der klassisch gleichen Terme $\mathbf{p} \times \mathbf{l}$ und $-\mathbf{l} \times \mathbf{p}$ in die QM dasselbe Ergebnis liefert. Wenn nicht, müssen wir symmetrisieren, wie in Kap. 3 (1) ausgeführt. Wir betrachten zunächst nur die x-Komponenten. Es gilt

$$(\mathbf{p} \times \mathbf{l})_x = p_y l_z - p_z l_y = p_y \left(x p_y - y p_x\right) - p_z \left(z p_x - x p_z\right)$$

$$-(\mathbf{l} \times \mathbf{p})_x = -l_y p_z + l_z p_y = -\left(z p_x - x p_z\right) p_z + \left(x p_y - y p_x\right) p_y$$

$$\text{(V.342)}$$

Ausmultiplizieren bringt unter Beachtung von $[x, p_x] = i\hbar$ und $[x, p_y] = [x, p_z] = 0$ usw.

$$(\mathbf{p} \times \mathbf{l})_x = p_y x p_y - p_y y p_x - p_z z p_x + p_z x p_z = x p_y^2 + x p_z^2 - p_y y p_x - p_z z p_x =$$

$$= x \left(p_y^2 + p_z^2\right) + (i\hbar - y p_y) p_x + (i\hbar - z p_z) p_x$$

$$-(\mathbf{l} \times \mathbf{p})_x = -z p_x p_z + x p_z p_z + x p_y p_y - y p_x p_y = x \left(p_y^2 + p_z^2\right) - p_x z p_z - p_x y p_y$$

$$\text{(V.343)}$$

Wir sehen, dass gilt $\mathbf{p} \times \mathbf{l} \neq (\mathbf{p} \times \mathbf{l})^\dagger = -\mathbf{l} \times \mathbf{p}$; folglich müssen wir symmetrisieren und erhalten für den quantenmechanischen Operator

$$(\mathbf{p} \times \mathbf{l})_{klassisch,x} \rightarrow (\mathbf{p} \times \mathbf{l})_{QM,x} = \frac{(\mathbf{p} \times \mathbf{l})_x - (\mathbf{l} \times \mathbf{p})_x}{2} =$$

$$- x \left(p_y^2 + p_z^2\right) + (i\hbar - z p_z - y p_y) p_x$$

$$\text{(V.344)}$$

plus zyklische Vertauschung für die anderen beiden Komponenten. Dieser Operator ist offensichtlich hermitesch.

Man kann das Ergebnis noch in eine gefälligere Form bringen, siehe Anhang G (2) ‚Lenzscher Vektor'. Im Übrigen sehen wir, dass gilt

$$\mathbf{p} \times \mathbf{l} + \mathbf{l} \times \mathbf{p} = 2 i\hbar \mathbf{p} \qquad \text{(V.345)}$$

so dass wir auch schreiben können

$$(\mathbf{p} \times \mathbf{l})_{klassisch} \rightarrow \frac{\mathbf{p} \times \mathbf{l} + \mathbf{p} \times \mathbf{l} - 2 i\hbar \mathbf{p}}{2} = \mathbf{p} \times \mathbf{l} - i\hbar \mathbf{p} \qquad \text{(V.346)}$$

9. Berechnen Sie den Mittelwert von σ_z für den normierten Zustand $\begin{pmatrix} a \\ b \end{pmatrix}$.

Lösung: Es gilt

$$\langle \sigma_z \rangle = \left(a^* \; b^*\right) \begin{pmatrix} 1 & 0 \\ 0 & -1 \end{pmatrix} \begin{pmatrix} a \\ b \end{pmatrix} = |a|^2 - |b|^2 = 2 |a|^2 - 1 \qquad \text{(V.347)}$$

10. Gegeben sei der zeitunabhängige Hamilton-Operator H. Wie lautet der zugehörige Zeitentwicklungsoperator $U(t)$?

11. Sei U der Operator $U = e^{iA}$, wobei A ein hermitescher Operator ist. Zeigen Sie: U ist unitär.

12. Welche Eigenwerte kann ein unitärer Operator haben?
13. Zeigen Sie: Der Zeitentwicklungsoperator $e^{-i\frac{Ht}{\hbar}}$ ist unitär.
14. Zeigen Sie: Skalarprodukte, Matrixelemente, Eigenwerte und Erwartungswerte sind gegenüber unitären Transformationen invariant.
    Lösung:
    Skalarprodukte und Matrixelemente:

$$\langle \Psi' | \Phi' \rangle = \langle \Psi | U^\dagger U | \Phi \rangle = \langle \Psi | \Phi \rangle$$

$$\langle \Psi' | A' | \Phi' \rangle = \langle \Psi | U^\dagger U A U^\dagger U | \Phi \rangle = \langle \Psi | A | \Phi \rangle \qquad \text{(V.348)}$$

Erwartungswerte (siehe Matrixelement):

$$\langle A' \rangle = \langle \Psi' | A' | \Psi' \rangle = \langle \Psi | U^\dagger U A U^\dagger U | \Psi \rangle = \langle \Psi | A | \Psi \rangle = \langle A \rangle \qquad \text{(V.349)}$$

Eigenwerte: Mit

$$A | a_n \rangle = a_n | a_n \rangle \qquad \text{(V.350)}$$

folgt

$$U A | a_n \rangle = \begin{cases} U A U^\dagger U | a_n \rangle = A' | A'_n \rangle \\ U a_n | a_n \rangle = a_n | A'_n \rangle \end{cases} \qquad \text{(V.351)}$$

bzw. kurz

$$A' | A'_n \rangle = a_n | A'_n \rangle \qquad \text{(V.352)}$$

15. P_1 und P_2 seien Projektionsoperatoren. Unter welcher Voraussetzung sind auch $P = P_1 + P_2$ und $P = P_1 P_2$ Projektionsoperatoren?
16. Formulieren Sie die Matrixdarstellung des Operators $P = |e_1\rangle \langle e_1|$ im $\mathbb{R}^3$.
    Lösung:

$$P = |e_1\rangle \langle e_1| \cong \begin{pmatrix} 1 \\ 0 \\ 0 \end{pmatrix} \begin{pmatrix} 1 & 0 & 0 \end{pmatrix} = \begin{pmatrix} 1 & 0 & 0 \\ 0 & 0 & 0 \\ 0 & 0 & 0 \end{pmatrix} \qquad \text{(V.353)}$$

17. Wie ist ganz allgemein ein Projektionsoperator definiert?
18. Gegeben sei das VONS $\{|\varphi_n\rangle\}$. Für welche c_n ist der Operator $A = \sum c_n |\varphi_n\rangle \langle \varphi_n|$ ein Projektionsoperator?
19. Welche Eigenwerte kann ein Projektionsoperator haben?

20. In einem Hilbert-Raum der Dimension N sei das VONS $\{|\varphi_n\rangle\}$ gegeben. Betrachten Sie den Operator

$$P = \sum_{n \leq N'} |\varphi_n\rangle\langle\varphi_n| \qquad (V.354)$$

mit $N' \leq N$. Zeigen Sie, dass P ein Projektionsoperator ist.

21. Gegeben der Operator A mit entartetem Spektrum

$$A |\varphi_{n,r}\rangle = a_n |\varphi_{n,r}\rangle \; ; \; r = 1, \ldots g_n \qquad (V.355)$$

(a) Wie lautet der Projektionsoperator auf die mit n indizierten Zustände?
Lösung: Es gilt

$$P_n = \sum_{r=1}^{g_n} |\varphi_{n,r}\rangle\langle\varphi_{n,r}| \; ; \; \sum_n P_n = 1 \qquad (V.356)$$

(b) Wie lautet die Spektraldarstellung von A?
Lösung: Es gilt

$$A = A \cdot 1 = A \sum_n P_n = A \sum_n \sum_r |\varphi_{n,r}\rangle\langle\varphi_{n,r}| = \sum_{n,r} |\varphi_{n,r}\rangle a_n \langle\varphi_{n,r}| \qquad (V.357)$$

22. Gegeben seien die Operatoren $A = |\varphi\rangle\langle\varphi|$ und $B = |\psi\rangle\langle\psi|$. Es gilt $\langle\varphi|\psi\rangle = \alpha \in \mathbb{C}, \alpha \neq 0$. Für welche α ist der Operator $C = AB$ ein Projektionsoperator?
Lösung: Zunächst muss C idempotent sein, also gelten $C^2 = C$. Das bedeutet

$$ABAB = AB \text{ bzw. } |\varphi\rangle\langle\varphi|\psi\rangle\langle\psi|\varphi\rangle\langle\varphi|\psi\rangle\langle\psi| = |\varphi\rangle\langle\varphi|\psi\rangle\langle\psi|$$
$$\rightarrow |\varphi\rangle \alpha\alpha^*\alpha \langle\psi| = |\varphi\rangle \alpha \langle\psi| \qquad (V.358)$$

oder kurz

$$\alpha\alpha^* = 1 \rightarrow \alpha = e^{i\delta}, \delta \in \mathbb{R} \qquad (V.359)$$

Die Hermitezität von C bedeutet

$$C = AB = C^\dagger = B^\dagger A^\dagger = BA \qquad (V.360)$$

und das führt auf

$$|\varphi\rangle\langle\varphi|\psi\rangle\langle\psi| = |\psi\rangle\langle\psi|\varphi\rangle\langle\varphi| \text{ bzw. } |\varphi\rangle \alpha \langle\psi| = |\psi\rangle \alpha^* \langle\varphi| \qquad (V.361)$$

Multiplikation von rechts mit $|\varphi\rangle$ bringt

$$|\varphi\rangle\,\alpha\alpha^* = |\psi\rangle\,\alpha^*\,\langle\varphi\,|\varphi\rangle \tag{V.362}$$

bzw.

$$|\psi\rangle = \frac{e^{i\delta}}{\langle\varphi\,|\varphi\rangle}\,|\varphi\rangle \tag{V.363}$$

$|\psi\rangle$ und $|\varphi\rangle$ müssen also kollinear sein und es gilt $\langle\psi\,|\psi\rangle\,\langle\varphi\,|\varphi\rangle = 1$.

23. Gegeben sei der Operator $Q = B^\dagger B$, wobei B ein unitärer Operator sei. Wie lässt sich Q einfacher schreiben?

24. Gegeben sei der Operator $Q = B^\dagger B$, wobei B kein unitärer Operator sei. Zeigen Sie, dass die Eigenwerte von Q reell sind und dass sie nicht negativ sind.

25. Gegeben sei der Operator $A = \beta\,|\varphi\rangle\,\langle\psi|$. Es gilt $\langle\psi|\,\varphi\rangle = \alpha \neq 0$; α und β sind komplexe Konstanten. Die Zustände $|\varphi\rangle$ und $|\psi\rangle$ sind normiert. Welche Bedingungen müssen $|\varphi\rangle$, $|\psi\rangle$, α und β erfüllen, damit A ein hermitescher, unitärer, projektiver Operator ist?

Lösung:

(a) Wenn A ein hermitescher Operator sein soll, muss gelten

$$A = \beta\,|\varphi\rangle\,\langle\psi| = A^\dagger = \beta^*\,|\psi\rangle\,\langle\varphi| \tag{V.364}$$

Wir multiplizieren von rechts mit $|\varphi\rangle$ und erhalten

$$\beta\,|\varphi\rangle\,\langle\psi|\,\varphi\rangle = \beta^*\,|\psi\rangle\,\langle\varphi|\,\varphi\rangle \;\Rightarrow\; \beta\,|\varphi\rangle\,\alpha = \beta^*\,|\psi\rangle \;\Rightarrow\; |\psi\rangle = \frac{\alpha\beta}{\beta^*}\,|\varphi\rangle \tag{V.365}$$

Da die Zustände normiert sind, folgt $|\alpha| = 1$. $|\psi\rangle$ und $|\varphi\rangle$ unterscheiden sich also nur durch einen Phasenfaktor.

(b) Wenn A ein unitärer Operator sein soll, muss gelten $A^\dagger A = 1$, also

$$A^\dagger A = \beta^*\,|\psi\rangle\,\langle\varphi|\,\beta\,|\varphi\rangle\,\langle\psi| = |\beta|^2\,|\psi\rangle\,\langle\psi| = 1 \tag{V.366}$$

Dies ist erfüllt für $|\beta| = 1$ und $|\psi\rangle\,\langle\psi| = 1$. Die Forderung $AA^\dagger = 1$ führt analog auf $|\varphi\rangle\,\langle\varphi| = 1$. Das bedeutet $|\alpha| = 1$; auch hier müssen also $|\psi\rangle$ und $|\varphi\rangle$ bis auf einen Phasenfaktor übereinstimmen und es muss $|\varphi\rangle\,\langle\varphi| = 1$ erfüllt sein.

(c) Wenn A ein Projektionsoperator sein soll, muss gelten $A^2 = A$, also

$$A^2 = \beta^2\,|\varphi\rangle\,\alpha\,\langle\psi| = A = \beta\,|\varphi\rangle\,\langle\psi| \tag{V.367}$$

Das ist erfüllt für $\alpha\beta = 1$ und $|\psi\rangle = \frac{\alpha\beta}{\beta^*}\,|\varphi\rangle$. Mit dem Ergebnis der Teilaufgabe (a) folgt also $|\alpha| = 1$ und $|\beta| = 1$.

26. Gegeben ein VONS $\{|\varphi_n\rangle\}$ und ein Operator

$$A = \sum_{n,m} c_{nm} |\varphi_n\rangle\langle\varphi_m| \quad ; \ c_{nm} \in \mathbb{C} \tag{V.368}$$

Wie müssen die Koeffizienten c_{nm} beschaffen sein, damit A ein hermitescher, unitärer, projektiver Operator ist?

Lösung:

(a) Wenn A hermitesch sein soll, muss gelten

$$A = \sum_{n,m} c_{nm} |\varphi_n\rangle\langle\varphi_m| = A^\dagger = \sum_{n,m} c_{nm}^* |\varphi_m\rangle\langle\varphi_n| = \sum_{n,m} c_{mn}^* |\varphi_n\rangle\langle\varphi_m|$$
$$\tag{V.369}$$

Dabei haben wir im letzten Schritt die Summationsindizes vertauscht. Der Vergleich zeigt dann sofort

$$c_{nm} = c_{mn}^* \tag{V.370}$$

Wenn wir (c_{nm}) als Matrix C auffassen, bedeutet die letzte Gleichung nichts anderes als das vertraute Adjungieren: Vertauschen von Spalten und Zeilen plus komplex Konjugieren.

(b) Wenn A unitär sein soll, muss gelten

$$AA^\dagger = \sum_{n,m} c_{nm} |\varphi_n\rangle\langle\varphi_m| \sum_{n',m'} c_{n'm'}^* |\varphi_{m'}\rangle\langle\varphi_{n'}| =$$
$$= \sum_{n,m,n',m'} c_{nm} c_{n'm'}^* |\varphi_n\rangle \delta_{mm'} \langle\varphi_{n'}| = 1 \tag{V.371}$$

Daraus folgt

$$1 = \sum_{n,m,n'} c_{nm} c_{n'm}^* |\varphi_n\rangle\langle\varphi_{n'}| = \sum_{n,n'} |\varphi_n\rangle\langle\varphi_{n'}| \sum_m c_{nm} c_{n'm}^* \tag{V.372}$$

Da $\{|\varphi_n\rangle\}$ ein VONS ist, gilt $1 = \sum_n |\varphi_n\rangle\langle\varphi_n|$. Daraus folgt, dass gelten muss

$$\sum_m c_{n'm}^* c_{nm} = \delta_{nn'} \tag{V.373}$$

Die einzelnen Zeilen der Matrix $C = (c_{nm})$ müssen also normiert und paarweise orthogonal sein.

(c) Wenn A ein Projektionsoperator sein soll, muss gelten

$$A^2 = \sum_{n,m} c_{nm} |\varphi_n\rangle\langle\varphi_m| \sum_{n',m'} c_{n'm'} |\varphi_{n'}\rangle\langle\varphi_{m'}| = A = \sum_{n,m} c_{nm} |\varphi_n\rangle\langle\varphi_m|$$
$$\tag{V.374}$$

sowie nach Teilaufgabe (a) $c_{nm} = c^*_{mn}$. Daraus folgt

$$
\sum_{n,m} c_{nm} \left|\varphi_n\right\rangle\left\langle\varphi_m\right| = \sum_{n,m,n',m'} c_{nm}c_{n'm'} \left|\varphi_n\right\rangle\delta_{mn'}\left\langle\varphi_{m'}\right| =
$$
$$
= \sum_{n,m,m'} c_{nm}c_{mm'} \left|\varphi_n\right\rangle\left\langle\varphi_{m'}\right|
$$

(V.375)

bzw.

$$
\sum_{n,m} c_{nm} \left|\varphi_n\right\rangle\left\langle\varphi_m\right| = \sum_{n,m} \left|\varphi_n\right\rangle\left\langle\varphi_m\right| \sum_{l} c_{nl}c_{lm}
$$

(V.376)

Es muss also gelten

$$
\sum_{l} c_{nl}c_{lm} = c_{nm}
$$

(V.377)

Für die Matrix $C = (c_{nm})$ bedeutet das $C^2 = C$.

27. Ein VONS $\left\{\left|\varphi_n\right\rangle, n = 1, 2, \ldots, N\right\}$ spanne einen Vektorraum $\mathcal{V}$ auf.
 (a) Zeigen Sie: Jeder in $\mathcal{V}$ wirkende Operator A lässt sich darstellen als

$$
A = \sum_{n,m} c_{nm} \left|\varphi_n\right\rangle\left\langle\varphi_m\right|
$$

(V.378)

Lösung: Wenn wir A auf einen Zustand des VONS wirken lassen, muss das Ergebnis als Superposition über die $\left|\varphi_n\right\rangle$ darstellbar sein (wegen der Vollständigkeit des Systems). Es gilt also

$$
A \left|\varphi_m\right\rangle = \sum_{n} c_{nm} \left|\varphi_n\right\rangle
$$

(V.379)

Multiplikation von rechts mit $\left\langle\varphi_m\right|$ und Summation über m bringt (wiederum wegen der Vollständigkeit) das gewünschte Ergebnis.
 (b) Sei speziell $N = 3$. Außerdem ist bekannt

$$
A \left|\varphi_1\right\rangle = -\left|\varphi_2\right\rangle \; ; \; A \left|\varphi_2\right\rangle = -\left|\varphi_3\right\rangle \; ; \; A \left|\varphi_3\right\rangle = -\left|\varphi_1\right\rangle + \left|\varphi_2\right\rangle
$$

(V.380)

Wie lautet der Operator A? (= Bestimmen Sie die Koeffizienten c_{nm} bzw. formulieren Sie A als Linearkombination von Produkten $\left|\varphi_i\right\rangle\left\langle\varphi_j\right|$.)
Lösung: Es ergibt sich

$$
A = -\left|\varphi_2\right\rangle\left\langle\varphi_1\right| - \left|\varphi_3\right\rangle\left\langle\varphi_2\right| - \left(\left|\varphi_1\right\rangle - \left|\varphi_2\right\rangle\right)\left\langle\varphi_3\right|
$$

(V.381)

28. Wie lautet die verallgemeinerte Heisenbergsche Unschärferelation jeweils für die Operatorpaare (x, l_x), $\left(x, l_y\right)$, (x, l_z)?

Lösung: Es gilt

$$xl_x - l_xx = \frac{\hbar}{i}\left[x\left(y\partial_z - z\partial_y\right) - \left(y\partial_z - z\partial_y\right)x\right] = 0 \qquad \text{(V.382)}$$

sowie

$$xl_y - l_yx = \frac{\hbar}{i}\left[x\left(z\partial_x - x\partial_z\right) - \left(z\partial_x - x\partial_z\right)x\right] = \frac{\hbar}{i}\left[xz\partial_x - z\partial_xx\right] = \qquad \text{(V.383)}$$

$$= \frac{\hbar}{i}\left[xz\partial_x - zx\partial_x - z\right] = i\hbar z \qquad \text{(V.384)}$$

und analog

$$xl_z - l_zx = i\hbar y \qquad \text{(V.385)}$$

Damit folgt wegen

$$\Delta A \cdot \Delta B \geq \frac{1}{2}\left|\langle[A, B]\rangle\right| \qquad \text{(V.386)}$$

sofort

$$\Delta x \cdot \Delta l_x = 0$$
$$\Delta x \cdot \Delta l_y \geq \tfrac{1}{2}\left|\langle[x, l_y]\rangle\right| = \tfrac{\hbar}{2}\left|\langle z\rangle\right| \qquad \text{(V.387)}$$
$$\Delta x \cdot \Delta l_z \geq \tfrac{1}{2}\left|\langle[x, l_z]\rangle\right| = \tfrac{\hbar}{2}\left|\langle y\rangle\right|$$

29. Für die Pauli-Matrizen kann man die Unschärferelation

$$\Delta\sigma_x\Delta\sigma_y \geq \left|\langle\sigma_z\rangle\right| \qquad \text{(V.388)}$$

aufstellen. Für welche normierten Zustände $\psi = \begin{pmatrix} a \\ b \end{pmatrix}$ wird die rechte Seite minimal/maximal?

Lösung: Es ist (siehe auch (V.347))

$$\langle\sigma_z\rangle = \begin{pmatrix} a^* & b^* \end{pmatrix}\begin{pmatrix} 1 & 0 \\ 0 & -1 \end{pmatrix}\begin{pmatrix} a \\ b \end{pmatrix} = |a|^2 - |b|^2 = 2|a|^2 - 1 \qquad \text{(V.389)}$$

(wegen Normierung $|a|^2 + |b|^2 = 1$). Für $|a| = 0, 1$ wird $|\langle\sigma_z\rangle|$ maximal ($|\langle\sigma_z\rangle| = 1$), für $|a| = \pm\frac{1}{\sqrt{2}}$ minimal ($\langle\sigma_z\rangle = 0$).

30. Wie lautet die verallgemeinerte Unschärferelation für H und $\mathbf{p}$?
    Lösung: Es gilt

$$\Delta H \cdot \Delta p_i \geq \frac{1}{2} |\langle [H, p_i] \rangle| \qquad (\text{V.390})$$

Mit

$$H p_i - p_i H = V p_i - p_i V = -(p_i V) \qquad (\text{V.391})$$

folgt

$$\Delta H \cdot \Delta p_i \geq \frac{\hbar}{2} \left| \frac{\partial V}{\partial x_i} \right| \qquad (\text{V.392})$$

31. Wie hängt der Ortsoperator in der Heisenberg-Darstellung[6] x_H

$$x_H = e^{i \frac{tH}{\hbar}} x e^{-i \frac{tH}{\hbar}} \qquad (\text{V.393})$$

explizit von der Zeit ab? Das Potential soll konstant sein, $\frac{dV}{dx} = 0$. Hinweis:
Benutzen Sie entweder die Gleichung

$$e^{iA} B e^{-iA} = B + i[A, B] + \frac{i^2}{2!} [A, [A, B]] + \frac{i^3}{3!} [A, [A, [A, B]]] + \ldots \qquad (\text{V.394})$$

oder

$$i\hbar \frac{d}{dt} x_H = [x_H, H] \qquad (\text{V.395})$$

(oder aus Übungsgründen beides).

32. Ein Hamilton-Operator H hänge von einem Parameter q ab, $H = H(q)$.
    Außerdem seien $E(q)$ ein nichtentarteter Eigenwert und $|\varphi(q)\rangle$ der dazu
    gehörende Eigenvektor

$$H(q) |\varphi(q)\rangle = E(q) |\varphi(q)\rangle \qquad (\text{V.396})$$

Beweisen Sie:

$$\frac{\partial E(q)}{\partial q} = \langle \varphi(q) | \frac{\partial H(q)}{\partial q} | \varphi(q) \rangle \qquad (\text{V.397})$$

(Diese Gleichung wird auch Theorem von Feynman-Hellmann genannt.)

---

[6] Siehe auch im Anhang ‚Schrödinger-, Heisenberg- und Wechselwirkungsbild‘.

Lösung: Es gilt

$$\langle \varphi(q) | H(q) | \varphi(q) \rangle = E(q) \qquad \text{(V.398)}$$

Wir differenzieren auf beiden Seiten nach q und erhalten

$$\frac{\partial E(q)}{\partial q} = \left\langle \frac{\partial}{\partial q} \varphi(q) \middle| H(q) | \varphi(q) \rangle + \langle \varphi(q) | \frac{\partial H(q)}{\partial q} | \varphi(q) \rangle + \langle \varphi(q) | H(q) \middle| \frac{\partial}{\partial q} \varphi(q) \right\rangle =$$

$$= \langle \varphi(q) | \frac{\partial H(q)}{\partial q} | \varphi(q) \rangle + E(q) \left\langle \frac{\partial}{\partial q} \varphi(q) \middle| \varphi(q) \rangle + E(q) \langle \varphi(q) \middle| \frac{\partial}{\partial q} \varphi(q) \right\rangle =$$

$$= \langle \varphi(q) | \frac{\partial H(q)}{\partial q} | \varphi(q) \rangle + E(q) \frac{\partial}{\partial q} \langle \varphi(q) | \varphi(q) \rangle = \langle \varphi(q) | \frac{\partial H(q)}{\partial q} | \varphi(q) \rangle$$

$$\text{(V.399)}$$

wegen

$$\frac{\partial}{\partial q} \langle \varphi(q) | \varphi(q) \rangle = \frac{\partial}{\partial q} 1 = 0 \qquad \text{(V.400)}$$

33. Sei $\{|n\rangle\}$ ein VONS. Jede Lösung der SGl lässt sich als

$$|\psi\rangle = \sum_l a_l |l\rangle \qquad \text{(V.401)}$$

darstellen und jeder Operator A als

$$A = \sum_{mn} c_{mn} |n\rangle \langle m| \qquad \text{(V.402)}$$

Fragestellung: Kann unter diesen Voraussetzungen der nichthermitesche Operator A einen reellen Erwartungswert (für beliebige Zustände $|\psi\rangle$) besitzen?
Lösung: Sei also

$$A^\dagger = \sum_{mn} c_{mn}^* |m\rangle \langle n| = \sum_{mn} c_{nm}^* |n\rangle \langle m| \neq A \qquad \text{(V.403)}$$

bzw.

$$c_{mn} \neq c_{nm}^* \qquad \text{(V.404)}$$

Für den Erwartungswert gilt

$$\langle A \rangle = \sum_{mnll'} a_l^* \langle l| c_{mn} |n\rangle \langle m| a_{l'} |l'\rangle = \sum_{mnll'} a_l^* c_{mn} \delta_{nl} \delta_{ml'} a_{l'} = \sum_{mn} a_n^* c_{mn} a_m$$

$$\text{(V.405)}$$

Dieser Erwartungswert soll reell sein, also

$$\langle A \rangle = \sum_{mn} a_n^* c_{mn} a_m = \langle A \rangle^* = \sum_{mn} a_n c_{mn}^* a_m^* = \sum_{mn} a_m c_{nm}^* a_n^* \qquad \text{(V.406)}$$

Wenn die letzte Gleichung für alle möglichen Werte von $\{a_n\}$ gelten soll (also für alle Lösungen der SGl), muss also gelten

$$c_{mn} = c_{nm}^* \qquad (V.407)$$

Mithin haben wir einen Widerspruch.

34. Wir betrachten den schon in den Aufgaben zu Kap. 8 (1) eingeführten Hamilton-Operator $H = 1 + a\sigma_y$.

   (a) Was ist das erwartete Resultat der Messung der x-Komponente des Spins

   im Zustand $|\psi_t\rangle$ mit $|\psi_0\rangle = \begin{pmatrix} 1 \\ 0 \end{pmatrix}$?

   Lösung: Die x-Komponente des Spins wird durch den Operator $S_x = \frac{\hbar}{2}\sigma_x$ dargestellt. Da $|\psi_t\rangle$ normiert ist, ist der Erwartungswert gegeben durch

   $$\langle S_x \rangle = \langle \psi_t | S_x | \psi_t \rangle \text{ mit } |\psi_t\rangle = e^{-it/\hbar}\begin{pmatrix} \cos\frac{at}{\hbar} \\ \sin\frac{at}{\hbar} \end{pmatrix} \text{ (siehe Kap. 8 (1)), also}$$

   $$\langle S_x \rangle = \frac{\hbar}{2}\begin{pmatrix} \cos\frac{at}{\hbar} & \sin\frac{at}{\hbar} \end{pmatrix}\begin{pmatrix} 0 & 1 \\ 1 & 0 \end{pmatrix}\begin{pmatrix} \cos\frac{at}{\hbar} \\ \sin\frac{at}{\hbar} \end{pmatrix} = \qquad (V.408)$$
   $$= \frac{\hbar}{2}2\cos\frac{at}{\hbar}\sin\frac{at}{\hbar} = \frac{\hbar}{2}\sin\frac{2at}{\hbar}$$

   (b) Was ist die Unschärfe ΔS_x in diesem Zustand?

   Lösung: Es gilt $\Delta^2 S_x = \langle S_x^2\rangle - \langle S_x\rangle^2$. Wegen $S_x^2 = \frac{\hbar^2}{4}\begin{pmatrix} 1 & 0 \\ 0 & 1 \end{pmatrix}$ gilt $\langle S_x^2\rangle = \frac{\hbar^2}{4}$

   und damit folgt

   $$\Delta S_x = \sqrt{\langle S_x^2\rangle - \langle S_x\rangle^2} = \frac{\hbar}{2}\sqrt{1 - \sin^2\frac{2at}{\hbar}} = \frac{\hbar}{2}\left|\cos\frac{2at}{\hbar}\right| \qquad (V.409)$$

   (c) Berechnen Sie den Kommutator $[S_x, S_y]$ und formulieren Sie die Unschärferelation für die Observablen S_x und S_y für beliebige Zeit t.

   Lösung: Es gilt $[S_x, S_y] = i\hbar S_z$. Die verallgemeinerte Unschärferelation lautet also

   $$\Delta S_x \Delta S_y \geq \frac{\hbar}{2}|\langle S_z\rangle| \qquad (V.410)$$

   Wir berechnen die beiden Seiten separat. Zuerst links: ΔS_x kennen wir. Für ΔS_y berechnen wir zunächst $\langle S_y\rangle$. Es gilt

   $$\langle S_y\rangle = \frac{\hbar}{2}\begin{pmatrix} \cos\frac{at}{\hbar} & \sin\frac{at}{\hbar} \end{pmatrix}\begin{pmatrix} 0 & -i \\ i & 0 \end{pmatrix}\begin{pmatrix} \cos\frac{at}{\hbar} \\ \sin\frac{at}{\hbar} \end{pmatrix} = 0 \qquad (V.411)$$

und damit $\Delta^2 S_y = \left\langle S_y^2 \right\rangle = \left\langle \frac{\hbar^2}{4} \begin{pmatrix} 1 & 0 \\ 0 & 1 \end{pmatrix} \right\rangle = \frac{\hbar^2}{4}$. Zusammengefasst folgt

$$\Delta S_x \, \Delta S_y = \frac{\hbar^2}{4} \left| \cos \frac{2at}{\hbar} \right| \tag{V.412}$$

Nun die rechte Seite: Es gilt

$$\frac{\hbar}{2} \left| \langle S_z \rangle \right| = \frac{\hbar}{2} \left| \left(\cos \frac{at}{\hbar} \ \sin \frac{at}{\hbar} \right) \frac{\hbar}{2} \begin{pmatrix} 1 & 0 \\ 0 & -1 \end{pmatrix} \begin{pmatrix} \cos \frac{at}{\hbar} \\ \sin \frac{at}{\hbar} \end{pmatrix} \right| =$$
$$= \frac{\hbar^2}{4} \left| \cos^2 \frac{at}{\hbar} - \sin^2 \frac{at}{\hbar} \right| = \frac{\hbar^2}{4} \left| \cos \frac{2at}{\hbar} \right| \tag{V.413}$$

so dass beide Seiten gleich groß sind (sozusagen knappste Erfüllung der Unschärferelation).

35. Wenn ein Eigenwertproblem der Form $A \left| a_m \right\rangle = a_m \left| a_m \right\rangle$ vorliegt ($\left| a_m \right\rangle$ bildet ein VONS), können wir eine Funktion des Operators A über

$$F(A) \left| a_m \right\rangle := F(a_m) \left| a_m \right\rangle \tag{V.414}$$

definieren.

(a) Zeigen Sie:

$$F(A) = \sum_m F(a_m) \, P_m \tag{V.415}$$

mit $P_m = \left| a_m \right\rangle \left\langle a_m \right|$.

Lösung: Es gilt

$$F(A) \left| a_m \right\rangle = F(a_m) \left| a_m \right\rangle \rightarrow F(A) \left| a_m \right\rangle \left\langle a_m \right| = F(a_m) \left| a_m \right\rangle \left\langle a_m \right| \tag{V.416}$$

und wegen der Vollständigkeit der Eigenvektoren folgt

$$F(A) = \sum_m F(a_m) \left| a_m \right\rangle \left\langle a_m \right| = \sum_m F(a_m) \, P_m \tag{V.417}$$

(b) Zeigen Sie: Wenn $F(a)$ für alle Eigenwerte a_m reell ist, dann ist $F(A)$ selbstadjungiert.

Lösung: Es sei $F^*(a_m) = F(a_m)$. Dann folgt

$$[F(A)]^\dagger = \sum_m F^*(a_m) \, P_m = \sum_m F(a_m) \, P_m = F(A) \tag{V.418}$$

36. Welche Bedingungen müssen die Elemente einer zweidimensionalen normalen Matrix erfüllen?

Lösung: Mit

$$A = \begin{pmatrix} a & b \\ c & d \end{pmatrix} \; ; \; AA^\dagger = A^\dagger A \tag{V.419}$$

folgt zunächst

$$\begin{pmatrix} a & b \\ c & d \end{pmatrix} \begin{pmatrix} a^* & c^* \\ b^* & d^* \end{pmatrix} = \begin{pmatrix} a^* & c^* \\ b^* & d^* \end{pmatrix} \begin{pmatrix} a & b \\ c & d \end{pmatrix} \tag{V.420}$$

und daraus

$$\begin{pmatrix} aa^* + bb^* & ac^* + bd^* \\ ca^* + db^* & cc^* + dd^* \end{pmatrix} = \begin{pmatrix} a^*a + c^*c & a^*b + c^*d \\ b^*a + d^*c & b^*b + d^*d \end{pmatrix} \tag{V.421}$$

Das bringt die beiden Gleichungen

$$bb^* = c^*c \; ; \; ac^* + bd^* = a^*b + c^*d \tag{V.422}$$

bzw.

$$bb^* = c^*c \; ; \; (a - d)c^* = (a^* - d^*)b \tag{V.423}$$

Diese beiden Gleichungen besitzen die spezielle Lösung $a = d$ und $bb^* = c^*c$. Für $a \neq d$ lautet die Lösung

$$A = \begin{pmatrix} a & b \\ \frac{a-d}{a^*-d^*}b^* & d \end{pmatrix} \tag{V.424}$$

37. Gegeben sei die Matrix

$$A = \begin{pmatrix} 0 & \gamma^2 \\ 1 & 0 \end{pmatrix} \; ; \; \gamma \neq 0 \tag{V.425}$$

(a) Ist A normal?

Lösung: Es gilt

$$A^\dagger = \begin{pmatrix} 0 & 1 \\ \gamma^{*2} & 0 \end{pmatrix} \tag{V.426}$$

und damit

$$AA^\dagger = \begin{pmatrix} 0 & \gamma^2 \\ 1 & 0 \end{pmatrix} \begin{pmatrix} 0 & 1 \\ \gamma^{*2} & 0 \end{pmatrix} = \begin{pmatrix} |\gamma|^4 & 0 \\ 0 & 1 \end{pmatrix} \qquad (V.427)$$

und

$$A^\dagger A = \begin{pmatrix} 0 & 1 \\ \gamma^{*2} & 0 \end{pmatrix} \begin{pmatrix} 0 & \gamma^2 \\ 1 & 0 \end{pmatrix} = \begin{pmatrix} 1 & 0 \\ 0 & |\gamma|^4 \end{pmatrix} \qquad (V.428)$$

Die Matrix ist also nicht normal.

(b) Zeigen Sie, dass A für fast alle γ diagonalisierbar, aber nicht unitär diagonalisierbar ist.

Lösung: A hat die Eigenwerte $\pm\gamma$. A ist diagonalisierbar, wenn es eine Matrix $B = \begin{pmatrix} a & b \\ c & d \end{pmatrix}$ gibt, so dass gilt

$$\begin{pmatrix} a & b \\ c & d \end{pmatrix} \begin{pmatrix} 0 & \gamma^2 \\ 1 & 0 \end{pmatrix} = \begin{pmatrix} \gamma & 0 \\ 0 & -\gamma \end{pmatrix} \begin{pmatrix} a & b \\ c & d \end{pmatrix} \quad \text{mit } \det B = ad - bc \neq 0 \qquad (V.429)$$

Aus der letzten Gleichung folgt

$$\begin{pmatrix} b & a\gamma^2 \\ d & c\gamma^2 \end{pmatrix} = \begin{pmatrix} \gamma a & \gamma b \\ -\gamma c & -\gamma d \end{pmatrix} \qquad (V.430)$$

Dies ergibt die beiden Gleichungen $b = \gamma a$ und $d = -\gamma c$. Daraus folgt

$$B = \begin{pmatrix} a & \gamma a \\ c & -\gamma c \end{pmatrix} \quad \text{mit } \det B = -2ac\gamma \neq 0 \qquad (V.431)$$

Es darf also weder a noch c verschwinden.

Nun müssen wir noch untersuchen, ob B unitär ist. Wir haben

$$BB^\dagger = \begin{pmatrix} a & \gamma a \\ c & -\gamma c \end{pmatrix} \begin{pmatrix} a^* & c^* \\ \gamma^* a^* & -\gamma^* c^* \end{pmatrix} =$$
$$= \begin{pmatrix} |a|^2 \left(1 + |\gamma|^2\right) & ac^* \left(1 - |\gamma|^2\right) \\ a^* c \left(1 - |\gamma|^2\right) & |c|^2 \left(1 + |\gamma|^2\right) \end{pmatrix} \; ; \; ac \neq 0 \qquad (V.432)$$

Daraus lässt sich direkt ablesen, dass B nur für $|\gamma|^2 = 1$ unitär sein kann.

38. Bei der Herleitung der Unschärferelation müssen die Funktionen im Definitionsbereich der Operatoren und der beteiligten Operatorprodukte liegen. Wenn sie das nicht tun, erhalten wir auch keine sinnvollen Aussagen. Als Beispiel betrachten wir die Funktion

$$f(x) = \frac{\sin x^2}{x} \qquad (V.433)$$

(a) Ist $f(x)$ quadratintegrierbar?
Lösung: Es gilt

$$\int\limits_{-\infty}^{\infty} f^2(x)dx = \int\limits_{-\infty}^{\infty} \frac{\sin^2 x^2}{x^2}dx = 2\sqrt{\pi} \qquad (V.434)$$

Die Funktion ist also quadratintegrierbar.
(b) Gehört $f(x)$ zum Definitionsgebiet des Operators x?
Lösung: Nein, $xf(x) = \sin x^2$ ist nicht quadratintegrierbar; anders ausgedrückt: $f(x)$ gehört nicht zum Definitionsgebiet von x.
(c) Lässt sich für $f(x)$ eine Unschärferelation sinnvoll aufstellen?
Lösung: Für Δx gilt

$$(\Delta x)^2 = \left\langle x^2 \right\rangle - \langle x \rangle^2 = \int\limits_{-\infty}^{\infty} \sin^2 x^2 dx - \left(\int\limits_{-\infty}^{\infty} \frac{\sin^2 x^2}{x}dx \right)^2 \qquad (V.435)$$

und ähnliche Formulierungen ergeben sich für Δp. Selbst wenn wir den Wert ∞ für $\int \sin^2 x^2 dx$ akzeptieren, ist die Aussage $\Delta x \Delta p \geq \frac{\hbar}{2}$ als $\infty \geq \frac{\hbar}{2}$ trivial erfüllt bzw. bedeutungslos.
(d) Gelten ähnliche Aussagen auch für die Funktion $g(x) = \frac{\sin x}{x}$?
39. Gegeben seien zwei Operatoren A und B, die mit ihrem Kommutator vertauschen, $[A, [A, B]] = [B, [A, B]] = 0$. Zeigen Sie:

$$\left[B, A^n \right] = n \left[B, A \right] A^{n-1} \qquad (V.436)$$

Lösung: Wir benutzen vollständige Induktion. Die Gleichung stimmt offensichtlich für $n = 1$. Wenn sie für n stimmt, folgt für $n + 1$:

$$\left[B, A^{n+1} \right] = BA^{n+1} - A^{n+1}B = BA^{n+1} - ABA^n + ABA^n - A^{n+1}B =$$

$$= [B, A] A^n + A [B, A^n] = [B, A] A^n + nA [B, A] A^{n-1} = (n + 1) [B, A] A^n \qquad (V.437)$$

40. Zeigen Sie, dass der Impulsoperator in der Ortsdarstellung gegeben ist durch $p = \frac{\hbar}{i} \frac{d}{dx}$. Benutzen Sie dazu nur den Kommutator $[x, p] = i\hbar$ und leiten Sie mithilfe der vorangehenden Aufgabe her, dass gilt

$$[p, f(x)] = \frac{\hbar}{i} \frac{df(x)}{dx} \qquad (V.438)$$

Lösung: Wir entwickeln die Funktion $f(x)$ in eine Taylor-Reihe beispielsweise um null: $f(x) = \sum_n f^{(n)}(0)\frac{x^n}{n!}$. Dann gilt

$$[p, f(x)] = \sum_n f^{(n)}(0)\frac{1}{n!}[p, x^n] \tag{V.439}$$

Den Kommutator rechts formen wir mit (V.436) um und erhalten mit $[p, x^n] = n[p, x]x^{n-1}$

$$[p, f(x)] = \sum_n f^{(n)}(0)\frac{1}{n!}n[p, x]x^{n-1} = \frac{\hbar}{i}\sum_n f^{(n)}(0)\frac{x^{n-1}}{(n-1)!} = \frac{\hbar}{i}\frac{df(x)}{dx}$$
$$\tag{V.440}$$

also Gl. (V.438). Die Form dieser Gleichung legt den Ansatz $p = \alpha\frac{d}{dx}$ nahe; wir setzen ein und erhalten mit der Hilfsfunktion $g(x)$ wegen

$$[p, f(x)]g(x) = \frac{\hbar}{i}\frac{df(x)}{dx} \cdot g(x) \tag{V.441}$$

zunächst

$$[p, f(x)]g(x) = \alpha\frac{d}{dx}f(x)g(x) - \alpha f(x)\frac{d}{dx}g(x) = \alpha g(x)\frac{d}{dx}f(x)$$
$$\tag{V.442}$$

Die Konstante α bestimmt sich über den Vergleich mit (V.441) zu $\frac{\hbar}{i}$ und wir erhalten das gewünschte Endergebnis.

41. Gegeben seien zwei Operatoren A und B, die mit ihrem Kommutator vertauschen, $[A, [A, B]] = [B, [A, B]] = 0$. Zeigen Sie, dass gilt

$$e^{A+B} = e^A e^B e^{-\frac{1}{2}[A,B]} \tag{V.443}$$

Dies ist ein Spezialfall der *Baker-Campbell-Hausdorff-Formel* (-Relation, -Theorem); der allgemeine Fall behandelt e^{A+B} für zwei Operatoren, die nicht mit ihrem Kommutator vertauschen müssen (dabei wird z. B. Gl. (V.394) verwendet). Die Namensgeber haben übrigens ihre Arbeiten um 1900 veröffentlicht, also lange vor der Geburt der QM.

(a) Beweisen Sie zunächst die Gleichung

$$\left[B, e^{xA}\right] = e^{xA}[B, A]x \tag{V.444}$$

Lösung: Mit der Potenzreihenentwicklung der e-Funktion haben wir

$$\left[B, e^{xA}\right] = \sum\frac{1}{n!}x^n[B, A^n]$$
$$e^{xA}[B, A]x = \sum\frac{1}{n!}x^{n+1}A^n[B, A] \tag{V.445}$$

Wir vergleichen dieselben Potenzen von x:

$$\frac{1}{(n+1)!}x^{n+1}\left[B, A^{n+1}\right] = \frac{1}{n!}x^{n+1}A^n\left[B, A\right] \tag{V.446}$$

Diese Gleichung haben wir bereits bewiesen, siehe Gl. (V.436).

(b) Definieren Sie

$$G(x) = e^{xA}e^{xB} \tag{V.447}$$

und zeigen Sie, dass gilt

$$\frac{dG}{dx} = (A + B + [A, B]x)\, G \tag{V.448}$$

Integrieren Sie diese Gleichung.

Lösung: Ableiten von G bringt

$$\frac{dG}{dx} = \frac{d}{dx}e^{xA}e^{xB} = Ae^{xA}e^{xB} + e^{xA}e^{xB}B \tag{V.449}$$

Den zweiten Term rechts wandeln wir mit dem Ergebnis von Teilaufgabe (a) um:

$$e^{xA}e^{xB}B = e^{xA}Be^{xB} = \left(Be^{xA} + e^{xA}[A, B]x\right)e^{xB} = (B + [A, B]x)\, e^{xA}e^{xB} \tag{V.450}$$

Damit folgt

$$\frac{dG}{dx} = (A + B + [A, B]x)\, G \tag{V.451}$$

Wir können diese Gleichung direkt integrieren, da der Operator $(A + B)$ mit $[A, B]$ kommutiert:

$$G(x) = G_0 e^{(A+B)x + \frac{1}{2}[A,B]x^2} \tag{V.452}$$

Die Integrationskonstante G_0 bestimmt sich wegen $G(x = 0) = 1$ zu 1, und das Endergebnis folgt für $x = 1$:

$$e^A e^B = e^{A+B+\frac{1}{2}[A,B]} \tag{V.453}$$

V.13   Aufgaben Kap. 14 (1)

1. Seien eine Observable A und ein Zustand $|\varphi\rangle$ gegeben. Zeigen Sie mithilfe von Postulat (2.1) und (2.2), dass das erwartete Ergebnis einer Messung von A gegeben ist durch $\langle A \rangle = \langle \varphi | A | \varphi \rangle$. Um die Diskussion zu vereinfachen, betrachten wir eine Observable A, deren Eigenwerte diskret und nichtentartet sind und deren Eigenvektoren ein VONS bilden: $A |n\rangle = a_n |n\rangle$

   Lösung: $|\varphi\rangle$ habe die Form $|\varphi\rangle = \sum_n c_n |n\rangle$, wobei mindestens ein Koeffizient ungleich null ist. Dann wissen wir mit Postulat 2.1, dass die Wahrscheinlichkeit, $|\varphi\rangle$ im Zustand $|n\rangle$ zu finden (also a_n zu messen), durch

$$p_n = |\langle n | \varphi \rangle|^2 = \langle \varphi | P_n | \varphi \rangle \tag{V.454}$$

   gegeben ist, wobei $P_n = |\varphi_n\rangle\langle\varphi_n|$ der Projektionsoperator auf den Unterraum n ist. Wie immer ist vorausgesetzt, dass $|\varphi\rangle$ normiert ist.

   Wie wir bereits in Kap. 9 (1) gesehen haben, kommt an dieser Stelle der Erwartungswert ins Spiel. Wenn man an einem einzelnen System die Größe a_n gemessen hat, lassen sich, da ja Wahrscheinlichkeiten im Spiel sind, keine eindeutigen Rückschlüsse auf den Zustand vor der Messung ziehen. Um darüber Informationen zu erhalten, kann man – jedenfalls im Prinzip – so vorgehen, dass man ein Ensemble herstellt, also viele Einzelsysteme so präpariert, dass sie sich alle in diesem gleichen Zustand $|\psi\rangle$ befinden. Nun misst man, in welchem der Zustände $|n\rangle$ sich jedes Ensemblemitglied befindet. Wenn die Messanzahl N sehr groß ist, haben wir eine experimentelle Aussage über den Erwartungswert von A im Zustand $|\varphi\rangle$, nämlich

$$\langle A \rangle = \lim_{N \to \infty} \frac{1}{N} \sum_{m=1}^{N} A_m \tag{V.455}$$

   wobei A_m das Resultat der m-ten Messung ist. Diese Resultate variieren von einer Messung zur anderen, nehmen aber immer einen der Werte a_n an. Der theoretische Wert (Erwartungswert) lautet (da keine Entartung vorausgesetzt ist)

$$\langle A \rangle = \sum_n p_n a_n = \sum_n \langle \varphi | n \rangle a_n \langle n | \varphi \rangle = \langle \varphi | A | \varphi \rangle \tag{V.456}$$

   wobei wir die Spektralzerlegung $A = \sum_n |n\rangle a_n \langle n|$ (siehe Kap. 13 (1)) verwendet haben.

2. Zeigen Sie, dass der Operator $s_x + s_z$ zwar hermitesch ist, aber keine physikalisch messbare Größe darstellt. (Nicht jeder hermitesche Operator steht für eine physikalische Messgröße.) Dabei hängen die Spinmatrizen s_i mit den Pauli-Matrizen σ_i zusammen über $s_i = \frac{\hbar}{2}\sigma_i$.

   Lösung: Der Operator $s_x + s_z = \frac{\hbar}{2}\begin{pmatrix} 1 & 1 \\ 1 & -1 \end{pmatrix}$ ist offensichtlich hermitesch. Seine Eigenwerte lauten $\pm\frac{\hbar}{\sqrt{2}}$ (selbst nachrechnen), und nach unseren Postulaten erhält man einen dieser Werte als Messresultat. Wenn wir andererseits s_x und s_z separat messen und dann das Ergebnis addieren, ergibt die Messung für jeden der beiden Operatoren $\pm\frac{\hbar}{2}$, in der Summe also eines der drei Ergebnisse $\hbar$, 0 oder $-\hbar$, Werte, die offensichtlich nicht mit $\pm\frac{\hbar}{\sqrt{2}}$ übereinstimmen.

Der Kern des Problems liegt natürlich darin, dass die beiden Operatoren s_x und s_z nicht kommutieren.

3. (Ein Beispiel zu Projektionen, Wahrscheinlichkeiten und Erwartungswerten) Der Drehimpulsoperator **L** für Drehimpuls 1 kann im Vektorraum $\mathbb{C}^3$ durch die folgenden Matrizen dargestellt werden (siehe Kap. 2 (2)):

$$L_x = \frac{\hbar}{\sqrt{2}} \begin{pmatrix} 0 & 1 & 0 \\ 1 & 0 & 1 \\ 0 & 1 & 0 \end{pmatrix} \ ; \ L_y = \frac{\hbar}{\sqrt{2}} \begin{pmatrix} 0 & -i & 0 \\ i & 0 & -i \\ 0 & i & 0 \end{pmatrix} \ ; \ L_z = \hbar \begin{pmatrix} 1 & 0 & 0 \\ 0 & 0 & 0 \\ 0 & 0 & -1 \end{pmatrix}$$
(V.457)

(a) Welche Messergebnisse kann es bei einer Messung L_i ($i = x, y, z$) geben?
Lösung: Messergebnis muss einer der Eigenwerte von L_i sein. Bei L_z sieht man direkt, dass die Eigenwerte $+\hbar$, 0, $-\hbar$ lauten (Diagonalelemente). Die Rechnung zeigt (selbst nachrechnen), dass auch L_x und L_y diese Eigenwerte besitzen.

(b) Wie lauten die entsprechenden Eigenvektoren für L_z?
Lösung: Die Rechnung zeigt (selbst nachrechnen), dass die zu den Eigenwerten $+\hbar$, 0, $-\hbar$ gehörenden normierten Eigenvektoren lauten

$$|+\hbar\rangle = \begin{pmatrix} 1 \\ 0 \\ 0 \end{pmatrix} \ ; \ |0\rangle = \begin{pmatrix} 0 \\ 1 \\ 0 \end{pmatrix} \ ; \ |-\hbar\rangle = \begin{pmatrix} 0 \\ 0 \\ 1 \end{pmatrix}$$
(V.458)

(c) Mit welchen Wahrscheinlichkeiten misst man am Zustand

$$|\psi\rangle = \begin{pmatrix} 1 \\ i \\ -2 \end{pmatrix}$$
(V.459)

die Ergebnisse $+\hbar$, 0, $-\hbar$?
Lösung: Wir müssen zunächst den Zustand normieren:

$$|\psi\rangle_{\text{norm}} = \frac{1}{\sqrt{6}} \begin{pmatrix} 1 \\ i \\ -2 \end{pmatrix}$$
(V.460)

Wir sehen direkt, dass die Wahrscheinlichkeiten für das Messergebnis $+\hbar$ bzw. 0 bzw. $-\hbar$ gegeben sind durch $\frac{1}{6}$ bzw. $\frac{1}{6}$ bzw. $\frac{2}{3}$. Die Wahrscheinlichkeiten summieren sich zu 1 auf, wie es ja auch sein muss.

4. Gegeben sei ein Zustand

$$|\psi\rangle_v = \frac{|x_1\rangle\, e^{-i\omega t} + |x_2\rangle\, e^{-2i\omega t}}{\sqrt{2}} \qquad\qquad\text{(V.461)}$$

wobei die Zustände $|x_i\rangle$ normiert und zueinander orthogonal sind. Wir messen die x_1-Komponente von $|\psi\rangle_v$; nach der Messung haben wir also

$$|\psi\rangle_n = |x_1\rangle\, e^{-i\omega t} \qquad\qquad\text{(V.462)}$$

Veranschaulichen Sie diese Zustandsreduktion durch Betrachtung der Änderung des Real- oder des Imaginärteils von $|\psi\rangle$.
Lösung: Durch die Messung zur Zeit T kollabiert der Zustand $|\psi\rangle_v$ zu $|x_1\rangle$ (abgesehen von einer eventuellen Phase). Dies ist der Anfangswert der zeitlichen Entwicklung nach der Messung; da die Energie scharf ist, ist das Zeitverhalten durch $|x_1\rangle\, e^{-i\omega t}$ gegeben. Der Hilbert-Raum ist zweidimensional (von $|x_1\rangle$ und $|x_2\rangle$ aufgespannt); wegen der komplexen Vorfaktoren haben wir also einen vierdimensionalen Raum. Um eine anschauliche Darstellung zu ermöglichen, beschränken wir uns auf die Betrachtung des Realteils.
Vor der Messung haben wir

$$\mathrm{Re}\,|\psi\rangle_v = \frac{|x_1\rangle \cos\omega t + |x_2\rangle \cos 2\omega t}{\sqrt{2}} \cong \frac{1}{\sqrt{2}}\begin{pmatrix}\cos\omega t \\ \cos 2\omega t\end{pmatrix} \qquad\text{(V.463)}$$

und danach

$$\mathrm{Re}\,|\psi\rangle_n = |x_1\rangle \cos\omega t \cong \begin{pmatrix}\cos\omega t \\ 0\end{pmatrix} \qquad\qquad\text{(V.464)}$$

Zur Veranschaulichung benutzen wir $\cos 2\omega t = \cos^2\omega t - \sin^2\omega t = 2\cos^2\omega t - 1$. Vor der Messung läuft $\mathrm{Re}\,|\psi\rangle_v$ also auf der Parabel $x_2 = 2x_1^2 - 1$, nach der Messung auf der x_1-Achse hin und her, wie in Abb. (V.4) angedeutet.

Abb. V.4 Veranschaulichung der Zustandsreduktion bei der Messung

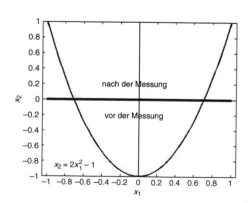

Literaturverzeichnis

1. Audretsch, J. (Hrsg.): Verschränkte Welt – Faszination der Quanten. Wiley-VCH, Weinheim (2002)
2. Audretsch, J.: Verschränkte Systeme – Die Quantenphysik auf neuen Wegen. Wiley-VCH, Weinheim (2005)
3. Basdevant, J.-L., Dalibard, J.: Quantum Mechanics. Springer, Berlin (2002)
4. Bertlmann, R.A.: Real or not real that is the question.... Eur. Phys. J. H **45**, 205–236 (2020)
5. Bes, D.R.: Quantum Mechanics. Springer, Berlin (2004)
6. Bransden, B.H., Joachain, C.J.: Quantum Mechanics. Pearson Education Limited, Edinburgh Gate (2000)
7. Cohen-Tannoudji, C., Diu, B., Laloë, F.: Quantenmechanik Teil 1 & 2. Walter de Gruyter, Berlin (1999)
8. Embacher, F., UniWien, Homepage mit viel Material über Quantentheorie u. a. für die Schule. http://homepage.univie.ac.at/franz.embacher/ (2023). Zugegriffen am 19.04.2023
9. Feynman, R.P., Leighton, R.B., Sand, M.: Quantenmechanik. Vorlesungen über Physik, Bd. III, 3. Aufl. Oldenbourg, München, Wien (1996)
10. Fließbach, T.: Quantenmechanik. Lehrbuch zur Theoretischen Physik III, 3. Aufl. Spektrum Akademischer Verlag, Heidelberg, Berlin (2000)
11. Gottfried, K., Yan, T.-M.: Quantum Mechanics: Fundamentals. Springer, New York (2006)
12. Hecht, K.T.: Quantum Mechanics. Springer, New York (2000)
13. Isham, C.J.: Quantum Theory – Mathematical and Structural Foundations. Imperial College Press, London (2008)
14. Klauber, R.D.: Student Friendly Quantum Field Theory, 2. Aufl. Sandrove Press, Fairfield (2015)
15. Kuypers, F.: Quantenmechanik, Lehr- und Arbeitsbuch. Wiley-VCH, Weinheim (2020)
16. Lancaster, T., Blundell, S.J.: Quantum Field Theory for the Gifted Amateur. Oxford University Press, Oxford (2014)
17. LeBellac, M.: Quantum Physics. Cambridge University Press, Cambridge (2006)
18. Lüth, H.: Quantenphysik in der Nanowelt. Springer, Berlin (2009)
19. Merzbacher, E.: Quantum Mechanics. 3. Aufl., Wiley, New York (1998)
20. Messiah, A.: Quantum Mechanics, vol. I & II. North-Holland Publishing Company, Amsterdam (1964)
21. Das Münchener Unterrichtskonzept zur Quantenmechanik. https://www.didaktik.physik.uni-muenchen.de/archiv/inhalt_materialien/milq/muc_unterricht.pdf (2023). Zugegriffen am 19.04.2023
22. Münster, G.: Quantentheorie. De Gruyter, Berlin (2006)
23. Nolting, W.: Grundkurs Theoretische Physik 5 Quantenmechanik, Teil 1: Grundlagen und Quantenmechanik, Teil 2: Methoden und Anwendungen. Zimmermann-Neufang, Ulmen (1992)
24. Peres, A.: Quantum Theory – Concepts and Methods. Kluwer Academic Publishers, Doordrecht (1995)
25. Rae, A.I.M: Quantum Mechanics, 5. Aufl. Taylor and Francis, New York (2008)
26. Rollnik, H.: Quantentheorie 1 & 2, 2. Aufl. Springer, Berlin (2003)
27. Schulz, H.: Physik mit Bleistift, 4. Aufl. Harri Deutsch, Frankfurt am Main (2001)
28. Schwabl, F.: Quantenmechanik (QM I), 6. Aufl. & Quantenmechanik für Fortgeschrittene (QM II), 2. Aufl. Springer, Berlin (2002)
29. Zettili, N.: Quantum Mechanics, Concepts and Applications, 2. Aufl. Wiley, New York (2009)

Stichwortverzeichnis Band 1

Stichwortverzeichnis Band 2

Printed in the United States
by Baker & Taylor Publisher Services